DAXUEWULIJIAOCHENG

大学物理教程

主编 张本袁 蒋建军 史可信 张文兰

南京大学出版社

图书在版编目(CIP)数据

大学物理教程 / 张本袁,蒋建军,史可信主编. —
南京:南京大学出版社,2013.12(2025.1 重印)
ISBN 978-7-305-12600-0

Ⅰ. ①大… Ⅱ. ①张… ②蒋… ③史… Ⅲ. ①物理学
—高等学校—教材 Ⅳ. ①O4

中国版本图书馆 CIP 数据核字(2013)第 306999 号

出版发行 南京大学出版社
社 址 南京市汉口路 22 号 邮 编 210093

书 名 大学物理教程
DAXUE WULI JIAOCHENG
主 编 张本袁 蒋建军 史可信
责任编辑 沈 洁 编辑热线 025-83686531

照 排 南京开卷文化传媒有限公司
印 刷 江苏扬中印刷有限公司
开 本 880mm×1230mm 1/16 印张 28.25 字数 713 千
版 次 2013 年 12 月第 1 版 2025 年 1 月第 9 次印刷
ISBN 978-7-305-12600-0
定 价 70.00 元

网 址:http://www.njupco.com
官方微博:http://weibo.com/njupco
官方微信号:njupress
销售咨询热线:(025)83594756

前 言

物理学是各类自然学科的基础。大学物理课程是培养工科学生科学素质和科学思维方法,提高学生创新能力和科学研究能力的重要的基础课程。无论我们在哪一所学校学习,只要将来从事工程技术工作,就离不开物理学的基本规律;就离不开严格、定量的物理计算。一个工程技术人员的工作能力,创造能力,主要取决于他对物理原理的理解、掌握的程度;取决于他对物理原理的运用能力。物理学还是高品位的文化,它将帮助我们理解真理的内涵,帮助我们获得对世界的科学认识。大学物理的学习,还可以帮助我们顺利地完成职业转移,让我们在人生的道路上少走弯路,指导我们向着未知的领域勇敢地探索前行。

我们在多年《大学物理》教学的基础上,本着因材施教的教育思想,遵循"教者易教","学者易学"的原则编排了本教程的内容,着重注意到内容上的前后连贯,符号的习惯表示,表述风格的大众化。为了突出重点,对有的章节,我们尽量避免冗长的数学推导,而采用通俗化的文字叙述。为了帮助初学者尽快地掌握物理学基本概念和基本规律,对于一些关键的结论,我们采用醒目的黑体字表述;对一些重要的、常用的公式,为便于读者掌握和应用,我们特用线框框出,以便一目了然。

为了便于同学对物理原理的学习、理解和应用,我们编写时将重点放在了例题的选择和安排上,力求做到由易至难,前后呼应,类型多元,开阔思路;为了体现物理原理在工程中的应用,尽量选择一些与实际生活、工程应用相关的例题。在解题的思想方法上,我们尽量做到紧扣物理原理和物理模型,建立数学方程。让读者对教学内容树立一个完整的印象,体会到《大学物理》是一个从实践到理论、再由理论到实践的完整的知识体系。让读者通过例题的示范和学习,尽快地掌握物理概念、物理原理和物理方法,尽快地提高自己分析问题、解决问题的能力,尽快地克服学习物理的畏难情绪,从而能够喜爱物理,钻研物理,崇敬物理,发扬物理,习惯用物理的思想方法来解释自己遇到的相关问题。

由于各种各样的原因,教材的持有者会从自己的特殊情况出发,提出各种不同的需求,加上物理学本身的内在规律性和体系的完整性、严密性,我们尽可能将两者兼顾。为此,我们在整体上作出了"基本"内容和"深化"内容的区分。"深化"内容(包括少量例题)部分,由"*"号注明,并用小字编排,供教学时择选而用。对这部分内容不教不学,并不影响课程的学习。读者若对基本内容部分的理论学习有疑问,回过头去看"深化"部分的内容,或许可以帮你破解疑惑;当读者学有余力,想获得更多的物理知识时,"深化"部分的内容也许可以满足你的求知欲望。

随着物理原理在各科学领域的深入应用,我们必须看到,对物理原理的认识和掌握,已经成为一个工程技术人员的必备的科学素质。但是,对工科学生开设的《大学物理》,不能全部涵盖物理学已经取得的成就。为了追随物理学原理在高新技术中的应用,我们试着介绍了少量的"超越"大学物理内容的章节,如"人为双折射""液晶光阀"等。对这些章节,我们也用"*"号注明,如认为这些内容与读者的人生设计无关时,也一概可以轻轻翻过。

本教材的习题分两部分。第一部分为每章后面的习题,第二部分为活页作业。要求同学每一次课程以后能及时地独立完成活页作业中相关习题,然后根据各人的情况做好每章后面的习题。习题的思考和练习能够帮助同学掌握物理概念,提高分析问题解决问题的能力,这是学习物理的重要的环节,不可懈怠。

我们在编写的过程中,始终受到三江学院各级领导的关心、指导和帮助,本教程基本按照应用型大学工科学生的要求量身定造。编写的过程中,主要参考了由原三江学院史可信、于梅芳、丁万平、诸琢雄、张志方等老师们编写的《大学物理学》教材章节,在内容上,不少地方还应用了他们的原话,并采用了书中的许多插图。我们还要特别感谢东南大学的曹恕教授和解希顺教授,他们编写的讲义《大学物理学》给了我们很多的启迪和指导。他们的激励增强了我们的信心,他们的工作减轻了我们的压力,在此,我们向他们表示由衷的敬意和真诚的感谢。

由于时间仓促,水平有限,拙作之效果与作者之本意未必吻合,错误定会存在,恳请业界同仁不吝赐教,多加指正。

编　者

2012 年 10 月

目　录

第一篇　力　学

第二篇　电磁学

第三篇　热　　学

第四篇　振动与波

第五篇　波动光学

第六篇 近代物理引论

第一篇　力　　学

力学是一门古老的、充满活力的学科。力学主要研究宏观物体做机械运动的规律。所谓机械运动，是指物体在空间的位置随时间的变化。机械运动是物质运动形式中最初级的运动形式。因此，力学成为物理学以及自然科学中最为基础的学科。本篇从质点模型的规律出发，研究质点系，以及刚体定轴转动中的一些基本规律。

第一章　质点运动学

质点运动学是描述质点所做的机械运动，这里不考虑引起这种运动的原因。就质点运动学而言，直线运动是最简单的运动形式，后续我们还要讨论圆周运动和抛体运动，而后再过渡到一般运动。必须说明的是，尽管质点的直线运动最简单，但是当描述这种运动时，还是需要运用高等数学的矢量、微积分等知识。

1.1　质点　参照系　运动方程

1. 参照系

我们所处的宇宙是一个变幻莫测的物质世界，因为其中的任何物体都在不断地运动，因此，运动就成为物质存在的基本形式。物质大到天体，小到原子、电子乃至基本粒子等，都是以各自的形式在运动。我们所目睹的一切物质都是处于绝对运动中，然而，我们又常常看到那些一座座耸立的山峰、一座座雄伟的大厦历经多少年，仿佛依然在原地不动，它们常给人一种静止不动的感觉。这又是怎么回事呢？

这是因为描述一个物体的运动状态时都必须选择一个参照物。例如，飞机起飞是以大地为参照物；而当人坐在机舱中看到舱内的座椅却是“静止”的，这时则是以飞机为参照物得出的结论。若以大地为参照物，飞机上的任何一颗螺丝钉都在运动，更何况其中的座椅呢。所以**运动是绝对的，静止是相对的**。

我们平时所讲的“运动”和“静止”都是默认以地球为参照物，因为我们生活在地球上，因此在潜意识中都以大地为参照物。而在平时交流中，并不需要特意交代“是以大地为参照物”，人们也不会产生误解。因此，我们常常忽略交代参照物的必要性。

为了描述物体的运动，必须在选定的参照物上建立坐标系。**建立在参照物上的坐标系，简称为参照系**。坐标系常因具体问题的需要而有不同的选择，如直角坐标系、极坐标系、球坐标系、柱坐标系等。经验表明，选择一个适当的参照系，可以大大简化对运动的叙述。

在不同的坐标系中，描述同一个运动物体的物理参数其形式往往是不同的，所以参照系成为研究物理问题的一个重要的基本出发点；同时，我们也要清楚认识到，同一个物体在不同的参照系中的物理参数虽然不同，但是不会改变所研究物体运动的客观图像和性质。因此，**当描述一个物体的运动时，必须首先说明所选择的参照系**；否则就无法理解运动的真实情形。由此可见，对任何一个运动物体物理量的描述都是相对的。

2. 质点

自然界中物体的运动十分复杂，呈现在我们面前的运动形式则是多种多样。有些运动其实可以视为多个简单运动形式的组合。例如，地球既有绕太阳的公转，又有自身绕轴的自转；铁轨上运动的列车既有车厢的直线运动，又有车轮的绕轴转动。这时就要看我们所注意的是哪一部分的运动。由于物体具有形状和大小，因此，在研究运动时，应该分清哪些运动是其主要运动形式，哪些运动是可以忽略的运动形式；哪些运动是要关注的主要目标，而哪些运动是可以视而不见。用简单的模型取代具体的运动物体是研究物体运动的必要手段。**质点就是力学中常用的物理模型之一**。所谓质点，按字面理解就是具有质量的点。采用一个“点”代表运动的物体，可以为运动分析带来极大方便。但是这样简化以后的物体在运动状态中的物理量必须是在允许的误差范围内。若超出允许误差，则只能认为该运动模型不合理，必须重新建立新的模型，或者要对现有的结论进行必要修正。

经验告诉我们：当物体运动的空间远大于运动物体的几何尺寸时，可以把该物体用“质点”表示；一个复杂物体的质心的运动状态可以用质点描述；一个做平面平行运动的物体也可以用质点取代。因此，同一个物体能否被看做质点，完全决定于所研究物体的具体情况。

当研究清楚质点运动的规律后，就可以把一个复杂的运动物体视为一系列质点构成的系统，这样就形成了"质点系"的物体模型，把一个物体抽象成一个质点系是物理中常用的方法。

3. 质点的运动方程

在所确定的参照系中，如何描述一个质点的运动呢？如果选择大地为参照物，并选择常用的三维直角坐标系，某时刻质点的位置可以用直角坐标系中的一个点表示。从原点到质点的位置作一矢量 $\boldsymbol{r}$，则 $\boldsymbol{r}$ 就称为该质点的位置矢量。由于质点的位置随时间 t 不停变化，所以位置矢量 $\boldsymbol{r}$ 随时间 t 也在不断变化。当 t 确定后，$\boldsymbol{r}$ 也确定，那么 $\boldsymbol{r}$ 与 t 之间就具有某种确定关系，或者说 $\boldsymbol{r}$ 是时间 t 的函数，用数学函数式表示为 $\boldsymbol{r}(t)$。t 是自变量，**则位置矢量 $\boldsymbol{r}(t)$ 就称为质点的运动方程**。运动学的任务就是确定质点的运动方程。

用矢量的解析式表示质点的运动方程为

$$\boldsymbol{r}(t) = x(t)\boldsymbol{i} + y(t)\boldsymbol{j} + z(t)\boldsymbol{k} \tag{1-1}$$

式中，$\boldsymbol{i}$、$\boldsymbol{j}$、$\boldsymbol{k}$ 分别表示 x、y、z 方向的单位矢量。

由运动方程可知，质点在任意时刻 t 的坐标分别为 $x(t)$，$y(t)$，$z(t)$，这样质点在任意时刻 t 的位置是确定的，如图 1-1 所示。

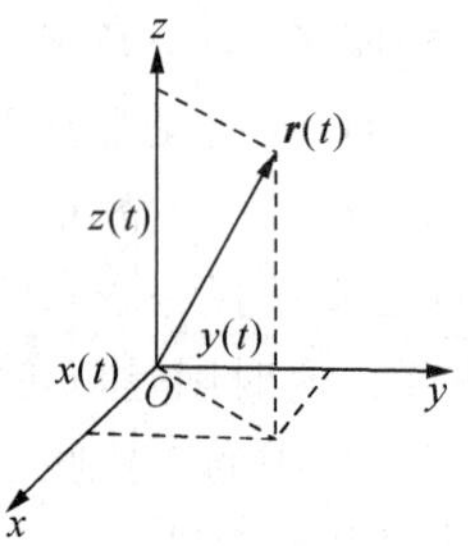

图 1-1　质点运动方程

1.2　质点的位移　速度　加速度

1. 位移与路程

已知一个质点在参照系中的运动方程 $\boldsymbol{r}(t)$，在确定的时刻 t，$\boldsymbol{r}(t)$ 就表示 t 时刻的质点的位置矢量。当时间处于 $t+\Delta t$ 时刻，运动方程 $\boldsymbol{r}(t+\Delta t)$ 就表示 $(t+\Delta t)$ 时刻质点的位置矢量。在 Δt 时间内，**质点的位置矢量的改变量 $\Delta \boldsymbol{r}(t)$ 称为质点在 Δt 时间内的位移**。

故

$$\Delta \boldsymbol{r} = \boldsymbol{r}(t+\Delta t) - \boldsymbol{r}(t) \tag{1-2}$$

当 $\boldsymbol{r}(t)$，$\boldsymbol{r}(t+\Delta t)$ 都用式(1-1)表示时，则有

$$\boxed{\Delta \boldsymbol{r} = \Delta x\boldsymbol{i} + \Delta y\boldsymbol{j} + \Delta z\boldsymbol{k}} \tag{1-3}$$

由图 1-2 可知，$\Delta \boldsymbol{r}(t)$ 是矢量，其方向由矢量叠加原理而得到。

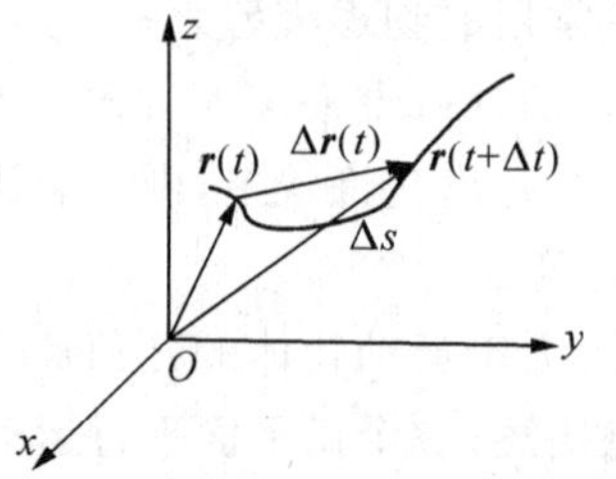

图 1-2　路程 Δs 与位移 $\Delta \boldsymbol{r}$

一般而言,运动方程 $\boldsymbol{r}(t)$ 显示的质点轨迹是曲线。位移 $\Delta \boldsymbol{r}$ 仅仅表示质点在 Δt 时间内的位置矢量的变化量。路程是指质点在实际运动中轨迹线的长度 Δs,与质点的具体路径密切相关。**路程是标量,位移是矢量**。所以路程与位移是两个不同的概念,**路程不等于位移**。

2. 速度与速率

如果质点在 Δt 时间内的位移为 $\Delta \boldsymbol{r}$,单位时间内位移的改变量的平均值,称为质点运动的平均速度。

$$\bar{\boldsymbol{v}} = \frac{\Delta \boldsymbol{r}}{\Delta t}$$

平均速度是一个质点运动的粗略描述,不能反映质点在某一瞬间的速度。要知道质点在 t 时刻的速度,唯有将时间间隔 Δt 缩小,使其无限接近于零,这样,**t 时刻的速度就成为 Δt 无限接近于零的平均速度,实际上就是质点在 t 时刻的瞬时速度**。数学上把质点在 t 时刻瞬时速度表示为

$$\boxed{\boldsymbol{v} = \lim_{\Delta t \to 0} \frac{\Delta \boldsymbol{r}}{\Delta t} = \frac{\mathrm{d}\boldsymbol{r}}{\mathrm{d}t}} \tag{1-4}$$

式中,$\dfrac{\mathrm{d}\boldsymbol{r}}{\mathrm{d}t}$是一个矢量的微商,对它的运算是把矢量 $\boldsymbol{r}$ 用解析式表示,然后具体运算。将式(1-1)代入式(1-4),有

$$\begin{aligned}\boldsymbol{v} &= \frac{\mathrm{d}x}{\mathrm{d}t}\boldsymbol{i} + \frac{\mathrm{d}y}{\mathrm{d}t}\boldsymbol{j} + \frac{\mathrm{d}z}{\mathrm{d}t}\boldsymbol{k} \\ &= v_x\boldsymbol{i} + v_y\boldsymbol{j} + v_z\boldsymbol{k}\end{aligned} \tag{1-5}$$

式(1-5)表明,**速度 $\boldsymbol{v}$ 可以用其在 x 轴、y 轴、z 轴上的分量 $\boldsymbol{v}_x$、$\boldsymbol{v}_y$、$\boldsymbol{v}_z$ 表示**。

由于 $\boldsymbol{r}$ 是矢量,而速度是质点运动方程 $\boldsymbol{r}(t)$ 对时间的变化率,所以**速度是矢量**。

质点在轨迹上移动的快慢称为速率,速率是单位时间内质点所经过的路程。速率也有平均速率和瞬时速率之分,则可以类似于速度的描述表示为

$$v = \frac{\Delta s}{\Delta t}$$

$$v = \lim_{\Delta t \to 0} \frac{\Delta s}{\Delta t} = \frac{\mathrm{d}s}{\mathrm{d}t} \tag{1-6}$$

式(1-6)表示瞬时速率是路程对时间的变化率,由于路程是标量,所以速率也是标量。

一般说来,位移不是路程,所以速度不是速率,但是无限小路程 $\mathrm{d}s$ 的曲线可以视为直线,而且与 $\mathrm{d}\boldsymbol{r}$ 等值,因此

$$v = |\boldsymbol{v}|$$

即瞬时速度的大小等于瞬时速率,这样可以通过式(1-5)计算得

$$\boxed{v = |\boldsymbol{v}| = \sqrt{v_x^2 + v_y^2 + v_z^2}} \tag{1-7}$$

3. 加速度

为了描述质点运动的速度 $\boldsymbol{v}$ 随时间变化的快慢,这里引入加速度的概念。如果 t 时刻质点的速度为 $\boldsymbol{v}(t)$,在 $(t+\Delta t)$ 时刻的速度为 $\boldsymbol{v}(t+\Delta t)$,在 Δt 时间内速度的改变量为 $\Delta \boldsymbol{v} = \boldsymbol{v}(t+\Delta t) - \boldsymbol{v}(t)$,单位时间内的质点的平均加速度

$$\bar{\boldsymbol{a}} = \frac{\Delta \boldsymbol{v}}{\Delta t}$$

其瞬时加速度

$$\boxed{\boldsymbol{a}=\lim_{\Delta t\to 0}\frac{\Delta \boldsymbol{v}}{\Delta t}=\frac{\mathrm{d}\boldsymbol{v}}{\mathrm{d}t}} \tag{1-8}$$

用解析式表示 $\boldsymbol{v}$，由式(1-5)得

$$\begin{aligned}\boldsymbol{a}&=\frac{\mathrm{d}\boldsymbol{v}}{\mathrm{d}t}=\frac{\mathrm{d}}{\mathrm{d}t}(v_x\boldsymbol{i}+v_y\boldsymbol{j}+v_z\boldsymbol{k})\\&=\frac{\mathrm{d}v_x}{\mathrm{d}t}\boldsymbol{i}+\frac{\mathrm{d}v_y}{\mathrm{d}t}\boldsymbol{j}+\frac{\mathrm{d}v_z}{\mathrm{d}t}\boldsymbol{k}\\&=a_x\boldsymbol{i}+a_y\boldsymbol{j}+a_z\boldsymbol{k}\end{aligned} \tag{1-9}$$

a_x、a_y、a_z 表示加速度 $\boldsymbol{a}$ 在 x、y、z 坐标轴上的分量，由式(1-5)和式(1-9)可得

$$\boxed{\begin{aligned}a_x&=\frac{\mathrm{d}v_x}{\mathrm{d}t}=\frac{\mathrm{d}^2x}{\mathrm{d}t^2}\\a_y&=\frac{\mathrm{d}v_y}{\mathrm{d}t}=\frac{\mathrm{d}^2y}{\mathrm{d}t^2}\\a_z&=\frac{\mathrm{d}v_z}{\mathrm{d}t}=\frac{\mathrm{d}^2z}{\mathrm{d}t^2}\end{aligned}} \tag{1-10}$$

加速度的大小

$$\boxed{|\boldsymbol{a}|=\sqrt{a_x^2+a_y^2+a_z^2}} \tag{1-11}$$

以上对速度、加速度的讨论都是在直角坐标系内进行的。坐标系的选择并不唯一，例如在固定轨道的曲线运动中，可以选择自然坐标系。在自然坐标系中则是以曲线的切向和法向表示速度、加速度的方向，此时的加速度又用切向加速度 a_{t} 和法向加速度 a_{n} 表示，所以在自然坐标系中的总加速度的大小

$$|\boldsymbol{a}|=\sqrt{a_{\mathrm{t}}^2+a_{\mathrm{n}}^2} \tag{1-12}$$

由于运动方程 $\boldsymbol{r}(t)$ 的矢量属性，决定了质点运动的速度和加速度都是矢量，另外矢量的可叠加性又告诉我们**运动方程 $\boldsymbol{r}(t)$ 是可以分解的**。这样，在讨论**质点较复杂的运动**时，可以将其分解到几个确定的方向上，**用其分运动表示**。把分运动讨论清楚后，就可以将分运动合成为其实际运动，这就极大地方便了对复杂运动的分析和研究。

1.3 直线运动　曲线运动

1. 直线运动

直线运动是质点诸运动中最基本、最简单的运动，它是一切复杂运动的基础。在直线运动中，匀加速运动又是最初等的运动。

质点做直线运动时，总可以将坐标轴建立在其运动方向上，此时，质点运动的物理量的矢量属性就只局限于一个方向，由于这个方向是默认的，所以此时对运动参量的运算就可以用一个标量替代。必须强调的是，当运动参量用标量计算时，并不是否认该运动参量的矢量属性。

设质点以恒定的加速度 $\boldsymbol{a}$ 沿 x 轴做直线运动，当 $t=0$ 时，质点的坐标为 x_0，速度为 v_0，那么 t 时刻的速度由式(1-8)可表示为

$$dv = a\,dt \tag{1-13}$$

式(1-13)是一个简单的微分方程，解此方程的方法是两边积分，再根据初始条件，可得

$$\int_{v_0}^{v} dv = \int_0^t a\,dt = a\int_0^t dt$$

其结果为

$$v = v_0 + at \tag{1-14}$$

再由式(1-4)列出微分方程，根据初始条件求解

$$\int_{x_0}^{x} dx = \int_0^t v dt$$

将式(1-14)代入上式，计算得

$$x - x_0 = v_0 t + \frac{1}{2}at^2 \tag{1-15}$$

这一结论在初等物理中是大家比较熟悉的，消去时间 t，还可以得到一个比较有用的计算公式

$$v^2 - v_0^2 = 2a(x - x_0) \tag{1-16}$$

必须指出，**式(1-16)只适用于匀加速直线运动**，而对非匀加速直线运动是不成立的，对一般的运动更不适用，因此，这要引起那些初学《大学物理教程》的读者注意。

当质点做直线运动的加速度不是常数时，计算过程比上述问题要稍复杂。但有了高等数学作基础的读者是不难计算的。

例 1-1　物体沿 x 轴运动，其速度 $v = \alpha\sqrt{x}$，α 为常数，当 $t = 0$ 时，物体处于 x 轴的原点。求：

(1) 以运动的速度和加速度作为 t 的变量的函数；

(2) 运行 s 路程后的平均速度。

分析：当物体运动的位置坐标 x 与时间 t 的函数关系找到后，则不难计算问题(1)。

解：(1) 由已知条件和 $v = \dfrac{dx}{dt}$ 可得

$$\frac{dx}{dt} = \alpha\sqrt{x} \text{ 或} \frac{dx}{\sqrt{x}} = \alpha\,dt$$

根据初始条件两边积分

$$\int_0^x \frac{dx}{\sqrt{x}} = \int_0^t \alpha\,dt$$

计算结果为 $2\sqrt{x} = \alpha t$ 或 $x = \dfrac{\alpha^2}{4}t^2$。

(2) 对平均速度的计算，必须确定物体运行 s 后所需的时间。

可以直接将(1)中的结果 x 用 s 取代计算，可得 $t = \dfrac{2}{\alpha}\sqrt{s}$，

所以，平均速度 $\overline{v} = \dfrac{s}{t} = \dfrac{\alpha}{2}\sqrt{s}$。

例 1-2　一升降机以加速度 $a = 1.22\,\text{m/s}^2$ 的加速度上升，当其速度 $v_0 = 2.44\,\text{m/s}$ 时，升降机的天花板上掉下一颗钉子，天花板与升降机地面之间的距离 $h = 2.74$ m。计算：

(1) 钉子从天花板落到升降机地面所需的时间；

(2) 钉子相对于升降机外固定支柱落下的距离。

分析：首先要考虑如何选定参照系，在这个参照系中要确保牛顿运动定律能够成立，因此，选地面作为

参照系。参照系确定后，发现这里有两个同时运动的物体。其一为钉子，其二为升降机。根据问题的需要，可以将起始时间选择在钉子开始掉下的时刻，并选择此时的升降机地面为坐标系的原点，由此建立一个向上的 y 轴，如图 1－3 所示。在 Oy 参照系中分别考虑钉子的运动和升降机地面的运动。

解：设钉子的初始位置为 h，初速度 $v_0 = 2.44\ \mathrm{m/s}$，加速度 $g = 9.8\ \mathrm{m/s^2}$，则任意时刻 t，钉子的位移 $y_1 = h + v_0 t - \frac{1}{2}gt^2$。

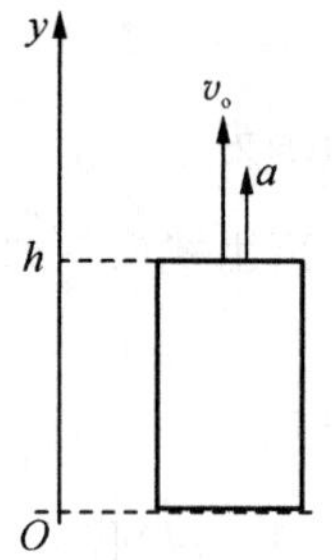

图 1－3　例题 1－2 图

升降机地面的初始位置位于原点，初速度 $v_0 = 2.44\ \mathrm{m/s}$，加速度 $a = 1.44\ \mathrm{m/s^2}$，t 时刻升降机地面的位移：

$$y_2 = v_0 t + \frac{1}{2}at^2$$

相遇时间为 t，此时两者处于同一位置，即 $y_1 = y_2$，故

$$h - \frac{1}{2}gt^2 = \frac{1}{2}at^2$$

解得

$$t = \sqrt{\frac{2h}{g+a}} = 0.705\ \mathrm{s}$$

此时钉子的位置

$$y_1 = h + v_0 t - \frac{1}{2}gt^2$$

钉子相对升降机外柱子落下的距离

$$\Delta y = h - y_1 = \frac{1}{2}gt^2 - v_0 t = 0.715\ \mathrm{m}$$

上面两个问题都是直线运动，当坐标轴选择在物体运动的直线上时，则采用的计算方法较简单。但同样的直线运动，当选择的参照系为二维平面时，此时质点的直线运动如何计算，如何表示呢？请看下面例子。

* **例 1－3**　设质点具有恒定的加速度 $\boldsymbol{a} = 6\boldsymbol{i} + 4\boldsymbol{j}$(SI)，在 $t = 0$ 时，$v_0 = 0$，位置矢量 $\boldsymbol{r}_0 = 10\boldsymbol{i}$。求：

(1) 质点在任意时刻 t 的速度和位置矢量；

(2) 质点在 Oxy 平面上的轨迹方程。

解：由 $\boldsymbol{a} = 6\boldsymbol{i} + 4\boldsymbol{j}$ 可知，质点在 x 方向的加速度 $a_x = 6\ \mathrm{m/s^2}$，而在 y 方向的加速度 $a_y = 4\ \mathrm{m/s^2}$，然后分别找出它们各自方向上的初速度和起始位置，通过两个垂直方向上的直线运动分别求出 v_x、v_y 与 x、y，其计算方法与上两例相似，读者可以试一试。

在这里直接用矢量运算的方法计算。

因为

$$\boldsymbol{a} = \frac{\mathrm{d}\boldsymbol{v}}{\mathrm{d}t} = 6\boldsymbol{i} + 4\boldsymbol{j}$$

故

$$\mathrm{d}\boldsymbol{v} = (6\boldsymbol{i} + 4\boldsymbol{j})\mathrm{d}t$$

由初始条件可知：

$$\int_0^{\boldsymbol{v}} \mathrm{d}\boldsymbol{v} = \int_0^t (6\boldsymbol{i} + 4\boldsymbol{j})\mathrm{d}t$$

计算得

$$\boldsymbol{v} = 6t\boldsymbol{i} + 4t\boldsymbol{j}$$

由

$$\boldsymbol{v} = \frac{\mathrm{d}\boldsymbol{r}}{\mathrm{d}t} = 6t\boldsymbol{i} + 4t\boldsymbol{j}$$

得

$$\mathrm{d}\boldsymbol{r} = (6t\boldsymbol{i} + 4t\boldsymbol{j})\mathrm{d}t$$

由初始条件，积分可得

$$\int_{10\boldsymbol{i}}^{\boldsymbol{r}} \mathrm{d}\boldsymbol{r} = \int (6t\boldsymbol{i} + 4t\boldsymbol{j})\mathrm{d}t$$

计算得

$$\boldsymbol{r} = (10 + 3t^2)\boldsymbol{i} + 2t^2\boldsymbol{j}$$

由矢量的解析式表示可知，质点在 xy 轴上的坐标分别为

$$x = 10 + 3t^2$$

$$y = 2t^2$$

消去 t 得质点的轨迹方程：

$$2x - 3y = 20$$

由轨迹方程可判断，该质点做直线运动，说明在二维平面描述直线运动时，所有的运动参量都必须恢复其矢量的本质，三维坐标更是如此。

2. 质点的曲线运动

质点在做曲线运动时，有两类曲线运动相对比较简单，即抛体运动和圆周运动。这里着重讨论这两类常见的曲线运动。

如图 1－4 所示，设质点以 $\boldsymbol{v}_0$ 的初速度与地面成 α 角度的方向做斜抛运动，忽略运动中的一切阻力作用，可将其视为以 $v_0\cos\alpha$ 的水平速度做水平方向的匀速运动，以 $v_0\sin\alpha$ 为初速度的垂直上抛运动，如果以水平方向为 x 轴，垂直方向为 y 轴，则

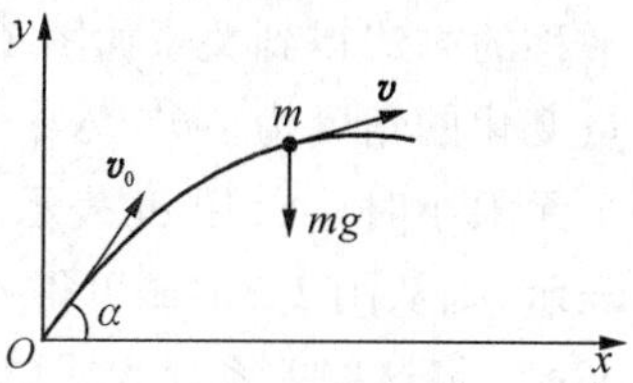

图 1－4　质点做斜抛运动

$$\begin{cases} x = v_0 t\cos\alpha \\ y = v_0 t\sin\alpha - \dfrac{1}{2}gt^2 \end{cases}$$

消去时间 t，可以得到质点做抛体运动的轨迹曲线。

当质点做轨迹固定的曲线运动时，还可以采用自然坐标系描述质点的运动。**其方法是在运动的曲线上任取一点为原点，以质点所在处与原点之间曲线的长度 s 为坐标。质点在曲线上运动时，轨道上任意一点的切线方向为质点的速度方向，用切向单位矢量"$\boldsymbol{e}_t$"表示，与切线垂直的方向为法向，用法向单位矢"$\boldsymbol{e}_n$"来表示。**当质点运动时，速度不断变化，且在曲线不同的位置，其切线方向不同，法线方向也随之不同。因为质点运动轨迹确定，所以在轨迹上某固定点的切向、法向单位矢量不变。但质点在运动时，不同时刻质点处于轨迹上的位置不同。这样，不论单位矢量 $\boldsymbol{e}_t$ 或 $\boldsymbol{e}_n$ 都随时间的变化而变化。

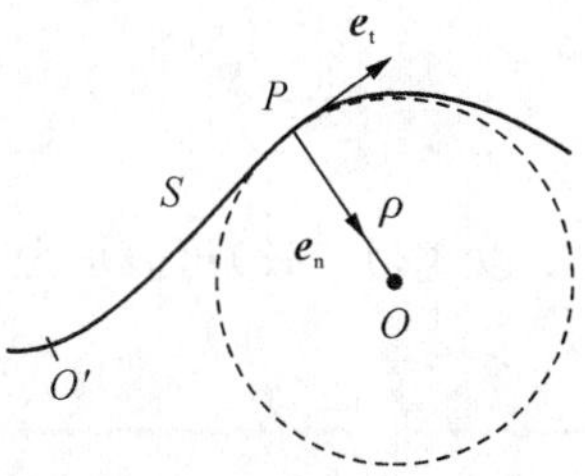

图 1－5　自然坐标系

因抛体运动和圆周运动的轨迹都是确定的，所以这两类运动都可以用自然坐标系描述。采用自然坐标系时，质点运动的速度

$$\boldsymbol{v} = v\boldsymbol{e}_t = \frac{ds}{dt}\boldsymbol{e}_t \tag{1-17}$$

显然式(1－17)中 $v = \dfrac{ds}{dt}$，表示质点在曲线上运动的速率，一般情况 v 应是时间 t 的函数，按定义其加速度 $\boldsymbol{a} = \dfrac{d\boldsymbol{v}}{dt} = \dfrac{d}{dt}(v\boldsymbol{e}_t)$，因 $v\boldsymbol{e}_t$ 都随时间 t 变化，所以

$$\boldsymbol{a} = \left(\frac{dv}{dt}\right)\boldsymbol{e}_t + v\left(\frac{d\boldsymbol{e}_t}{dt}\right) \tag{1-18}$$

下面讨论 $\dfrac{d\boldsymbol{e}_t}{dt}$，它是一个单位矢量 $\boldsymbol{e}_t$ 对时间 t 的导数，借用一个放大的过程考虑其量值，如图 1－6 所示。

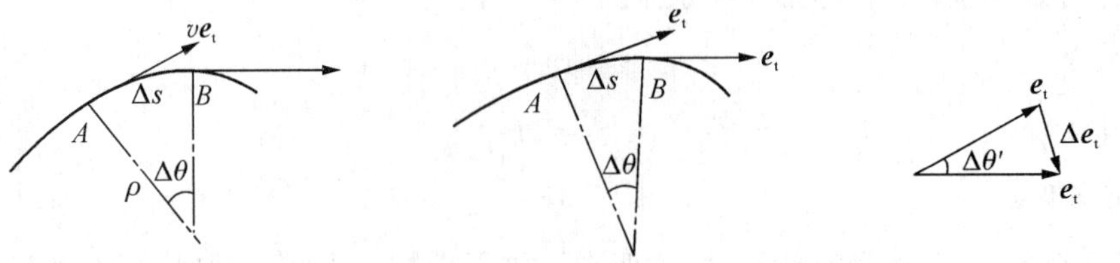

(a) $\Delta s=\rho\Delta\theta$　　(b) $\Delta e_t=\Delta\theta$　　(c) $\mathrm{d}\boldsymbol{e}_t=\mathrm{d}\theta\boldsymbol{e}_n$

图 1-6　法向加速度的表示

在图 1-6(b)中,画出轨迹上 A、B 两点的切向单位矢量 $\boldsymbol{e}_t$,质点在轨迹上从 A 运动到 B,A、B 两处的法线的夹角为 $\Delta\theta$,AB 弧线的长度为 Δs,所需要的时间为 Δt,而 A、B 两点切向单位矢量的变化可用矢量平移的方法得到关系如图 1-6(c)所示,在 Δt 时间内单位矢量的改变量为 $\Delta\boldsymbol{e}_t$,方向指向右下方,单位矢量变化的角度为 $\Delta\theta'$, $\Delta e_t=\Delta\theta'$,由几何关系,图 1-6(c)中的 $\Delta\theta'$ 与图 1-6(a)中的 $\Delta\theta$ 等量。当 Δt 趋于无限小时,Δt 用 $\mathrm{d}t$ 表示,$\Delta\theta$ 用 $\mathrm{d}\theta$ 表示,Δs 用 $\mathrm{d}s$ 表示,Δe_t 用 $\mathrm{d}\,e_t$ 表示。曲线在 A 点的**曲率半径用 $\boldsymbol{\rho}$ 表示**,则从图 1-6(a)可得 $\mathrm{d}s=\rho\mathrm{d}\theta$, $\mathrm{d}e_t=\mathrm{d}\boldsymbol{\theta}$,而 $\mathrm{d}\,\boldsymbol{e}_t$ 的方向将因 $\mathrm{d}\theta$ 趋于无限小而趋于法向,所以 $\mathrm{d}\,\boldsymbol{e}_t=\mathrm{d}\theta\,\boldsymbol{e}_n$。将这些关系代入式(1-18)右边第二项,可得

$$
\begin{aligned}
v\frac{\mathrm{d}\,\boldsymbol{e}_t}{\mathrm{d}t} &= v\frac{\mathrm{d}\theta}{\mathrm{d}t}\boldsymbol{e}_n \\
&= \frac{v}{\rho}\frac{\mathrm{d}s}{\mathrm{d}t}\boldsymbol{e}_n \\
&= \frac{v^2}{\rho}\boldsymbol{e}_n
\end{aligned}
$$

所以式(1-18)可表示为

$$
\boxed{\boldsymbol{a}=\frac{\mathrm{d}v}{\mathrm{d}t}\boldsymbol{e}_t+\frac{v^2}{\rho}\boldsymbol{e}_n}
$$

显然质点做曲线运动时的加速度可表示为

$$
\boldsymbol{a}=\boldsymbol{a}_t+\boldsymbol{a}_n \tag{1-19}
$$

$$
\begin{cases}
\boldsymbol{a}_t=\dfrac{\mathrm{d}v}{\mathrm{d}t}\boldsymbol{e}_t \\
\boldsymbol{a}_n=\dfrac{v^2}{\rho}\boldsymbol{e}_n
\end{cases} \tag{1-20}
$$

或者

$$
\begin{cases}
a_t=\dfrac{\mathrm{d}v}{\mathrm{d}t} \\
a_n=\dfrac{v^2}{\rho}
\end{cases}
$$

式中,**$\boldsymbol{a}_t$、$\boldsymbol{a}_n$ 分别称为质点做曲线运动的切向加速度和法向加速度,而总加速度的值** $a=\sqrt{a_t^2+a_n^2}$。在抛物体运动中,因抛物线各点的曲线半径不一样,所以用 ρ 表示。在圆周运动中,圆周各点的曲率半径相同时,通常用半径 R 表示。

3. 角量与线量

当一个圆盘绕其圆心垂直轴转动时,同一个半径上各点的线速度不相同,但它们的角速度却都相同,所以研究圆周运动时用“角量”比较方便。

当质点做圆周运动时,弧长 s 与半径 R、圆心角 θ 的关系为 $s=R\theta$,θ 在国际单位中表示为 rad(弧度)。

质点在圆周上的速度 $v=\frac{\mathrm{d}s}{\mathrm{d}t}\boldsymbol{e}_t=R\frac{\mathrm{d}\theta}{\mathrm{d}t}\boldsymbol{e}_t$。

定义

$$\omega=\frac{\mathrm{d}\theta}{\mathrm{d}t} \tag{1-21}$$

ω 称为质点绕圆心运动的**角速度**，则相应的

$$\boldsymbol{v}=R\omega\boldsymbol{e}_t \tag{1-22}$$

$\boldsymbol{v}$ 称为质点绕圆心运动的**线速度**。

质点运动的切向加速度

$$\boldsymbol{a}_t=\frac{\mathrm{d}v}{\mathrm{d}t}\boldsymbol{e}_t=R\frac{\mathrm{d}\omega}{\mathrm{d}t}\boldsymbol{e}_t$$

定义

$$\alpha=\frac{\mathrm{d}\omega}{\mathrm{d}t}=\frac{\mathrm{d}^2\theta}{\mathrm{d}t^2} \tag{1-23}$$

α 称为质点绕圆心运动的角加速度。

这样质点的切向加速度

$$\boldsymbol{a}_t=R\alpha\boldsymbol{e}_t \tag{1-24}$$

而质点的法向加速度

$$\boldsymbol{a}_n=\frac{v^2}{R}\boldsymbol{e}_n \tag{1-25}$$

一般情况下，质点做圆周运动的角度 θ、角速度 ω、角加速度 α 也都是矢量，在定轴转动时，其方向只有正、反两个方向，所以类似于讨论质点一维运动的情形，不特别强调它们的矢量表示。但是，必须知道它们本质上是矢量。有的文献将 θ 称为**“角位移”**，就是强调其矢量属性。

例 1-4　一质点从原点开始在 Oxy 平面内做抛体运动，其轨迹方程为 $16y=-5x^2$，它在 x 方向的速度 $v_x=4\ \mathrm{m/s}$。求质点位于 $x=2\ \mathrm{m}$ 处的速度与加速度。

解：抛体运动可以分解为水平方向沿 x 轴的运动和垂直方向的沿 y 轴的运动。

质点在 x 方向做匀速运动

$$x=v_xt=4t$$

质点在 y 方向做加速运动，由轨迹方程可得

$$y=-\frac{5}{16}x^2=-5t^2$$

所以，质点在 y 方向的速度 $v_y=-10t$，加速度 $a_y=-10\ \mathrm{m/s^2}$。

t 时刻，质点的速度

$$\boldsymbol{v}=v_x\boldsymbol{i}+v_y\boldsymbol{j}=4\boldsymbol{i}-10t\boldsymbol{j}$$

加速度

$$\boldsymbol{a}=\frac{\mathrm{d}\boldsymbol{v}}{\mathrm{d}t}=-10\boldsymbol{j}$$

当 $x=2\ \mathrm{m}$ 时，对应于质点运行的时间 $t=\frac{1}{2}\ \mathrm{s}$，可得 $x=2\ \mathrm{m}$ 时质点的速度和加速度分别为

$$\boldsymbol{v}=4\boldsymbol{i}-5\boldsymbol{j}$$

$$\boldsymbol{a}=-10\boldsymbol{j}$$

例 1-5　设质点沿半径为 R 的圆周，从原点开始按 $s=v_0t-\frac{1}{2}bt^2$ 的规律运动，其中 v_0、b 为常数。求：

(1) t 时刻质点的总加速度；

(2) t 为何值时，总加速度为 b；

(3) 当质点的加速度为 b 时，已沿圆周运行了多少圈？

解：(1) 选用自然坐标系，由式(1-17)和式(1-20)可得

$$v = \frac{\mathrm{d}s}{\mathrm{d}t} = v_0 - bt$$

$$a_t = \frac{\mathrm{d}v}{\mathrm{d}t} = -b$$

$$a_n = \frac{v^2}{R} = \frac{1}{R}(v_0 - bt)^2$$

总加速度的大小

$$a = \sqrt{a_t^2 + a_n^2} = \sqrt{b^2 + \frac{1}{R^2}(v_0 - bt)^4}$$

(2) 令总加速度 $a = b$，得 $v_0 - bt = 0$

计算出 $$t = \frac{v_0}{b}$$

(3) 运行的圈数 $$n = \frac{s}{2\pi R}$$

将 $t = \dfrac{v_0}{b}$ 代入 s 的表达式，可计算出

$$n = \frac{1}{2\pi R}\left[\frac{v_0^2}{b} - \frac{1}{2}b\left(\frac{v_0}{b}\right)^2\right] = \frac{v_0^2}{4\pi bR}$$

例 1-6 一物体的初速度 v_0 沿着水平方向成 θ 的角度抛出，问其运动轨迹的曲率半径在何处最大，何处最小，则两者的比值为多少？

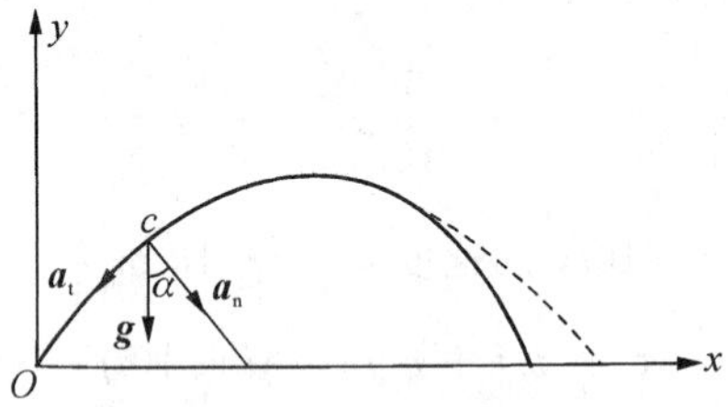

图 1-7 抛物线上任意一点的法向加速度

解：如图 1-7 所示，在轨迹上取一点 c，质点在 c 点的重力加速度为 $\boldsymbol{g}$，其方向向下，若 $\boldsymbol{g}$ 的方向与轨迹上过 c 点的法线的夹角为 α，则重力加速度 $\boldsymbol{g}$ 在 c 点的切向法向加速度的大小分别为

$$a_t = g\sin\alpha$$

$$a_n = g\cos\alpha$$

设质点在 C 点的速度为 v，由 $a_n = \dfrac{v^2}{\rho}$ 可得，曲率半径 $\rho = \dfrac{v^2}{a_n} = \dfrac{v^2}{g\cos\alpha}$。

从轨迹曲线上可以判断，曲线的顶点与起始点是曲率半径 ρ 的极值所在点，故 $\rho_{\min}$ 对应 α 最小处，此处为轨迹的顶点，可知

$$\rho_{\min} = \frac{v_0^2 \cos^2\theta}{g}$$

$\rho_{\max}$对应于 α 最大处，沿轨迹观察 c 点的移动，此处位于质点的发射处，故

$$\rho_{\max} = \frac{v_0^2}{g\cos\theta}$$

两者之比值

$$\frac{\rho_{\max}}{\rho_{\min}} = \frac{1}{\cos^3\theta}$$

***例 1-7**　质点在 Oxy 平面内运动，其运动方程 $\boldsymbol{r}(t) = 2t\boldsymbol{i} + (10 - 2t^2)\boldsymbol{j}$。求：

(1) 质点在 $t_1 = 1$ s 与 $t_2 = 2$ s 这段时间内的平均速度；

(2) 质点在 $t = 1$ s 时的速度，切向加速度与法向加速度。

解：(1) 质点在 t_1，t_2 时间间隔 $\Delta t = t_2 - t_1$ 内的位移 $\Delta\boldsymbol{r} = \boldsymbol{r}(t_2) - \boldsymbol{r}(t_1)$

代入数据

$$\Delta\boldsymbol{r} = 2\boldsymbol{i} - 6\boldsymbol{j}$$

因 $\Delta t = 1$，故平均速度

$$\overline{v} = \frac{\Delta\boldsymbol{r}}{\Delta t} = 2\boldsymbol{i} - 6\boldsymbol{j}$$

(2) 一般情况下，质点运动的速度

$$\boldsymbol{v} = \frac{\mathrm{d}\boldsymbol{r}}{\mathrm{d}t} = \frac{\mathrm{d}}{\mathrm{d}t}[2t\boldsymbol{i} + (10 - 2t^2)\boldsymbol{j}]$$
$$= 2\boldsymbol{i} + (-4t)\boldsymbol{j}$$

由速度 $\boldsymbol{v}$ 易知质点的加速度

$$\boldsymbol{a} = -4\boldsymbol{j}$$

因为速率

$$v = \sqrt{4 + 16t^2}$$

由速率 v 易求得质点的切向加速度

$$a_\mathrm{t} = \frac{\mathrm{d}v}{\mathrm{d}t} = \frac{16t}{\sqrt{4 + 16t^2}} = \frac{8t}{\sqrt{1 + 4t^2}}$$

由 $a^2 = a_\mathrm{t}^2 + a_\mathrm{n}^2$ 可得

$$a_\mathrm{n} = \sqrt{a^2 - a_\mathrm{t}^2} = \sqrt{16 - \frac{64t^2}{1 + 4t^2}} = \frac{4}{\sqrt{1 + 4t^2}}$$

当 $t = 1$ 时，$v = 2\sqrt{5}$，$a_\mathrm{t} = \frac{8}{5}\sqrt{5}$，$a_\mathrm{n} = \frac{4}{5}\sqrt{5}$。

*1.4　相对运动

描述物体运动必须首先选定参照系，其物理参数也可以认为是物体相对于该参照系的运动状态，这就是运动的相对性的概念。在不同的参照系中对同一运动物体的描述是不同的，但它们之间有没有联系呢？这里首先讨论比较简单的物体运动。

如图 1-8 所示，假设 S 参照系静止，另有一 S′参照系以恒定的速度 u 沿 x 方向运动，t 时刻以后 $OO' = \boldsymbol{u}t$，此时有一质点的位置处于 p 点，在 Δt 时间内，它对应 S 参照系的位移为 $\Delta\boldsymbol{r}$，对应于 S′参照系的位移为 $\Delta\boldsymbol{r}'$，由矢量三角形可得

$$\Delta\boldsymbol{r}(t) = \Delta\boldsymbol{r}'(t) + \boldsymbol{u}\Delta t$$

两边同除以 Δt，并令 $\Delta t \to 0$，取其极限，得

$$\boldsymbol{v} = \boldsymbol{v}' + \boldsymbol{u}$$

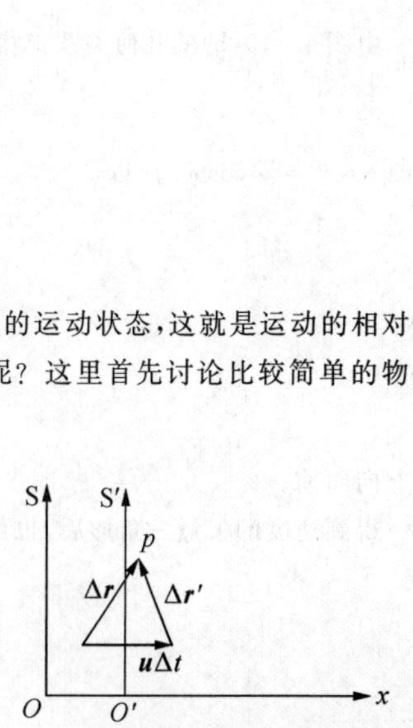

图 1-8　质点在不同参照系中的位移

式中，$\boldsymbol{v}$ 表示质点对 S 参照系的速度，$\boldsymbol{v}'$ 表示质点对 S′参照系的速度，$\boldsymbol{u}$ 表示 S′参照系对 S 参照系的速度，即 $\boldsymbol{v}_{点\to s}=\boldsymbol{v}'_{点\to s'}+\boldsymbol{v}_{s'\to s}$。可用如图 1－9 所示的矢量图表示。

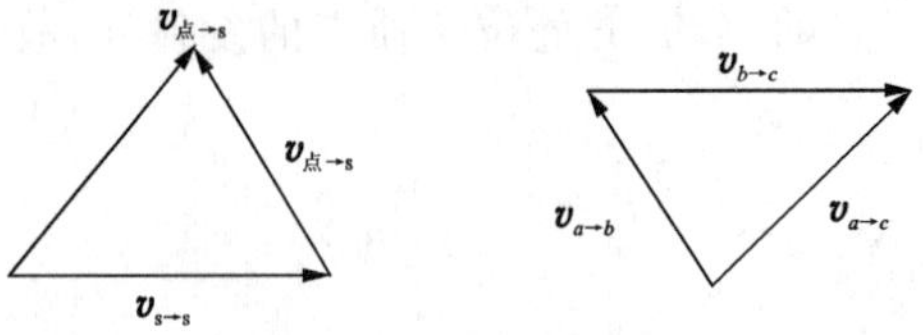

图 1－9　相对运动速度变换中的矢量三角形

一般地表示为

$$\boxed{\boldsymbol{v}_{a\to c}=\boldsymbol{v}_{a\to b}+\boldsymbol{v}_{b\to c}} \tag{1-26}$$

所以式(1－26)也简称为相对运动的速度矢量关系式，图 1－9 的矢量关系图称为相对运动速度矢量三角形。通过这个关系可以将一个质点相对某参照系的运动参数比较方便地过渡到另一个参照系中。

例 1－8　有一辆货车在雨中行驶，地面上看到雨落下的速度偏于垂直方向向前 θ 角，速度为 v_0，货车上的载物有 l 长一段暴露在外，已知车棚的高度为 h，如图 1－10(a)所示。问汽车以多大的速度 v 前进，装载物刚好不被雨淋？

图 1－10　例 1－8 图

解：在货车上看，雨的方向必须与垂直方向偏后 φ 角满足 $\tan\varphi=\dfrac{l}{h}$，该方向就是雨对车的速度方向，记为 $v_{雨\to 车}$，而雨对地的速度与垂直方向向前偏 θ 角，要求的 $v_{车\to 地}$ 方向沿路面，由相对运动的速度矢量三角形得

$$\boldsymbol{v}_{车\to 地}=\boldsymbol{v}_{车\to 雨}+\boldsymbol{v}_{雨\to 地}$$

因为

$$\boldsymbol{v}_{车\to 雨}=-\boldsymbol{v}_{雨\to 车}$$

所以

$$\boldsymbol{v}_{车\to 地}=\boldsymbol{v}_{雨\to 地}-\boldsymbol{v}_{雨\to 车}$$

设

$$\boldsymbol{v}=\boldsymbol{v}_{车\to 地}$$
$$\boldsymbol{v}_0=\boldsymbol{v}_{雨\to 地}$$
$$\boldsymbol{v}'=\boldsymbol{v}_{雨\to 车}$$

由图 1－10(b)的几何关系知汽车的速度的大小为

$$v=v_0\sin\theta+v'\sin\varphi$$

由 $v_0\cos\theta=v'\cos\varphi$，所以

$$\begin{aligned} v&=v_0\sin\theta+v_0\cos\theta\tan\varphi\\ &=v_0\sin\theta+\frac{l}{h}v_0\cos\theta\\ &=v_0\left(\sin\theta+\frac{l}{h}\cos\theta\right) \end{aligned}$$

其方向向前。

得到速度的矢量三角形后，也可以把速度用对应的矢量解析式表示后求解，读者可以试一试，此处不再赘述。

本章习题

1-1 已知质点做直线运动,其坐标 $x=ce^{-kt}$,式中 c,k 均为常量,试求该质点的速度和加速度。

1-2 已知质点在直线上运动,其速度 $v=\dfrac{b}{x}$,式中 b 为常量,且 $t=0$ 时,$x=x_0$。求:(1) 该质点的坐标随时间的变化关系;(2) 加速度随坐标的变化关系。

1-3 已知质点的速度 $v=bx^2$,式中 b 为常量。设 $t=t_0$ 时,$x=x_0$,试求该质点的加速度随坐标的变化关系。

1-4 已知质点在平面上运动,$\boldsymbol{r}=(b-c\cos\omega t)\boldsymbol{i}+(c\sin\omega t)\boldsymbol{j}$,式中 b,c,ω 均为常量。求该质点的轨迹方程和加速度。

1-5 一质点沿半径为 $R=0.10$ m 的圆周运动,其转动方程为 $\theta=2+t^2$ rad,求:(1) 质点在第1秒末的角速度和角加速度;(2) 质点在第1秒末的速度、第1秒末的总加速度。

1-6 已知质点在半径为 R 的圆周上运动,其弧坐标 $s=bt^2+ct+d$,式中 b,c,d 均为常量。试求该质点的速度,加速度的切向、法向分量的值。

1-7 一物体做如图所示的斜抛运动,测得其在轨道的 A 点处速度大小为 v,速度方向与水平方向的夹角为30°。求该物体在 A 点切向加速度以及轨道的曲率半径。

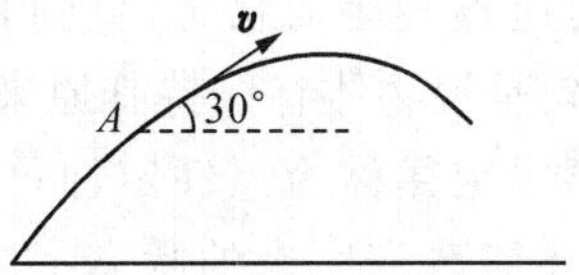

习题 1-7 图

第二章　牛顿运动定律

质点运动学只是对质点运动情形进行描述，具体讨论的内容有质点的位置、位移、速度和加速度等，以及它们之间的相互关系，并不需要考虑这些运动产生的原因。而质点动力学则是研究质点受到力的作用，并在一定的初始条件下发生何种运动。质点动力学的基本定律是牛顿运动定律，因此学习本章的关键是理解牛顿运动定律的物理含义，掌握基本的思想方法和解题方法，要多做多练，见多识广，进而为后面章节的学习打好基础。

2.1　牛顿运动定律

1687 年，伟大的英国物理学家牛顿发表了《自然哲学的数学原理》，书中第一次阐述了三条有关运动的定律，就此奠定了牛顿力学的基础。

1. 牛顿第一定律

"任何物体都将保持其静止状态或匀速直线运动状态，直到其他物体的作用造成这种状态的改变为止"，这就是牛顿第一定律的表述。前半句是说物体有保持其原来的运动状态的性质，这一性质就是我们常称的"惯性"，因此也有人直接将牛顿第一定律称为惯性定律；而后半句是说力是由物体相互作用产生的，物体只有受到其他物体的作用力时，才能改变原来的状态。因为世界上没有不受其他物体作用的物体，所谓的"不受作用"最多也就是表明诸多外力作用的合力为零，所以牛顿第一定律没有办法在实验室直接验证，但是可以从生活经验中的许多事实中推断其正确性。

满足牛顿第一定律的参照系称为惯性参照系。观察行星相对于太阳的运动，已知太阳是一个较准确的惯性系。日常的经验和工程实践证明，地球是一个比较准确的惯性参照系。因地球绕太阳公转，地球自身又有自转，所以地球不是一个严格的惯性系，但从伽利略、牛顿等人研究开始，许许多多的观察和实验表明，在一定的近似范围内可以认为地球是比较好的惯性系。在动力学中，**牛顿运动定律只对惯性系成立**。

相对于一个惯性系做匀速直线运动的参照系也是惯性参照系，以此可以推测，相对于惯性系做加速运动的参照系就是非惯性系，牛顿运动定律在非惯性参照系中不成立。在例 1 - 2 中坚持选大地为参照系，而不选升降机为参照系，就是因为升降机是非惯性系。在升降机这一参照系中，牛顿定律不适用。这也是在以后碰到动力学问题时必须首先要注意的一个重要问题。

2. 牛顿第二定律

牛顿对第二定律叙述的原文意思是"运动的变化与所加的动力成正比，并且发生在该力所沿直线的方向上"。牛顿在该定律中所提到的"运动"是有严格定义的，是把运动物体的质量与其速度矢量之积定义为运动，这就是今天称之的"动量"。牛顿所说的运动的变化就是动量的变化率，所以牛顿第二定律的表达式应为

$$\boxed{\frac{\mathrm{d}\boldsymbol{p}}{\mathrm{d}t} = \frac{\mathrm{d}}{\mathrm{d}t}(m\boldsymbol{v}) = \sum_i \boldsymbol{F}_i} \tag{2-1}$$

式中，$\sum_i \boldsymbol{F}_i$ 为质点受到的**合外力**。

在对式(2 - 1)进行数学运算时，**若 m 为常数**，则

$$m\frac{\mathrm{d}\boldsymbol{v}}{\mathrm{d}t}=\sum_i \boldsymbol{F}_i \tag{2-2}$$

这是我们在初等物理中熟知的**牛顿第二定律的形式 $\boldsymbol{F}=m\boldsymbol{a}$**，因此，称其为牛顿运动定律的常见形式。

那么运动物体的质量究竟是常量还是变量呢，可以例举一些事实进行说明。冰雹在空中形成时是一颗小的冰晶，然后由于气象原因，冰晶在不断地运动，吸收空气中的水分进一步使冰球变大，以致有时像乒乓球那样大小，这说明冰雹在运动过程中质量是变化的；火箭在点火发射后，其内部的燃料和助燃剂不断地燃烧向外喷出，使火箭的质量变小。因此，严格地说，物体运动时的质量变化是绝对的。

例 2-1　货车车厢在传送带下装载矿砂，若传送带的送货量为 1 000 kg/s，忽略阻力和摩擦力，要使车厢以 5 m/s 的匀速向前运动，其受到的牵引力为多大？

解：车厢在行驶过程中虽然没有加速度，但是车厢的质量处于不断变化中。

由式(2-1)可得，
$$\frac{\mathrm{d}m}{\mathrm{d}t}\boldsymbol{v}+m\frac{\mathrm{d}\boldsymbol{v}}{\mathrm{d}t}=\boldsymbol{F}$$

因
$$\frac{\mathrm{d}\boldsymbol{v}}{\mathrm{d}t}=0$$

故
$$\frac{\mathrm{d}m}{\mathrm{d}t}\boldsymbol{v}=\boldsymbol{F}$$

因 $\frac{\mathrm{d}m}{\mathrm{d}t}=1\ 000\ \mathrm{kg/s}$，$v=5\ \mathrm{m/s}$，代入得

$$F=5\ 000\ \mathrm{N}$$

但在许多问题中，若质量随时间的变化不明显或相对变化量不大，且在允许的误差范围内，我们就可以近似地认为质量是不变的。这对我们应用牛顿运动定律带来极大方便。这时的牛顿第二定律就成了牛顿运动定律的常见形式，即式(2-2)。

$\sum_i \boldsymbol{F}_i$ 为合外力，**所谓的外力是其他物体对运动物体的作用力**。式(2-2)表明，运动物体的加速度与作用在其上的合外力成正比，与物体的质量成反比，加速度的方向与合外力的方向一致。由牛顿第二定律的常见形式可知，**力产生加速度，或者说作用在物体上的力只与运动物体的加速度有关，而与速度无关**。

力可以是常力，与时间无关，但更多的情况下力是变力。力可以表示为随时间 t 变化的函数$F(t)$，随位置 x 变化的 $F(x)$，随速度 v 变化的 $F(v)$，或其他更复杂的形式。针对不同形式的变力代入牛顿运动方程，需要求解不同形式的微分方程。

3. 牛顿第三定律

任何一种力都是物体与物体的相互作用的结果，自然界中实际上不存在一个孤立的力。牛顿揭示出物体与物体之间存在着作用力与反作用力，它们之间的关系可由牛顿第三定律表示：

两个物体之间存在着作用力与反作用力，并在同一直线上，大小相等，方向相反，分别作用在不同的物体上。

按牛顿第三定律可以知道，作用在同一物体上的力一定不构成作用力与反作用力，作用力与反作用力一定属于同一性质的力，例如都是摩擦力，或都是万有引力，或都是静电力、弹性力等。

2.2　牛顿运动定律的应用

这里，我们重点讨论运动物体质量不变时，其运动状态的变化与其受到的外力作用的关系，即式(2-2)。而对于质量变化的运动物体状态的改变，将在下一章介绍。

牛顿运动定律应用过程中最常见的两种形式是：(1) 由力求质点的运动；(2) 由质点的运动求力。当一

个孤立物体受到若干个作用力时，这时的关键是要把作用在其上的所有力都要一一找出，不能多，也不能少。当运动的物体不是孤立的一个，而是由两个或两个以上的物体牵连在一起时，则常常把每一个运动物体孤立起来分析。分析时把牵连在一起的其他物体的作用力一并考虑进去，这种方法称为“**隔离体法**”，也是求解力学问题的常用方法。

下面通过一个例子具体说明。

例 2-2 设有一个质量可以忽略的定滑轮，其两边挂有质量分别为 m_1、m_2 的两个物体，若 $m_1 > m_2$，求开始运动的加速度。

分析：在 m_1、m_2 不大时，可以用“质点”表示。这是由两个质点 m_1、m_2 构成的系统。m_1、m_2 由跨在滑轮上的细绳相互作用。

解：设绳子对 m_1 的作用力为 $\boldsymbol{T}_1$，重力对 m_1 的作用力为 $m_1\boldsymbol{g}$；绳子对 m_2 的作用力为 $\boldsymbol{T}_2$，重力对 m_2 的作用力为 $m_2\boldsymbol{g}$，如图 2-1 所示。

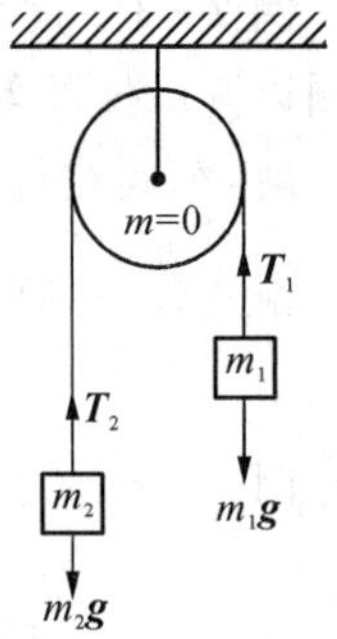

图 2-1 例 2-2 图

由牛顿运动定律分别对 m_1、m_2 列出动力学方程，

$$\begin{cases} m_1 g - T_1 = m_1 a \\ T_2 - m_2 g = m_2 a \end{cases}$$

一般情况下滑轮的质量 $m \neq 0$，经验告诉我们 $T_1 \neq T_2$。但在此问题中，假设滑轮的质量可忽略不计，即 $m = 0$，所以两边的绳子的作用力 $T_1 = T_2$，由此将上述方程组中的 T_1、T_2 消去，可得

$$a = \frac{m_1 - m_2}{m_1 + m_2} g$$

求出加速度 a 后，可由运动学方程求任意时刻物体 m_1、m_2 的速度和位移，或由 m_1 下落的距离求出时间等。

例 2-2 不采用隔离体法，似乎也能计算出问题的结果，但这仅仅只针对 $m=0$，$T_1 = T_2$ 的特殊情况。而针对一般的问题，如滑轮的质量 $m \neq 0$ 时，则必须要采用隔离体法求解。

我们认为，用隔离体法求解动力学问题是一种普遍规范的方法。则类似采用隔离体法求解的动力学问题的解题方法可以归纳为以下步骤：

(1) 画出草图，将研究的物体与其他的物体“隔离”开来；

(2) 分析每一个“隔离体”的受力；

(3) 选择参照系，列出对应的物体的动力学方程；

(4) 求解方程；

(5) 讨论结果的合理性和物理意义。

例 2-3 有两块并排放置于光滑水平面上的木块 A、B，其质量分别为 m_1、m_2，一子弹从左边水平穿过木块，对 A、B 作用的时间分别为 Δt_1 和 Δt_2。如果木块对子弹的阻力恒为 F，则子弹穿过后，木块 A、B 的速度分别为多少？

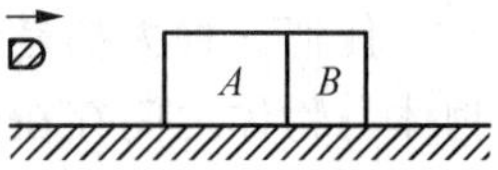

图 2-2 例 2-3 图

解：要知道木块最后的速度，必须知道木块在被子弹穿过时受到的作用力以及在此力作用下的加速度。因子弹穿越木块 A 时，木块对子弹有一阻力，根据牛顿运动第三定律，子弹对木块的 A 的作用力也是 $\boldsymbol{F}$，另外，子弹穿越木块 A 时，B 对 A 有一作用力 $\boldsymbol{N}$；所以 A 对 B 的作用力也是 $\boldsymbol{N}$。其隔离受力图如图 2-3 所示。

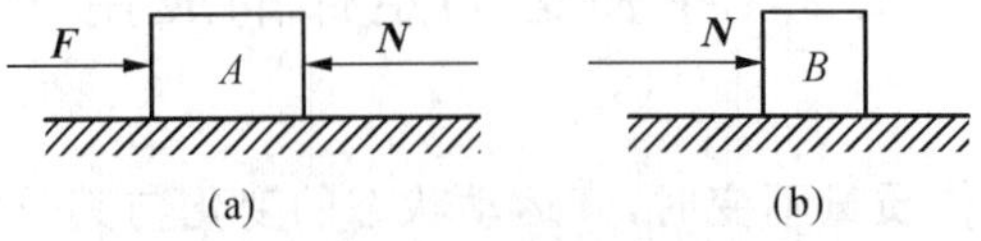

图 2-3 隔离受力图

子弹穿越 A 时，分别对 A、B 列出动力学方程：

$$F - N = m_1 a_A$$
$$N = m_2 a_A$$

解得：
$$a_A = \frac{F}{m_1 + m_2},\ v_A = at = \frac{F\Delta t_1}{m_1 + m_2}$$

在子弹穿越木块 B 时，情况相对简单，此时子弹作用力 F 直接作用在 B 上，故 $F = m_2 a_B$，则

$$a_B = \frac{F}{m_2}$$

当子弹穿越 B 时，木块 B 在之前 A 的推动下已获得速度 v_A，所以木块 B 的速度

$$\begin{aligned} v_B &= v_A + a_B \Delta t_2 \\ &= \frac{F\Delta t_1}{m_1 + m_2} + \frac{F\Delta t_2}{m_2} \\ &= F\left(\frac{\Delta t_1}{m_1 + m_2} + \frac{\Delta t_2}{m_2}\right) \end{aligned}$$

例 2-4　在公路的拐弯处有一半径为 R 的圆弧，路面内外呈坡形，坡的倾角按交通部门规定的 v_0 设计。(1) 若汽车以速度 v_0 行驶时，车胎不受左右侧向力的作用，则倾角 θ 多大？* (2) 若路面的摩擦系数为 μ，问汽车行驶的速度限制在什么范围？

分析：这既是一个路桥工程中的实际问题，又是每一个驾驶员必须掌握的交通安全常识问题。

解：设汽车的质量为 m，汽车受到重力 $m\boldsymbol{g}$，路面的弹力 $\boldsymbol{N}$。

(1) 汽车不受侧向摩擦力，$f = 0$，其水平方向和垂直方向的动力学方程分别为

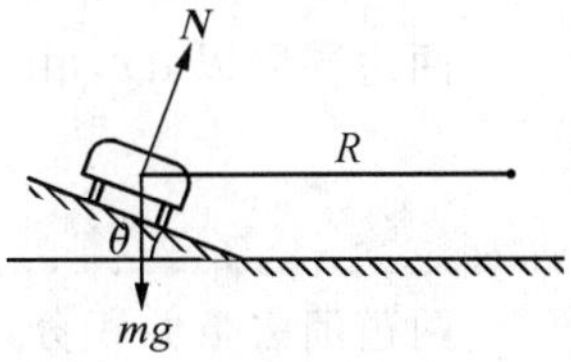

图 2-4　例 2-4 图

$$\begin{cases} N\sin\theta = m\dfrac{v_0^2}{R} \\ N\cos\theta = mg \end{cases}$$

解得 $\theta = \arctan\left(\dfrac{v_0^2}{Rg}\right)$，$R$ 越小，v_0 越大，θ 越大；$R \to \infty$ 时，$\theta \to 0$，这就是平直公路的惯例。

* (2) 当汽车的速度 $v < v_0$ 时，向心力变小，汽车轮胎受到向外的摩擦力 $f = \mu N$，水平方向和垂直方向的动力学方程分别为

$$N\sin\theta - \mu N\cos\theta = m\frac{v^2}{R}$$

$$N\cos\theta + \mu N\sin\theta = mg$$

解得
$$v = \sqrt{\frac{\sin\theta - \mu\cos\theta}{\cos\theta + \mu\sin\theta}Rg}$$

当汽车的速度 $v > v_0$ 时，其水平方向和垂直方向的动力学方程分别为

$$N\sin\theta + \mu N\cos\theta = m\frac{v^2}{R}$$

$$N\cos\theta - \mu N\sin\theta = mg$$

解得
$$v = \sqrt{\frac{\sin\theta + \mu\cos\theta}{\cos\theta - \mu\sin\theta}Rg}$$

由以上的结果解得汽车的速度 v 必须限制的范围为

$$\sqrt{\frac{\sin\theta-\mu\cos\theta}{\cos\theta+\mu\sin\theta}Rg}<v<\sqrt{\frac{\sin\theta+\mu\cos\theta}{\cos\theta-\mu\sin\theta}Rg}$$

前面3个例子中作用力都是不变的，求相应的加速度比较简单。但在实际问题中，力常常是变化的，如万有引力随距离平方成反比；弹性力与距离成负向正比；在流体介质中运动物体所受的阻力与速度成复杂的指数关系，等等。这时，牛顿运动定律的求解常常表现为求解微分方程的问题，一般情况下很难求解。为了说明问题，我们仅讨论下列三种简单情况，即力为时间的函数 $F(t)$、位移的函数 $F(x)$ 及速度的函数 $F(v)$，并把一维动力学方程的求解方法归纳如下：

$$m\frac{\mathrm{d}v}{\mathrm{d}t}=\begin{cases}F(t)\rightarrow\int m\mathrm{d}v=\int F(t)\mathrm{d}t\\F(x)\rightarrow\int mv\mathrm{d}v=\int F(x)\mathrm{d}x\\F(v)\rightarrow\int\frac{\mathrm{d}v}{F(v)}=\frac{1}{m}\int\mathrm{d}t\end{cases}\tag{2-3}$$

其中，对方程 $m\frac{\mathrm{d}v}{\mathrm{d}t}=F(x)$ 的求解过程常常利用 $\frac{\mathrm{d}v}{\mathrm{d}t}=\frac{\mathrm{d}v}{\mathrm{d}x}\frac{\mathrm{d}x}{\mathrm{d}t}=v\frac{\mathrm{d}v}{\mathrm{d}x}$ 的关系式作变量变换后继续运算，这类变量变换在许多问题中常常出现，请大家加以重视。

例 2-5 设列车速度到达 v_0 时停止动力牵引，此后列车受到的阻力正比于其速度，比例系数为 k，求停止动力牵引后列车滑行的距离。

解：列车滑行速度为 v 时，受到的阻力 $f=-kv$，由牛顿运动定律可得 $m\frac{\mathrm{d}v}{\mathrm{d}t}=-kv$。

两边同乘以 $\mathrm{d}x$，由 $\frac{\mathrm{d}x}{\mathrm{d}t}=v$ 得

$$mv\mathrm{d}v=-kv\mathrm{d}x$$

两边消去 v 并积分，由初始条件，

得
$$\int_{v_0}^{0}\mathrm{d}v=-\frac{k}{m}\int_0^x\mathrm{d}x$$

最后解得
$$x=\frac{m}{k}v_0$$

例 2-6 一轻型飞机的总质量 $m=1.0\times10^3$ kg，飞机以 $v_0=55$ m/s 的速度在水平跑道上着陆后驾驶员开始制动，制动力与时间成正比，比例系数 $b=5\times10^2$ N/s。求：(1) 10 s 后飞机的速度；(2) 飞机着陆后 10 s 内滑行的距离。

解：(1) 把飞机着陆时的时间定为 $t=0$，飞机着陆后的 t 时刻制动力 $f=-bt$。

由牛顿运动定律 $m\frac{\mathrm{d}v}{\mathrm{d}t}=-bt$ 或 $m\mathrm{d}v=-bt\mathrm{d}t$，两边积分，由初始条件可得

$$\int_{v_0}^{v}\mathrm{d}v=-\frac{b}{m}\int_0^t t\mathrm{d}t$$

解得
$$v=v_0-\frac{b}{2m}t^2$$

已知 $v_0=55$ m/s，则当 $t=10$ s 时，计算得 $v=30$ m/s。

(2) 由 $v=\frac{\mathrm{d}x}{\mathrm{d}t}$，得 $\mathrm{d}x=v\mathrm{d}t$，将 v 代入

$$dx = \left(v_0 - \frac{b}{2m}t^2\right)dt$$

两边积分，由初始条件可得：

$$\int_0^x dx = \int_0^t \left(v_0 - \frac{b}{2m}t^2\right)dt$$

得

$$x = v_0 t - \frac{b}{6m}t^3$$

将 v_0、b、m 数据代入并令 $t = 10$，解得飞机滑行距离 $x = 466.7\ \mathrm{m}$。

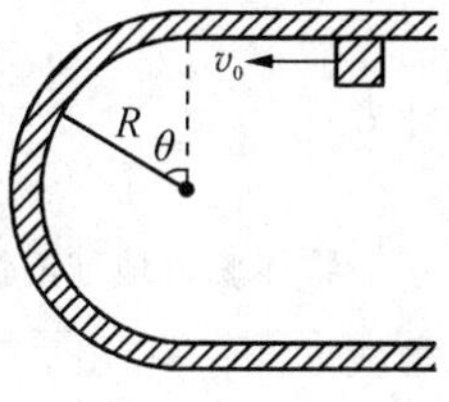

图 2-5　例 2-7 图

***例 2-7**　一物体以 v_0 的速度射入一半径为 R 的水平放置的半圆环壁，壁的摩擦系数为 μ，求物体滑出环壁时的速度。(半圆环壁之俯视图如图 2-5 所示)

分析：环形壁水平放置，物体在铅垂方向的运动状态不变，所以可以不考虑铅垂方向的作用力。在水平面上，虽然壁有摩擦，但在直线部分物体对壁没有正压力，所以直壁部分没有摩擦力。但在半圆环部分，物体做圆周运动，必然有向心加速度 a_n，此时环壁对质点(对物体采用质点模型)有一个指向圆心 O 的作用力，质点对环有一个正压力，它们是一对作用力与反作用力，其大小 $N = m\dfrac{v^2}{R}$，此时质点运动时受到摩擦力 $f = -\mu N$，f 的方向在质点所在位置的环的切线方向且与质点运动方向相反，因此，质点获得一个切向加速度，这个切向加速度就决定了质点速度的变化。

解：设质点在 θ 角位置的速度为 v，由以上分析可得

$$ma_t = -\mu N$$

即

$$m\frac{dv}{dt} = -\mu m\frac{v^2}{R}$$

整理得

$$R\frac{dv}{dt} = -\mu v^2$$

根据问题的要求，则要知道 v 关于角度 θ 的关系，对力学方程两边同乘 $d\theta$，由

$$\frac{d\theta}{dt} = \omega,\quad R\omega = v$$

可得

$$dv = -\mu v d\theta$$

由 $\theta = 0$，$v = v_0$ 解此方程

$$\int_{v_0}^{v}\frac{dv}{v} = -\mu\int_0^{\pi}d\theta$$

得

$$v = v_0 e^{-\mu\pi}$$

当 μ 很大时，物体滑出的速度很小，乃至出现停在环壁中间的现象。

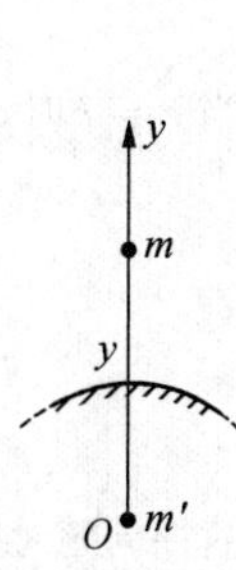

图 2-6　例 2-8 图

***例 2-8**　在忽略空气阻力的情况下，竖直上抛物体的速度随高度如何变化，它至少具有多大的速度才能离开地球飞向太阳系？

解：被抛物体在高空受到的不是重力，而是地球对它的引力，为了简洁表示引力关系，将坐标原点取在地心，建立向上的 y 轴。设物体的质量为 m，地球的质量为 m'，万有引力常数为 G，则万有引力 $f = -G\dfrac{mm'}{y^2}$，由质点的动力学方程可得

$$m\frac{dv}{dt} = -G\frac{mm'}{y^2}$$

在地面物体所受万有引力等于重力，即 $G\dfrac{mm'}{R^2} = mg$，R 为地球的半径，代入方程消去 G，动力学方程化为

$$\frac{dv}{dt}=-R^2g\frac{1}{y^2}$$

方程两边同乘 dy，

得
$$vdv=-R^2g\frac{dy}{y^2}$$

两边积分，利用 $y=R$ 时，$v=v_0$ 的初始条件，可得：

$$\int_{v_0}^{v}vdv=-R^2g\int_R^y\frac{dy}{y^2}$$

解得
$$v^2=v_0^2+2R^2g\left(\frac{1}{y}-\frac{1}{R}\right)$$

或者
$$v=\sqrt{v_0^2+2R^2g\left(\frac{1}{y}-\frac{1}{R}\right)}$$

物体脱离地球的情况，相当于 $y\to\infty$ 时情形，此时物体的临界速度取为零，代入上式得 $v_0=\sqrt{2Rg}$，代入 R、g 的具体参数可得 $v_0=\sqrt{2\times6.4\times10^6\times9.8}=11.2\ \text{km/s}$。

当物体的速度 $v<v_0$，在 y 为有限值时，物体的速度已为零，物体必返地面；即使 $v=v_0$，在 $y\to\infty$ 的地方一有扰动，物体仍有返回地面的可能。所以将 $v_0=11.2\times10^3\ \text{m/s}$ 定为物体脱离地球的最小速度，一般称其为第二宇宙速度。

实际问题中，物体在穿过大气层时必然会受到空气的阻力，空气的阻力常与速度有密切的关系，而且其形式比较复杂，速度越大，空气阻力越大，产生的热量也越大，为了避免因高速运动的阻力而引起的热量对物体造成损伤，常采用较低速度穿越大气层，而等物体上升到空气稀薄的高度，再让其速度上升至第二宇宙速度。

上面所讨论的问题都集中于已知力，求解物体的运动状态。应用牛顿运动定律的另一个重要的方面是由物体的运动状态求解力。

* **例 2-9** 一根质量为 m，长为 l 的均匀棒绕其一端在无摩擦的水平面内以 ω 的速度转动。试计算棒中的张力 T。

解：棒以角速度 ω 旋转，各部分的张力都不同，对于一根均匀的棒，不能将其视为质点，但可以将其视为一系列质点的组合。为了计算 r 处棒中的张力，建立一极坐标 Or，取 $r\to r+dr$ 的质量元 $dm=\frac{m}{l}dr$，旋转时左边对它的作用力为 T，右边对它的作用力为 $T+dT$，则

$$dT=-(dm)r\omega^2$$
$$=-\frac{m}{l}\omega^2rdr$$

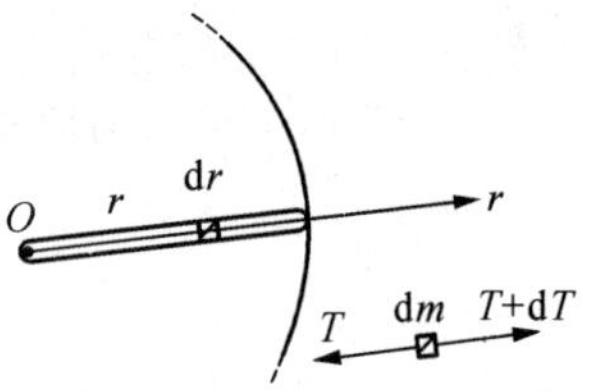

图 2-7　例 2-9 图

在 O 点的张力为 T_O，r 处的张力为 $T_{(r)}$，对上式两边积分

$$\int_{T_O}^{T_{(r)}}dT=-\frac{m}{l}\omega^2\int_0^r rdr$$

计算得
$$T_{(r)}-T_O=-\frac{m}{2l}\omega^2r^2$$

当 $r=l$ 时，$T_{(l)}=0$ 得

$$T_O=+\frac{m}{2l}\omega^2l^2$$

所以
$$T_{(r)}=\frac{m}{2l}\omega^2(l^2-r^2)$$

这一问题对于日常生活中的旋转零部件的机械设计有一定的参考意义，质量越大，长度越长，角速度越大的旋转物体对转轴的作用力越大，作用力与角速度平方成正比。

随着物体所受作用力的形式不同，有时牛顿运动定律的数学求解并不容易，而且得不到解析解的情况为多数，现在常用计算机求其近似解。

*2.3　非惯性系　惯性力

在介绍牛顿第一定律时曾说过，满足牛顿第一定律的参照系称为惯性系。牛顿运动定律只对惯性系成立。只有通过长期的实验观察，才能判断一个参照系是否是惯性系。太阳是比较准确的惯性系，地球是一个近似的惯性系，相对于惯性系做匀速直线运动的参照系也是惯性系。如果按这样的标准，惯性系是不多见的。在一个问题中，如果碰到的是非惯性系，能否按牛顿运动定律求解问题呢？答案是否定的。但是，如果选择的参照系相对于惯性系做匀加速运动，那么经验告诉我们，在这样的非惯性参照系中，只要引入一个虚拟力，也就是我们俗称的惯性力，还是可以用牛顿运动定律解决问题。惯性力为

$$\boxed{\boldsymbol{f}' = -m\boldsymbol{a}} \tag{2-4}$$

式中，m 为运动物体的质量，$\boldsymbol{a}$ 为非惯性系相对于惯性系的加速度。

式(2-4)表明，惯性系始终在 $\boldsymbol{a}$ 的相反方向上。

例 2-10　在例 1-2 中，选择升降机作为参照系，重新求解钉子从升降机天花板落到升降机地面的时间。

解：升降机以加速度 $a = 1.22\ \text{m/s}^2$ 的速度相对于大地上升，所以升降机是非惯性系，必须对运动物体引入惯性力求解。

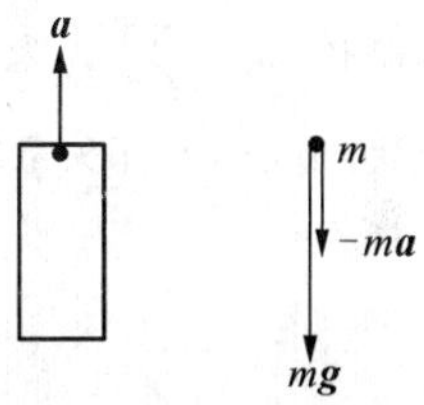

图 2-8　例 2-10 图

分析落下的钉子受力：重力 $m\boldsymbol{g}$，方向竖直向下；惯性力 $\boldsymbol{f}' = m\boldsymbol{a}$，方向竖直向下。

钉子在升降机参照系中的加速度为 $\boldsymbol{a}'$，则

$$m\boldsymbol{a}' = m\boldsymbol{g} + m\boldsymbol{a}$$

得

$$\boldsymbol{a}' = \boldsymbol{g} + \boldsymbol{a}$$

在升降机内，钉子开始固定在天花板上，相对于升降机静止，所以 $h = \frac{1}{2}a't^2$。

解得

$$t = \sqrt{\frac{2h}{a'}} = \sqrt{\frac{2h}{g+a}} = 0.705\ \text{s}$$

若要继续求一段时间内钉子相对于外面的柱子落下的高度又要回到大地这一惯性系中，即求钉子在该时间内的位移。

$$h = v_0 t - \frac{1}{2}gt^2 = -0.715\ \text{m}$$

因此，钉子下落 0.715 m。

可以归纳为：**在惯性系中，不能出现惯性力；而在相对于惯性系做匀加速运动的非惯性系中，必须引入“惯性力”，方能应用牛顿运动定律求解**，计算出运动物体的相关状态参量或说明有关物理现象。

*2.4　质点系　质心　质心运动定律

前面讨论了单一质点的运动规律，如果有 N 个质点构成一个系统，则称之为质点系。那么能否从单一质点的动力学方程推导出由许多质点构成的质点系的动力学方程呢？

1. 质点系的质心

我们比较熟悉系统重心的概念，因为日常生活中讨论物体的重量比较多。所谓重心就是指一个质点系的重量中心。当知道系统重心的位置后，就可以将质点系的总重量等价于作用在重心的位置上。**质点系的质心是指质点系的质量中心。**当质点系的体积不大，重力加速度的差异可以忽略不计时，质心位置与重心重合。一般情况下，重力加速度因物体所在的地点不同而不同，所以，一般质心位置与重心位置不重合。在讨论物体运动时，质心具有更普遍的意义。

首先讨论质点系的质心位置矢量的表示。设质量为 m_1 的位置矢量为 $\boldsymbol{r}_1$，质量为 m_2 的质点的位置矢量为 $\boldsymbol{r}_2$，m_1、m_2 的质心 c 的位置矢量为 $\boldsymbol{r}_c$。

当重力加速度为常数时，质心与重心重合。

如果 c 为重心，那 $m_1gd_1 = m_2gd_2$。

将 d_1，d_2 分别用矢量 $\boldsymbol{d}_1$，$\boldsymbol{d}_2$ 表示，则

$$m_1\boldsymbol{d}_1 = m_2\boldsymbol{d}_2 \tag{2-5}$$

再由矢量三角形关系 $\boldsymbol{r}_c = \boldsymbol{r}_1 + \boldsymbol{d}_1$ 可得

$$\boldsymbol{d}_1 = \boldsymbol{r}_c - \boldsymbol{r}_1 \tag{2-6}$$

由 $\boldsymbol{r}_c = \boldsymbol{r}_2 - \boldsymbol{d}_2$ 可得

$$\boldsymbol{d}_2 = \boldsymbol{r}_2 - \boldsymbol{r}_c \tag{2-7}$$

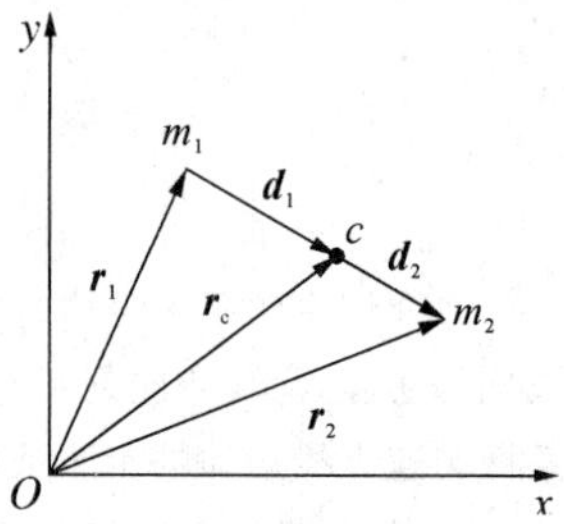

图 2-9　质心位置矢量

将式(2-6)和式(2-7)代入式(2-5)可得

$$m_1(\boldsymbol{r}_c - \boldsymbol{r}_1) = m_2(\boldsymbol{r}_2 - \boldsymbol{r}_c)$$

整理得

$$\boldsymbol{r}_c = \frac{m_1\boldsymbol{r}_1 + m_2\boldsymbol{r}_2}{m_1 + m_2} \tag{2-8}$$

推广到 N 个质点的情形

$$\boldsymbol{r}_c = \frac{1}{m}\sum_i m_i\boldsymbol{r}_i \tag{2-9}$$

式中，$m = \sum\limits_i m_i$ 为系统的总质量。

将 $\boldsymbol{r}_c$，$\boldsymbol{r}_i$ 用矢量的解析式表示，可得

$$\begin{cases} x_c = \dfrac{1}{m}\sum\limits_i m_i x_i \\ y_c = \dfrac{1}{m}\sum\limits_i m_i y_i \\ z_c = \dfrac{1}{m}\sum\limits_i m_i z_i \end{cases} \tag{2-10}$$

式中，x_i，y_i，z_i 表示质点 m_i 的坐标；x_c，y_c，z_c 分别代表系统质心 c 的坐标。

对于一个质量连续分布的物体，可以用上面质点系的理念做同样处理。首先取一质量元 $\mathrm{d}m$ 取代质点 m_i，它的坐标分别用 x,y,z 取代 x_i，y_i，z_i，然后将求和用积分代替可得

$$\begin{cases} x_c = \dfrac{1}{m}\displaystyle\int x\mathrm{d}m \\ y_c = \dfrac{1}{m}\displaystyle\int y\mathrm{d}m \\ z_c = \dfrac{1}{m}\displaystyle\int z\mathrm{d}m \end{cases} \tag{2-11}$$

例 2-11　设有一质量均匀的直角三角形板，它的直角边分别为 a，b。求此直角三角形的质心的位置。

解：建立 Oxy 坐标系，取 $x \rightarrow x + \mathrm{d}x$ 质量元 $\mathrm{d}m$。此质量元 $\mathrm{d}m$ 的坐标为 x，所以质量元 $\mathrm{d}m$ 是与 y 轴平行的一细长条，当 $\mathrm{d}x$ 很小时，此梯形可以视为矩形，若平板的密度为 σ，则

$$\begin{aligned}\mathrm{d}m &= \sigma\mathrm{d}s \\ &= \sigma y\mathrm{d}x\end{aligned}$$

因 y 是 x 的函数，由图 2-10 可知，$y = \dfrac{b}{a}x$，代入上式得

$$\mathrm{d}m = \sigma\frac{b}{a}x\mathrm{d}x$$

由质心坐标计算式(2-11)

$$x_c = \frac{1}{m}\int x\mathrm{d}m$$

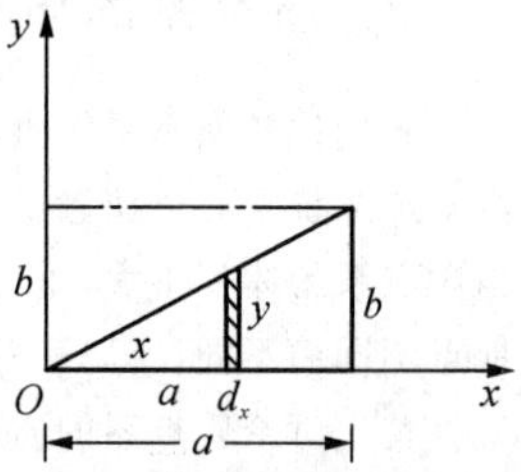

图 2-10　例 2-11 图

$$=\frac{1}{\sigma\left(\frac{1}{2}ab\right)}\sigma\frac{b}{a}\int_0^a x^2\,dx$$

$$=\frac{2}{a^2}\times\frac{1}{3}a^3$$

$$=\frac{2a}{3}$$

同理，$y_c=\frac{1}{3}b$。

故质心的位置为

$$\begin{cases} x_c=\frac{2a}{3} \\ y_c=\frac{1}{3}b \end{cases}$$

2. 质心运动方程

在质点系中，选择其中的第 i 个质点讨论。设其质量为 m_i，位置矢量为$\boldsymbol{r}_i$，受到的外力为 $\boldsymbol{F}_i$，受到系统内其他质点的作用力为 $\sum_{j\neq i}\boldsymbol{f}_{ij}$，由牛顿运动定律可得

$$\boldsymbol{F}_i+\sum_{j\neq i}\boldsymbol{f}_{ij}=m_i\boldsymbol{a}_i \tag{2-12}$$

对所有的质点运动方程两边求和

得

$$\sum_i\boldsymbol{F}_i+\sum_i\sum_{j\neq i}\boldsymbol{f}_{ij}=\sum_i m_i\boldsymbol{a}_i \tag{2-13}$$

取 $i=3$，分析 $\sum_i\sum_{j\neq i}\boldsymbol{f}_{ij}$ 的结果，如图 2-11 所示。

由于 $\boldsymbol{f}_{12}=-\boldsymbol{f}_{21}$，$\boldsymbol{f}_{13}=-\boldsymbol{f}_{31}$，$\boldsymbol{f}_{23}=-\boldsymbol{f}_{32}$，所以质点系内的作用力将全部抵消，即

$$\sum_i\sum_{j\neq i}\boldsymbol{f}_{ij}=0 \tag{2-14}$$

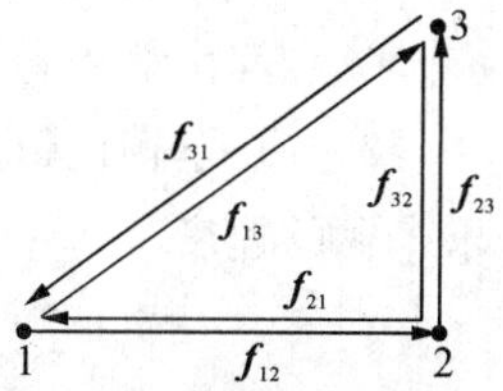

图 2-11　质点运动方程

分析式(2-13)右边的结果，由式(2-9)可知

$$m\boldsymbol{r}_c=\sum_i m_i\boldsymbol{r}_i$$

两边对时间求导得

$$m\frac{d\boldsymbol{r}_c}{dt}=\sum_i m_i\frac{d\boldsymbol{r}_i}{dt}$$

即

$$m\boldsymbol{a}_c=\sum_i m_i\boldsymbol{a}_i \tag{2-15}$$

将式(2-14)和式(2-15)代入式(2-13)可得：

$$\boxed{\sum_i\boldsymbol{F}_i=m\boldsymbol{a}_c} \tag{2-16}$$

式(2-16)表明，**质点系质心的加速度与系统所受的合外力成正比，与系统的总质量成反比，这就是质点系的质心运动方程**。

如果清楚了质点系的问题，那么固体的运动就可以归结为质点系的运动。以后将在刚体这一章中看到，刚体运动中许多物理量都可以由质点系的模型演绎得到。

本章习题

2-1　质量为 10 kg 的质点在力 $F=120t+40$ N 的作用下沿 x 轴运动。在 $t=0$ 时质点位于 $x_0=5.0$ m处，速度为$v_0=6$ m/s。求质点在任意时刻的速度和位置。

2-2　质点做直线运动时受到来自原点的斥力 $f=k/x^2$ 作用，已知 $t=0$ 时，$x_0=b$，$v=v_0$ 指向原点。试求解该质点在任意时刻的运动速度。

2-3　一质量为 m 的质点，受到与速度成正比的作用力 $f=mkv$，式中 k 为一常量。设$t=0$时，$x_0=0$，$v=v_0$，求此质点在任意时刻的速度和位移。

2-4　一质量为 m 的物体以初速 v_0 竖直上抛，空气阻力与速度成正比例，比例系数为 mR，R 为一常量。试求该物体上升阶段的运动速度和位移。

2-5　工地上有一吊车，上吊两块质量 A 和 B 分别为 200 kg 和 100 kg 的水泥板，如图所示，忽略钢丝绳和金属框的质量，问吊车以 $a_1=10$ m/s^2 的加速度吊起时，钢丝绳受到的作用力为多大？A 对 B 的作用力多大？若工地上只有一根承载 4×10^3 N 的钢丝绳，起吊的最大加速度为多少？

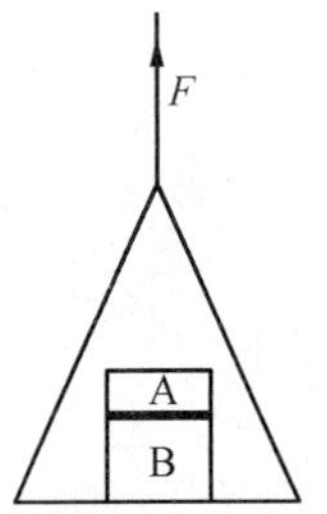

习题 2-5 图

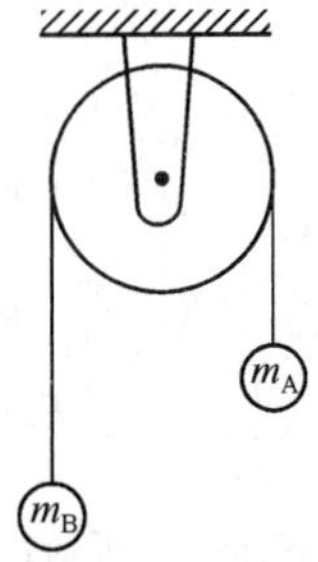

习题 2-6 图

2-6　一质量可忽略的滑轮两边分别挂有质量为 m_A、m_B 的小球，静止时 m_A 高度比 m_B 高 h_0，设 $m_A>m_B$，问由静止释放到两者处于同一水平面的时间为多少？m_A 下落时绳子中的张力为多少？

2-7　车辆以恒定的功率 $P(P=fv)$从静止开始行驶，在忽略阻力作用的情形下，求车辆的速度 $v=v(t)$及路程 $s=s(t)$的函数表示式。

2-8　一质量为 m 的人造卫星，围绕地心做半径为 r 的圆轨道运动，试求该卫星的运动速度和周期。

2-9　一单摆长为 l，摆锤质量为 m，起始时摆锤自竖直向下位置以初速 v_0 开始向右运动，试求摆锤的运动速度作为摆角 θ 的关系式和绳中张力的表达式。

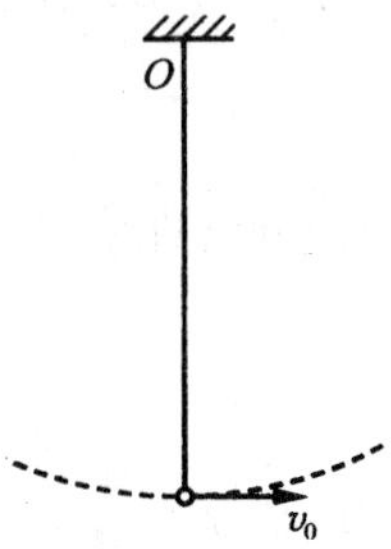

习题 2-9 图

2-10　一平板车放置在水平面上，车底板上放置有质量为 m 的木块，木块与车底板间的摩擦系数为 μ，当平板车以加速度 a_0 向前运动时，要使物块不发生滑动，所允许的加速度 a_0 有何限制？

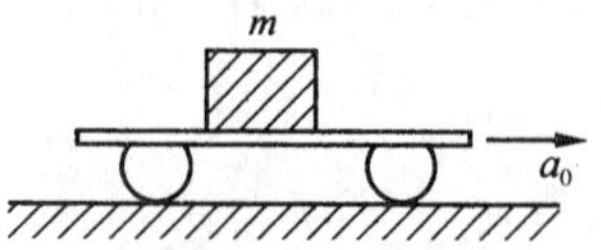

习题 2-10 图

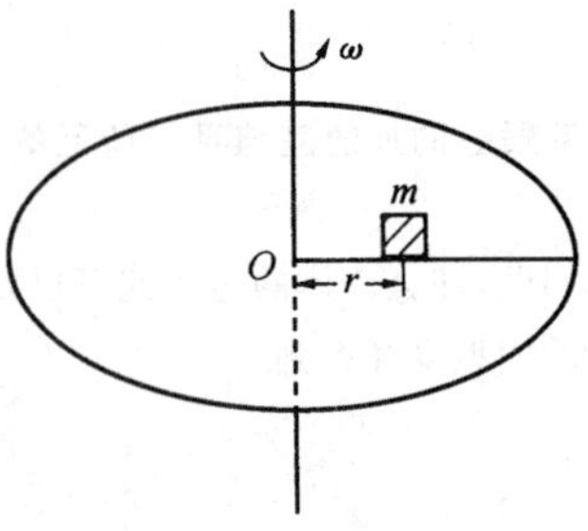

习题 2-11 图

2-11　一水平转台可绕通过台中心的竖直轴转动，在离轴为 r 处放置了一质量为 m 的小物块，物块与转台之间的摩擦系数为 μ，当转台以 ω 角速度转动时，要使物块相对于转台静止，则摩擦系数 μ 最小应有多大？

第三章　动量定理、动量守恒定理、角动量

牛顿运动三定律是解决质点动力学问题的基础。通过求解物体的运动方程，获取物体运动过程中详尽信息。如果作用力作用的时间很短，那么作用力的形式很难表示，使用牛顿运动定律求解就较为困难。实际上，我们无法获知运动物体在极短时间内的运动状态。这时可以引入冲量、动量等物理概念，无需通过求解动力学方程，而可以直接计算力作用在物体上的总效果来获取有关物理信息。

3.1　动量定理

1. 冲量

在自然界中，冲击现象相当普通，如碰撞、锤击等。如果将冲击这一过程中的合外力仍用 $\boldsymbol{F}$ 表示，则由式(2-1)可得

$$\mathrm{d}\boldsymbol{p}=\boldsymbol{F}\mathrm{d}t$$

对该方程两边积分，得

$$\int_{t_1}^{t_2}\boldsymbol{F}\,\mathrm{d}t=\boldsymbol{p}_2-\boldsymbol{p}_1 \tag{3-1}$$

定义：

$$\boldsymbol{I}=\int_{t_1}^{t_2}\boldsymbol{F}\,\mathrm{d}t \tag{3-2}$$

称为合外力 $\boldsymbol{F}$ 在 $t_1\to t_2$ 时间内的**冲量**。冲量表示力在某段时间的某个过程中的累积效应。一般地说，一个变力 $\boldsymbol{f}$ 在 $t_1\to t_2$ 时间内的冲量 $\boldsymbol{I}=\int_{t_1}^{t_2}\boldsymbol{f}\mathrm{d}t$ 求得后，就可以求得此力在 $t_1\to t_2$ 时间内的**平均作用力**。

$$\bar{\boldsymbol{f}}=\frac{\boldsymbol{I}}{\Delta t}=\frac{1}{t_2-t_1}\int_{t_1}^{t_2}\boldsymbol{f}\,\mathrm{d}t \tag{3-3}$$

平均作用力是指变力在 Δt 时间内的冲量与作用时间 Δt 的比值。

2. 动量定律

式(3-1)是由牛顿第二定律演变而来，如果用冲量 $\boldsymbol{I}$ 表示合外力 $\boldsymbol{F}$ 在 t_1 至 t_2 时间内的作用，容易计算出

$$\boxed{\boldsymbol{I}=\int_{t_1}^{t_2}\boldsymbol{F}\,\mathrm{d}t=\boldsymbol{p}_2-\boldsymbol{p}_1=\Delta\boldsymbol{p}} \tag{3-4}$$

动量的定义为

$$\boldsymbol{p}=m\boldsymbol{v}$$

式(3-4)告诉我们一个普遍规律：**作用在质点上的合外力的冲量，等于质点的动量的增量**，则称之为**质点的动量定律**。

如果说在牛顿运动定律中，要顾及运动物体的质量变化，那么在动量定理中，用动量表示一个物体的

运动状态变化时，完全不用考虑这种顾虑；有时物体在经过一个复杂的作用力后，物体的质量和运动状态发生明显变化，则可以通过测量这一变化，计算出作用力的冲量和平均作用力的大小。

例 3-1　如图 3-1 所示，一质量为 m 的重锤在距工件 h 高处自由落下，打在工件上。工件放置在一个稳固的墩子上，设锤与工件的作用时间为 Δt。求重锤对工件的平均作用力。

分析：重锤在运动过程中，其状态变化特别明显，它在与工件碰撞前具有速度，碰撞后忽略其反弹，则锤子的动量变化可以计算。由动量定理可知，重锤动量改变是受到外力的冲量的结果，这个力是工件对锤子的作用力，它与重锤对工件的作用力是一对作用力与反作用力。

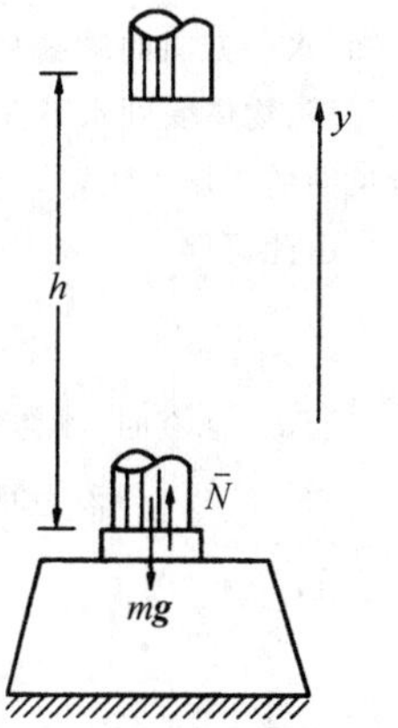

图 3-1　重锤打击工件

解：重锤在 Δt 时间内动量的变量为：

$$\Delta \boldsymbol{p} = \boldsymbol{p}_2 - \boldsymbol{p}_1 = m\boldsymbol{v}_2 - m\boldsymbol{v}_1$$

因
$$v_1 = -\sqrt{2gh},\ v_2 = 0$$

故
$$\Delta p = m\sqrt{2gh}$$

作用在重锤上的作用力有重力 mg、工件的作用力 N，由式(3-4)可得

$$\int_0^{\Delta t}(N - mg)\,\mathrm{d}t = \int_0^{\Delta t} N\mathrm{d}t - mg\Delta t = \Delta p$$

所以工件作用力 N 的冲量

$$\int_0^{\Delta t} N\mathrm{d}t = mg\Delta t + m\sqrt{2gh}$$

由式(3-3)可知工件对重锤的平均作用力

$$\bar{\boldsymbol{N}} = \frac{1}{\Delta t}\int_0^{\Delta t} N\mathrm{d}t = \frac{m}{\Delta t}\sqrt{2gh} + mg$$

重锤对工件的平均作用力 $\boldsymbol{N}' = -\boldsymbol{N}$，方向向下。

如果落下的不是重锤，而是一根连续分布的链子，这个问题该如何处理呢？请看下面例子。

例 3-2　一质量均匀的细绳，垂直悬挂着。细绳可以视为柔软的长条，下端刚好与桌面接触，如将绳的上端放开，试证明：在下落过程中的任意时刻，桌面受到的压力是落在桌面上绳重的 3 倍。

分析：根据质点动量改变求作用力的方法，将绳分割成许多小段，每一小段都视为质点。因此以桌面为原点，建立一个向上的 y 轴，取 $y \to y + \mathrm{d}y$ 的一小段，由于长度 $\mathrm{d}y$ 很小，可以视为质点。

解：设绳子的密度为 λ，则 $\mathrm{d}y$ 小段的质量元 $\mathrm{d}m = \lambda\mathrm{d}y$。其落下的过程可视为自由落体，到达桌面的速度 $v = -\sqrt{2gy}$。落到桌面时的速度为零，产生的动量的改变量

$$\Delta p = p_2 - p_1 = -(\mathrm{d}m)v = \sqrt{2gy}(\lambda\mathrm{d}y)$$

应等于桌面对其作用力 N 在 $\mathrm{d}t$ 时间内的冲量

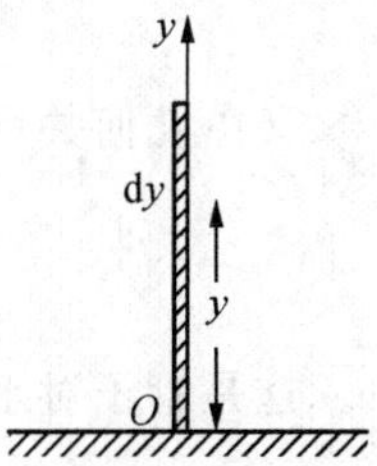

图 3-2　例 3-2 图

$$N\mathrm{d}t = \sqrt{2gy}(\lambda\mathrm{d}y)$$

$$N = \lambda\sqrt{2gy}\left(\frac{\mathrm{d}y}{\mathrm{d}t}\right)$$

因为
$$\frac{\mathrm{d}y}{\mathrm{d}t} = v = \sqrt{2gy}$$

故

$$N = \lambda(2gy) = 2mg$$

m 为 y 长细绳的质量，N 是质量元落到桌面时受到桌子的弹力，此力与桌面受到的质量元的作用力为一对作用力与反作用力。考虑到桌面已有链子的重量，则桌面实际受到的压力为 $3mg$。

***例 3-3** 一质量 $m=2$ kg 的物体放在水平桌面上，桌面的摩擦系数 $\mu=0.2$。现在以左上方作用一随时间变化的力 $F=20t$ N，力的方向与水平方向成 30°夹角。设 $t=0$ 时，重物静止，则求 $t=3$ s 时重物的速度。（g 取10 m/s²）

分析：在外力 $\boldsymbol{F}$ 的作用下，物体在水平方向运动，水平方向的动量发生变化，由动量定理可知，水平方向的动量变化等于水平方向力的冲量。

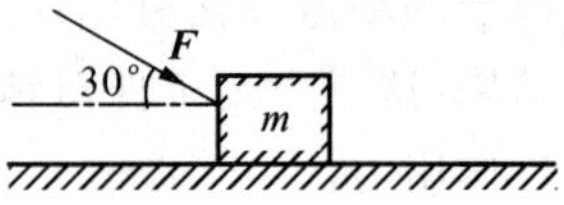

图 3-3　例 3-3 图

解：物体受到水平方向的力共有两个，一个为推力，一个为桌面的摩擦力。摩擦力由物体对桌面的正压力决定。

由此可得

$$F_x = F\cos 30° - \mu(mg + F\sin 30°)$$

当 $F_x \geqslant 0$ 时，物体开始运动，解得 $t_0 = 0.26$ s。

当 $t < t_0$ 时，物体静止，即在 0 至 0.26 s 之间物体动量没有改变，所以合外力的冲量必须从 t_0 开始计算。

由

$$I = \int_{t_0}^{t} F_x \mathrm{d}t = \int_{t_0}^{t} [F\cos 30° - \mu(mg + F\sin 30°)]\mathrm{d}t$$

$$= \left[\left(\frac{\sqrt{3}}{2} - \frac{1}{10}\right) \times 10t^2 - 0.4 \times 10t\right]_{t_0}^{t}$$

将 t_0，t 代入计算得

$$I = 57.67\ \mathrm{N \cdot s}$$

因

$$\Delta p = mv$$

故

$$v = \frac{I}{m} = 28.7\ \mathrm{m/s}$$

例 3-4 有一个三分之一圆弧形水管，其截面为 s，水管中的流速为 $\boldsymbol{v}$，求流水对水管的作用力。

分析：由式(3-4)可知，作用力的冲量等于动量的改变量，水管中流动水的运动状态不变，发生改变的只是 $\mathrm{d}t$ 时间内流入、流出弧形水管水的动量。

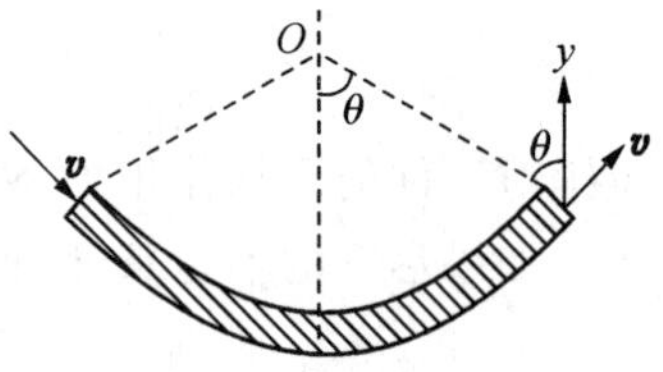

图 3-4　例 3-4 图

解：设在 $t \sim t+\mathrm{d}t$ 时间内有 $\mathrm{d}m = \rho s v\,\mathrm{d}t$（$\rho$ 为水密度）质量的水从左端面垂直流进，同时同样质量的水从右端面流出，其动量的改变量只发生在 y 方向。水平方向的动量不变，水管在 x 水平方向不受力。

在 y 方向的动量改变量为

$$\Delta \boldsymbol{p} = (\mathrm{d}m)v\sin\theta \boldsymbol{j} - (-\mathrm{d}mv\sin\theta)\boldsymbol{j}$$

$$= 2\rho s v^2 \sin\theta \mathrm{d}t \boldsymbol{j}$$

因管中其他部分水的动量不变，所以整个管子的动量的改变为 $\Delta\boldsymbol{p}$。由动量定理 $\boldsymbol{F}\mathrm{d}t = \Delta\boldsymbol{p}$ 可得

$$\boldsymbol{F} = 2\rho s v^2 \sin\theta \boldsymbol{j}$$

又由几何关系，三分之一圆弧对应的 $\theta = \frac{\pi}{3}$，所以

$$\boldsymbol{F} = \sqrt{3}\rho s v^2$$

这是管子对水的作用，水对管子的作用力：$\boldsymbol{F}' = -\boldsymbol{F}$

即

$$\boldsymbol{F}' = -\sqrt{3}\rho s v^2 \boldsymbol{j}$$

由图可见，$\theta=0$ 时，水管趋于直线，水对管子没有作用力；$\theta=\pi$ 时，水在环形水管中流动，水对管子也没有作用力(作用力相抵消)。只有当 $\theta = \frac{\pi}{2}$ 时，水对水管的作用力最大 $\boldsymbol{F} = 2\rho s v^2$，这是合理的。

由动量定理可得，**若合外力 $\boldsymbol{F}=\boldsymbol{0}$，则 $\Delta\boldsymbol{p}=\boldsymbol{0}$，这时质点的动量不变，称为质点的动量守恒定律。**

因为力是矢量，所以动量守恒定律条件可以放宽。若作用力不为 0，但**作用力在某方向的分力为零，**

则质点的动量在该方向上的分量保持不变。例如，$F_x=0, I_x=0, \Delta p_x=0, p_x=mv_x$ 为一常量。从上述例子可以看出，水的动量在 x 方向不变，所以水对水管在 x 方向没有作用力。

3. 质点系的动量守恒定理

设有 N 个质点构成一个质点系，其中的第 i 个质点的质量为 m_i，所受的合外力为$\boldsymbol{F}_i$，系统中第 j 个质点对第 i 个质点的作用力为 $\boldsymbol{f}_{ij}$，考虑到系统内所有质点的作用力，应对 j 求和，表示为 $\sum\limits_{j\neq i}\boldsymbol{f}_{ij}$，这样第 i 个质点受到的合力为 $\left(\boldsymbol{F}_i+\sum\limits_{j\neq i}\boldsymbol{f}_{ij}\right)$，由动量定理可知：

$$\left(\boldsymbol{F}_i+\sum_{j\neq i}\boldsymbol{f}_{ij}\right)\mathrm{d}t=\mathrm{d}\boldsymbol{p}_i$$

对系统内所有质点的动量定理方程求和得

$$\left(\sum_i\boldsymbol{F}_i+\sum_i\sum_{j\neq i}\boldsymbol{f}_{ij}\right)\mathrm{d}t=\mathrm{d}\left(\sum_i\boldsymbol{p}_i\right)=\mathrm{d}\boldsymbol{p}$$

一般情况下，质点数量很大。

由式(2-14)可知，$\sum\limits_i\sum\limits_{j\neq i}\boldsymbol{f}_{ij}=0$

所以

$$\sum_i\boldsymbol{F}_i\mathrm{d}t=\mathrm{d}\left(\sum_i\boldsymbol{p}_i\right)=\mathrm{d}\boldsymbol{p}$$

式中，$\boldsymbol{p}=\sum\limits_i\boldsymbol{p}_i$ 为质点系的总动量。

结果表明：**质点系所受合外力的冲量等于质点系的动量的增量。**

由此可见，**当质点系受到的合外力为零时，质点系的动量守恒**，或质点系所受到的合外力可以不为零，**但在某一方向为零，那么质点系在该方向上动量守恒。**

例 3-5　挂有绳梯的气球的质量为 m，在绳梯上站有一个质量为 m_0 的人。开始时，气球和人相对于大地均处于静止状态，如果人以 $\boldsymbol{v}_0$ 的速度相对于气球向上爬。求气球相对于大地的运动速度。

图 3-5　例 3-5 图

解：设气球相对于大地以 $\boldsymbol{u}$ 的速度向上运动，则人相对于大地以 $\boldsymbol{u}+\boldsymbol{v}_0$ 的速度运动，在运动过程中气球的浮力和系统的重力平衡，所以由动量守恒可得：

$$m\boldsymbol{u}+m_0(\boldsymbol{u}+\boldsymbol{v}_0)=0$$

解得

$$\boldsymbol{u}=-\frac{m_0\boldsymbol{v}_0}{m+m_0}$$

$\boldsymbol{u}$ 的方向与 $\boldsymbol{v}_0$ 的方向相反，说明气球的实际运动速度向下。

例 3-6　质量 $m_0=80$ kg 的人，站在质量 $m=400$ kg 、长为 $l=18$ m 的滑冰船尾部，滑冰船以 $v_0=4$ m/s 的速度行进，如果人相对于船以 $v=2$ m/s 的速度从船尾走向船头。问此间船在冰上滑行的距离。

解：人与船在水平方向不受力的作用，人走动后，系统的动量在水平方向守恒，设人走动后船相对于地的速度为 u，则人相对于地的速度为$(u+v)$，由水平方向的动量守恒可得

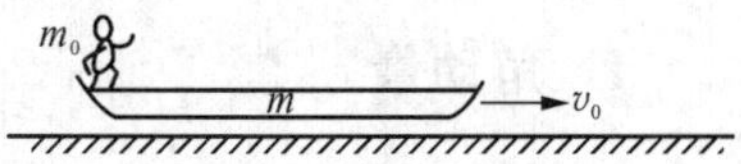

图 3-6　例 3-6 图

$$(m+m_0)v_0=mu+m_0(u+v)$$

解得

$$u=\frac{(m+m_0)v_0-mv}{m+m_0}=u_0-\frac{m_0}{m+m_0}v$$

代入数据计算得

$$u = 4 - \frac{80 \times 2}{480} = \frac{11}{3}\ \text{m/s}$$

人从船尾走到船头的时间 $\Delta t = \frac{l}{v} = 9\ \text{s}$

在 Δt 时间内船行驶的路程 $\Delta s = u\Delta t = 33\ \text{m}$

从上面两个例子可以看出：**如果运用动量守恒定律求解，计算质点系的动量时，所有的质点的速度都必须相对于同一个参照系。**

*3.2 变质量的动量定理及动量守恒问题

生活中有许多变质量的问题，这对应用牛顿运动定律带来麻烦，那么采用动量定理能解决问题吗？下面看一个实际问题。

一质量为 m_0 的宇宙飞船，以速度 v_0 进入一个密度为 ρ 的尘埃密集区，设飞船飞过时尘埃积聚在飞船上，飞船的最大截面为 s，则飞船的速度随着飞入尘埃的时间如何变化？

由于飞船进入尘埃后的速度随时在变，所以 t 时刻以后飞船的质量不是 $(m_0+\rho svt)$，因此，**必须选择 t 时刻与 $t+\mathrm{d}t$ 时刻讨论飞船的动量的变化**，因为 $\mathrm{d}t$ 很小，经过 $\mathrm{d}t$ 时刻飞船的质量的增量才能用 $\rho sv\mathrm{d}t$ 表示。

把飞船进入尘埃区的时间定为起始时间 $t=0$，这时飞船的质量为 m_0 速度为 v_0；在尘埃区飞行了时间 t 后，飞船的质量为 m，速度为 v；在 $t+\mathrm{d}t$ 时刻飞船的质量为 $m+\mathrm{d}m$，速度为 $v+\mathrm{d}v$；在 $\mathrm{d}t$ 时刻前后动量应该守恒，即

$$(m+\mathrm{d}m)(v+\mathrm{d}v) = mv \tag{3-5}$$

忽略无穷高阶小量，式(3-5)为

$$m\mathrm{d}v + v\mathrm{d}m = 0 \tag{3-6}$$

将 $\mathrm{d}m = \rho sv\mathrm{d}t$ 代入式(3-6)得

$$m\mathrm{d}v + \rho sv^2\mathrm{d}t = 0 \tag{3-7}$$

因 $t=0$ 时刻与 t 时刻的飞船的动量守恒，即将 $m_0v_0 = mv$ 代入式(3-7)并积分，可得

$$m_0v_0\int_{v_0}^{v}\frac{\mathrm{d}v}{v^3} = -\rho s\int_0^t\mathrm{d}t$$

可计算得

$$v = \sqrt{\frac{m_0v_0^2}{m_0+2\rho sv_0t}} \tag{3-8}$$

在变质量的问题中，速度 v 是 t 的函数，所以只有选择 $\mathrm{d}t$ 的时间间隔时，才能将速度视为常数，才能较方便地比较它们的动量。这一思想方法在火箭发射的过程中完全类似，限于篇幅，有关火箭发射时的推导及详细的问题，不在此讨论，请读者参考相关资料。

3.3 角动量 *质点系的角动量定理

1. 角动量

在匀速圆周运动中，由于速率不变，有些人得到质点的 mv 为一恒量，因此误认为质点做圆周运动时动量守恒，但是动量是矢量，若从矢量的角度看，质点的动量是不守恒的，那么在质点的匀速圆周运动中，有没有守恒量呢？

在圆轨道上任取两点 A、B，设质点的速度为 $\boldsymbol{v}$，那么，在 A、B 两点的动量，由于方向的不同而不同，即 $\boldsymbol{p}_A \neq \boldsymbol{p}_B$。

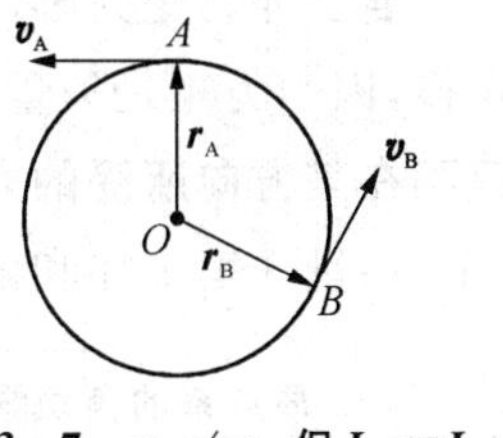

图 3-7　$p_A \neq p_B$ 但 $L_A = L_B$

如果将半径 OA、OB 定义为一个矢量 $\boldsymbol{r}$，用矢量 $\boldsymbol{r}\times m\boldsymbol{v}$ 表示质点的运动状态。

由于 $|\boldsymbol{r}\times m\boldsymbol{v}| = mrv$，其方向都在垂直纸面方向，这个物理量是质点做匀速圆周运动中的守恒量，则将其定义为**角动量 $\boldsymbol{L}$**，

即
$$\boldsymbol{L} = \boldsymbol{r}\times\boldsymbol{p} = \boldsymbol{r}\times m\boldsymbol{v} \tag{3-9}$$

2. 力矩、质点角动量定理

如图 3-8 所示，如果质点在 C 点时受到一个如图方向的作用力 $\boldsymbol{F}$，力 $\boldsymbol{F}$ 对 O 点的转轴形成一力矩，该**力矩**为

$$\boldsymbol{M} = \boldsymbol{r}\times\boldsymbol{F} \tag{3-10}$$

关于力矩的概念生活中随处可见，式(3-10)是力矩的矢量表示式。

经验告诉我们，这个力矩将会使质点绕转轴产生一个逆时针方向的角加速度。

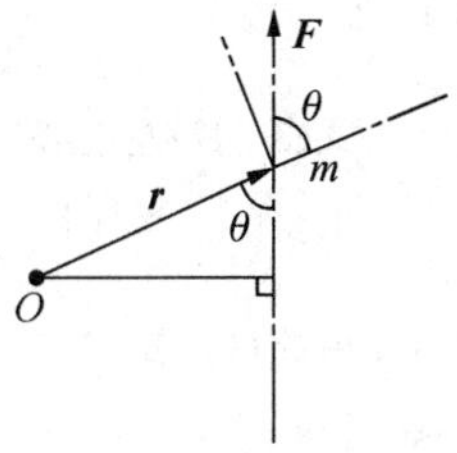

图 3-8　力矩

由牛顿运动定律

$$\boldsymbol{F} = \frac{\mathrm{d}(m\boldsymbol{v})}{\mathrm{d}t}$$

将上式代入式(3-10)

$$\boldsymbol{M} = \boldsymbol{r}\times\frac{\mathrm{d}m\boldsymbol{v}}{\mathrm{d}t} \tag{3-11}$$

因

$$\frac{\mathrm{d}(\boldsymbol{r}\times\boldsymbol{v})}{\mathrm{d}t} = \boldsymbol{r}\times\frac{\mathrm{d}\boldsymbol{v}}{\mathrm{d}t} + \frac{\mathrm{d}\boldsymbol{r}}{\mathrm{d}t}\times\boldsymbol{v} \tag{3-12}$$

上式右边第二项

$$\frac{\mathrm{d}\boldsymbol{r}}{\mathrm{d}t}\times\boldsymbol{v} = \boldsymbol{v}\times\boldsymbol{v} = 0$$

所以
$$\frac{\mathrm{d}(\boldsymbol{r}\times\boldsymbol{v})}{\mathrm{d}t} = \boldsymbol{r}\times\frac{\mathrm{d}\boldsymbol{v}}{\mathrm{d}t} \tag{3-13}$$

将上式代入式(3-11)可得

$$\boldsymbol{M} = \frac{\mathrm{d}}{\mathrm{d}t}(\boldsymbol{r}\times m\boldsymbol{v})$$
$$= \frac{\mathrm{d}}{\mathrm{d}t}(\boldsymbol{r}\times\boldsymbol{p})$$

对照式(3-9)可见
$$\boldsymbol{M} = \frac{\mathrm{d}\boldsymbol{L}}{\mathrm{d}t} \tag{3-14}$$

或
$$\int_{t_1}^{t_2}\boldsymbol{M}\mathrm{d}t = \int_{L_1}^{L_2}\mathrm{d}\boldsymbol{L} = \boldsymbol{L}_2 - \boldsymbol{L}_1 \tag{3-15}$$

定义 $\int_{t_1}^{t_2}\boldsymbol{M}\mathrm{d}t$ 为力矩在 $t_1 \to t_2$ 时间内的**冲量矩**。

式(3-15)表明，**质点角动量的增量，等于质点在该时间内所受到合外力的冲量矩**，我们称之为**质点的角动量定理**。

若合外力矩为零，那么质点的角动量守恒，则称之为质点的角动量守恒定律。类似于质点的动量守恒定律，因为力矩是矢量，所以质点角动量守恒定律也可以放宽条件，即质点所受的合外力矩可以不为零，但**只要在某方向所受的力矩的分量为零，则该方向的角动量守恒**。

动量守恒定律和角动量守恒定律是被科学广泛验证的宇宙守恒定律之一，应该引起我们的重视。

***3. 质点系的角动量守恒定理**

在质点系中，选择第 i 个质点，由牛顿运动定律（式(2-12)）可知

$$\boldsymbol{F}_i+\sum_{j\neq i}\boldsymbol{f}_{ij}=\frac{\mathrm{d}(m_i\boldsymbol{v}_i)}{\mathrm{d}t} \tag{3-16}$$

式中，$\boldsymbol{F}_i$ 为第 i 个质点受到合外力；$\sum\limits_{j\neq i}\boldsymbol{f}_{ij}$ 是系统内的其他质点对第 i 个质点的作用力。对式(3-16)两边叉乘 $\boldsymbol{r}_i$（$\boldsymbol{r}_i$ 为第 i 个质点相对于转轴 O 的位置矢量），然后对 i 求和。

$$\sum_i\boldsymbol{r}_i\times\boldsymbol{F}_i+\sum_i\sum_{j\neq i}\boldsymbol{r}_i\times\boldsymbol{f}_{ij}=\sum_i\boldsymbol{r}_i\times\frac{\mathrm{d}(m_i\boldsymbol{v}_i)}{\mathrm{d}t} \tag{3-17}$$

式(3-17)左边第一项表示质点所受到的合外力矩。式(3-17)左边第二项，由图 3-9 可知

$$\boldsymbol{r}_i\times\boldsymbol{f}_{ij}+\boldsymbol{r}_j\times\boldsymbol{f}_{ji}=0$$

由此可推知

$$\sum_i\sum_{j\neq i}\boldsymbol{r}_i\times\boldsymbol{f}_{ij}=0$$

即内力矩将相互抵消。

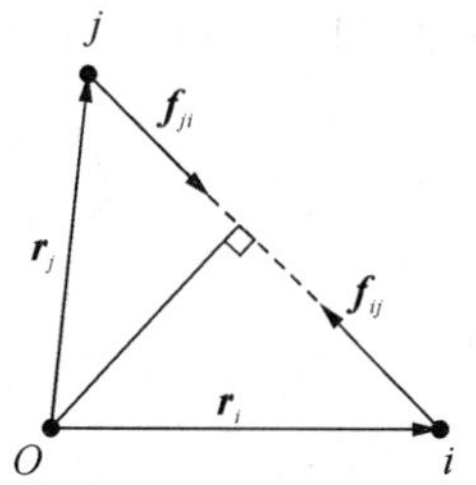

图 3-9　内力矩相互抵消

由式(3-13)可得，式(3-17)的右边等于

$$\sum_i\frac{\mathrm{d}}{\mathrm{d}t}(\boldsymbol{r}_i\times m_i\boldsymbol{v}_i)=\sum_i\frac{\mathrm{d}}{\mathrm{d}t}\boldsymbol{L}_i=\frac{\mathrm{d}}{\mathrm{d}t}\boldsymbol{L}$$

由以上分析可将式(3-17)表示为

$$\sum_i\boldsymbol{r}_i\times\boldsymbol{F}_i=\frac{\mathrm{d}}{\mathrm{d}t}\boldsymbol{L}\ 或\ \boldsymbol{M}=\frac{\mathrm{d}}{\mathrm{d}t}\boldsymbol{L} \tag{3-18}$$

式中，$\boldsymbol{L}$ 表示质点系的总角动量。

由上述证明，**质点系的角动量对时间的变化率等于质点系所受的合外力矩**，这是质点系的角动量定律。比较式(3-14)和式(3-18)可知质点系的角动量定律与质点的角动量定律在数学表达式的形式上完全一致。

类似于式(3-15)的表述，可知**质点系的角动量的增量等于质点系所受的合外力的冲量矩**。

如果质点系受到的合外力矩为零，则质点系的角动量守恒。

类似于质点的角动量守恒定律，质点系的角动量定律的条件可以放宽，只要质点系在某方向上受到的合外力矩为零，那么质点系在该方向角动量守恒。

本章习题

3-1　质量为 $m=5\times10^3$ kg 的重锤从高 2 m 处自由下落，打在受锻压的工件上，工件被置于稳重的墩子上，已知锻压历时 $\Delta t=0.02$ s。试求锤对工件的平均冲力。

3-2　质量为 $m=5\times10^5$ kg 的小轮船以 3.6 km/h 的速度靠岸时遇到缓冲轮胎的作用，已知经过 $\Delta t=2.5$ s时间，轮船终于停止下来。试求轮船所受的平均作用力。

3-3　在水力采煤过程中，设高压水枪喷射出来的水平水柱横截面积为 S，喷射出口速度为 v，水柱以垂直于煤层面冲击后便沿煤层面下流。试求水柱对煤层的平均冲击力。

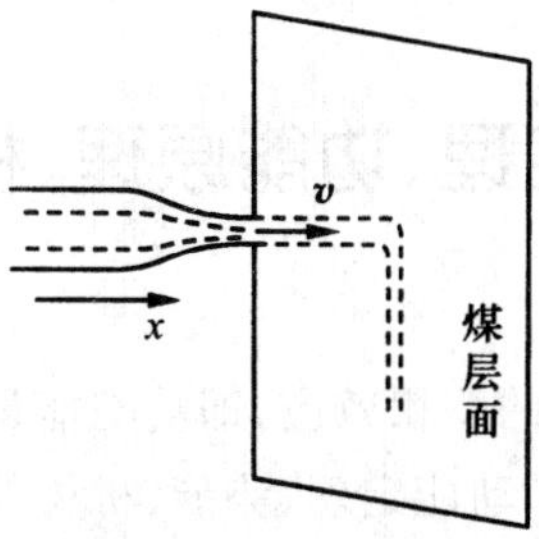

习题 3-3 图

3-4　一宇航员正在空间站外面进行维修工作。起初，他沿着空间站以 1.00 m/s 的速度运动。后来，他需要改变运动的方向 90°，并且将速度增加到 2.00 m/s。求：

(1) 宇航员改变上述动作所需要的冲量的大小和方向（假设宇航员、太空服及推进器的总质量为 100 kg）。

(2) 若推进器提供的推动力为 50 N，宇航员完成上述运动改变至少需要多长时间？

(3) 推进器该如何放置？

3-5　一溜冰运动员质量为 M，手握质量为 m 的小球，当他以 v_0 的速度向前滑行时，将手中的小球向前方抛出。已知小球抛出时相对于运动员的速度为 v'，试求抛出小球后的一瞬间运动员的速度。

3-6　一质量为 m 的质点由一不可伸长的轻绳牵引，被置于光滑水平桌面上，绳的另一端穿过桌面上的小孔 o，垂于桌面下，用手拉住。起始时，桌面上的绳长为 r_0，质点以速度 $\boldsymbol{v}$ 垂直于绳子运动，之后在手拉绳端缓慢向下移动的过程中，桌面上的绳长逐渐缩短，试问当桌面上的绳长为 $r=r_0/2$ 时，质点的速度有多大？

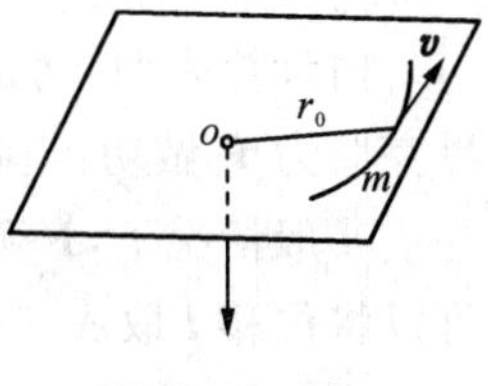

习题 3-6 图

第四章　动能定理、功能原理、机械能守恒定律

在许多问题中，常常要讨论力在空间的积累效应，即功与能量的概念，功与能的转换过程、转换关系和转换规律。本章主要讨论功的计算，动能、动能定理、势能、机械能、机械能原理以及机械能守恒定律。

4.1　功　功率

设有一恒力 $\boldsymbol{F}$ 作用在一质点上，使质点沿着直线的位移为 $\boldsymbol{l}$，定义力 $\boldsymbol{F}$ 对质点做功

$$W = Fl\cos\theta$$

式中，θ 为力 $\boldsymbol{F}$ 与 $\boldsymbol{l}$ 之间的夹角。

上式用矢量式表示为

$$W = \boldsymbol{F}\cdot\boldsymbol{l} \tag{4-1}$$

由计算表明，功是标量。当 $\theta<90°$ 时，$\cos\theta>0$，表示力 $\boldsymbol{F}$ 做正功；当 $\theta>90°$ 时，表示力 $\boldsymbol{F}$ 做负功，即外界克服力 $\boldsymbol{F}$ 做功；当 $\theta=90°$，力 $\boldsymbol{F}$ 不做功。

一般情况下，$\boldsymbol{F}$ 不可能为恒量。物体也不一定做直线运动，也许其大小和方向都在不断变化。这时，可以将位移 $\boldsymbol{l}$ 取成一个位移元 $\mathrm{d}r$，由于 $\mathrm{d}r$ 很小，所以作用在此位移的力 $\boldsymbol{F}$ 可以视为不变的量，而 $\mathrm{d}r$ 也可以视为直线，利用式(4-1)可以将 $\boldsymbol{F}$ 在 $\mathrm{d}r$ 位移上的做功表示为

$$\mathrm{d}W = \boldsymbol{F}\cdot\mathrm{d}\boldsymbol{r} \tag{4-2}$$

累加后可以将功表示为

$$\boxed{W = \int_0^l \boldsymbol{F}\cdot\mathrm{d}\boldsymbol{r}} \tag{4-3}$$

式(4-3)中的积分上下限表示力 $\boldsymbol{F}$ 在质点运动的轨迹上运行的长度 l，但该长度不一定是直线，一般情况下是曲线。W 便是质点在力 $\boldsymbol{F}$ 作用下沿轨迹运行 l 长度所做的功，因此式(4-3)是计算功的一般方法。

如果将力 $\boldsymbol{F}$，位移 $\mathrm{d}\boldsymbol{r}$ 分别用解析式表示：

$$\boldsymbol{F} = F_x\boldsymbol{i} + F_y\boldsymbol{j} + F_z\boldsymbol{k}$$

$$\mathrm{d}\boldsymbol{r} = \mathrm{d}x\boldsymbol{i} + \mathrm{d}y\boldsymbol{j} + \mathrm{d}z\boldsymbol{k}$$

则

$$\begin{aligned} W &= \int_0^l \boldsymbol{F}\cdot\mathrm{d}\boldsymbol{r} \\ &= \int_0^x F_x\mathrm{d}x + \int_0^y F_y\mathrm{d}y + \int_0^z F_z\mathrm{d}z \\ &= W_x + W_y + W_z \end{aligned} \tag{4-4}$$

式(4-4)说明一个力所做的功可以表示为它在几个特定方向上所做功的和。

在国际单位制中，功的单位为 J(焦耳，简称焦)。

设在 Δt 时间内 $\boldsymbol{F}$ 做功为 ΔW，则称 $P=\dfrac{\Delta W}{\Delta t}$ 为 $\boldsymbol{F}$ 在 Δt 时间内的平均功率。当 $\Delta t\to 0$ 时可得力 $\boldsymbol{F}$ 的**瞬时功率** $\boldsymbol{P}$。

$$P=\lim_{\Delta t\to 0}\frac{\Delta W}{\Delta t}=\frac{\mathrm{d}W}{\mathrm{d}t} \tag{4-5}$$

国际单位制中，功率的单位是 W（瓦特，简称瓦）。

$$1\ \mathrm{kW}=10^3\ \mathrm{W},\quad 1\ \mathrm{W}=1\ \mathrm{J/s}。$$

将式(4－2)代入式(4－5)可得恒力 $\boldsymbol{F}$ 的功率

$$P=\frac{\mathrm{d}}{\mathrm{d}t}(\boldsymbol{F}\cdot\mathrm{d}\boldsymbol{r})=\boldsymbol{F}\cdot\boldsymbol{v} \tag{4-6}$$

因此，瞬时功率也可以用恒力 $\boldsymbol{F}$ 与速度矢量 $\boldsymbol{v}$ 的标积表示。

4.2　质点的动能定理

讨论质点受力 $\boldsymbol{F}$ 做功以后沿确定的轨迹运行的一般情况，由于轨道的形状一般是曲线，所以采用自然坐标系，将力 $\boldsymbol{F}$ 表示成切向分量 $\boldsymbol{F}_\mathrm{t}$ 和法向分量 $\boldsymbol{F}_\mathrm{n}$，即

$$\boldsymbol{F}=\boldsymbol{F}_\mathrm{t}+\boldsymbol{F}_\mathrm{n}=F_\mathrm{t}\boldsymbol{e}_\mathrm{t}+F_\mathrm{n}\boldsymbol{e}_\mathrm{n} \tag{4-7}$$

曲线上的线元用 $\mathrm{d}s$ 表示，$\mathrm{d}s$ 的方向在曲线的切线方向，如果用矢量表示，则 $\mathrm{d}\boldsymbol{s}=\mathrm{d}s\boldsymbol{e}_\mathrm{t}$，这样由式(4－2)可得：

$$\begin{aligned}\mathrm{d}W&=\boldsymbol{F}\cdot\mathrm{d}\boldsymbol{r}\\&=(F_\mathrm{t}\boldsymbol{e}_\mathrm{t}+F_\mathrm{n}\boldsymbol{e}_\mathrm{n})\cdot\mathrm{d}s\boldsymbol{e}_\mathrm{t}\\&=\boldsymbol{F}_\mathrm{t}\cdot\mathrm{d}\boldsymbol{s}\end{aligned}$$

因为

$$\boldsymbol{F}_\mathrm{t}=m\boldsymbol{a}_\mathrm{t}=m\frac{\mathrm{d}\boldsymbol{v}}{\mathrm{d}t}$$

所以

$$\mathrm{d}W=m\frac{\mathrm{d}v}{\mathrm{d}t}\mathrm{d}s=mv\mathrm{d}v \tag{4-8}$$

如果在力 $\boldsymbol{F}$ 作用之前，质点的速度为 v_1，作用之后质点的速度为 v_2，对式(4－8)两边积分可计算出合外力 $\boldsymbol{F}$ 所做的总功

$$W=\int_0^W\mathrm{d}W=\int_{v_1}^{v_2}mv\mathrm{d}v=\frac{1}{2}mv_2^2-\frac{1}{2}mv_1^2 \tag{4-9}$$

如果称 $\frac{1}{2}mv^2$ 为动能，用 E_k 表示，那么式(4－9)可以简洁地表示为

$$W=E_{\mathrm{k}2}-E_{\mathrm{k}1} \tag{4-10}$$

上式表明，**合外力对物体所做的功等于物体的动能的增量**。这个结论就是**质点的动能定理**。

例 4－1　一质量为 m 的质点沿一半径为 R 的圆做圆周运动，其向心加速度 $a_\mathrm{n}=\alpha t^2$，α 为常数。求作用在该质点上合外力的功率及运动开始后第一个 t 秒的平均功率。

分析：要计算功率，必须求出功与时间的函数关系，由于力的形式未知，所以直接求功有困难，则可以从动能定理出发，利用动能的改变求解。

解：因为

$$a_\mathrm{n}=\frac{v^2}{R}=\alpha t^2$$

所以

$$v^2=\alpha Rt^2$$

当 $t=0$ 时，$a_\mathrm{n}=0$，故

$$v_0=0。$$

质点在 t 时间内动能的增量

$$\Delta E_k=\frac{1}{2}mv^2-\frac{1}{2}mv_0^2$$
$$=\frac{1}{2}m\alpha Rt^2$$

由式(4-10)可得
$$W=\Delta E_k=\frac{1}{2}m\alpha Rt^2$$

故合外力的功率
$$P=\frac{dW}{dt}=m\alpha Rt$$

平均功率
$$\bar{P}=\frac{\Delta W}{\Delta t}=\frac{1}{2}m\alpha Rt$$

例 4-2 一质量为 m 的小球,系在一长为 l 的细绳下面,绳的上端固定在天花板上,起始时小球静止在 θ_0 位置,然后放手让小球摆动(图 4-1)。求小球在 θ 位置的速度。

解:小球沿圆弧由 θ 运动到 $\theta+d\theta$ 位置,合外力做功

$$W=\int(\boldsymbol{T}+m\boldsymbol{g})\cdot d\boldsymbol{s}$$

$\boldsymbol{T}$ 为绳子的张力。因为 $\boldsymbol{T}$ 与 $d\boldsymbol{s}$ 垂直,所以 $\boldsymbol{T}\cdot d\boldsymbol{s}=0$。

故
$$W=\int m\boldsymbol{g}\cdot d\boldsymbol{s}$$

又 $ds=l\,d\theta$,故

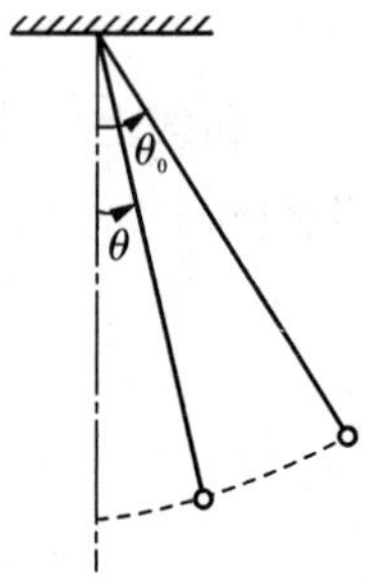

图 4-1 例 4-2 图

$$W=\int -mg\,ds\sin\theta$$
$$=mgl\int_{\theta_0}^{\theta}(-\sin)\theta d\theta$$
$$=mgl(\cos\theta-\cos\theta_0)$$

由质点的动能定理可得:

$$W=\Delta E_k=\frac{1}{2}mv^2$$

故
$$v=\sqrt{2gl(\cos\theta-\cos\theta_0)}$$

θ 必须小于 θ_0,v 才有实数解。当 $\theta=0$,小球位于铅垂位置时

$$v=\sqrt{2gl(1-\cos\theta_0)}$$

例 4-3 用重锤打桩,设桩受到的阻力与深度成正比,若第一次打击深度为 1 m,第二次重锤打击以后桩获得与第一次相同的速度,求第二次打击后桩到达的深度。

解:以地面为原点,建立向下方向的 y 轴。桩深 y 时桩受到的阻力 $\boldsymbol{f}=-ky\boldsymbol{j}$,第一次打击后阻力所做的功

$$W=\int_0^{y_1}f\,dy=-k\int_0^{y_1}y\,dy=-\frac{1}{2}ky^2$$

因动能定理 $W=E_{k2}-E_{k1}$,即阻力对桩所做的功等于桩的动能的增加;又因桩最后停止运动,即 $E_{k2}=$

0。故桩第一次受重锤打击后，桩的初动能

$$E_{k1}=\frac{1}{2}ky_1^2 \tag{1}$$

第二次打桩时，阻力所做的功

$$W'=\int f\mathrm{d}y$$

由题意可知，第二次打桩时，桩的初动能应与第一次相同 $E'_{k1}=E_{k1}$，所以，第二次打桩时，阻力所做的功 $W'=W$，故 (2)

$$W=\int_{y_1}^{y_2}(-ky)\mathrm{d}y$$
$$=\frac{1}{2}ky_1^2-\frac{1}{2}ky_2^2$$

根据动能定理，并对照第一次

$$E'_{k2}=0,\quad E'_{k1}=E_{k1}$$

故
$$-E'_{k_1}=\frac{1}{2}ky_1^2-\frac{1}{2}ky_2^2 \tag{3}$$

将式(1)、式(2)代入式(3)可得

$$-\frac{1}{2}ky_1^2=\frac{1}{2}ky_1^2-\frac{1}{2}ky_2^2$$

整理得
$$y_2^2=2y_1^2$$

因 $y_1=1\ \mathrm{m}$，故 $y_2=\sqrt{2}\ \mathrm{m}$。

例 4-4　高射炮的炮身的质量为 m_0，仰角为 θ，放在粗糙的水平直轨上。已知炮与轨道之间的摩擦系数为 μ。当它以相对于自身发射一速度为 v，质量为 m 的炮弹时，求：(1) 炮身获得一后退的速度；(2) 炮在轨道上后退的距离。

解：设炮获得的速度为 u，则炮弹相对于大地的速度为 $u+v\cos\theta$ 发射时，炮身在水平方向受轨道的摩擦力很小，所以水平方向的动量守恒。

$$m_0u+m(u+v\cos\theta)=0$$

得
$$u=-\frac{mv\cos\theta}{m_0+m}$$

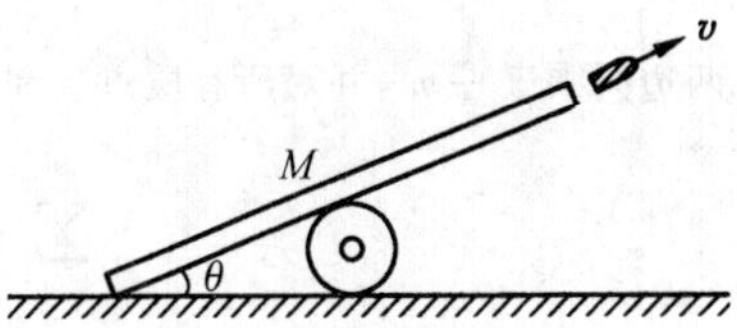

图 4-2　高射炮发射炮弹

炮身后退过程中受到水平方向摩擦力和自身的重力，但在后退的过程中，重力不做功，仅受摩擦力做功。由动能定理可得：

$$\mu mgs=\frac{1}{2}mu^2$$

解得
$$s=\frac{m^2v^2\cos^2\theta}{2\mu g(m+m_0)^2}$$

例 4-5　物体在重力作用下沿任意曲线由 A 到 B，求重力做功。

分析：在二维平面内做功，用力 $\boldsymbol{F}$ 与位移元 $\mathrm{d}\boldsymbol{l}$ 的解析式求解。

解：设质点的质量为 m，A 点的纵坐标为 y_A，B 点的纵坐标为 y_B。

则质点受到外力

$$\boldsymbol{F}=-mg\boldsymbol{j}$$

位移元 d$\boldsymbol{l}$ 可用分量表示，即

$$\mathrm{d}\boldsymbol{l}=\mathrm{d}x\boldsymbol{i}+\mathrm{d}y\boldsymbol{j}$$

这里质点受到的外力，就是重力，而外力做功，即重力做功，那么质点重力做功

$$W_{AB}=\int_B^A \boldsymbol{F}\cdot\mathrm{d}\boldsymbol{l}$$

$$\begin{aligned}W_{AB}&=\int_B^A -mg\boldsymbol{j}(\mathrm{d}x\boldsymbol{i}+\mathrm{d}y\boldsymbol{j})\\&=-\int_{y_A}^{y_B} mg\,\mathrm{d}y\\&=mg(y_A-y_B)\\&=mgy_A-mgy_B\end{aligned}\tag{4-11}$$

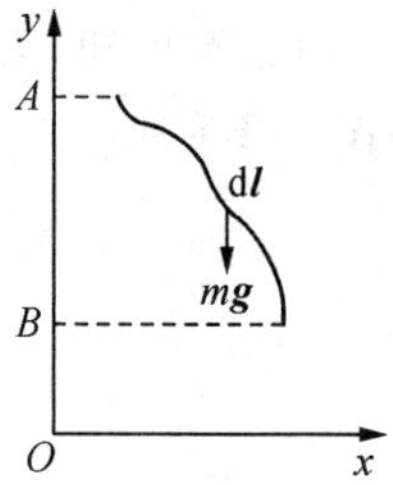

图 4-3　例 4-5 图

可见重力做功只与质点所在的始末位置有关，而与具体路径无关。

*4.3　质点系的动能

考察第 i 个质点，设其质量为 m_i，位置矢量为 $\boldsymbol{r}_i$，而质点系的质心位于 c 点，c 点的位置矢量为 $\boldsymbol{r}_c$，m_i 相对于质心 c 的位置矢量为 $\boldsymbol{r}_i'$。由矢量三角形的矢量关系可知(图 4-4)

$$\boldsymbol{r}_i=\boldsymbol{r}_c+\boldsymbol{r}_i'$$

将上式对时间求导可得：

$$\frac{\mathrm{d}\boldsymbol{r}_i}{\mathrm{d}t}=\frac{\mathrm{d}\boldsymbol{r}_c}{\mathrm{d}t}+\frac{\mathrm{d}\boldsymbol{r}_i'}{\mathrm{d}t}\tag{4-12}$$

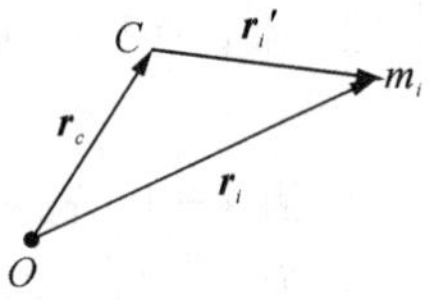

图 4-4　质点系

为方便用 $\dot{\boldsymbol{r}}_i=\frac{\mathrm{d}\boldsymbol{r}}{\mathrm{d}t}$，$\dot{\boldsymbol{r}}_c=\frac{\mathrm{d}\boldsymbol{r}_c}{\mathrm{d}t}$，$\dot{\boldsymbol{r}}_i'=\frac{\mathrm{d}r_i'}{\mathrm{d}t}$表示。

将式(4-12)两边平方可得：

$$\dot{\boldsymbol{r}}_i^2=\dot{\boldsymbol{r}}_c^2+2\dot{\boldsymbol{r}}_c\cdot\dot{\boldsymbol{r}}_i'+\dot{\boldsymbol{r}}_i'^2。$$

两边同乘于$\frac{1}{2}m_i$，并对所有质点求和

$$\sum_i\frac{1}{2}m\dot{\boldsymbol{r}}_i^2=\sum_i\frac{1}{2}m_i\dot{\boldsymbol{r}}_c^2+\sum_i\frac{1}{2}m_i\dot{\boldsymbol{r}}_i'^2+2\dot{\boldsymbol{r}}_c\cdot\sum_i m_i\dot{\boldsymbol{r}}_i'\tag{4-13}$$

式(4-13)中最后一项，由质心位置坐标表示式(2-10)可知 $\sum_i m_i\boldsymbol{r}_i'=m\boldsymbol{r}_c'$。$\boldsymbol{r}_c'$表示质点系中所有的质点相对于质心的质心位置矢量，即 $\boldsymbol{r}_c'=0$，故 $\sum_i m_i\boldsymbol{r}_i'=0$。这样式(4-13)可表示为

$$\sum_i E_{\mathrm{k}i}=\frac{1}{2}mv_c^2+\frac{1}{2}\sum_i m_i\boldsymbol{v}_i'^2\tag{4-14}$$

说明质点系的总动能等于质点系的质心的动能与所有质点相对于质心动能的和。

4.4　保守力　势能

1. 保守力、势能

由 4.2 节例 4-5 对重力做功的计算可以发现重力做功与路径无关。从 A 到 B 的路径是任意的，但

计算结果表明，这一路径在质点重力做功过程中不起作用，故用同样的方法计算质点沿着由 B 至 A 的另一条路径时重力做功，

$$W_{AB}=mgy_A-mgy_B \tag{4-15}$$

将从 A 至 B 的两条曲线合并为一个闭合回路，质点沿此闭合回路由 $A\to B\to A$ 时，重力做功 $W=W_{AB}+W_{BA}=0$，说明重力沿闭合路径做功为零。

一般地说，若力 $\boldsymbol{f}$ 沿着一闭合路径做功为零，即 $\oint \boldsymbol{f}\cdot \mathrm{d}\boldsymbol{l}=0$（用“$\oint$”表示沿闭合路径一周积分），则称力 $\boldsymbol{f}$ 为保守力。其同义语是：**若力 $\boldsymbol{f}$ 做功与路径无关，则称力 $\boldsymbol{f}$ 为保守力**。例如，万有引力、弹性力、库仑力等都是保守力，而摩擦力做功与路径密切相关，所以摩擦力是典型的非保守力。

例 4-6　如图 4-5 所示，设质点 m_1 固定，m_2 在 m_1 引力的作用下沿 AB 曲线运动，计算质点 m_2 从 A 到 B 万有引力所做的功。

解：质点 m_2 在 $\boldsymbol{r}$ 位置的位移为 $\mathrm{d}\boldsymbol{l}$，受到的作用力

$$\boldsymbol{F}=-G\frac{m_1m_2}{r^2}\boldsymbol{e}_r$$

引力做功

$$W=\int_A^B \boldsymbol{F}\cdot \mathrm{d}\boldsymbol{l}$$

$$=\int_A^B F\mathrm{d}l\cos\theta=\int_A^B F(\mathrm{d}l\cos\theta)$$

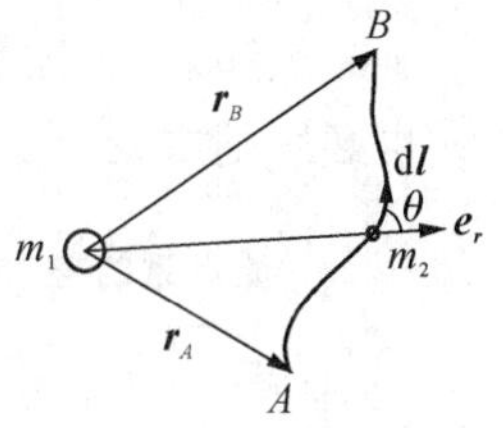

图 4-5　例 4-6 图

因 $\mathrm{d}l\cos\theta$ 为 $\mathrm{d}l$ 在 $\boldsymbol{r}$ 方向上的投影 $\mathrm{d}\boldsymbol{r}$，故

$$W=\int_{r_A}^{r_B}-G\frac{m_1m_2}{r^2}\mathrm{d}r=-Gm_1m_2\left(\frac{1}{r_A}-\frac{1}{r_B}\right)=\left(-G\frac{m_1m_2}{r_A}\right)-\left(-G\frac{m_1m_2}{r_B}\right) \tag{4-16}$$

计算结果表明，万有引力做功与 m_2 所经的路径无关，故万有引力为保守力。

当保守力做功与路径无关时，保守力做功只与质点的位置有关，说明保守力做功过程中隐含了一个与位置相关的物理量的变化。这一物理量定义为**势能**。

由式(4-11)表明，重力势能

$$E_\mathrm{p}=mgy \tag{4-17}$$

式(4-15)表示重力做功等于重力势能的减少，由此推知，万有引力势能的表示式应为

$$E_\mathrm{p}=-G\frac{m_1m_2}{r} \tag{4-18}$$

由式(4-15)和式(4-16)可知，**保守力做功等于运动物体势能的减少**。

2. 势能的计算

若保守力用 $\boldsymbol{f}_\mathrm{c}$ 表示，势能用 E_p 表示，用下角标 A 表示初态，B 表示末态，由前面的计算可得

$$\int_A^B \boldsymbol{f}_\mathrm{c}\cdot \mathrm{d}\boldsymbol{l}=E_{\mathrm{p}A}-E_{\mathrm{p}B}$$

这时 A 点的势能可以表示为

$$E_{\mathrm{p}A}=E_{\mathrm{p}B}+\int_A^B \boldsymbol{f}_\mathrm{c}\cdot \mathrm{d}\boldsymbol{l} \tag{4-19}$$

说明 A 点的势能与 B 点的势能有关，B 点的势能 $E_{\mathrm{p}B}$ 称为 A 点的势能的参考势能。为了让 A 点的势能有一个比较简洁的表示，不妨令 $E_{\mathrm{p}B}=0$，即 B 点成为势能零点。这样可以将 A 点的势能的计算公式表示为

$$E_{\mathrm{p}A}=\int_A^B \boldsymbol{f}_\mathrm{c}\cdot \mathrm{d}l \tag{4-20}$$

此时,**积分上限 B 为势能零点**。

由此可见,式(4-17)表示的重力势能零点为坐标原点;式(4-18)表示的万有引力势能零点为无限远处。

例 4-7 如图 4-6 所示,弹簧水平放置,一端固定,弹簧自由伸长的另一端所在的位置称弹簧的平衡位置,以弹簧的平衡位置为坐标原点,当弹簧被拉伸 x 长度时,弹簧的弹性力 $\boldsymbol{f}=-kx\boldsymbol{i}$。现以原点为弹性势能零点,求弹簧伸长 x 时的弹性势能。

解:弹性力是保守力,其势能的计算由式(4-20)决定

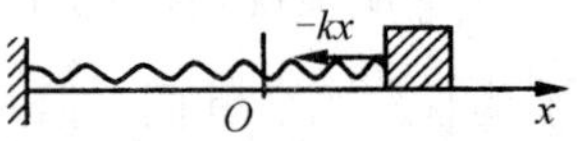

图 4-6 例 4-7 图

$$E_{px}=\int_x^0 \boldsymbol{f}\cdot d\boldsymbol{x}=-k\int_x^0 x\,dx$$

即
$$E_p=\frac{1}{2}kx^2 \tag{4-21}$$

弹性势能$\frac{1}{2}kx^2$是弹簧伸长量为 x 时的势能,对应的势能零点为弹簧的平衡位置。

必须注意,势能零点的选择不是唯一的。一旦势能零点位置发生变化,对应的各种保守力的势能表达式也必须随之变化。

***3. 质点系的重力势能的计算**

如果我们取大地为势能零点、以地面为原点,建立一个向上的 Oy 轴,参见图 4-3,在质点系中,第 i 个质点的质量为 mi,其在 y 轴上的坐标为 y_i,则第 i 个质点的重力势能

$$E_{pi}=m_i g y_i$$

对系统中所有的质点求和

$$\sum^i E_{pi}=\sum^i (m_i y_i)g \tag{4-22}$$

上式左边为系统的重力势能 E_p,参照式(2-10),上式右边可表示为 my_c,m 为质点系的点质量,因此

$$E_p=mgy_c \tag{4-23}$$

说明**质点系的势能可以视为质点系的质量全部聚集于质心的质点的势能**。

4.5 功能原理 机械能守恒定律

1. 质点系的动能定理

在质点系中选择第 i 个质点,设作用在第 i 个质点上的合外力做功为 W_i,质点的动能由初始状态的 $(E_{ki})_1$ 变为终止状态 $(E_{ki})_2$,由质点的动能定理得

$$W_i=(E_{ki})_2-(E_{ki})_1$$

对所有的质点都有此关系式,则对 i 求和

$$\sum_i W_i=\sum_i (E_{ki})_2-\sum_i (E_{ki})_1$$

上式左边为系统中所有质点所受的合外力所做的功,可用 W 表示;上式右边第一项表示所有质点在终止状态的动能和,用 E_{k2} 表示,上式右边第二项表示质点系中所有质点在初始时刻的动能和,用 E_{k1} 表示。这样上式可表示为

$$W=E_{k2}-E_{k1} \tag{4-24}$$

式(4－24)表示，**质点系所受作用力做功，等于质点系动能的增加。这就是质点系的动能定律。**

2. 功能原理与机械能守恒定律

在式(4－24)中的左边表示的各质点系所受作用力所做的总功 W 中应包含系统外的作用力做功 $W_{外}$ 和系统内的作用力做功 $W_{内}$。质点系内力做功应包括保守力做功 $W_{保内}$ 和非保守力内力做功 $W_{非保}$。将式(4－24)进一步表示为

$$W_{外}+W_{保内}+W_{非保}=E_{k2}-E_{k1} \tag{4-25}$$

设第 i 个质点所受的保守力为 $f_{i保}$，其做功为 $W_{i保}$，由保守力做功等于势能的减少，再对 i 求和

$$\sum_i W_{i保}=\sum_i (E_{pi})_1-\sum_i (E_{pi})_2$$

式中，$\sum_i E_{pi}$ 表示质点系所有质点的势能和，用 E_p 表示；$\sum_i W_{i保}$ 为质点系所有保守力做功之和。

则上式可表示为

$$W_{保}=E_{p1}-E_{p2} \tag{4-26}$$

即质点系保守力做功等于质点系势能的减少。关于质点系势能的计算，可以视为质量集中于质心的“质点”的势能，这一点在以后的相关课程中给大家证明。

将式(4－26)代入式(4－25)，得

$$\begin{aligned} W_{外}+W_{非保} &= (E_{k2}-E_{k1})-(E_{p1}-E_{p2}) \\ &= (E_{k2}+E_{p2})-(E_{k1}+E_{p1}) \end{aligned} \tag{4-27}$$

将质点动能与势能的和称为质点的机械能，用 E 表示。

$$E=E_k+E_p \tag{4-28}$$

则式(4－27)可以表示为

$$W_{外}+W_{非保}=E_2-E_1$$

上式表明，**系统所受的外力和系统内非保守力对质点系所做的功等于系统机械能的增加。这就是质点系的功能原理。**

当系统的外力和非保守力做功为零(不做功)，或者说**系统仅仅受保守力做功，则系统的机械能守恒。这个结论称为机械能守恒定律**。在选择应用机械能守恒定律时，首先必须审核定律成立的条件满足与否。这也是应用一切物理定律时应该形成的思维习惯。

*** 例 4－8** 如图 4－7 所示，有质量为 m，长为 l 的柔软而均匀的绳子，放在摩擦系数为 μ 的桌面上。求：(1) 垂直悬挂绳子的最少长度，桌面上的绳子开始滑动；(2) 绳子刚滑下桌面的速度。

解：(1) 设绳子在桌面上的长度为 x_0 时，绳子开始滑下，这时垂直悬挂部分的绳子长度为$(l-x_0)$。当绳子的密度为 λ 时，刚开始滑动的条件为$\lambda(l-x_0)g\geqslant\mu\lambda x_0 g$，取该条件的等号计算可得：

$$x_0=\frac{l}{1+\mu} \tag{1}$$

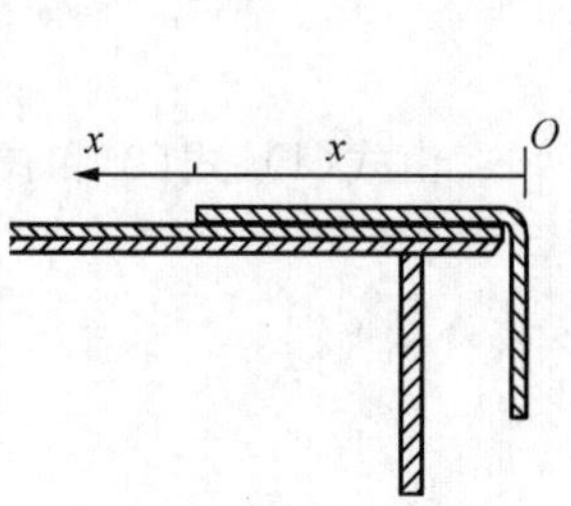

图 4－7　例 4－8 图

此时悬挂部分的长度为：

$$l-x_0=\frac{\mu l}{1+\mu}$$

(2) 将绳子视为一质点系，系统除了受到重力做功外，还有摩擦力做功。建立一向左的轴，原点取在桌面边缘处，这时摩擦力方向向左，当绳子在桌面的长度由 x 变为 0 时摩擦力在绳子滑动过程中做功。

$$W=\int_{x_0}^{0}\mu\lambda xg\,dx$$

$$=-\frac{1}{2}\mu\lambda x_0^2 g \tag{2}$$

系统的机械能的增加

$$\begin{aligned}\Delta E &= (E_{k2}+E_{p2})-(E_{k1}+E_{p1})\\&=\left[\frac{1}{2}(\lambda l)v^2-\frac{l}{2}(\lambda l)g\right]-\left[-\frac{l-x_0}{2}\lambda(l-x_0)g\right]\\&=\frac{1}{2}\lambda[l(v^2-lg)+(l-x_0)^2 g]\\&=\frac{1}{2}\lambda(lv^2+x_0^2 g-2lx_0 g)\end{aligned} \tag{3}$$

由功能原理及式(2)、式(3)可得：

$$-\frac{1}{2}\mu\lambda x_0^2 g=\frac{1}{2}\lambda(lv^2+x_0^2 g-2lx_0 g)$$

化简后为

$$lv^2+x_0^2 g-2lx_0 g+\mu x_0^2 g=0$$

得

$$v^2=\left(2-\frac{1+\mu}{l}x_0\right)x_0 g$$

将式(1)代入上式可得：

$$v=\sqrt{x_0 g}=\sqrt{\frac{lg}{1+\mu}}$$

例 4-9 如图 4-8 所示，登山运动员困在一个四分之一球形的冰山悬崖的顶端，他想坐滑冰车下滑。若球形冰山的半径为6 m，问他从距地面多高的地方脱离冰山？

解：设登山运动员的质量为 m，在冰山上下滑没有摩擦，仅仅受重力作用，所以运动过程中机械能守恒，并设在 θ 角位置的速度为 v。

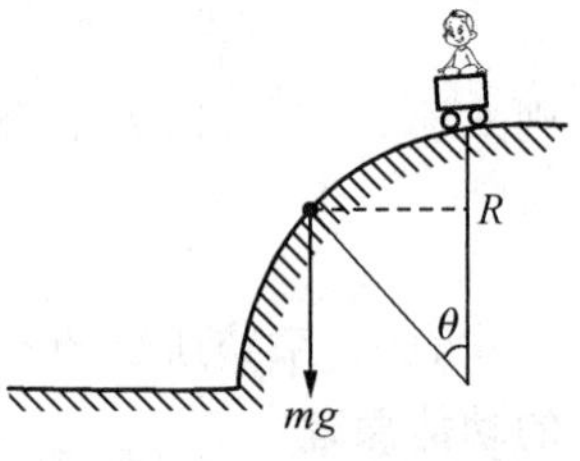

图 4-8 例 4-9 图

由机械能守恒可得：

$$mgR=mgR\cos\theta+\frac{1}{2}mv^2 \tag{1}$$

由圆周运动的法向动力学方程可得：

$$mg\cos\theta-N=m\frac{v^2}{R} \tag{2}$$

若在 θ 位置，运动员脱离冰山，则

$$N=0 \tag{3}$$

由式(1)、式(2)和式(3)可得：

$$mgR=\frac{3}{2}mgR\cos\theta$$

故

$$\cos\theta=\frac{2}{3}$$

此时距离地面高度

$$h=R\cos\theta=\frac{2}{3}R=4(\mathrm{m})$$

因此，运动员在距离地面 4 m 处脱离冰山，但此时仍有危险，应考虑防范措施。

*4.6　能量守恒定律

在功能原理的条件中，当合外力和非保守力做功为零时，得到重要的机械能守恒定律。如果所讨论的是孤立系统，则合外力消失。此时系统内仍存在非保守内力做功，机械能不守恒。但大量事实证明，一个孤立的系统在发生变化时，能量可能从一种形式变为另一种形式，系统中的能量总和始终不变，这就是能量守恒定律。它是物理学中具有普遍意义的守恒定律之一。

物理学中，大量的实验、实践证明，孤立系统中有些物理量在变化过程中始终不变，如前面讨论的动量、角动量等，以及以后还将接触到电荷质量等在孤立系统中也是不变的。有时在寻找和发现新事物、新规律时，这些守恒物理量也可以帮助我们去判断事物发展的方向和趋势。

4.7　两物体碰撞问题

如果两个或两个以上的物体在一个短暂的时间内发生作用，则称这种现象为碰撞。为方便分析问题，假设有两个小球发生碰撞。一般情况，这两个发生碰撞的小球将有两种可能：一种为对心碰撞，一种是非对心碰撞。针对前一种碰撞，小球的运动的方向是可以判断的，而后一种碰撞，小球的运动方向则是不确定的，称其为**“散射”**。

如果拍摄一个大铁球与充满气的皮球发生对心碰撞的过程，然后再慢速放映并仔细观察皮球发生的形变，会发现皮球碰撞前为球，与铁球接触时，由于皮球的能量大，受冲击后皮球发生了形变，接下来皮球在气体的压力作用下，恢复球状并以反向速度飞出。如果从能量角度分析皮球的变化，碰撞前皮球具有动能，碰撞时皮球形变，速度为零，动能消失转变为皮球的弹性势能，接着皮球形状恢复，弹性势能又转化为动能，皮球以某一速度飞出，皮球又具有一定的动能。如果碰撞前与碰撞后的动能不变，则认为中间形变的势能只起到一个转换作用，犹如弹簧的作用一样，经过压缩、释放后的形态复原，动能、弹性系数等物理参数都不变，所以称这样的形变为弹性形变。在碰撞过程中，运动物体发生了弹性形变，称这类碰撞为**完全弹性碰撞**。在完全弹性碰撞过程中，机械能守恒。而另一种极端碰撞，如有一橡皮泥小球与铁球碰撞，最后橡皮泥可能就粘在铁球上，我们称这类碰撞为**完全非弹性碰撞**。更多的两物体碰撞是介于完全弹性碰撞与完全非弹性碰撞之间，称其为**非完全弹性碰撞**，在后两类碰撞过程中机械能明显不守恒。

如果两球在没有外界作用的情况下，发生碰撞，那么合外力为零，或者合外力虽然不为零，但与碰撞过程中的平均作用力相比可以忽略，由质点系的动量定理可知，系统的动量守恒，即**在一切外力可忽略的情况下的碰撞，不论什么形式，系统的动量守恒**。

当系统处于孤立环境中，两质点之间发生完全弹性碰撞，系统的机械能守恒。

只要两个质点之间发生非弹性完全碰撞(包括完全非弹性碰撞)，则系统的机械能一定不守恒。

例 4-10　如图 4-9 所示，有一质量为 m 的木块固定在水平放置、弹性系数为 k 的弹簧的一端，今有一质量为 m_0 的子弹从左边的水平方向射入木块并嵌入其中，且使弹簧压缩了 x_0 的长度。求：(1) 子弹的速度 v_0；(2) 设 $m=1$ kg，$m_0=10$ g，$k=396$ N/m，$x_0=10$ cm，求子弹的速度 v_0。

解：子弹与木块做完全非弹性碰撞，过程中动量守恒

$$m_0v_0=(m_0+m)v$$

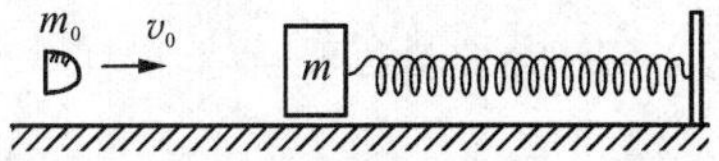

图 4-9　例 4-10 图

计算得

$$v=\frac{m_0}{m_0+m}v_0 \qquad (1)$$

木块子弹，弹簧系统仅受弹性力作用，弹性力为保守力，故此过程机械能守恒。

$$\frac{1}{2}(m_0+m)v^2=\frac{1}{2}kx_0^2 \tag{2}$$

将式(1)代入式(2)得

$$\frac{m_0^2}{m_0+m}v_0^2=kx_0^2$$

所以
$$v_0=\sqrt{k(m+m_0)}\,\frac{x_0}{m_0}$$

(2) 将 $k=396\ \text{N/m}$, $m=1\ \text{kg}$, $m_0=0.01\ \text{kg}$, $x_0=0.1\ \text{m}$,代入上式,得

$$v_0=200\ \text{m/s}$$

例 4-11 如图 4-10 所示,质量为 m_0 水平速度为 v_0 的小球与放置在光滑水平面上的劈尖发生完全弹性碰撞,碰撞后小球垂直弹起。若劈尖的质量为 m,求:(1) 碰撞后劈尖的速度 $\boldsymbol{u}$;(2) 小球弹起的最大高度。

解:(1) 小球与劈尖碰撞发生在水平方向,水平方向无外力作用,动量守恒

$$m_0\boldsymbol{v}_0=m\boldsymbol{u} \tag{1}$$

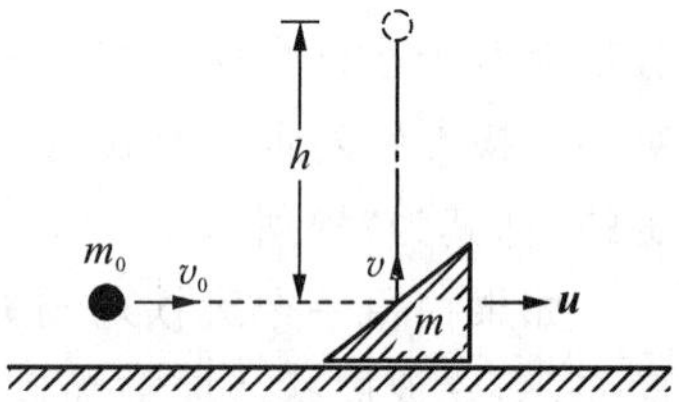

图 4-10 例 4-11 图

若小球垂直弹起的速度为 v,由于是完全弹性碰撞,故机械能守恒

$$\frac{1}{2}m_0v_0^2=\frac{1}{2}m_0v^2+\frac{1}{2}mu^2 \tag{2}$$

由式(1) 和式(2) 解出 $u=\dfrac{m_0}{m}v_0$, $v=\sqrt{1-\dfrac{m_0}{m}}v_0$

(2) 小球以 v 速度垂直上抛,到达的最大高度为:

$$h=\frac{v^2}{2g}=\frac{m-m_0}{2m}\frac{v_0^2}{g}$$
$$=\frac{(m-m_0)v_0^2}{2mg}$$

* **例 4-12** 在液氢泡沫室中,入射质子以速度 $\boldsymbol{v}_0$ 射向另一个静止的质子。试证明:一般情况下,两质子碰撞以后的散射方向相互垂直。

解:因粒子之间相互作用力与力程相关,故质子之间的相互碰撞可以认为是完全弹性碰撞,设质子的质量为 m,碰撞以后的速度分别为 $\boldsymbol{v}_1$、$\boldsymbol{v}_2$。

由动量守恒可知

$$m\boldsymbol{v}_0=m\boldsymbol{v}_1+m\boldsymbol{v}_2 \tag{1}$$

由机械能守恒可得

$$\frac{1}{2}mv_0^2=\frac{1}{2}mv_1^2+\frac{1}{2}mv_2^2 \tag{2}$$

由式(1)可得

$$v_0^2=v_1^2+v_2^2+2v_1v_2 \tag{3}$$

由式(2)可得

$$v_0^2=v_1^2+v_2^2 \tag{4}$$

比较式(3)和式(4)可知，$\boldsymbol{v}_1 \cdot \boldsymbol{v}_2=0$，可得 $\boldsymbol{v}_1=0$，$\boldsymbol{v}_2=0$，或 $\boldsymbol{v}_1 \perp \boldsymbol{v}_2$。因此，一般情况下 $\boldsymbol{v}_1 \perp \boldsymbol{v}_2$。

从式(1)可以看出 $\boldsymbol{v}_0$，$\boldsymbol{v}_1$，$\boldsymbol{v}_2$ 构成矢量三角形，因 $\boldsymbol{v}_1 \perp \boldsymbol{v}_2$，故以 $\boldsymbol{v}_0$ 为直径的半圆周上的所有点都有可能是 $\boldsymbol{v}_1$ 矢量的末端(或为 $\boldsymbol{v}_2$ 矢量的起点)，由此可见，只要知道 $\boldsymbol{v}_0$ 速度的大小与方向及碰撞以后的任意质子的散射方向，就可以知道，另一质子的速度大小与方向，这样可以大大简化计算过程。这个圆又称为散射圆，如图 4-11 所示。

在斯诺克球赛中，台球的走向也有相似的规律，大家注意到了没有？

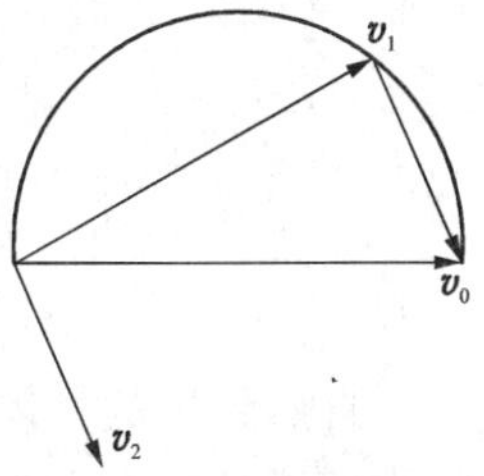

图 4-11　散射圆

本章习题

4-1　一质量为 m 的质点，系在细绳的一端，绳的另一端固定在水平面上。此质点在粗糙的水平面上做半径为 R 的圆周运动，若质点的初速度为 v_0，当它运动一周时，其速度为 $\frac{v_0}{2}$。求：(1) 摩擦力做功；(2) 滑动摩擦系数；(3) 静止前质点运动的圈数。

4-2　一质量为 m 的物块由 A 点处以初始速度 v_0 运动在粗糙水平轨道上。当该物块由 A 点运动到 B 点时，遇到劲度系数为 k 的轻弹簧，弹簧水平放置。设物块与轨道间的摩擦系数为 μ，试求物块压缩弹簧最后停止下来时弹簧被压缩的量。

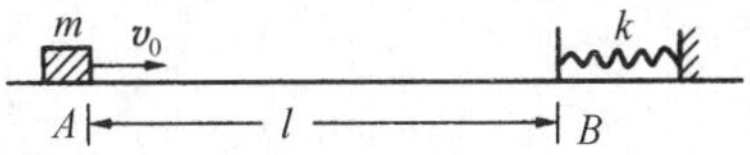

习题 4-2 图

4-3　设地球赤道上空质量为 $m=1\times10^3$ kg 的同步卫星绕地球做圆轨道运动，该卫星离地心距离 $r=42.52\times10^6$ m。试求该卫星的总能量、势能和动能的值。

4-4　质量为 m 的弹丸 A，穿过如图所示的摆锤 B 后速率由 v 减少了二分之一。已知摆锤的质量为 m'，摆线长度为 l。试求：(1) 摆锤 B 上摆的初速度；(2) 如果摆锤能在垂直平面内完成一个完整的圆周运动，弹丸速率 v 的最小值。

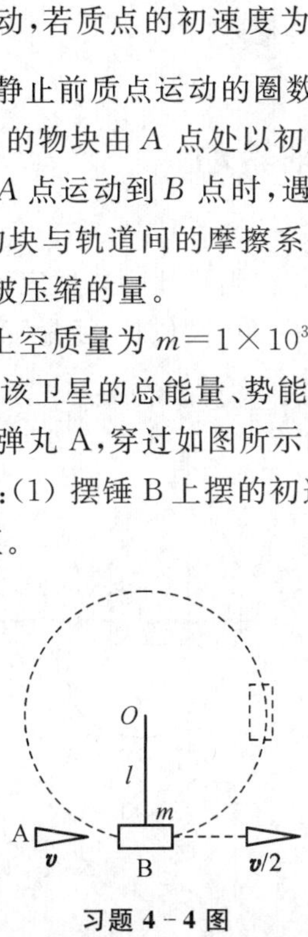

习题 4-4 图

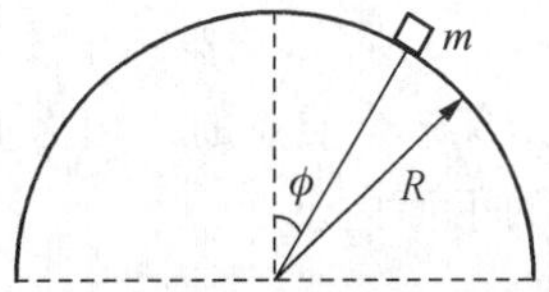

习题 4-5 图

4-5　一半径为 R 的光滑半球面固定于水平地面上。今使一质量为 m 的小滑块从球面顶点处无初速滑下，如图所示。试求：(1) 当小滑块下滑到与竖直方向夹角为 ϕ 时(此时小滑块还未脱离半球面)，小滑块受到半球面支持力 N 的大小；(2) 小滑块刚刚脱离半球面时的速度大小。

4-6　一长为 L 的细绳，一端系结质量为 m 的小木球，另一端挂在天花板上，一质量同为 m 的子弹以水平速度射入木球中(不出来)，试求子弹射入木球后一瞬间木球(与子弹一起)的速度，这一过程中，能量损失多少？

4-7　质量为 m 的 A 球由劲度系数为 k 的弹簧连接，弹簧的另一端固定，放置在光滑水平桌面上，原先处于静止状态，另一质量相同的 B 球则以速度 v_0 与 A 球发生对心碰撞，设碰撞为完全弹性的，试求 A、B 球最终的速度。

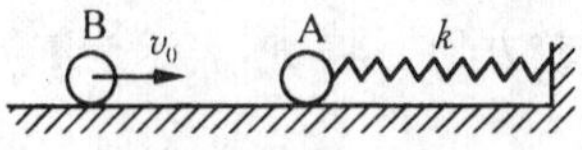

习题 4-7 图

4-8　在水平的桌面上，质量为 m 的小球以速度 v_0 与另一相同质量静止的小球发生完全弹性碰撞。试证明在一般情况下，两球碰撞以后将互成直角方向分开。(提示：用动量守恒矢量式表示并计算)

第五章　刚　　体

自然界中的物体形态有固态、液态、气态和等离子态。固态物体又称固体。固体中有一类物体在外力的作用下其形态变化很小，以至于在某误差范围内完全可以忽略不计，这样的物体则称为刚体。从字面上理解“刚体”为“刚强不屈之体”，其弹性模量达无限大。显然，自然界中不存在这种“刚体”，“刚体”也是物理学中引入的一个物理模型。当固体的弹性模量很大时，可以用“刚体”模型做近似处理。

从物质结构上看，刚体也可以理解为一个密集分布在某一范围内的质点系。这样，在前几章中涉及质点系的物理规律、定理等都符合刚体定义。而从质点系的角度理解，刚体是所有质点相对位置固定不变的、致密的质点系。

刚体做平动时，可以采用质点系模型进行研究，在此不再赘述。

5.1　刚体的定轴转动

如果刚体绕某固定轴转动，且固定轴在参照系中保持不动，则称此刚体做定轴转动，此时刚体上各个质点都在做圆周运动。因此，在研究刚体的定轴转动时，常用“角量”代替“线量”的方法，定量求解刚体的运动状态。

1. 刚体的转动定律

刚体在绕固定轴转动的过程中，刚体上所有的点都在做圆周运动，它们的轨迹是与转轴正交的平面中的圆。由于这样的运动特征，所以对每一个质点的作用力，包括外力、刚体内的质点相互之间的作用力，都只须考虑在与转轴正交平面内的分力，如图 5-1 所示，设第 i 个质点 m_i 所受的作用力 $\boldsymbol{F}_i$，第 j 个质点对第 i 个质点的作用力 $\boldsymbol{f}_{ij}$，都处于过质点 m_i 且与转轴正交的平面内。

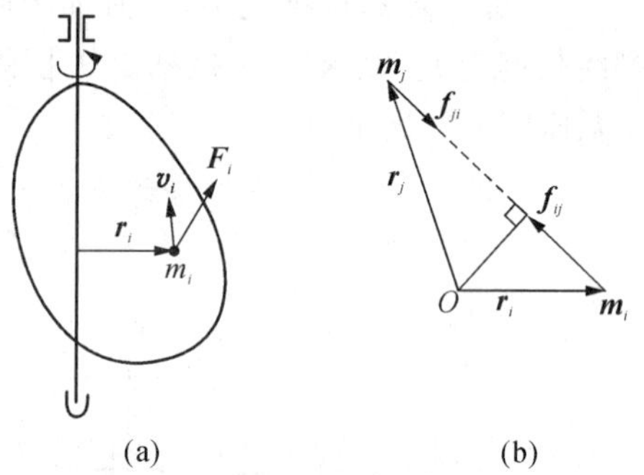

图 5-1　刚体定轴转动

由牛顿运动定律可知

$$\boldsymbol{F}_i+\sum_i \boldsymbol{f}_{ij}=m_i\frac{\mathrm{d}\boldsymbol{v}_i}{\mathrm{d}t} \tag{5-1}$$

式(5-1)中的 $\sum\limits_i \boldsymbol{f}_{ij}$ 表示质点 m_i 受到系统内的其他所有质点的作用力合力。我们可以从图 5-1(a)的俯视图 5-1(b)中看到，第 j 个质点对第 i 个质点之间的作用力 $\boldsymbol{f}_{ij}$ 与第 i 个质点对第 j 个质点的作用力 $\boldsymbol{f}_{ji}$ 是一对作用力与反作用力。它们对转轴 OO' 的力矩将相互抵消，因此系统中的内力对刚体绕定轴转动没有影响。我们只须考虑外力 $\boldsymbol{F}_i$ 对转动的作用，因 m_i 绕 OO' 轴转动的轨迹为圆，所以采用自然坐标系比较方便。将 $\boldsymbol{F}_i$ 表示为 $\boldsymbol{F}_{it}+\boldsymbol{F}_{in}$，$\boldsymbol{F}_{it}$、$\boldsymbol{F}_{in}$ 分别表示 $\boldsymbol{F}_i$ 在圆轨迹上的切向分量和法向分量。相应地将式(5-1)式右边的加速度 $\frac{\mathrm{d}\boldsymbol{v}_i}{\mathrm{d}t}$ 也表示为 $\boldsymbol{a}_{it}+\boldsymbol{a}_{in}$，这样将式(5-1)直接表示为

$$\boldsymbol{F}_{it}+\boldsymbol{F}_{in}=m_i\boldsymbol{a}_{it}+m_i\boldsymbol{a}_{in}$$

用 $\boldsymbol{r}_i$ 同时叉乘方程两边，并对方程两边求和，因 $\boldsymbol{r}_i$ 在法向，则 $\boldsymbol{r}_i\times\boldsymbol{F}_{in}=0$，$\boldsymbol{r}_i\times\boldsymbol{a}_{in}=0$，所以上式为

$$\sum_i \boldsymbol{r}_i\times\boldsymbol{F}_{it}=\sum_i \boldsymbol{r}_i\times m_i\boldsymbol{a}_{it} \tag{5-2}$$

式(5－2)的两边矢量的方向一致，都在转轴的方向，其左边

$$\sum_i \boldsymbol{r}_i \times \boldsymbol{F}_{it} = \sum_i \boldsymbol{M}_i = \boldsymbol{M}$$

称为**合外力矩**。

式(5－2)的右边，因 $\boldsymbol{r}_i \perp \boldsymbol{a}_{it}$，$a_{it}=r_i\alpha$，故

$$\sum_i \boldsymbol{r}_i \times m_i\boldsymbol{a}_{it} = \left(\sum_i m_i r_i^2\right)\boldsymbol{\alpha}$$

这样式(5－2)可以写成

$$\boxed{\boldsymbol{M} = \left(\sum_i m_i r_i^2\right)\boldsymbol{\alpha} = J\boldsymbol{\alpha}} \tag{5-3}$$

角加速度 $\boldsymbol{\alpha}$ 与力矩 $\boldsymbol{M}$ 的方向一致，都在转轴的方向。

式(5－3)称为**刚体绕定轴转动的转动定律**。其中

$$J = \left(\sum_i m_i r_i^2\right) \tag{5-4}$$

为**刚体定轴转动的转动惯量**。

这里必须说明，式(5－3)中力矩、转动惯量、角加速度都必须对应于同一转轴。对于固定的转轴，常用质点的一维运动作相应的类比，可以在式(5－3)中省略矢量符号，作为标量方程计算。

2. 转动惯量的计算

如将式(5－3)与质点的牛顿定律 $\boldsymbol{F}_i=m\boldsymbol{a}$ 相比较，$\boldsymbol{M}$ 类似于力 $\boldsymbol{F}$，角加速度 $\boldsymbol{\alpha}$ 类似于加速度 $\boldsymbol{a}$，转动惯量 J 就类似于质点运动定律中的质量 m。如果说 m 为质点运动时惯性的量度，那么 J 就是刚体做转动时惯性的量度，所以，将 J 定义为转动惯量。

对分离的质点系而言，$J=\sum_i m_i r_i^2$；对于一个致密的质点系，可以选定一个质量元 $\mathrm{d}m$，$\mathrm{d}m$，则相当于质点 m_i，$\mathrm{d}m$ 相对于转轴的位置矢量 $\boldsymbol{r}$，则相当于质点 m_i 的位置矢量 $\boldsymbol{r}_i$。将式(5－4)中的求和用积分表示，因此，转动惯量的计算公式为：

$$\boxed{J = \int_\Omega r^2 \mathrm{d}m} \tag{5-5}$$

式中，Ω 表示转动刚体的全部体积。

而质量元 $\mathrm{d}m$ 对不同形状的刚体有不同的表示：

$$\mathrm{d}m = \begin{cases}\lambda\,\mathrm{d}x \\ \sigma\,\mathrm{d}s \\ \rho\,\mathrm{d}\Omega\end{cases} \tag{5-6}$$

式中 λ、σ、ρ 分别表示线密度、面密度、体密度，而 $\mathrm{d}x$、$\mathrm{d}s$、$\mathrm{d}\Omega$ 分别表示线元、面元和体积元。

例 5－1　求一根质量为 m，长度为 l 的均匀棒绕其一端的垂直轴转动的转动惯量。

解：以转轴所在位置为原点，沿棒的直线作 Ox 轴。取 $x \to x+\mathrm{d}x$，其质量元 $\mathrm{d}m=\lambda\,\mathrm{d}x$。

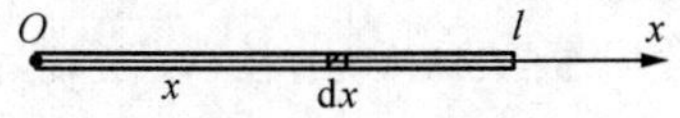

图 5－2　例 5－1 图

由式(5－5)可得：

$$J = \int x^2 \mathrm{d}m = \lambda\int_0^l x^2 \mathrm{d}x = \frac{1}{3}\lambda l^3 = \frac{1}{3}ml^2$$

例 5-2 将例 5-1 中的转轴放在棒的中心，求转动惯量。

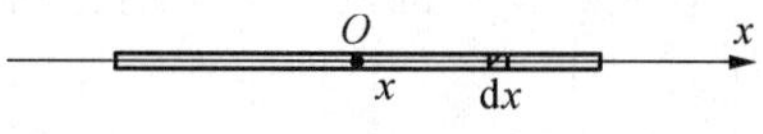

图 5-3 例 5-2 图

解：方法 1：类似于上题，以转轴为原点，沿棒的直线作 Ox 轴，取 $x \to x+\mathrm{d}x$ 的质量元 $\mathrm{d}m=\lambda\,\mathrm{d}x$。

由式(5-5)可得：

$$J=\int x^2\mathrm{d}m=\lambda\int_{-\frac{l}{2}}^{\frac{l}{2}}x^2\mathrm{d}m=\frac{\lambda}{3}x^3\Big|_{-\frac{l}{2}}^{\frac{l}{2}}=\frac{1}{12}\lambda l^3=\frac{1}{12}ml^2$$

方法 2：类似于例 5-1，将棒分为左右相等的两部分。每部分的长度为$\frac{l}{2}$，每部分为绕一端转动的棒的转动惯量 $J_1=\frac{1}{3}\left(\frac{m}{2}\right)\left(\frac{l}{2}\right)^2=\frac{1}{24}ml^2$，则总的转动惯量 $J=2J_1=\frac{1}{12}ml^2$。

例 5-3 如图 5-4 所示，有一半径为 R，质量为 m 的均匀圆环。求绕过其中心且垂直于圆环面的转轴的转动惯量。

分析：选用极坐标计算比较方便。

解：取 $\theta \to \theta+\mathrm{d}\theta$ 的质量元 $\mathrm{d}m=\lambda\,\mathrm{d}l$，线元 $\mathrm{d}l=R\,\mathrm{d}\theta$。

由式(5-5)可得：

$$J=\int R^2\mathrm{d}m=R^2\lambda R\int_0^{2\pi}\mathrm{d}\theta$$
$$=(\lambda 2\pi R)R^2=mR^2$$

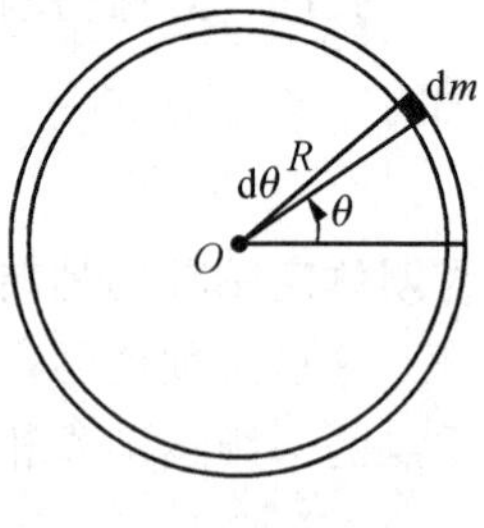

图 5-4 例 5-3 图

例 5-4 有一质量为 m，半径为 R 的均匀圆盘。求绕过其中心垂直轴转动的转动惯量。

解：方法 1：用极坐标计算圆形物体的转动惯量，将轴所在处定为极坐标原点。如图5-5所示，取 $\theta \to \theta+\mathrm{d}\theta$，$r\to r+\mathrm{d}r$ 的质量元 $\mathrm{d}m=\sigma\mathrm{d}s$，而在 $\mathrm{d}\theta$、$\mathrm{d}r$ 很小的情况下，面积元 $\mathrm{d}s=(r\,\mathrm{d}\theta)\mathrm{d}r$。

由式(5-5)可得：

$$J=\int r^2\mathrm{d}m=\int r^2\sigma(r\,\mathrm{d}\theta)\mathrm{d}r=\sigma\int_0^R r^3\mathrm{d}r\int_0^{2\pi}\mathrm{d}\theta$$
$$=\frac{\sigma}{4}R^4 2\pi=\frac{1}{2}(\sigma\pi R^2)R^2=\frac{1}{2}mR^2$$

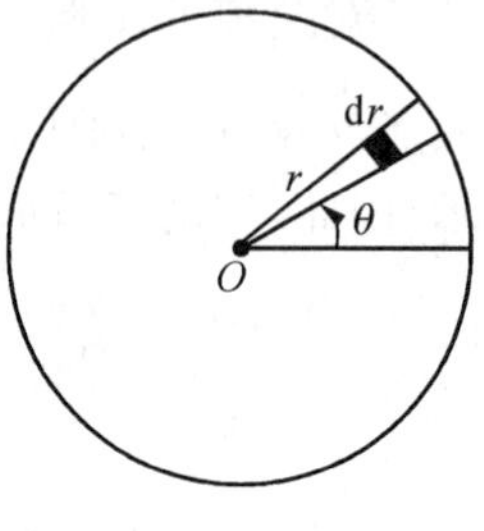

图 5-5 例 5-4 图

方法 2：还可利用例 5-3 的结果计算。取 $r\to r+\mathrm{d}r$ 的圆环，其质量 $\mathrm{d}m=\sigma(2\pi r\,\mathrm{d}r)$，则

$$J=\int r^2\mathrm{d}m=\sigma 2\pi\int_0^R r^3\mathrm{d}r=\sigma\frac{2\pi}{4}R^4=\frac{1}{2}(\sigma\pi R^2)R^2=\frac{1}{2}mR^2$$

***例 5-5** 一质量为 m，半径为 R 的均匀球，绕其任一直径转动，求其转动惯量。

分析：这是一球体的转动惯量，对球体可以在直角坐标系中表示，也可以用球坐标表示。经验告诉我们，采用直角坐标的计算比较复杂。为了表述的简洁性，这里采用球坐标进行计算。

解：设球体绕直径 OO' 旋转，在球坐标中取质量元 $\mathrm{d}m$，用图 5-6 中的 θ、r、φ 表示。$\mathrm{d}\theta$、$d\varphi$、$\mathrm{d}r$ 表示微小量，当这些物理量很小时，$\mathrm{d}m=\rho\,\mathrm{d}\Omega$，$\rho$ 为密度，$\mathrm{d}\Omega$ 为体积元。而图中的体积元可以用小立方体表示，$\mathrm{d}\Omega=(r\,\mathrm{d}\theta)(r\sin\theta\,\mathrm{d}\varphi)\mathrm{d}r$。$\mathrm{d}m$ 对 OO' 轴的距离为 $r\sin\theta$。

由式(5-5)可得：

$$J=\int(r\sin\theta)^2\mathrm{d}m=\int(r^2\sin^2\theta)(\rho r^2\sin\theta\,\mathrm{d}\theta\,\mathrm{d}r\,d\varphi)$$

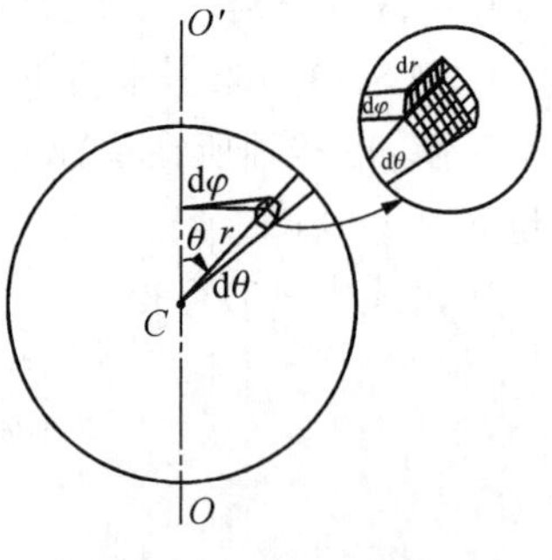

图 5-6 例 5-5 图

整理积分

$$J = \rho\int_0^R r^4\,\mathrm{d}r\int_0^{2\pi}\mathrm{d}\varphi\int_0^{\pi}\sin^3\theta\,\mathrm{d}\theta$$
$$= \frac{2}{5}\left(\rho\frac{4}{3}\pi R^3\right)R^2$$
$$= \frac{2}{5}mR^2$$

在球坐标内的三重积分只是形式上的，由于变量之间函数的相对独立性，三重积分变成实际上的三个一元积分的积，并没有想象的那样困难。这里也体现了根据物理问题的具体情况，选用不同的参考系可以给计算带来方便。至于如何根据问题选择参照系，只有多看多练习，并从经验中总结体会。

对以上常见的定轴转动的物体的转动惯量，最好熟记于心，以提高解题速度。

3. 平行轴定理

若刚体绕过质心 C 转轴的转动惯量为 J_C，今有一过 O 点的转轴与过质心 C 的转轴平行，且两者相距为 d，第 i 个质点到过 O 点的转轴的位置矢量为 $\boldsymbol{r}_i$，而到过质心 C 点转轴的位置矢量为 $\boldsymbol{r}_i'$，如图 5－7 所示。令质心 C 相对于 O 点的位置矢量 $\boldsymbol{r}_C=\boldsymbol{d}$，由矢量三角形可得

$$\boldsymbol{r}_i = \boldsymbol{d} + \boldsymbol{r}_i' \tag{5-7}$$

对式(5－7)两边平方 $\quad r_i^2 = d^2 + r_i'^2 + 2\boldsymbol{d}\cdot\boldsymbol{r}_i' \quad$ (5－8)

对式(5－8)两边同乘以 m_i，并对 i 求和

$$\sum_i m_i r_i^2 = \sum_i m_i d^2 + \sum_i m_i r_i'^2 + 2\boldsymbol{d}\cdot\sum_i m_i \boldsymbol{r}_i' \tag{5-9}$$

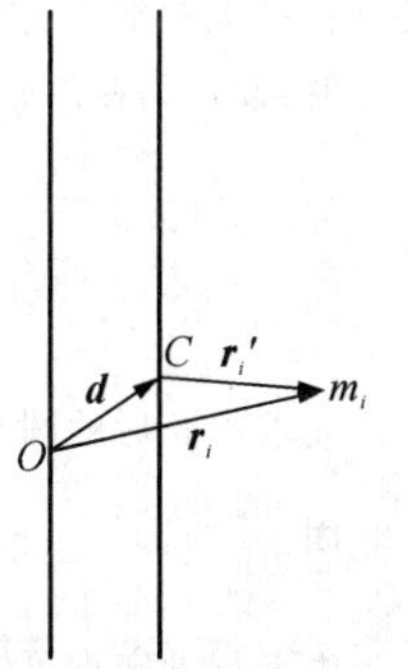

图 5－7 平行轴定理

分析式(5－9)，其等式右边第三项根据式(2－9) $\sum_i m_i\boldsymbol{r}_i' = m\boldsymbol{r}_C'$，式中 $\boldsymbol{r}_C'$为质点系相对于质心 C 的质心位置矢量，显然 $\boldsymbol{r}_C'=0$。而式(5－9)左边为刚体绕过 O 转轴的转动惯量。

式(5－9)右边第一项为 md^2，右边第二项为所有的质点相对于绕过质心 C 的转轴的转动惯量，记为 $J_C=\sum_i m_i r_i'^2$，则式(5－9)可表示为

$$\boxed{J = J_C + md^2} \tag{5-10}$$

式(5－10)称为**转动惯量的平行轴定理**。由平行轴定理可知，刚体对某一转轴的转动惯量 J，等于将刚体质量视为集中于质心 C 的质点对该转轴的转动惯量与刚体相对过质心的转轴的转动惯量 J_C 的和。

例 5－6 从例 5－2 中可知，一根均匀棒绕中心垂直轴的转动惯量 $J=\frac{1}{12}ml^2$，试用平行轴定理证明：绕其一端的平行轴的转动惯量 $J_0=\frac{1}{3}ml^2$。

解：由平行轴定理可得：

$$J_0 = J_C + md^2$$

由于均匀棒的质心位于棒中心，所以 $J_C=\frac{1}{12}ml^2$。

将 $d=\frac{l}{2}$代入上式计算可得：

$$J_0 = \frac{1}{12}ml^2 + m\left(\frac{l}{2}\right)^2 = \frac{1}{3}ml^2$$

其结果与例 5－1 相同，相互印证了它们客观真实性。

例 5－7 已知一半径为 R，质量为 m 的均匀圆盘过中心垂直轴的转动惯量 $J=\frac{1}{2}mR^2$。试求过圆盘 $\frac{R}{2}$ 处的平行轴的转动惯量。

解：设均匀圆盘的中心为质心，则 $J_C=\frac{1}{2}mR^2$，而 $d=\frac{R}{2}$。

故
$$J=J_C+md^2=\frac{1}{2}mR^2+m\left(\frac{R}{2}\right)^2$$
$$=\frac{3}{4}mR^2$$

***例 5－8** 半径为 R 的均匀圆板上挖去一个直径为 R 的圆洞，如图 5－8 所示。设剩下部分的质量为 m_0，求该物体绕过 O 点的垂直轴的转动惯量。

分析：将挖去的部分填上去以后，对称性残缺状的物体的转动惯量变为容易计算的规则物体的转动惯量，再将填补上部分的转动惯量减去，类似的方法常称为**补偿法**。在电学，磁学的相关计算中也常常出现类似的情况。

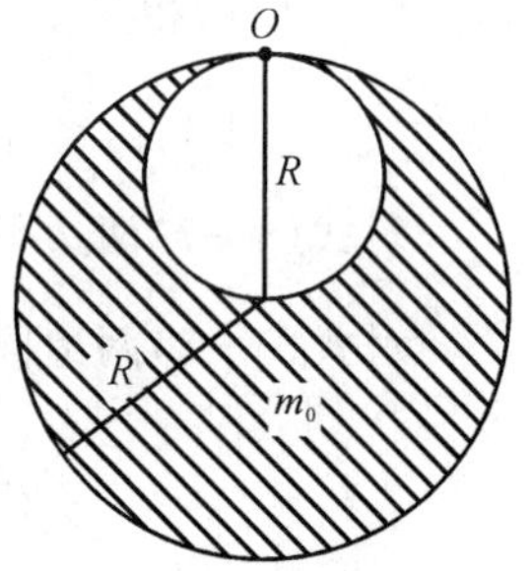

图 5－8 例 5－8 图

解：设均匀板的密度为 σ，则
$$\sigma=\frac{m_0}{s}=\frac{m_0}{\pi R^2-\pi\left(\frac{R}{2}\right)^2}=\frac{4m_0}{3\pi R^2}$$

先求填满后的圆盘绕 O 点垂直轴的转动惯量 J_1，则 J_1 采用平行轴定律进行计算。

因
$$J_C=\frac{1}{2}(\sigma\pi R^2)R^2=\frac{\sigma}{2}\pi R^4$$

由平行轴定理可知
$$J_1=J_C+md^2=J_C+mR^2=\frac{3}{2}(\sigma\pi R^2)R^2=\frac{3\sigma}{2}\pi R^4$$

同理可求得挖去部分的圆板的转动惯量
$$J_2=\frac{3}{2}\left(\frac{\sigma\pi R^2}{4}\right)\frac{R^2}{4}=\frac{3\sigma}{32}\pi R^4$$

故剩下部分的转动惯量
$$J=J_1-J_2=\frac{45}{32}\sigma\pi R^4=\frac{45}{32}\frac{4m_0}{3\pi R^2}\pi R^4=\frac{15}{8}m_0R^2$$

如果不用补偿法，计算过程就复杂多了。因此，可以从中体会到**补偿法用于对称残缺的物理量的计算所带来的方便**。

5.2 转动定律的应用

对于转动定律的数学表达式(5－3)，大家对其理解没有什么困难，而在应用时，针对具体问题，还是脱离不了物体运动的受力分析。像牛顿运动定律一样，只有将刚体所受的合外力分析清楚，才能准确地计算出刚体所受的合外力矩，然后根据计算出的转动惯量，利用转动定律就可以计算出刚体绕定轴转动的角加速度。

这里要注意几个关系：①力与力矩、质点运动要考虑力，而刚体定轴转动则考虑力矩；②线量与角量；③相应物理量的矢量关系。有时问题中常常出现质点与刚体组合运动，尤其要注意各自服从的物理定律。

例 5-9　有一质量为 m，半径为 R 的定滑轮两边分别挂有质量为 m_1、m_2 的重物。这两个物体开始时静止，彼此高度差为 h。试问从释放到两物体位于同一高度所需的时间。

分析：忽略滑轮质量的类似问题，在质点力学中已讨论。当滑轮的质量不可忽略时，必须用隔离体法求解。

解：设 $m_1>m_2$，m_1 的加速度方向向下，m_2 的加速度方向向上，如图 5-9 所示。以加速度为准，建立 m_1、m_2 的运动方程，再由加速度的方向确定滑轮角加速度的方向，由角加速度的方向确定力矩的方向。建立滑轮转动的方程，可得下列方程组

$$\begin{cases} m_1g - T_1 = m_1a & (1) \\ T_2 - m_2g = m_2a & (2) \\ (T_1 - T_2)R = J\alpha & (3) \end{cases}$$

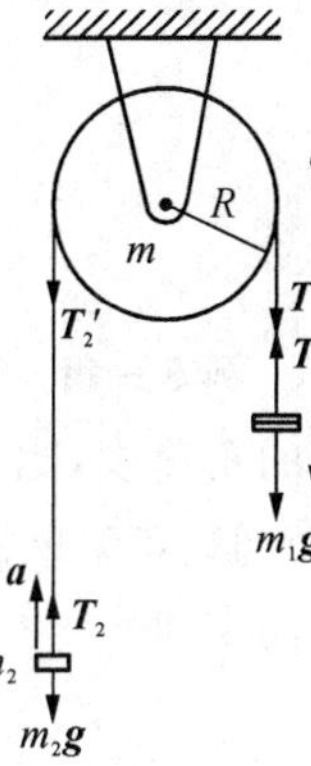

图 5-9　例 5-9 图

由物理量之间的关系可得

$$a = R\alpha$$

$$J = \frac{1}{2}mR^2$$

可以解得
$$a = \frac{2(m_1 - m_2)g}{2(m_1 + m_2) + m}$$

由原来相差 h 最后达到同一高度，m_1、m_2 运动的路程一样都为 $\frac{h}{2}$，由 $\frac{h}{2} = \frac{1}{2}at^2$ 可得：

$$t = \sqrt{\frac{2(m_1 + m_2) + m}{2(m_1 - m_2)g}h}$$

本题方程组中的式(3)是问题的关键，其中力矩的方向(正、负)是由 α 的方向决定。若该式错，则通盘错，应引起注意。

例 5-10　如图 5-10 所示，一质量为 m，长为 l 的均匀棒可绕 O 点的垂直轴转动，O 点距杆的一端为 $\frac{l}{3}$。开始时棒处于水平位置，试求释放后棒在任意位置的角速度。

解：棒受到自身重力的作用，可以把棒看成质点系，质量集中于质心 c，重力 mg 过质心，该重力对过 O 点的垂直轴的力矩

$$M = \frac{1}{6}mgl\sin\theta$$

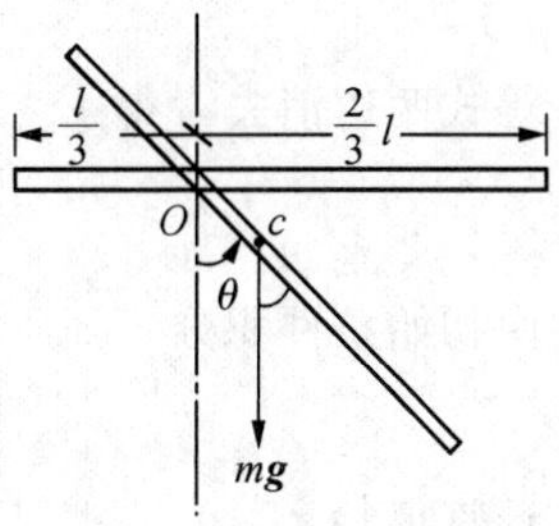

图 5-10　例 5-10 图

力矩的方向垂直于纸面向里。而 θ 的方向垂直于纸面向外，棒的角速度、角加速度也随之向外，取 θ 的方向为正向，在应用转动定律时 M 取负号。

用平行轴定理计算棒绕过 O 点的垂直轴的转动惯量

$$J = J_c + md^2 = \frac{1}{12}ml^2 + m\left(\frac{l}{6}\right)^2 = \frac{1}{9}ml^2$$

将其代入转动定律可得

$$-\frac{1}{6}mgl\sin\theta = \frac{1}{9}ml^2\frac{\mathrm{d}\omega}{\mathrm{d}t}$$

即
$$\frac{\mathrm{d}\omega}{\mathrm{d}t} = -\frac{3g}{2l}\sin\theta$$

因问题是求 ω 与 θ 的关系，故两边同乘 $\mathrm{d}\theta$，并积分

$$\int_0^{\omega}\omega\,\mathrm{d}\omega=-\frac{3g}{2l}\int_{\frac{\pi}{2}}^{\theta}\sin\theta\mathrm{d}\theta$$

得
$$\frac{1}{2}\omega^2=\frac{3g}{2l}\cos\theta$$

角速度随角速度 θ 的变化关系为

$$\omega=\sqrt{\frac{3g}{l}\cos\theta}$$

例 5-11 当一通风机角速度为 ω_0 时停止动力驱动。设风机的转动惯量为 J，空气的阻力矩正比于它的角速度，比例系数为 c。求：(1) 经多长时间角速度降为原来的一半？(2) 此期间，风机转了多少圈？

解：(1) 风机遇到了阻力矩，必然产生一个角加速度，相对于原角速度的方向，阻力矩的方向为负，由转动定律

$$J\frac{\mathrm{d}\omega}{\mathrm{d}t}=-c\omega \tag{1}$$

将式(1)化为微分方程并积分：

$$\int_{\omega_0}^{\frac{\omega_0}{2}}\frac{\mathrm{d}\omega}{\omega}=-\frac{c}{J}\int_0^t\mathrm{d}t$$

得
$$\ln\frac{\omega_0}{2\omega_0}=-\frac{c}{J}t$$

故
$$t=\frac{J}{c}\ln 2$$

(2) 欲求此间转过的圈数，需求出转过的角度，将式(1)化为

$$J\frac{\mathrm{d}\omega}{\mathrm{d}t}\mathrm{d}\theta=-c\omega\mathrm{d}\theta$$

等式两边消去 ω 得
$$\mathrm{d}\omega=-\frac{c}{J}\mathrm{d}\theta$$

由初始条件积分
$$\int_{\omega_0}^{\frac{\omega_0}{2}}\mathrm{d}\omega=-\frac{c}{J}\int_0^{\varphi}\mathrm{d}\theta$$

计算得
$$\varphi=\frac{J\omega_0}{2c}$$

转过的圈数
$$n=\frac{\varphi}{2\pi}=\frac{J\omega_0}{4\pi c}$$

例 5-12 有一个半径为 R 的圆形平板放在水平的桌面上，圆板与桌面之间的摩擦系数为 μ。若圆形平板开始时以 ω_0 的角速度绕过其中心的垂直轴转动，问它转过多少圈后停止？

分析：圆板受到桌面的摩擦力矩后减速，计算摩擦力矩成为问题的关键，作一俯视图，如图 5-11 所示。由于熟悉质点受到的摩擦力，因此这里仍取质量元。先计算出该质量元所受的摩擦力矩，然后积分就可得出总的摩擦力矩。

解:取 $\theta\to\theta+\mathrm{d}\theta$, $r\to r+\mathrm{d}r$ 的质量元

$$\mathrm{d}m=\sigma\mathrm{d}s=\sigma(r\mathrm{d}\theta)\mathrm{d}r$$

或
$$\mathrm{d}m=\sigma r\mathrm{d}r\mathrm{d}\theta$$

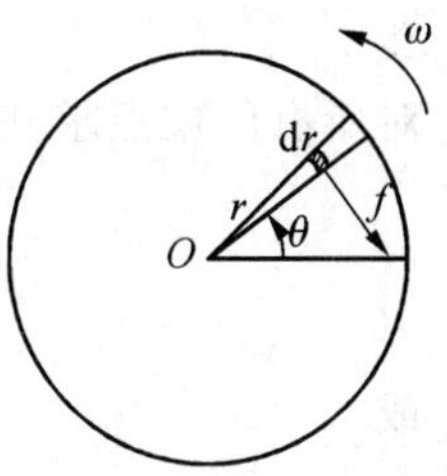

图 5-11　例 5-12 图

由 $\mathrm{d}m$ 产生的摩擦力矩

$$\mathrm{d}M=r\mu(\mathrm{d}m)g$$

将 $\mathrm{d}m$ 代入上式积分得

$$\begin{aligned}M&=\mu g\sigma\int_0^R r^2\mathrm{d}r\int_0^{2\pi}\mathrm{d}\theta\\&=\frac{2}{3}\mu\sigma g\pi R^3\\&=\frac{2}{3}\mu mgR\end{aligned}$$

m 是圆盘的总质量,该摩擦力矩与角加速度反向,圆盘绕过 O 点的垂直轴的转动惯量为 $J=\frac{1}{2}mR^2$。

由转动定律可得:

$$-\frac{2}{3}\mu mgR=\frac{1}{2}mR^2\frac{\mathrm{d}\omega}{\mathrm{d}t}$$

化简后得
$$\frac{\mathrm{d}\omega}{\mathrm{d}t}=-\frac{4\mu g}{3R}$$

因问 ω 与转过的角度 θ 的关系,所以方程两边乘以 $\mathrm{d}\theta$ 并积分

$$\int_{\omega_0}^0\omega\mathrm{d}\omega=-\frac{4\mu g}{3R}\int_0^{\varphi}\mathrm{d}\theta$$

得
$$\frac{1}{2}\omega_0^2=\frac{4\mu g}{3R}\varphi$$

即
$$\varphi=\frac{3R\omega_0^2}{8\mu g}$$

转过的圈数
$$n=\frac{\varphi}{2\pi}=\frac{3R\omega_0^2}{16\pi\mu g}$$

5.3　刚体转动的动能定理

力的方向和作用点对转动物体的影响都表现在力矩上,而力矩是由力体现的,因此,力矩会做功。对于转动的物体,力的做功可以用力矩做功表示。力矩做功,物体的能量将会改变,那么转动的物体动能如何表示?功与能之间的关系如何?这些问题将是下面所要讨论的内容。

1. 力矩做功

如图 5-12 所示,设 m 绕 O 点的垂直轴转动,m_i 相对于 O 点的位置矢量为 $\boldsymbol{r}_i$,作用在 m 上的力为 $\boldsymbol{F}_i$,则力矩 $M=r_iF_i\sin\alpha$, m 在力 $\boldsymbol{F}$ 的作用下转过 $\mathrm{d}\theta$,相应位移 $\mathrm{d}s=r_i\mathrm{d}\theta$,力 $\boldsymbol{F}_i$ 做功

$$\begin{aligned}\mathrm{d}w_i&=F_i\mathrm{d}s\sin\alpha\\&=F_ir_i\sin\alpha\,\mathrm{d}\theta\end{aligned}$$

$$= M_i \mathrm{d}\theta$$

对所有的质点求和

$$\sum_i \mathrm{d}w_i = \sum_i M_i \mathrm{d}\theta$$

或

$$\mathrm{d}\Big(\sum_i w_i\Big) = \mathrm{d}w = M\mathrm{d}\theta$$

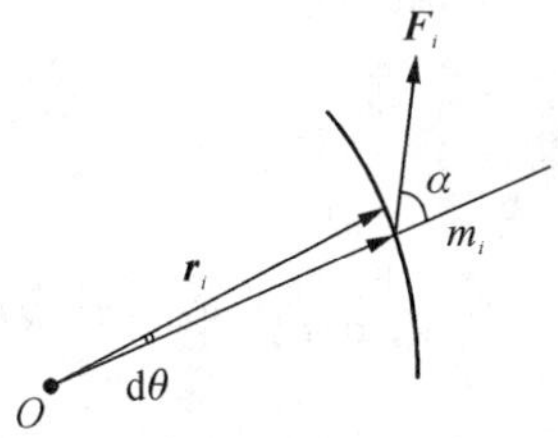

图 5－12

式中，M 表示合外力矩。$\boldsymbol{M}$ 为矢量，角位移 $\mathrm{d}\boldsymbol{\theta}$ 也为矢量，合外力矩做功用矢量表示为

$$\mathrm{d}w = \boldsymbol{M} \cdot \mathrm{d}\boldsymbol{\theta} \tag{5-11}$$

当 $\boldsymbol{M}$ 与 $\mathrm{d}\boldsymbol{\theta}$ 的方向一致时，力矩做正功；方向相反时，力矩做负功，而垂直时，力矩做功为零。当刚体在力矩作用下从 θ_1 转到 θ_2 时，**合外力矩做功**

$$\boxed{W = \int_{\theta_1}^{\theta_2} \mathrm{d}w = \int_{\theta_1}^{\theta_2} \boldsymbol{M} \cdot \mathrm{d}\boldsymbol{\theta}} \tag{5-12}$$

当合外力矩不随时间改变时，力矩做功的功率

$$P = \frac{\mathrm{d}w}{\mathrm{d}t} = \boldsymbol{M} \cdot \frac{\mathrm{d}\boldsymbol{\theta}}{\mathrm{d}t}$$
$$= \boldsymbol{M} \cdot \boldsymbol{\omega} \tag{5-13}$$

2. 刚体绕定轴转动的转动动能

如图 5－12 所示，设 t 时刻刚体的角速度为 ω，则质点 m_i 在 t 时刻的动能

$$E_{ki} = \frac{1}{2} m_i v_i^2 = \frac{1}{2} m_i \,(r_i \omega)^2$$

对上式两边求和即为所有质点的动能。

若把刚体视为致密质点系，那么系统的动能即**刚体绕轴转动的动能**

$$\boxed{E_k = \sum_i E_{ki} = \frac{1}{2}\Big(\sum_i m_i r_i^2\Big)\omega^2 = \frac{1}{2} J\omega^2} \tag{5-14}$$

3. 刚体转动的动能定理

当转动物体的转动惯量不变时，由转动定律 $M = J\dfrac{\mathrm{d}\omega}{\mathrm{d}t}$，将此式代入式(5－12)积分得：

$$W = \int_{\theta_1}^{\theta_2} \mathrm{d}w = \int_{\theta_1}^{\theta_2} J\,\frac{\mathrm{d}\omega}{\mathrm{d}t}\mathrm{d}\theta = J\int_{\omega_1}^{\omega_2} \omega \mathrm{d}\omega = \frac{1}{2} J\omega_2^2 - \frac{1}{2} J\omega_1^2 = E_{k2} - E_{k1} \tag{5-15}$$

式(5－13)表明，**刚体受合外力矩所做的功等于刚体转动动能的增加**。这就是**刚体转动动能定理**。其形式与质点的动能定理完全一致。

例 5－13 用刚体的动能定理重新讨论例 5－10。

解：均匀棒受到的合外力外重力 mg，当棒从 $\theta \to \theta + \mathrm{d}\theta$ 的过程中，重力矩做功：

$$\mathrm{d}w = \boldsymbol{M} \cdot \mathrm{d}\boldsymbol{\theta}$$
$$= -\, mg\,\frac{l}{6}\sin\theta \mathrm{d}\theta$$

积分
$$W=-\frac{1}{6}mgl\int_{\frac{\pi}{2}}^{\theta}\sin\theta\mathrm{d}\theta$$
$$=\frac{1}{6}mgl\cos\theta$$

由动能定理可得
$$E_{k2}=\frac{1}{2}J\omega^2,\ E_{k1}=0$$

故
$$\frac{1}{2}J\omega^2=\frac{1}{6}mgl\cos\theta$$

将 $J=\frac{1}{9}ml^2$ 代入上式得
$$\omega^2=\frac{3g}{l}\cos\theta$$

或
$$\omega=\sqrt{\frac{3g}{l}\cos\theta}$$

4. 刚体的机械能原理与机械能守恒定律

前面已多次将刚体视为质点系，质点系的机械能原理也适用于刚体，因此可将刚体的机械能原理表述如下：

刚体受到合外力和非保守力做功的大小等于刚体机械能的增加。若刚体仅仅受到保守力做功时，刚体的机械能守恒。

我们知道，机械能是动能与势能的总和，那么刚体的动能和势能的准确计算就成了应用刚体机械能守恒定律的关键。

例 5-14　用机械能守恒定律解例 5-10。

分析：为慎重起见，应先审视题目中合外力做功的情况，棒中张力在绕 O 轴转动时不做功，则棒在下落过程中仅仅受重力做功，重力是保守力，故棒在转动过程中机械能守恒。

解：将棒开始时处于的水平位置设定为势能零点，故 $E_{k1}=0$，$E_{p1}=0$，在任意角 θ 位置时刚体的势能 $E_{p2}=-\frac{1}{6}mgl\cos\theta$，动能为 $E_{k2}=\frac{1}{2}J\omega^2$。

由机械能守恒定律可得
$$E_{k2}+E_{p2}=E_{k1}+E_{p1}$$

则
$$\frac{1}{2}J\omega^2-\frac{1}{6}mgl\cos\theta=0$$

将 $J=\frac{1}{9}ml^2$ 代入上式得
$$\omega=\sqrt{\frac{3g}{l}\cos\theta}$$

由此可知：如果具备机械能守恒定律的条件，那么使用机械能守恒定律解题比较方便。

5.4　刚体的角动量

“角动量”这一物理量在物理学的历史上出现较晚，但角动量概念一出现，就显示出强大生命力，并应用于许多领域。这里由质点的角动量出发，介绍刚体转动过程中的角动量、角动量定理和角动量守恒定律。

第三章3.2节已经讨论了质点系的角动量定理。由式(3-18)可知$\boldsymbol{M}=\frac{\mathrm{d}\boldsymbol{L}}{\mathrm{d}t}$，其中$\boldsymbol{L}$为质点系的角动量。现在质点系是刚体，有必要重新计算一下刚体定轴转动的角动量的表示式。

在质点系中，质点i的角动量的表示式为

$$\boldsymbol{L}_i=\boldsymbol{r}_i\times m_i\boldsymbol{v}_i$$

对i求和，因$\boldsymbol{v}_i$在切向，$\boldsymbol{r}_i$在法向，故质点绕定轴转动时角动量$\boldsymbol{L}$的大小

$$\boxed{\boldsymbol{L}=\sum_i\boldsymbol{L}_i=\sum_i\boldsymbol{r}_i\times m_i\boldsymbol{v}_i=\sum_i m_ir_i^2\boldsymbol{\omega}=J\boldsymbol{\omega}}\tag{5-16}$$

这样刚体的转动定律可表示为

$$\boldsymbol{M}=J\frac{\mathrm{d}\boldsymbol{\omega}}{\mathrm{d}t}=\frac{\mathrm{d}\boldsymbol{L}}{\mathrm{d}t}\tag{5-17}$$

或

$$\boldsymbol{M}\mathrm{d}t=\mathrm{d}\boldsymbol{L}$$

对上式两边积分

$$\int_{t_1}^{t_2}\boldsymbol{M}\mathrm{d}t=\int_{L_1}^{L_2}\mathrm{d}\boldsymbol{L}=\boldsymbol{L}_2-\boldsymbol{L}_1\tag{5-18}$$

式(5-18)为刚体的角动量定理。

定义$\boldsymbol{M}\mathrm{d}t$为**冲量矩**，那么刚体的角动量定理可表述为：**刚体所受到的合外力矩的冲量矩，等于刚体的角动量的增量**。

当刚体所受的合外力矩为零时，由刚体的角动量定理可知，**刚体的角动量守恒**。因力矩为矢量，所以角动量守恒定律的条件可以放宽，即刚体所受的合外力矩可以不为零，但**只要它在某方向上的分量为零，则刚体在该方向上角动量守恒**。因刚体的角动量与转动惯量J有关，刚体的转动惯量不仅决定于刚体的质量，还与刚体的质量对转轴的分布有关，与刚体在运动中的转轴的转移有关，即使刚体的质量不变，也不能认定刚体的转动惯量不变。因此，通常将**刚体的角动量守恒表示为**

$$\boxed{J_2\omega_2=J_1\omega_1}\tag{5-19}$$

例5-15 一质量$m=100$ kg的人站在半径$R=2$ m的水平转台边缘，转台的转轴竖直通过转台中心，转台的转动惯量$J=4\ 000$ kg·m²。开始时整个系统静止，人沿转台边缘匀速走动，相对于转台的速度为$v=1.1$ m/s，试问：(1) 转台以多大的角速度转动；(2) 此人走到转台的原位置时转台转过的角度；(3) 此人走到地面的原位置时转台转过的角度。

解：(1) 设人走动后，转台相对于地转动的角速度为ω_1，人相对于转台的角速度为$\omega_0=\frac{v}{R}=0.55(\mathrm{s}^{-1})$，人相对地的角速度为$\omega_2=\omega_1+\omega_0$。人相对转轴的转动惯量$J_0=mR^2=400$ kg·m²，转台与人仅受到重力作用，在转台转动过程中，重力矩在转轴方向上的分量为零，故转轴方向角动量守恒

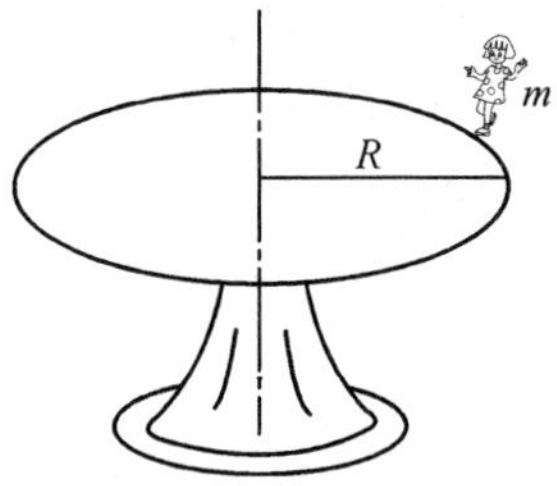

图5-13 例5-15图

$$J\omega_1+J_0\omega_2=0\text{ 或 }J\omega_1+J_0(\omega_1+\omega_0)=0$$

解得

$$\omega_1=\frac{-J_0\omega_0}{J+J_0}=-\frac{400\times\frac{1.1}{2}}{4\ 000+400}=-0.05\ \mathrm{rad/s}$$

$\omega_1<0$，说明转台的角速度与人相对于转台的角速度方向相反。

同时可得人相对于地的角速度

$$\omega_2=0.5\ \mathrm{rad/s}$$

（2）人走到转台的原位置所需时间

$$t_1=\frac{2\pi}{\omega_0}=\frac{2\pi R}{v}=11.42\ \mathrm{s}$$

转台在此时间内转过的角度

$$\varphi_1=\omega_1 t_1=-0.57\ \mathrm{rad}$$

（3）人走到地面的原位置所需时间

$$t_2=\frac{2\pi}{\omega_2}=12.56\ \mathrm{s}$$

转台在此时间内转过的角度

$$\varphi_2=\omega_1 t_2=-0.63\ \mathrm{rad}$$

从这一例子可见，在**应用角动量守恒定律时，所有物体的角速度必须相对于同一参照系**，这与质点系的动量守恒定律对速度的要求是一致的，必须引起重视。

两个由力的作用相关联的物体，它们的角动量的变化符合角动量定理和角动量守恒定律。因刚体的角动量与其转动时的转动惯量相关，即使角动量不变，一旦转动物体的转动惯量改变，必然会影响到其角速度。例如，卫星的近地点、远地点的速度不同；由于椭圆轨道的长短轴关系，行星绕恒星运动的角速度在一周内会发生变化；芭蕾舞演员在旋转身体时巧妙地配合四肢的动作改变转动惯量，从而实现改变人体的旋转角速度的动态变化美；体操、跳水运动员巧妙地改变人体躬曲的姿势实现比赛的各项要求动作等。角动量定理虽然是较古老的经典力学定律，但在当今现代科技领域仍绽放出绚丽的花朵，结出丰硕的果实。例如，飞机、轮船、卫星、导弹的定向导航仪的回转仪就是利用角动量守恒原理设计的。回转仪的转轴在不受外力作用的情况下具有空间取向不变的特性，可以在没有地磁场的宇宙空间中指明一个方向，这要比指南针具有更普遍意义。直升飞机的旋翼与机身也遵循角动量守恒定律，为此，对直升机的任何改进和创新都不能脱离角动量原理。诸如此类的问题显示角动量理论在当今高科技领域的强大生命力。

5.5　碰撞问题

任何物体与刚体发生短时间的相互作用都可以视为碰撞。在碰撞过程中，有外力作用，也有碰撞物体之间的内力作用。由于内力对某转轴的力矩是相互抵消的，所以外力矩就成为讨论碰撞过程中唯一必须考虑的因素。当一个**系统在碰撞过程中受到的合外力矩为零，或虽不为零，但相比内力矩可忽略的情况下**，它们的碰撞运动规律，遵循**系统的角动量守恒定律**；与质点碰撞类似，**只有完全弹性碰撞，机械能才守恒**。

例 5-16　有一质量为 m_1，长为 l 的细棒，静止地平放在摩擦系数为 μ 的水平桌面上。该细棒可绕过其一端且与桌面垂直的固定光滑转轴转动，图 5-14 为其俯视图。另有一质量为 m_2 的滑块以垂直于棒的水平方向飞来，刚好击中棒的另一端。已知滑块碰撞前的速度为 v，碰撞后又以 $\frac{v}{2}$ 的速度沿原方向返回。试问：（1）求碰撞以后细棒的角速度；*（2）棒从开始转动到停止所转过的圈数。

解：（1）滑块与细棒的重力在转轴方向的力矩分量为零，故碰撞过程中轴向角动量守恒，即

$$\begin{cases} m_2 l v = J\omega - m_2 l\dfrac{v}{2} \\ J=\dfrac{1}{3}m_1 l^2 \end{cases}$$

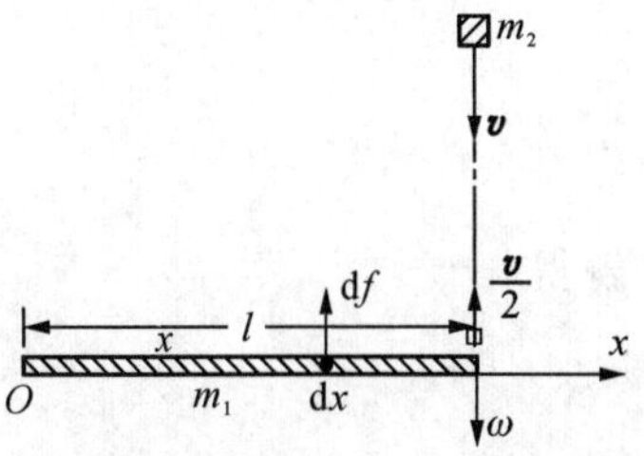

图 5-14　例 5-16 图

解得碰撞后棒的角速度 $\omega=\dfrac{m_2 v}{2m_1 l}$，方向垂直穿进桌面。

*(2) 此后棒在旋转过程中，克服摩擦力矩做功，消耗自身的动能。以 O 为原点，沿棒的方向建立 x 轴，取 $x\to x+\mathrm{d}x$ 质元 $\mathrm{d}m=\lambda\mathrm{d}x$，此质点受到的摩擦力(图 5-14)：

$$\mathrm{d}f=\mu(\mathrm{d}m)g$$

此细棒受到对转轴的摩擦力矩

$$M_f=\int r\mathrm{d}f=\mu\lambda g\int_0^l x\mathrm{d}x=\frac{\mu}{2}m_1 gl$$

其方向垂直穿出桌面。

当棒转过 φ 角时，阻力矩做功

$$w=-\frac{1}{2}\mu m_1 gl\varphi$$

由刚体的动能定理可得：

$$w=E_{k2}-E_{k1}=-\frac{1}{2}J\omega^2$$

故
$$\frac{1}{2}\mu m_1 gl\varphi=\frac{1}{2}\left(\frac{1}{3}m_1 l^2\right)\omega^2$$

将(1)中计算的 ω 值代入上式可得

$$\varphi=\frac{27m_2^2 v^2}{4m_1^2\mu gl}$$

折合成圈数

$$n=\frac{\varphi}{2\pi}=\frac{27m_2^2 v^2}{8\pi m_1^2\mu gl}$$

例 5-17 有一质量为 m 的均匀棒垂直悬挂后可绕其上端转动，棒长为 l。今有一质量为 m_0 的子弹，以 v_0 的速度从水平方向飞来，刚好射入棒的下端，如图 5-15 所示。若 $m=60m_0$，$v_0=100\ \mathrm{m/s}$，$l=1\ \mathrm{m}$。求棒能转过最大的角度。

解：子弹射入棒的过程可以视为子弹与棒的碰撞，碰撞时系统对 O 点的重力矩为零，故系统的角动量守恒，即

$$m_0 v_0 l=J\omega$$

而
$$J=\frac{1}{3}ml^2+m_0 l^2$$

计算可得

$$\omega=\frac{3m_0 v_0}{(m+3m_0)l}$$

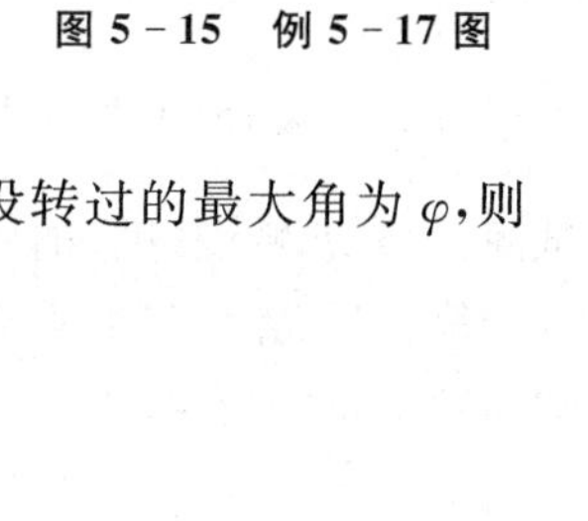

图 5-15 例 5-17 图

下一时段，棒绕 O 点在垂直平面内转动，系统仅受重力作用，机械能守恒。设转过的最大角为 φ，则

$$\frac{1}{2}J\omega^2=\left(\frac{1}{2}mgl+m_0 gl\right)(1-\cos\varphi)$$

解得
$$\cos\varphi=1-\frac{Jw^2}{(m+2m_0)gl}$$

$$=1-\frac{\left(\frac{1}{3}m+m_0\right)9m_0^2 v_0^2}{(m+3m_0)^2(m+2m_0)gl}$$

$$= 1 - \frac{3m_0^2 v_0^2}{(m + 3m_0)(m + 2m_0)gl}$$

当 $m = 60m_0$ 时 $$\cos\varphi = 1 - \frac{v_0^2}{1\,302gl}$$

将 $v_0 = 100$ m/s, $l = 1$ m 代入上式,得

$$\cos\varphi = 0.216\,3, \text{则 } \varphi = 77.5°。$$

本章习题

5-1　一电唱机的转盘以转速为 $\omega = 1.6$ rad/s 匀速转动,求:(1) 与轴相距 $r = 15$ cm 的转盘上的一点 P 的线速度;(2) 法向加速度 a_n;(3) 若电唱机断电后,转盘在 $t = 15.0$ s 内停止转动,转盘在停止前的角加速度。

5-2　一质量为 m,长为 l 的均匀杆,一端有一质量为 m 的小球。小球和杆一起绕其杆的另一端的垂直轴转动。求该系统的转动惯量。

5-3　一质量为 m_1 的物块放置在光滑水平桌面上,用一根不可伸长的细绳牵引,细绳绕过置于桌边缘的定滑轮,已知定滑轮质量为 m_2,半径为 r,质量均匀分布在轮边缘上,垂于滑轮下的绳端系结质量为 m_3 的物块,试求滑轮的角加速度 α。

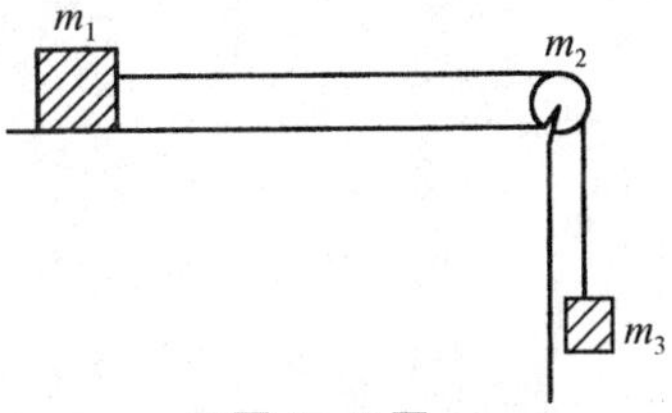

习题 5-3 图

5-4　一质量为 m 半径为 r 的圆环,放置在粗糙水平桌面上,圆环与桌面间的摩擦系数为 μ,假设圆环初始时角速度为 ω_0。试求该圆环以后转动的角速度 ω 随时间 t 的变化关系。

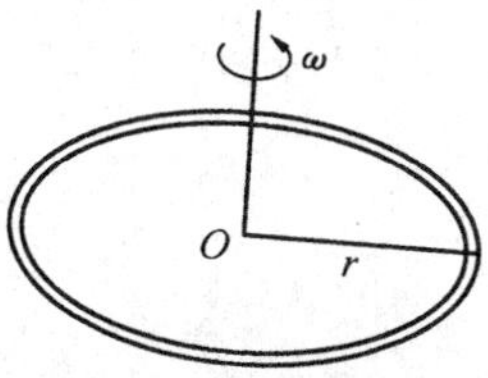

习题 5-4 图

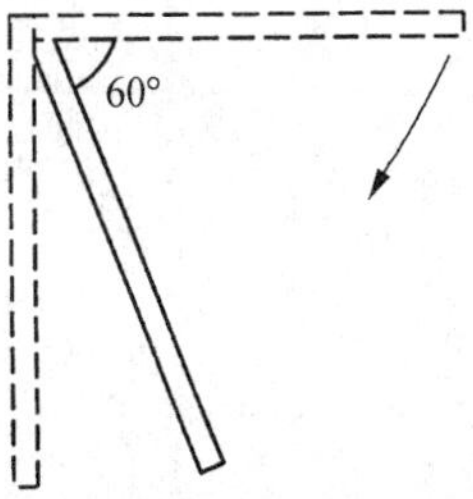

习题 5-5 图

5-5　质量为 0.5 kg、长为 0.40 m 的均匀细棒,可绕过棒的一端且和棒垂直的水平轴在竖直平面内转动。现将棒放在水平位置,然后任其下落。求:(1) 当棒转过60°时的角加速度;(2) 此过程中重力矩所做的功;(3) 下落到竖直位置时的角速度。

5-6　质量为 M、半径为 R 的定滑轮,可绕其光滑水平轴 O 转动,如图所示。定滑轮的轮缘绕有一轻绳,绳的下端挂一质量为 m 的物体,它由静止开始下降,设绳与滑轮之间不打滑。求:(1) 滑轮转动的角加速度;(2) t 时刻物体 m 下降的速度。

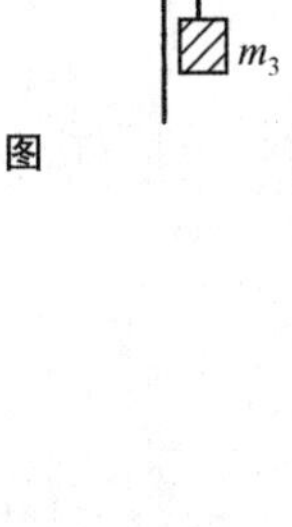

习题 5-6 图

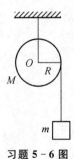

5-7　通风机的转动部分以初始角速度 ω_0 绕其轴转动,空气阻力矩与角速度平方成正比,比例系数为 k,试求其角速度随时间的变化关系。

5-8　一长为 l 质量为 m 的匀质杆,放置在粗糙桌面上,可绕过杆端 O 的竖直轴转动,起始时杆的角速度为 ω_0,设杆与桌面间的摩擦系数为 μ,试求杆在转动过程中的角速度。

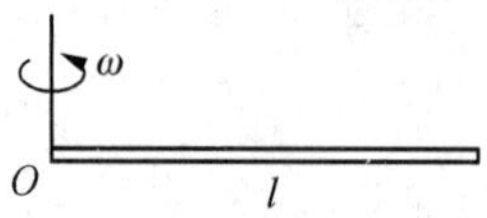

习题 5-8 图

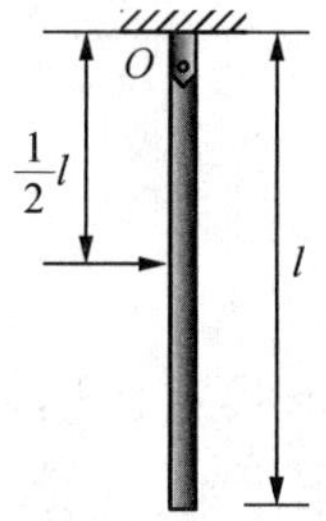

习题 5-9 图

5-9　一质量为 m，长度为 l 的均质细杆可绕一水平轴自由转动。开始时杆子处于竖直状态，现有一质量为 m 的子弹以速度 v_0 射入杆的中心后，随杆一起摆离原来的竖直位置。试求：(1) 刚射入后细杆的角速度；(2) 细杆上摆的最大角度。

第二篇　电磁学

人类已进入信息化时代,电磁学的发展为信息化社会奠定基础。电磁学是研究电荷及电荷运动所产生的电场、磁场规律的学科;研究电场和磁场相互联系,研究电磁场对电荷、电流作用的规律;研究电磁场对各种物体的影响、效应和现象等,从而更好地为人类的生产和生活服务。本篇仅局限于电磁场的经典理论,主要介绍静电场、静电场中的导体和介质、通电导线周围的磁场、通电导线在磁场中的受力、磁场与介质的关系等,并最后讨论电磁感应现象。

第六章　静电场

静电场是指相对于观察者静止的电荷产生的电场。本章介绍了静止电荷及其相互作用的规律。因为电荷之间的相互作用力是通过电场传递的，所以这里将重点讨论电场的概念，介绍电场强度的计算方法，并由电场力对电荷做功引入电势的概念，介绍电势的计算方法。为了加强对电场的理解和计算，还介绍电场线、电通量和等势面等概念，特别给出了电场的高斯定理及其应用，最后讲述了带电粒子在静电场中运动的规律。

6.1　电　　荷

人类对于电的认识，最初来自于自然界雷电现象和摩擦起电现象，如丝绸和玻璃棒、毛皮和橡胶棒经相互摩擦后能够吸引轻小物体。这表明，两个物体经过摩擦后，处于一种特殊状态，我们把处于这种状态的物体叫做带电体，表明这些物体上带有电荷。

1. 电荷的种类

电荷有两种，一种称正电荷，另一种称负电荷。带同种电荷的物体互相排斥，带异种电荷的物体互相吸引，这是电荷的最基本性质。现在知道，宏观物体都是由分子、原子组成的，而原子是由一个带正电荷的原子核和一定数目的绕原子核运行的电子组成的。原子核又由带正电的质子和不带电的中子组成。中子内部也有电荷，靠其内部为正电荷，靠其外部为负电荷，正负电荷电量相等，因此，中子对外不显示电性。每一个质子所带的正电荷量与电子所带的负电荷量是相等的，通常用 $+e$ 和 $-e$ 表示(表 6-1)。如果一个物体中所有电子的负电荷总量多于所有原子核带的正电荷的总量，那么这个物体对外显示出负电性，总电荷量净值取负值；反之，如果一个物体中所有电子的负电荷总量少于原子核所带的正电荷总量，那么该物体对外显示正电性，该物体电荷量净值取正值。通常物体带的电荷量用符号 q(或 Q)表示。

表 6-1　电子和质子的电荷量与质量

名称	电荷量/C	质量/kg
电子	$1.602\,177\times10^{-19}$	$9.109\,389\times10^{-31}$
质子	$1.602\,177\times10^{-19}$	$1.672\,623\times10^{-27}$

2. 电荷的量子性

1913 年，密立根(R. A. Millikan)做了一个有名的油滴实验，测量带电油雾滴上的电量，发现每个油雾滴上所带电量总是电子电量 e 的整数倍。以后的许多实验都证明：任何带电体所带的电量 q 都是基本电荷 e 的整数倍，即 $q=\pm Ne$，所以，电量 e 是自然界中电量最小的基本电荷。在近代物理学中，把某一物理量不能取连续量值，而只能取某个最小单元量值的整数倍的这种性质叫做“量子化”。这个最小的量值单元称为“量子”，电量 e 就是电荷的量子。电荷的这种只能取分立的、不连续量值的性质叫做电荷的量子性。虽然在 1964 年，盖尔曼(M. Gell Mann)已提出，一些基本粒子是由被称为夸克和反夸克的更小粒子(我国物理学家称它们为层子和反层子)组成，并预言夸克和反夸克的电量应该是 $\pm\frac{1}{3}e$ 或 $\pm\frac{2}{3}e$。但这一结论尚未在实验中得到证实。即使今后在试验中发现夸克的电量，也改变不了电荷的量子化性质。

3. 电荷守恒定律

通常情况下，原子内的电子数和原子核内的质子数相等，所以整个原子呈电中性。因而通常情况下宏观物体处于电中性状态，物体对外并不显示电性。当两个不同的物体摩擦时，则有一些电子从一个物体转移到另一个物体上，这时一个物体失去的电子数目等于另一个物体上增加的电子数。试验证明：无论是摩擦起电，还是采用其他方法使物体带电，正负电荷总是同时出现的，而且这两种电荷的量值相等。通过许多实验总结如下定律：电荷既不能被创造，也不能被消灭，它们只能从物体的这一部分转移到另一部分，或者从一个物体转移到另一个物体。也就是说：在一个与外界没有电荷交换的**孤立系统内无论进行怎样的过程，系统内正、负电荷量的代数和总量保持不变，这就是电荷守恒定律**。它是物理学中普遍成立的基本定律之一。

6.2 库仑定理

1. 点电荷模型

物体带电后就成为带电体，带电体之间存在相互作用力。为了定量描述带电体之间的作用力，先引入点电荷模型。所谓点电荷是指带电体的形状和大小与它到其他带电体的距离相比可以忽略不计时，则把这个带电体视为点电荷。点电荷的电量和质量就是带电体的电量和质量。点电荷是从实际问题中抽象出来的理想化模型。由于数学上的点是没有体积的，这样点电荷就成了电荷密度为无限大的带电体，但这是不合理的，所以点电荷只是一种物理模型。在一定条件下，只要计算结果误差在认可范围内，就可将带电体视为点电荷，这样就给物理计算带来方便。

有了点电荷的理想模型，而对于不能视为点电荷的带电体，可以将带电体分割成许许多多的小体积元，直到每一个小体积元都可以采用“点电荷”模型。这样，任意形状的带电体可以视为点电荷的集合体或称“**点电荷系**”。

2. 库仑定理

库仑定理是定量描述静止电荷之间相互作用力的规律，它是由库仑(C. A. de Coulomb)从扭秤实验总结出来的。库仑定律可陈述如下：

在真空中，两个静止的点电荷 q_1 和 q_2 之间的作用力与两点荷电量的乘积成正比，与它们之间的距离 r 的平方成反比；作用力沿 q_1 和 q_2 的连线方向，同号电荷相斥，异号电荷相吸。其数学形式为

$$\boldsymbol{F}_{21} = k\,\frac{q_1 q_2}{r^2}\boldsymbol{e}_r \tag{6-1}$$

式中，k 为比例系数，$\boldsymbol{F}_{21}$ 为 q_2 受到 q_1 之间的作用力，也称库仑力；$\boldsymbol{e}_r$ 为由 q_1 指向 q_2 方向的单位矢量。

无论 q_1、q_2 的正负如何，式(6-1)都成立。q_1 和 q_2 同号时，$\boldsymbol{F}$ 沿 $\boldsymbol{e}_r$ 方向，表现为斥力；q_1 和 q_2 异号时，$\boldsymbol{F}$ 沿负 $\boldsymbol{e}_r$ 方向，表现为引力。

引入新的常量 ε_0 代替式(6-1)的 k，则 k 可写成

$$k = \frac{1}{4\pi\varepsilon_0}$$

这样，真空中的库仑定律就可写成

$$\boxed{\boldsymbol{F}_{21} = -\boldsymbol{F}_{12} = \frac{1}{4\pi\varepsilon_0}\,\frac{q_1 q_2}{r^2}\,\boldsymbol{e}_r} \tag{6-2}$$

式中，常量 $\boldsymbol{\varepsilon_0}$ **为真空电容率**。它是电磁学中一个基本常量，$\varepsilon_0 = \dfrac{1}{4\pi k} \approx 8.854\,2\times 10^{-12}\,\mathrm{C^2\cdot N^{-1}\cdot m^{-2}}$。

库仑定律给出真空中静止点电荷之间相互作用力的规律。两点电荷在空气中的相互作用力近似于两

点电荷在真空中的相互作用力，所以，式(6-2)对处于空气中的点电荷也适用。

例 6-1　如图 6-1 所示，两个质量为 $m=0.5$ g 的小球系在长 $l=5$ cm 丝线上，让它们带等量同号的电荷后相互排斥，彼此张开的角度 $\theta=60°$，求小球带电量 q。

解：小球受到重力 $m\boldsymbol{g}$ 丝线拉力 $\boldsymbol{T}$ 和库仑力 $\boldsymbol{F}$ 的作用，最后平衡，故

$$\begin{cases} T\sin\alpha=F \\ T\cos\alpha=mg \end{cases}$$

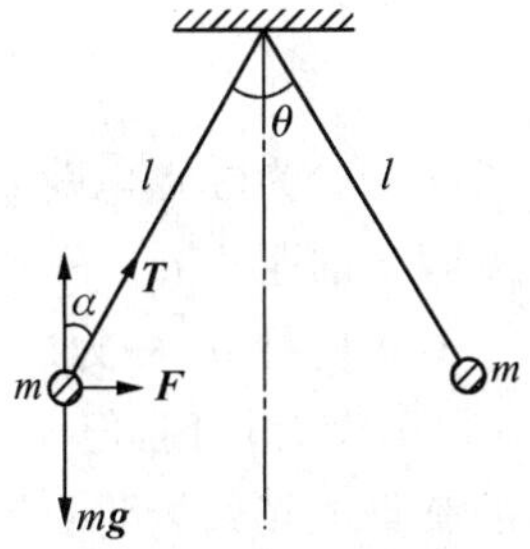

图 6-1　例 6-1 图

计算得

$$F=mg\tan\alpha$$

式中 $\boldsymbol{F}$ 的计算可以用点电荷模型，由库仑定律可知：

$$F=\frac{q_1q_2}{4\pi\varepsilon_0 r^2}$$

因题中 $r=2l\sin\alpha$，$q_1=q_2=q$，故

$$q^2=4\pi\varepsilon_0\,(2l\sin\alpha)^2F$$

则

$$q=\sqrt{4\pi\varepsilon_0 F}(2l\sin\alpha)$$
$$=\sqrt{4\pi\varepsilon_0 mg\tan\alpha}(2l\sin\alpha)$$

将 $m=0.5\times10^{-3}$ kg，$g=9.8\ \mathrm{m/s^2}$，$\alpha=30°$，$l=0.05$ m 代入上式，计算可得

$$q=2.8\times10^{-8}\ \mathrm{C}$$

6.3　静电场　电场强度　电场叠加原理

1. 静电场

两个分开的电荷之间的作用力是如何产生的？在很长一段时间里，人们认为两个分开的带电体之间的作用是一种“超距”作用，两带电体之间作用力不需要什么媒质传递，而且也不需要时间。到了 19 世纪 30 年代法拉第提出另一个观点，认为在一个电荷的周围空间存在一种由该电荷产生的电场，其他电荷受这个电场的作用后才表现出受力，**电荷之间的作用力是通过电场传递的**。

近代物理学的理论和实验证实了这种“场”的观点的正确性，电场和磁场都是独立于人们意识之外的客观存在。电场和磁场都具有物质的一般属性，具有能量、动量和质量，但是它们又是一种特殊的物质，很难与其他物质相比较。我们把相对于观察者**静止的电荷激发的电场称为静电场**。

2. 真空中的电场强度

描述静电场力学性质的物理量称为电场强度。

设有一个点电荷 q，其周围的电场作用于另一个点电荷 q_0，假定在它们周围为真空，这时 q_0 受到了一个力，其大小可以由库仑定律表示：

$$\boldsymbol{F}=\frac{qq_0}{4\pi\varepsilon_0 r^2}\boldsymbol{e}_r \tag{6-3}$$

显然，在库仑力中，电荷 q_0 大小影响着 $\boldsymbol{F}$ 大小。实验表明，当 r,q 不变时，$\dfrac{\boldsymbol{F}}{q_0}$ 却是一个不变的量，它直接反映真空中 q 周围电场的特性，以后我们将直接反映点电荷 q 周围电场的性质的物理量定义为**电场强度 $\boldsymbol{E}$**。

$$\boldsymbol{E} = \frac{\boldsymbol{F}}{q_0} \tag{6-4}$$

电场强度的物理意义是指单位正电荷在电场中受到的力。将式(6-3)代入式(6-4)得

$$\boxed{\boldsymbol{E} = \frac{q}{4\pi\varepsilon_0 r^2}\boldsymbol{e}_r} \tag{6-5}$$

式(6-5)为在点电荷 q 电场中与 q 距离为 r 远处的 P 点的电场强度,它与 q 的大小成正比,与电场中的 P 点到 q 的距离 r 的平方成反比。

我们把 q_0 称为试探电荷。在选择试探电荷时必须尽量让 q_0 的取值足够小,这是因为 q_0 虽然在式(6-4)中没有作用,但 q_0 足够大后会影响带电体 q 的电场分布,另外 q_0 的体积必须很小,这样指示出电场中的某点电场位置将更准确。

因为 $\boldsymbol{F}$ 为矢量,所以电场强度 $\boldsymbol{E}$ 也是矢量。

如果知道了电场中一点的电场强度 $\boldsymbol{E}$,那么任意一个点电荷 q 放置于该点,据式(6-4)可知,**q 受到的电场力**为:

$$\boxed{\boldsymbol{F} = q\boldsymbol{E}} \tag{6-6}$$

如果 q 为正电荷,则 $\boldsymbol{F}$ 与 $\boldsymbol{E}$ 同方向;如果 q 是负电荷,则 $\boldsymbol{F}$ 与 $\boldsymbol{E}$ 反方向。

在国际单位制中,力的单位是牛顿(N),电荷的单位是库仑(C)。根据式(6-5),电场强度的单位是牛顿·库仑$^{-1}$(N·C^{-1}),也可是伏特·米$^{-1}$(V·m^{-1}),电工计算中常用后一种表示。

3. 电场叠加原理

如果真空中有 n 个点电荷构成一个系统,称之为点电荷系,在其中任选一个电荷 q_i,在点电荷系的电场中有一点 p,p 点到 q_i 的距离为 r_i,p 点的检验电荷 q_0 受到 q_i 的作用为$\boldsymbol{F}_i$,由式(6-3)可知

$$\boldsymbol{F}_i = \frac{q_i q_0}{4\pi\varepsilon_0 r_i}\boldsymbol{e}_{ri} \tag{6-7}$$

式中,$\boldsymbol{e}_{ri}$为由 q_i 指向 p 点的单位矢量。

试探电荷 q_0 受到点电荷系中所有点电荷的作用力应为

$$\boldsymbol{F} = \sum_i \boldsymbol{F}_i = \sum_i \frac{q_0 q_i}{4\pi\varepsilon_0 r_i^2}\boldsymbol{e}_{ri}$$

由式(6-4)可知

$$\boxed{\boldsymbol{E} = \frac{\boldsymbol{F}}{q_0} = \frac{1}{q_0}\sum_i \boldsymbol{F}_i = \sum_i \frac{q_i}{4\pi\varepsilon_0 r_i^2}\boldsymbol{e}_{ri}} \tag{6-8}$$

对照式(6-5)易知,$\frac{q_i}{4\pi\varepsilon_0 r_i^2}\boldsymbol{e}_{ri}$为点电荷 q_i 在 P 点的电场强度$\boldsymbol{E}_i$,这样式(6-8)就为

$$\boxed{\boldsymbol{E} = \sum_i \boldsymbol{E}_i} \tag{6-9}$$

式(6-9)表明:**点电荷系在空间某点产生的电场强度等于每个点电荷单独存在时在该点所产生的电场强度的矢量叠加,这个结论称为电场的叠加原理。**

此原理意味着电场强度是一种特殊的物质。普通一个物质占据某空间,其他物质则不可能同时也占据该处空间,而两个或两个以上场物质在某处相遇时可以互相叠加。

4. 电场强度的计算

由库仑定理中点电荷的要求，决定利用式(6－5)计算时，要求电荷 q 为点电荷，但当带电体不是点电荷时，则一般把带电体进行无限分割，分割到每一独立的带电单位可以视为点电荷为止，然后利用点电荷系的电场叠加原理求出它们的合场强。为了便于计算，首先把带电体置于一个坐标系中，然后取其电荷元 dq，dq 很小可视为点电荷，对照式(6－8)，dq 就类似于 q_i，式(6－8)中的 r_i 对应电场中任意一点 P 到 dq 的距离为 r，最后叠加的运算就是积分运算。因此，P 点的电场强度的计算可表示为

$$\boxed{\boldsymbol{E}=\int \mathrm{d}\boldsymbol{E}=\int_{\Omega}\frac{\mathrm{d}q}{4\pi\varepsilon_0 r^2}\boldsymbol{e}_r} \tag{6-10}$$

式(6－8)积分是对整的带电体 Ω 进行。

由于带电体物理模型中的线、面、体的差异，dq 一般可表示为

$$\mathrm{d}q=\begin{cases}\lambda\mathrm{d}l\\ \sigma\mathrm{d}s\\ \rho\mathrm{d}\Omega\end{cases}$$

式中，λ、σ、ρ 分别称为带电体的线电荷密度、面电荷密度和体电荷密度。

$\mathrm{d}\boldsymbol{E}$ 是 dq 在电场中 p 点的电场强度，它是矢量。根据$\boldsymbol{e}_r$的方向，用带箭头的线段形象表示，这是矢量的几何表示。也可以把 $\mathrm{d}\boldsymbol{E}$ 的几何表示转化为 $\mathrm{d}\boldsymbol{E}$ 的解析表示，就是把 $\mathrm{d}\boldsymbol{E}$ 用其直角坐标系中的 3 个分量：$\mathrm{d}E_x$、$\mathrm{d}E_y$、$\mathrm{d}E_z$ 表示，或者将 $\mathrm{d}\boldsymbol{E}$ 分解到便于计算的几个确定的方向，分别计算这几个方向上的电场强度分量，然后再将这些分量用矢量叠加的方法计算出电场强度的最后结果。

例 6－2　求一均匀带电直线外任意一点 p 的电场强度。

解：由题意可知，带电直线的长度、电荷密度及 p 点到直线的距离都应为已知量，为了便于计算，建立一个 Oxy 直角坐标系。设电荷密度为 λ，p 点到直线的距离为 a，p 点到带电直线的下端的张角为 α_1，p 点到带电直线的上端的张角为 α_2，则 λ、a、α_1、α_2 都应为已知量。

取 $y\to y+\mathrm{d}y$ 的电荷元 dq，$dq=\lambda\,\mathrm{d}y$，dq 到 p 点的距离为 r，dq 在 p 点的电场强度

$$\mathrm{d}\boldsymbol{E}=\frac{\lambda\mathrm{d}y}{4\pi\varepsilon_0 r^2}\boldsymbol{e}_r \tag{1}$$

$\mathrm{d}\boldsymbol{E}$ 的方向如图 6－2 所示，当 dq 在不同的位置，$\mathrm{d}\boldsymbol{E}$ 的大小、方向都会改变，故用其解析式表示

$$\begin{cases}\mathrm{d}E_x=\mathrm{d}E\cos\theta\\ \mathrm{d}E_y=-\mathrm{d}E\sin\theta\end{cases} \tag{2}$$

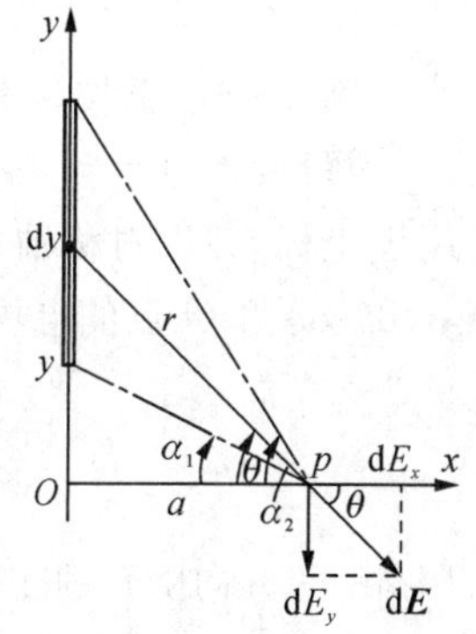

图 6－2　例 6－2 图

首先计算 p 点的电场在 x 方向的分量 E_x，将式(1)代入式(2)可得：

$$\mathrm{d}E_x=\frac{\lambda}{4\pi\varepsilon_0}\frac{\mathrm{d}y}{r^2}\cos\theta \tag{3}$$

式(3)中的 y、r、θ 形式上有 3 个变量，实际从图 6－2 中可见，y、r、θ 彼此是有关联的，因此可以选其中的一个量作为自变量，另外 2 个量都可用该自变量表示。到底选哪一个物理量作自变量，要根据数学计算的难易程度决定。由经验可知，三角函数的微积分比较方便，因此决定选 θ 为自变量，由图 6－2 可知

$$y=a\tan\theta$$

故
$$\mathrm{d}y=a\sec^2\theta\,\mathrm{d}\theta$$

$$r^2=a^2+y^2=a^2(1+\tan^2\theta)=a^2\sec^2\theta$$

将 dy、r^2 代入式(3)可得

$$dE_x = \frac{\lambda}{4\pi\varepsilon_0 a}\cos\theta d\theta$$

对上式两边积分，θ 从 α_1 变到 α_2，故

$$E_x = \frac{\lambda}{4\pi\varepsilon_0 a}(\sin\alpha_2 - \sin\alpha_1)$$

同理可得
$$E_y = \frac{\lambda}{4\pi\varepsilon_0 a}(\cos\alpha_2 - \cos\alpha_1)$$

最后得 p 点的电场强度

$$\boldsymbol{E} = E_x\boldsymbol{i} + E_y\boldsymbol{j} = \frac{\lambda}{4\pi\varepsilon_0 a}[(\sin\alpha_2 - \sin\alpha_1)\boldsymbol{i} + (\cos\alpha_2 - \cos\alpha_1)\boldsymbol{j}]$$

讨论上述结果：

(1) 当 $\alpha_1 = -\frac{\pi}{2}$，$\alpha_2 = \frac{\pi}{2}$ 时，$\boldsymbol{E} = \frac{\lambda}{2\pi\varepsilon_0 a}\boldsymbol{i}$；

(2) 当 $\alpha_1 = 0$，$\alpha_2 = \frac{\pi}{2}$ 时，$\boldsymbol{E} = \frac{\lambda}{4\pi\varepsilon_0 a}(\boldsymbol{i} - \boldsymbol{j})$。

当 $\alpha_1 = -\frac{\pi}{2}$，$\alpha_2 = \frac{\pi}{2}$ 时，站在 p 点看带电直线的两端，真是“上穷碧落下黄泉，两处茫茫皆不见”。此时带电直线趋于无限长，所以距离无限长带电直线为 a 的 p 点的电场强度 $\boldsymbol{E} = \frac{\lambda}{2\pi\varepsilon_0 a}\boldsymbol{i}$。

虽然绝对的无限长带电直线在自然界不存在，能看到的直线都是有限长，但是当 p 点逐渐靠近此有限长带电直线时，看到有限长带电直线两端的视觉效果和上面的情形是一样的，在这种情况下就可以把有限长带电直线当做无限长带电直线来近似。因此**物理学中的“无限长”“无限远”“无限大”等概念都是相对的**，读者可以自己体会。

例 6-3 求均匀带电半圆环在圆心处的电场强度。

解：设带电半圆环的半径为 R，电荷密度为 λ，为计算方便，选择电荷元 dq 时采用极坐标，并以对称轴 Or 为起始位置，取 $\theta \to \theta + d\theta$ 的弧元 dl，电荷元 $dq = \lambda dl = \lambda R d\theta$，$dq$ 在 O 点的电场强度

$$dE = \frac{dq}{4\pi\varepsilon_0 R^2} = \frac{\lambda}{4\pi\varepsilon_0 R}d\theta$$

因 $d\boldsymbol{E}$ 的方向随 θ 的变化而变化，只能将 $d\boldsymbol{E}$ 分解到对称轴的方向与其正交方向，如图 6-3 所示。

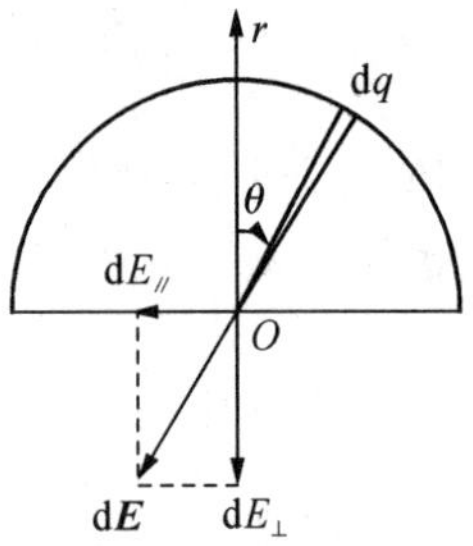

图 6-3 例 6-3 图

$$dE_\perp = dE\cos\theta = \frac{\lambda}{4\pi\varepsilon_0 R}\cos\theta d\theta$$

对上式两边积分，且 θ 的变化范围为 $-\frac{\pi}{2} \sim \frac{\pi}{2}$，则可得：

$$E_\perp = \frac{\lambda}{4\pi\varepsilon_0 R}\int_{-\frac{\pi}{2}}^{\frac{\pi}{2}}\cos\theta d\theta = \frac{\lambda}{2\pi\varepsilon_0 R}$$

同理得
$$E_{/\!/}=\frac{\lambda}{4\pi\varepsilon_0 R}\int_{-\frac{\pi}{2}}^{\frac{\pi}{2}}\cos\,\mathrm{d}\theta=0$$

从带电体的对称性，也可以直接判断 $E_{/\!/}=0$，所以 $\boldsymbol{E}=\boldsymbol{E}_{\perp}=\frac{\lambda}{2\pi\varepsilon_0 R}(-\boldsymbol{e}_r)$。其中，$\boldsymbol{e}_r$为极轴 r 方向的单位矢量，如图 6－3 所示。上述结果表示 $\boldsymbol{E}$ 在 $\boldsymbol{r}$ 的反方向上。

遇到均匀带电的圆弧计算其圆心处的电场强度时，一般比较简便的方法是采用极坐标系，且将极轴取在圆弧的对称轴上，读者可以自己验证。

例 6－4　计算均匀带电圆环轴线上任意一点的电场强度。

解：如图 6－4 所示，设均匀带电环的半径为 R，电荷密度为 λ，以圆心 O 为原点，沿轴线建立 x 轴，P 点的坐标为 x。取 $\theta\rightarrow\theta+\mathrm{d}\theta$ 的电荷元，$\mathrm{d}q=\lambda R\,\mathrm{d}\theta$　(1)

$\mathrm{d}q$ 在 P 点的电场强度
$$\mathrm{d}\boldsymbol{E}=\frac{\mathrm{d}q}{4\pi\varepsilon_0 l^2}\boldsymbol{e}_l \qquad (2)$$

式中$\boldsymbol{e}_l$为沿 l 方向的单位矢量。

当 θ 变化时，$\mathrm{d}\boldsymbol{E}$ 的方向不断变化，将 $\mathrm{d}\boldsymbol{E}$ 分解为 $\mathrm{d}E_{\perp}$ 和 $\mathrm{d}E_{/\!/}$，由对称性可以判断$E_{/\!/}=0$，所以
$$E=E_{\perp}=\int\mathrm{d}E\cos\alpha \qquad (3)$$

因
$$\cos\alpha=\frac{x}{l} \qquad (4)$$

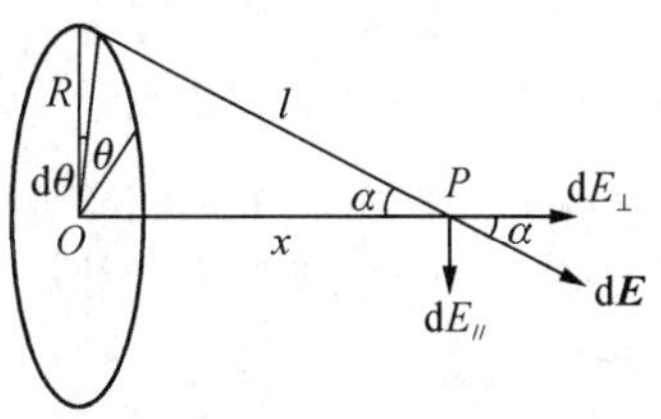

图 6－4　例 6－4 图

将式(1)(2)(4)代入式(3)得
$$\boldsymbol{E}=\int\frac{\lambda R x}{4\pi\varepsilon_0 l^3}\mathrm{d}\theta\boldsymbol{i}$$

P 为确定点，x 为确定量，$l=\sqrt{R^2+x^2}$ 也为确定量，因此，上式积分只对 θ 进行。

计算得
$$\boldsymbol{E}=\frac{\lambda R x}{4\pi\varepsilon_0 l^3}\int_0^{2\pi}\mathrm{d}\theta\,\boldsymbol{i}=\frac{\lambda R x}{2\varepsilon_0\,(R^2+x^2)^{3/2}}\boldsymbol{i}$$

当 $x=0$ 时为环的圆心处，则发现在环心处 $\boldsymbol{E}=0$；当 $x\rightarrow\infty$时，$\boldsymbol{E}=0$，可见在 $0\rightarrow\infty$之间电场强度 $\boldsymbol{E}$ 有极值，其位置可令$\frac{\partial E}{\partial x}=0$ 求得，电场强度的极大值的位置在 $x=\pm\frac{\sqrt{2}}{2}R$ 处。(读者自己验证)

***例 6－5**　计算均匀带电圆盘轴线上任意一点的电场强度。

解：如图 6－5 所示，设圆盘的半径为 R，电荷密度为 σ，建立以 O 为原点，沿轴线方向的 x 轴，P 点的坐标系为 x。

在圆平面上取 $\theta\rightarrow\theta+\mathrm{d}\theta$，$r\rightarrow r+\mathrm{d}r$ 的面元 $\mathrm{d}s=(r\,\mathrm{d}\theta)\mathrm{d}r$，其带电量 $\mathrm{d}q=\sigma\,\mathrm{d}s=\sigma r\,\mathrm{d}\theta\mathrm{d}r=\sigma r\,\mathrm{d}r\mathrm{d}\theta$

此电荷元在 P 点的电场强度
$$\mathrm{d}\boldsymbol{E}=\frac{\sigma}{4\pi\varepsilon_0 l^2}r\mathrm{d}r\mathrm{d}\theta\,\boldsymbol{e}_l$$

将 $\mathrm{d}\boldsymbol{E}$ 分解到 x 方向及与 x 轴正交方向，如图 6－5 所示。
$$\mathrm{d}E_{/\!/}=\mathrm{d}E\cos\alpha=\frac{x}{l}\,\frac{\sigma}{4\pi\varepsilon_0 l^2}r\mathrm{d}r\mathrm{d}\theta$$

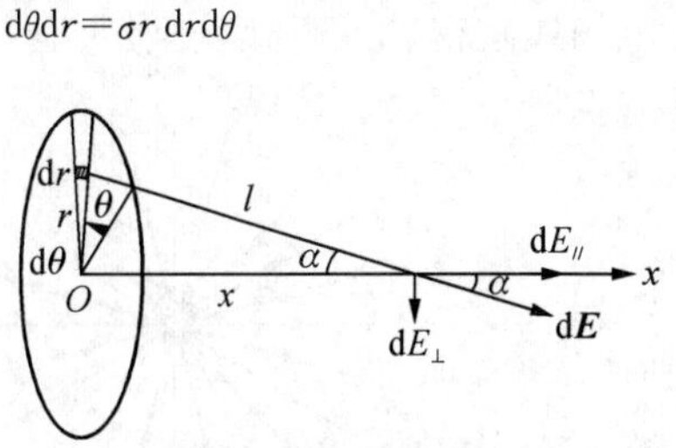

图 6－5　例 6－5 图

式中，$l=\sqrt{r^2+x^2}$。

对上式两边积分

$$E_{/\!/} = \frac{\sigma x}{4\pi\varepsilon_0}\int_0^R \frac{r\,\mathrm{d}r}{(r^2+x^2)^{3/2}}\int_0^{2\pi}\mathrm{d}\theta$$

$$= \frac{\sigma x}{2\varepsilon_0}\times\frac{1}{2}\times(-2)\times\left[\frac{1}{\sqrt{r^2+x^2}}\right]_0^R$$

$$= \frac{\sigma}{2\varepsilon_0}\left(1-\frac{x}{\sqrt{R^2+x^2}}\right)$$

由于对称性

$$E_{\perp} = 0$$

所以轴线上任意一点 P 的电场强度

$$\boldsymbol{E} = \frac{\sigma}{2\varepsilon_0}\left(1-\frac{x}{\sqrt{R^2+x^2}}\right)\boldsymbol{i}$$

对上面的结果，可以讨论其极端情况：

(1) 当 $R\to\infty$ 时，$\boldsymbol{E}=\frac{\sigma}{2\varepsilon_0}\boldsymbol{i}$ 本来有限的均匀带电平面，此刻成为无限大带电平面，因此无限大均匀带电平面外任意一点的电场强度 $\boldsymbol{E}=\frac{\sigma}{2\varepsilon_0}\boldsymbol{i}$；

(2) 当 $x\to 0$ 时，$\boldsymbol{E}=\frac{\sigma}{2\varepsilon_0}\boldsymbol{i}$，这又是为什么呢？物理上如何解释呢？当沿 x 轴无限靠近原点 O 时，本来有限大的均匀带电圆盘，此时在 O 点的观察者观察到的是一个无限大的均匀带点平面。所以结果与 $R\to\infty$ 一致。正如前面所述，反映了在物理问题中，"无限"是一个相对的概念。

(3) 当 $x\gg R$ 时，$\frac{x}{\sqrt{R^2+x^2}}=\left(1+\frac{R^2}{x^2}\right)^{1/2}\approx 1-\frac{R^2}{2x^2}$，将此代入 $\boldsymbol{E}$ 的表达式得：

$$\boldsymbol{E} = \frac{\sigma}{2\varepsilon_0}\frac{R^2}{2x^2}\boldsymbol{i} = \frac{\sigma\pi R^2}{4\pi\varepsilon_0 x^2}\boldsymbol{i}$$

式中，$\sigma\pi R^2$ 是均匀带电圆盘的总带电量，此时的带电圆平面，在很远处看就等价于一个点电荷，该点的电场强度自然近似于一个点电荷的电场强度。这是在介绍点电荷模型中已经讨论过的适用条件之一。

6.4　真空中的高斯定理

1. 电场线和电场强度通量

为了形象地描述真空中电场的空间分布，通常引入电场线这一概念。利用电场线可以对电场中各处场强的大小和方向给出比较直观的图像。电场线是在电场中画出的一些假想曲线。电场线有 2 个规定：一是规定**电场线上每一点的切线方向就是该点的场强方向**；二是在电场线上任意一点处作一个垂直于该点电场线的单位面积，则**垂直穿过该单位面积的电场线的"条数"，就等于该点电场强度的大小**。有了这 2 个规定，就可以用电场线的走向和疏密形象地表示电场中电场强度的方向和大小，在电场强度较大的地方电场线较密，电场强度较小的地方电场线较疏。

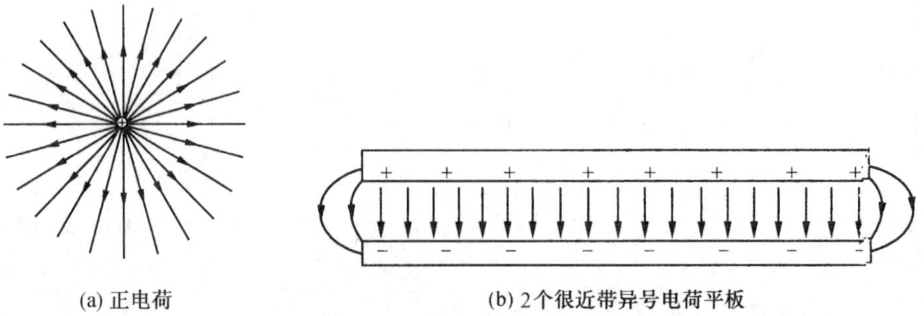

(a) 正电荷　　(b) 2个很近带异号电荷平板

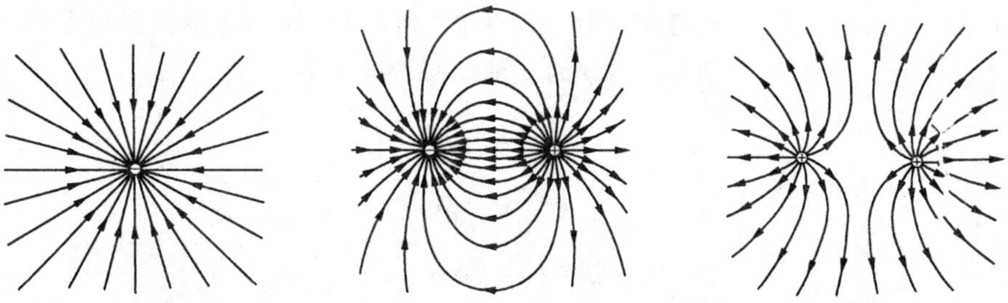

(c) 负点电荷　　(d) 2个等值异号点电荷　　(e) 2个等值同号点电荷

图 6－6　几种常见静止电荷的电场线形状

从图 6－6 可以看出静电场的电场线具有如下性质：

(1) 电场线始于正电荷，终止于负电荷，或者从正电荷开始伸向无穷远处或从无穷远处向负电荷汇集。

(2) 任何两条电场线都不会相交，否则空间一点将会有 2 个电场方向，这是不可能的。

2. 电场强度通量

电场强度通量是指穿过一个曲面或一个闭合曲面的电场线的量值。电场强度通量简称电通量。这里先讨论一个简单的计算电场强度通量的问题。

如果一个匀强电场的电场强度为 $\boldsymbol{E}$，横截面积为 S，则在其横截面上的电场强度通量

$$\Phi_e = ES\cos\theta$$

式中，θ 为平面 S 的正法矢 $\boldsymbol{e}_n$ 与电场 $\boldsymbol{E}$ 之间的夹角，如图 6－7(b)所示。

由上式启发，若将平面 S 用矢量 $\boldsymbol{S}$ 定义，那么电场强度通量可表示为

$$\Phi_e = \boldsymbol{E}\cdot\boldsymbol{S} \tag{6-11}$$

式中 $\boldsymbol{S}$ 的方向定义为平面的正法矢方向；正法矢 $\boldsymbol{e}_n$ 是一个单位矢，它在一个面的法线方向。关于面的正法矢 $\boldsymbol{e}_n$ 的规定可以分以下几种情况：当 S 为平面时，$\boldsymbol{e}_n$ 的方向为平面的法线方向，当规定平面一边的法线方向为正法矢 $\boldsymbol{e}_n$ 的方向，则另一边的方向为负向；当 S 为曲面时，常规定 S 面凸面法线向外的方向为正法矢 $\boldsymbol{e}_n$ 的方向，相应地 S 面凸面法线向内的方向为负向，如图 6－7(c)所示；当 S 为闭合面时常规定闭合面法线向外的方向为正法矢方向，向内为其负向，如图 6－7(d)所示。

(a) 均匀电场，$e_n /\!/ E$　　(b) 均匀电场，e_n 与 E 之间夹角为 θ

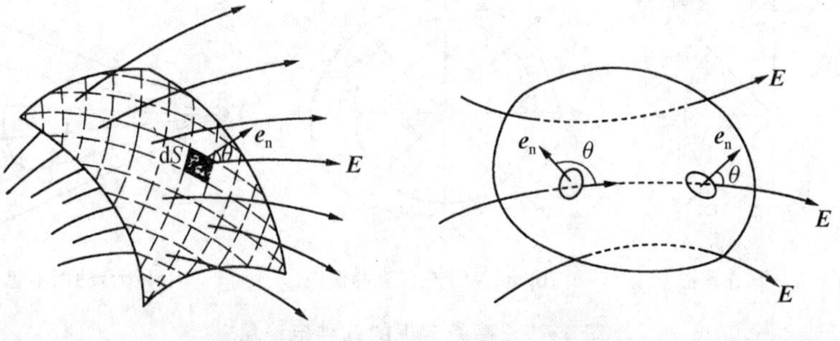

(c) 不均匀电场，穿过一个曲面　　(d) 不均匀电场，穿过一个闭合曲面

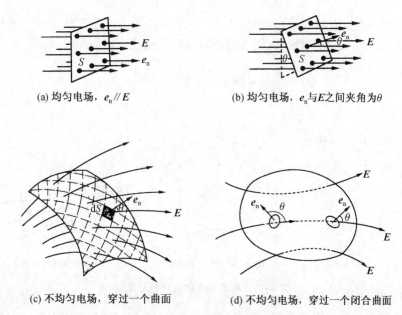

图 6－7　电场强度通量表示

对于非均匀电场，S 面又是曲面的情况下，则不能按式(6－11)计算电场强度通量。通常方法是在面 S 上取一面元 $\mathrm{d}S$，当 $\mathrm{d}S$ 很小时，$\mathrm{d}S$ 可视为是一个平面，而在 $\mathrm{d}S$ 处小范围内的电场强度则可视为均匀电场。这样就可以参照式(6－11)计算出 $\mathrm{d}S$ 面上的电场强度通量

$$\mathrm{d}\Phi_e = \boldsymbol{E} \cdot \mathrm{d}\boldsymbol{S}$$

或

$$\boxed{\Phi_e = \iint_S \boldsymbol{E} \cdot \mathrm{d}\boldsymbol{S}} \tag{6-12}$$

式中，$\mathrm{d}S$ 的方向为上述定义的面元的正法矢方向，穿过整个闭合曲面的电通量 Φ_e 可写为

$$\Phi_e = \oiint_S \boldsymbol{E} \cdot \mathrm{d}\boldsymbol{S} \tag{6-13}$$

例 6－6 一个半径为 R 的半球面的对称轴与匀强电场 $\boldsymbol{E}$ 平行，试求半球面上的电场强度通量。

解：选用球坐标，取 $\theta \to \theta + \mathrm{d}\theta$，$\varphi \to \varphi + \mathrm{d}\varphi$ 的面元(图 6－8)，$\mathrm{d}\theta$、$\mathrm{d}\varphi$ 很小，可以将面元视为平面，则面元面积

$$\mathrm{d}\boldsymbol{S} = (R\,\mathrm{d}\theta)(R\sin\theta\,\mathrm{d}\varphi) = R^2\sin\theta\,\mathrm{d}\theta\,\mathrm{d}\varphi$$

$\mathrm{d}S$ 的方向在半径方向

$$\begin{aligned}\Phi_e &= \int \boldsymbol{E} \cdot \mathrm{d}\boldsymbol{S} = \int E\cos\theta\,\mathrm{d}S \\ &= ER^2\int_0^{\frac{\pi}{2}} \sin\theta\cos\theta\,\mathrm{d}\theta \int_0^{2\pi} \mathrm{d}\varphi \\ &= E\pi R^2\end{aligned}$$

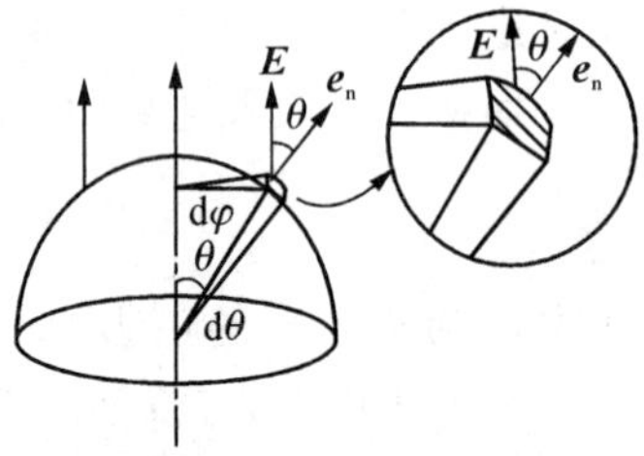

图 6－8 例 6－6 图

式中，πR^2 是半球面底面面积。

结果表明，穿过半球面的电场强度通量与穿过底面的通量相等。这是因为底面位于电场线的横截面上。半球面在横截面上的投影就是底面面积 πR^2。从物理上看穿过底面的电场线同时穿过半球面，所以穿过底面与半球面的电场线的数量相等。

3. 高斯定理

下面先考虑电荷 q 与穿过一个闭合曲面的电通量 Φ_e 之间关系。

(1) 当点电荷 q(设 $q>0$)在球面的球心时，如图 6－9(a)所示。由于球面上各点场强 $\boldsymbol{E}$ 大小相等，$\boldsymbol{E}$ 的方向处于球面的面元正法矢 $\boldsymbol{e}_n$ 的方向，因而通过该球面的电通量由式(6－11)得到

$$\Phi_e = \oiint_S \boldsymbol{E} \cdot \mathrm{d}\boldsymbol{S} = \frac{q}{4\pi\varepsilon_0 r^2}4\pi r^2 = \frac{q}{\varepsilon_0}$$

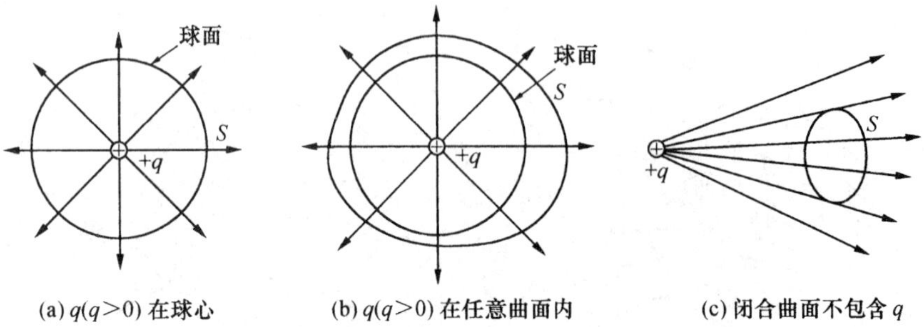

(a) $q(q>0)$ 在球心　(b) $q(q>0)$ 在任意曲面内　(c) 闭合曲面不包含 q

图 6－9 高斯定理的几种电通量

(2) 当一个任意闭合曲线包围点电荷 q 时，如图 6－9(b)所示。以 q 为球心作一个半径为 r 的球面，我们看到穿过球面电场线的数目与穿过外面那个任意闭合曲面的电场线数目必相等。故仍有

$$\Phi_e = \oint\!\!\!\oint_S \boldsymbol{E} \cdot d\boldsymbol{S} = \frac{q}{\varepsilon_0}$$

(3) 当闭合曲面不包含电荷 q(设 $q>0$)，如图 6－9(c)所示。由 q 发出的电场线穿进闭合曲面的电场线数目必等于穿出闭合曲面的电场线数目，由于穿进闭合曲面的电场强度通量为负，穿出闭合曲面的电场强度通量为正，故有

$$\Phi_e = \oint\!\!\!\oint_S \boldsymbol{E} \cdot d\boldsymbol{S} = 0$$

综合上述情况，对包含点电荷 q 的任意一个闭合面上的电场强度通量，上式可写为

$$\Phi_e = \oint\!\!\!\oint_S \boldsymbol{E} \cdot d\boldsymbol{S} = \frac{q}{\varepsilon_0} \tag{6-14}$$

如果闭合曲面内包含多个点电荷，可在闭合面上取一个面元 $d\boldsymbol{S}$，该处的电场强度应是各个点电荷在该处产生的电场强度的叠加，即

$$\boldsymbol{E} = \sum_i \boldsymbol{E}_i \tag{6-15}$$

式中，$\boldsymbol{E}_i$ 为第 i 个点电荷 q_i 在 $d\boldsymbol{S}$ 处的电场强度。

将式(6－15)代入式(6－13)，可得

$$\Phi_e = \oint\!\!\!\oint \sum_i \boldsymbol{E}_i \cdot d\boldsymbol{S}$$

根据和的积分等于积分的和的运算法则，上式可以写成

$$\Phi_e = \oint\!\!\!\oint \sum_i \boldsymbol{E}_i \cdot d\boldsymbol{S} = \sum_i \oint\!\!\!\oint \boldsymbol{E}_i \cdot d\boldsymbol{S}$$

这样，由式(6－14)闭合面上的电场强度通量可以表示为

$$\Phi_e = \sum_i \oint\!\!\!\oint \boldsymbol{E}_i \cdot d\boldsymbol{S} = \frac{1}{\varepsilon_0} \sum_i q_i$$

或

$$\boxed{\Phi_e = \oint\!\!\!\oint \boldsymbol{E} \cdot d\boldsymbol{S} = \frac{1}{\varepsilon_0} \sum_i q_i} \tag{6-16}$$

式(6－16)就是**真空中静电场的高斯定理的数学表示式。其物理意义：在真空状态的静电场中，通过闭合曲面的电通量等于该曲面内所包含的所有电荷的代数和除以 ε_0。**

* 如果电荷为线、面、体连续分布时，则式(6－16)分别为如下形式：

$$\begin{aligned} \oint\!\!\!\oint_S \boldsymbol{E} \cdot d\boldsymbol{S} &= \frac{1}{\varepsilon_0}\int_l \lambda\, dl \\ \oint\!\!\!\oint_S \boldsymbol{E} \cdot d\boldsymbol{S} &= \frac{1}{\varepsilon_0}\iint_S \sigma\, dS \\ \oint\!\!\!\oint_S \boldsymbol{E} \cdot d\boldsymbol{S} &= \frac{1}{\varepsilon_0}\iiint_\Omega \rho\, d\Omega \end{aligned} \tag{6-17}$$

式中，λ、σ、ρ 分别为电荷线密度、电荷面密度和电荷体密度。

高斯定理的理解和应用应注意以下几点：

(1) 高斯定理中的 $\boldsymbol{E}$ 并不仅仅是闭合曲面内电荷产生的场强，而是闭合曲面内外所有电荷产生的合场强；

(2) 高斯定理中的场强虽然是所有电荷产生的合场强，但 $\sum q$ 只计算闭合面内的电荷，求和时应注意是所有电荷的代数和，也称闭合面内净电荷；

(3) 虽然高斯定理对任意分布的带电体的电场都成立，但不一定能够用高斯定理求得电场中某点的场强。只有电荷分布具有某种对称性，且电场分布也具有某种对称性时，才能应用高斯定理求得电场中某点的场强。这里所说的对称性，一般是指球对称、柱对称和面对称等三种情形。

6.5 高斯定理的应用

计算电场中任意一点的场强，对于电荷连续分布的情况，虽然可以用叠加法求得 $\boldsymbol{E}$，但由于 $\boldsymbol{E}$ 是矢量，往往先要计算出 $\mathrm{d}q$ 产生的 $\mathrm{d}\boldsymbol{E}$，然后将 $\mathrm{d}\boldsymbol{E}$ 用分量表示，分别积分求出各分量，最后将各分量相叠加。这种计算比较麻烦。而电场如果具有某种对称性，则可应用高斯定理求 $\boldsymbol{E}$，这样就十分方便。下面通过几个典型例题，介绍如何应用高斯定理求得电场强度 $\boldsymbol{E}$。

例 6-7 求一根无限长均匀带电直线周围电场的分布。已知该直线单位长度带电量为 $\lambda(\lambda>0)$，如图 6-10 所示。

解：设所带电荷为正电荷，由于电荷是均匀分布在直线上，所以电场线必定垂直于直线，并且沿径向向外，电场具有轴对称性，可以应用高斯定理求场强。

欲求离导线距离为 r 的一点的场强，应作闭合面，先以该直线为轴，作一个半径为 r，长为 l 的圆柱面，再加上圆柱面上、下两个底面，构成一个闭合曲面，俗称**高斯面**。圆柱侧面上各点场强大小相等，方向沿径向向外，电通量不为零。上下两底面的方向垂直于电场线，所以，电通量为零，在该闭合曲面上应用高斯定理

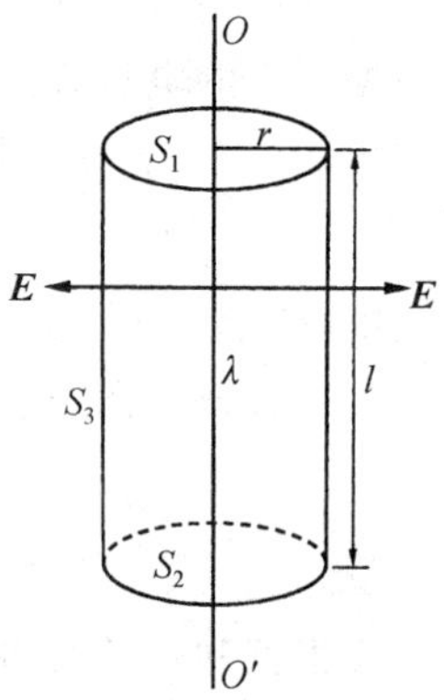

图6-10 带电直线的场强

$$\oint_S \boldsymbol{E}\cdot\mathrm{d}\boldsymbol{S}=\iint_{S_1}E\mathrm{d}S\cos\frac{\pi}{2}+\iint_{S_2}E\mathrm{d}S\cos\frac{\pi}{2}+\iint_{S_3}E\mathrm{d}S\cos 0^\circ$$
$$=0+0+\iint_{S_3}E\mathrm{d}S\cos 0^\circ$$
$$=2\pi rlE$$

由高斯定理可得：
$$2\pi rlE=\frac{l\lambda}{\varepsilon_0}$$

故
$$\boldsymbol{E}=\frac{\lambda}{2\pi\varepsilon_0 r}\boldsymbol{e}_r$$

请与例 6-2 讨论(1)对照计算的结果。

例 6-8 设带电平面的电荷密度为 σ，求无限大均匀带电平面的场强分布。

解：该平面为无限大的平面，平面外任意一点由该带电平面产生的场强 $\boldsymbol{E}$ 处处垂直于平面。作垂直于该平面，且以该带电平面为对称面的圆柱形高斯面，柱面侧面的方向与电场正交，两底面的方向与电场的方向一致，由于底面关于带电平面对称，所以两底面处电场相等，如图 6-11(a)所示。

根据高斯定律可得：

$$\oint_S \boldsymbol{E}\cdot\mathrm{d}\boldsymbol{S}=\iint_{S_1}E\mathrm{d}S\cos 0^\circ+\iint_{S_2}E\mathrm{d}S\cos 0^\circ+\iint_{S_3}E\mathrm{d}S\cos\frac{\pi}{2}$$
$$=S_1E+S_2E$$

因为
$$S_1=S_2=S$$

由式(6-16)得：
$$2ES=\frac{S\sigma}{\varepsilon_0}$$

所以
$$E=\frac{\sigma}{2\varepsilon_0}$$

从上式可以看出：无限大均匀带电平面外的电场强度处处相等，产生的电场方向垂直于平面。若 $\sigma>0$，则 E 方向远离平面；若 $\sigma<0$，则 E 的方向指向平面。

讨论：均匀地带有等量异号电荷的两块无限大平板 A 和 B，两板间距离为 d，平行放置。如图 6－11(b)所示。在区域(1)和(3)，两板产生的电场方向相反，大小相等，所以合场强 $E=0$；在区域(2)两板产生的场强大小相等，方向相同，所以 $E=2\dfrac{\sigma}{2\varepsilon_0}=\dfrac{\sigma}{\varepsilon_0}$，此即为带电平行板电容中场强的大小。

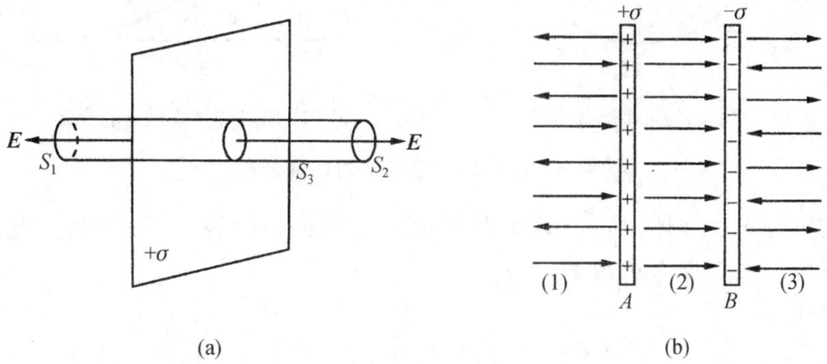

图 6－11　带电平面的场强分布

例 6－9　求一个半径为 R 电量为 q 的均匀带电球面内、外的电场强度分布。

解：对于一带电球面的电场分布，应该是指某点电场强度与该点到球心的距离 r 的关系，我们分别对 $r>R$ 与 $r<R$ 两个区域进行讨论。

首先讨论 $r>R$ 的情况：如图 6－12 所示，以 O 为球心，以 r 为半径作一球面，由于均匀带电球体的对称性，球面上电场强度也具有对称性，即球面上各点的电场强度的方向都沿半径方向，而且大小相等，所以作为 O 为球心，r 为半径的球面，此球面上的电场强度通量 $\Phi_e=4\pi r^2\boldsymbol{E}$，由高斯定理可得：

$$4\pi r^2 E=\frac{q}{\varepsilon_0}$$

得
$$\boldsymbol{E}=\frac{q}{4\pi\varepsilon_0 r^2}\boldsymbol{e}_r \qquad (6-18)$$

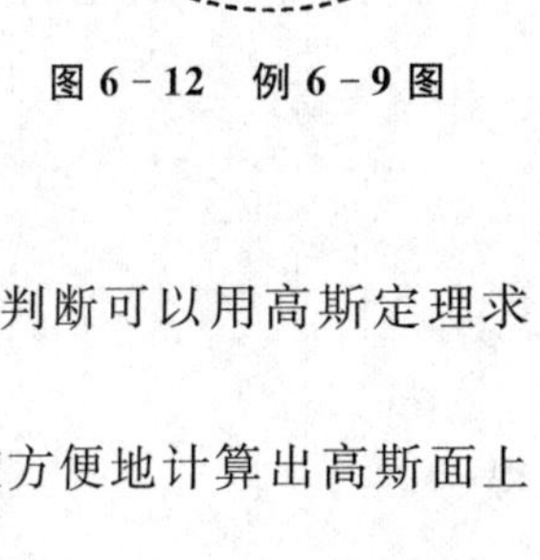

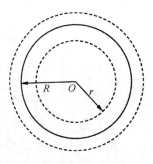

图 6－12　例 6－9 图

式(6－18)中，$q>0$ 时，$\boldsymbol{E}$ 沿半径 r 向外；$q<0$，$\boldsymbol{E}$ 沿半径 r 向里。

再讨论 $r<R$ 的情况：根据带电球面的对称性，球内若存在电场，其方向一定也在径向，作以 O 为球心，以 r 为半径的球面作为高斯面，则球面上的电场强度相等，其通量 $\Phi_e=4\pi\varepsilon_0 r^2 E$，而球面内的静电荷为零，由高斯定理，可以知道**均匀带电球面内的电场强度处处为零。**

从以上几个例子，可以总结应用高斯定理求解场强的步骤：

(1) 根据电荷分布情况，分析电场强度分布是否具有某种对称性。若有，则判断可以用高斯定理求场强；

(2) 根据电场对称性分布，作出合适的高斯面，高斯面应通过场点，并能够较方便地计算出高斯面上的电通量；

(3) 求出高斯面所包围的电荷量的代数和，用高斯定理即可求得场强 $\boldsymbol{E}$。

一般电荷具有下列对称分布时，可用高斯定理求解场强：

(1) 球对称：如均匀带电的球体，球面和同心球壳，计算电场时设计的高斯面为球面；

(2) 柱对称：如均匀带电的无限长直导线，圆柱体和圆柱面，设计高斯面为圆柱面；

(3) 面对称：如均匀带电的无限大平面，设计高斯面为圆柱面。

例 6-10 一个半径为 R,均匀带有电量为 $q(q>0)$ 的球体,求该球体电荷产生的电场分布,如图 6-13 所示。

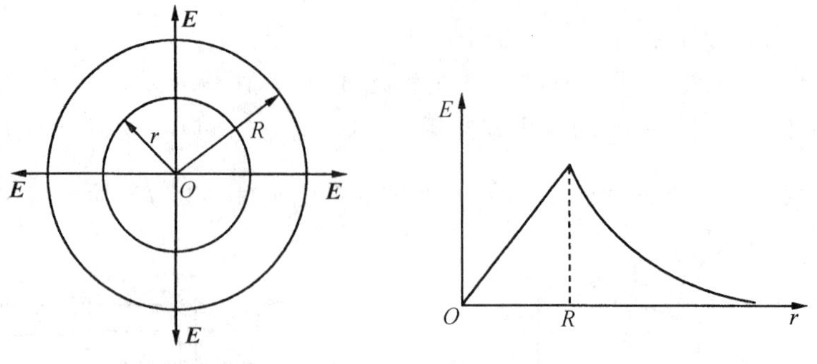

(a) 均匀带电球体电场 (b) 均匀带电球体 E 随 r 的变化

图 6-13 均匀带电球的场强分布

解:由于电荷均匀分布在球体中,$q>0$,所以 $\boldsymbol{E}$ 的方向沿径向向外,呈辐射状。电荷与电场分布具有球对称性,因而可以用高斯定理来求得 $\boldsymbol{E}$。

(1) 当 $0<r\leqslant R$ 时

以 O 为球心,以 r 为半径,作一球面作为高斯面,球上各点的场强 $\boldsymbol{E}$ 的大小相等,其方向沿径向向外,电荷密度为

$$\rho = \frac{q}{\frac{4}{3}\pi R^3}$$

求高斯面上的电场强度通量,并由高斯定理可得

$$\oint\!\!\!\oint_S \boldsymbol{E}\cdot \mathrm{d}\boldsymbol{S} = \oint\!\!\!\oint_S E\cos 0^\circ \mathrm{d}S = E(4\pi r^2) = \frac{1}{\varepsilon_0}\frac{4}{3}\pi r^3 \rho$$

所以

$$E = \frac{\rho r}{3\varepsilon_0} = \frac{qr}{4\pi\varepsilon_0 R^3}$$

即
$$\boldsymbol{E} = \frac{qr}{4\pi\varepsilon_0 R^3}\boldsymbol{e}_r$$

(2) 当 $r>R$ 时

同样以 O 为球心,作半径为 r 的球形高斯面

$$\oint\!\!\!\oint_S \boldsymbol{E}\cdot \mathrm{d}\boldsymbol{S} = \frac{q}{\varepsilon_0}$$

即
$$4\pi r^2 E = \frac{q}{\varepsilon_0}$$

得
$$\boldsymbol{E} = \frac{q}{4\pi\varepsilon_0 r^2}\boldsymbol{e}_r \tag{6-19}$$

式中,$\boldsymbol{e}_r$ 为沿径向向外的单位矢量。

从上面结果可以看出:在 $r>R$ 时,均匀带电球体产生的电场和把球体电荷都集中到球心时产生的电场一样;在 $r<R$ 时,场强随距离 r 的增加线性增加。$\boldsymbol{E}$ 随 r 的变化如图 6-13(b)所示。

从式(6-18)和式(6-19)的形式看,对称性的均匀带电球面、球体、球壳外的任意一点的电场强度的表示式与点电荷的电场强度完全相同,这也是将带电球体外的任意一点的电场强度的计算常使用点电荷

模型计算的理由之一。但在带电球面、球壳、球体内的电场强度的形式则常常不同，这一点必须引起注意。另外还发现，使用高斯定理求此类对称性的带电体电场分布比较容易，若换成用叠加法求这类问题的电场强度就要复杂许多。

6.6　静电场的环路定理　电势　电势差

前面从点电荷之间作用力出发，引入了电场强度这一重要物理量，进一步得出高斯定理，反映了静电场的一个重要性质。下面将从电荷在电场下的作用力做功出发，引入电场中另一个重要物理量——电势，同时得到静电场中电场强度沿闭合路径的线积分为零的静电场的环路定理，从而得到静电场是保守场的结论。

1. 电场力做功

如图 6-14 所示，点电荷 q 位于 O 点，另有一点电荷 q_0 处于 q 的电场中，考虑 q_0 在路径 APB 上移动一微小距离 $\mathrm{d}l$ 时，电场力所做的元功

$$\begin{aligned}\mathrm{d}W &= \boldsymbol{F}\cdot\mathrm{d}\boldsymbol{l} = q_0\boldsymbol{E}\cdot\mathrm{d}\boldsymbol{l}\\ &= q_0E\cos\theta\mathrm{d}l = q_0E\,\mathrm{d}r\end{aligned}$$

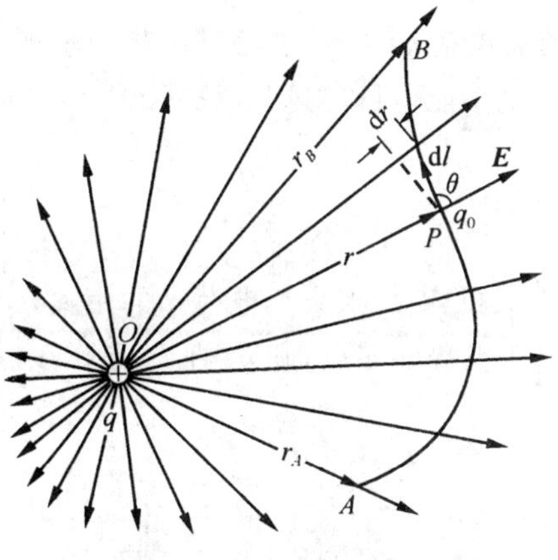

图 6-14　电场力做功

让 q_0 从 A 点经路径 APB 移动到 B 点，电场力所做的功 W 为

$$W = \int_A^B \mathrm{d}W = q_0\int_A^B \boldsymbol{E}\cdot\mathrm{d}\boldsymbol{l} = \frac{q_0q}{4\pi\varepsilon_0}\int_{r_A}^{r_B}\frac{1}{r^2}\mathrm{d}r = \frac{q_0q}{4\pi\varepsilon_0}\left(\frac{1}{r_A}-\frac{1}{r_B}\right) \tag{6-20}$$

从式(6-20)看出：在静电场中，电场力对电荷做的功与路径无关，而与起点、终点的位置和被移动的电荷有关。如果电荷 q_0 从 B 点经另一路径 BCA 回到 A 点，如图 6-15 所示。则沿这闭合回路 $APBCA$ 电场力对电荷 q 所做的功为

$$W = \oint_{APBCA}\boldsymbol{F}\cdot\mathrm{d}\boldsymbol{l} = q_0\oint_{APBCA}\boldsymbol{E}\cdot\mathrm{d}\boldsymbol{l} = q_0\left(\int_{APB}\boldsymbol{E}\cdot\mathrm{d}\boldsymbol{l} - \int_{ACB}\boldsymbol{E}\cdot\mathrm{d}\boldsymbol{l}\right) = 0$$

或直接表示为

$$\boxed{\oint_L \boldsymbol{E}\cdot\mathrm{d}\boldsymbol{l} = 0} \tag{6-21}$$

图 6-15　静电场的环路定理

式(6-21)是由一个点电荷的电场得到的结果，对于由 n 个点电荷组成的点电荷系，根据场强叠加原理，只要把式(6-21)中的 $\boldsymbol{E}$ 换成点电荷系的合场强，式

(6-21)仍然成立,式(6-21)便是**静电场的环路定理**。

环路定理的物理含义:在静电场中,电场强度 $\boldsymbol{E}$ 沿任意闭合路径的线积分等于零,即电场力做功与路径无关,因而**电场力是保守力,静电场是保守场**。

2. 电势能、电势

静电场和重力场都是保守场,一个重物在重力场中某点,具有重力势能。同样,一个点电荷 q_0 在电场中某点,也具有一定的势能,该势能称为电势能,并且用 E_p 表示。

由力学知识可知,保守力做功等于势能的减少。

$$\int_A^C \boldsymbol{F}\cdot \mathrm{d}\boldsymbol{l} = q_0\int_A^C \boldsymbol{E}\cdot \mathrm{d}\boldsymbol{l} = E_{pA} - E_{pC}$$

或

$$E_{pA} = q_0\int_A^C \boldsymbol{E}\cdot \mathrm{d}\boldsymbol{l} + E_{pC} \tag{6-22}$$

上式说明 A 点的电势能与 C 点的电势能有关,常称 C 点的电势能 E_{pC} 为参考电势能。当 $E_{pC}=0$ 时,式(6-22)可表示为

$$\boxed{E_{pA} = q_0\int_A^C \boldsymbol{E}\cdot \mathrm{d}\boldsymbol{l}} \tag{6-23}$$

积分上限 C 为电势能零点。

上式表明,**A 点的电势能等于检验电荷 q_0 从 A 点移至电势能零点 C 的过程中电场力所做的功。**

对于 q_0 在点电荷电场中 C 点的电势能,可以对照式(6-20)

$$E_{pC} = \frac{q_0 q}{4\pi\varepsilon_0 r_C} \tag{6-24}$$

若将 C 点的电势能定为零,由上式可知,C 点离点电荷 q 的距离 $r_C=\infty$。

在点电荷电场中,若取无限远处为电势能零点,则 q_0 在电场中 A 点的电势能由式(6-23)可得

$$\begin{aligned} E_{pA} &= q_0\int_A^\infty \boldsymbol{E}\cdot \mathrm{d}\boldsymbol{l} \\ &= q_0\int_{r_A}^\infty \frac{q\,\mathrm{d}r}{4\pi\varepsilon_0 r^2} \\ &= \frac{q_0 q}{4\pi\varepsilon_0 r_A} \end{aligned}$$

电势能 E_{pA} 与电场力本身性质有关,也与 q_0 的电荷量有关,但其比值 $\frac{E_{pA}}{q_0}$ 却与 q_0 无关,因而这比值反映了点电荷 q 的电场本身的客观性质。把这一比值 $\frac{E_{pA}}{q_0}$ 称为电势,并且用 U_A 表示 A 点的电势,由式(6-23)可得

$$\boxed{U_A = \frac{E_{pA}}{q_0} = \int_A^C \boldsymbol{E}\cdot \mathrm{d}\boldsymbol{l}} \tag{6-25}$$

积分上限 C 为电势零点,可见,电势零点也是电势能零点。

从式(6-25)可以看出:**电场中任意一点的电势等于将单位正电荷从该点经过任意路径移动到电势能零点时电场力所做的功,也等于单位正电荷在该点具有的电势能。**

电势能是标量,电势也是标量。把单位正电荷从 A 点移动到电势零点,若电场力做正功,则 A 点电势为正;反之,若电场力做负功,则 A 点电势为负。

在国际单位制中,**电势的单位是伏特(V)**。规定:如果 1 C 的电荷在某点处的电势能为 1 J,则该点电

势为 1 V,即

$$1\,\mathrm{V}=\frac{1\,\mathrm{J}}{1\,\mathrm{C}}$$

例 6-11　以无限远处为电势零点,求点电荷电场中的电势的分布。

解:设点电荷的电量为 q,如图 6-16 所示。以 q 所在处为极点,建立 Or 轴,则 P 点到点电荷的距离为 r。

由点电荷的电场可知

图 6-16　例 6-11 图

$$\boldsymbol{E}=\frac{q}{4\pi\varepsilon_0 r^2}\boldsymbol{e}_r$$

故

$$U_{\mathrm{p}}=\int_P^{\infty}\boldsymbol{E}\cdot\mathrm{d}\boldsymbol{l}$$
$$=\int_r^{\infty}\frac{q\mathrm{d}r}{4\pi\varepsilon_0 r^2}$$

其计算的结果可表示为

$$\boxed{U=\frac{q}{4\pi\varepsilon_0 r}}\tag{6-26}$$

因 P 点在 Or 轴上的坐标 r 是变化的,所以**式(6-26)表示以无限远处为电势零点时,点电荷 q 电场中离 q 为 r 处的电势**。

关于点电荷的电势表达式我们早已熟悉,但必须注意这个结果只对以无限远处为电势零点的点电荷电场中任意一点的电势成立。

例 6-12　以无限长均匀带电平面所在处为电势零点,求带电平面外任意一点的电势。

解:如图 6-17 所示,在平面上取一点 O,过 O 点作与平面垂直的 Ox 轴,由题意可知 $x=0$ 时,$U=0$。

由高斯定理可知,电荷密度为 σ 的无限大平面右边的电场强度 $\boldsymbol{E}=\dfrac{\sigma}{2\varepsilon_0}\boldsymbol{i}$,故

$$U_P=\int_P^0\boldsymbol{E}\cdot\mathrm{d}\boldsymbol{l}$$
$$=\int_x^0\frac{\sigma}{2\varepsilon_0}\mathrm{d}x$$
$$=-\frac{\sigma x}{2\varepsilon_0}\tag{6-27}$$

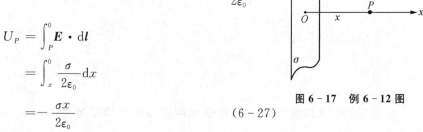

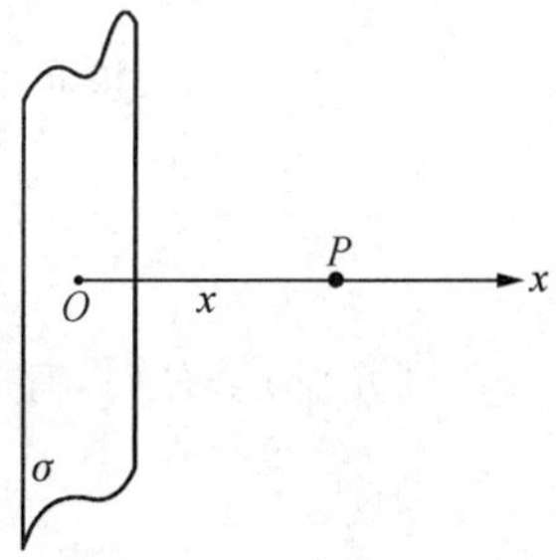

图 6-17　例 6-12 图

由于对称性,平面两边的电势呈对称分布,这里 $\sigma>0$ 时,$U_P<0$,请考虑为什么会是这样?

3. 电势差

在静电场中,任意两点间的电势差,可由式(6-25)定义为

$$\boxed{U_{AB}=U_A-U_B=\int_A^B\boldsymbol{E}\cdot\mathrm{d}\boldsymbol{l}}\tag{6-28}$$

上式表示:电场中 A,B 两点间的电势差等于单位正电荷从 A 点经任意路径移动到 B 点时电场力所做的功。

若将**点电荷 q 从 A 点移至 B 点,则电场力做功**

$$\boxed{W_{AB} = qU_{AB} = q(U_A - U_B)} \tag{6-29}$$

如果外电场的方向由 A 指向 B，点电荷 $q>0$，那么电场力做正功 $W_{AB}>0$，由式(6-29)可知 $U_A>U_B$；若点电荷 $q<0$，电场力做负功 $W_{AB}<0$，则 $q(U_A-U_B)<0$，也有 $U_A>U_B$，进一步说明**沿电场线的方向电势是下降的**。

现在讨论例 6-12 的结论，若 $\sigma>0$，电场的方向沿 x 正方向，所以 $U_O>U_P$，现在 $U_O=0$，则 U_P 必然小于零；当 $\sigma<0$，电场线方向沿 x 负向，$U_P>U_O$，令 $U_O=0$，所以 $U_P>0$，与式(6-27)的结果一致。例 6-12 告诉我们：**电势的正负不由带电体电荷的正负唯一决定，而是与电势零点的选择有密切关系**。

例 6-13 设半径为 R 球面所带电量为 q，以无限远为电势零点，如图 6-18 所示。求均匀带电球面电场中电势的分布。

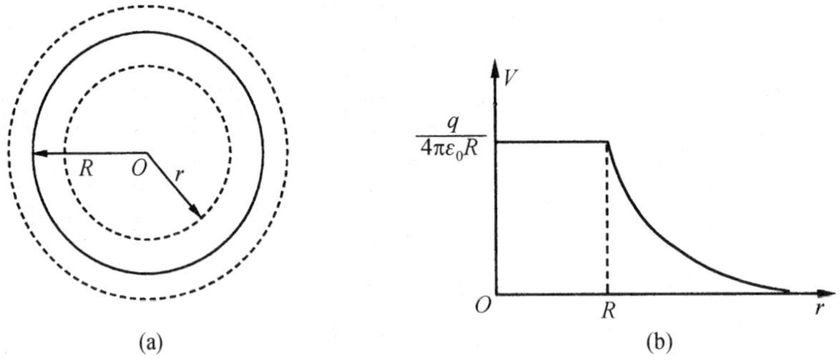

图 6-18 均匀带电球面的电势分布

解：由于球面上电荷均匀分布，所以电场具有球对称性，因而可以用高斯定理求场强 $\boldsymbol{E}$。显然取球面为高斯面，球心在 O，半径为 r，如图 6-18 所示。由高斯定理可得

$$\begin{cases} E = 0 & (0 < r < R) \\ E = \dfrac{q}{4\pi\varepsilon_0 r^2} & (r \geqslant R) \end{cases}$$

(1) 当 $0<r<R$ 时，有

$$U_r = \int_r^{\infty} \boldsymbol{E} \cdot \mathrm{d}\boldsymbol{r} = \int_r^R E\,\mathrm{d}r + \int_R^{\infty} E\,\mathrm{d}r = \frac{q}{4\pi\varepsilon_0 R}$$

(2) 当 $r\geqslant R$ 时，有

$$U_r = \int_r^{\infty} \boldsymbol{E} \cdot \mathrm{d}\boldsymbol{r} = \int_r^{\infty} \frac{q}{4\pi\varepsilon_0 r^2}\mathrm{d}r = \frac{q}{4\pi\varepsilon_0 r}$$

由上述结果可以看出：**均匀带电球面所围成的球体是等势体**。电势随距离 r 的变化如图 6-18(b)所示。

由于电势能零点的选取可以根据具体情况而定，一般电势的零点也是电势能的零点。于是，点电荷 q_0 在电场中的 A 点的相对于电势能零点的电势能便是

$$E_{PA} = qU_A \tag{6-30}$$

6.7 电势叠加原理与电势的计算

1. 点电荷系电场中的电势

设有 n 个点电荷 $q_1, q_2, q_3, \cdots, q_n$，这些点电荷到 P 点的距离依次为 $\boldsymbol{r}_1, \boldsymbol{r}_2, \boldsymbol{r}_3, \cdots, \boldsymbol{r}_n$，它们在 P 点

产生的场强分别为 $\boldsymbol{E}_1, \boldsymbol{E}_2, \boldsymbol{E}_3, \cdots, \boldsymbol{E}_n$，以 C 点为电势零点，由式(6-25)得 P 点电势为

$$\begin{aligned} U_P &= \int_r^C \boldsymbol{E} \cdot \mathrm{d}\boldsymbol{r} = \int_r^C (\boldsymbol{E}_1 + \boldsymbol{E}_2 + \cdots + \boldsymbol{E}_n) \cdot \mathrm{d}\boldsymbol{r} \\ &= \int_{r_1}^C \boldsymbol{E}_1 \cdot \mathrm{d}\boldsymbol{r} + \int_{r_2}^C \boldsymbol{E}_2 \cdot \mathrm{d}\boldsymbol{r} + \cdots + \int_{r_n}^C \boldsymbol{E}_n \cdot \mathrm{d}\boldsymbol{r} \\ &= U_1 + U_2 + \cdots + U_n = \sum_{i=1}^n U_i \end{aligned}$$

点电荷系电场中任意一点的电势等于各个点电荷单独存在时在该点的电势的代数和。

$U_i = \dfrac{q_i}{4\pi\varepsilon_0 r_i}$ 是点电荷 q_i 在 P 点相对无限远处的电势，所以以无限远为电势零点，有

$$U_P = \sum_{i=1}^n \frac{q_i}{4\pi\varepsilon_0 r_i} \tag{6-31}$$

2. 电荷连续分布的带电体电场中的电势

当电荷为连续分布的带电体时，由于带电体可以看成由许多电荷元 $\mathrm{d}q$ 组成，这 $\mathrm{d}q$ 可视为点电荷，因此，电场中 P 点相对无限远处的电势的计算，只要把式(6-31)中点电荷 q_i 换成 $\mathrm{d}q$，r_i 换成 r，求和号改为积分号即可。于是带电体在 P 点的电势为

$$\boxed{U_P = \int \frac{\mathrm{d}q}{4\pi\varepsilon_0 r}} \tag{6-32}$$

注意：**上式是电场中 P 点相对无限远处的电势的计算公式，否则不成立。**

例 6-14　求一个带电量为 q 的均匀带电球面在球心处相对于无限远处的电势。

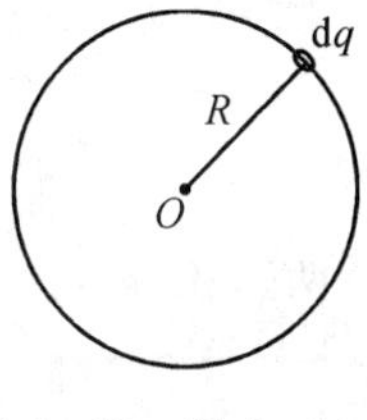

图 6-19　例 6-14 图

解：设球半径为 R，采用叠加法计算，在球面上取电荷元 $\mathrm{d}q$，该电荷元可视为点电荷，取无穷远处为电势零点，它在 O 点的电势

$$\mathrm{d}U = \frac{\mathrm{d}q}{4\pi\varepsilon_0 R}$$

两边积分

$$U = \frac{1}{4\pi\varepsilon_0 R}\int \mathrm{d}q = \frac{q}{4\pi\varepsilon_0 R}$$

这个结果可以和例 6-13 对照，均匀带电球面内电势处处相等，球心处的电势当然也不例外。

例 6-15　如图 6-20 所示一根长为 l，电量为 q 的均匀带电直线，在其延长线上有一点 P，它到直线近端的距离为 a，求 P 点相对于无限远处的电势。

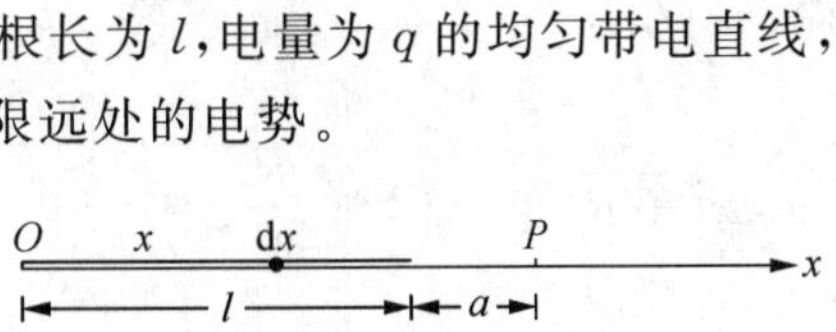

图 6-20　例 6-15 图

分析：相对于无限远处的电势意味着本题是以无限远处为电势零点，我们可用电势叠加法求解。

解：如图 6-20 所示，建立 Ox 轴，取 $x \to x+\mathrm{d}x$ 电荷元，$\mathrm{d}q=\lambda\,\mathrm{d}x$，$\mathrm{d}q$ 到 P 点的距离为 $a+l-x$，故 $\mathrm{d}q$ 在 P 点的电势

$$\mathrm{d}U = \frac{\lambda\,\mathrm{d}x}{4\pi\varepsilon_0 (a+l-x)}$$

对 x 从 $0\to l$ 积分

$$U=\frac{\lambda}{4\pi\varepsilon_0}\int_0^l\frac{dx}{a+l-x}$$
$$=\frac{\lambda}{4\pi\varepsilon_0}\ln\left(\frac{a+l}{a}\right)$$

因 $\lambda=\frac{q}{l}$,代入上式得

$$U_P=\frac{q}{4\pi\varepsilon_0 l}\ln\left(\frac{a+l}{a}\right)$$

这个问题也可以通过电场强度利用式(6-23)求电势,读者可以自己演算。

例 6-16 以无限远处为电势零点,求半径为 R,电荷密度为 σ 的均匀带电圆盘轴线上任意一点 P 的电势。

解:如图 6-21 所示,设 P 点到圆心 O 的距离为 x,取 $\theta\to\theta+d\theta$, $r\to r+dr$ 面元 dS, $dS=(rd\theta)dr$

$$dq=\sigma dS=\sigma r\,dr\,d\theta$$

dq 到 P 点的距离

$$l=\sqrt{x^2+r^2}$$

故 dq 在 P 点的电势

$$dU=\frac{\sigma r\,dr}{4\pi\varepsilon_0\sqrt{x^2+r^2}}d\theta$$

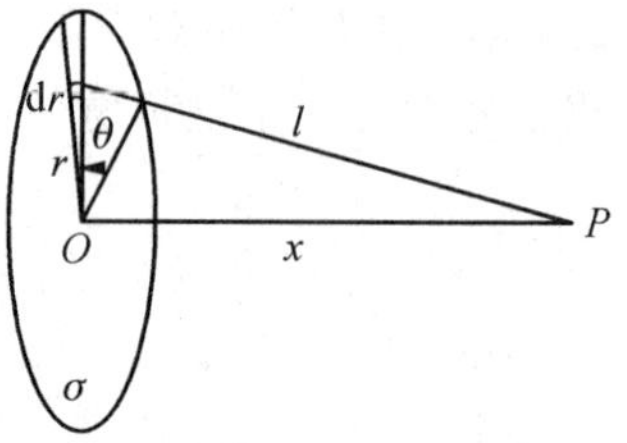

图 6-21 例 6-16 图

两边积分

$$U=\frac{\sigma}{4\pi\varepsilon_0}\int_0^R\frac{r\,dr}{\sqrt{x^2+r^2}}\int_0^{2\pi}d\theta$$
$$=\frac{\sigma}{2\varepsilon_0}\left(\sqrt{x^2+r^2}\right)\Big|_0^R$$
$$=\frac{\sigma}{2\varepsilon_0}\left(\sqrt{x^2+R^2}-x\right)\tag{1}$$

当 $x\gg R$ 时, $\sqrt{x^2+R^2}=x\left(1+\frac{R^2}{x^2}\right)^{\frac{1}{2}}$

而 $\frac{R}{x}\ll1$,利用二项式展开,忽略高阶小量,

$$\sqrt{x^2+R^2}=x\left(1+\frac{R^2}{2x^2}+\cdots\right)$$
$$=x+\frac{R^2}{2x}\tag{2}$$

将式(2)代入式(1)得

$$U=\frac{\sigma\pi R^2}{4\pi\varepsilon_0 x}=\frac{q}{4\pi\varepsilon_0 x}$$

这样的结果在前面已给出相应讨论,从很远处看电场的性质,该带电圆盘与点电荷的差异完全可以忽略。同时,可以证明式(1)的结论的准确性。在一些物理问题求解的结论中,将一些物理量极端化,常常可

以变为我们所熟悉的问题，如果两者结论一致，说明彼此结果的准确性和可靠性。此方法可用来检验演算结果。

*例 6-17　如图 6-22 所示，带电直线 AC 的中点为 O，AO 段的电荷密度为 $-\lambda$，OC 段的电荷密度为 $+\lambda$，已知 $PA=AO=OC=l$。求：(1) O 点相对于无限远处的电势；(2) P 点相对于 O 点的电势。

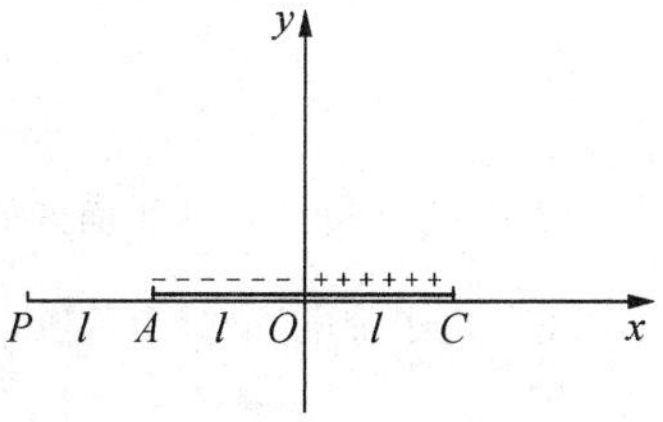

图 6-22　例 6-17 图

解：建立如图 6-22 所示的以 O 为原点的 Oxy 坐标系。

(1) 求 O 点相对于无限远处的电势，可用两种方法求解。

方法一：

$$U_O=\int_O^{\infty}\boldsymbol{E}\cdot\mathrm{d}\boldsymbol{l}$$

此时应选择一条积分路径，理论上该路径可以随意，通常采用 Ox 方向积分，但在 x 轴上，特别在 OC 段电场强度的表示比较复杂，计算有难度。如果换成沿 y 方向进行计算，发现该直线上任意一点的电场都与 y 轴垂直，所以 $U_O=\int_O^{\infty}\boldsymbol{E}_x\cdot\mathrm{d}\boldsymbol{y}=0$，计算简单，其结果说明 O 点与无限远处等电位，即 $U_O=U_{\infty}=0$。

方法二：

$U_O=\int\dfrac{\mathrm{d}q}{4\pi\varepsilon_0 r}$，由于 AO、OC 段对称分布，带有等量异号电荷，故 $U_O=0$。

(2) 如果仅仅着眼于 P 点相对于 O 点的电势，一般只能用 $U_P=\int_P^O\boldsymbol{E}\cdot\mathrm{d}\boldsymbol{l}$ 求解，但是 AO 段电场强度 $\boldsymbol{E}$ 的表示并不简单，所以，这样的计算工作量大，难度大，但从(1)的结果发现 $U_O=U_{\infty}=0$，P 点相对于 O 点的电势等同于 P 点相对于无穷远处的电势，这样利用电势的叠加法，按式(6-5)计算就顺理成章。

取 $x\to x+\mathrm{d}x$ 电荷元

$$\mathrm{d}q=\begin{cases}-\lambda\,\mathrm{d}x & (-l\leqslant x\leqslant 0)\\ +\lambda\,\mathrm{d}x & (0\leqslant x\leqslant l)\end{cases}$$

式中，$\mathrm{d}q$ 到 P 点的距离为 $2l+x$。

所以

$$\begin{aligned}U_P&=\frac{-\lambda}{4\pi\varepsilon_0}\int_{-l}^{0}\frac{\mathrm{d}x}{2l+x}+\frac{\lambda}{4\pi\varepsilon_0}\int_0^{l}\frac{\mathrm{d}x}{2l+x}\\&=\frac{\lambda}{4\pi\varepsilon_0}\left(\ln\frac{3}{2}-\ln 2\right)\end{aligned}$$

或者

$$U_P=\frac{\lambda}{4\pi\varepsilon_0}(\ln 3-2\ln 2)$$

从这个问题的求解过程可以看出，到底用哪一种方法计算电势，要求我们对问题进行分析、灵活掌握。这常常又是熟能生巧的结果。

一般地讲，以任意点为电势零点的电势的计算常用式(6-25)，这是计算电势的基本方法；若以无限远处为电势零点，欲计算规则形状的带电体电场中的电势，则常用式(6-32)比较方便。

*例 6-18　有两个平行放置的无限大均匀带电平面相距为 d，若它们的电荷密度分别为 $\pm\sigma$。试求：(1) 求两带电平面之间的电场强度；(2) 计算两平面之间的电势差；(3) 电子以垂直方向从两平面间穿过，电场对电子做的功。

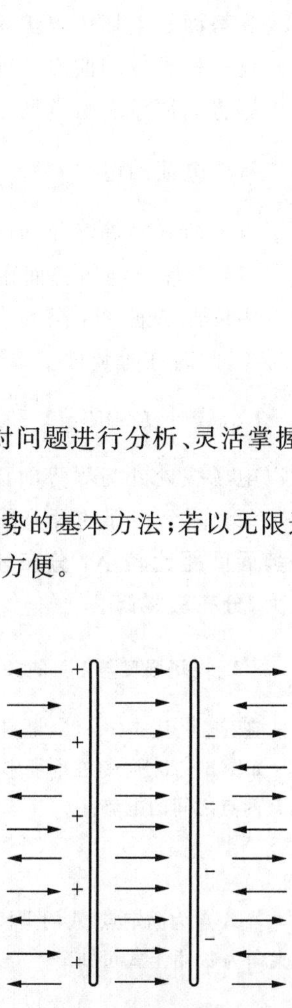
图 6-23　例 6-18 图

解：(1) 对于无限大带电平面外的任意一点的电场强度的计算方法已经很熟悉，不再赘述。现在两平面平行放置，由电场的叠加法可以计算出此电场空间的电场强度，如图 6-23 所示，$+\sigma$ 平面的电场在平面两边对称分布，方向向外，量值 $E_+=\dfrac{\sigma}{2\varepsilon_0}$；$-\sigma$ 平面的电场在平面两边对称向里，量值相同。

在 $+\sigma$ 平面的左边，E_+，E_- 等量反向，合场强 $E=0$，同理在 $-\sigma$ 平面的右边 E_+，E_- 等量反向，合场强 $E=0$。只有在两平行带电平面之间 E_+，E_- 等量同向，合场强 $E=$

$2E_+ = \dfrac{\sigma}{\varepsilon_0}$，方向与平面垂直向右。

(2) 在$+\sigma$平面上任取坐标原点O，建立Ox轴，由式(6-28)和式(6-29)得正负电荷平面之间的电势差

$$U_{+-} = U_+ - U_- = \int_+^- \boldsymbol{E} \cdot \mathrm{d}\boldsymbol{l} = E\int_0^d \mathrm{d}x$$
$$= \frac{\sigma d}{\varepsilon_0}$$

当取$U_- = 0$时，$+\sigma$平面处的电势为$\dfrac{\sigma d}{\varepsilon_0}$，当取$U_+ = 0$时，$-\sigma$平面处的电势为$-\dfrac{\sigma d}{\varepsilon_0}$。

(3) 电子带电量$-e$为恒值，电场对它做功，或者电子从电场中获得的能量由式(6-29)计算

$$W = qU_{+-} = (-e)(U_+ - U_-)$$
$$= -\frac{\sigma e d}{\varepsilon_0}$$

说明电子从正带电平面飞向负带点平面，电场力对它做负功，即外力必须克服电场力对电子做功，电子才能从带正电平面飞向带负电平面；因$U_{-+} = U_{+-}$，若电子从负带电平面飞向正带点平面，则电场力对电子做正功。

6.8 等势面 *场强和电势的关系

1. 等势面

等势面是电场中电势相等的点组成的曲面，同电场线一样，空间中并不真的存在这样一个曲面，等势面只是一种想像的曲面。前面曾经用电场线直观地表示电场中一点的电场大小和方向，同样，这里也可以引入等势面形象表示电场中电势的分布情况。

从点电荷的电势$U = \dfrac{q}{4\pi\varepsilon_0 r}$看出：点电荷的等势面是一个个同心球面，如图6-24所示。该图同时给出了点电荷q的等势面和电场线(虚线)。从该图可以看出一般等势面具有如下性质：

(1) 电场线与等势面正交

用反证法证明：若$\boldsymbol{E}$与等势面不垂直，则$\boldsymbol{E}$在等势面上必有一分量$E_{/\!/} \neq 0$，此时在等势面上取A、B两点。

$U_{AB} = \int_A^B \boldsymbol{E} \cdot \mathrm{d}\boldsymbol{l} = \int_A^B E_{/\!/} \cdot \mathrm{d}l \neq 0$，即$U_A \neq U_B$，破坏了$A$、$B$等势的前提，所以电场线处处与等势面正交。

(2) 两个相邻的等势面之间，电势差都是相同。**在电场强度大的地方，等势面间距比较小，分布较紧密；在电场强度比较小的地方，等势面间距比较大，分布较稀疏。**

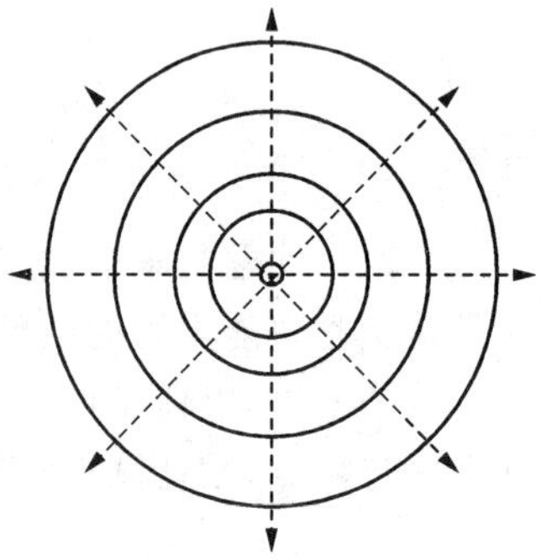

图6-24 点电荷的等势面

*2. 电场强度与电势的关系

前面已经从式(6-23)得到从电场强度求电势的方法，现在反过来，能否从电势来求出电场强度呢？

如图6-25所示，在电场中建一个Ol坐标轴，在该坐标轴上取A，P两点，则A，P两点之间的电势差

$$U_{AP} = \int_A^P \boldsymbol{E} \cdot \mathrm{d}\boldsymbol{l}$$

若A点为固定点，A的坐标为a，P为不定点，P点的坐标为l，P点的场强与l的夹角为α，由上式可知

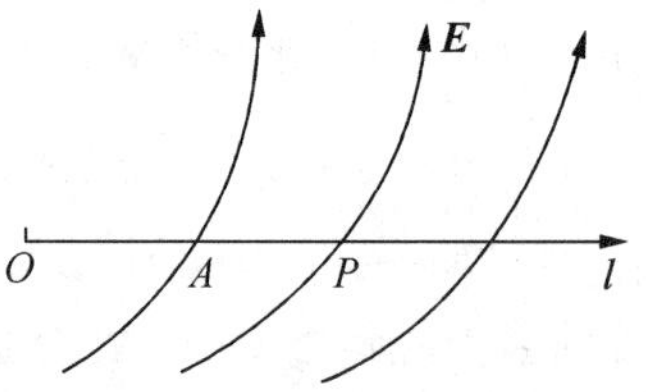

图6-25 电势方向导数与电场强度

$$U_{AP} = U_A - U_P = \int_a^l E\cos\alpha \mathrm{d}l$$

当 l 为变量时，U_P 为 l 的函数 U_A 为常数，上式两边对 l 求导可得

$$-\frac{\partial U}{\partial l}=E\cos\alpha=E_l \tag{6-33}$$

式中，E_l 为电场强度 $\boldsymbol{E}$ 在 l 轴上的投影，$\frac{\partial U}{\partial l}$ 为**电势 U 在 l 方向上的方向导数**。

式(6-33)说明，电场强度在某方向上的量值等于电势在该方向上方向导数的负值。

由式(6-33)可得

$$E_x=-\frac{\partial U}{\partial x},\ E_y=-\frac{\partial U}{\partial y},\ E_z=-\frac{\partial U}{\partial z} \tag{6-34}$$

所以

$$\boxed{\boldsymbol{E}=E_x\boldsymbol{i}+E_y\boldsymbol{j}+E_z\boldsymbol{k}=-\left(\frac{\partial}{\partial x}\boldsymbol{i}+\frac{\partial}{\partial x}\boldsymbol{j}+\frac{\partial}{\partial x}\boldsymbol{k}\right)U} \tag{6-35}$$

或者写成

$$E=-\nabla U \tag{6-36}$$

式中，$\nabla=\frac{\partial}{\partial x}\boldsymbol{i}+\frac{\partial}{\partial x}\boldsymbol{j}+\frac{\partial}{\partial x}\boldsymbol{k}$。

同时式(6-36)常写成如下形式：

$$\boldsymbol{E}=-\operatorname{grad}U \tag{6-37}$$

式中，$\operatorname{grad}U$ 叫做电势梯度矢量，它表示沿等势面法线方向的电势变化率。

从式(6-37)看出：**静电场中一点的电场强度等于该点的电势梯度的负值。**

电势梯度的单位是 $\mathrm{V\cdot m^{-1}}$。正因为电场强度与电势有上述关系式，所以电场强度又可用 $\mathrm{V\cdot m^{-1}}$ 作为单位。

欲求带电体电场中一点的场强，由于场强是矢量，计算比较繁琐，而电势是标量，所以可以先求出电势的表示式，然后通过式(6-35)求导，即可求得该点的场强。

例 6-19　计算半径为 R、均匀带电圆盘轴线上任意一点 P 的电势和场强(图 6-26)。已知圆盘的电荷面密度为 σ。

解：设圆盘轴线上 P 点离圆盘中心的距离为 x，在圆盘上选一个很薄的圆环，其所带电荷为 $\mathrm{d}q=2\pi r\mathrm{d}r$，而该圆环在 P 点的电势为

$$\mathrm{d}U=\frac{\sigma 2\pi r\,\mathrm{d}r}{4\pi\varepsilon_0\,(r^2+x^2)^{1/2}}=\frac{\sigma r\,\mathrm{d}r}{2\varepsilon_0\,(r^2+x^2)^{1/2}}$$

根据电势叠加原理，得

$$U=\int_0^R\frac{\sigma\mathrm{d}(r^2+x^2)}{4\varepsilon_0\,(r^2+x^2)^{1/2}}=\frac{\sigma}{2\varepsilon_0}[(R^2+x^2)^{\frac{1}{2}}-x]$$

$$E=-\frac{\partial U}{\partial x}=-\frac{\sigma}{2\varepsilon_0}\frac{\partial}{\partial x}[(R^2+x^2)^{1/2}-x]$$

$$=\frac{\sigma}{2\varepsilon_0}\left(1-\frac{x}{\sqrt{R^2+x^2}}\right)$$

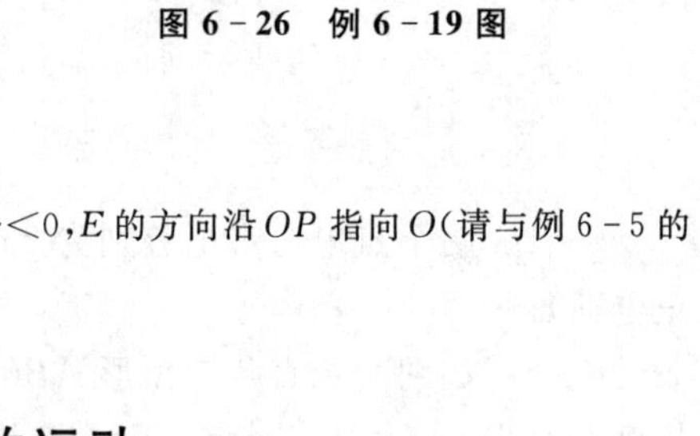

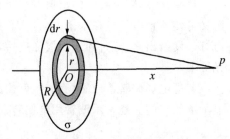

图 6-26　例 6-19 图

由于圆盘的对称性，$E_y=E_z=0$。对于 $\sigma>0$，E 的方向沿 OP 背离 O；对于 $\sigma<0$，E 的方向沿 OP 指向 O(请与例 6-5 的结果相比较)。

6.9　带电粒子在静电场中的运动

一般情况下，粒子的运动轨迹比较复杂，下面讨论 2 种简单情况。

(1) 带电粒子的初速度 $\boldsymbol{v}_0$ 与匀强电场 $\boldsymbol{E}$ 同方向

假设带电粒子带有正电量 q，质量为 m，则据 $\boldsymbol{F}=q\boldsymbol{E}$ 可知，粒子受力方向与场强 $\boldsymbol{E}$ 的方向一致，因而粒子将沿着场强方向做匀加速直线运动，则加速度为

$$\boldsymbol{a}=\frac{q\boldsymbol{E}}{m}$$

带电粒子以加速度 $\boldsymbol{a}$ 运动距离 l 后，速度由原来的 v_0 增加到 v_t，据匀加速直线运动公式可得

$$v_t^2-v_0^2=2\frac{qE}{m}l$$

即

$$\frac{1}{2}mv_t^2-\frac{1}{2}mv_0^2=qU \tag{6-38}$$

式中，U 为粒子在速度 v_t 和 v_0 两点之间的电势差。

从上式可以看出：**电场力对带电粒子所做的功等于粒子动能的增加**。

(2) 带电粒子初速度 $\boldsymbol{v}_0$ 与匀强电场 $\boldsymbol{E}$ 垂直

如图 6-27 所示，两块平行放置的水平薄板上带有等量异号电荷，两板之间距离 d 远小于板的尺寸，这样两板之间的电场近似可以看做匀强电场，一个带有正电荷 q 的粒子从两板中央以初速度 $\boldsymbol{v}_0$ 的水平方向射入，由于场强 $\boldsymbol{E}$ 沿 y 方向，由 $\boldsymbol{F}=\boldsymbol{E}q=m\boldsymbol{a}$ 可知，粒子在 y 方向做初速度为零的匀加速直线运动，而在 x 方向做匀速直线运动。

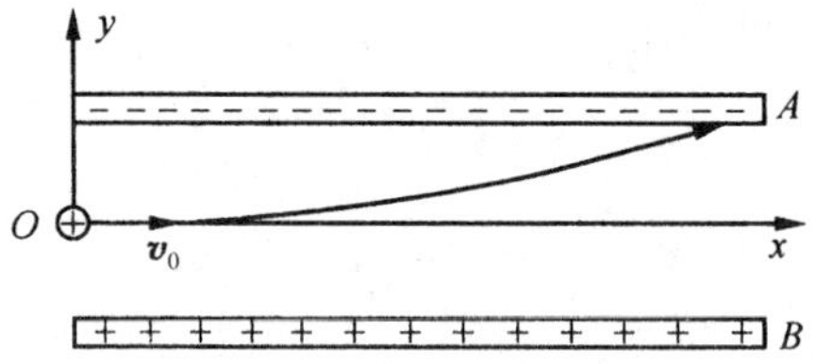

图 6-27　带电粒子在电场中运动

$$\begin{cases}x=v_0t\\ y=\dfrac{1}{2}\dfrac{Eq}{m}t^2\end{cases}$$

消去方程两边 t 可得

$$y=\frac{1}{2}\frac{Eq}{mv_0^2}x^2$$

因而，带电粒子运动轨迹是一条过原点(即入射点)的抛物线，由图 6-27 可以看出：当两板上电势正负交替变化时，带电粒子的出射点在竖直方向上、下移动。如果再有一组平行板匀强电场与其正交放置，则又可使该带电粒子在水平方向左、右移动，这就是显像管电子束显示原理。在电场偏转显像管中，电子由灯丝发射出来，经过几组阳极加速后，再经过由信号控制的竖直偏转系统和水平偏转系统，最后射在荧光屏上。

若把电场偏转改成磁场偏转，就构成磁场偏转显示屏。磁偏转比电偏转幅度大，采用磁偏转可以缩小显示屏的空间。通常示波管用电偏转，电视机显像管用磁偏转。有关磁偏转的原理将在第九章中讨论。

本章习题

6-1　两个点电荷带电分别为 $2q$ 和 q，相距 l，将第三个电荷放在何处所受合力为零(设 $2q$ 及 q 均为正电荷)。

6-2　如图所示直角三角形 ABC 的 A 点上，有电荷 $q_1=1.8\times10^{-9}\,\text{C}$，$B$ 点上有电荷 $q_2=-4.8\times10^{-9}\,\text{C}$。试求 C 点处的电场强度大小和方向。(已知：$BC=0.04\,\text{m}$，$AC=0.03\,\text{m}$)

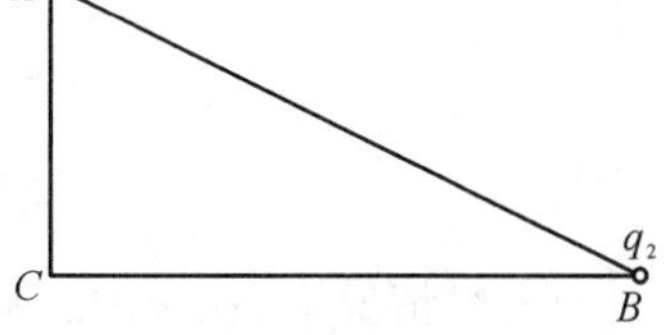

习题 6-2 图

6-3　半径为 R 的均匀带电半圆环，带电量为 $+q$，求圆环中心 O 点的场强。

6-4　有一长为 $2l$，均匀带电 $+q$ 的细塑料棒，在棒的轴向延长线上一

点 P，离棒中点 O 点距离为 $1.5l$，试求 P 点处的场强。

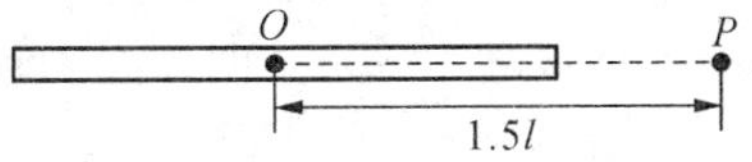

习题 6-4 图

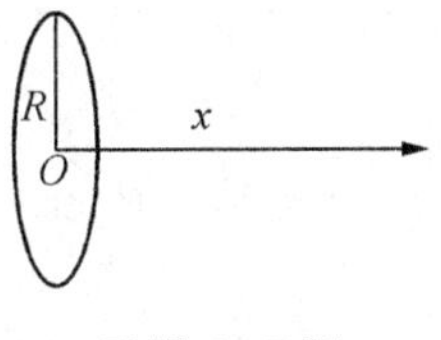

习题 6-5 图

6-5　均匀带电细圆环半径 $R=4.0$ cm，带电量 $q=5.0\times10^{-9}$ C，求圆环轴线上距环心 $x=3.0$ cm 处的电场强度，何处的电场强度最大？

6-6　如图所示 $OA=OP=2$ m，OA 上均匀带电。已知电荷密度 $\lambda=0.0885$ C/m，求 P 点的电场强度。

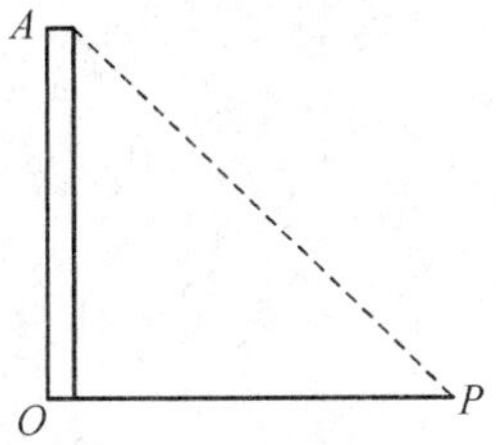

习题 6-6 图

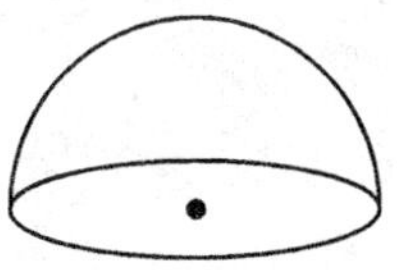

习题 6-7 图

6-7　一半径为 R 的均匀带电半球面，电荷密度为 σ，求球心处的电场强度。

6-8　电荷线密度为 λ_1 的无限长均匀带电直线与另一长度为 l，电荷线密度为 λ_2 的均匀带电直线段在同一平面内，两者相互垂直，假设 λ_1 及 λ_2 均为正电荷，求它们之间的相互作用力。

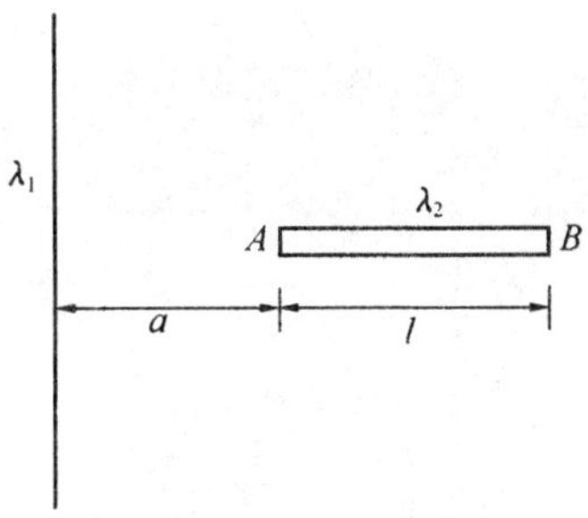

习题 6-8 图

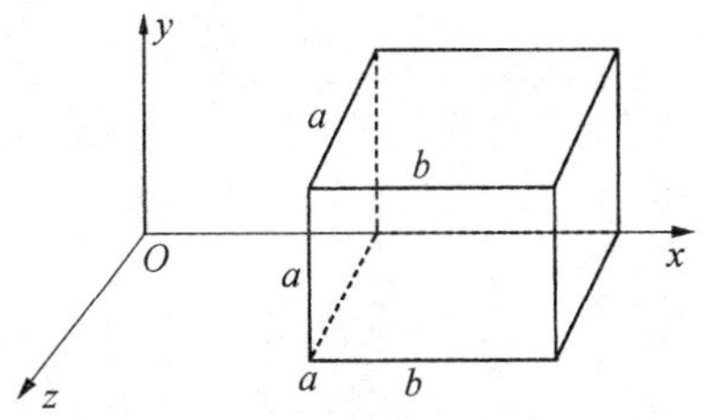

习题 6-9 图

6-9　如图所示，$a=0.5$ m，$b=0.8$ m 的长方体闭合面处于一不均匀电场中，$\boldsymbol{E}=(2+5x^2)\boldsymbol{i}$，$\boldsymbol{E}$ 和 x 的单位分别为 V/m 和 m，计算：

(1) 通过此闭合面的电场强度通量；

(2) 包围在闭合面内的净电荷量。

6-10　无限长均匀带电圆柱体半径为 R，电荷密度为 ρ。求其电场强度的分布。

6-11　两无限大的平行平面均匀带电，已知面电荷密度为 $+\sigma$，求各处的场强分布。

6-12　一无限长直线均匀带有线电荷密度为 λ_1 的电荷，在直线外有一半径为 R 的同轴圆柱面，上面均匀带有线电荷密度为 λ_2 的电荷，试求电场强度的空间分布。

6-13　在半径为 r_1 与 r_2 两同心球面之间均匀分布电荷体密度为 $\rho(\rho>0)$ 的电荷，求空间电场的分布。

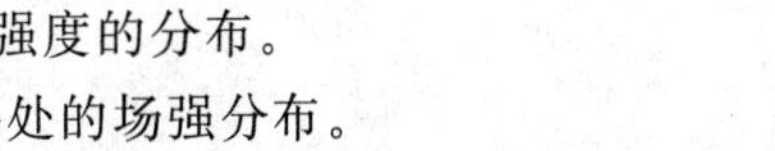

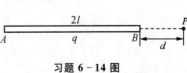

习题 6-14 图

6-14　长 $2l$ 的棒均匀带电，电荷总量为 q，AB 延长线上有一点 P，P 距 B 的长度为 d，以无限远处为电势零点，求 P 点的电势。

6-15　在一个半径为 R 的球体内，均匀地分布电荷，已知电荷体密度为 $\rho(\rho>0)$，试求：(1) 球体内任意一点的电势；(2) 球体外任意一点的电势。

6-16　无限长圆柱体均匀带电荷，电荷体密度为 ρ，圆柱体半径为 R。求：圆柱内一点的电势(提示：

电势零点取在圆柱轴线上）。

6－17　一无限长、半径为 R 的均匀带电圆柱面，线电荷密度为 λ，以其轴线为电势零点，求其内外任意一点的电势。

6－18　两个半径分别为 R_1、R_2（$R_1<R_2$）的同心球壳，各自带电 q_1、q_2，求两球壳之间的电势差。

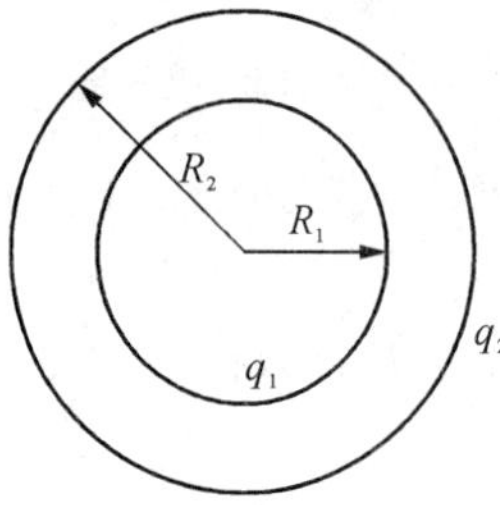

习题 6－18 图

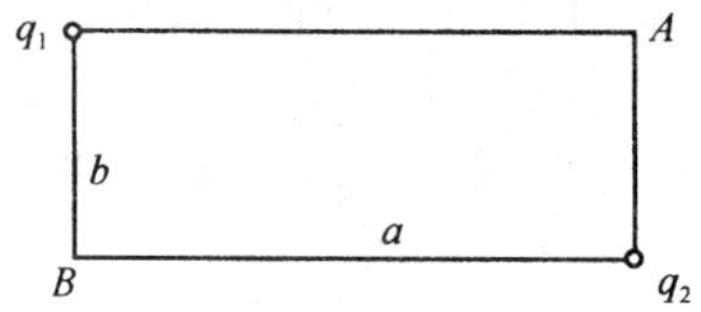

习题 6－19 图

6－19　如图所示的矩形中，边长 $b=5.0\ \text{cm}$，$a=15.0\ \text{cm}$，$q_1=-5.0\times10^{-9}\text{C}$，$q_2=2.0\times10^{-9}\text{C}$，求：

(1) 顶点 A 和 B 处的电势；

(2) 将第三个点电荷 $q_3=3.0\times10^{-9}\text{C}$ 沿对角线从 B 移动到 A 的过程中外力做了多少功？电场力做了多少功？

6－20　如图所示，$AB=2l$，O 点是 AB 的中点，OCD 是以 B 为中心，以 l 为半径的圆。A 点有正电荷 $+q$，B 点有负电荷 $-q$。求：(1) 把单位正电荷从 O 点沿 OCD 移动到 D 点，电场力对它做了多少功？(2) 把单位负电荷从 D 点沿 AB 的延长线移动到无限远处，电场力对它做了多少功？

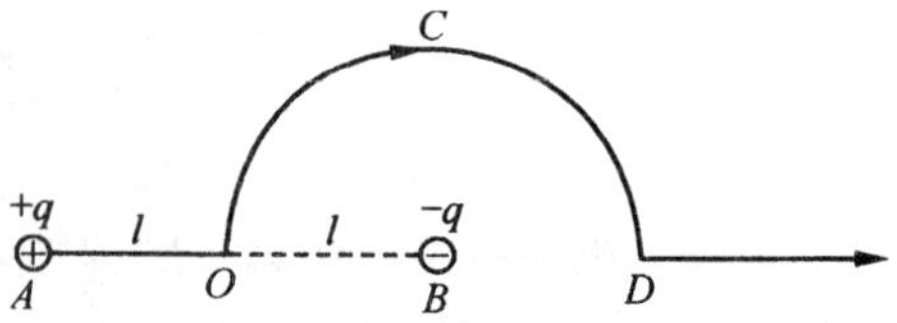

习题 6－20 图

6－21　两无限大均匀带电平面，电荷密度分别为 $\pm\sigma_0$，相距为 d。在两平面正中间释放一电子，设电子带电量为 e，则它到达带电平面时的速率为多大？

第七章　静电场中的导体与介质

前面讨论了静止的电荷在真空中所激发的电场的规律，这里将介绍静电场中的导体和电介质。导体和电介质放入静电场后，受到电场的作用，同时导体和电介质又反过来影响电场。这里仅讨论金属导体与电场的相互作用，并简单介绍各向同性的电介质在静电场中的特性，以及静电场的能量等问题。

7.1　静电场中的导体

1. 导体的静电平衡

金属导体的原子结构除了带正电的原子核外还有多层电子，这些电子都围绕着原子核运动，但最外层的电子与原子核之间的作用比较微弱，外层电子常常脱离原子的束缚而成为在导体中可以自由漂移的自由电子。失去最外层电子的原子成为带正电的离子，这些离子组成晶体点阵。从整个导体来看，自由电子的负电荷总量和晶体点阵正电荷总量是相等的，因此导体通常呈现电中性。

把一块电中性的导体放入匀强电场中，如图 7－1 所示。导体中的自由电子受到电场力的作用，逆着电场方向做宏观的漂移运动，这样导体左侧表面有过多的电子堆积，使得导体板左侧表面带负电荷，而在导体右侧表面因缺乏电子而带正电荷。在外电场$\boldsymbol{E}_0$ 作用下，导体上电荷重新分布，使导体两对应表面分别带有等量异号电荷，这一现象称为静电感应。在导体表面出现的电荷叫做感应电荷。感应电荷在导体内形成的电场 $\boldsymbol{E}'$和外加电场$\boldsymbol{E}_0$ 方向相反。刚开始时在导体内的电场强度 $\boldsymbol{E}=\boldsymbol{E}_0+\boldsymbol{E}'$，因 $\boldsymbol{E}'$与 $\boldsymbol{E}_0$ 反向，所以 $E<E_0$。只要 $\boldsymbol{E}\neq 0$，导体内的电子就会继续受到电场力的作用并沿电场 $\boldsymbol{E}$ 的逆向运动，直到导体内的电场$\boldsymbol{E}=\boldsymbol{E}_0+\boldsymbol{E}'=0$，电子才会停止这样的宏观运动，这时称导体进入**静电平衡状态**。

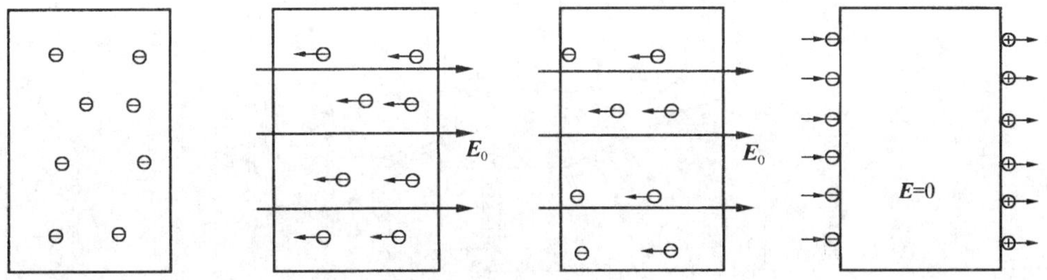

图 7－1　导体的静电平衡

2. 导体处于静电平衡时的特性

静电平衡时导体具有许多特性，概括有以下几点：

（1）电荷只分布在导体的外表面。当导体处于静电平衡状态时，围绕导体内部任意一点 P 作一个高斯面 S，如图 7－2 所示。由于静电平衡时导体内部场强处处为零，因而通过闭合曲面 S 的电通量为零。由高斯定理可知，该闭合曲面内净电荷为零。由于 P 点是任意的，而高斯面又可以作得很小，高斯面内即使有等量异号电荷存在，在小范围内也可视为重叠抵消。所以，上述结论对导体内任意一点都适用，因而可以得到：**当导体处于静电平衡状态时，导体内部没有净电荷，电荷只能分布在导体表面。**

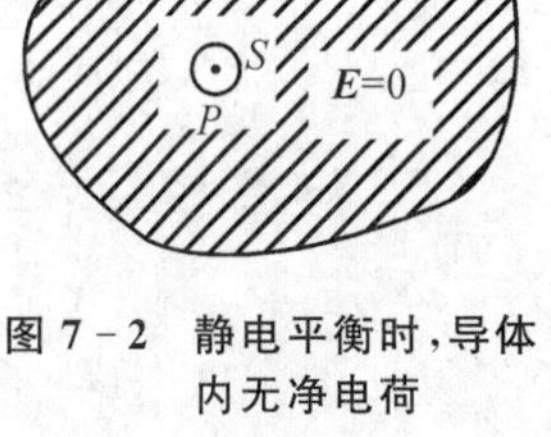

图 7－2　静电平衡时，导体内无净电荷

（2）**导体处于静电平衡时为等势体**。在导体内任取 a、b 两点，它们之间的电势差 $U_{ab}=\int_a^b \boldsymbol{E}\cdot \mathrm{d}\boldsymbol{l}=0$，这是导体内的电场强度 $\boldsymbol{E}=0$ 的必然结果，所以导体是等势体。**电场在导体表面的分量为零，故电场与表面垂直**；否则，就破坏了上述结论。

（3）孤立导体表面附近的电场强度。如图 7－3 所示，在导体表面任取一个扁平小圆柱面，该圆柱体轴线垂直于导体表面。设上、下底面的面积都为 ΔS_1，圆柱侧面面积为 ΔS_2。上底面紧靠表面，由于 ΔS_1 很小，ΔS_1 处可以视为匀强电场，而导体表面的电场方向与 ΔS_1 的正法矢方向平行，所以上底面的电场强度通量为 $E\cdot\Delta S_1$；下底面在导体的表面层内，由于表面层内场强 $\boldsymbol{E}_i=0$，故下底面的电场强度通量为零；侧面上的电场强度通量为零。若导体表面面电荷密度为 σ，由高斯定理可得：

$$\oiint \boldsymbol{E}\cdot \mathrm{d}\boldsymbol{S}=E\Delta S_1=\frac{\sigma\Delta S_1}{\varepsilon_0}$$

因而

$$\boldsymbol{E}=\frac{\sigma}{\varepsilon_0}\boldsymbol{e}_{\mathrm{n}} \tag{7-1}$$

式(7－1)表明：**处于静电平衡状态的导体表面附近的电场强度与该处表面电荷面密度成正比，场强方向垂直于表面**。需要注意的是式(7－1)中的 σ 是导体表面的电荷密度。在静电感应的过程中，导体表面的电荷密度 σ 是电荷相互作用的结果，静电平衡过程是电荷在导体内的重新分布的过程，分布的结果实现了导体内合电场为零。所以式(7－1)中的电场 $\boldsymbol{E}$ 是空间所有电荷产生的合电场。

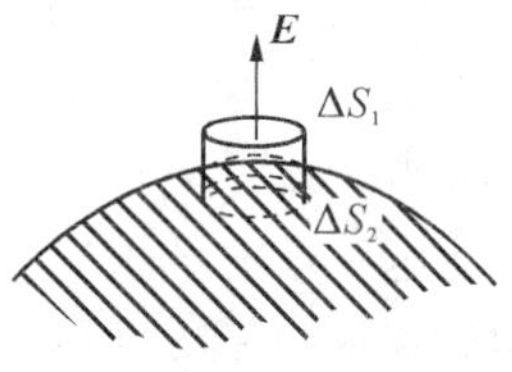

图 7－3　导体表面上面电荷密度与场强关系

（4）处于静电平衡状态的孤立导体，其表面电荷面密度与该处的表面曲率半径有关。**曲率半径大的地方，电荷面密度小；曲率半径小的地方，电荷面密度大**。

图 7－4 表示导体表面凸而尖锐的地方，由于该处曲率半径较小，电荷面密度 σ 较大，因此，附近场强较强；表面平坦处曲率半径较大，σ 较小，附近场强较弱；而表面凹进去的地方，曲率为负，σ 更小，场强也更弱。

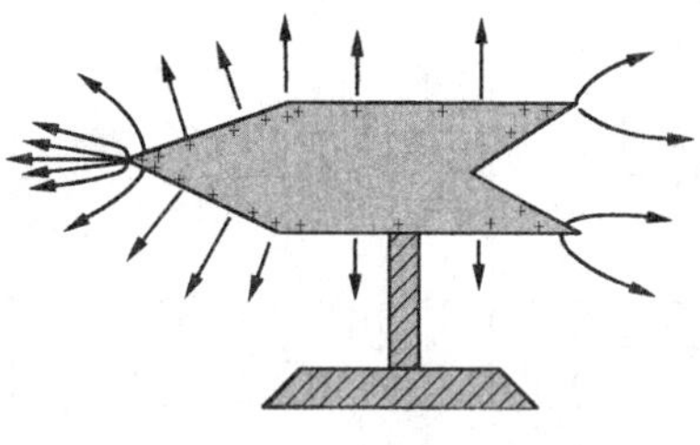

图 7－4　导体表面曲率对电荷分布的影响

上述电荷面密度 σ 随曲率半径变化而改变的规律可用下面实验来验证。如图 7－5 所示，用带有绝缘柄的金属球 B 接触带电体 A 的尖端 P 后，再与验电器 D 接触，则金属箔张开的角度较大，然后用手接触小球 B 与验电器 D，除去其上的电荷，再使金属球 B 与导体 A 的 C 处接触，再把金属球 B 与验电器 D 接触。这时发现验电器 D 几乎不张开。这表明 C 处得电荷面密度 σ 比 P 处小得多。

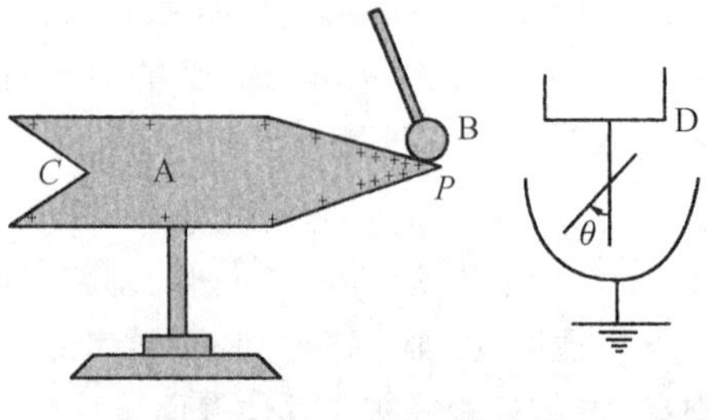

图 7－5　验证导体表面曲率对电荷面密度的影响

由式(7-1)可知,尖端附近曲率半径极小,电荷密度大,场强就强。当电场强到使周围空气分子发生电离时,就会导致**尖端放电**。如图7-6所示,在一个导体尖端附近放一支点燃的蜡烛,当用静电高压发生器不断地给尖端导体充电时,就会看到一个有趣的现象:火焰好像被风吹动一样朝着背离尖端方向偏斜。这是因为在尖端附近较强的电场的作用下,气体分子电离,从而产生大量的新的离子。与尖端上的电荷异号的离子受到吸引而飞向尖端面,与尖端上电荷中和,而与尖端上电荷同号的离子受到排斥力而飞向远方。蜡烛火焰的偏斜就是这种离子流形成的“电风”吹动的结果。

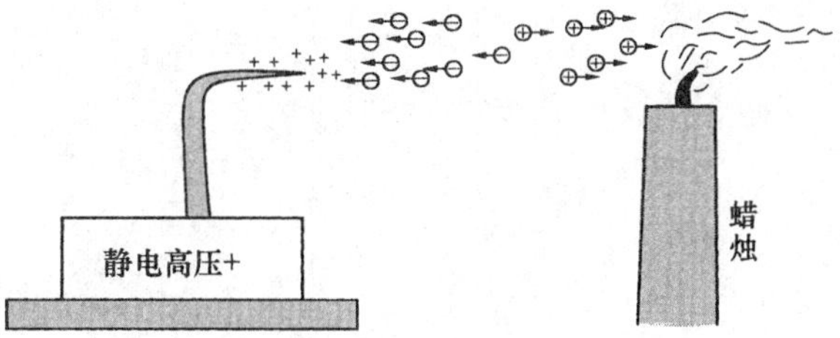

图7-6　电风

尖端放电有许多应用,最典型的是避雷针。夏天带有大量电荷的雷雨云层接近地面时,使地面上凸出部分(如高楼、烟囱等)感应出密度很大的感应电荷。当感应电荷积累到一定程度就会在云层和这些建筑物之间发生强烈的火花放电,这就是雷击。为了防止雷击造成危害,可在建筑物顶端安装尖端导体(避雷针)。如图7-7所示,用粗的铜缆将避雷针一直通到地下几尺深的金属板(或金属管)上,保持避雷针与大地具有良好的电接触。保持避雷针与大地良好的电接触是避雷针正常工作的前提。那么,避雷针为什么必须要有良好的接地呢?

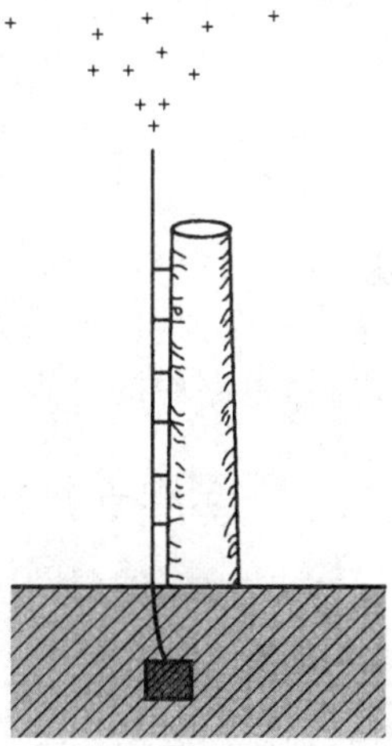

图7-7　避雷针

我们居住的地球上含有大量的水,水中不乏各种可溶性盐类,所以地球是一个良导体。避雷针的良好接地是让避雷针与地球形成一个整体,当带电云层靠近避雷针时,由于静电感应,避雷针尖端部分带大量异号感应电荷,而地球的另一端带有大量的同种电荷,大量异号电荷通过避雷针的尖端放电,将与云层的电荷发生中和,使云团的带电量减少,从而降低了云团与地面之间的电势差,消除带电云团造成的雷击危害。在高压电器设备中,为了避免尖端放电造成事故和电能损失(漏电),导线必须足够粗且光滑,同时,金属部件应尽可能做成球状曲面。

当金属与地球接触良好并形成一个整体时,可以认为它们是一个等势体。此时,我们脚下的电势与地球另一端的电势几乎相等。而地球的直径达13 000 km,所以,从相对的角度看,可以把地球的另一端视为无穷远。这样,**以大地为电势零点和以无限远为电势零点所产生的误差是可以忽略的,可以视为等同的电势零点**。

例7-1　已知A,B为平行放置的两个均匀带电的导体平板,如图7-8所示。两板之间距离与板的线度相比很小,已知A板带电荷面密度$\sigma_A=3\ \mu\text{C}\cdot\text{m}^{-2}$,$B$板电荷面密度$\sigma_B=7\ \mu\text{C}\cdot\text{m}^{-2}$。试计算在静电平衡状态下,这两导体板的4个表面上的电荷面密度σ_1、σ_2、σ_3、σ_4。

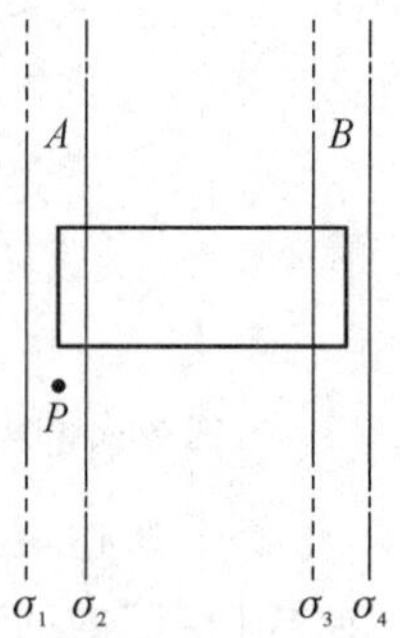

图7-8　例7-1图

分析:由于带电平板间距远小于板的线度,所以计算电场强度时可把带电平板视为无限大。

解:在静电平衡状态下,导体内部场强等于零,导体表面处场强垂直于导体表面。首先作垂直于两板的圆柱形高斯面,并使圆柱的两个底面分别置于A,B板内部。设底面积为S,则

$$\oiint \boldsymbol{E}\cdot\mathrm{d}\boldsymbol{S}=\frac{(\sigma_2+\sigma_3)}{\varepsilon_0}S$$

因为两板内$\boldsymbol{E}=0$,圆柱侧面上电场强度通量为零,所以通过高斯面的电通量为零,因而得到

$$\sigma_2 = -\sigma_3 \tag{1}$$

再利用电场叠加原理，A 板内任意一点 P 的场强应等于 4 个无限大带电表面产生的场强矢量和，即

$$E = \frac{\sigma_1}{2\varepsilon_0} - \left(\frac{\sigma_2}{2\varepsilon_0} + \frac{\sigma_3}{2\varepsilon_0} + \frac{\sigma_4}{2\varepsilon_0}\right) = 0$$

把 $\sigma_2 = -\sigma_3$ 代入上式可得

$$\sigma_1 = \sigma_4 \tag{2}$$

$$\sigma_1 + \sigma_2 = 3\ \mu\text{C} \cdot \text{m}^{-2} \tag{3}$$

$$\sigma_3 + \sigma_4 = 7\ \mu\text{C} \cdot \text{m}^{-2} \tag{4}$$

解式(1)～式(4)可得：

$$\sigma_1 = 5\ \mu\text{C} \cdot \text{m}^{-2},\ \sigma_2 = -2\ \mu\text{C} \cdot \text{m}^{-2},\ \sigma_3 = 2\ \mu\text{C} \cdot \text{m}^{-2},\ \sigma_4 = 5\ \mu\text{C} \cdot \text{m}^{-2}$$

由该例题可以获取一个重要的结论：两个靠得很近的金属平板平行放置时，静电平衡后，一定有

$$\boxed{\begin{aligned}\sigma_2 &= -\sigma_3\\ \sigma_1 &= \sigma_4\end{aligned}} \tag{7-2}$$

即**两金属板内侧表面电荷密度等量异号，两金属板外侧表面电荷密度等量同号**。特别当两金属板带有等量异号电荷时，上述关系一定有 $\sigma_1 = \sigma_4 = 0$，$\sigma_2 = -\sigma_3$，即电荷集中于两金属板内侧表面，两外侧表面不带电荷，电路中的电容器极板的带电情况就是这样的。

3. 空腔导体内外的静电场

若把空腔导体放在静电场中，空腔内无带电体，由静电感应而产生的感应电荷只分布在导体的外表面，如图 7-9 所示。又因为腔内无带电体，据高斯定理可知，腔内场强处处为零，因此置于导体空腔内的仪器将不会受到任何外电场的影响。当腔内有带有电量为 q 的带电体时，由于静电感应，在空腔内壁感应出 $-q$，而在空腔导体的外表面上出现 q，如图 7-10(a)所示，该电场将对外界产生影响。为了消除影响，可把导体空腔接地。由于接地电势与无限远电势等价，所以接地导体表面无电场，空腔导体外表面电荷密度为零，此时的电场线局限于导体空腔内，如图 7-10(b)。

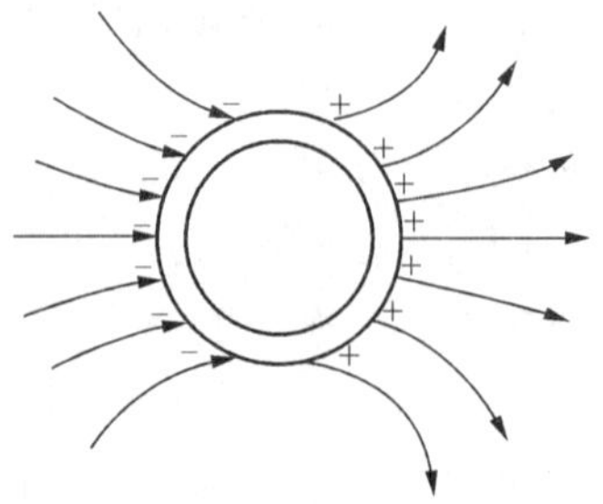

图 7-9　腔内无带电体时空腔导体的静电场

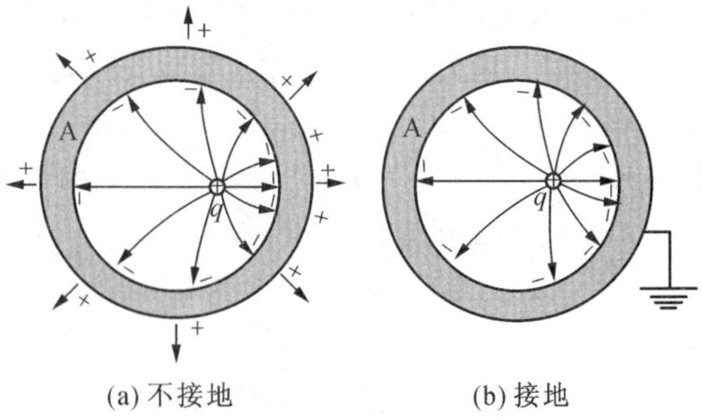

图 7-10　腔内有带电体时空腔导体的静电场

综上所述，在静电平衡状态下，空腔导体外面的带电体不会影响空腔导体内的电场。一个接地的空腔导体其空腔内的带电体对腔外的带电体也不会产生影响。**利用接地的空腔导体使空腔内外带电体之间影响隔离的现象，称为静电屏蔽**。

静电屏蔽在工程技术上有许多应用，为了使一些精密的电子仪器不受外界电场干扰，通常都在仪器外面加装金属网罩。为了使某些高压电气设备的强电场不对外界产生影响，就必须把这些设备放在接地的金属外壳(网罩)中。为了避免外界电信号干扰，传送微弱信号用的导线一般都采用同轴电缆，即在导线外面包一层金属丝编织的屏蔽网。在高压输电带电作业中，作业人员必须穿戴金属丝网制成的衣、帽、手套

和鞋子，这种保护服叫做均压服。均压服可起到屏蔽和均压作用，它相当于一个空腔导体对人体起到电屏蔽作用；同时，均压服可以起到分流作用，作业人员经过电势不同的区域时要承受一个脉冲电流，由于均压服与人体相比电阻很小，所以此电流中绝大部分电流经均压服分流，保证作业人员的人身安全。

例 7-2　如图 7-11 所示，一个半径为 R 的接地金属球壳外有一点电荷 q，已知 q 离金属球心的距离为 r。求金属球壳上的感应电荷 q'。

解：金属球壳接地，与地球构成一个完整的导体。它在点电荷 q 的电场中产生感应电荷 q'，最后金属球的电势应由 q 与 q' 共同作用产生。因金属球接地，故金属球的电势为零。因金属球为等势体，其电势与球心处电势相等，故球心电势为零。而感应电荷 q' 分布在球表面。不论其分布如何，它们到球心的距离都为 R，故

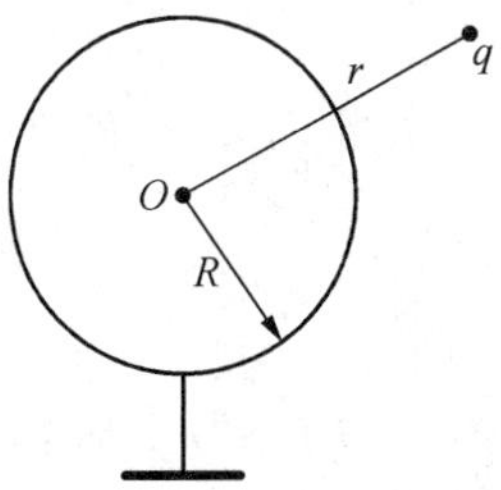

图 7-11　例 7-2 图

$$U_0 = \frac{q}{4\pi\varepsilon_0 r} + \frac{q'}{4\pi\varepsilon_0 R} = 0$$

则

$$q' = -\frac{Rq}{r}$$

说明**金属球壳上的电荷存在与否，电量大小都是由金属球的电势决定**，而接地的作用仅仅使得金属球的电势为零。

例 7-3　将例 7-2 中的电荷 q 移到球内，如图 7-12 所示。一个内径为 R 的接地金属球壳内距球心 a 处有一点电荷 q，现将接地线剪断以后。试求此球壳中心的电势。

解：接地金属球壳在 q 电场中形成静电感应，产生感应异号电荷为 q'，同号电荷在大地的远端，因导体内电场处处为零，在导体球壳层内作一高斯面，此高斯面上的电场强度通量 $\Phi_e=0$。由高斯定理可知，其内净电荷 $q+q'=0$，则 $q'=-q$。将接地线剪断以后，q' 成为不依附于地球的独立电荷，q' 分布在离球心的距离都为 R 的球壳内表面上，而 q 到球心的距离为 a，所以金属球空腔球心处的电势

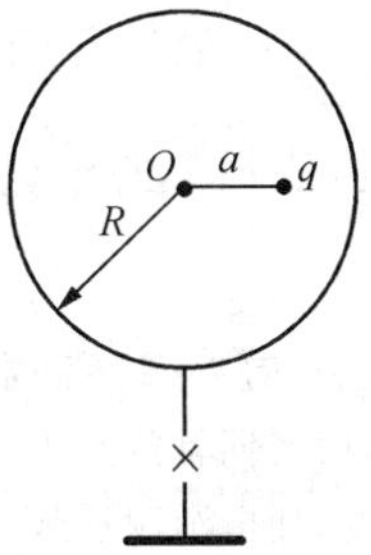

图 7-12　例 7-3 图

$$U_O = \frac{q}{4\pi\varepsilon_0 a} - \frac{q}{4\pi\varepsilon_0 R} = \frac{q}{4\pi\varepsilon_0}\left(\frac{1}{a} - \frac{1}{R}\right)$$

例 7-4　如图 7-13 所示，带有电量 q_1 的金属球 A 的半径为 R_1，外面有一个同心的金属球壳 B，其内外半径分别为 R_2 和 R_3，球壳 B 带有电量 q_2。试求：

(1) 两球上的电荷分布；

(2) 空间各区域的电场强度；

(3) 金属球 A 和金属球壳 B 之间的电势差；

(4) 用导线将金属球壳 B 接地后，两金属球上电荷分布及两金属球之间的电势差。

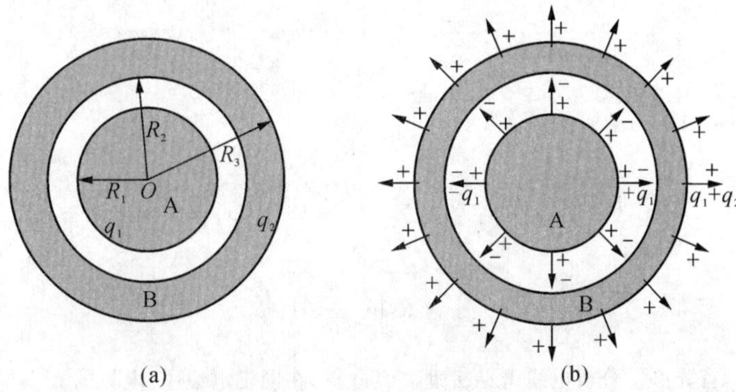

图 7-13　带电的球和同心球壳

解:(1) 因为在金属球A表面有电量 q_1,由于静电感应,在球壳B的内表面上有感应电荷 $-q_1$,而在外表面上有电荷 q_1+q_2。

(2) 作球形高斯面,根据 $\oint\!\!\oint \boldsymbol{E}\cdot \mathrm{d}\boldsymbol{S}=\dfrac{1}{\varepsilon_0}\sum_i q_i$ 很容易求得各区域的场强如下:

当 $0\leqslant r<R_1$ 时,有

$$\boldsymbol{E}_1=0$$

当 $R_1\leqslant r<R_2$ 时,有

$$\boldsymbol{E}_2=\frac{q_1}{4\pi\varepsilon_0 r^2}\boldsymbol{e}_r$$

当 $R_2\leqslant r<R_3$ 时,有

$$\boldsymbol{E}_3=0$$

当 $R_3\leqslant r$ 时,有

$$\boldsymbol{E}_4=\frac{q_1+q_2}{4\pi\varepsilon_0 r^2}\boldsymbol{e}_r$$

(3) $\Delta U=\displaystyle\int_{R_1}^{R_2}\boldsymbol{E}_2\cdot \mathrm{d}\boldsymbol{r}=\int_{R_1}^{R_2}\frac{q_1}{4\pi\varepsilon_0 r^2}\mathrm{d}r=\frac{q_1}{4\pi\varepsilon_0}\left(\frac{1}{R_1}-\frac{1}{R_2}\right)$

(4) 当把球壳B接地后,球壳B的电势等于零,球壳外表上的电荷为零,B的外表面上没有净电荷,而内表面上的 $-q_1$ 不变,则球A和球壳之间电势差不变,仍为 $\Delta U=\dfrac{q_1}{4\pi\varepsilon_0}\left(\dfrac{1}{R_1}-\dfrac{1}{R_2}\right)$。

***例 7-5** 设同轴电缆内导线是半径为 R_1 的圆柱,外包层的导体是内半径为 R_2 的中空圆柱,两者同轴放置。今在电缆上施加电势差 U,试求:(1) 内导线表面的电场强度;(2) 保持 U、R_2 不变,使电缆耐压最大,则内导线半径 R_1 应设计多大?

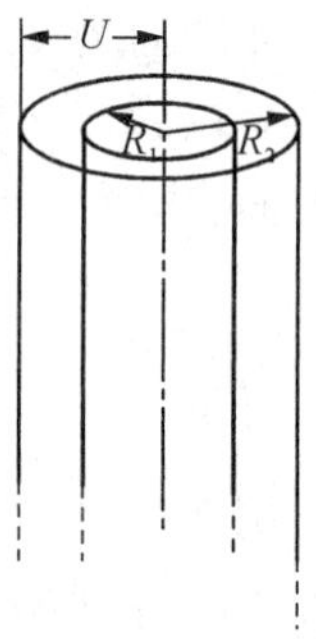

图 7-14 例 7-5 图

分析:同轴电缆很长时,可作为无限长带电直线处理。如果已知内导线上的电荷密度 λ,由高斯定理可求出内导线与外导线之间的空间电场强度 $\boldsymbol{E}$。通过电场强度就可以算出内、外导体之间的电势差 U。由题意可知,电势差 U 为已知量,则可以通过上述路径逆向求出 λ,再由 λ 求出内导线外表面的电场强度。

解:设内导线上的电荷密度为 λ,由高斯定理可得:

$$E=\frac{\lambda}{2\pi\varepsilon_0 r}\tag{1}$$

r 为内外导线空间电场中的任意一点到轴线的距离,则内外导线间的电势差

$$U=\int_{R_1}^{R_2}\boldsymbol{E}\cdot \mathrm{d}\boldsymbol{l}=\int_{R_1}^{R_2}\boldsymbol{E}\cdot \mathrm{d}\boldsymbol{r}=\frac{\lambda}{2\pi\varepsilon_0}\int_{R_1}^{R_2}\frac{\mathrm{d}r}{r}=\frac{\lambda}{2\pi\varepsilon_0}\ln\left(\frac{R_2}{R_1}\right)\tag{2}$$

由此可知

$$\lambda=\frac{U2\pi\varepsilon_0}{\ln\left(\dfrac{R_2}{R_1}\right)}\tag{3}$$

将式(3)代入式(1),并令 $r\to R_1$ 可得

$$E=\frac{U}{R_1\ln\left(\dfrac{R_2}{R_1}\right)}\tag{4}$$

(2) 讨论电缆耐压最大,首先必须分析电缆击穿机理。经分析,在同轴电缆中,电场的大小是不均匀的,越靠近轴线,电场越强,只要 R_1 表面的电场不被击穿,其他地方就不会击穿。在 U、R_2 不变时,只要考虑 R_1 多大时,内导体表面的电场 $\boldsymbol{E}$

最小，相应的耐压就最大，这样问题就变为求 R_1 多大，式(4)中电场 $\boldsymbol{E}$ 最小的问题。

设
$$y = R_1 \ln\left(\frac{R_2}{R_1}\right)$$

令 $\frac{\mathrm{d}y}{\mathrm{d}R_1} = 0$，即

$$\ln \frac{R_2}{R_1} - R_1 \frac{R_1}{R_2} \frac{R_2}{R_1^2} = 0$$

则
$$\frac{R_2}{R_1} = e$$

所以当 $R_1 = \frac{R_2}{e}$ 时，同轴电缆的耐压最大。这个结论对实际同轴电缆的生产有直接指导意义。

7.2　电容器　电容

顾名思义，**电容器是储存电能的容器**。和所有的容器类似，电容器由其自身的形状、大小决定其容量。而电能的携带者是电荷还是电场是值得我们研究的。在静电场中，电场由电荷产生；在交变电磁场中，电场可以脱离电荷独立存在。广泛意义上看，电能的携带者应为电场，所以也可以认为**电容是储存电场的容器**，衡量电容器大小的物理量称为电容。

1. 孤立导体的电容

所谓孤立导体，是指在这个导体附近没有其他导体。

我们使一个孤立导体带有电量 q，这样这个导体就有确定的电势 U。实验证明：如果电量 q 增加，那么电势 U 将按比例增加，但两者的比值是一个常量。把这个比值叫做该导体的电容，并用 C 表示。

$$C = \frac{q}{U} \tag{7-3}$$

式中，C 与导体的尺寸和形状有关，而与 q、U 无关。

电容的物理意义：使导体每升高单位电势所需的电量。例如，导体 A 的电容比导体 B 的电容大，这表示使这两个导体电势升高相同值(如 1 V)，导体 A 比 B 需带有更多的电量。电容的单位是“法拉”，用“F”表示，故

$$1\ \mathrm{F} = \frac{1\ \mathrm{C}}{1\ \mathrm{V}}$$

实际应用中“法拉”这个单位太大，常用微法(μF)或皮法(pF)。

$$1\ \mathrm{F} = 10^6\ \mu\mathrm{F} = 10^{12}\ \mathrm{pF}$$

例 7-6　求半径为 R 的孤立导体球的电容。

解：设导体球带有电量 q，则这个球体电势为

$$U = \int_R^\infty \boldsymbol{E} \cdot \mathrm{d}\boldsymbol{l} = \int_R^\infty \frac{q}{4\pi\varepsilon_0 r^2}\mathrm{d}r = \frac{q}{4\pi\varepsilon_0 R}$$

则

$$C = \frac{q}{U} = 4\pi\varepsilon_0 R$$

如果取地球半径 $R = 6.4\times10^6$ m，则地球的电容为

$$C=4\pi\times 8.85\times 10^{-12}\times 6.4\times 10^{6}\ \text{F}=7.11\times 10^{-4}\ \text{F}$$

地球这么大的导体球的电容只有 7.11×10^{-4} F,可见在平时用法拉作电容单位,确实嫌大。

2. 电容器的电容

靠得很近的两个导体 A,B,若它们接近面的尺度远大于它们的距离时,就构成一个电容器,这两个导体 A,B 分别构成电容器的两个极板,如图 7-15 所示。与孤立导体相比,电容器的电场将局限在一个有限的空间内,而电容器相邻的两个面常常带有等量异号电荷,这时电容器的电容就由它的带电量与两极板电势差的比值来计算。

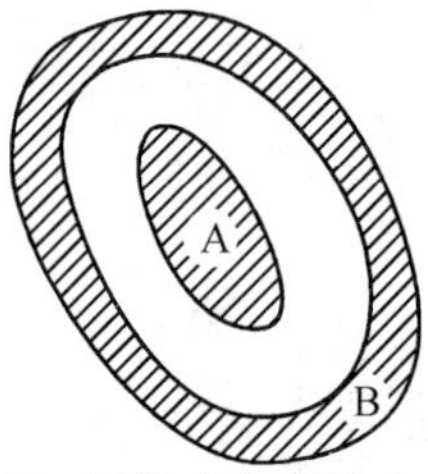

图 7-15 导体 A 与导体壳 B 构成一个电容器

$$\boxed{C=\frac{q}{U_{AB}}=\frac{q}{U_A-U_B}} \tag{7-4}$$

从物理意义上理解,式(7-3)中孤立导体的电势 U 是导体与无限远处电势零点间的电势差,所以不论是孤立导体还是电容器,其电容的计算式(7-3)和式(7-4)在物理意义上是一致的。

电容器的电容与两导体的尺寸、形状、相对位置以及两极板间的介质有关,而与 q 和U_A-U_B 的大小无关。实际应用的电容器,由两块非常靠近的金属薄板中间充以电介质构成。

电容器在交流电路和电子仪器中应用广泛,打开收音机、示波器等机器的机壳,就会看到线路板上焊接有各种电子元器件,其中不少是电容器。这些电容器有的起隔直作用,有的起交流分压作用,有的起储存能量的作用,有的起振荡的作用等。电容器的种类很多,通常在电容器的两金属板间夹有一层绝缘介质。根据绝缘介质的不同,电容器可分为空气电容器、云母电容器、油浸纸介电容器、陶瓷电容器、涤纶电容器等;而按容量特性,电容器可分为固定电容器和可变电容器。

下面给出几种处于真空状态的电容器的电容计算。

(1) 平行板电容器

平行板电容器是最常用的电容器。如图 7-16 所示,A,B 为两块面积均为 S 的平行金属板,相距 d。且 d 比板的线度要小得多。略去边缘不均匀电场的影响,可用无限大带电平板近似求两板间电场强度。在 A,B 两板带有电量分别是$\pm q$ 时,由式(7-2)电荷只分布在两板的内表面,而电荷面密度分别为$\pm\sigma=\pm\dfrac{q}{S}$。根据高斯定理可得两板之间的场强为:

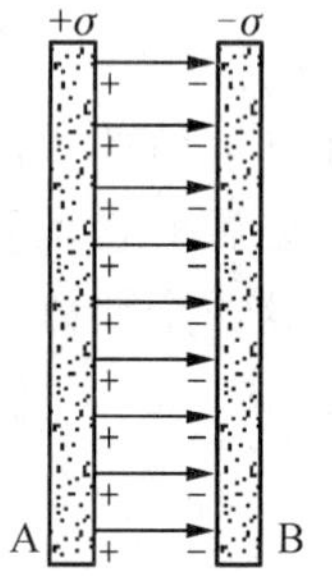

图 7-16 平行板电容器

$$E=\frac{\sigma}{\varepsilon_0}$$

两板间的电势差

$$U_{AB}=\int_A^B \boldsymbol{E}\cdot \mathrm{d}\boldsymbol{l}=Ed=\frac{\sigma}{\varepsilon_0}d=\frac{qd}{\varepsilon_0 S}$$

根据电容的定义式(7-4)可得

$$\boxed{C=\frac{q}{U_{AB}}=\frac{\varepsilon_0 S}{d}} \tag{7-5}$$

这就是平行板电容器的电容计算公式。

式(7-5)表明,**平行板电容器的电容 C 正比于极板面积 S,反比于两板之间距离 d。**

在实际应用中,常采用改变极板相对面积或极板之间距离的方法来改变电容,这种电容器也叫做可变电容器。例如在收音机 LC 调谐回路中,用改变极板相对面积的大小,以实现电容可调;在集成电路中采用改变电压控制耗尽层宽度以实现可变电容等。

(2) 球形电容器

球形电容器是由两个同心的导体球壳组成的。如图 7-17 所示，两球壳的半径分别为 R_1 和 R_2。设两球壳相对的表面带有 $+q$ 和 $-q$，运用高斯定理求得两球壳之间场强为 $\frac{q}{4\pi\varepsilon_0 r^2}$，则两球壳之间电势差为

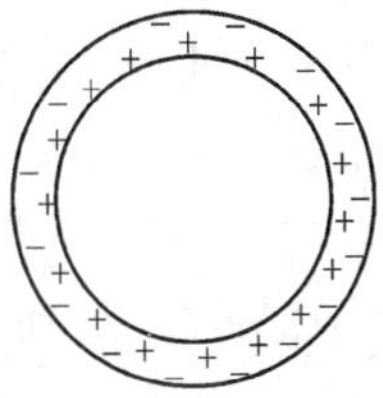

图 7-17　球形电容器

$$U_{AB}=U_A-U_B=\int_{R_1}^{R_2}\frac{q}{4\pi\varepsilon_0 r^2}\mathrm{d}r=\frac{q}{4\pi\varepsilon_0}\frac{R_2-R_1}{R_1R_2}$$

所以，球形电容器的电容为

$$C=\frac{q}{U_{AB}}=4\pi\varepsilon_0\frac{R_1R_2}{R_2-R_1} \tag{7-6}$$

(3) 圆柱电容器

圆柱状电容器是由两个长直同轴导体圆筒组成。如图 7-18 所示，两圆筒的半径分别为 R_1 和 $R_2(R_1<R_2)$，圆筒长为 l。设内、外圆筒单位长度上带有电荷 $\pm\lambda$，应用高斯定理可得两圆筒间的场强为 $\frac{\lambda}{2\pi\varepsilon_0 r}$，则两圆筒间电势差为

$$U_{AB}=\int_{R_1}^{R_2}\frac{\lambda}{2\pi\varepsilon_0 r}\mathrm{d}r=\frac{\lambda}{2\pi\varepsilon_0}\ln\frac{R_2}{R_1}$$

所以圆柱形电容器的电容为

$$C=\frac{q}{U_{AB}}=\frac{2\pi\varepsilon_0 l}{\ln\frac{R_2}{R_1}} \tag{7-7}$$

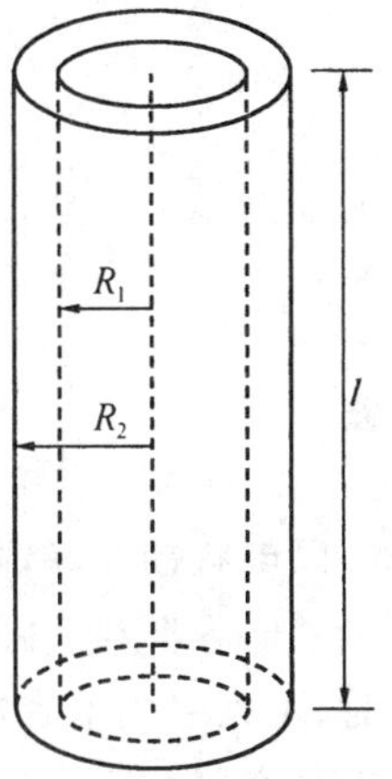

图 7-18　圆柱电容器

3. 电容器的串联和并联

电容器的电学性质主要有两个指标：一是电容量，二是耐压值。在使用电容器时，要注意施加在两极板上的电压不能超过电容器所规定的耐压值，否则电容器内电解质有被击穿的危险。电容器若失去绝缘性质，就表示已被损坏。在实际应用中，当遇到单独一只电容器的电容值和耐压值均达不到要求时，可以把几只电容器串联或并联使用。

(1) 电容器串联

如图 7-19 所示，把一只电容器的一个极板只与另一只电容器的一个极板相连，这样连接的方法叫做电容器串联，再把电源接到该电容器组的 A，B 两点。由于静电感应，每只电容器的两个极板上都出现等量异号电荷。设这串联电容器组的每只电容器两板电势差分别为 U_1，U_2，U_3，…，U_n，则

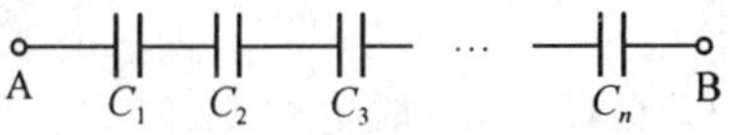

图 7-19　电容器串联

$$U_1=\frac{q}{C_1},\ U_2=\frac{q}{C_2},\ U_3=\frac{q}{C_3},\ \cdots,\ U_n=\frac{q}{C_n}$$

该串联电容器的总电势差等于每只电容器的电势差之和

$$U=U_1+U_2+\cdots+U_n=q\left(\frac{1}{C_1}+\frac{1}{C_2}+\cdots+\frac{1}{C_n}\right)$$

而所有电容器的等效电容 $C=\frac{q}{U}$，由此可得

$$\boxed{\frac{1}{C}=\frac{1}{C_1}+\frac{1}{C_2}+\cdots+\frac{1}{C_n}} \tag{7-8}$$

上式表明：**电容器串联后，等效电容的倒数等于各电容器电容的倒数之和**，总电容 C 要比每只电容器的电容都小。例如，两只电容相等的电容器串联后，其总电容为每只电容器电容值的一半。

(2) 电容器并联

如图 7-20 所示几只电容器并联。当 A，B 接上电源对电容器充电，显然，各只电容器上的电势差是相等的，由于各只电容器上的电容不同，根据 $q=CU$ 可知，各只电容器上的电荷是不同的，即

$$q_1=C_1U,\ q_2=C_2U,\ \cdots,\ q_n=C_nU$$

上式表明，在电容器并联时，电容器上的电量等于每个电容极板上的电量之和，所有电容器的等效电容 C 为

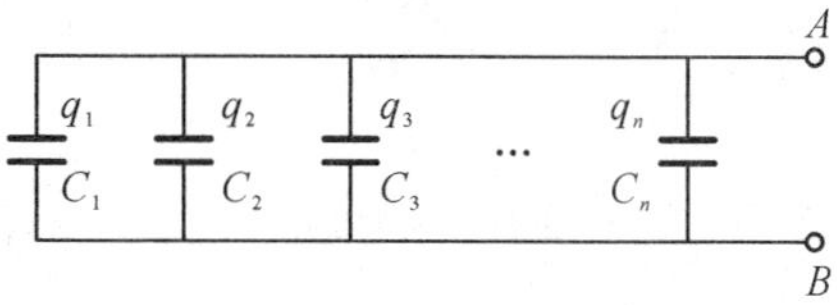

图 7-20 电容器并联

$$C=\frac{q}{U}=\frac{(C_1+C_2+\cdots+C_n)U}{U}=C_1+C_2+\cdots+C_n$$

即

$$\boxed{C=C_1+C_2+\cdots+C_n=\sum_{i=1}^{n}C_i} \tag{7-9}$$

所以**电容器并联时，其等效电容等于所有电容器的电容之和**，因此电容器并联可使总电容增加。

电容器在实际应用时，电容大小和耐压值都要满足电路的要求。当耐压值已达到要求，且需要大电容时，可以采用电容器并联的方法；而电路要求承受较高电压时，则可以采用电容器串联的方法；有时还可以把电容器并联和串联相组合来达到电路要求。

例 7-7 在图 7-21 中，已知 $C_1=10\ \mu\text{F}$，$C_2=5\ \mu\text{F}$，$C_3=4\ \mu\text{F}$，求等效电容 C_{AB}。

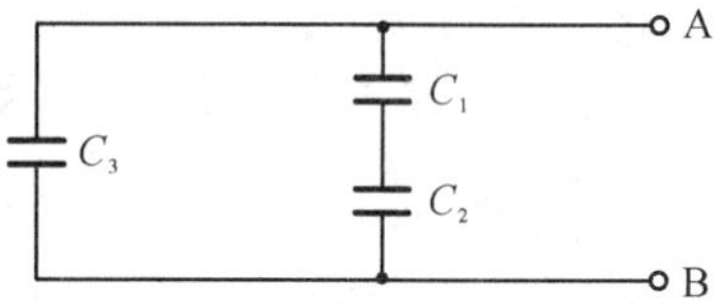

图 7-21 例 7-7 图

解：先计算 C_1 和 C_2 的串联电容 C'

$$\frac{1}{C'}=\frac{1}{C_1}+\frac{1}{C_2}$$

所以

$$C'=\frac{C_1C_2}{C_1+C_2}=\frac{5\times10}{5+10}\ \mu\text{F}=3.33\ \mu\text{F}$$

C' 和 C_3 是并联电容，故

$$C_{AB}=C'+C_3=3.33\ \mu\text{F}+4\ \mu\text{F}=7.33\ \mu\text{F}。$$

例 7-8 在图 7-22 中，已知 $C_1=10\ \mu\text{F}$，$C_2=5\ \mu\text{F}$，$C_3=5\ \mu\text{F}$。

(1) 求 A，B 间的电容 C_{AB}；

(2) 在 A，B 间施加 100 V 电压，则求 C_2 上电荷和电压；

(3) 如果这时 C_1 被击穿（即变成通路），则 C_3 上的电荷和电压各是多少？

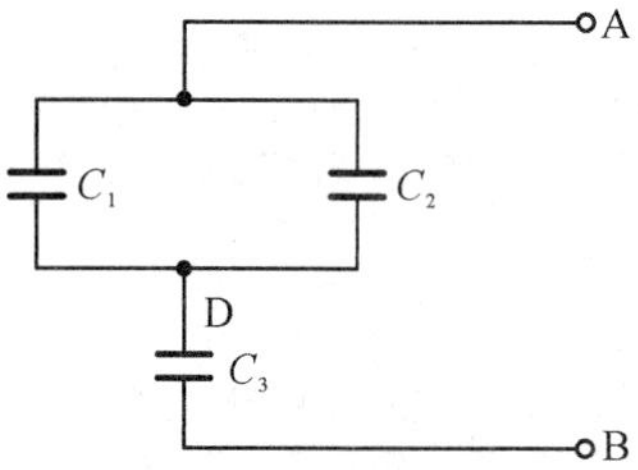

图 7-22 例 7-8 图

解：(1) 电容 C_1，C_2 并联，设其并联后的电容为 C'

$$C'=C_1+C_2=15\ \mu\text{F}$$

C'与C_3为串联，其等效电容

$$C_{AB}=\frac{C'C_3}{C'+C_3}=\frac{5\times15}{5+15}\ \mu F=3.75\ \mu F$$

(2) 欲求C_2上的电荷和电压，只要求解出C_{AD}的电压即可。C_{AD}与C_3串联，串联时各电容器上的电量相等，所以

$$q_{AD}=q_{AB}=C_{AB}U=3.75\times10^{-6}\times100\ C=3.75\times10^{-4}\ C$$

C_2上的电压为

$$U_{AD}=\frac{q_{AD}}{C'}=\frac{3.75\times10^{-4}}{15\times10^{-6}}\ V=25\ V$$

C_2上的电量为

$$q_2=C_2U_{AD}=25\times5\times10^{-6}\ C=1.25\times10^{-4}\ C$$

所以，C_2上的电量为1.25×10^{-4} C，电压为25 V。

(3) 如果C_1被击穿，电路变成通路，则100 V电压直接加在C_3上，所以C_3上电荷为

$$q_3=C_3U=5\times10^{-6}\times100\ C=5\times10^{-4}\ C$$

例7-9　在一个极板面积为S，板间距离为d的平行板电容器中，平行的插入一厚度为a的金属板，求插入金属板后的电容。

解：如图7-23所示，金属板的上表面与上极板构成电容器C_1，金属板的下表面与下极板构成电容器C_2，这时的电容器由原来的一个电容器C_0变为两个电容器C_1、C_2的串联，串联后的电容为

$$C=\frac{C_1C_2}{C_1+C_2}\tag{1}$$

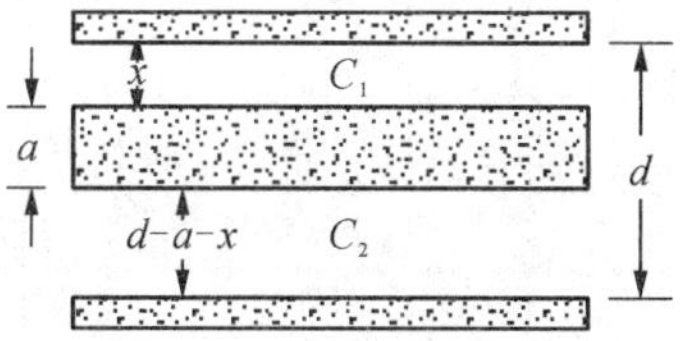

图7-23　例7-9图

而
$$C_1=\frac{\varepsilon_0S}{d-a-x},\ C_2=\frac{\varepsilon_0S}{x}$$

故
$$C=\frac{\varepsilon_0S}{d-a}\tag{2}$$

则原来的电容$C_0=\dfrac{\varepsilon_0S}{d}$插入金属板以后的电容变大。

从式(2)看出，电容C与金属板位置x无关，所以金属板平行插在任何一个地方，其插入后的电容为常量，当$a\to0$时，$C=C_0$，说明**在平行板电容器之间，平行插入一个厚度可以忽略的金属板时不影响原电容器电容**。明白这一点，将对讨论电介质电容器的电容的计算很有帮助。

7.3　电介质及其极化

1. 电介质对电容器电容的影响

电介质就是通常所讲的绝缘体。这里做这样一个实验，将一个平行板电容器充电后接到伏特表上，当平行板中间为空气时，测得两极板的电势差为U_0。设此时的极板电荷为q，则平行板电容器的电容$C_0=\dfrac{q}{U_0}$，如果平行板的间距为d，在忽略边缘效应的情况下，两极板间的电场强度为$E_0=\dfrac{U_0}{d}$；然后把平行板

电容与电源切断，并很快地在两极板之间插入介质板，发现伏特表上的电势差 U 比 U_0 小。不妨将它们的关系直接表示为 $U=\dfrac{U_0}{\varepsilon_r}(\varepsilon_r>1)$，在短时间内，认为极板电荷不变，则此时的电容

$$C=\frac{q}{U}=\varepsilon_r\frac{q}{U_0}=\varepsilon_r C_0 \tag{7-10}$$

有介质时的电容 C 是无介质时的电容 C_0 的 ε_r 倍，**将 $\boldsymbol{\varepsilon_r}$ 定义为介质的相对电容率**。

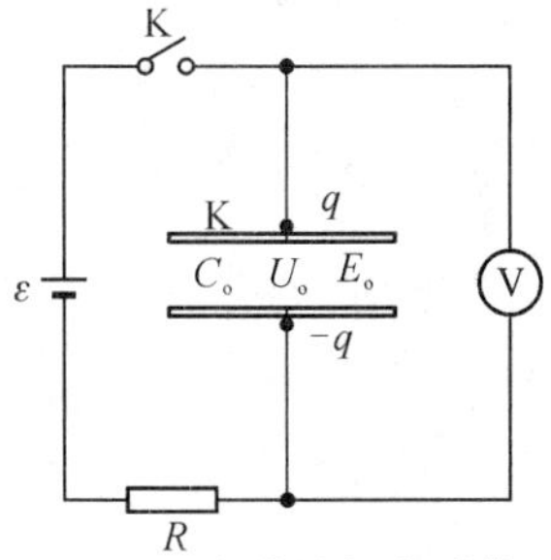

图 7-24 充满均匀介质的平行板电容器

表 7-1 列出几种介质的相对电容率 ε_r，从表中可见钛酸钡锶的 ε_r 达10^4，这无疑是实现大电容、小体积的理想介质，并为实现电器小型化创造条件。

表 7-1 几种常见电介质的相对电容率和击穿场强

电介质名称	相对电容率 ε_r	击穿场强/($\times10^6$ V·m^{-1})(20℃下)
真空	1	3
空气(0℃,1 atm)	1.000 59	3
水	78.3	3
聚苯乙烯	2.55	20
氯丁橡胶	6.60	12
硼硅酸玻璃	4～6	14
云母	6～8	300
陶瓷	6	30
二氧化钛	173	
钛酸锶	≈250	8
钛酸钡锶	10^4	

将 $C_0=\dfrac{\varepsilon_0 S}{d}$ 代入式(7-10)可得

$$C=\varepsilon_0\varepsilon_r\frac{S}{d}=\frac{\varepsilon S}{d} \tag{7-11}$$

$$\varepsilon=\varepsilon_0\varepsilon_r \tag{7-12}$$

式中，$\boldsymbol{\varepsilon}$ 称为介质的电容率；$\boldsymbol{\varepsilon_0}$ 为真空中的电容率。

空气也是介质，但实验发现空气的电容率 $\varepsilon=\varepsilon_0$，说明**空气的相对电容率 $\boldsymbol{\varepsilon_r=1}$**。

由 $U_0=E_0d$，$U=Ed$ 的关系可得

$$\frac{E}{E_0}=\frac{U}{U_0}$$

实验结果发现 $U=\dfrac{1}{\varepsilon_r}U_0$，所以

$$E=\frac{1}{\varepsilon_r}E_0 \tag{7-13}$$

上式说明**将介质放入外电场 $\boldsymbol{E_0}$ 后，介质内部仍存在电场强度，只是电场强度变小，只有原电场 $\boldsymbol{E_0}$ 的 $\boldsymbol{\dfrac{1}{\varepsilon_r}}$ 倍**。

2. 电介质及其极化

为简单起见，在此仅讨论各向同性电介质模型。所谓各向同性，是指介质的物理性质在各个方向上都相同。电介质的分子分为两类：无极分子和极分子。下面通过电偶极子模型，讨论这两类不同分子在电场中是如何被极化的。

(1) 电偶极子

一个原子的原子核与核外电子分别带等量异号电荷，在外电场的作用下将受到相反的作用力，原子的正电中心和负电中心必然产生一个小小的位移 l。设正、负电荷的电量为 q，将彼此靠得很近的正负电荷的偶合称为**电偶极子**。电偶极子的大小用**电偶极矩 $\boldsymbol{p}$** 表示，定义

图 7-25　电偶极子示意图

$$\boldsymbol{p} = q\boldsymbol{l} \tag{7-14}$$

$\boldsymbol{l}$ 的方向由负电荷指向正电荷。

(2) 无极分子的位移极化

如图 7-26(a)所示，在不施加外电场时，电介质中无极分子的电子绕核运动，电子运动的负电荷中心与原子核的正电荷中心重合，因而从远处看，这个原子并不显示电性，这种分子称为无极分子。例如，H_2，N_2，CCl_4 等分子都是无极分子。

施加了外电场后，正、负电荷中心将被外电场拉开一个小小的距离，产生相对位移 l，位移大小与外加电场强弱有关。这时每个分子可以看做一个电偶极子，电偶极子的电偶极矩 $\boldsymbol{p}$ 的方向和外加电场$\boldsymbol{E}_0$ 的方向基本一致，如图 7-26(b)所示。对整个电介质来说，由于各个电偶极子沿外电场方向排列，而相邻的两个电偶极子的正、负电荷互相靠近，所以正、负电荷呈现均匀等间距分布，其内部各处仍是电中性的。但在与外电场方向垂直的两个电介质的端面情况就不同了，从图 7-26(c)中可以看出，一端出现负电荷，另一端出现正电荷，这就是极化电荷。极化电荷与导体中的自由电荷不同，**极化电荷不能离开电介质**，转移到其他带电体上，故**极化电荷也称束缚电荷**。由于电子质量比原子核小得多，所以在外电场作用下，主要是电子产生位移。因而，这种极化机制又称位移极化。

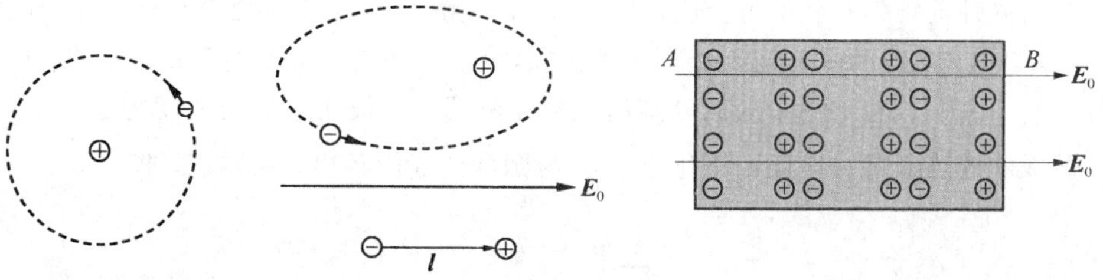

(a) $\boldsymbol{E}_0=0$,正负电荷中心重合　(b) $\boldsymbol{E}_0\neq0$,正负电荷中心发生位移 l, $\boldsymbol{p}=q\boldsymbol{l}$　(c) $\boldsymbol{E}_0\neq0$,在电介质表面出现极化电荷

图 7-26　无极分子的位移极化

(3) 有极分子的取向极化

有些分子中带正电的原子核和核外电子运动时，这两个等效的"电荷中心"是不重合的。设正、负电荷的电量为 q，相距为 l，于是这样的分子本身可以视为一个电偶极子，其电偶极矩为 $\boldsymbol{p}=q\boldsymbol{l}$，这种分子称为有极分子。例如，氯化氢(HCl)、水蒸气(H_2O)、一氧化碳(CO)分子等都是有极分子。

由于分子的不规则热运动，无电场时，各个分子的电偶极矩方向都是随机的，所以整块电介质的电偶极矩矢量和为零，如图 7-27(a)所示。当加上电场$\boldsymbol{E}_0$ 后，每个分子电偶极子受到外场力矩的作用，电偶极子在外力矩的作用下，将转向外电场方向，于是 $\sum \boldsymbol{p}$ 不再等于零，如图 7-27(b)所示。但由于分子热运动的影响，这种转向并不彻底，即不是所有的分子电偶极子都按外电场方向排列。外电场越强，这种排列越整齐。对于整个电介质，介质中间呈电中性，而在垂直于电场方向的两个介质端面上产生极化电荷，如图7-27(c)所示。

如果撤去外电场，由于分子热运动，这些电偶极子的排列又变得杂乱无章，两个表面上的束缚电荷也

随之消失。

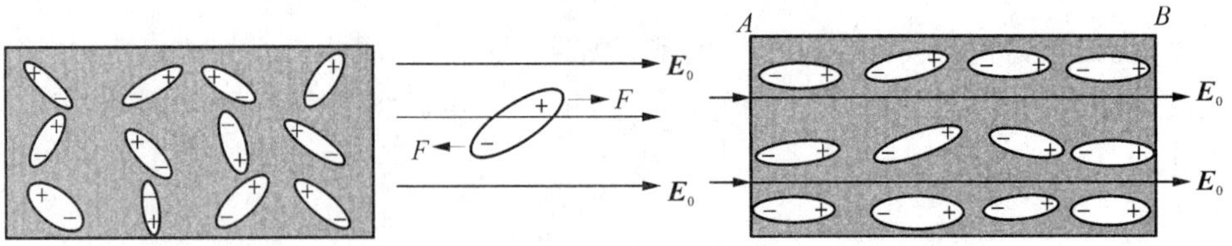

(a) $E_0=0$,分子电偶极子自由状态　(b) $E_0\neq0$,分子电偶极子受力矩作用　(c) $E_0\neq0$,在A,B两个面上出现极化电荷

图 7-27　有极分子的取向极化

3. 电极化强度

不论是有极化分子介质,还是无极化分子介质,极化以后介质内部的微观电偶极子的分布都是相同的。所以在讨论电极化强度时,无需区分它们的差别。

在电介质中任取一宏观小体积 $\Delta\Omega$,在没施加外电场时,该小体积中所有分子的电偶极矩矢量和 $\sum \boldsymbol{p}$ 为零,而施加上电场后,$\sum \boldsymbol{p}$ 将不再为零。外电场越强,$\sum \boldsymbol{p}$ 越大。用**单位体积中分子电偶极矩矢量和**表示**电介质的极化程度**。

$$\boldsymbol{P}=\frac{\sum \boldsymbol{p}}{\Delta\Omega} \tag{7-15}$$

式中,$\boldsymbol{P}$ **为电极化强度**,其单位为 $\mathrm{C\cdot m^{-2}}$。

4. 电极化强度与极化电荷的关系

电介质在电场中被极化,则在介质表面出现极化电荷。因此,极化电荷与电极化强度之间一定存在某种定量关系。下面简要推导这种关系。

设有一各向同性的均匀圆柱形电介质,圆柱长为 l,底面积为 S,体积 $\Delta\Omega=Sl$。外加电场 $\boldsymbol{E}_0$ 平行于圆柱的轴线方向,如图 7-28 所示。该电介质被极化后,分子电偶极矩 $\boldsymbol{p}$ 平行于 $\boldsymbol{E}_0$。所以,电极化强度 $\boldsymbol{P}$ 的方向也平行于 $\boldsymbol{E}_0$。在圆柱体的两个底面分别出现极化电荷。设极化电荷面密度为 σ',该圆柱体总的电偶极矩 $\sum \boldsymbol{p}'$ 的大小相当于圆柱底面的极化电荷 q' 与圆柱两底面距离 l 的乘积,即

$$\left|\sum \boldsymbol{p}\right|=q'l=\sigma' S l$$

将其代入式(7-15)可得极化强度

$$\boldsymbol{P}=\sigma' \tag{7-16}$$

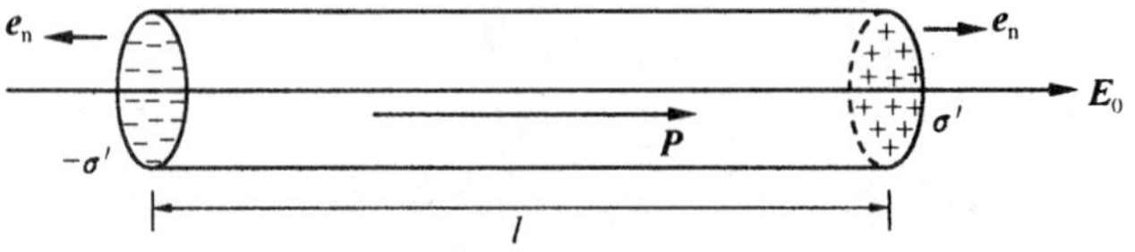

图 7-28　电极化强度与极化电荷面密度的关系

考虑到 $\boldsymbol{P}$ 的方向,一般情况下

$$\boxed{\sigma'=\boldsymbol{P}\cdot\boldsymbol{e}_{\mathrm{n}}=p_{\mathrm{n}}} \tag{7-17}$$

因此,**电介质极化所产生的极化电荷面密度等于电极化强度沿端面正法矢方向的分量。**

7.4　电介质中的高斯定理

如图 7-29 所示，两块平行的金属板上分别带有 $-q$ 和 $+q$，自由电荷在两板之间产生匀强电场$\boldsymbol{E}_0$。将一块均匀电介质插入两板之间，电介质在电场中被均匀极化，在垂直于$\boldsymbol{E}_0$ 的两个电介质表面上出现极化电荷面密度为$\pm\sigma'$，极化电荷产生的电场强度为 $\boldsymbol{E}'$。$\boldsymbol{E}'$方向与$\boldsymbol{E}_0$ 方向相反，电介质中任一点的场强 $\boldsymbol{E}$ 应该为$\boldsymbol{E}_0$ 和 $\boldsymbol{E}'$的矢量和，即

$$\boldsymbol{E}=\boldsymbol{E}_0+\boldsymbol{E}' \tag{7-18}$$

由于 $\boldsymbol{E}$ 方向与 $\boldsymbol{E}_0$ 方向相反，所以电介质中的合场强将小于自由电荷产生的场强$\boldsymbol{E}_0$。

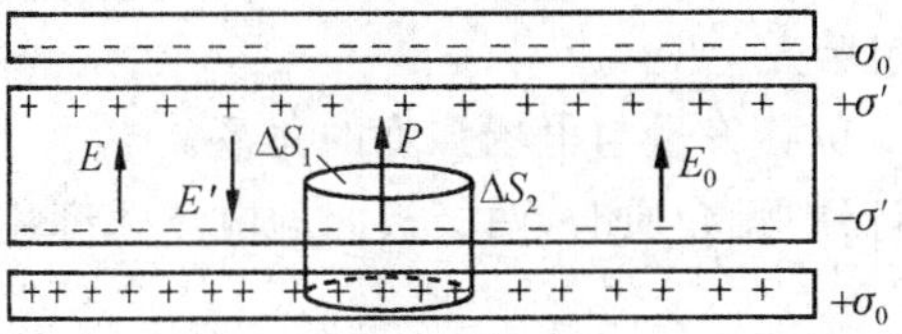

图 7-29　有电介质时高斯定理推导

将图 7-29 所示的两平行金属板中插入介质的平行板电容器，电容器的极板上的面电荷密度为 σ_0，称之为自由电荷面密度。夹在两极板中的介质极化后形成极化面电荷密度为σ'。显然，当下极板的自由电荷为正时，靠近下极板的极化电荷面密度 σ'为负。如图 7-29 所示，作一圆柱状的高斯面，其中一个底面在金属极板内，另一底面在介质中。当忽略边缘效应时，介质中的电场强度的方向与极板表面垂直，所以圆柱面侧面 ΔS_2 上的通量为零，因导体内电场强度为零，高斯面下底面上的电场强度通量也为零，则在圆柱面的上底面的电场强度通量为 $\boldsymbol{E}\cdot\Delta\boldsymbol{S}_1=E\Delta S_1$。由此分析可得

$$\oint\boldsymbol{E}\cdot d\boldsymbol{S}=\int_{\Delta S_1}E dS=E\Delta S_1$$

此时高斯面内的净电荷除了自由电荷 $\sum\limits_i q_i$ 外，还有介质表面极化电荷 q'，由高斯定理可得：

$$\oint\boldsymbol{E}\cdot d\boldsymbol{S}=E\Delta S_1=\frac{1}{\varepsilon_0}\Big(\sum_i q_i-q'\Big) \tag{7-19}$$

由式(7-16)可知，极化电荷面密度 σ'与极化强度密切相关。我们可以试着计算高斯面上的极化强度通量，因极化强度 $\boldsymbol{P}$ 的方向与外电场 $\boldsymbol{E}_0$ 一致，仿照上面求电场强度 $\boldsymbol{E}$ 的通量的思想方法得

$$\oint\boldsymbol{P}\cdot d\boldsymbol{S}=\int_{\Delta S_1}P dS=P\Delta S_1=\sigma'\Delta S_1=q'$$

将上式代入式(7-19)得

$$\oint(\varepsilon_0\boldsymbol{E}+\boldsymbol{P})\cdot d\boldsymbol{S}=\sum_i q_i \tag{7-20}$$

$\sum\limits_i q_i$ 为高斯面内自由电荷总量。

定义**电位移矢量 $\boldsymbol{D}$**

$$\boxed{\boldsymbol{D}=\varepsilon_0\boldsymbol{E}+\boldsymbol{P}} \tag{7-21}$$

式(7-20)可表示为

$$\oint \boldsymbol{D} \cdot \mathrm{d}\boldsymbol{S} = \sum_i q_i \tag{7-22}$$

对于平行板电容器，由上式计算可得

$$D = \frac{1}{S}\sum q_i = \sigma_o \tag{7-23}$$

式(7－23)表明，在介质中引入一个新的物理量——电位移矢量 $\boldsymbol{D}$ 后，**高斯面上电位移矢量的通量只与高斯面内的自由电荷有关，而与介质中的极化电荷无关**。式(7－22)就是介质中的高斯定理的数学表达式。介质中的高斯定理说明：**闭合面上的电位移矢量的通量等于闭合面内的净自由电荷**。

引入电位移矢量后，避开了介质极化产生的极化电荷对电场的影响。但电位移通量不是最后要求的物理量，它仅仅起一个过渡作用，最终要计算的仍然是电场强度。因为只有通过电场强度，才可以计算带电体的受力和电场中任意两点的电势差。

这里仍用平行板电容器推导电位移矢量与电场强度的关系。

在图 7－29 中，当平行板电容器中无介质时，两极板间的电场强度用 $\boldsymbol{E}_0$ 表示，高斯定理的表达式为

$$\oint \boldsymbol{E}_0 \cdot \mathrm{d}\boldsymbol{S} = \frac{1}{\varepsilon_0}\sum_i q_i$$

式中，$\sum_i q_i$ 为高斯面内的自由电荷。

或者写为

$$\oint \varepsilon_0 \boldsymbol{E}_0 \cdot \mathrm{d}\boldsymbol{S} = \sum_i q_i \tag{7-24}$$

当插入介质后，介质在外场 $\boldsymbol{E}_0$ 的作用下形成极化电荷，在自由电荷与极化电荷的共同作用下，实验发现，介质内的电场强度不再是 $\boldsymbol{E}_0$，而是由式(7－13)表示

$$\boldsymbol{E} = \frac{1}{\varepsilon_r}\boldsymbol{E}_0$$

或者表示为

$$\boldsymbol{E}_0 = \varepsilon_r \boldsymbol{E}$$

将上式代入式(7－24)得

$$\oint \varepsilon_0 \varepsilon_r \boldsymbol{E} \cdot \mathrm{d}\boldsymbol{S} = \sum_i q_i \tag{7-25}$$

比较式(7－22)与式(7－25)可知

$$\boldsymbol{D} = \varepsilon_0 \varepsilon_r \boldsymbol{E} = \varepsilon \boldsymbol{E} \tag{7-26}$$

式(7－26)反映了介质中的电位移矢量与电场强度之间的关系，其中 ε 为介质的电容率。在空气中，$\varepsilon_r = 1$，$\varepsilon = \varepsilon_0$，这就是称 ε_0 为空气中电容率的原因。

利用式(7－22)，可以通过极板上的自由电荷求出介质中的电位移矢量 $\boldsymbol{D}$，再由式(7－26)和电位移矢量 $\boldsymbol{D}$ 求出介质中的电场强度 $\boldsymbol{E}$，并由 $\boldsymbol{D}$、$\boldsymbol{E}$、$\boldsymbol{P}$ 的三者关系式(7－21)求出极化强度矢量 $\boldsymbol{P}$，最后由式(7－16)得出介质中的极化电荷。根据这样的思路，有关各向同性的介质中的电学量计算就变得较为简单。

例 7－10 如图 7－30 所示，有一半径为 R 的金属球，带电量为 $q(q>0)$。设金属球被浸没在一个“无限大”的电介质中，电介质的相对电容率为 ε_r，求球外任意一点的电场强度。

解：由于金属球上电荷是均匀地分布在球面上，浸没它的电介质又是“无限大”，所以该电场具有球对称性。则可用介质中的高斯定理求电场强度，先作一个半径为 $r(r>R)$ 的球形高斯面，故有

$$\oiint \boldsymbol{D}\cdot \mathrm{d}\boldsymbol{S}=D4\pi r^2=q$$

所以

$$D=\frac{q}{4\pi r^2}$$

又因为

$$D=\varepsilon_0\varepsilon_r E$$

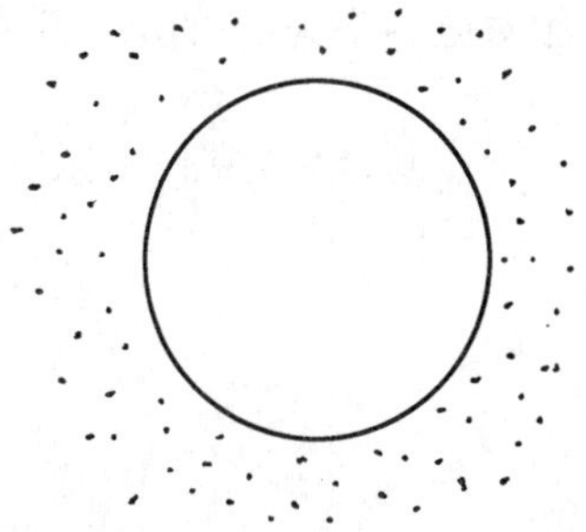

图 7-30　例 7-10 图

所以

$$E=\frac{q}{4\pi\varepsilon_0\varepsilon_r r^2}=\frac{q}{\varepsilon_r 4\pi\varepsilon_0 r^2}=\frac{E_0}{\varepsilon_r}$$

可以看出：电介质中的场强等于真空中的场强的$\frac{1}{\varepsilon_r}$，由于 $\varepsilon_r>1$，所以电介质中场强一般都小于真空中的场强。场强减小的原因是由于包围金属球表面的电介质薄层内，因极化而出现了极化电荷，该极化电荷的性质与金属球上自由电荷的性质相反，产生的电场方向也相反，所以削弱了原来的电场。有些文献中也将极化电荷产生的电场称为“退极化场”，意为该电场减弱了对介质的极化作用。

例 7-11　如图 7-31 所示，平行板电容器，两极板面积为 S，板上电荷面密度为 $\pm\sigma$，板间充满两层均匀的电介质，厚度分别为 d_1 和 d_2，相对电容率为 ε_{r1} 和 ε_{r2}，求：

(1) 两介质中的场强；

(2) 此电容器的电容；

(3) 若 $d_1=2\times10^{-3}$ m，$d_2=3\times10^{-3}$ m，$S=2\times10^{-2}$ m^2，$\varepsilon_{r1}=5$，$\varepsilon_{r2}=2$，求此电容值。

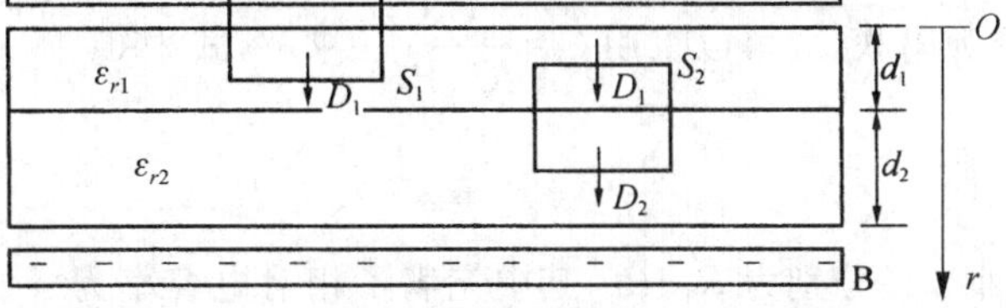

图 7-31　例 7-11 图

解：(1) 此题属于求介质中的场强，所以应运用介质中的高斯定理先求 $\boldsymbol{D}$，然后用 $\boldsymbol{D}=\varepsilon_0\varepsilon_r\boldsymbol{E}$ 求得 $\boldsymbol{E}$。为此作两个扁平的圆柱形高斯面，如图 7-31 所示，第一个高斯面的上底面在导体板 A 中，下底面在第一层介质中，而第二个高斯面上、下底面分别在第一和第二电介质层中。则对第一个高斯面有

$$\oiint_S \boldsymbol{D}_1\cdot \mathrm{d}\boldsymbol{S}=D_1S_1=\sigma S_1$$

所以

$$D_1=\sigma$$

而对第二个高斯面，由于高斯面内没有自由电荷，由高斯定理可得

故

$$D_2=D_1=\sigma$$

由

$$E=\frac{D}{\varepsilon_0\varepsilon_r}=\frac{\sigma}{\varepsilon_0\varepsilon_r}$$

相对电容率为 ε_{r1} 的电介质中场强为

$$E_1=\frac{\sigma}{\varepsilon_0\varepsilon_{r1}}$$

相对电容率为ε_{r2}的电介质中场强为 $E_2=\dfrac{\sigma}{\varepsilon_0\varepsilon_{r2}}$

(2) 如图7-31所示,建立一个向下的Or轴,A点坐标为0,B点坐标为d_1+d_2,则

$$\begin{aligned}U_{AB}&=\int_A^B\boldsymbol{E}\cdot\mathrm{d}\boldsymbol{l}\\&=\int_0^{d_1}\boldsymbol{E}_1\cdot\mathrm{d}\boldsymbol{r}+\int_{d_1}^{d_1+d_2}\boldsymbol{E}_2\cdot\mathrm{d}\boldsymbol{r}=E_1d_1+E_2d_2\\&=\frac{\sigma}{\varepsilon_0}\left(\frac{d_1}{\varepsilon_{r1}}+\frac{d_2}{\varepsilon_{r2}}\right)\end{aligned}$$

再由式(7-5)可得

$$C=\frac{q}{U_{AB}}=\frac{\sigma S}{\dfrac{\sigma}{\varepsilon_0}\left(\dfrac{d_1}{\varepsilon_{r1}}+\dfrac{d_2}{\varepsilon_{r2}}\right)}$$

$$C=\frac{\varepsilon_0 S}{\dfrac{d_1}{\varepsilon_{r1}}+\dfrac{d_2}{\varepsilon_{r2}}}$$

当$\varepsilon_{r1}=\varepsilon_{r2}=1$时,$C=\dfrac{\varepsilon_0 S}{d_1+d_2}$和真空平行板电容器的电容一样,说明结果可信。

(3) 将具体数据代入上式计算可得

$$C=93\ \mathrm{pF}$$

从上面的结果看出:电容器的电容确实只与电容器的极板面积S和板间距离d_1、d_2及所充电介质(ε_{r1}、ε_{r2})有关,而与电容器带电量无关。如果设想在两介质交界处有一个厚度可忽略的金属板(见例7-9),这两个电容器也可视为串联,故可以采用$C=\dfrac{C_1C_2}{C_1+C_2}$求解,式中$C_1=\dfrac{\varepsilon_{r1}\varepsilon_0 S}{d_1}$,$C_2=\dfrac{\varepsilon_{r2}\varepsilon_0 S}{d_2}$,请读者自己验证。

例7-12 同轴电缆内外半径分别为R_1、R_2,其中充满了相对电容率为ε_r的介质,求此同轴电缆单位长度上的**分布电容**。

解:根据同轴电缆的结构,可将它视为充有电介质的同轴圆柱形电容器。设内导线上单位长度的电荷为λ,忽略边缘效应,由介质中的高斯定理可得:

$$\oint\boldsymbol{D}\cdot\mathrm{d}\boldsymbol{S}=2\pi rlD=l\lambda$$

故

$$D=\frac{\lambda}{2\pi r}$$

由$\boldsymbol{D}=\varepsilon_0\varepsilon_r\boldsymbol{E}$可得

$$E=\frac{D}{\varepsilon_0\varepsilon_r}=\frac{\lambda}{2\pi\varepsilon_0\varepsilon_r r}$$

两导体之间的电势差

$$\begin{aligned}U&=\int\boldsymbol{E}\cdot\mathrm{d}\boldsymbol{l}\\&=\int_{R_1}^{R_2}E\mathrm{d}r\end{aligned}$$

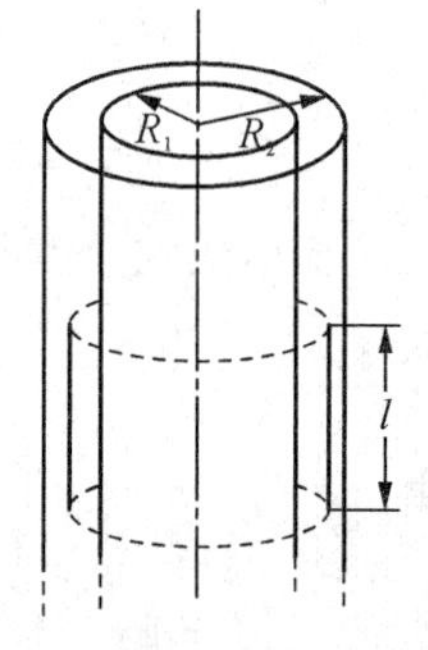

图7-32 例7-12图

$$= \frac{\lambda}{2\pi\varepsilon_0\varepsilon_r}\ln\left(\frac{R_2}{R_1}\right)$$

l 长度上的电容

$$C = \frac{q}{U} = \frac{\lambda l}{U} = \frac{2\pi\varepsilon_0\varepsilon_r l}{\ln\left(\frac{R_2}{R_1}\right)}$$

令 $l=1$ 即得同轴电缆单位长度上的分布电容

$$C = \frac{2\pi\varepsilon_0\varepsilon_r}{\ln\left(\frac{R_2}{R_1}\right)}$$

讨论：如果两电极的间距为 d，且 $d \ll R_1$ 时，$\ln\left(\frac{R_2}{R_1}\right) = \ln\left(\frac{R_1+d}{R_1}\right) = \ln\left(1+\frac{d}{R_1}\right) \doteq \frac{d}{R_1}$，

则
$$C \approx \frac{2\pi R_1 l\varepsilon_0\varepsilon_r}{d} = \frac{\varepsilon_0\varepsilon_r S}{d} = \frac{\varepsilon S}{d}$$

式中，$S=2\pi R_1 l$，相当于将内圆柱面剖开后的侧面积。因为 d 很小，这时的电容相当于将同轴圆柱面剖开摊平后的平行板电容器的电容，这在物理上是合理的。

***例 7-13**　一平行板电容器，空气层厚度 $d=1.5$ cm，两板极间电压 $U=40$ kV，已知空气的击穿场强 $E_{j0}=3\times10^6$ V/m，电容会被击穿吗？若两极板间平行插入一厚度 $a=0.3$ cm的玻璃板，玻璃板的相对电容率 $\varepsilon_r=7.0$，击穿场强 $E_j=1.0\times10^7$ V/m，问此时的电容会被击穿吗？

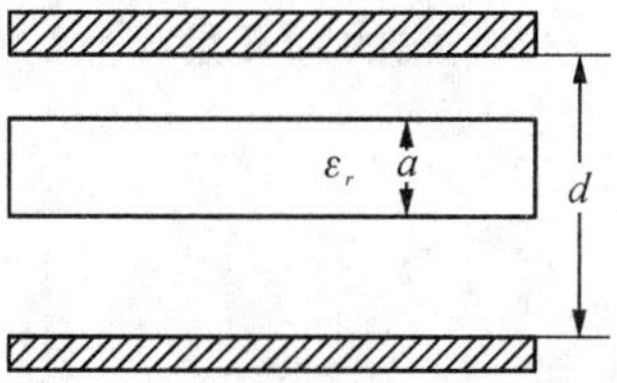

图 7-33　例 7-13 图

解：从击穿机理上讲，只要极板间的电场强度小于介质的击穿场强 E_j，电容器就是安全的。

(1) 没有玻璃介质时，由 $U=Ed$ 可得：

$$E_0 = \frac{U}{d} = \frac{4\times10^4}{1.5\times10^{-2}} = 2.67\times10^6\ \text{V/m}$$

E_0 小于空气的击穿场强 3×10^6 V/m，故电容器不会被击穿。

(2) 平行插入介质时，设介质中的场强为 $\boldsymbol{E}$，而空气中的电场强度为 $\boldsymbol{E}_0$，由式(7-3)可得：

$$E = \frac{E_0}{\varepsilon_r} = \frac{1}{7}E_0$$

$$U = \int_+^- \boldsymbol{E}\cdot d\boldsymbol{l} = E_0(d-a) + Ea = E_0(d-a) + \frac{1}{7}E_0 a$$

将 $d=1.5$ cm，$a=0.3$ cm，$U=40$ kV 代入上式可得：

$$E_0 = 3.22\times10^6\ \text{V/m}$$

因 $E_0 > E_{j0}$，此时空气被击穿，电压 U 直接加到玻璃两面形成的电场为

$$E = \frac{U}{a} = \frac{4\times10^4}{0.3\times10^{-2}} = 13.3\times10^6\ \text{V/m}$$

玻璃中的击穿场强仅为 1.0×10^7 V/m，则这时玻璃也被击穿。因此，最后的结论是：电容被彻底击穿，电容击穿后相当于电容短路。

在这个问题中，为什么插入击穿场强比空气大的介质后，不但没有提高耐压，反而被击穿呢？这是因为介质的插入使这部分的电场变小，介质两边的电势差变小，使原来的空气层承受的电势差加大，电场变大，就有可能出现击穿。一旦在部分介质中出现击穿现象，外电压就将全部加到另一部分介质上，造成电容器的彻底击穿。当然，根据问题中的参数要进行

具体的计算，仅凭想象，估计是不可能下结论的。

7.5 静电场的能量

本节将通过平行板的带电过程计算电源所做的功，把电源的能量转变成电场能，从而得到普遍适用的电场能量公式。

如图 7－34 所示，A 和 B 两块导体平板平行放置，板面积为 S，而板之间距离为 d（d 远小于板的尺寸），开始时，两板都没有带电，现在假设外力把一个微小电荷 q_0 从原来不带电的 B 板移到 A 板。由于 A 板开始时也是中性的，空间无电场，所以外力无需做功。但当两极板都带电时，两板之间已出现电场时，情况就不同了。设在某时刻，极板的带电量为 q，两板之间的电势差为 U，若把 $\mathrm{d}q$ 从负极板移到正极板，外力做的功为

$$\mathrm{d}W = U\mathrm{d}q = \frac{q}{C}\mathrm{d}q$$

式中，C 为电容器的电容，不断地把 $\mathrm{d}q$ 从 B 极板移到 A 极板，最后使两极板上分别带有 $\pm Q$ 的电荷，则外力做功为

$$W = \int_0^Q \frac{q}{C}\mathrm{d}q = \frac{Q^2}{2C} \tag{7-27}$$

上式的意义是显然的：外力做功等于电容器所储存的电场能，故有

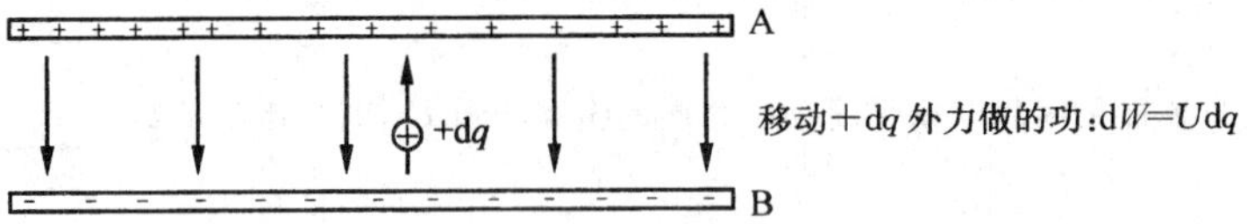

图 7－34　静电场做功

$$\boxed{E_e = \frac{Q^2}{2C} = \frac{1}{2}CU^2 = \frac{1}{2}QU} \tag{7-28}$$

采用高斯定理得到平行板电容器的场强

$$E = \frac{\sigma}{\varepsilon_0} = \frac{Q}{\varepsilon_0 S}$$

把 $Q=\varepsilon_0 SE$，$C=\dfrac{\varepsilon_0 S}{d}$ 代入式(7－28)中，得

$$E_e = \frac{Q^2}{2C} = \frac{1}{2}\varepsilon_0 E^2 Sd = \frac{1}{2}\varepsilon_0 E^2 \Omega$$

Ω 为平行板电容器空间电场的体积，故单位体积电场的能量

$$\boxed{w_e = \frac{E_e}{\Omega} = \frac{1}{2}\varepsilon_0 E^2 = \frac{1}{2}DE} \tag{7-29}$$

式(7－29)称为**电场能量密度公式**，其单位是 $\mathrm{J \cdot m^{-3}}$。它表明电场具有能量，故间接证明电场是物质，并表明能量的携带者是电场而非电荷。式(7－29)虽然是从真空中平行板电容器这一特例推导得出的，但是它同样适用于不均匀的和变化的电磁场，也适用于介质中的电磁场，因此该式是一个普遍适用的

公式。

要计算任意一个带电系统电场所具有的能量，只要运用式(7－29)先计算体积元 $\mathrm{d}\Omega$ 中的能量，然后对其积分即可

$$E_e = \iiint_{\Omega} w_e \mathrm{d}\Omega = \frac{1}{2}\iiint_{\Omega} DE\,\mathrm{d}\Omega \tag{7-30}$$

积分区域应遍及整个电场分布的空间区域。

例 7－14　一平行板电容器极板面积为 $S=40\ \mathrm{cm}^2$，两板之间的距离 $d=3.0\ \mathrm{mm}$，两板之间充满相对电容率 $\varepsilon_r=4$ 的电介质(图 7－35)。已知两板间的电压为 100 V，计算电介质中的电场能量密度和总能量。

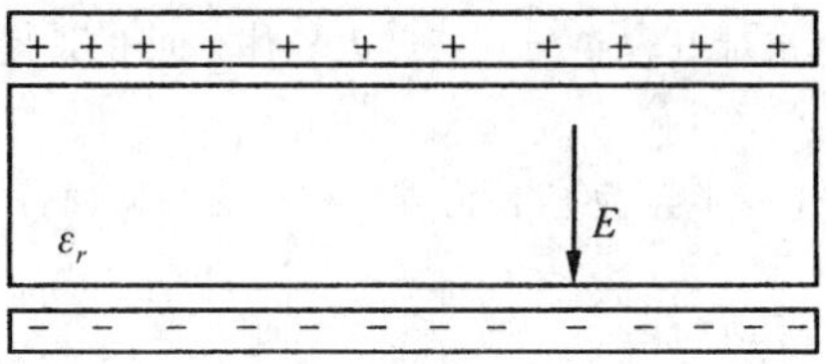

图 7－35　例 7－14 图

解：先求解电容 C，因电容有介质，故

$$C = \varepsilon_r C_0 = \frac{\varepsilon_r \varepsilon_0 S}{d} = \frac{4\times 8.85\times 10^{-12}\times 40\times 10^{-4}}{3\times 10^{-3}}\ \mathrm{F} = 4.72\times 10^{-11}\ \mathrm{F}$$

总能量　$$E_e = \frac{1}{2}CU^2 = \frac{1}{2}\times 4.72\times 10^{-11}\times 10^4\ \mathrm{J} = 2.36\times 10^{-7}\ \mathrm{J}$$

能量密度　$$\omega_e = \frac{E_e}{\Omega} = \frac{E_e}{0.4\times 0.003}\ \mathrm{J\cdot m^{-3}} = 1.97\times 10^{-2}\ \mathrm{J\cdot m^{-3}}$$

也可以直接计算电场强度 $\boldsymbol{E}$，求出电场的能量密度 ω_e，最后求电场总能量 E_e。读者不妨试一试。

例 7－15　真空中有一半径为 R 的导体球，带有电量为 q，计算：

(1) 此导体球所产生的电场的能量密度和总能量；

(2) 在球体周围空间多大半径的球面内，储存的电场能量恰为总能量的一半。

解：(1) 导体球静电平衡时，电荷只分布在导体球的表面上，它产生的电场强度可用高斯定理求得

$$E = \begin{cases} 0 & (r < R) \\ \dfrac{q}{4\pi\varepsilon_0 r^2} & (r \geqslant R) \end{cases}$$

式中，r 为空间任意一点到球心的距离，这是一个非均匀电场。

由于电场具有球对称性，所以选择 $r\to r+\mathrm{d}r$ 的体积元 $\mathrm{d}\Omega=4\pi r^2\mathrm{d}r$

再由 r 处的能量密度　$$\omega_e = \frac{1}{2}\varepsilon_0 E^2 = \frac{q^2}{32\pi^2\varepsilon_0 r^4},\ r > R$$

电场总能量为

$$E_e = \int \omega_e \mathrm{d}\Omega = \int_R^{\infty} \frac{q^2}{32\pi^2\varepsilon_0 r^4} 4\pi r^2\mathrm{d}r = \frac{q^2}{8\pi\varepsilon_0 R}$$

讨论：上式结果也可以从电容器的静电能量公式 $E_e=\dfrac{1}{2}\dfrac{Q^2}{C}$ 或式(7－28)计算得到。由孤立导体球的电容公式 $C=4\pi\varepsilon_0 R$，代入上式，即得 $E_e=\dfrac{q^2}{8\pi\varepsilon_0 R}$。

两者结果是相同的，请思考这是为什么？

(2) 设距离球心为 R_1 的空间范围内，储存的电场能量恰为总能量的一半，故有

$$\int_R^{R_1} \frac{q^2}{32\pi^2\varepsilon_0 r^4} 4\pi r^2 \mathrm{d}r = \frac{1}{2}E_e = \frac{q^2}{16\pi\varepsilon_0 R}$$

可解得

$$R_1 = 2R$$

*例 7-16　如图 7-36 所示，由内、外半径分别为 R_1，R_2 的圆柱形导体构成的同轴电缆，中间夹有各向同性的均匀电介质，电介质的相对电容率为 ε_r。设内导体上单位长度上的带电量为 λ，求单位长度上的电场能量。

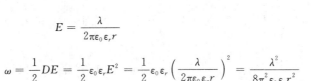

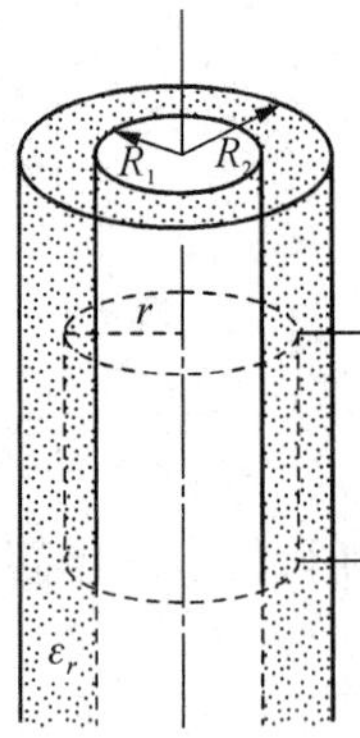

图 7-36　例 7-16 图

解：以同轴电缆的轴线所在处为轴，作一半经为 r，长为 b 的柱面为高斯面，由介质中的高斯定理可得

$$\oint \boldsymbol{D} \cdot \mathrm{d}\boldsymbol{S} = 2\pi rbD = \lambda b$$

则

$$D = \frac{\lambda}{2\pi r}$$

因 $D=\varepsilon_0\varepsilon_r E$，故

$$E = \frac{\lambda}{2\pi\varepsilon_0\varepsilon_r r}$$

$$\omega = \frac{1}{2}DE = \frac{1}{2}\varepsilon_0\varepsilon_r E^2 = \frac{1}{2}\varepsilon_0\varepsilon_r\left(\frac{\lambda}{2\pi\varepsilon_0\varepsilon_r r}\right)^2 = \frac{\lambda^2}{8\pi^2\varepsilon_0\varepsilon_r r^2}$$

在 l 长的电缆上，取 $r \to r+\mathrm{d}r$，体积元 $\mathrm{d}\Omega = 2\pi rl\,\mathrm{d}r$

$$\begin{aligned} E_e &= \int \omega \mathrm{d}\Omega \\ &= \int_{R_1}^{R_2} \frac{\lambda^2}{8\pi\varepsilon_0\varepsilon_r r^2} 2\pi rl\,\mathrm{d}r \\ &= \frac{\lambda^2 l}{4\pi\varepsilon_0\varepsilon_r}\int_{R_1}^{R_2}\frac{\mathrm{d}r}{r} \\ &= \frac{\lambda^2 l}{4\pi\varepsilon_0\varepsilon_r}\ln\left(\frac{R_2}{R_1}\right) \end{aligned}$$

令 $l=1$，则同轴电缆单位长度的能量

$$E_e = \frac{\lambda^2}{4\pi\varepsilon_0\varepsilon_r}\ln\left(\frac{R_2}{R_1}\right)$$

由两极间的电势差

$$U = \int_{R_1}^{R_2} \boldsymbol{E} \cdot \mathrm{d}\boldsymbol{l} = \frac{\lambda}{2\pi\varepsilon_0\varepsilon_r}\int_{R_1}^{R_2}\frac{\mathrm{d}r}{r} = \frac{\lambda}{2\pi\varepsilon_0\varepsilon_r}\ln\left(\frac{R_2}{R_1}\right)$$

$$E_e = \frac{1}{2}CU^2$$

可得单位长度同轴电缆的分布电容

$$C = \frac{2E_e}{U^2} = \frac{\dfrac{\lambda^2}{2\pi\varepsilon_0\varepsilon_r}\ln\left(\dfrac{R_2}{R_1}\right)}{\left(\dfrac{\lambda}{2\pi\varepsilon_0\varepsilon_r}\right)^2\left(\ln\dfrac{R_2}{R_1}\right)^2} = \frac{2\pi\varepsilon_0\varepsilon_r}{\ln\left(\dfrac{R_2}{R_1}\right)}$$

该题结果与例 7－12 的结果相同。由此,可得到**从电容器的电场能量求电容值**的方法。

本章习题

7－1　有一块大金属板 A 带电量为 Q,面积为 S,在 A 板近旁平行放置另一大金属平板 B,B 板不带电,求在静电平衡时,A 板和 B 板上电荷面密度 σ_1、σ_2、σ_3、σ_4 各是多少?空间Ⅰ、Ⅱ、Ⅲ区域的场强等于多少?

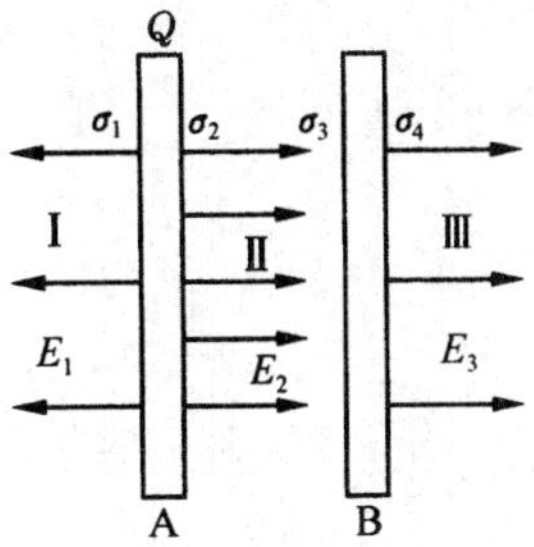

习题 7－1 图

7－2　点电荷 $q=2\times10^{-10}$ C 放在导体球壳中心,球壳内外半径分别为 $R_1=2$ cm,$R_2=3$ cm。求:(1) 导体球壳的电势;(2) 离球心 $r=1$ cm 处的电势。

7－3　地球可以近似地看作半径为 6.40×10^6 m 的孤立球体,问:

(1) 地球的电容是多少?

(2) 已知地球携带的是负电荷,在地面处的场强是 100 V/m,问地球所带总电量是多少?

7－4　如图所示,$C_1=C_2=10\ \mu$F,$C_3=5\ \mu$F,A、B 两点间电压 $U=100$ V,求 A、B 两端的等效电容及各电容器上的电压和电量。

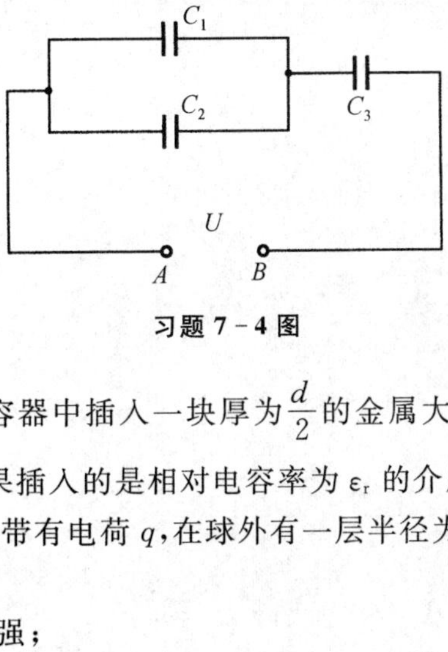

习题 7－4 图

7－5　在相距为 d 的平行板电容器中插入一块厚为 $\dfrac{d}{2}$ 的金属大平板,该平板与电容器两极板平行。问电容变为原来电容的多少倍?如果插入的是相对电容率为 ε_r 的介质大平板,则情况又如何?

7－6　一个半径为 R_1 的金属球带有电荷 q,在球外有一层半径为 R_2,相对电容率为 ε_r 的均匀电介质球壳,求:

(1) 介质内外Ⅰ、Ⅱ两区域的场强;

(2) 金属球的电势。

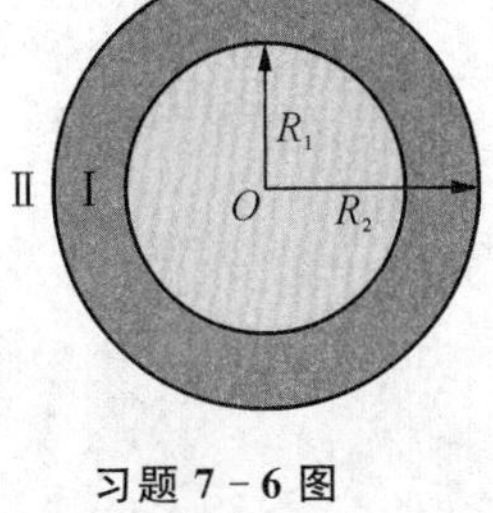

习题 7－6 图

7－7　已知平行板电容器极板上带有电荷面密度为 $\sigma_0=6\times10^{-5}$ C/m^2,现把相对电容率为 $\varepsilon_r=3$ 的电介质放在两板之间,问此时电介质中的 $\boldsymbol{D}$、$\boldsymbol{E}$ 和 $\boldsymbol{P}$ 各为多少?

7－8　一平行板电容器,中间填有相对电容率为 ε_r 的均匀介质。电容与电源相连,极板间的电压为 u_0。设极板面积为 S,极板间距为 d。求:(1) 此电容器的电容 C;(2) 极板上的自由电荷密度 σ_0。

7－9　圆柱形电容器是由半径为 R_1 的导线和与其同轴的半径为 R_2 的导体圆筒构成的，其长为 l，其间充满电容率为 ε 的电介质。设沿轴线单位长度导线上的电荷为 λ，圆筒的电荷为 $-\lambda$，略去边缘效应，求：

(1) 介质中的电场强度 $\boldsymbol{E}$ 和电位移 $\boldsymbol{D}$；

(2) 两极间的电势差 U；

(3) 电容 C 是真空中的电容的多少倍？

7－10　一个平行板电容器带电荷 q，极面积为 S，两板之间的距离为 d，两极板之间充满均匀电介质，介质的相对电容率为 ε_r，求：(1) 介质中的 $\boldsymbol{D}$、$\boldsymbol{E}$ 和 $\boldsymbol{P}$；(2) 介质中的电场能量密度是多少？总能量是多少？

7－11　真空平行板电容器极板面积为 S，两板之间距离为 d，与电压为 U 的电源相连。若将两板之间距离减小为 $\dfrac{d}{3}$，求静电能的变化。

第八章　恒定电流

导体在静电平衡时，其内部电场强度等于零，导体中没有电荷做宏观定向运动，也就没有电流。其根本原因是感应电荷的存在，若在非静电场的作用下移走感应电荷，导体中的电子将在一个稳恒的电场作用下做宏观的漂移运动，形成电流。本章将讨论在导体中形成稳恒电场的条件，电流在电路中所遵循的基本规律，包括电流的连续性定理、欧姆定律、焦耳-楞次定理和基尔霍夫定律。

8.1　电流　电流密度　电流连续性方程

1. 电流

电流是由大量电荷做定向运行所形成的，**电荷的携带者称为"载流子"**，金属导体中的载流子是自由运动的自由电子，半导体中的载流子是电子或者是带正电的"空穴"，电解液中的载流子是正、负离子，这些**载流子在导体内的定向运动形成的电流叫传导电流**。

人们规定正电荷从高电势向低电势运动的方向为电流方向。在金属导体内，自由电子移动的方向是由低电势到高电势，因此，在金属导体内电流方向与自由电子的实际漂移方向恰好相反，如图 8－1 所示。

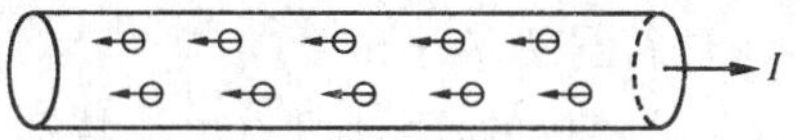

图 8－1　电子运动方向与电流方向

电流的强弱由电流强度描述。在导体上任取一横截面，如果在 $t \to t+\mathrm{d}t$ 时间内，流过这一横截面的电荷量为 $\mathrm{d}q$，则定义通过这一横截面的电流强度(简称电流)为

$$I = \frac{\mathrm{d}q}{\mathrm{d}t} \tag{8-1}$$

即电流强度等于单位时间内通过导体某一横截面的电量。如果导体中通过某一横截面的**电流强度 I 不随时间变化**，这样的电流称为**稳恒电流**。

2. 电流密度

电流强度是标量，它只能描述导体中通过一截面电流的整体特征。在一般电路中引入电流强度概念就足够了，但是，当遇到电流在粗细不均的导线中流动，或者在大块金属中流动，或者在电子元件某局部区域中的电流流动时，电流的概念就显得不够精准。

如图 8－2 所示，在电阻法勘探矿藏和同轴电缆中漏电流的情况中，流经各点的电流大小和方向各不相同，这时仅有电流强度是不够的，因此，必须引入能够细致描述电流分布的物理量——**电流密度**。

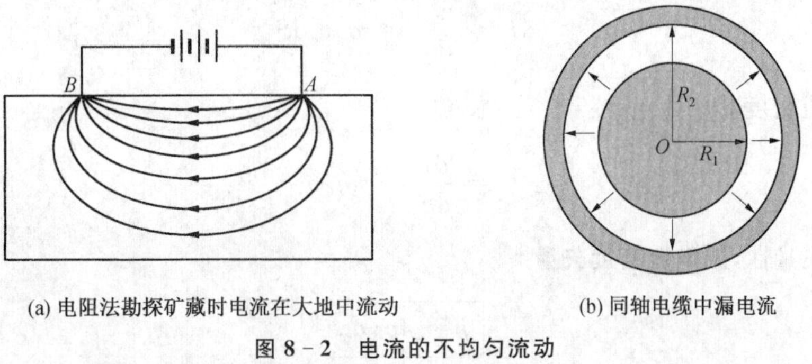

(a) 电阻法勘探矿藏时电流在大地中流动　　(b) 同轴电缆中漏电流

图 8－2　电流的不均匀流动

电流密度是矢量,用符号 $\boldsymbol{j}$ 表示,该矢量的方向就是此处正电荷流动的方向,**电流密度的大小等于单位时间内通过垂直于电流方向单位面积的电流**(图 8-3)。

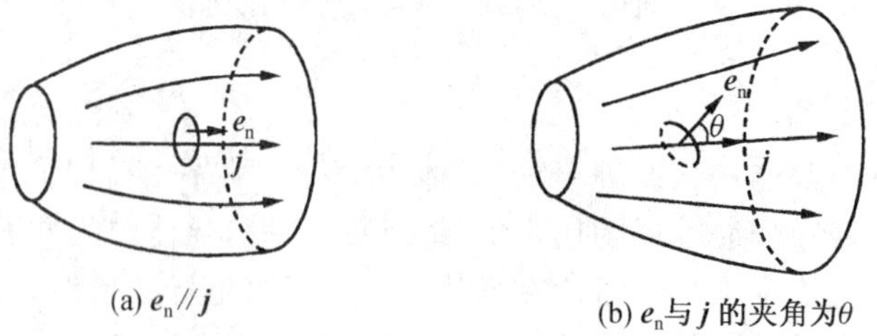

图 8-3 电流与电流密度

设想在导体中某点有一个面 d$\boldsymbol{S}$ 的法线方向$\boldsymbol{e}_n$与 $\boldsymbol{j}$ 平行,通过 d$\boldsymbol{S}$ 的电流强度为 dI,则dI 与电流密度 $\boldsymbol{j}$ 的关系是

$$dI = j dS \tag{8-2}$$

如果面元 d$\boldsymbol{S}$ 的法线方向$\boldsymbol{e}_n$与该处 $\boldsymbol{j}$ 的方向的夹角为 θ,那么 ds 面上的电流应写成

$$dI = j\cos\theta dS = \boldsymbol{j} \cdot d\boldsymbol{S}$$

$dS\cos\theta$ 为面积元在垂直于电流密度方向的投影,这样通过任意面积的电流强度为

$$\boxed{I = \int dI = \iint_S \boldsymbol{j} \cdot d\boldsymbol{S}} \tag{8-3}$$

电流密度的单位是安培·米$^{-2}$,单位符号为 A·m^{-2}。

由于载流子在无外场作用时的运动是随机的,因此没有电流特征。当导线两端接上电源后,导线中载流子就受到一恒定电场的作用力,按理应该产生加速运动,但载流子所在的导体内充满离子实、缺陷、空位等障碍物,载流子在运动过程中不断受到这些障碍物的散射作用,所以载流子的实际运动路线是折线型的,最后载流子趋于一个恒定的速度,称之为载流子在恒定电场作用下的**漂移速度**,用 v_p 表示。

在漂移速度 v_p 的横截面上取一面元 dS, dS 的正法矢方向与 v_p 平行,在 $t \rightarrow t + dt$ 时间内能流经 dS 面的载流子数决定于以 dS 为底的圆柱体长度,可以想象最远位于 $v_p dt$ 处的载流子都可流经 dS 面,$v_p dt$ 就是该圆柱体的长度(图 8-4),这样就可以计算流过dS面的电流。

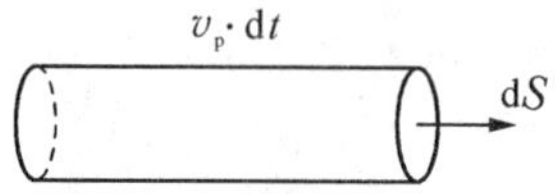

图 8-4 电流密度

设导体内载流子密度为 n,每一个载流子的带电量为 q_0,在 dΩ 体积内的载流子都可以流过 dS 面,故在 dt 时间内流过 dS 面得电荷为

$$dq = (n d\Omega) q_0$$

如图 8-4 所示,$d\Omega = (v_p dt)dS$,代入上式可得

$$dq = n q_0 v_p dS dt \tag{8-4}$$

流经 dS 面的电流

$$dI = \frac{dq}{dt} = n q_0 v_p dS$$

在面元 dS 上的电流密度

$$j = \frac{dI}{dS} = n q_0 v_p$$

考虑到 $\boldsymbol{v}_p$ 的矢量性,故**电流密度矢量**

$$\boxed{\boldsymbol{j} = n q_0 \boldsymbol{v}_p} \tag{8-5}$$

式中，q_0 是载流子的带电量。计算时，应根据具体情况决定 q_0 的量值，在金属导线中载流子是电子，其带电量为 $q_0=-e$；如果是空穴，$q_0=e$；如果是离子，离子团可以用它们各自相应的带电量。

3. 电流的连续性方程

如图 8-5 所示，设想在导体内有闭合曲面，规定曲面上任意点的正法矢方向向外，这样，在单位时间内，从整个闭合曲面流出的电流为

$$I=\oint\!\!\!\oint_S \boldsymbol{j}\cdot \mathrm{d}\boldsymbol{S}$$

设在 $\mathrm{d}t$ 时间内，闭合曲面内电荷的增量为 $\mathrm{d}q$，则在单位时间内闭合曲面内电荷的减少为 $-\dfrac{\mathrm{d}q}{\mathrm{d}t}$，根据**电荷守恒定律，在单位时间内从闭合曲面向外流出的电荷量，应该等于此闭合曲面内减少的电荷量**，因而有下面的关系式

$$\oint\!\!\!\oint_S \boldsymbol{j}\cdot \mathrm{d}\boldsymbol{S}=-\frac{\mathrm{d}q}{\mathrm{d}t} \tag{8-6}$$

稳恒电流要求电流场不随时间变化，即要求电荷的分布不随时间变化。这样闭合曲面内所包含的电荷不随时间变化，故

$$\frac{\mathrm{d}q}{\mathrm{d}t}=0$$

由式(8-6)得到

$$\oint\!\!\!\oint_S \boldsymbol{j}\cdot \mathrm{d}\boldsymbol{S}=0 \tag{8-7}$$

式(8-7)就是稳恒电流的条件。它表明：**在稳恒电流状态，对导体中任意闭合曲面，流入的电流一定等于流出的电流，则式(8-7)为电流连续性方程**，如图 8-5 所示。

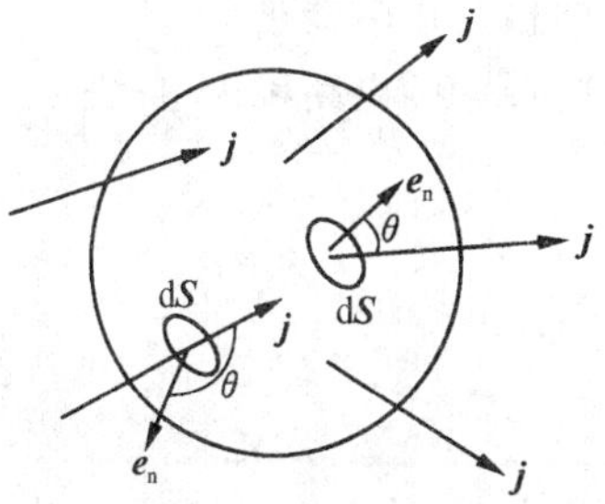

图 8-5　电流连续性方程

*4. 基尔霍夫第一定律

对于如图 8-6 所示的电路结点，作一个闭合面。该闭合面有 3 个平面和 3 个交错的柱面构成，3 个平面为导线的横截面，3 个柱面紧贴导线内表面，电流流动的方向为导线的轴线方向，电流密度 $\boldsymbol{j}$ 的方向与导体侧面的正法矢方向正交，而电流密度 $\boldsymbol{j}$ 的方向与 3 个平面的正法矢方向同向或反向，由式(8-7)可得：

$$\oint\!\!\!\oint \boldsymbol{j}\cdot \mathrm{d}\boldsymbol{S}=\int_{S_1}\boldsymbol{j}\cdot \mathrm{d}\boldsymbol{S}+\int_{S_2}\boldsymbol{j}\cdot \mathrm{d}\boldsymbol{S}+\int_{S_3}\boldsymbol{j}\cdot \mathrm{d}\boldsymbol{S}=I_1+I_2+I_3=0$$

一般而言，若一个结点有 N 个支路，则

$$\boxed{\sum_{i=1}^{N} I_i=0} \tag{8-8}$$

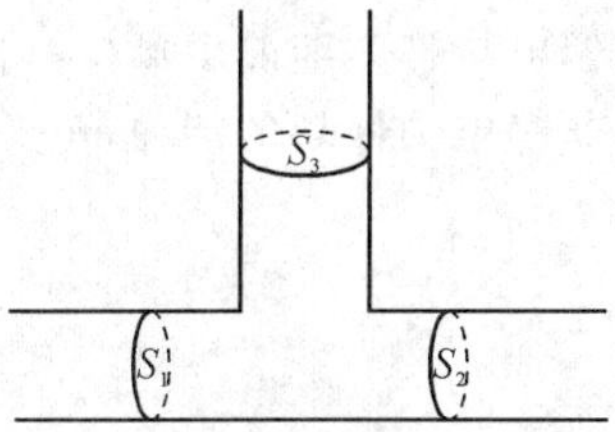

图 8-6　基尔霍夫第一定律

如果流出结点的电流为"+"，流入结点的电流就为"-"，则式(8-8)表示为**从结点流出电流的总量一定等于向结点流入电流的总量，这就是基尔霍夫第一定律**。一个复杂的网络电路若有 N 个结点，按式(8-8)可以列出 N 个方程，必须指出，其中独立方程个数只有$(N-1)$个。

8.2 电动势

1. 电动势

如果两块导体板 A 和 B 分别带上正电荷和负电荷，这时 A 板电势为正，B 板电势为负。如图 8-7 所示，若用一根导线连接 A 板和 B 板，由于导线两端有电势差，导线中就有电场，导线中的自由电子受到电场力的作用从 B 流向 A，与 A 板中的正电荷中和，使 A 板电势不断下降，这时 B 板上由于电子不断减少，B 板电势不断升高，很快两板电势相同，导线中电场场强等于零，电流也就等于零。

但是，如果把电子的运动等价于正电荷的逆向运动，负极板（B 板）电子的减少，等价于正电荷的增加，这时依靠外界的力量把正电荷从负极板（B 板）沿着另一路径移至正极板 A 上，并保持 A 板与 B 板的正、负电荷量不变，这样 A、B 两极板间就有恒定的电势差，导线中也就有恒定电流。显然把正电荷从负极板移到正极板靠静电力是不行的，而要有**非静电力**才行，这种能提供非静电力的装置叫电源，如图 8-8 所示。例如，蓄电池、干电池、发电机、硅太阳能电池、电力网等。从能量观点看，电源是把其他形式的能转化为电势能的装置。电源有正极、负极，正极电势高，负极电势低。用导线将电源的两极与用电器连接起来就构成闭合回路。我们将电源外的电路称为外电路，电源内的电路称内电路。

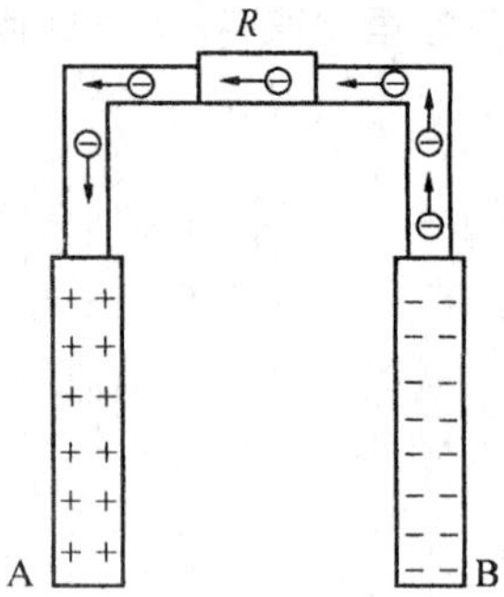

图 8-7 导线中有短暂的电流

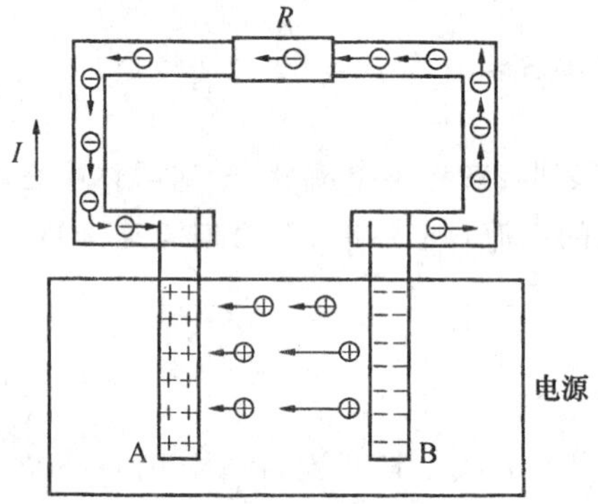

图 8-8 电源的作用

在非静电力作用下，正电荷将从电源负极移向正极，恰如电荷受到一个“类似电场力”的作用，将此类似电场称为**非静电场** $\boldsymbol{E}_k$。此过程中电源的非静电力要反抗电场力做功。我们通常用电动势量度电源中**非静电力做功**的能力，定义**电源的电动势**

$$\mathscr{E}=\int_{-}^{+}\boldsymbol{E}_k\cdot \mathrm{d}\boldsymbol{l} \tag{8-9}$$

因此，**电源的电动势就是非静电场把单位正电荷从负极经电源内电路移到正极所做的功。**

式(8-9)中积分上下限的正负号分别代表电源的正、负极。电动势是标量，但为了计算方便，把从电源负极经电源内部到达正极的方向定义为电动势的方向。电动势的单位和电势的单位相同，也是伏特，单位符号为 V。

当遇到在整个闭合回路上都有非静电场的情况（如电磁感应中的感生电场），这时就无法区分电源内部和电源外部，这时整个**闭合回路的电动势**为

$$\mathscr{E}=\oint_L \boldsymbol{E}_k\cdot \mathrm{d}\boldsymbol{l} \tag{8-10}$$

***2. 关于导体中的静电场和恒定电场**

静电平衡时，导体内没有静电场，当导体接上电源后，导体内有恒定电场。该恒定电场是否服从静电场的规律呢？

我们分析一下静电平衡的情况，导体受到外场 $\boldsymbol{E}_0$ 作用后发生静电感应，感应电荷产生电场 $\boldsymbol{E}'$，$\boldsymbol{E}'$ 与 $\boldsymbol{E}_0$ 等值反向，故导体内电场 $\boldsymbol{E}=\boldsymbol{E}_0+\boldsymbol{E}'=0$。若导体两端接上电源，电源的非静电场不断地将感应正电荷由负极移向正极，使感应电荷消失，$\boldsymbol{E}'=0$。这样，导体内只剩下电源电极产生的电场 $\boldsymbol{E}_0$，导线中的载流子在 $\boldsymbol{E}_0$ 的作用下源源不断地沿导线回路流动，经电源内部形成循环，促使载流子运动的电场称为恒定电场。可见**恒定电场本质上与静电场没有差别，所以恒定电场服从静电场的一切物理规律**，如高斯定理、环路定理等。

静电场和恒定电场的唯一差别在于静电场是由静止电荷激发的，静止电荷总量是确定的，而恒定电场是由动态平衡状态下的非静止的电荷激发的，非静止的电荷总量也是确定的。另外，还可以从平行板电容器的两极板间的电场进一步理解，当介质不漏电时，两极板之间是静电场，当介质漏电，介质相当于一个电阻，两极板间的电场就成了所谓的“恒定电场”，所以静电场、恒定电场没有本质上的差异。

一个有趣的差别是静电场中任意两点间电势差，在恒定电场中可用“电压”表示，形象地显示出“电流”来自“电的压力”，就像“水流”来自“水的压力”一样。

所以说“导体中的场强等于零”是指在静电平衡状态时导体的特征，当**导体由于非静电场的作用处于非静电平衡状态，导体内的电场不等于零**。这通常称为恒定电场，电流就是由恒定电场的作用而形成的。

8.3　欧姆定律

1. 电阻的计算

我们来看一个圆柱形电阻，电极设置在两底面上如图 8-9 所示。设圆柱的底面积为 S，长为 l，**电阻率 $\boldsymbol{\rho}$** 为常数，则该圆柱形电阻的阻值

$$R=\rho\frac{l}{S} \tag{8-11}$$

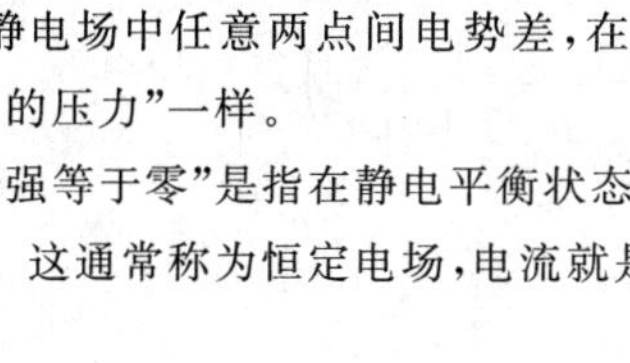

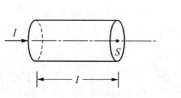

图 8-9　圆柱形电阻

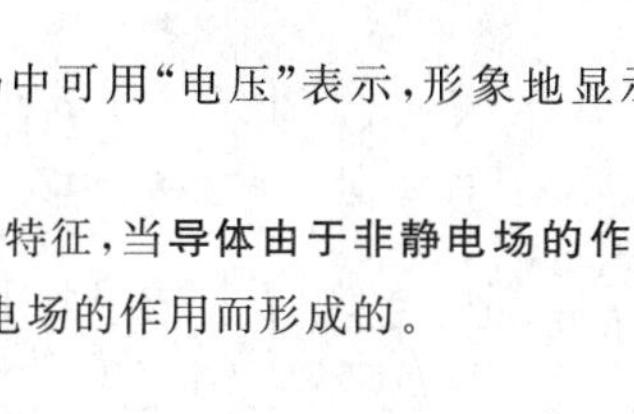

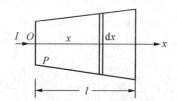

图 8-10　圆台形电阻

实验发现电阻的大小与其电极的设置和电阻的形状密切相关，比较图 8-9 和图 8-10 中两形状的电阻，显然它们是不同的。在实际问题中，材料的电阻率 ρ 也不一定是常数，它不仅与电阻所处的环境温度有关，而且也与材料的性质有关。电阻的国际单位为欧姆，用符号 Ω 表示，而电阻率的单位符号是 Ω·m。其电阻率的倒数

$$\boxed{\gamma=\frac{1}{\rho}}$$

则 **$\boldsymbol{\gamma}$ 称为电导率**，电导的单位为“西门子”，用 S 表示，则电导率的单位符号为 $\mathrm{S\cdot m^{-1}}$。

如图 8-10 所示的圆台形电阻，设上、下底面半径分别为 a、b，长为 l，其电阻率为 ρ，电极设置在两底面。我们看到的是一个非标准柱状的电阻，显然不能直接按式(8-11)给出电阻阻值。此时沿其轴向将其切成许许多多的电阻元，则总电阻可以视为这一系列电阻元的串联。利用串联电阻 $R=\sum\limits_i R_i$ 的关系，就可以计算总电阻。本题是一个连续性电阻，先写出电阻元 $\mathrm{d}R$，然后将求和换成积分计算。

沿轴向建立 OX 轴，取 $x \to x+\mathrm{d}x$ 的电阻元，因 $\mathrm{d}x$ 很小，可以将其视为圆柱形电阻，其阻值 $\mathrm{d}R=\rho\dfrac{\mathrm{d}x}{S}$，故

$$\boxed{R=\int\rho\frac{\mathrm{d}x}{S}} \tag{8-12}$$

式中，S 为电阻元的截面积，$S=\pi(a+x\tan x)^2$，代入上式并对 x 从 0 到 l 积分可得

$$\begin{aligned}R&=\int_0^l\rho\frac{\mathrm{d}x}{\pi(a+x\tan\alpha)^2}\\&=\frac{\rho}{\pi}\cot\alpha\left(-\frac{1}{a+x\tan\alpha}\right)_0^l\\&=\frac{\rho}{\pi}\cot\alpha\left(\frac{1}{a}-\frac{1}{a+l\tan\alpha}\right)\end{aligned}$$

因 $\tan\alpha=\dfrac{b-a}{l}$，故 $R=\dfrac{\rho}{\pi}\dfrac{l}{b-a}\left(\dfrac{1}{a}-\dfrac{1}{b}\right)=\dfrac{\rho l}{\pi ab}$

当 $a=b=r_0$ 时，圆台退化为圆柱，而其电阻值 $R=\dfrac{\rho l}{\pi r_0^2}=\rho\dfrac{l}{S}$ 与圆柱形电阻一致。

注意，电阻计算公式(8-12)中的 **dx 一定取为电阻中的电场方向**。

2. 欧姆定律

由实验发现，一段均匀电阻的电流与其两端的电势差成正比，与电阻值成反比

$$I=\frac{U}{R} \tag{8-13}$$

这是我们熟悉的计算公式，有的教科书称其为欧姆定律的积分形式，这是因为式中每一个物理量都可以表示成一个积分，在此不再赘述。这里将着重讲述欧姆定理的微分形式。

在电阻中取一圆柱形电阻元，其底面积为 $\mathrm{d}S$，长为 $\mathrm{d}l$，设其两端的电势分别为 U，$U+\mathrm{d}U$(图 8-11)。因电流在电场的方向上，而电场的方向在电势减少的方向，所以 $\mathrm{d}S$ 中的电流

$$\mathrm{d}I=-\frac{\mathrm{d}U}{R}$$

式中，R 为电阻元的电阻，$R=\rho\dfrac{\mathrm{d}l}{\mathrm{d}S}$，代入上式可得

$$\mathrm{d}I=\gamma(\mathrm{d}S)\left(-\frac{\mathrm{d}U}{\mathrm{d}l}\right)$$

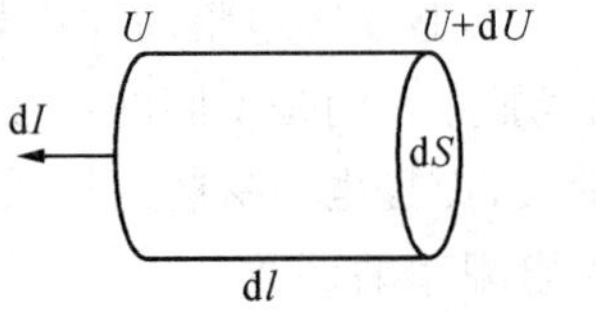

图 8-11　欧姆定理的微分形式

因 $E=-\dfrac{\mathrm{d}U}{\mathrm{d}l}$，故

$$\boxed{\boldsymbol{j}=\frac{\mathrm{d}\boldsymbol{I}}{\mathrm{d}S}=\gamma\boldsymbol{E}} \tag{8-14}$$

上式为**欧姆定律的微分形式**。当电阻中某点的电导率 γ 确定后，该点的电流密度就与该处的电场强度成正比。欧姆定律的微分形式反映了电阻中电流分布的细节，要比欧姆定律的积分式深刻、细致、精确。

3. 全电路欧姆定律

正如图 8-8 所示，电源中有电极，电极间有静电场，这一点可以从电源电极之间的电势差来理解。电源内部存在一个静电场 $\boldsymbol{E}$，同时还有一个非静电场 $\boldsymbol{E}_\mathrm{k}$，因此流经电源内部的电流密度由欧姆定律的微分形式应表示为

$$\boldsymbol{j}=\gamma(\boldsymbol{E}+\boldsymbol{E}_\mathrm{k}) \tag{8-15}$$

而电源正负电极之间的电势差

$$U=\int_{+}^{-}\boldsymbol{E}\cdot\mathrm{d}\boldsymbol{l}$$

由式(8-15)可得

$$\boldsymbol{E}=\frac{1}{\gamma}\boldsymbol{j}-\boldsymbol{E}_\mathrm{k}=\rho\boldsymbol{j}-\boldsymbol{E}_\mathrm{k}$$

代入上式可得

$$\begin{aligned}U&=\int_{+}^{-}\rho\boldsymbol{j}\cdot\mathrm{d}\boldsymbol{l}-\int_{+}^{-}\boldsymbol{E}\cdot\mathrm{d}\boldsymbol{l}\\&=\int_{+}^{-}\frac{\rho(jS)}{S}\mathrm{d}l+\int_{-}^{+}\boldsymbol{E}\cdot\mathrm{d}\boldsymbol{l}\end{aligned}$$

由式(8-10)可得，上式右边第二项为电源电动势 ε，上式右边第一项中 $jS=I$，$\int_{+}^{-}\frac{\rho\mathrm{d}l}{S}=r$ 为**电源内部电阻**，用 r 表示。这样就得到**全电路欧姆定律**

$$\boxed{U=\varepsilon\pm Ir} \tag{8-16}$$

式中，正、负号是由电流密度的方向决定。对于可充电电池，电池在充、放电时的电流流向是相反的，**电源放电时，$U<\varepsilon$，取“－”号；电源充电时，$U>\varepsilon$，取“＋”号**。

现在大到汽车，小到手机，对电池进行充、放电的操作已经进入到日常生活，从式(8-16)中可以认识其测量数据的规律性，理解其物理本质。

4. 一段含源电路的电压计算

有时需要计算一段包含几个支路的电路两端的电势差。如图 8-12 所示，要求 A，B 两点间的电势差。由 O 点出发共 3 个支路，每个支路中的电流无法确定，此时可以依据式(8-8)的原则，假设各支路中的电流大小和方向，如图 8-12 所示。

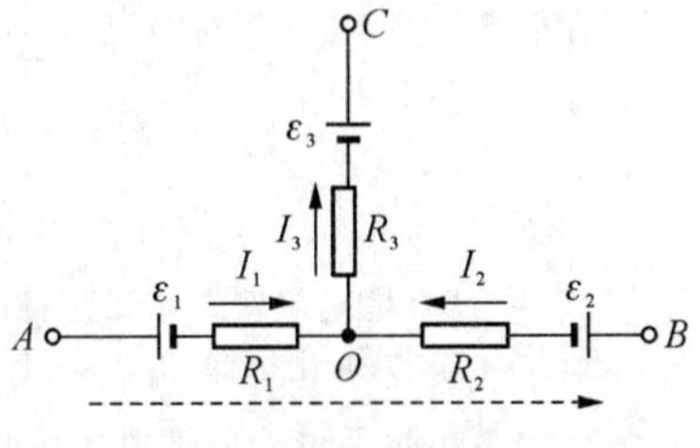

图 8-12　一段含电路的电压计算

可以用以下两种方法求解 A、B 两点的电势差。

(1) 欲求 A 点比 B 点电势高多少，其方法是：当遇到电动势时，可以利用电源从负极到正极，电势是升高的，反之从正极到负极，电势是降落的规律。当电流流过电阻时，流入端的电势高于流出端的电势。再利用整个一段电路的电势降落等于组成这段电路的各小段电势降落之和，因此有：

$$U_A-\varepsilon_1-I_1R_1+I_2R_2+\varepsilon_2=U_B$$

或

$$U_A-U_B=\varepsilon_1-\varepsilon_2+I_1R_1-I_2R_2$$

(2) 为了求 U_{AB}，从 $A\rightarrow B$ 画一条计算顺序线。如图 8-12 中虚线所示，沿此顺序线若遇电源，正极在前用“＋”，负极在前用“－”；若遇电阻，电流方向与顺序线一致用“＋”，相反时用“－”。按此方法可得：

$$U_{AB}=U_A-U_B=\varepsilon_1-\varepsilon_2+I_1R_1-I_2R_2$$

则与(1)计算的结果相同。

上式可写成普遍式为

$$\boxed{U_{AB}=U_A-U_B=\sum\varepsilon_i+\sum I_iR_i} \tag{8-17}$$

利用任意一种方法都能比较方便地写出 A,B 两点间的电势差 U_{AB},读者可以尝试用上面介绍的方法求 A、C 或 B、C 之间的电势差。

例 8-1 如图 8-13 所示,两个电源的电动势及电源内阻分别为 $\varepsilon_1=10$ V,$\varepsilon_2=7$ V,$r_1=r_2=0.2\ \Omega$,$R_1=R_2=R_3=1\ \Omega$,试求:

(1) 电路中电流的大小和方向;

(2) 两点间的电势差 U_{AC}。

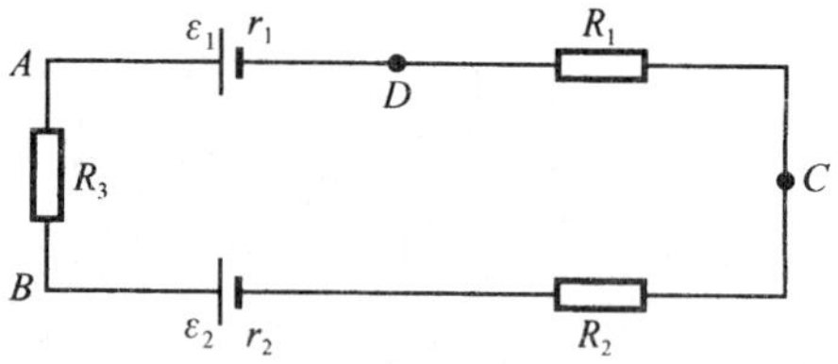

图 8-13 例 8-1 图

解法一 (1) 由于 $\varepsilon_1>\varepsilon_2$,所以断定电流方向是沿逆时针方向,则电流大小为

$$I=\frac{\varepsilon_1-\varepsilon_2}{R_1+R_2+R_3+r_1+r_2}=\frac{10-7}{1+1+1+0.2+0.2}\ \text{A}=0.88\ \text{A}$$

(2) $U_{AC}=U_{AB}+U_{BC}=0.88\times1+7+0.88\times(1+0.2)\ \text{V}=8.94\ \text{V}$

解法二 (1) 假定电流方向为 $A\to D\to C\to B\to A$,即顺时针方向,则

$$I=\frac{\varepsilon_1-\varepsilon_2}{R_1+R_2+R_3+r_1+r_2}=\frac{7-10}{1+1+1+0.2+0.2}\ \text{A}=-0.88\ \text{A}$$

所以,实际电流方向为 $A\to B\to C\to D\to A$,即逆时针方向。

(2) $U_{AC}=U_{AD}+U_{DC}=10-0.88\times1-0.88\times0.2\ \text{V}=8.94\ \text{V}$

*5. 基尔霍夫第二定律

在图 8-12 中,如果将 A,B 两点连接起来构成一个回路,因 $U_{AB}=0$,则式(8-17)可表示为

$$\boxed{\sum_i\varepsilon_i+\sum_i I_iR_i=0} \tag{8-18}$$

式(8-18)是**基尔霍夫第二定律**的数学表达式,电动势和电阻上电压的正负号由前面所讲述的规定方法确定。

对于一个复杂电路,总可以看成是由许多个回路构成,如果有 N 个回路,其独立方程数只有($N-1$)个。

应用基尔霍夫第一定律和基尔霍夫第二定律理论上可以求解复杂电路中各支流的电流的大小和方向。如果计算出的电流为负,说明此电流与原先假设的电流方向相反;如电流为正,说明电流与原先的方向一致。但电路越复杂,方程数越多,求解的过程越困难,只能借助于计算机求解。

8.4 焦耳-楞次定律

1. 电功和电功率

电流通过一段电路时,正电荷从高电势一端流向低电势一端,这是由于导体内电场力对运动电荷做功

的结果，习惯上称这个功为电流做功，简称电功。在做功的过程中，电流的功转化成其他形式的能量。如果这段电路仅由纯电阻元件（如电炉或白炽灯等）组成，这种电流的功将转化成热能，并由导线和灯丝释放。如果电路是由导线和电动机组成，那么，这个电功的大部分转化成机械能，一小部分转化成导线的热能。

设电路两端的电势差 $U=U_A-U_B$，流过的电流强度为 I，则在时间 $\mathrm{d}t$ 内，通过电路任意横截面的电量为 $\mathrm{d}q=I\mathrm{d}t$，电量 $\mathrm{d}q$ 从电路的一端移到另一端的过程中，电场力所做的功为

$$\mathrm{d}W=\mathrm{d}q(U_A-U_B)=UI\mathrm{d}t$$

电场力在单位时间内所做的功，叫做电功率，一般用 P 表示**电功率**。

$$\boxed{P=\frac{\mathrm{d}W}{\mathrm{d}t}=UI} \tag{8-19}$$

式(8-19)表明：**电功率等于电路两端的电压和通过电路的电流强度的乘积**。

在国际单位制中，电压的单位为伏特，电流强度的单位是**安培**，时间的单位是秒，电功和电功率的单位分别是焦耳和瓦特，其字符分别表示为 J 和 W。在电力工程上，常用千瓦(kW)作电功率的单位，用千瓦·小时(kW·h)作电功的单位。我们平常所说的“一度电”就是指 1 kW·h，kW·h 与 J 之间的关系为

$$1\ \mathrm{kW\cdot h}=1\times10^3\ \mathrm{W}\times3.6\times10^3\ \mathrm{s}=3.6\times10^6\ \mathrm{J}$$

2. 焦耳-楞次定律

如果一段电路只包含电阻，那么电场所做的功就全部转化成热能。根据能量转化和守恒定律，式(8-19)只表示电流通过这段电路中所发生的热功率，因 $I=\dfrac{U}{R}$，**则电流通过电阻时发热的功率**也可表示为

$$\boxed{P=I^2R\ 或\ P=\frac{U^2}{R}} \tag{8-20}$$

需要注意的是：式(8-20)与式(8-19)是有区别的。其中式(8-19)的 U 是这段电路上的全部电压，不仅是电阻上的电压。例如，电动机的电压 U 既包含电阻上的压降，也包含电动机电感线圈上的压降，因而 $\boldsymbol{UI}$ **是指一段电路所消耗的全部电功率**，而 $\boldsymbol{I^2R}$ **或** $\boldsymbol{\dfrac{U^2}{R}}$ **只代表电阻消耗的电功率**。只有纯电阻消耗的电能才全部转化成热能，所以**电阻消耗的功率称热功率**。

*3. 焦耳-楞次定律的微分形式

讨论一电阻元上的热功率，如图 8-11 所示，设电阻元两端的电势差为 $\mathrm{d}U$，则 $\mathrm{d}U=E\mathrm{d}l$，其 $\mathrm{d}S$ 上的电流 $\mathrm{d}I=j\mathrm{d}S$。由式(8-19)可得出该电阻元上的电功率元

$$\mathrm{d}P=\mathrm{d}U\cdot\mathrm{d}I=Ej\,\mathrm{d}l\mathrm{d}S=Ej\,\mathrm{d}\Omega$$

$\mathrm{d}\Omega=\mathrm{d}l\mathrm{d}S$ 为电阻元的体积，由上式可得单位体积的热功率

$$p=\frac{\mathrm{d}p}{\mathrm{d}\Omega}=jE$$

将欧姆定理的微分形式 $j=\gamma E$ 代入上式可得出电阻元中的**热功率密度**

$$\boxed{p=\gamma E^2} \tag{8-21}$$

式(8-21)称为**焦耳-楞次定律的微分形式**，p 称为电阻的热功率密度。利用焦耳-楞次定律的微分形式，有助于分析电器元件发热过程中的微观原理，可以更好改善元件生产工艺或元件结构设计，包括印刷电路板的设计，以提高元件的使用寿命和可靠性。

*8.5 电桥电路

这里仅介绍惠斯通电桥。如图8-14所示，一般情况下，可将连接在CD两端的电流计Ⓖ视为一只电阻，所以这是一个复杂电路。在电桥4个臂上的电阻R_1、R_2、R_3、R_4中至少有一只是可变电阻，调节这只可变电阻就可以调节电流计的电路I_g。例如，调节R_3的大小，可以改变I_g。当$I_g=0$时，称为电桥处于平衡状态。电桥处于平衡状态时，R_1、R_2中的电流相等，令其为I_1；R_3、R_4中的电流也相等，令其为I_2。同时$U_C=U_D$或者$U_{AC}=U_{AD}$，$U_{CB}=U_{DB}$具体可表示为

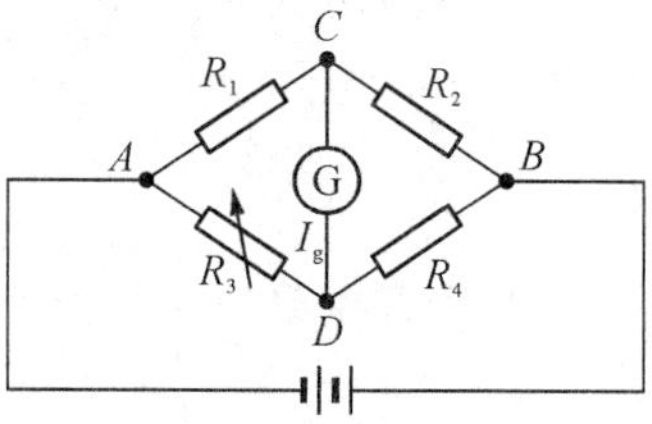

图8-14 电桥电路

$$\begin{cases} I_1R_1 = I_2R_3 \\ I_1R_2 = I_2R_4 \end{cases}$$

化简可得

$$\frac{R_1}{R_2} = \frac{R_3}{R_4} = k \tag{8-22}$$

式中k为常数。

式(8-22)说明，**电桥平衡时，各臂上的电阻值对应成比例。**

因$I_g=0$，相当于C、D两点绝缘，在整个电桥中，相当于C、D两点断路；因$U_C=U_D$，相当于C、D两点相连，在整个电桥中，相当于C、D两点短路。故在电桥平衡时，可以用以上观念求得电桥的总电阻。

若将C、D视为断路，则总电阻

$$R = \frac{(R_1+R_2)(R_3+R_4)}{R_1+R_2+R_3+R_4} = \frac{(k+1)^2R_2R_4}{(k+1)(R_2+R_4)} = \frac{(k+1)R_2R_4}{R_2+R_4}$$

若将C、D视为短路，则总电阻

$$R = \frac{R_1R_3}{R_1+R_3} + \frac{R_2R_4}{R_2+R_4} = \frac{kR_2R_4}{R_2+R_4} + \frac{R_2R_4}{R_2+R_4} = \frac{(k+1)R_2R_4}{R_2+R_4}$$

可见用2种方法计算的结果是相等的。

例8-2 如图8-15所示，由12根阻值相等的电阻棒构成正六面体的棱边。试计算A,B两点间的电阻值。

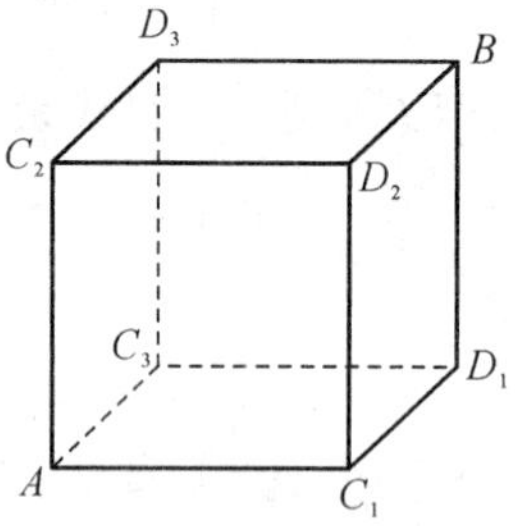

图8-15 例8-2图

解：方法一 设从A点流入，从B点流出的电流为I_0，由于电路对称性，与结点A连接的3根电阻棒中每一根电阻棒的电流为$\frac{I_0}{3}$。同理，与结点B连接的3根电阻棒中的电流也为$\frac{I_0}{3}$，而其他6根电阻棒的电流均为$\frac{I_0}{6}$，最后从B点流出的电流为I_0，可以计算出A、B两点间的电压。

$$U_{AB} = \frac{I_0}{3}R + \frac{I_0}{6}R + \frac{I_0}{3}R = \frac{5}{6}I_0R$$

总电阻

$$R_{总} = \frac{U_{AB}}{I_0} = \frac{5}{6}R$$

方法二　由于电路的对称性，可知 C_1、C_2、C_3 等电位，D_1、D_2、D_3 等电位，分别把 C_1、C_2、C_3 和 D_1、D_2、D_3 视为短路，则原电路构成如图 8-16 所示的等效电路。

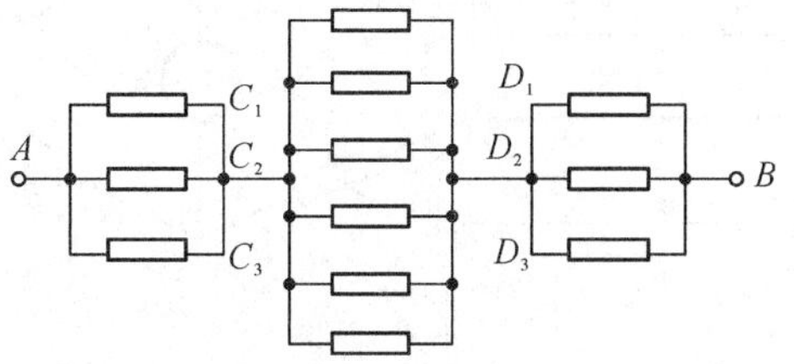

图 8-16　等效电路

可计算 A、B 两点间的总电阻

$$R_{总} = \frac{R}{3} + \frac{R}{6} + \frac{R}{3} = \frac{5}{6}R$$

电桥电路的平衡状态一旦被破坏，则 C、D 之间一定有电流，U_{CD} 就不等于零。将 U_{CD} 的正、负信号引出，可以用于自动控制等领域。读者可以自行查阅。

本章习题

8-1　设地线插入大地的部分为一半径为 r_0 的金属半球，大地具有均匀的电阻率 ρ。求此地线的接地电阻。

8-2　有一灵敏电流计可以测到 10^{-10} A 的电流，当铜导线中有这样小的电流时，问每秒内有多少个自由电子通过导线截面？若导线的截面积为 1 mm^2，自由电子的密度为 $8.5\times10^{28}\ m^{-3}$，自由电子沿导线漂移 1 cm 需多少时间？

8-3　电源的能量一部分消耗于内电阻，一部分消耗于外电阻，消耗于外电阻的功率与总功率之比，称为电源的效率，若电源电动势为 ε，内电阻为 r，外电阻为 R，求：(1) 电源的效率 η；(2) 当 R 为何值时，外输出功率最大？此时 η 为多少？

8-4　一个功率为 45 W 的电烙铁，额定电压为 220/110 V。如图所示，其电阻设有中心抽头，当电源是 220 V 时，用 AB 两点接电源，当电源是 110 V 时，将电阻丝并联后接电源，求：(1) 电阻丝串接时的总电阻为多少？电流为多少？(2) 接 110 V 电压时，电烙铁的功率为多少？每一条电阻丝中的电流为多少？

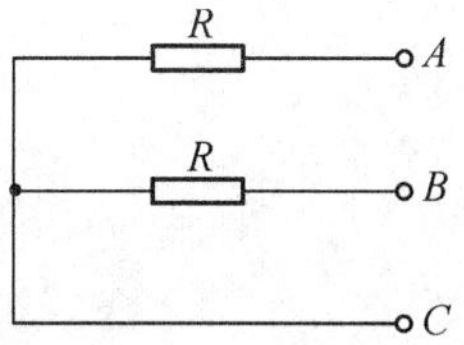

习题 8-4 图

8-5　TY 型硬圆铜单线电阻率 $\rho=1.80\times10^{-8}\ \Omega\cdot m$，密度为 $8.89\times10^3\ kg/m^3$，现在从变压器所在处将 230 V、1 A 的电流用直径 2.24 mm 的这种铜线送到距离变压器 2 km 处的用户，问：(1) 用户所得电压是多少伏？(2) 沿线电压损失了百分之几？

8-6　室内装有 40 W 电灯两盏、50 W 收音机一台，平均每日用电 5 h，问：(1) 总闸处应装允许多大电流通过的保险丝？(2) 每月(以 30 日计算)共用电多少度？

8-7　利用安培计和伏特计测量电阻，其接法如图所示，已知安培计读数为 $I_1=0.32$ A，伏特计读数为 $U_1=9.60$ V，试求计算待测电阻时因未把安培计的电阻计入而造成的相对误差。(安培计的电阻 R_A 取 0.03 Ω)

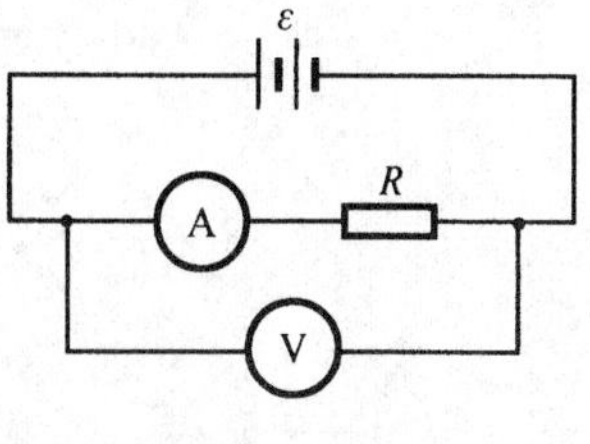

习题 8-7 图

8-8　甲、乙两站相距 50 km，其间有两条相同的电话线，有一条因在某处触地而发生故障，甲站的检修人员用如图所示的办法找出触地点到甲端的距离 x，让乙站把两条电话线短路，调节 r，使通过检流计 G 的电流为零。已知电话线每千米长电阻为 6.0 Ω，测得 $r=360$ Ω，求 x。

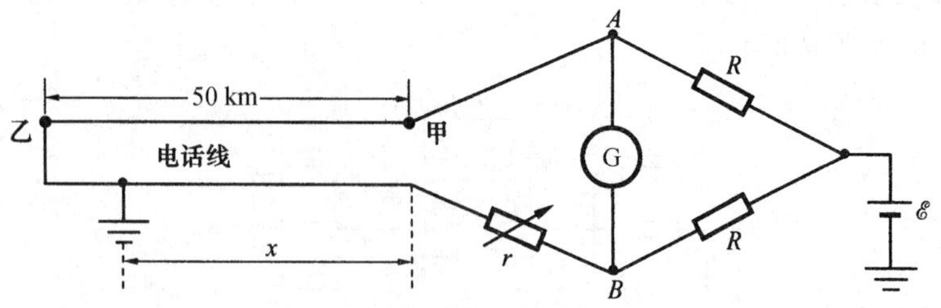

习题 8－8 图

8－9　如图所示电路中，$\varepsilon_1=12\ \text{V}$，$r_1=2\ \Omega$，$R=3\ \Omega$，$\varepsilon_2=6\ \text{V}$，$r_2=1\ \Omega$。试求：(1) 电流 I；(2) ε_1 的端电压 U_{AB}；(3) ε_2 的端电压 U_{CD}。

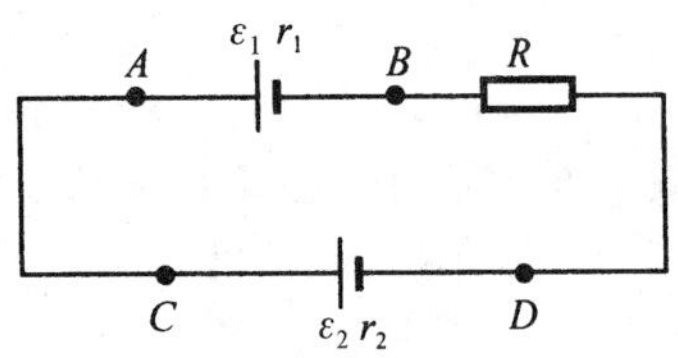

习题 8－9 图

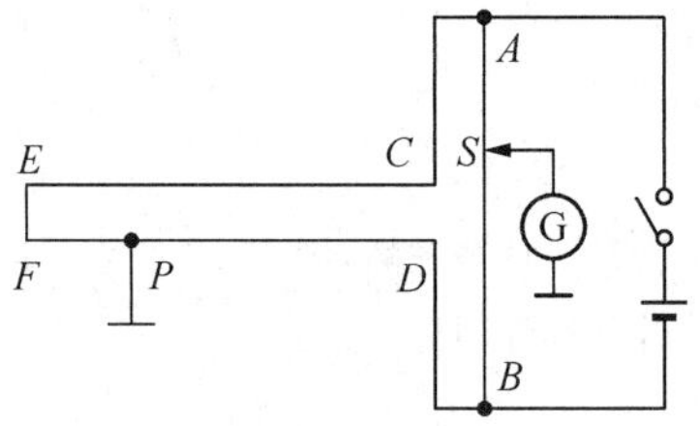

习题 8－10 图

8－10　电缆破损的地方可视为接地点，为了找到这一点可采用如图所示的方法。AB 是一条长 1 m 的均匀电阻线。触点 S 可在上滑动。设电缆 $CE=FD=7.8$ km。当 S 滑到 $SB=0.41$ m 处，电流计中电流为零，不计 AC、BD、EF 的长度和电阻。计算 PD 之间的距离(提示：这是电桥平衡问题)。

第九章　真空中的恒定磁场

19 世纪以前，人们以为电、磁是自然界两类不相干的物理现象。自丹麦科学家奥斯特发现通电导线周围的小磁针会受到力的作用而发生偏转的现象以来，发现载流导线周围存在磁场，才使人们对磁的认识大大前进了一步。

本章将讨论恒定电流激发的磁场的规律和性质，主要包括：磁感应强度、毕奥-萨伐尔定律；反映磁场基本性质的高斯定理和安培环路定理；运动电荷和电流在磁场中所受到的作用力等。

9.1　磁场　磁感应强度

磁现象的研究与应用（即磁学）是一门古老而又年轻的学科。说它古老是因为关于磁现象的发现和应用的历史悠久；说它年轻是因为磁的应用目前越来越广泛，已形成许多与磁学有关的边缘学科。从微观意义上讲，一切物质都具有磁性，磁现象是一种普遍现象，因此，磁学又是与人们生活息息相关的学科。

1. 磁现象与磁场

人们对于基本磁现象的认识历经了漫长时间。在我国古代，公元前 600 年以前就有关于天然磁铁（吸铁石）能吸引铁的记载。人们把条形磁铁磁性最强的两端称为磁极，中部称为中性区，将条形磁铁的中心支撑或悬挂起来，使其能够在水平面内转动，最后两磁极总是分别指向南、北方向，称其为 S 极和 N 极。这是因为地球周围有一个磁场，所以条形磁铁可以与地磁场发生相互作用。指南针的发明，对于我国古代的农业、航海业、探险、商贸都产生重大影响，这对我国成为雄立于世界东方的文明古国具有极其深远的意义。条形磁铁与地球磁场之间以及条形磁铁之间的相互作用规律表明：同号磁极相互排斥，异号磁极相互吸引。进一步的实验发现，将一条形磁铁断开，再断开，一直可以细分成许多很小的磁铁，而每个小磁铁都具有 N 极与 S 极。这使我们想起自然界中有没有单独存在的磁极呢？自然界中存在独立的正电荷或负电荷，磁单极似乎也应该能够找到。尽管在近代物理研究中，有人认为可能存在着磁单极子，但迄今为止尚未发现独立的 N 极或 S 极。

1820 年 7 月 21 日奥斯特以论文形式发表了电流与磁体间相互作用的实验，打破了长期以来电学与磁学彼此独立发展和研究的界限，使人们开始认识到电与磁有着不可分割的联系。这时人们在实验中发现了电流对磁铁的作用、磁铁对电流的作用、电流和电流之间存在的相互作用，这些作用都可以归结为运动电荷（即电流）之间的相互作用，现在认识到这种作用是通过磁场来传递的。

2. 磁感应强度

把小磁针放到磁场中，规定**小磁针 N 所指的方向为磁场的方向**。

有了电与磁的相互作用和电学知识的积累，就为定量描述磁场提供了条件。当人们用一个试探电荷 q_0 放到磁场中后，发现静止的电荷 q_0 根本受不到磁场的作用力。只有当试探电荷 q_0 以某一个速度运动时，才能受到磁场的作用力。作用力的大小与电荷 q_0 的电量、q_0 运动的速度以及 q_0 运动速度的方向有关。当试探电荷 q_0 的速度 $\boldsymbol{v}$ 与磁场的方向垂直时，q_0 受到作用力最大，将这一个作用力记为$\boldsymbol{F}_m$。经实验发现，$\boldsymbol{F}_m$ 的方向不仅与磁场的方向垂直，而且还与实验电荷 q_0 的运动方向垂直，但$\boldsymbol{F}_m$ 与 $q_0\boldsymbol{v}$ 的比值却保持不变，人们将这一比值定义为磁场的**磁感应强度**的大小

$$B=\frac{F_m}{q_0 v} \tag{9-1}$$

因为磁场有方向，所以描述磁场的物理量——磁感应强度 **B** 也应是一个矢量。实验发现，试探电荷 q_0 的速度 $\boldsymbol{v}$，作用力 **F** 与磁感应强度 **B** 之间具有下述关系

$$\boldsymbol{F}=q_0\boldsymbol{v}\times\boldsymbol{B} \tag{9-2}$$

在国际单位制中，q_0 的单位为 C，v 的单位为 $\mathrm{m\cdot s^{-1}}$，F 的单位为 N，则 **B 的单位是特斯拉(T)，且 $\mathbf{1\ T=1\ N\cdot A^{-1}\cdot m^{-1}}$。**

可见当 $\boldsymbol{v}$ 与 **B** 相互垂直时，**F** 有最大值。

实验表明：磁场像电场一样，也满足叠加原理，即

$$\boldsymbol{B}=\sum\boldsymbol{B}_i\ 或\ \boldsymbol{B}=\int\mathrm{d}\boldsymbol{B} \tag{9-3}$$

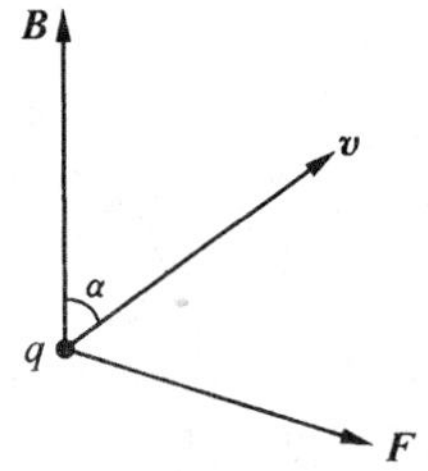

图 9-1　**B**, **F**, $\boldsymbol{v}$ 的矢量关系

由恒定电流激发的磁场称为恒定磁场，在恒定磁场中任意一点的磁感应强度 **B** 与时间无关。

9.2　毕奥-萨伐尔定律

1. 电流的磁场

在计算电场的物理量时，通常是将带电体分割成许许多多的电荷元，然后由电荷的电场叠加求合电场。根据这一思想方法，数学家拉普拉斯根据毕奥-萨伐尔的大量物理实验数据总结出电流周围无介质时磁感强度的规律。

$$\mathrm{d}\boldsymbol{B}=\frac{\mu_0}{4\pi}\frac{I\mathrm{d}\boldsymbol{l}\times\boldsymbol{r}}{r^3} \tag{9-4}$$

式中，**$I\mathrm{d}\boldsymbol{l}$ 为电流元**，即沿电流方向所取的一小段电流；**r** 为磁场中的任意一点相对于电流元的位置矢量；**μ_0 为真空中的磁导率。**

在国际单位制中，系数 $\mu_0=4\pi\times10^{-7}\ \mathrm{T\cdot m\cdot A^{-1}}$。式(9-4)便是电流元激发的磁场空间中任意一点的磁感应强度的数学表达式，也称为毕奥-萨伐尔定律，如图9-2所示。

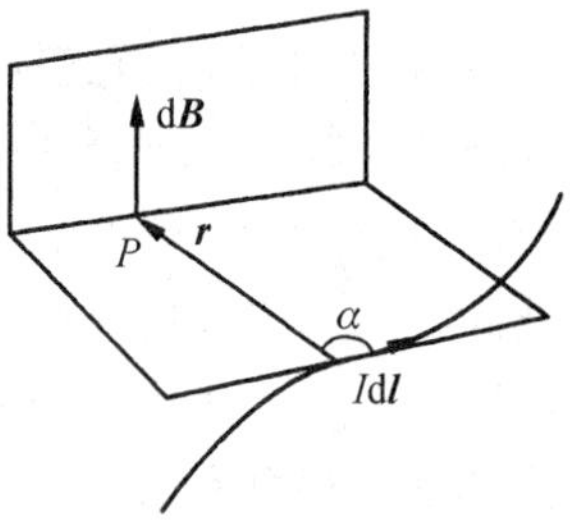

图 9-2　电流元所激发的磁感应强度

毕奥-萨伐尔定律是以实验为基础，经科学抽象得到的，但它不是由实验直接证明，因为电流元不可能单独存在，但大量的间接实验都证明其正确性。

像在电场中的库仑定律一样，而毕奥-萨伐尔定律是磁场中一条最基本的定律。

2. 毕奥-萨伐尔定律应用

例 9-1　求载流直导线外任意一点的磁感应强度 **B**。

如图 9-3 所示，设导线中的电流强度为 I，导线外 P 点到直线的距离为 a，直导线两端到 P 点的角度分别为 α_1、α_2。当 a、α_1、α_2 确定时，则载流直导线的长度是确定的。求 P 点的磁感应强度 **B**。

解：建立 Oxy 坐标系，电流沿 y 方向，取 $y\to y+\mathrm{d}y$ 电流元，由毕奥-萨伐尔定律可得

$$\mathrm{d}B=\frac{\mu_0}{4\pi}\frac{I\mathrm{d}y\sin\beta}{r^3}r \tag{1}$$

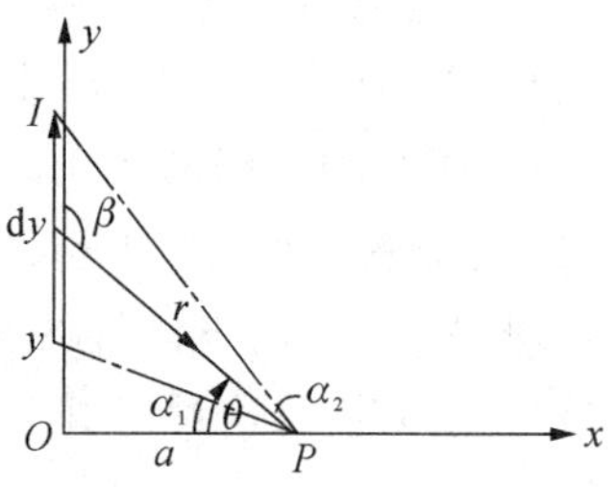

图 9-3　例 9-1 图

式中，d$\boldsymbol{B}$ 的方向穿进纸面，β 是 d$\boldsymbol{y}$ 与 $\boldsymbol{r}$ 之间的夹角，若电流元 $I\mathrm{d}y$ 到 P 点的位置矢量 $\boldsymbol{r}$ 与 x 轴的夹角为 θ，则 $\sin\beta=\cos\theta$，代入式(1)可得：

$$\mathrm{d}B=\frac{\mu_0 I}{4\pi}\frac{\mathrm{d}y\cos\theta}{r^2}$$

当 y 改变时，即电流元位置变化时，dB 的方向并不改变，因此可以直接积分。由于 r、y、θ 彼此相关，从计算方便的角度考虑，可选择 θ 为自变量，由几何关系可得：

$$y=a\tan\theta$$

$$\mathrm{d}y=a\sec^2\theta\mathrm{d}\theta$$

$$r^2=a^2+y^2=a^2\sec^2\theta$$

则 dB 与 θ 的关系为：

$$\mathrm{d}B=\frac{\mu_0 I}{4\pi}\frac{1}{a}\cos\theta\mathrm{d}\theta$$

由图 9－3 可知 θ 的变化是由 α_1 至 α_2，对上式积分可得：

$$B=\frac{\mu_0 I}{4\pi a}\int_{\alpha_1}^{\alpha_2}\cos\theta\mathrm{d}\theta$$

$$=\frac{\mu_0 I}{4\pi a}(\sin\alpha_2-\sin\alpha_1)\tag{2}$$

由毕奥-萨伐尔定理判断磁场的方向穿进纸面。

讨论：当 $\alpha_1=-\frac{\pi}{2}$，$\alpha_2=\frac{\pi}{2}$ 时，代入式(2)计算可得

$$\boxed{B=\frac{\mu_0 I}{2\pi a}}\tag{9-5}$$

式(9－5)为无限长带电直线外任意一点的磁感应强度的计算公式。与静电场中讨论的带电直线外的任意一点的电场强度的计算公式类似。因“无限”的概念是相对的，所以只要 a 远小于带电直线的长度，P 点的磁感强度就可以用式(9－5)的计算结果来近似。

例 9－2　求带电圆环轴线上的任意一点的磁感应强度。设电流环的半径为 R，其中的电流强度为 I，P 点到圆心的距离为 x。

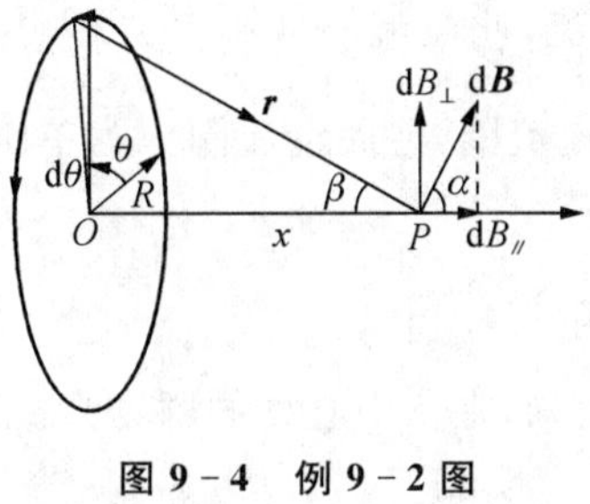

图 9－4　例 9－2 图

解：取 $\theta\to\theta+\mathrm{d}\theta$ 的电流元 $I\mathrm{d}l=IR\mathrm{d}\theta$，$I\mathrm{d}\boldsymbol{l}$ 与 $\boldsymbol{r}$ 正交，由毕奥-萨伐尔定律可得，电流元在 P 的磁感应强度

$$\mathrm{d}B=\frac{\mu_0}{4\pi}\frac{IR}{r^2}\mathrm{d}\theta$$

由图 9-4，d**B** 的方向与 **r** 垂直，当电流元的位置在圆环上变化时，d**B** 将绕 OP 轴线转过一周，所以不能直接将矢量 d**B** 积分，不妨将其分解到 OP 的垂直方向和平行方向，即：

$dB_{\perp}=dB\sin\alpha$，由于圆环的对称性，$B_{\perp}$ 最终全部抵消，故 $B_{\perp}=0$。

$dB_{/\!/}=dB\cos\alpha=dB\sin\beta=\dfrac{R}{r}dB$，将 dB 代入，而 $r^2=R^2+x^2$，对 θ 从 0 到 2π 积分得

$$B=B_{/\!/}=\frac{\mu_0 I}{4\pi}\frac{R^2}{(R^2+x^2)}\int_0^{2\pi}d\theta$$

$$=\frac{\mu_0 I}{2}\frac{R^2}{(R^2+x^2)^{3/2}} \tag{9-6}$$

其磁场的方向沿 OP 轴向右。

讨论：当 $x=0$ 时 P 点即落在圆心 O 点，由式(9-6)可知一个半径为 R 的**电流环环心处的磁感应强度**

$$\boxed{B=\frac{\mu_0 I}{2R}} \tag{9-7}$$

磁感应强度的方向理应由**用矢量叉积的方法 $Id\boldsymbol{l}\times\boldsymbol{r}$ 判断**，但由经验可知，用右手螺旋法则，可以很容易地判断直导线磁场的方向和电流环轴线上磁场的方向。因许多中学教材都详细地介绍过这种方法，在此不再重复说明。

例 9-3　圆心角 $\varphi=2\theta_0$，半径为 R 的通电圆弧导线中的电流强度为 I_0，求此时圆心处的磁感应强度。

解：对于圆弧，取 $\theta\to\theta+d\theta$ 的电流元 $Id\boldsymbol{l}=IRd\theta$，电流元在 O 点的磁感应强度由毕奥-萨伐尔定律 $dB=\dfrac{\mu_0 I}{4\pi R}d\theta$，方向穿进纸面，当 θ 在变化，不同位置的电流元在 O 点的磁感应强度的方向都不变，所以可以直接积分

$$dB=\frac{\mu_0 I}{4\pi R}\int_{-\theta_0}^{\theta_0}d\theta=\frac{\mu_0 I\theta_0}{2\pi R}$$

讨论：当 $\theta_0=\pi$ 时，圆弧变为圆环，此时 $B=\dfrac{\mu_0 I}{2R}$，对照式(9-7)两者结果相同。

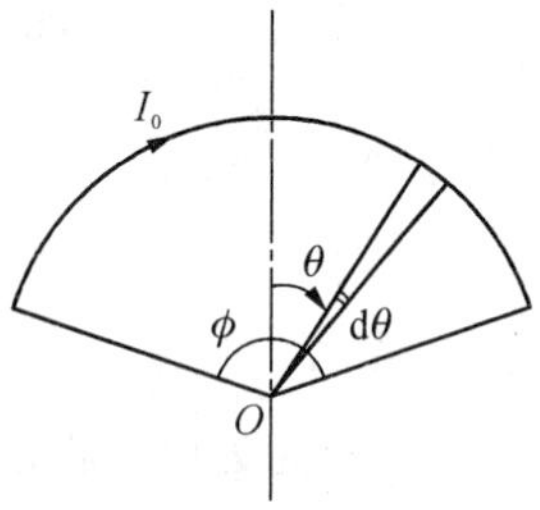

图 9-5　例 9-3 图

例 9-4　一个密绕的线盘，其内、外半径分别为 R_1、R_2，绕线密度为 n，已知线中通有电流 I_0。求此圆盘在圆心处的磁感应强度 **B**。

解：从前面的两个例子中，已经知道通电电流环中心处的磁感应强度 $B=\dfrac{\mu_0 I}{2R}$，并注意到，I 为电流环中的电流，此电流的大小不会影响到计算结果。因此，建立 Or 轴，取 $r\to r+dr$ 的电流圈，将此电流圈视为单匝电流环，此电流环中的电流

$$I=ndrI_0$$

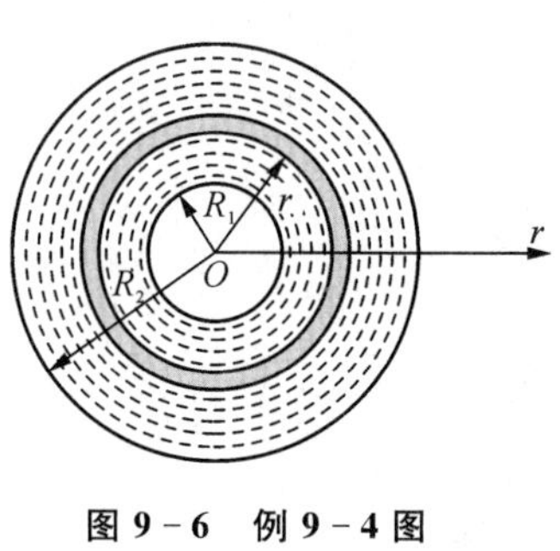

图 9-6　例 9-4 图

由电流环环心处的磁感强度式(9-7)可知，在 I 中心处的磁场为：

$$dB=\frac{\mu_0 nI_0 dr}{2r}$$

当 r 改变，即电流圈的半径改变，而它们在 O 点的磁感应强度的方向不变，可以直接对 r 从 $R_1\to R_2$ 积分

$$B=\frac{\mu_0 nI_0}{2}\int_{R_1}^{R_2}\frac{dr}{r}=\frac{\mu_0 nI_0}{2}\ln\frac{R_2}{R_1}$$

磁感应强度 **B** 的方向由电流方向决定。

例 9-5　求密绕螺线管轴线上任意一点的磁感应强度。

解：如图 9-7(a)所示，设螺线管的绕线密度为 n，半径为 R，导线中电流为 I_0，轴线上任意一点 P 到两端的张角分别为 β_1、β_2。当 R，β_1，β_2 确定后，螺线管的长度就确定，以 P 为原点，沿轴线方向建立 Ox 轴，取 $x\to x+\mathrm{d}x$ 的电流环，如图 9-7(b)所示。环中的电流 $I=(n\mathrm{d}x)I_0$，由式(9-6)

$$\mathrm{d}B=\frac{\mu_0 nI_0}{2}\frac{R^2}{(R^2+x^2)^{3/2}}\mathrm{d}x$$

其中，$\mathrm{d}B$ 的方向沿 x 轴正向。当 x 变化，电流环处于不同的位置时，它在 P 点的磁场方向不变，所以可以直接积分。

由图 9-7(b)可得 $x=R\cot\theta$，故 $\mathrm{d}x=-R\csc^2\theta\mathrm{d}\theta$

$$R^2+x^2=R^2(1+\cot^2\theta)=R^2\csc^2\theta$$

将它们代入 $\mathrm{d}B$ 表达式

$$\mathrm{d}B=\frac{\mu_0 nI_0}{2}(-\sin\theta)\mathrm{d}\theta$$

对 θ 从 β_1 到 β_2 积分得

$$B=\frac{\mu_0 nI_0}{2}(\cos\beta_2-\cos\beta_1) \tag{9-8}$$

B 的方向沿轴向向右。

讨论：当 $\beta_1=0$，$\beta_2=\pi$ 时，螺旋管变为**无限长密绕螺线管**，由式(9-8)可知，此时磁感应强度为 $B=\mu_0 nI_0$，其方向由电流方向的右手螺旋法则确定，该结果可用实验验证。理论和实验可以进一步证明，无限长螺线管内的磁场是匀强磁场。

当 $\beta_1=-\frac{\pi}{2}$，$\beta_2=\pi$ 时，$B=\frac{\mu_0 nI_0}{2}$，即螺线管的一端在眼前，另一端在无限远处，则常称其为半无限长密绕螺线管；在其端点处的磁感强度只有中心处的一半。由于“无限长”概念的相对性，当螺线管半径 $R\ll l$ 时，就可将这样的螺线管用无限长螺线管模型作近似计算，这时其两端的值都为 $\frac{1}{2}\mu_0 nI_0$，如图 9-7(c)所示。

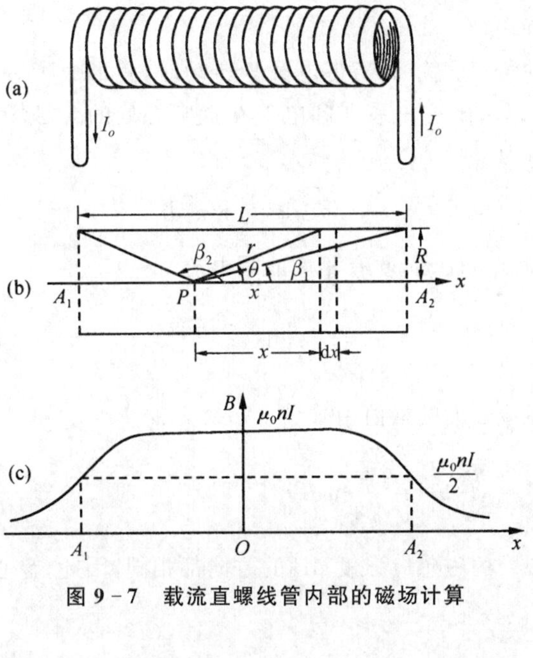

图 9-7　载流直螺线管内部的磁场计算

3. 运动电荷的磁场

导体中的电流是由大量带电粒子的定向运动形成的，所以电流激发磁场实质上是由运动着的带电粒子激发的磁场。如图 9－8 所示，电流元

$$I\mathrm{d}\boldsymbol{l}=(\boldsymbol{j}\cdot\boldsymbol{S})\mathrm{d}\boldsymbol{l}=(nq_0\boldsymbol{v}_{\mathrm{p}})(S\cdot\mathrm{d}l)=(nq_0\mathrm{d}\Omega)\,\boldsymbol{v}_{\mathrm{p}}=q\boldsymbol{v}_{\mathrm{p}}$$

式中，S 为导线截面积；$\mathrm{d}\Omega$ 为线元的体积；q 为电流元中的总电量；用符号“$\boldsymbol{v}$”代替“$\boldsymbol{v}_{\mathrm{p}}$”，将此结果代入毕奥-萨伐尔定律公式(9－4)可得，运动电荷激发的磁场中任意一点磁感应强度的计算公式为

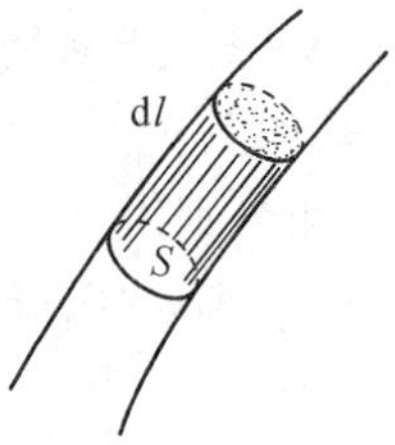

图 9－8　电流元与运动电荷

$$\boxed{\boldsymbol{B}=\frac{\mu_0}{4\pi}\frac{q\boldsymbol{v}\times\boldsymbol{r}}{r^3}}\tag{9-9}$$

例 9－6　如图 9－9 所示，点电荷 q_0 绕 O 点做半径为 R 的匀速圆周运动，若运动电荷角速度为 ω，求圆心处的磁感应强度 $\boldsymbol{B}$。

解：这是运动电荷产生的磁场，因 $v=R\omega$，$r=R$，$\boldsymbol{v}\perp\boldsymbol{R}$，则由式(9－9)可得

$$B=\frac{\mu_0}{4\pi}\frac{q_0\omega}{R}\tag{9-10}$$

$\boldsymbol{B}$ 方向由 q_0 的性质和 ω 的方向确定。

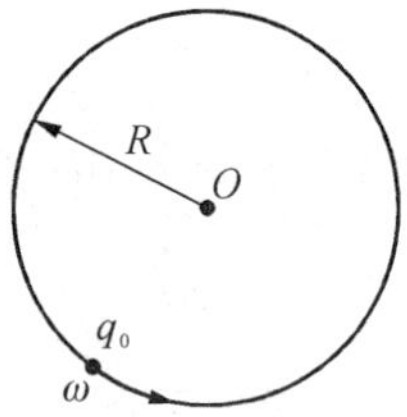

图 9－9　例 9－6 图

例 9－7　求均匀带电塑料圆盘绕通过盘中心垂直轴转动时，在盘中心处的磁感应强度。

解：方法一　如图 9－10 所示，设圆盘的半径为 R，电荷均匀分布于盘的表面，电荷密度为 σ_o 取 $\theta\to\theta+\mathrm{d}\theta$，$r\to r+\mathrm{d}r$ 的电荷元，$\mathrm{d}q=\sigma\mathrm{d}S=\sigma r\,\mathrm{d}\theta\mathrm{d}r=\sigma r\,\mathrm{d}r\mathrm{d}\theta$，点电荷 $\mathrm{d}q$ 的速度 $v=r\omega$，代入式(9－9)可得

$$\mathrm{d}B=\frac{\mu_0}{4\pi}\frac{\mathrm{d}qv}{r^2}=\frac{\mu_0}{4\pi}\frac{(\sigma r\mathrm{d}r\mathrm{d}\theta)(r\omega)}{r^2}=\frac{\mu_0\sigma\omega}{4\pi}\mathrm{d}r\mathrm{d}\theta$$

由于 $\mathrm{d}B$ 的方向不随 $\mathrm{d}q$ 的位置而改变，可以直接积分

$$B=\frac{\mu_0\sigma\omega}{4\pi}\int_0^R\mathrm{d}r\int_0^{2\pi}\mathrm{d}\theta=\frac{\mu_0\sigma\omega R}{2}\tag{9-11}$$

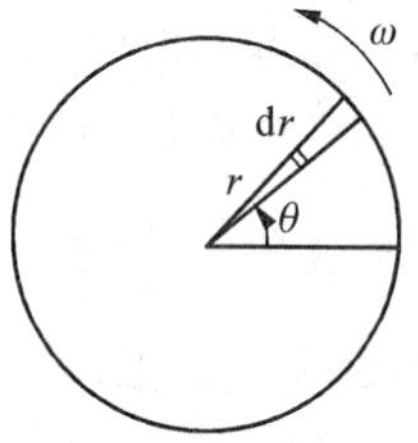

图 9－10　例 9－7 图

σ 为正时，$\boldsymbol{B}$ 的方向垂直于盘面向外。

方法二　圆盘绕轴转动的角速度为 ω，当带电圆盘转动时，就形成了一个个的同心圆电流，它们都会在盘心 O 处激发磁场，最终可以求出这一系列圆电流在盘中心处的合磁场。为此，先在圆盘上取半径为 r，宽为 $\mathrm{d}r$ 的细圆环，环上电荷为

$$\mathrm{d}q=\sigma\mathrm{d}s=\sigma2\pi r\mathrm{d}r$$

因细环随圆盘一起以角速度 ω 转动，便有相应的圆电流

$$\mathrm{d}I=\frac{\mathrm{d}q}{T}=\frac{\omega}{2\pi}\mathrm{d}q=\omega\sigma r\,\mathrm{d}r$$

它在盘心处所产生的磁感应强度的量值由式(9－7)决定：

$$\mathrm{d}B=\frac{\mu_0\mathrm{d}I}{2r}=\frac{\mu_0}{2}\omega\sigma\,\mathrm{d}r$$

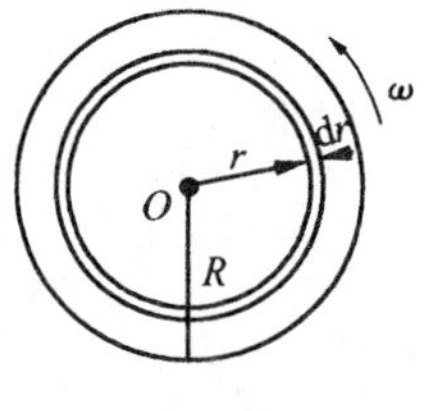

图 9－11　带电圆盘转动时在圆盘中心处的磁场

由于每一载流圆环在盘心处的磁感应强度 $\mathrm{d}B$ 的方向都相同，因此，盘心处

的合成磁感应强度的量值为

$$B=\int_0^R \frac{\mu_0}{2}\omega\sigma \mathrm{d}r=\frac{\mu_0\omega\sigma}{2}R \tag{9-12}$$

比较式(9－11)和式(9－12),可知运动电荷的磁场和电流的磁场在本质上是一致的。

9.3　稳恒磁场的高斯定理　安培环路定理

1. 磁场线

像电场线一样,可以用**磁场线**形象描述磁场的分布。所谓磁场线,就是一簇假想的曲线,其曲线上任意一点的切线方向与该点 $\boldsymbol{B}$ 的方向相同,其特点为:

(1) 磁场线是无头无尾的闭合曲线;

(2) 磁场线总是与电流互相套合;

(3) 磁场线上任意一点的切线方向与该点的磁场方向一致,磁场线的密与疏表示磁场的强与弱。**定义磁场中某点处垂直于 $\boldsymbol{B}$ 的单位面积的磁场线条数即磁场线的密度,等于该点处磁感应强度 $\boldsymbol{B}$ 的量值。**

2. 磁通量

像定义电通量 Φ_e 一样,在磁场中通过某曲面的磁场线的条数,叫做通过该曲面的**磁通量**,用 Φ_m 表示,对于一个匀强磁场 $\boldsymbol{B}$ 和一个平面 $\boldsymbol{S}$,则通过 $\boldsymbol{S}$ 面的磁通可以表示为

$$\Phi_\mathrm{m}=\boldsymbol{B}\cdot\boldsymbol{S} \tag{9-13}$$

但这种理想的情况不多见。对于不均匀磁场在任意一个曲面上的磁通量的计算,就不能直接利用式(9－13),这时普遍采用的一个方法就是在曲面上取一个面元 $\mathrm{d}\boldsymbol{S}$。因 $\mathrm{d}\boldsymbol{S}$ 很小,所以可以将 $\mathrm{d}\boldsymbol{S}$ 视为一个平面,并用其正法矢方向定义该面元 $\mathrm{d}\boldsymbol{S}$ 的方向;另因 $\mathrm{d}\boldsymbol{S}$ 很小,所以在 $\mathrm{d}\boldsymbol{S}$ 面范围内的磁场可以用匀强磁场的磁感应强度 $\boldsymbol{B}$ 表示,这样利用式(9－13),$\mathrm{d}\boldsymbol{S}$ 上的磁通量 $\mathrm{d}\Phi_\mathrm{m}=\boldsymbol{B}\cdot\mathrm{d}\boldsymbol{S}$,在整个 S 上的磁通量为

$$\boxed{\Phi_\mathrm{m}=\iint_S \boldsymbol{B}\cdot\mathrm{d}\boldsymbol{S}} \tag{9-14}$$

磁通 $\boldsymbol{\Phi}_\mathrm{m}$ 的单位是韦伯(Wb),1 Wb=1 T·m^2。

对于闭合曲面,一般规定外法线方向为正法矢方向,所以穿出闭合曲面的磁通量为正,而穿进闭合曲面的磁通量为负。

例 9－8　一无限长通电直导线与一个边长分别为 a,b 的矩形处于同一平面内,且直导线与矩形最近的边的距离为 l,若导线中的电流强度为 I,求矩形框中的磁通量。

解:直导线的磁场为非匀强磁场,所以用式(9－14)计算。建立 Ox 轴,取 $x\rightarrow x+\mathrm{d}x$ 面元,$\mathrm{d}S=b\mathrm{d}x$,由于面元上的磁感应强度相等,由式(9－7)可知,$B=\dfrac{\mu_0 I}{2\pi x}$方向穿进纸面,定义 $\mathrm{d}\boldsymbol{S}$ 的正法矢方向也穿进纸面,则

$$\begin{aligned}\Phi_\mathrm{m}&=\int\boldsymbol{B}\cdot\mathrm{d}\boldsymbol{S}\\&=\int_l^{l+a}\frac{\mu_0 I}{2\pi x}b\mathrm{d}x\\&=\frac{\mu_0 Ib}{2\pi}\ln\left(\frac{l+a}{l}\right)\end{aligned}$$

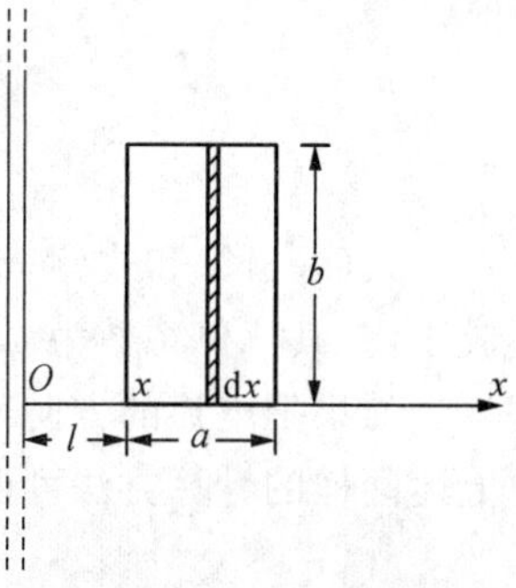

图 9－12　例 9－8 图

3. 稳恒磁场的高斯定理

由于磁场线是无头无尾的闭合曲线，所以对于任何一个闭合曲面，若有多少条磁场线进入闭合曲面，就必然有多少条磁场线穿出闭合曲面。因此，通过任意闭合曲面的磁通量 Φ_m 恒为零，这就是**稳恒磁场的高斯定理**，其表达式为

$$\oiint_S \boldsymbol{B} \cdot \mathrm{d}\boldsymbol{S} = 0 \tag{9-15}$$

磁场的高斯定理是表征磁场性质的一条重要定理，它说明稳恒磁场与静电场的性质不同。

4. 安培环路定理

在静电场中，已知静电场的环流等于零(式(6-19))，对于磁场的环流又如何呢？为简单起见，以一无限长通电直导线周围的磁场的环流为例进行讨论。因磁场线总是闭合的，在与直导线垂直的平面内，以导线所在处为圆心，以 r_0 为半径作一闭合回路，如图 9-13(a)所示。设电流穿出纸面，则电流产生的磁感应强度 $\boldsymbol{B}$ 为逆时针方向。如果回路也取逆时针为正向，在任意一段线元 $\mathrm{d}\boldsymbol{l}$ 上，$\boldsymbol{B}$ 的方向与之始终同向。则

$$\oint \boldsymbol{B} \cdot \mathrm{d}\boldsymbol{l} = \oint B\mathrm{d}l = B\oint \mathrm{d}l = 2\pi r_0 B = \mu_0 I \tag{9-16}$$

如果作一般考虑，取任意一个闭合回路，也取回路的逆时针方向为正向，此时，过 C 点取一线元 $\mathrm{d}\boldsymbol{l}$，若 $\boldsymbol{B}$ 与 $\mathrm{d}\boldsymbol{l}$ 之间的夹角为 α，如图 9-13(b)所示，因过 C 点的磁感应强度 $\boldsymbol{B}$ 的方向总在过 C 点的圆周的切线方向，则

$$\oint \boldsymbol{B} \cdot \mathrm{d}\boldsymbol{l} = \oint B\mathrm{d}l\cos\alpha = \oint Br\mathrm{d}\theta$$

因 C 到导线的距离为 r，则

$$B = \frac{\mu_0 I}{2\pi r}$$

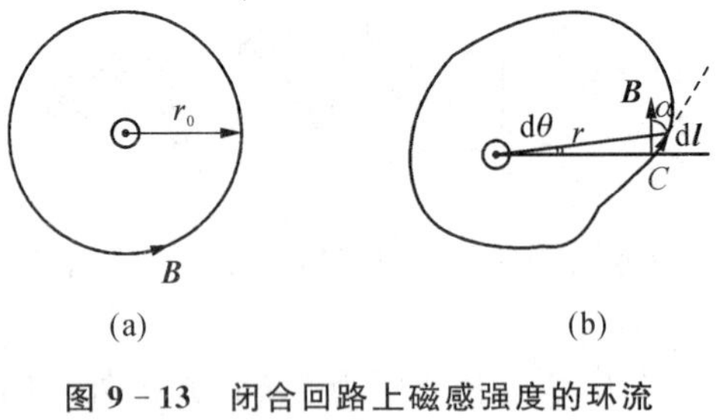

图 9-13　闭合回路上磁感强度的环流

故

$$\oint \boldsymbol{B} \cdot \mathrm{d}\boldsymbol{l} = \int_0^{2\pi} \frac{\mu_0 I}{2\pi r} r\,\mathrm{d}\theta = \mu_0 I \tag{9-17}$$

式(9-16)和式(9-17)说明：只要在包围电流 I 的任意一闭合回路上，磁感强度 $\boldsymbol{B}$ 的环流都与电流 I 成正比，其比例系数为 μ_0。

如果把电流的方向改变为相反方向，回路的逆时针方向不变，则因 $\boldsymbol{B}$ 的方向改变为原来的反方向，由上述同样的计算方法可得

$$\oint \boldsymbol{B} \cdot \mathrm{d}\boldsymbol{l} = -\mu_0 I$$

说明式(9-17)右边的电流 I 有正负之别。

凡电流方向与回路方向成右手螺旋系的电流为正，否则为负。

这样自然联想到闭合回路内没有电流和有多个直导线电流时的磁场环流，下面分别讨论：

(1) 电流位于闭合回路外

设电流与回路平面垂直，且导线电流穿出纸面，仿照前面的讨论，在回路上任取一点 C，在 C 点取线元 $\mathrm{d}\boldsymbol{l}$，过 C 点的磁感应强度 $\boldsymbol{B}$，其方向在过 C 点的圆周的切线方向。

$$\boldsymbol{B}\cdot \mathrm{d}\boldsymbol{l} = B\mathrm{d}l\cos\alpha = Br\mathrm{d}\theta = \frac{\mu_0 I}{2\pi}\mathrm{d}\theta$$

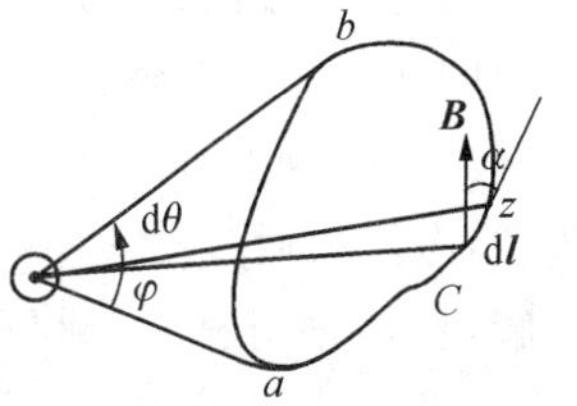

图 9－14 闭合回路外的电流对该回路上磁感应强度的环流无贡献

如果过电流所在处作闭合回路的切线，切点分别为 a、b，如图 9－14 所示，这样对闭合回路积分

$$\oint \boldsymbol{B}\cdot \mathrm{d}\boldsymbol{l} = \int_a^b \boldsymbol{B}\cdot \mathrm{d}\boldsymbol{l} + \int_b^a \boldsymbol{B}\cdot \mathrm{d}\boldsymbol{l} = \frac{\mu_0 I}{2\pi}\left(\int_0^{\varphi}\mathrm{d}\theta + \int_{\varphi}^{0}\mathrm{d}\theta\right) = 0 \qquad (9-18)$$

式(9－18)说明闭合回路外的电流对闭合回路上磁感应强度的环流没有贡献。但必须注意，此时闭合回路上各点的磁感强度并不为零。

(2) 当闭合回路内有多根平行的通电直导线

如图 9－15 所示，在回路上过 C 点取线元 $\mathrm{d}\boldsymbol{l}$，而 C 点的总磁感应强度为 $\boldsymbol{B}$，根据磁场的叠加原理

$$\boldsymbol{B} = \sum_i \boldsymbol{B}_i$$

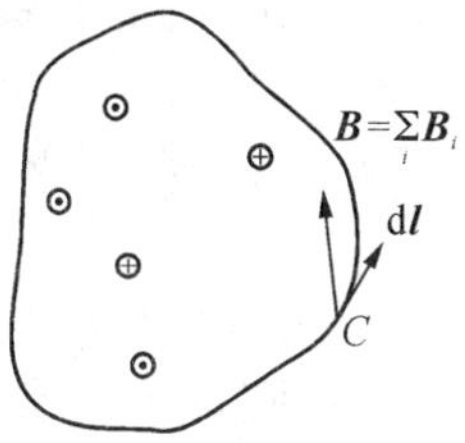

图 9－15 磁场中的安培环路定理

式中 $\boldsymbol{B}_i$ 为第 i 个直导线电流 I_i 在 C 点的磁感应强度。

由式(9－17)可得

$$\boxed{\oint \boldsymbol{B}\cdot \mathrm{d}\boldsymbol{l} = \oint \sum_i \boldsymbol{B}_i \cdot \mathrm{d}\boldsymbol{l} = \sum_i \oint \boldsymbol{B}_i \cdot \mathrm{d}\boldsymbol{l} = \mu_0 \sum_i I_i} \qquad (9-19)$$

由上面的讨论可见：式(9－19)是包括各种情况的磁场环流的一般表达式。该式也是**安培环路定理的数学表达式。**

实验和理论都证明：**凡是与回路交链的环电流都遵循安培环路定理。**对于此前讨论的无限长直导线中的电流，可以认为是半径无限大的环电流。这样，它们都与所选择的回路呈交链状态。因此，安培环路定理表明：磁场中的任意闭合回路上，磁感应强度的环流等于与回路交链电流的代数和的 μ_0 倍。

磁场的安培环路定理和静电场的环路定理相对应，但在理解和应用中，又与静电场的高斯定理相类似，现简单归纳如下：

(1) 安培环路定理是一个反映磁场性质的普遍定理，表明稳恒磁场是一个非保守场；

(2) 安培环路定理中**所指电流是与回路交链的闭合电流(包括无限长直电流)**，而不是闭合电流的某一段，因此，它不能像毕奥-萨伐尔定律那样适用于电流元或一段电路；

(3) $\sum_i I_i$ 是穿过回路的电流的代数和，必须**按回路方向，用右手螺旋法则确定电流 I_i 的正负**，即先选定积分回路的绕行方向，依据电流流向是否与回路绕行方向构成右手螺旋关系确定电流的正负，若 $\sum_i I_i = 0$，未必环路内无电流；

(4) $\sum_i I_i = 0$，则 $\boldsymbol{B}$ 的环流为零，但并不一定回路上每点的 $\boldsymbol{B}$ 都为零；

(5) 安培环路定理为计算对称分布的磁场的磁感应强度 $\boldsymbol{B}$ 提供一种便捷可靠的方法。

5. 安培环路定理的应用

安培环路定理是一个普遍的定理，但由于数学原因，要计算 $\boldsymbol{B}$，必须将 $\boldsymbol{B}$ 能从积分式(9－19)中单独提

出，即必须要求 $\boldsymbol{B}$ 为常数才行，这样就要求磁场分布具有对称性。因此，计算时必须注意以下两点：

（1）对称性分析，通过分析应基本知道磁场分布；

（2）设计回路和绕行方向，其原则与选高斯面相似，环路必须过场点，且为规则曲线；环路绕行方向或与 $\boldsymbol{B}$ 的方向相同或垂直。

例 9－9 如图 9－16(a)所示，一长直圆柱形导线，设导线的半径为 R，电流 I_0 均匀的通过横截面，求此圆柱导线内、外的磁场分布。

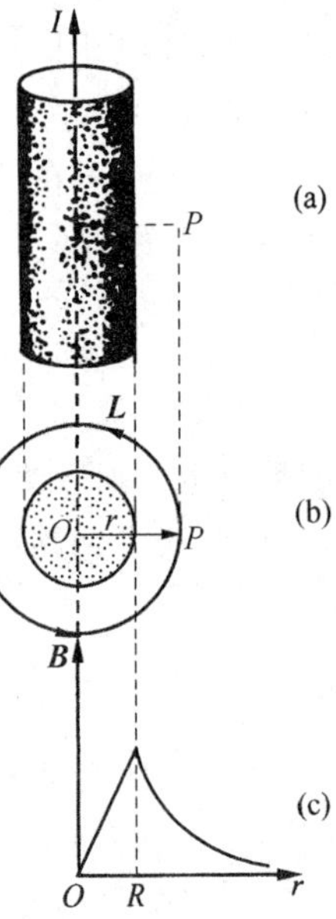

图 9－16　例 9－9 图

解：根据轴对称性，磁感应强度 $\boldsymbol{B}$ 的大小只与场点到轴线的垂直距离 r 有关。图 9－16(b)是通过任意场点 P 的截面图，其中 O 是轴线通过的地方，以 O 为中心，r 为半径作一圆形安培环路，环路的绕行方向为逆时针方向。经分析可知，通过整个回路的总电流在 P 点产生的磁感应强度 $\boldsymbol{B}$ 沿着环路的切线方向，在环路上 $\boldsymbol{B}$ 的量值处处相等，于是

$$\oint_L \boldsymbol{B}\cdot \mathrm{d}\boldsymbol{l} = \oint_L B\,\mathrm{d}l = B\oint_L \mathrm{d}l = 2\pi rB$$

另一方面，根据安培环路定理可得

$$\oint_L \boldsymbol{B}\cdot \mathrm{d}\boldsymbol{l} = 2\pi rB = \mu_0 \sum_i I_i = \mu_0 I$$

式中，I 为通过以环路为边界的圆截面的总电流。

当 $r<R$（即 P 点在导线内部）时，导线中只有一部分电流通过环路 L 所围的面积，因为导线中的电流密度为 $\boldsymbol{j}=I_0/\pi R^2$，环路 L 包围的面积为 πr^2，所以通过 L 所围面积的电流 $I=\boldsymbol{j}\pi r^2=I_0 r^2/R^2$，代入上式后可得

$$B=\frac{\mu_0}{2\pi}\frac{rI_0}{R^2}\qquad (r<R)$$

上式表明，在导线内部，B 与 r 成正比。

当 $r>R$（即 P 在导线之外时）$I=I_0$，于是

$$B=\frac{\mu_0 I_0}{2\pi r}\qquad (r>R)$$

上式表明，从导线外部看来，此时的磁场分布与全部电流集中在轴线上的直线电流情形相同，B 与 r 成反比。

图 9－16(c)给出磁感应强度随离轴线距离变化的关系曲线。

例 9－10 如图 9－17 所示为一细螺绕环，环的半径为 R，总匝数为 N，导线中通有电流 I_0。试求磁场的分布。

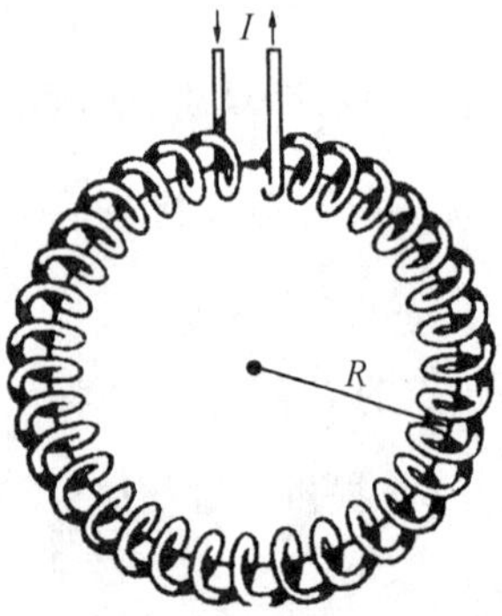

(a) 细螺绕环

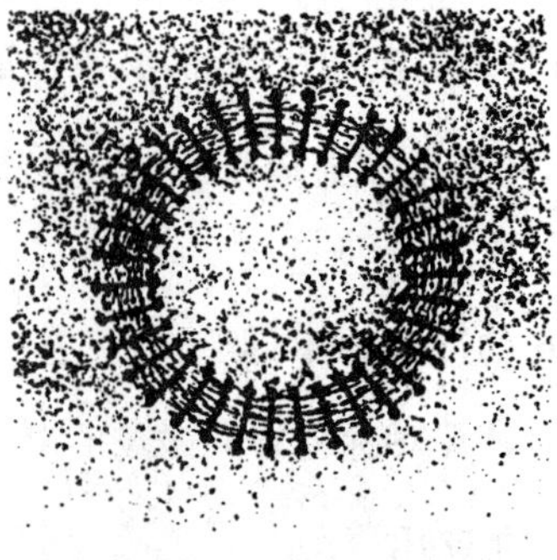
(b) 螺绕环的磁感应线分布

图 9－17　细螺绕环的磁场

解：一个螺绕环可以视为一个细长的密绕螺线管经弯曲后，首尾相联而成，螺线管原来的轴线被弯曲成一个半径为 R 的圆周。由于对称性，此时管内的磁感应强度的方向都在此圆周的切向，选择此圆周作为安培环路，则 $\oint \boldsymbol{B}\cdot \mathrm{d}\boldsymbol{l}=2\pi RB$，此时发现，电流穿过安培环路共 N 次，由安培环路定理 $2\pi RB=\mu_0 NI_0$，所以

$$B=\mu_0\frac{N}{2\pi R}I_0=\mu_0 nI_0\quad（管内）$$

当 R 大于螺绕环的管直径时，管内的磁感应强度表示为 $B=\mu_0 nI_0$，这一结论与螺旋管内的磁感应强度的表达式是一致的。这一点并不意外，因为当 $R\to\infty$ 时，只要绕线密度 n 不变，螺绕环就相当于一个无限长的密绕螺线管。若改变 R，当安培环路取在管外，根据螺绕环电流的分布，此时若有磁场存在，则磁感强度 B 也必在环路的切线方向，因为此时穿过安培环路的总电流为零，所以 $B=0$。因此，间接证明了密绕螺线管外的磁感应强度为零。

图 9-17(b)显示上述计算结果与实际磁感应线分布一致的。

***例 9-11**　一宽为 $2l$ 的无限长平板电流，设电流均匀分布，电流密度为 j，其中垂线上方与平板距离为 a 处有一点 P，求 P 点的磁感应强度。

分析：导体平板有相当的宽度，不能视为无限长直线电流，通常采用的方法是将电流平板裁成一条条很细的直线状电流，此时，直电流旁的磁感应强度可以用安培环路定理计算。

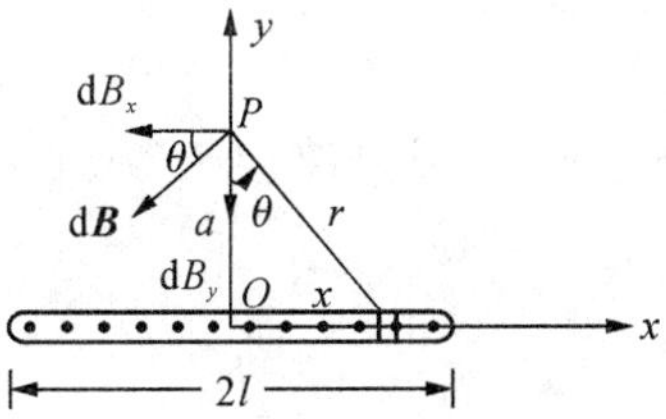

图 9-18　例 9-11 图

解：以板中轴线所在位置为原点，建立 Oxy 坐标系，如图 9-18 所示。取 $x\to x+\mathrm{d}x$ 的线元 $\mathrm{d}x$，这时 $\mathrm{d}x$ 上的电流为线电流，$I=\boldsymbol{j}\,\mathrm{d}x$，若 $\boldsymbol{j}$ 的方向穿出纸面，则 I 产生的磁场 $\mathrm{d}\boldsymbol{B}$ 的方向如图中所示。当 x 位置变化，$\mathrm{d}x$ 中心电流产生的磁感应强度的大小和方向都将发生变化，所以必须将矢量 $\mathrm{d}\boldsymbol{B}$ 分解水平方向 $\mathrm{d}B_x$ 和垂直方向 $\mathrm{d}B_y$。

由安培环路定理可得：

$$\mathrm{d}\boldsymbol{B}=\frac{\mu_0(\boldsymbol{j}\,\mathrm{d}x)}{2\pi r}$$

$$\mathrm{d}B_x=\mathrm{d}B\cos\theta=\frac{a}{r}\mathrm{d}B=\frac{a\mu_0 j\,\mathrm{d}x}{2\pi r^2}$$

因 $r^2=a^2+x^2$，代入上式并对 x 从 $-l$ 到 l 积分，可得

$$B_x=\frac{\mu_0 j}{2\pi}\int_{-l}^{l}\frac{a\,\mathrm{d}x}{a^2+x^2}$$

利用 $x=a\tan\theta$，$\mathrm{d}x=a\sec^2\theta\,\mathrm{d}\theta$，$r^2=a^2+x^2=a^2\sec^2\theta$ 代入上式计算

$$B_x=\frac{\mu_0 j}{2\pi}\int_{-\alpha}^{\alpha}\mathrm{d}\theta=\frac{\mu_0 j\alpha}{\pi}$$

α 角是 P 点到电流平板某一边缘的张角。

由于对称性，$B_y=0$，所以

$$\boldsymbol{B}=\boldsymbol{B}_x=-\frac{\mu_0 j\alpha}{\pi}\boldsymbol{i}\qquad(9-21)$$

显然 $\boldsymbol{B}$ 的方向应由电流密度 $\boldsymbol{j}$ 的方向确定。

讨论：当 $\alpha=\frac{\pi}{2}$ 时，电流平板展开为无限大的电流平板，其外任意点的磁感应强度

$$\boldsymbol{B}=\frac{\mu_0 j}{2}(-\boldsymbol{i})\qquad(9-22)$$

其方向与平板平行，$\boldsymbol{B}$ 的方向仍由电流密度 $\boldsymbol{j}$ 确定。

例 9－12 用安培环路定理求解无限大均匀带电平板外的任意一点的磁感应强度。

解:设电流平板的电流穿进纸面,电流密度为 j,对于无限大平板,任何一点 P 都可视为位于中垂线上方的点。在平板的下方,找 P 点关于平板的对称点 P',由上题分析可知,P、P'的磁感应强度大小相等。磁感应强度的方向在平板上方平行向右,平板下方平行向左。沿磁感应强度 $\boldsymbol{B}$ 的方向建立矩形回路 $abcda$,见图 9－19,磁场的环流为:

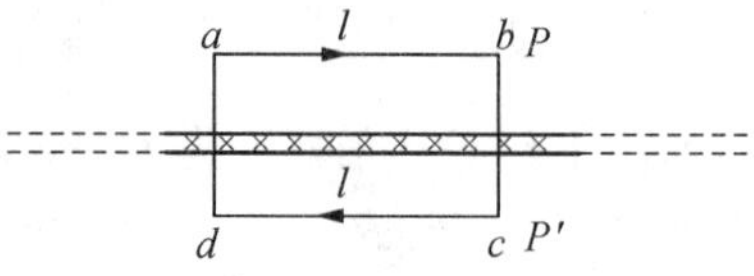

图 9－19 例 9－12 图

$$\oint \boldsymbol{B} \cdot \mathrm{d}\boldsymbol{l} = \int_a^b \boldsymbol{B} \cdot \mathrm{d}\boldsymbol{l} + \int_b^c \boldsymbol{B} \cdot \mathrm{d}\boldsymbol{l} + \int_c^d \boldsymbol{B} \cdot \mathrm{d}\boldsymbol{l} + \int_d^a \boldsymbol{B} \cdot \mathrm{d}\boldsymbol{l}$$

在 bc 与 da 段,$\mathrm{d}\boldsymbol{l}$ 的方向与 $\boldsymbol{B}$ 垂直,故 $\boldsymbol{B} \cdot \mathrm{d}\boldsymbol{l}$ 在回路的 bc, da 段积分为 0,在 ab 与 cd 段,$\mathrm{d}\boldsymbol{l}$ 的方向与 $\boldsymbol{B}$ 一致。

设 $ab = cd = l$,则

$$\oint \boldsymbol{B} \cdot \mathrm{d}\boldsymbol{l} = \int_a^b B\mathrm{d}l + \int_c^d B\mathrm{d}l = 2Bl$$

由安培环路定理 $2Bl = \mu_0 jl$,故

$$B = \frac{\mu_0 j}{2}$$

对照式(9－22),两者结果完全一致。

从上述例子可见,对于一些呈对称性分布的磁场,用安培环路定理求解要方便一些,关键在于要设计一个比较好的回路作为安培环路。安培环路上的磁感应强度 $\boldsymbol{B}$ 是指所有闭合电流(包括无限长直电流)产生的磁感应强度的叠加。

9.4 带电粒子在磁场中的运动

1. 洛伦兹力

如图 9－20 所示,一个带电粒子以一定速度 $\boldsymbol{v}$ 进入匀强磁场后,因受到洛伦兹力的作用,其运动状态将被改变。

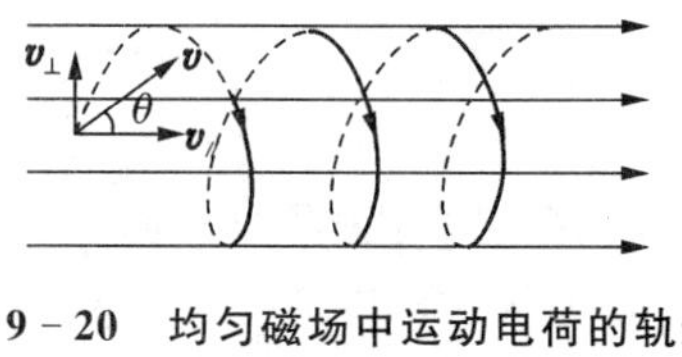

图 9－20 均匀磁场中运动电荷的轨迹

设有一质量为 m 的带有电量为 q 的带电粒子,以速度 $\boldsymbol{v}$ 进入磁感应强度为 $\boldsymbol{B}$ 的匀强磁场中。

根据**运动电荷受到洛伦兹力**的作用

$$\boxed{\boldsymbol{F} = q\boldsymbol{v} \times \boldsymbol{B}} \tag{9-22}$$

2. 磁聚焦现象

可将 $\boldsymbol{v}$ 分解成两个矢量:平行于 $\boldsymbol{B}$ 的分量 $\boldsymbol{v}_{/\!/} = \boldsymbol{v}\cos\theta$ 和垂直于 $\boldsymbol{B}$ 的分量 $\boldsymbol{v}_{\perp} = \boldsymbol{v}\sin\theta$,带电粒子在垂直于磁场的平面内以 $\boldsymbol{v}_{\perp}$ 做匀速率圆周运动,而在平行于 $\boldsymbol{B}$ 的方向上以速度分量 $\boldsymbol{v}_{/\!/}$ 做匀速直线运动影响,带电粒子合运动的**轨迹是一螺旋线,螺旋的半径**

$$R = \frac{m\boldsymbol{v}_{\perp}}{q\boldsymbol{B}}$$

则螺距

$$\boldsymbol{h} = \boldsymbol{v}_{/\!/} T = \boldsymbol{v}_{/\!/}\left(\frac{2\pi R}{\boldsymbol{v}_{\perp}}\right) = \boldsymbol{v}_{/\!/}\left(\frac{2\pi m}{qB}\right)$$

上式表明，螺距只与平行于磁场的速度分量 $\boldsymbol{v}_{/\!/}$ 有关，而与垂直于磁场的速度分量 $\boldsymbol{v}_{\perp}$ 无关。

如果在匀强磁场中某点引入一发散角不太大的带电粒子束，且粒子速度又大致相同，则这些粒子沿磁场方向的分速度就几乎一样，因而其轨道就有几乎相同的螺距。这样经过一个回旋周期后，这些粒子将重新会聚于另一点。使磁场中本已发散的粒子束重新汇聚到一点的现象叫做**磁聚焦**，这一原理已广泛应用于电真空器件中，如电视机中的阴极射线显像管。

如果带电粒子在一个不均匀的磁场中运动就会被束缚在两磁极之间，这样的磁场区域称为**磁瓶**，如图 9-21 所示。地磁场具有类似的不均匀性，故地磁可以俘获众多的高能自由带电粒子。可见，地磁场是地球生物的保护神，能有效地防护宇宙高能粒子对地表生物的伤害。

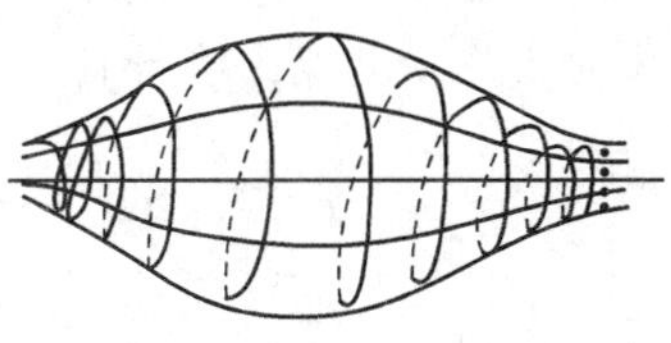

图 9-21　磁瓶

3. 回旋加速器

如图 9-22 所示，D_1，D_2 是封在高真空中的两个半圆盒电极，且与交流电相连，因此，在两极之间可以形成一定频率的交变电场，电极上下有一恒定的匀强磁场，若从中央引入带电粒子，则粒子受洛伦兹力在盒中做圆周运动。当带电粒子运动到两电极之间时，因受电场力作用而在两极间加速，由于运动电荷在磁场中的运动周期与速度无关，为定值，所以只要使电流交变周期与圆周运动周期匹配，就可以实现对带电粒子的加速，选择适当的时间就可以得到高达几十兆电子伏的高能粒子。

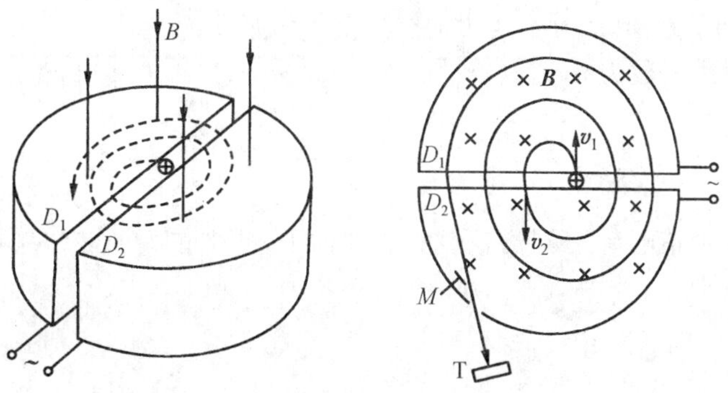

图 9-22　回旋加速器的示意图

4. 霍尔效应

1879 年，24 岁的霍尔(E. C. Hall)在做研究生时，观察到一个有趣的实验现象，把一载流导体薄板放在磁场中，如果磁场方向垂直于薄板平面，则在薄板的上、下两个侧面之间出现微弱电势差，则称这一现象为霍尔效应。这电势差称为霍尔电势差或霍尔电压。

实验测定，霍尔电势差的大小与电流 I 及磁感应强度 $\boldsymbol{B}$ 成正比，而与薄片沿 $\boldsymbol{B}$ 方向的厚度 d 成反比，即

$$U \propto \frac{IB}{d}$$

霍尔效应是由于导体中的载流子在磁场中受到洛伦兹力的作用而发生横向漂移的结果。如图 9-23 所示，以金属导体为例，如果在垂直于电流的方向上有一均匀磁场 $\boldsymbol{B}$，导体中的自由电子受洛伦兹力作用

$$F_m = evB$$

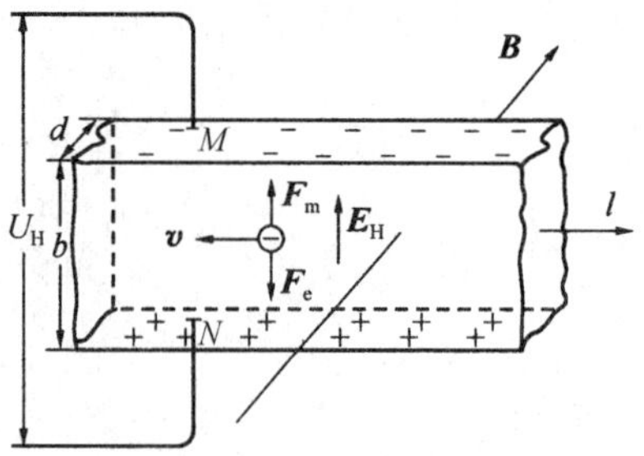

图 9-23　霍尔效应

式中，v 为电子定向运动的平均速度；e 是电子电荷量的绝对值；力 F_m 的方向向上。自由电子除做宏观的定向运动外，还将向上漂移，使得金属薄板的上侧有多余的负电荷积累，而下侧因缺少自由电子，出现正电荷的积累。其结果在导体内部形成方向向上的附加电场 E_H，称为霍尔电场，该电场对自由电子的作用力为

$$\boldsymbol{F}_e = e\boldsymbol{E}_H$$

此作用力的方向向下，当洛伦兹力和电场力达到平衡时，电子不再有上下漂移，则在金属薄板上下两侧间形成以恒定的电势差。

由于 $F_m = F_e$，所以

$$evB = eE_H \text{ 或 } E_H = vB$$

这样霍尔电势差

$$U_H = U_{MN} = -E_H b = -vBb$$

式中，b 为导体上下侧面间的距离；d 为沿 $\boldsymbol{B}$ 方向金属薄板的厚度。

设单位体积内的自由电子数为 n，则电流 $I = jbd = nevbd$，代入上式可得

$$U_H = -\frac{IB}{ned} \tag{9-25}$$

如果导体中的载流子带正电荷 q，则洛伦兹力方向向上，使带正电的载流子向上漂移，这时的**霍尔电势差**为

$$U_H = U_{MN} = \frac{IB}{nqd}$$

定义**霍尔系数**为

$$R_H = \frac{1}{nq} \tag{9-26}$$

霍尔电势差可以写成

$$\boxed{U_H = R_H \frac{IB}{d}} \tag{9-27}$$

在式(9-26)中，令 $q = -e$，则霍尔系数 $R_H = -\frac{1}{ne}$，代入式(9-27)就得到式(9-25)的结果。因此，霍尔系数的正负号取决于载流子电荷的正负。

实验测定的霍尔电势差或霍尔系数，不仅可以判定载流子的正负，还可以测定载流子的浓度，即单位体积中的载流子数 n。例如，半导体材料就可以用这种方法判定是空穴型的（P 型——载流子是带正电的

空穴)还是电子型(N 型——载流子是带负电的自由电子)。向一块制好的半导体薄片通入恒定的电流，在已校准好的条件下，还可以通过霍尔电压测量磁场 $\boldsymbol{B}$，这是现在测磁场的一个常用的比较精确的方法。另外，利用霍尔效应做成的电子器件，可应用于计数和自动控制等工程领域。

应该指出，通过对金属的霍尔电压的测试结果与理论值相比较，发现对于单价金属，实测值和计算值相当符合；而对于某些二价金属及半导体，其实验值和计算值的差异很大，甚至符号相反，说明上述理论还存在缺陷，这个缺陷已被近代固体量子理论所解决。

9.5　磁场对载流导线的作用

1. 安培定律

导线中电流是由其中的载流子定向移动形成的，当把载流导线放置在磁场中时，这些运动的载流子就要受到洛伦兹力的作用，其结果将表现为载流导线受到磁场的作用力，这个力称为安培力。

我们曾经在运动电荷产生的磁场中，讨论过电流元 $I\mathrm{d}\boldsymbol{l}$ 相当于一个运动电荷$q\boldsymbol{v}_{\mathrm{p}}$，而洛伦兹力 $\boldsymbol{F}=q\boldsymbol{v}_{\mathrm{p}}\times\boldsymbol{B}$，表示以 $\boldsymbol{v}_{\mathrm{p}}$ 运动的电荷 q 受到磁场的作用力，由电流元与运动电荷的等量关系，**电流元$I\mathrm{d}\boldsymbol{l}$所受到的磁场 $\boldsymbol{B}$ 的作用力**，可由式(9-22)表示为

$$\boxed{\mathrm{d}\boldsymbol{F}=I\mathrm{d}\boldsymbol{l}\times\boldsymbol{B}}\tag{9-28}$$

式(9-28)便是电流元受到磁场作用后的安培力的数学表达式。

一段任意形状的通电导线所受到的磁场作用力是由许多电流元受到的安培力的矢量和

$$\boldsymbol{F}=\int I\mathrm{d}\boldsymbol{l}\times\boldsymbol{B}\tag{9-29}$$

2. 安培力的计算

如图 9-24 所示，在均匀磁场中，直导线长 l 通有电流 I，置于磁感应强度为 $\boldsymbol{B}$ 的匀强磁场中，导线与 $\boldsymbol{B}$ 的夹角为θ，且载流直导线和磁感应强度 $\boldsymbol{B}$ 在 Oxy 平面内，则作用在各电流元上的安培力 $\mathrm{d}\boldsymbol{F}$ 的方向都沿 z 轴正向，所以作用在长直导线上的合力为

$$F=\int\mathrm{d}F=IB\sin\theta\int_0^l\mathrm{d}l=IBl\sin\theta$$

合力作用点为长直导线中点，方向沿 z 轴正方向。

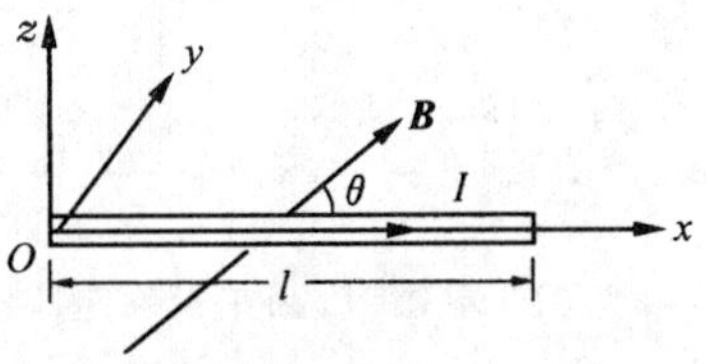

图 9-24　直电流在磁场中的受力

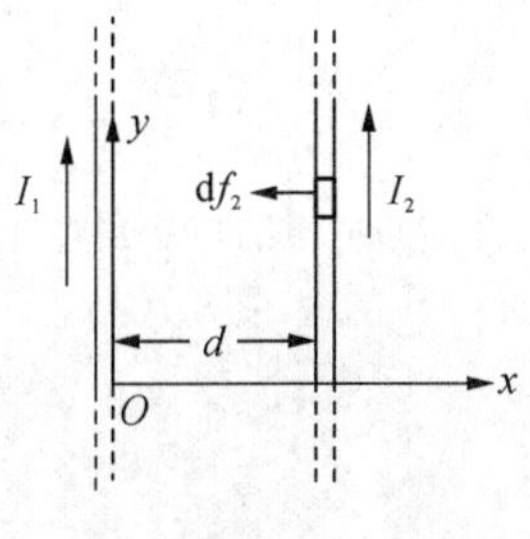

图 9-25　例 9-13 图

例 9-13　如图 9-25 所示，有两根平行放置，彼此紧靠的直导线相距为 d，其中电流分别为 I_1，I_2。计算这两导线单位长度上受到的作用力。

解：由无限长直电流外任意一点的磁感应强度的计算公式可得电流 I_1 在 I_2 处的磁感应强度：

$$B_1=\frac{\mu_0 I_1}{2\pi d}$$

在 I_2 上取电流元 $I\mathrm{d}l=I_2\mathrm{d}y$，该电流元受到的安培力

$$\mathrm{d}\boldsymbol{F}_2=I\mathrm{d}\boldsymbol{l}\times\boldsymbol{B}=I_2\mathrm{d}yB_1(-\boldsymbol{i})$$

单位长度受到的作用力

$$\boldsymbol{f}_2=\frac{\mathrm{d}\boldsymbol{F}_2}{\mathrm{d}y}=I_2B_1(-\boldsymbol{i})=\frac{\mu_0I_1I_2}{2\pi d}(-\boldsymbol{i})$$

同理可以计算电流 I_1 单位长度导线受到的作用力

$$\boldsymbol{f}_1=\frac{\mu_0I_1I_2}{2\pi d}\boldsymbol{i}$$

$\boldsymbol{f}_1$，$\boldsymbol{f}_2$ 是一对作用力与反作用力，同向电流相互吸引。可以推测，反向电流相互排斥。

例 9－14 一段半径为 R 的半圆形导线，通有电流 I，放置在均匀磁场 $\boldsymbol{B}$ 中，磁场与导线平面垂直，方向穿出纸面，如图 9－26 所示。求磁场作用在该半圆形导线上的作用力。

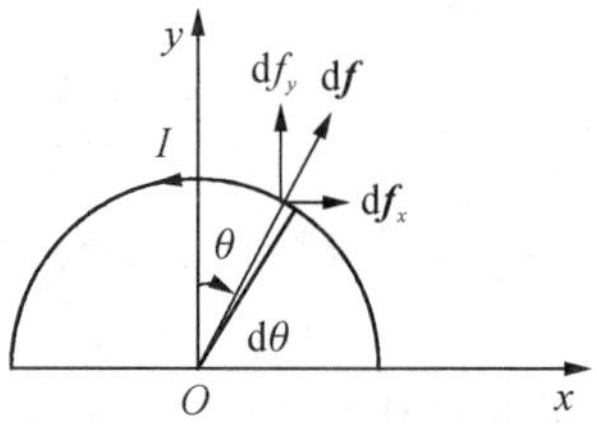

图 9－26 例 9－14 图

解：如图 9－26 所示，在圆弧上取 $\theta\to\theta+\mathrm{d}\theta$ 一段电流元 $I\mathrm{d}\boldsymbol{l}$，磁场作用于电流元上的力为

$$\mathrm{d}\boldsymbol{f}=I\mathrm{d}\boldsymbol{l}\times\boldsymbol{B}$$

当 θ 改变时 $\mathrm{d}\boldsymbol{f}$ 的方向也随之而变，故将其分解为两个分量 $\mathrm{d}f_x$ 与 $\mathrm{d}f_y$，在求磁场对半圆形导线的作用力时，由于对称性，$F_x=0$，只剩 F_y，其量值为

$$F_y=\int\mathrm{d}f_y=IBR\int_{-\frac{\pi}{2}}^{\frac{\pi}{2}}\cos\theta\mathrm{d}\theta=2RIB$$

该力作用于半圆形导线的中点上，且量值相当于长为 $2R$ 载有等量电流直导线所受到的力。

可以证明，在垂直于均匀磁场的平面中，一段任意弯曲的载流导线所受到的安培力就等于该弯曲导线从起点到终点的一段载有等量电流直导线所受到的作用力。

***例 9－15** 如图 9－27 所示，有一半径为 R 的半圆形导线，通有电流 I_2，置于一无限长通电直导线的磁场中，设直导线电流为 I_1，I_1 刚好穿过半圆形导线的圆心，且 I_1，I_2 彼此绝缘。求 I_2 受到 I_1 的作用力。

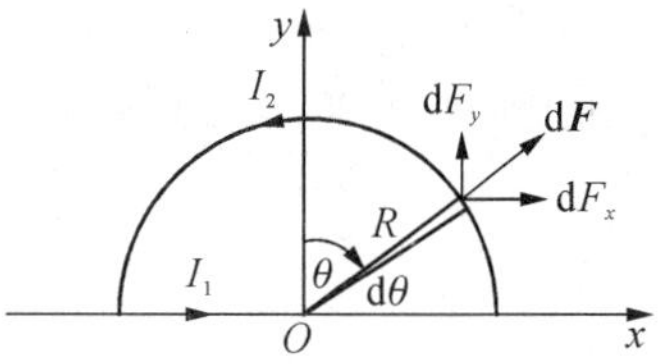

图 9－27 例 9－15 图

分析：和例 9－14 有点相似，所不同的就是该通电半圆环所处的磁场的环境不同。本题中磁场是由直导线中的电流 I_1 所产生的。

解：如图 9－27 所示，取 $\theta\to\theta+\mathrm{d}\theta$ 的电流元，$I\mathrm{d}l=I_2R\mathrm{d}\theta$，电流元所处的磁场的磁感应强度 $B=\dfrac{\mu_0I_1}{2\pi R\cos\theta}$，$I\mathrm{d}\boldsymbol{l}$ 与 $\boldsymbol{B}$ 垂直，电流元受到的作用力

$$\mathrm{d}F=I\mathrm{d}\boldsymbol{l}\times\boldsymbol{B}=(I_2R\mathrm{d}\theta)\frac{\mu_0I_1}{2\pi R\cos\theta}$$

当 θ 改变时，$\mathrm{d}F$ 的方向在改变，将 $\mathrm{d}F$ 分解为 $\mathrm{d}F_x$ 和 $\mathrm{d}F_y$。由于对称性，则 $F_x=0$。

$$\mathrm{d}F_y=\mathrm{d}F\cos\theta$$

$$F_y=\frac{\mu_0I_1I_2}{2\pi}\int_{-\frac{\pi}{2}}^{\frac{\pi}{2}}\mathrm{d}\theta=\frac{\mu_0I_1I_2}{2}$$

通电半圆环受到直电流 I_1 的作用力

$$\boldsymbol{F}=\frac{\mu_0I_1I_2}{2}\boldsymbol{j}$$

3. 磁场对载流线圈的作用

如图 9-28 所示，在磁感应强度为 $\boldsymbol{B}$ 的匀强磁场中，有一刚性的长方形载流线圈，边长分别为 l_1、l_2，电流为 I。设线圈的平面正法矢 $\boldsymbol{e}_n$ 与磁场的方向成任意角 θ，如图 9-28(b)所示，该图为 9-28(a)的俯视图。图中 ad 为矩形电流框的一边，ab 电流进入纸面用⊗表示，dc 电流流出纸面用⊙表示。

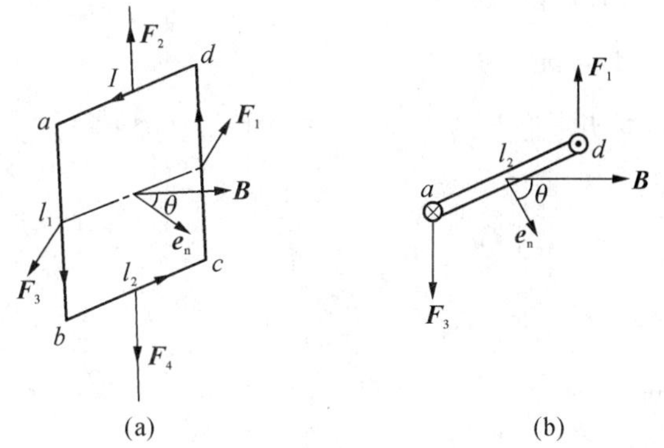

图 9-28　磁场对载流线圈的作用

先看导线 bc 与导线 da 所受到的磁场的作用力 $F_2 = F_4 = Il_2 B\cos\theta$。因 $\boldsymbol{F}_2 = -\boldsymbol{F}_4$，作用在同一直线上，所以它们的合力为零。而 $F_1 = F_3 = Il_1 B$，它们虽然大小相等、方向相反，但不在同一直线上，所以形成力矩。

$$\begin{aligned} M &= 2\left(F_1 \frac{l_2}{2}\sin\theta\right) \\ &= Il_1 l_2 B\sin\theta \\ &= ISB\sin\theta \end{aligned}$$

如果在磁场中的闭合线圈有 N 匝，则

$$M = NISB\sin\theta$$

式中，S 为闭合线圈的面积。

按电流的流向，由右手螺旋法确定其正法矢方向，如图 9-28(b)，将面积赋予为矢量 $\boldsymbol{S}$。这样，可由矢量叉乘的定义，将上式还原为力矩 $\boldsymbol{M}$ 的矢量表示式

$$\boldsymbol{M} = NI\boldsymbol{S} \times \boldsymbol{B} \tag{9-30}$$

定义**磁矩**

$$\boxed{\boldsymbol{m} = NI\boldsymbol{S}} \tag{9-31}$$

注意磁矩的大小为 NIS，其方向由电流圈中电流方向的右手螺旋法则确定。式(9-30)表示**磁力矩**为

$$\boxed{\boldsymbol{M} = \boldsymbol{m} \times \boldsymbol{B}} \tag{9-32}$$

式(9-32)的推导过程虽然是由矩形电流框得到，但对于匀强磁场中的任意线圈在磁场中所受的力矩，式(9-32)都成立。

平面载流线圈在均匀磁场中任意位置上所受的合力均为零，则仅受力矩的作用，因此在均匀磁场中的平面载流线圈只发生转动，不会发生整个线圈的平动。

磁场对载流线圈作用力矩的规律是制成各种电动机、动圈式电表和电流表的基本原理。

如果平面载流线圈处于非均匀磁场中，由于线圈上各个电流元所处的 $\boldsymbol{B}$ 在量值和方向都不相同，各个电

流元所受到的作用力的大小和方向一般也都不会相同，因此，合力和合力矩一般不会等于零，所以，线圈除转动外还要平动，但因其情况复杂，这里不进行讨论。

例 9-16 在均匀磁场中有一半径为 $R=0.1\ \text{m}$，电流为 10 A 的圆形载流线圈可绕竖直轴 Oy 转动，磁场 $\boldsymbol{B}$ 沿水平 Ox 轴正方向，其磁感应强度 $B=0.16\ \text{T}$，如图 9-29 所示。试求该线圈在磁场中所受到的最大磁力矩。

解：载流线圈在磁场中所受的磁力矩为

$$\boldsymbol{M}=\boldsymbol{m}\times\boldsymbol{B}$$

可见当磁矩 $\boldsymbol{m}$ 与 $\boldsymbol{B}$ 垂直时，磁力矩最大，于是 $M_{\max}=mB=I\pi R^2B$ 代入具体数据后

$$M_{\max}=5\times10^{-2}\ \text{N}\cdot\text{m}$$

$\boldsymbol{M}$ 的方向沿 Oy 轴正方向。

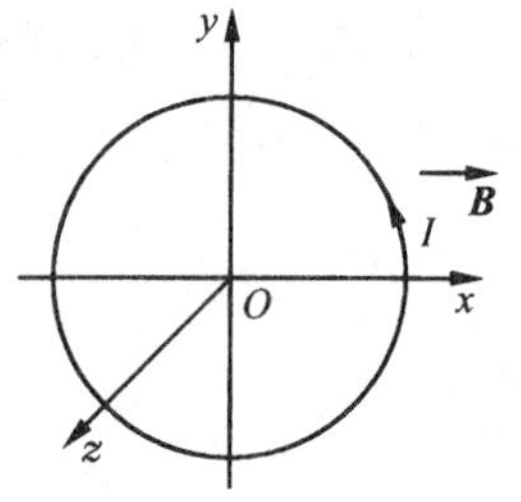

图 9-29 例 9-16 图

***4. 磁场对闭合载流线圈做功**

讨论载流线圈在均匀磁场中的转动时做功的情况。如图 9-30 所示，当磁矩 $\boldsymbol{m}$ 与磁场 $\boldsymbol{B}$ 的夹角为 θ 时，磁场对载流线圈的磁力矩的方向穿进纸面，其大小 $|\boldsymbol{M}|=|\boldsymbol{m}\times\boldsymbol{B}|=mB\sin\theta$，力矩做功为 $\text{d}W=\boldsymbol{M}\cdot\text{d}\boldsymbol{\theta}=-M\text{d}\theta$，负号是因为 $\text{d}\theta$ 穿出纸面，故磁力矩做功

$$W=\int mB(-\sin\theta\text{d}\theta)=mB\,\text{d}(\cos\theta)$$

因为
$$\boldsymbol{m}=I\boldsymbol{S}$$

所以
$$W=\int I\,\text{d}(SB\cos\theta)$$

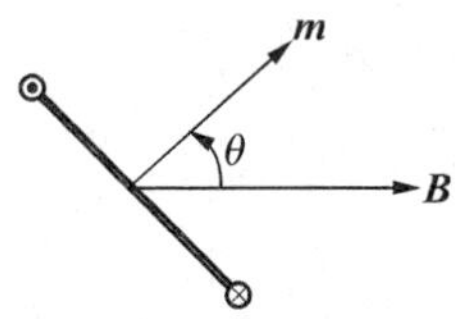

图 9-30 磁力矩做功

因为磁通 $\Phi_{\text{m}}=BS\cos\theta$，故

$$W=I\int_{\Phi_{\text{m}_1}}^{\Phi_{\text{m}_2}}\text{d}\Phi_{\text{m}}=I(\Phi_{\text{m}_2}-\Phi_{\text{m}_1})\tag{9-33}$$

式(9-33)说明**磁场对闭合电流框做功，等于其电流与框内磁通增量的积**，当闭合电流线圈是由 N 匝导线组合而成时，其磁矩、磁力矩将是单匝电流线圈的 N 倍，所以式(9-33)更完善的表述应为

$$\boxed{W=NI(\Phi_{\text{m}2}-\Phi_{\text{m}1})}\tag{9-34}$$

在专业文献资料中，又将 $\psi_{\text{m}}=N\Phi_{\text{m}}$ 称为**磁通链**，请读者在以后的学习中注意它们之间的关系和表述上的差异。对于式(9-34)，必须注意的是 Φ_{m} 本身有符号的规定，凡电流线圈与磁感应强度成右手螺旋系时，磁通为正，否则为负。

***5. 磁电式电流计**

在永久磁铁的两极和圆柱体铁心之间的空气间隙内，放一可绕固定转轴转动的铝制框架，框架上绕有线圈，转轴的两端各有一个游丝，且在两端上固定一指针，当电流通过线圈时，由于磁场对载流线圈的磁力矩作用，使指针随线圈一起发生偏转，根据偏转角的大小，测量通过线圈的电流(图 9-31)。

因为在永久磁铁与圆柱之间的空隙内的磁场是径向的，所以线圈平面的法线方向总是与此线圈所处的磁场垂直，因而线圈的磁力矩为

$$M=NBIS$$

当线圈转动时，旋丝卷紧，产生一个反抗的力矩

$$M'=\alpha\theta$$

式中，α 为扭转常量；θ 为线圈转角。

平衡时

$$M=NBIS=\alpha\theta$$

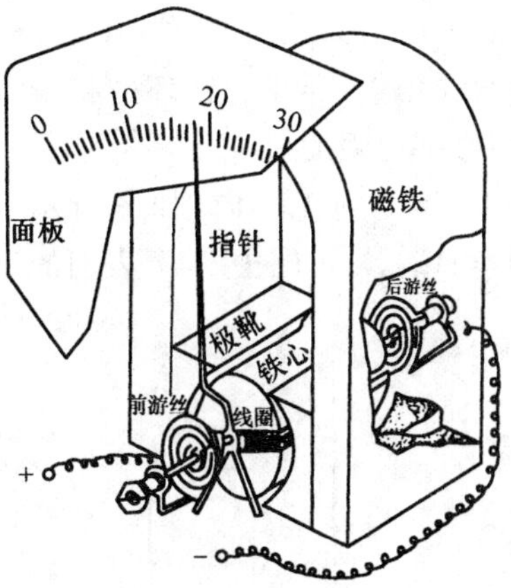

(a)

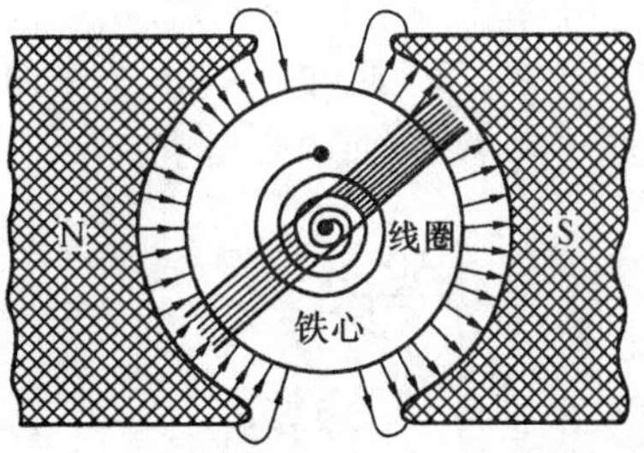

(b)

图 9-31　磁电式电流计

所以

$$I=\frac{\alpha}{NBS}\theta=K\theta$$

式中，$K=\frac{\alpha}{NBS}$为一常量。

由上式可以看出：根据线圈偏转角 θ，就可以测出线圈的电流 I。

本章习题

9-1　如图所示，两根长直导线互相平行地放置，导线内电流大小相等约为 $I=10\ \text{A}$，方向相同。求图中 M、N 两点的磁感应强度 B 的大小和方向(图中 $r_0=0.020\ \text{m}$)。

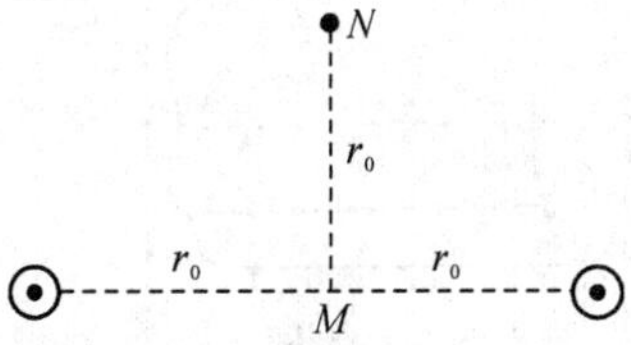

习题 9-1 图

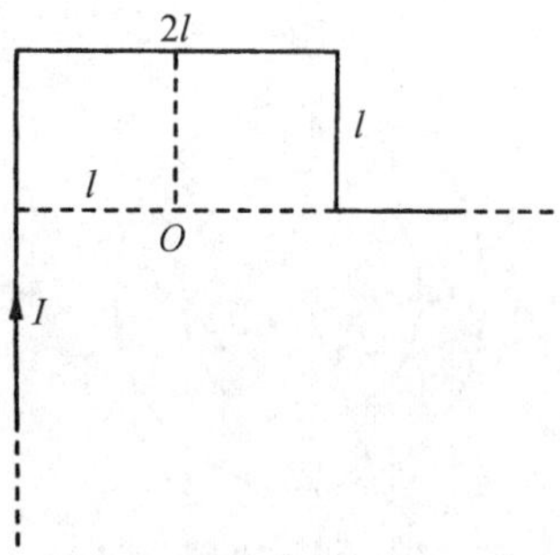

习题 9-2 图

9-2　一段导线弯成如图所示的形状，当导线中通以电流 I 后，试求 O 点处的磁感应强度？

9-3　如图所示，两种载流导线在平面内分布，电流均为 I，它们在点 O 的磁感应强度各为多少？

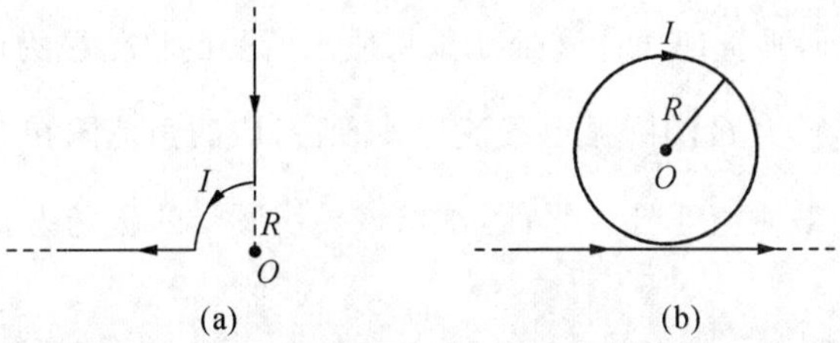

习题 9-3 图

9-4　已知地球北极地磁场磁感强度的大小为 $B=6.0\times10^{-5}$ T，如设想此地磁场是由地球赤道上一圆电流所激发的，试给出此电流的大小与方向。

9-5　两根长直导线沿铁环的半径方向与很远处的电源相接，导线与铁环的接触点为 A、B。若铁环截面积相同、电阻率相同。求环心处的磁感应强度。

9-6　已知一均匀磁场的磁感应强度 $B=2$ T，方向沿 x 轴正方向，如图所示 $abefdc$ 为直三棱柱，试求：(1) 通过图中 $abcd$ 表面的磁通量；(2) 通过图中 $befc$ 表面的磁通量；(3) 通过图中 $aefd$ 表面的磁通量。

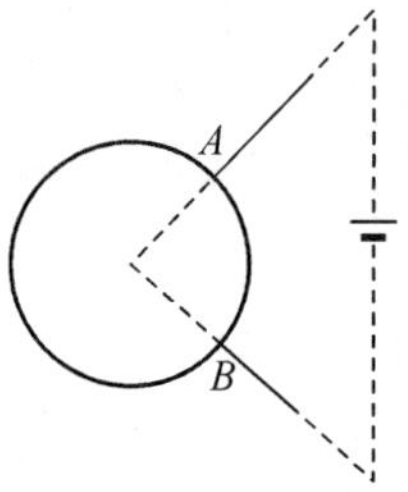

习题 9-5 图

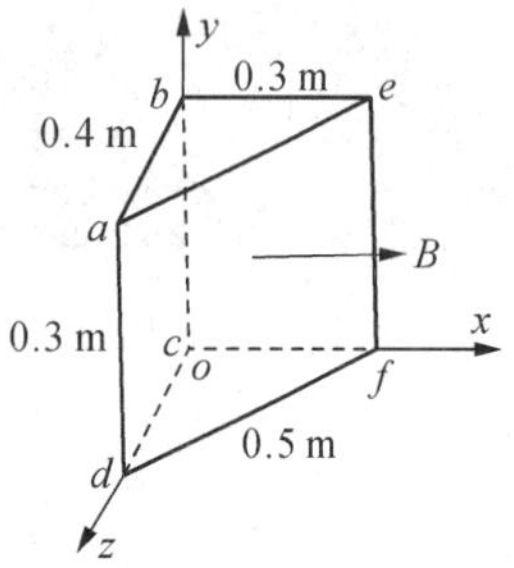

习题 9-6 图

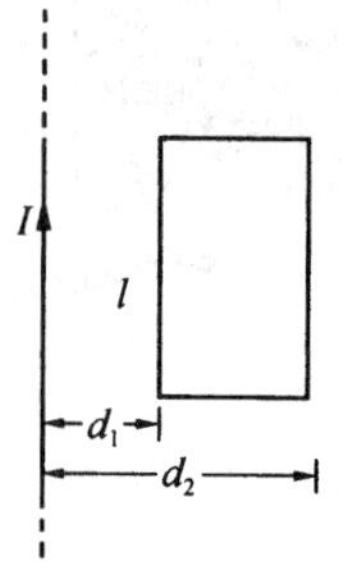

习题 9-7 图

9-7　如图所示，载流长直导线的电流为 I，试求通过矩形面积的磁通量；若右边存在另一根对称的通有同方向同大小电流的长直导线，则通过矩形面积的磁通量又有多大？

9-8　已知半径为 $R=1.8\times10^{-3}$ m 的裸铜线允许通过 50 A 电流而不致导线过热，电流在导线横截面上均匀分布。求导线内、外磁感应强度的分布。

9-9　一根长直导线通以电流 I_1，外面套有一半径为 R 的同轴长圆柱面，圆柱面上通以反向的电流 I_2，且 $I_1>I_2$，如图所示。试求离轴线为 r 处的磁感应强度。

9-10　空心圆柱形导线内外半径分别为 R_1 与 R_2，在导体内通有均匀分布在横截面上的电流 I，试求：

(1) 离轴线为 $r<R_1$ 处一点的 B_1；

(2) 在导体内部离轴线为 $r(R_1<r<R_2)$ 处一点的 B_2；

(3) 在圆柱导体外离轴线为 $r(r>R_2)$处一点的 B_3。

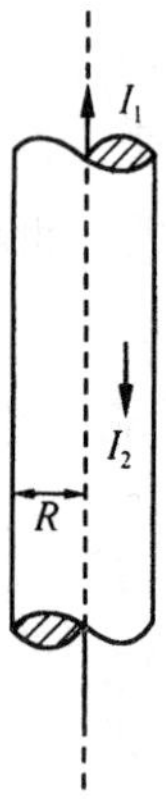

习题 9-9 图

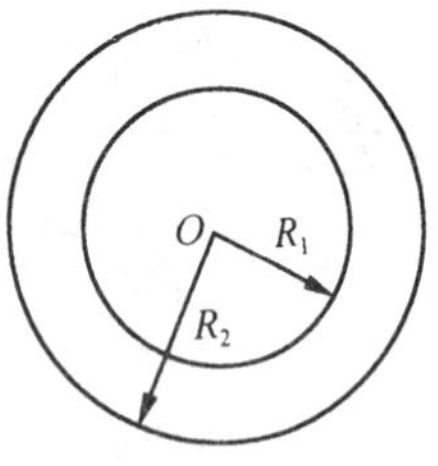

习题 9-10 图

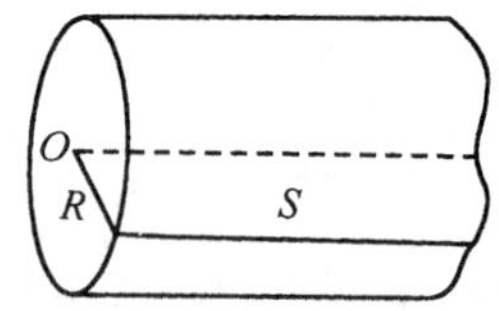

习题 9-11 图

9-11　一根铜导线通有电流 $I=10$ A，该电流在其半径为 R 的圆截面上均匀分布，在该导线内通过中心线作一平面 S，如图所示。试计算在导线 1 m 长的 S 平面上通过的磁通量 Φ。

9-12　已知地面上空某处地磁场的磁感应强度为 $B=0.4\times10^{-4}$ T，方向向北，若宇宙射线中有一速率为 $v=5.0\times10^{7}$ m/s 的质子，垂直地通过该处。试求质子所受的洛伦兹力的大小和方向。

9-13　在平面中有一半径为 R 的圆弧形载流导线，所对应的角范围在 $\frac{\pi}{4}\sim\frac{3\pi}{4}$ 之间，导线中通有电流 I，导线处于均匀磁场中，磁场 $\boldsymbol{B}$ 垂直于导线平面，试求该导线所受的磁场力。

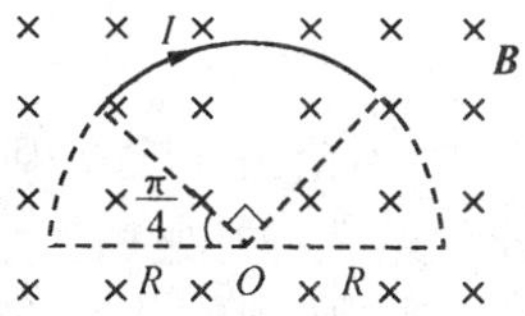

习题 9－13 图

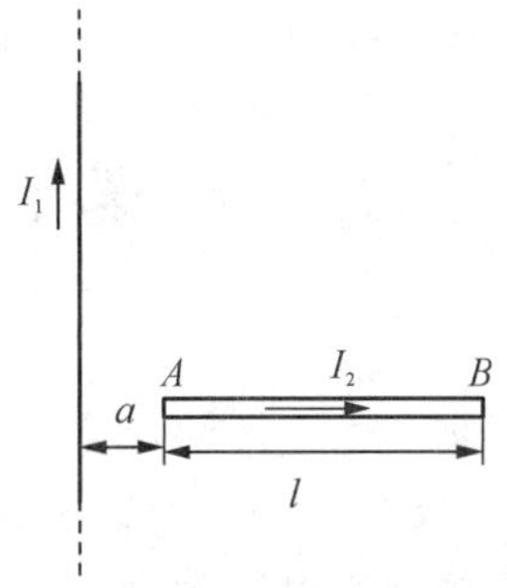

习题 9－14 图

9－14　如图所示，“无限长”直导线通有电流 I_1，在其旁放一载有电流 I_2 的直导线 AB，长为 l，与 I_1 共面且垂直于 I_1，近端与 I_1 相距为 a，试求 AB 导线受到安培力的大小和方向。

9－15　有一半径为 R 的半圆形电流 I_2，处于沿圆环直径方向的电流 I_1 产生的磁场中，某时刻圆心 O 恰好处于直电流 I 所在的位置，两者都彼此绝缘，求该时刻它们之间的相互作用力。

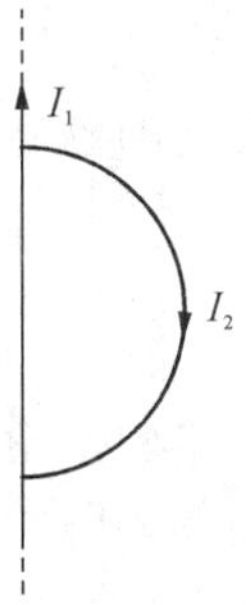

习题 9－15 图

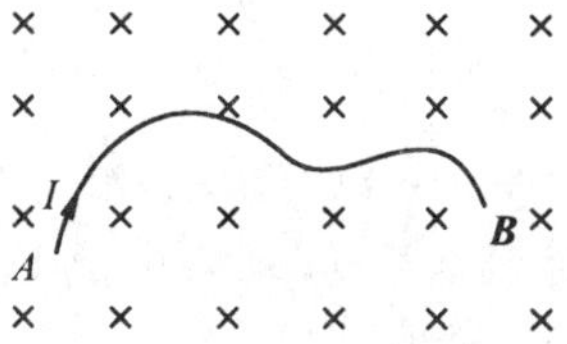

习题 9－16 图

*9－16　一通有电流 I 的导线，弯成如图所示的形状，放在磁感应强度为 $\boldsymbol{B}$ 的均匀磁场中，$\boldsymbol{B}$ 的方向垂直于纸面向里。试求该导线所受的安培力。

9－17　一矩形线圈面积 $S=0.5\ \mathrm{m}^2$，可绕 y 轴转动，线圈中通以电流 $I=1\ \mathrm{A}$，放置在 $B=0.8\ \mathrm{T}$ 的均匀磁场中，$\boldsymbol{B}$ 的方向沿 Ox 轴。求此线圈平面法向单位矢量 $\boldsymbol{e}_\mathrm{n}$ 与 $\boldsymbol{B}$ 之间的夹角为 θ 时的磁力矩，以及线圈所受最大磁力矩的大小。

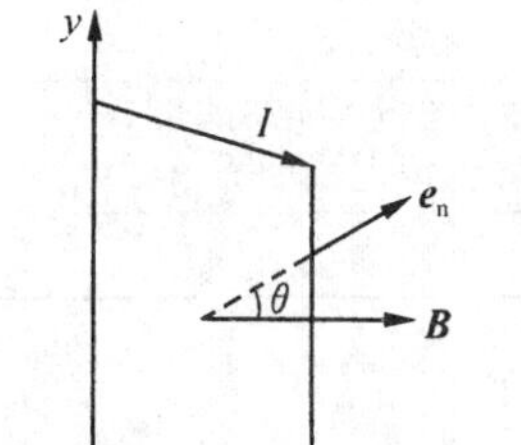

习题 9－17 图

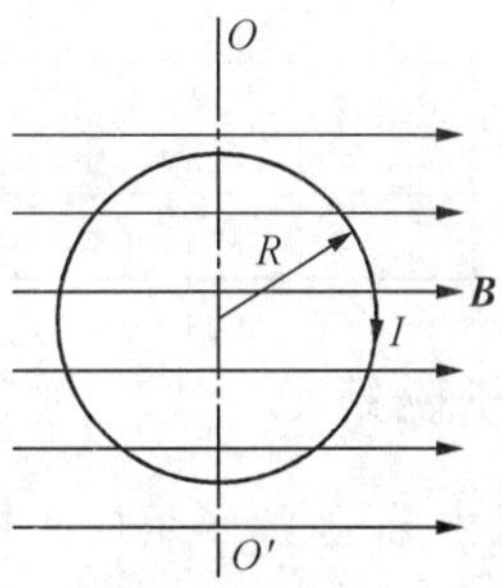

习题 9－18 图

9－18　半径为 R 的圆形线圈，可绕 OO' 轴转动，通有电流 I，放在磁感应强度为 $\boldsymbol{B}$ 的均匀磁场中，磁场方向与线圈平行，如图所示。求：(1) 线圈的磁矩；(2) 线圈所受到的磁力矩。

第十章　磁介质

我们在第九章讨论了真空中磁场的规律，但在实际问题中，不论是在磁铁周围，还是在通电导线周围都有各种各样的物质存在，这些物质统称为磁介质。由不同的磁介质对磁场作用后所表现的对原磁场的影响有着巨大差异。本章将用简单模型讨论这种巨大差异形成的物理原理，并由此讨论各向同性介质中磁场的基本规律。

10.1　磁介质

1. 磁介质的分类

在一个直螺线管中放入不同的介质，并测量在螺旋管通电状态下的磁感应强度。若螺线管中没有介质时的磁感应强度为 $\boldsymbol{B}_0$，放入介质后的磁感应强度为 $\boldsymbol{B}$，发现

$$\boldsymbol{B} = \mu_r \boldsymbol{B}_0 \tag{10-1}$$

式中，**$\boldsymbol{\mu}_r$ 为介质的相对磁导率**。它没有量纲，对于不同的介质，根据实验测定的结果发现 μ_r 有 3 种情况：μ_r 略大于 1；μ_r 略小于 1；μ_r 远大于 1。如图 10－1 所示，μ_r 略大于 1 的介质称为**顺磁质**，如铝、锰、铬、铂、氮等；μ_r 略小于 1 的介质称为**抗磁质**，如银、铜、铋、硫、氯、氢、金、铅、锌等；μ_r 远大于 1 的介质称为**铁磁质**，如铁、钴、镍、钆、铁氧体和某些合金。铁磁质对磁场的影响很大，在电工技术中具有广泛的应用。空气也是介质，但空气的相对磁导率 μ_r 近似等于 1，相当于真空。

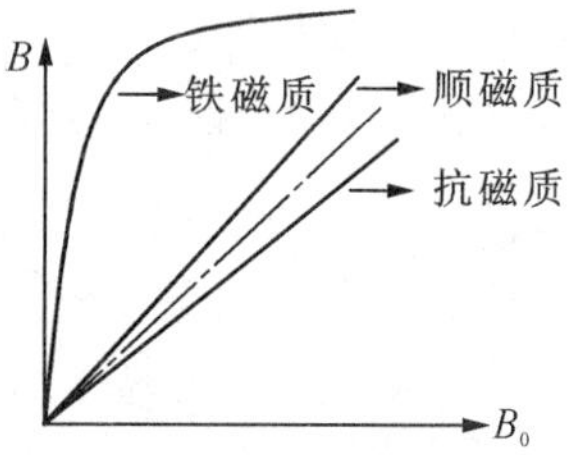

图 10－1　三类磁介质的相对磁导率曲线

表 10－1　一些铁磁质的相对磁导率

材料	相对磁导率	材料	相对磁导率
铸铁	200～400	硅钢(Si4%)	7 000(max)
铸钢	500～2 200	坡莫合金(Ni78.5%，Fe21.5%)	100 000(max)
纯铁(99.99%)	18 000(max)		

2. 分子电流和分子磁矩

任何物质(实物)都是由分子、原子组成。根据玻尔的原子模型，分子或原子中任何一个电子都在不停地环绕原子核运动，这种运动等效于一个圆电流分布，因而能产生磁效应，可用一个等效的圆电流表示，亦称为分子电流。这种圆电流具有一定的磁矩，称为分子磁矩。用符号 $\boldsymbol{m}$ 表示，如果以 I 表示电流，以 S 表示圆面积，则一个分子圆电流的磁矩为

$$\boldsymbol{m} = IS\,\boldsymbol{e}_n$$

式中，$\boldsymbol{e}_n$ 为圆面积的正法线方向的单位矢，它与电流流向满足右手螺旋关系，如图 10－2 所示。

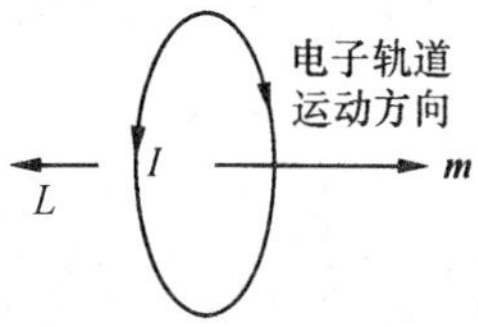

图 10－2　分子电流与分子磁矩

用简单的模型估算原子内部电子轨道运动形成的分子磁矩的大小，假设电子(质量为 m_e)在半径为 r 的圆周上以恒定的速率 v 绕原子核运动，电

子轨道运动的周期就是$\frac{2\pi r}{v}$，由于每个周期内通过轨道上任意“截面”的电量为一个电子的电量e，因此，沿着圆形轨道的电流就是

$$I = \frac{e}{2\pi r/v} = \frac{ev}{2\pi r}$$

式中，I为分子电流。

由于电子带负电，所以分子电流的方向与电子运动的方向相反。

分子电流的磁矩(简称分子磁矩)为

$$m = IS = \frac{ev}{2\pi r}\pi r^2 = \frac{evr}{2}$$

由于电子轨道运动的角动量$L = m_e vr$，所以，分子磁矩又可以表示为

$$\boldsymbol{m} = -\frac{e}{2m_e}\boldsymbol{L} \tag{10-2}$$

说明**分子磁矩和电子的轨道角动量始终处于相反的方向上**(图 10-2)。

3. 磁化效应

当介质不受外磁场作用时，由于热运动，其分子磁矩处于随机分布的状态，所以分子磁矩对外并显示其磁效应。一旦有外磁场$\boldsymbol{B}_0$作用于分子磁矩，那么由于磁力的作用，将使分子磁矩受到磁力矩$\boldsymbol{M} = \boldsymbol{m}\times\boldsymbol{B}_0$的作用。在此磁力矩的作用下，磁矩方向产生扭转的趋势，最后就可能转向外磁场的方向。因此，称这样的磁化机理为**取向磁化**。当许多分子磁矩的方向与外磁场方向一致时，这些分子磁矩联合对外产生磁效应，这就产生一个附加的磁场$\boldsymbol{B}'$，这种附加磁场$\boldsymbol{B}'$与外磁场的方向$\boldsymbol{B}_0$一致，$\boldsymbol{B}'$的大小完全取决于与外磁场一致的分子数，叠加在一起，介质中磁感应强度就不再是$\boldsymbol{B}_0$。

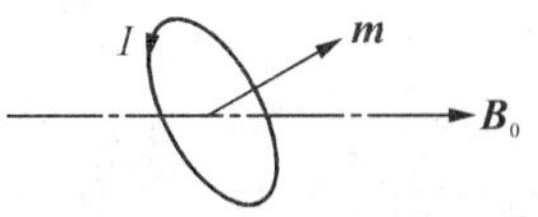

图 10-3　分子磁矩在外磁场作用下发生扭转

* 在磁化过程中，绝大多数物质的分子磁矩比较小，得不到外界足够的能量，因此形不成取向磁化，但它们仍受磁力矩的作用，这时磁力矩的作用表现在对电子轨道角动量的改变上。

$$\begin{aligned} \mathrm{d}\boldsymbol{L} &= \boldsymbol{M}\mathrm{d}t \\ &= (\boldsymbol{m}\times\boldsymbol{B})\mathrm{d}t \\ &= -\frac{e}{2m}(\boldsymbol{L}\times\boldsymbol{B})\mathrm{d}t \end{aligned}$$

所以电子轨道角动量的改变量$\mathrm{d}\boldsymbol{L}$与$\boldsymbol{L}$和$\boldsymbol{B}$垂直，形成电子轨道角动量绕磁场方向发生“进动”，如图 10-4 所示。图中显示，不论电子绕核方向如何，其角动量进动的方向总与外磁场$\boldsymbol{B}_0$一致，由于电子带负电，所以由进动形成的附加磁矩$\Delta\boldsymbol{m}$总与外场反向，这些附加磁矩$\Delta\boldsymbol{m}$很微弱，但大量的随机分子的叠加也会对外形成磁效应，产生一个附加磁场$\boldsymbol{B}'$，而$\boldsymbol{B}'$与$\boldsymbol{B}_0$反向，且$B' \ll B_0$。这种磁化的机理称为**感应磁化**。

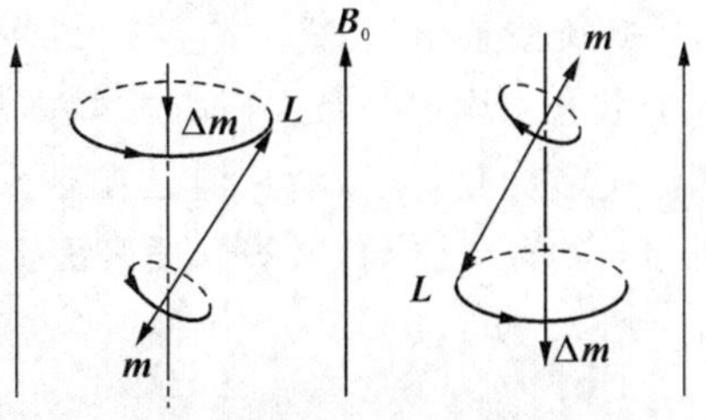

图 10-4　抗磁质的物理机理

一种介质的磁化从本质上讲，两者兼而有之，最后的结果在于是取向磁化占优势，还是感应磁化占优势。

对于**顺磁质，是以取向磁化为主**，虽然感应磁化也同时存在，但两者最后形成的附加磁场相抵以后，仍以取向磁化占优势，所以表现出附加磁场的方向与外场的方向一致。由于此附加磁场的量值小小于外磁场，所以相对磁导率略大于 1。

对于**抗磁质**，其本身的分子磁矩比较小，所以受到的磁力矩也小，磁场不足于使其表现出取向磁化的特点，最后**形成的磁化机理基本都是感应磁化**。附加磁场的方向与外磁场相反，由于感应磁化的附加磁场很小，所以其相对磁导率 μ_r 略小于 1。

对于铁磁质，由于它特有的微观结构——磁畴的存在，所以其磁化特点与顺磁质、抗磁质有很大不同。所谓**磁畴**，就是一个带有磁性的微小区域，如图 10 -5(a)所示。磁畴磁性的方向取决于该区域的分子磁矩高度一致的方向。因此，每一个磁畴相当于一个小磁铁。在没有外磁场作用时，各磁畴磁性的方向是随机排列的，对外不显磁性，如图 10 - 5(b)所示；一旦受到一个外场的作用，方向与外磁场接近的磁畴首先转向，转向后，等效于加强外磁场的作用，使其他的磁畴受到更大的磁力矩的作用，因此磁畴纷纷转至外磁场方向，如图 10 - 5(c)所示，最后使磁性得到增强。**从取向磁化的机理来理解铁磁质，可以认为铁磁质中的分子几乎都转到与外磁场一致的方向**。由于转向的分子比例高，所以附加磁场 $\boldsymbol{B}'$ 很大，相对磁导率 $\mu_r \gg 1$，但 μ_r 并非是常量。实验表明，μ_r 随外磁场的变化而变化。这是不难理解的，因为当分子磁矩取向率接近 100%时，外界磁场对介质的磁化已经无法产生明显的影响，所以铁磁质最后会产生饱和现象。

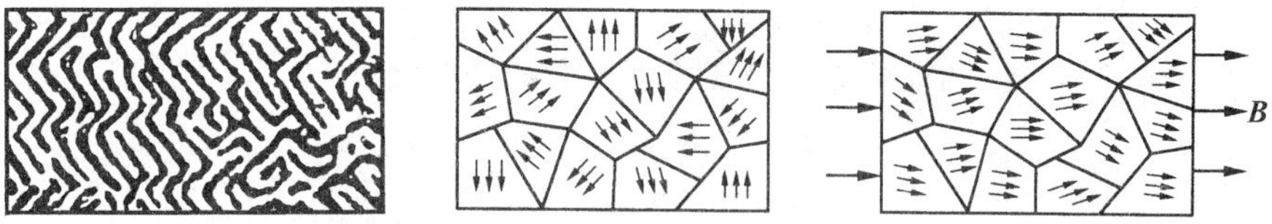

(a) 磁畴结构的铁粉图形　　(b) 无外磁场　　(c) 有外磁场

图 10 - 5　磁畴结构示意图

10.2　磁化强度　磁化电流

1. 磁化强度

为了描述磁介质磁化程度，可仿照电极化强度 $\boldsymbol{P}$，定义一个磁化强度 $\boldsymbol{M}$。

设磁介质中某体积元 $\Delta\Omega$ 内的所有分子磁矩矢量和为 $\sum\limits_i \boldsymbol{m}_i$，$\boldsymbol{m}_i$ 为第 i 个分子磁矩，定义**磁化强度**为

$$\boldsymbol{M} = \frac{\sum\limits_i \boldsymbol{m}_i}{\Delta\Omega} \tag{10-3}$$

磁化强度的物理意义为单位体积内分子磁矩的矢量和，$\boldsymbol{M}$ 的单位为 $\mathrm{A \cdot m^{-1}}$。

如果磁介质各点的磁化强度 $\boldsymbol{M}$ 相同，则称此介质为均匀磁化。

对于各向同性的铁磁介质中的每一点，其磁化强度 $\boldsymbol{M}$ 的方向与外磁场的方向平行。

2. 磁化电流

在螺旋管中放入一柱状铁磁质，当螺旋管通电后，管内产生一磁场，此时介质分子固有磁矩沿着外磁场方向取向，与这些磁矩相对应的分子圆电流均匀分布在磁介质体内，若不考虑介质边缘，在介质中间的任意一点，总有相反方向的分子电流流过，它们相互抵消。但是在磁介质表面，这些分子圆电流贴近外表面的部分未被抵消，它们都沿着表面相同的方向流动，这些**介质表面上的等效电流称为磁化电流或分子面电流**。

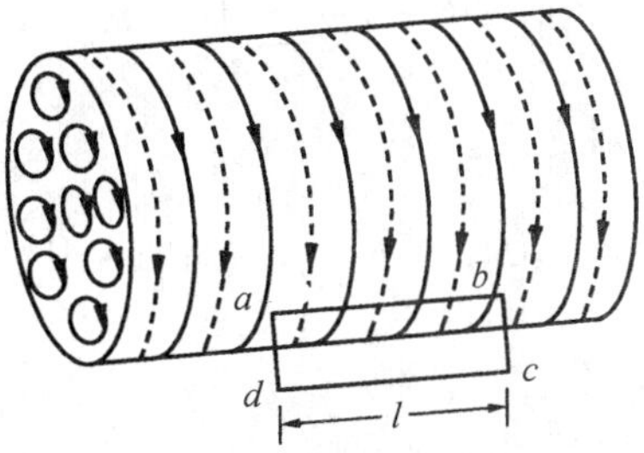

图 10-6　顺磁质的磁化电流

图 10-6 显示，铁磁质内任意一截面上分子电流的排列情况以及表面上的磁化电流分布。磁化电流是分子电流的宏观表现，它同样能反映磁介质的磁化情形，因此，它与磁化强度之间应存在必然的联系。这里选一特例讨论，设有一无限长载流直螺线管，管内充满各向同性的均匀磁介质，传导电流在螺线管内激发的磁场沿轴线方向，这时磁介质中各分子电流的磁矩方向将转到与磁场一致的方向。

这时 $\sum_i \boldsymbol{m}_i$ 等价于介质表面的磁化电流 $\boldsymbol{I}_s$ 的磁矩，即

$$\sum_i \boldsymbol{m}_i = \boldsymbol{I}_s S \tag{10-4}$$

式中，S 为直螺线管的截面积。

在长为 l 的螺线管上的磁化电流可用磁化电流密度 $\boldsymbol{j}_s$ 表示为 $\boldsymbol{I}_s = \boldsymbol{j}_s l$。这样式(10-4)可表示为

$$\sum_i \boldsymbol{m}_i = j_s lS = \boldsymbol{j}_s \Omega \tag{10-5}$$

式中，Ω 为螺线管的体积。

将式(10-5)代入式(10-3)得磁化强度

$$|\boldsymbol{M}| = j_s \tag{10-6}$$

式(10-6)说明**磁化强度在数值上等于介质的磁化电流密度**。

在螺线管上取一闭合回路 $a\to b\to c\to d\to a$，因磁化强度总伴随外磁场 $\boldsymbol{B}_0$ 的存在而存在，所以在介质内 $\boldsymbol{M}$ 与 $\boldsymbol{B}_0$ 同向，在介质外 $\boldsymbol{M}=0$，故

$$\begin{aligned}\oint \boldsymbol{M}\cdot \mathrm{d}\boldsymbol{l} &= \int_a^b \boldsymbol{M}\cdot \mathrm{d}\boldsymbol{l} + \int_b^c \boldsymbol{M}\cdot \mathrm{d}\boldsymbol{l} + \int_c^d \boldsymbol{M}\cdot \mathrm{d}\boldsymbol{l} + \int_d^a \boldsymbol{M}\cdot \mathrm{d}\boldsymbol{l} \\ &= \int_a^b \boldsymbol{M}\cdot \mathrm{d}\boldsymbol{l} \\ &= j_s l' \\ &= I_s \end{aligned} \tag{10-7}$$

式中，I_s 表示的是闭合回路内的磁化电流。

10.3　介质中的安培环路定理　磁场强度

根据第九章的安培环路定理可得，在真空中，$\boldsymbol{B}$ 沿着任意一闭合回路 L 的积分满足关系

$$\oint \boldsymbol{B}\cdot \mathrm{d}\boldsymbol{l} = \mu_0 \sum_i I_i$$

式中，$\sum_i I_i$ 为安培环路定理中的传导电流。

当存在磁介质时，磁感应强度 $\boldsymbol{B}$ 的环流除传导电流外，还必须包括磁化电流，于是

$$\oint \boldsymbol{B} \cdot d\boldsymbol{l} = \mu_0\left(\sum_i I_i + I_s\right)$$

将磁化电流的表达式(10－7)代入，得到

$$\oint \boldsymbol{B} \cdot d\boldsymbol{l} = \mu_0\left(\sum_i I_i + \oint \boldsymbol{M} \cdot d\boldsymbol{l}\right)$$

移项后

$$\oint\left(\frac{\boldsymbol{B}}{\mu_0} - \boldsymbol{M}\right) \cdot d\boldsymbol{l} = \sum_i I_i$$

定义一个新的物理量——**磁场强度，用符号 $\boldsymbol{H}$ 表示**

$$\boldsymbol{H} = \frac{\boldsymbol{B}}{\mu_0} - \boldsymbol{M} \tag{10-8}$$

于是

$$\boxed{\oint \boldsymbol{H} \cdot d\boldsymbol{l} = \sum_i I_i} \tag{10-9}$$

式(10－9)就是**磁介质中安培环路定理的数学表达式**。国际单位制中，磁场强度的单位是$A \cdot m^{-1}$。

式(10－9)表明，在有磁介质的磁场中，沿任意闭合回路的磁场强度的环流等于该闭合环路上与之交链的传导电流的代数和。磁介质中的安培环路定理意义：$\boldsymbol{H}$ 矢量的环流只与传导电流 $\sum_i I_i$ 有关，而与磁介质的存在与否无关。因此，引入磁场强度后，在磁场分布具有高度对称性时，能够比较方便地求解有磁介质中的磁场问题。就像引入电位移矢量后，能够比较方便地求解有电介质时的静电场问题一样。安培环路定理和静磁场的另一普遍规律——磁场中的高斯定理，是处理静磁场问题的基本定理。

例 10－1 计算绕线密度为 n，电流为 I_0 的密绕螺线管内的磁场强度 $\boldsymbol{H}$。

解：如图 10－7 所示，作一矩形回路 $a \to b \to c \to d \to a$，则磁场强度的环流

$$\oint \boldsymbol{H} \cdot d\boldsymbol{l} = \int_a^b \boldsymbol{H} \cdot d\boldsymbol{l} + \int_b^c \boldsymbol{H} \cdot d\boldsymbol{l} + \int_c^d \boldsymbol{H} \cdot d\boldsymbol{l} + \int_d^a \boldsymbol{H} \cdot d\boldsymbol{l}$$

因磁化强度 $\boldsymbol{M}$ 与 $\boldsymbol{B}$ 有关，而 $\boldsymbol{H}$ 又与 $\boldsymbol{B}$、$\boldsymbol{M}$ 有关，所以最终磁场强度 $\boldsymbol{H}$ 将直接与磁感应强度 $\boldsymbol{B}$ 有关，在 $\boldsymbol{B}=\boldsymbol{0}$ 的区域必有 $\boldsymbol{H}=\boldsymbol{0}$，上式右边只有 $\int_a^b \boldsymbol{H} \cdot d\boldsymbol{l}$ 不等于零，而其余三项都为零。

故
$$\oint \boldsymbol{H} \cdot d\boldsymbol{l} = \int_a^b \boldsymbol{H} \cdot d\boldsymbol{l} = Hl$$

由介质中的安培环路定理 $Hl=nlI_0$ 可得

$$H = nI_0 \tag{10-10}$$

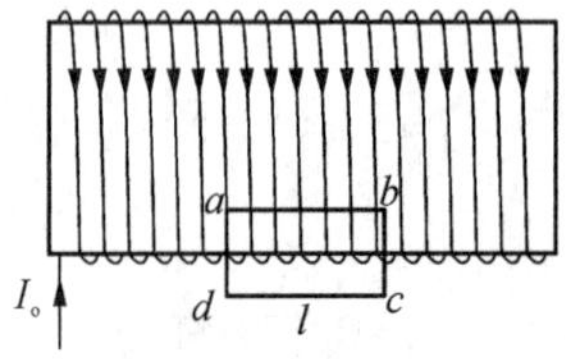

图 10－7 密绕螺线管中的磁场强度

现在回顾一下，真空中的密绕螺线管内的磁感应强度 $\boldsymbol{B}_0=\mu_0 nI_0=\mu_0\boldsymbol{H}$。实验发现，有介质时的密绕螺线管内的磁感应强度 $\boldsymbol{B}=\mu_r\boldsymbol{B}_0=\mu_0\mu_r\boldsymbol{H}$，或者写成

$$\boxed{\boldsymbol{B} = \mu \boldsymbol{H}} \tag{10-11}$$

$$\mu = \mu_0 \mu_r \tag{10-12}$$

式中，**μ 为介质的磁导率；μ_r 为介质的相对磁导率**。因空气的相对磁导率 $\mu_r = 1$，所以空气的磁导率等于 μ_0。

例 10-2　如图 10-6 所示，一半径 $R=4$ cm 的长直密绕螺线管通有电流 $I_0=100$ mA，绕线密度 $n=2\times10^3$ m^{-1}。有一同轴铁心，半径 $r=2$ cm，相对磁导率 $\mu_r=796$。求：

(1) 铁心内外的磁场强度与磁感应强度；(2) 铁心内外的磁通量。

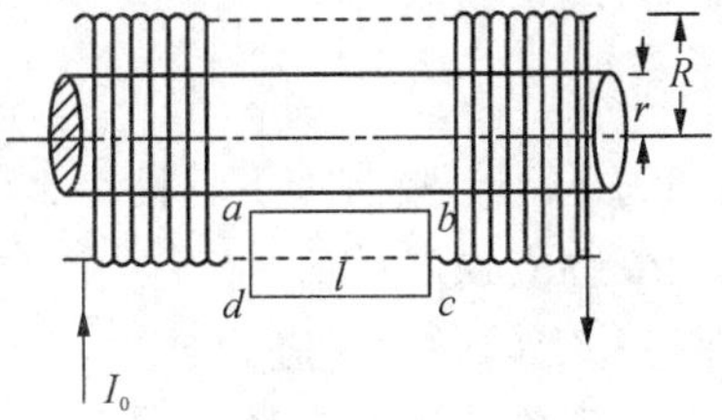

图 10-8　例 10-2 图

解：(1) 作矩形 $a\to b\to c\to d\to a$ 为安培环路，磁场强度的环流

$$\oint \boldsymbol{H}\cdot \mathrm{d}\boldsymbol{l} = \int_a^b \boldsymbol{H}\cdot \mathrm{d}\boldsymbol{l} + \int_b^c \boldsymbol{H}\cdot \mathrm{d}\boldsymbol{l} + \int_c^d \boldsymbol{H}\cdot \mathrm{d}\boldsymbol{l} + \int_d^a \boldsymbol{H}\cdot \mathrm{d}\boldsymbol{l}$$
$$= \int_a^b \boldsymbol{H}\cdot \mathrm{d}\boldsymbol{l}$$
$$= Hl$$

根据介质中的安培环路定理 $Hl = nlI_0$ 可得：

$$H = nI_0 = 2\times10^3\times100\times10^{-3}\ \text{A}\cdot\text{m}^{-1} = 200\ \text{A}\cdot\text{m}^{-1}$$

因磁场强度与介质无关，故铁心内外的磁场强度相等。

由介质中的磁感应强度 $B=\mu_0\mu_r H$ 得：

空气中的磁感应强度 $B_0 = \mu_0 H = 4\pi\times10^{-7}\times200\ \text{T} = 2.5\times10^{-4}\ \text{T}$。

铁心中的磁感应强度 $B = \mu_0\mu_r H = 0.2\ \text{T}$。

(2) 铁心中的磁通

$$\Phi_m = BS = 0.2\pi r^2 = 2.5\times10^{-4}\ \text{Wb}$$

空气中的磁通

$$\Phi_{m0} = B_0 S_0 = 2.5\times10^{-4}\times\pi(R^2-r^2) = 9.4\times10^{-7}\ \text{Wb}$$

比较一下，空气中的磁通只有铁心中的 0.38%。

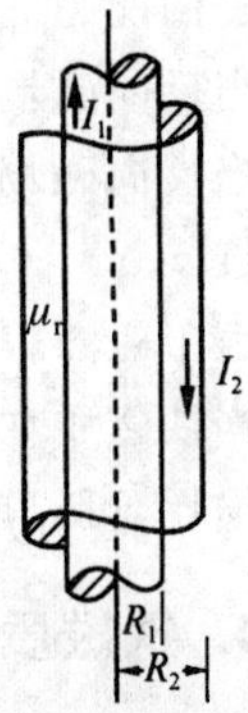

图 10-9　例 10-3 图

例 10-3　如图 10-9 所示，两个半径分别为 R_1 和 R_2 的无限长同轴电缆，圆筒形导体之间充以相对磁导率 μ_r 的均匀磁介质，两圆筒通有相反方向的电流，且 $I_1=I_2$。试求：

(1) 磁介质中任意一点的磁感应强度的量值；

(2) 在离圆筒轴线 $r(>R_2)$ 一点处的磁感应强度。

解：(1) 在 $R_1<r<R_2$ 的磁介质中，由安培环路定理 $\oint_{L_1} \boldsymbol{H}_1\cdot \mathrm{d}\boldsymbol{l} = H_1 2\pi r = I_1$

可得：
$$H_1=\frac{I_1}{2\pi r},\ B_1=\mu_0\mu_r\frac{I_1}{2\pi r}$$

(2) 当 $r>R$ 时，由安培环路定理 $\oint_{L_2}\boldsymbol{H}_2\cdot d\boldsymbol{l}=H_2 2\pi r=0$ 可得
$$H_2=0,\ B_2=0$$

10.4 铁磁质

1. 铁磁质的特性

铁磁质是一类性能特殊、用途广泛的磁介质，具有如下特性：

(1) 在外磁场作用下能产生很强的磁感应强度；

(2) 当外磁场停止作用时，仍能保持一定的磁化状态；

(3) 磁感应强度与磁场强度之间不是简单的线性关系；

(4) 铁磁质都有一临界温度，在此温度之上，铁磁性完全消失而成为顺磁质，这一温度称为居里温度或居里点，不同的铁磁质有不同的居里温度，如铁的居里温度为 770 ℃，镍的居里温度为 358 ℃，钴的居里温度为 1 115 ℃。

2. 铁磁质的磁化规律

如图 10－10 所示的铁磁质 B－H 曲线中初始磁化曲线 Oa，铁磁质的 μ 很大，且随外磁场变化而变化，B 与 H 之间为非线性关系。在该曲线上，各处的斜率不同，意味着铁磁质的磁导率 μ 不同，μ 随 $\boldsymbol{H}$ 的变化而变化，最后曲线越来越平缓，表示随 $\boldsymbol{H}$ 继续增加，$\boldsymbol{B}$ 到达饱和状态，相应的磁感应强度为饱和磁感应强度 B_m。

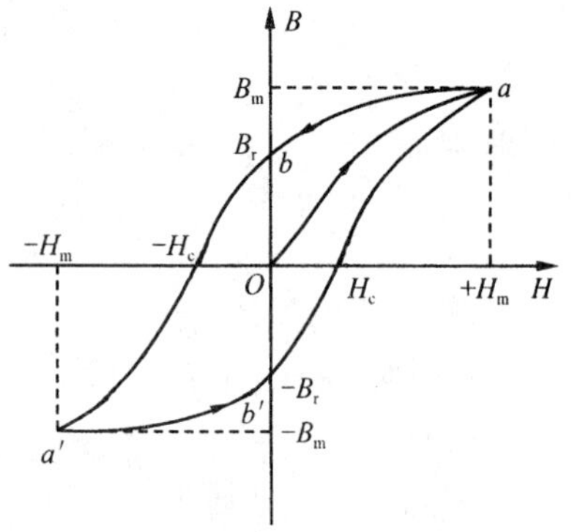

图 10－10　磁滞回线

3. 磁滞回线

磁滞现象是铁磁质的一项重要特性实验曲线。如图 10－10 所示，当外磁场由 H_m 逐渐减小时，磁感应强度 B 并不是沿起始曲线 Oa 减少，而是落后于 H 的变化，这种现象就是**磁滞现象**，简称磁滞。

随着 H 的减小，B 沿 ab 缓慢减小，当 $H=0$ 时，B 还有一定值，$B=B_r$。B_r 称为**剩磁**。

当 H 继续减小，即反向磁场强度增加到 $H=-H_c$ 时，$B=0$。此时的 H_c 称为**矫顽力**，表示铁磁质抵抗去磁的能力。

当反向磁场继续增加达到 $H=-H_m$ 时，反向磁化达到饱和。

当反向磁场逐渐减弱，磁感应强度 B 便沿 $a'b'$ 变化，然后随正向磁场增加，B 便沿 $b'a$ 变化，最终回到起始点 a。

由于磁滞，**$\boldsymbol{B}$－$\boldsymbol{H}$ 曲线形成一个闭合曲线，故称磁滞回线**。

当铁磁质在交变磁场中被反复磁化时，由于磁滞现象，介质要发热而消耗能量，这种损失的能量称为磁滞损耗，可以证明，在缓慢磁化情况下，经历一次磁化过程损耗的能量，与磁滞回线包围的面积成正比。

4. 铁磁质的分类

根据矫顽力的大小或磁滞回线的形状，把铁磁质分为三类：软磁材料、硬磁材料、矩磁材料，如图 10－11所示。

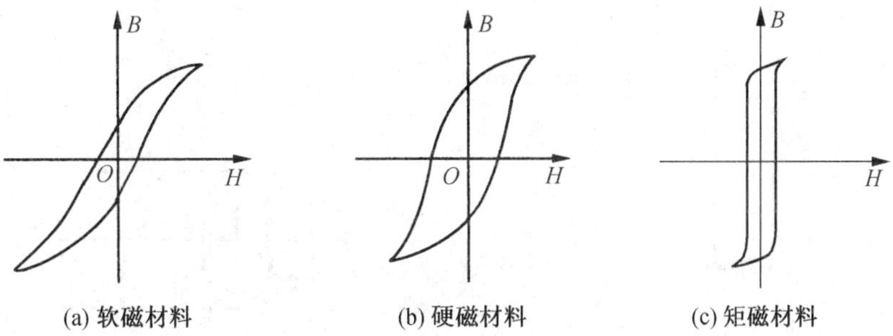

图 10－11　铁磁质分类

(1) **软磁材料**，包括像纯铁、硅钢、坡莫合金、铁氧体等一类磁介质，其剩磁小、矫顽力小，容易磁化，也容易退磁；磁滞回线细而窄，所包围的面积小，因而磁滞损耗小。软磁材料适用于交变磁场中，常用作变压器、继电器、电磁铁、电动机和发电机的铁心。

(2) **硬磁材料**，包括像碳钢、钨钢、铝镍合金、钕铁硼等材料，其矫顽力大，剩磁大，磁滞回线宽、大，磁滞损耗大。这种材料磁化后能保留很强的磁性，适用于制造各种类型的永久磁体，用于宇宙测量、电子仪表以及扬声器等。

(3) **矩磁材料**，包括像锰-镁、锂-锰等铁氧体、磁化瓷等磁滞回线接近于矩形，其特点是剩磁接近饱和值，矫顽力小。若矩磁材料在不同方向的外磁场下磁化，当电流为零时，总是处于 B_r 或 $-B_r$ 两种剩磁状态，因此可用作计算机的“记忆”元件，可应用于自动控制等领域。

5. 磁屏蔽

如图 10－12 所示，从磁感应线的折射情形可以看出，磁场从磁导率小的介质进到磁导率大的介质，磁感应线偏离法线，从磁导率大的介质到磁导率小的介质，磁感应线偏向法线，因而用磁导率很大的软磁材料(坡莫合金、铁烙合金等)做成的罩放在外磁场中。由于罩的磁导率 μ 比真空磁导率 μ_0 大得多，绝大部分磁感应强度从罩壳的壁内通过，而罩的空腔内部磁感应线极少，这就达到了**磁屏蔽**的目的。

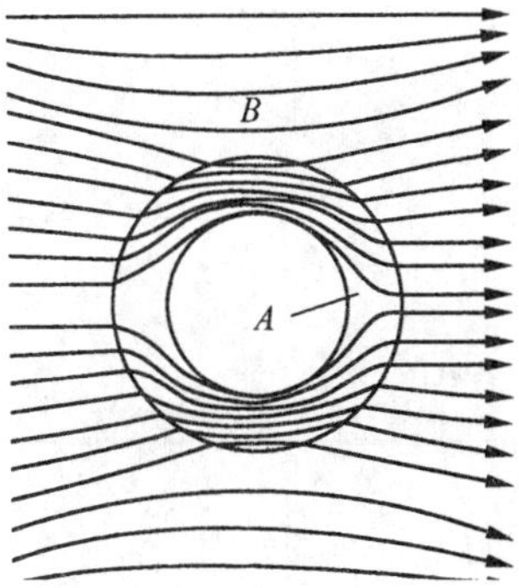

图 10－12　磁屏蔽

本章习题

10－1　一均匀磁化的介质棒，其直径为 1 cm，长 $l=10$ cm，磁化强度 $M=1\,000$ A/m。试求该棒的总磁矩的大小。

10－2　一螺绕环中心周长为 $l=10$ cm，环上密绕线圈 $N=200$ 匝，线圈中通以电流 $I=0.1$ A，试求：(1) 管内的磁场强度 $\boldsymbol{H}_0$ 及磁感应强度 $\boldsymbol{B}$；(2) 当环管内充以相对磁导率 $\mu_r=4\,200$的磁性材料后，则管内的 $\boldsymbol{H}$、$\boldsymbol{B}$ 各是多少？

10－3　在实验室，为了测试某种磁性材料的相对磁导率 μ_r，常将这种材料做成截面为矩形的环形样品，然后用漆色线绕成一环形螺线管。设圆环的平均周长 $l=0.1$ m，截面积为 $0.50\times10^{-4}\ \mathrm{mm}^2$，线圈的匝数为 200 匝。当线圈通以 0.20 A 的电流时，测得穿过圆环横截面积的磁通量为 9.0×10^{-5} Wb。求此时该材料的相对磁导率 μ_r。

10－4　如图所示，一根长直导线通以电流 $I_1=2$ A，外面套有半径为 R 的同轴圆柱面，圆柱面上通以反向电流 $I_2=1$ A，圆柱内充满磁介质。其磁导率为 $\mu=1\times10^{-4}\ \mathrm{Wb}\cdot(\mathrm{A}\cdot\mathrm{m})^{-1}$，圆柱外是真空。试求磁感应强度的分布。

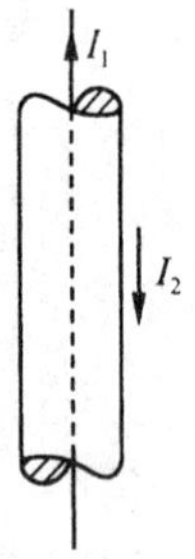

习题 10－4 图

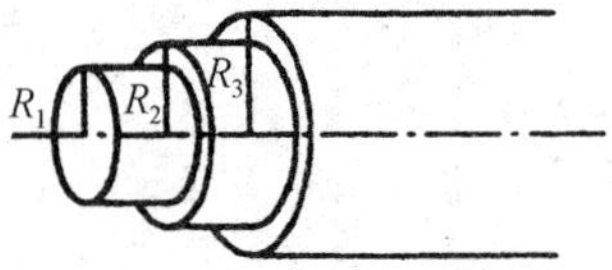

习题 10－5 图

10－5　如图所示，一根长直同轴电缆，内、外导体之间充满磁介质，磁介质的相对磁导率为 μ_r（μ_r＜1），导体的磁化可以略去不计。电缆沿轴向有稳恒电流 I 通过，内外导体上电流的方向相反。求介质空间的磁感应强度。

第十一章　电磁感应

1820 年奥斯特(H. Oersted)发现了载流导线附近的磁针会发生偏转,这说明电流激发磁场。在奥斯特发现电流的磁效应以后,人们自然会想到能否利用磁效应产生电流的问题。英国物理学家法拉第(M. Faraday)于 1824 年提出了"磁能否产生电"的想法,并于 7 年后的 1831 年,法拉第和美国物理学家亨利各自发现了电磁感应现象,即利用磁场产生电流的现象。电流的发现说明在导线回路中有电动势。法拉第在许多实验的基础上归纳总结了电动势与磁通变化的规律——法拉第电磁感应定律。电磁感应现象和电流磁效应的发现全面揭示了自然界电现象和磁现象的联系,从而大大促进了电磁学理论的发展。

本章主要内容为:法拉第电磁感应定律、动生电动势和感生电动势、自感和互感、磁场的能量,以及麦克斯韦关于有旋电场和位移电流的假设,最后简要介绍电磁场方程,即麦克斯韦方程组。

11.1　电磁感应定律

1. 电磁感应现象

电磁感应定律是建立在实验基础上的,法拉第进行一系列实验,采用不同方式,证实电磁感应现象的存在,如图 11 - 1 所示。

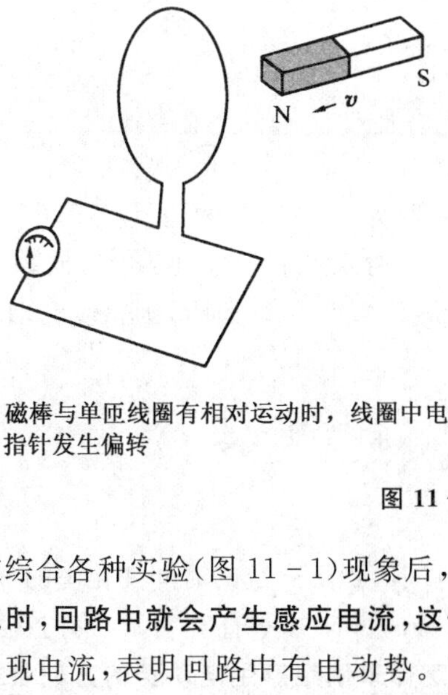

(a) 磁棒与单匝线圈有相对运动时,线圈中电流计指针发生偏转

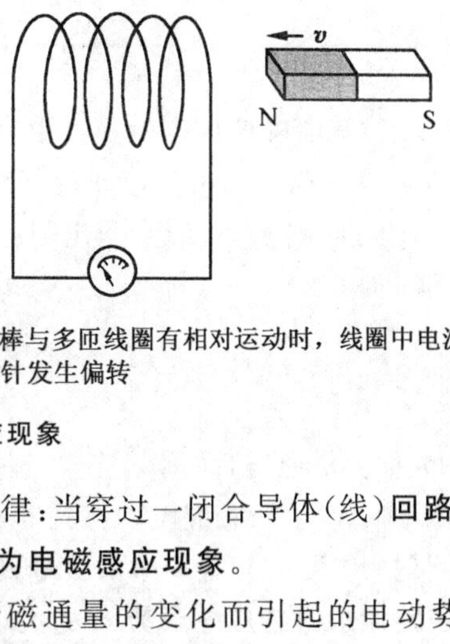

(b) 磁棒与多匝线圈有相对运动时,线圈中电流计指针发生偏转

图 11 - 1　电磁感应现象

法拉第在综合各种实验(图 11 - 1)现象后,发现如下规律:当穿过一闭合导体(线)**回路所围面积的磁通量发生变化时,回路中就会产生感应电流,这一现象就称为电磁感应现象**。

回路中出现电流,表明回路中有电动势。回路中由于磁通量的变化而引起的电动势,称为感应电动势。

2. 楞次定律

1833 年楞次(Lenz)在概括大量实验结果的基础上,得出确定闭合回路中感应电流方向的法则,该法则称为**楞次定律**。楞次定律指出:**感应电流所产生的磁场线,总是阻止引起该电流的磁通量的变化**。用此定律可以判断感应电流的方向。

如图 11 - 2 所示,当磁棒的 N 极向线圈推进时,通过线圈的磁通量便增加,按照楞次定律,感应电流所激发的磁场方向,阻止这个磁通量的增加,所以感应电流激发的磁场的磁场线与原磁场方向相反。如图 11 - 2 所示,虚线表示感应电流的磁场线,实线表示磁棒的磁场线,再按右手螺旋法则确定线圈中的感应电流的方向,如图中箭头所示。再如图 11-3 所示,当磁棒拉离线圈时,这时线圈中的感应电流的磁场线与磁棒磁场线方向相同,按右手螺旋法则,感应电流的方向如图中箭头所示。

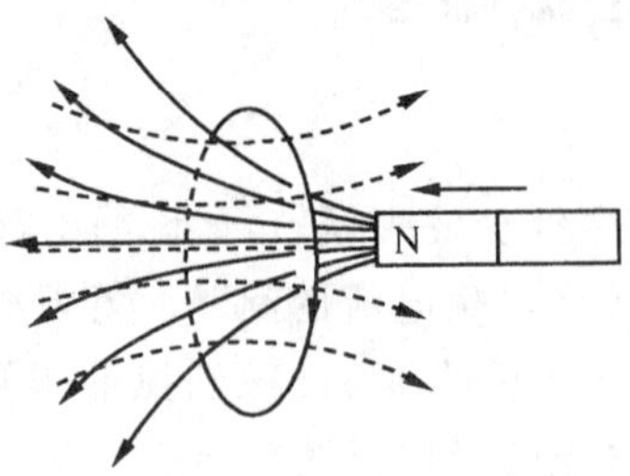

图 11-2　磁棒向线圈推进

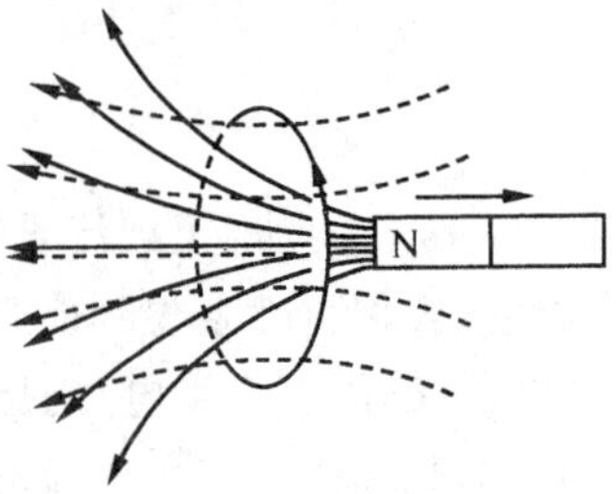

图 11-3　磁棒拉离线圈

总之,闭合导体回路中磁通量的变化将引起感应电流,而感应电流所激发的磁场也产生磁通量,又反过来阻止回路中磁通量的变化,正是这一对特殊矛盾又一次证实了物理学中能量守恒定律。例如,当磁棒以 N 极向线圈推进时,线圈中感应电流激发的磁场朝磁棒一面为 N 极,它阻止磁棒继续推进。如要维持感应电流,保持磁棒继续推进,那么必须依靠外力,因此是依靠外力做功来换取感应电流的电能。这是符合能量守恒定律的。同样可依磁棒拉离线圈进行类似分析,此时线圈中感应电流激发的磁场朝磁棒一面为 S 极,它阻止磁棒离开。要保持原先的运动,必须有外力做功,说明线圈中的**感应电流的电能是由磁棒运动的机械能转化而来**。

3. 法拉第电磁感应定律

一闭合回路由于磁通量的变化产生感应电流,反映闭合回路中磁通量的变化产生了感应电动势,法拉第根据许多试验结果总结:通过回路所围面积的磁通量发生变化时,回路中产生的**感应电动势与磁通量的时间变化率的负值成正比关系**,即

$$\boxed{\mathscr{E}_i=-\frac{\mathrm{d}\Phi}{\mathrm{d}t}} \tag{11-1}$$

这一关系被称为**法拉第电磁感应定律**。式中,已把比例系数取为 1,说明各物理量已采用国际单位制。$\mathscr{E}_i$ 的单位为伏特(V);Φ 的单位为韦伯(Wb);t 的单位为秒(s);负号反映感应电动势的方向。

由式(11-1)给出的感应电动势,指出回路为单匝的情形。如果为 N 匝时,则感应电动势为单匝回路时电动势的 N 倍,即

$$\mathscr{E}_i=-N\frac{\mathrm{d}\Phi}{\mathrm{d}t}=-\frac{\mathrm{d}}{\mathrm{d}t}(N\Phi) \tag{11-2}$$

式中,习惯将 $N\Phi$ 称为**磁通链**,简称磁链。

因此 N 匝回路中产生的感应电动势就等于通过回路所围面积的磁链的时间变化率的负值。

但在实际问题中,用式(11-1)中的负号判断感应电动势的方向并不直观明了,我们在**大学物理中常常根据电磁感应定律求得感应电动势 $\mathscr{E}_i$ 的大小,再用楞次定律来确定感生电动势的方向会显得比较容易和简单**。

如果闭合回路的电阻为 R,则感应电流为

$$I_i=\frac{\mathscr{E}_i}{R}=-\frac{1}{R}\frac{\mathrm{d}\Phi}{\mathrm{d}t} \tag{11-3}$$

在时间 $t_1 \sim t_2$ 内,通过导线任意截面的感应电荷量为

$$q_i=\int_{t_1}^{t_2} I_i \mathrm{d}t=-\frac{1}{R}\int_{\Phi_1}^{\Phi_2}\mathrm{d}\Phi=\frac{1}{R}(\Phi_1-\Phi_2) \tag{11-4}$$

式中,Φ_1 与 Φ_2 分别为 t_1 与 t_2 时刻通过导线回路所围面积的磁通量。

因此，式(11－4)表示在一段时间内通过导线截面的电荷量与该段时间内通过导线回路所围面积的磁通量的变化值成正比，而与磁通量变化的快慢无关。

4. 感应电动势的不同类型

法拉第电磁感应定律的数学表达式为

$$\mathscr{E}_i=-\frac{\mathrm{d}\Phi}{\mathrm{d}t}$$

式中，Φ 为外磁场在闭合导线内的磁通量。

当回路面积 S 不变，外磁场 B 不变，S 与 B 的相对位置不变(或者说当 B 与 S 的夹角不变)时

$$\Phi=BS\cos\theta \tag{11－5}$$

但实际情况是当 B、S、θ 三个量中的任意一个物理量发生变化时，Φ 都会变化。并按法拉第电磁感应定律可知，Φ 变化时，都会产生感应电动势。考虑到 B、S、θ 发生变化时产生的感应电动势，可以对式(11－5)两边对时间求导：

$$\begin{aligned}\mathscr{E}_i&=-\frac{\mathrm{d}\Phi}{\mathrm{d}t}\\&=-\left[S\cos\theta\frac{\mathrm{d}B}{\mathrm{d}t}+B\cos\theta\frac{\mathrm{d}S}{\mathrm{d}t}-\omega BS\sin(\omega t)\right]\end{aligned} \tag{11－6}$$

上式最后一项，假定了 $\theta=\omega t$，即线圈回路在磁场中做匀角速转动时而得到。可以判断，等式右边第一项表示在导线回路的面积 S 和相对磁场的位置 θ 不变时，仅有磁感强 B 对时间变化引起电动势，称为**感生电动势**，用 $\mathscr{E}_{ig}$表示。等式右边第二项，表示磁场大小方向不变，导线回路相对磁场的方向也不变，而仅有导线回路面积发生变化，从而产生电动势，称为**动生电动势**，用 $\mathscr{E}_{id}$表示。等式右边第三项表示磁场 B 和回路面积 S 都不变，只有它们的相对位置改变，如回路绕某转轴以 ω 转动时，便出现电动势，这样的电动势就是如今电力工业中的**发电机电动势**，用 $\mathscr{E}_{if}$表示。

通过以上分析，可以将感应电动势 $\mathscr{E}_i$ 写成三种电动势的和，即

$$\mathscr{E}_i=\mathscr{E}_{ig}+\mathscr{E}_{id}+\mathscr{E}_{if} \tag{11－7}$$

感生电动势 $$\mathscr{E}_{ig}=-S\cos\theta\frac{\mathrm{d}B}{\mathrm{d}t}$$

动生电动势 $$\mathscr{E}_{id}=-B\cos\theta\frac{\mathrm{d}S}{\mathrm{d}t} \tag{11－8}$$

发电机电动势 $$\mathscr{E}_{if}=\omega BS\sin\omega t=\mathscr{E}_0\sin\omega t$$

发电机电动势如今已拓展为一个强大的工业体系和一个完整的机电学科，这里不作过多介绍。下面将从原理上讨论一下动生电动势和感生电动势。

11.2　动生电动势

由动生电动势的表达式(11－8)可知，凡是导线回路面积发生变化，其他参数都不变的情况下产生的电动势。常见的导线回路面积变化形式是导线回路的一部分在磁场中运动，其最简单的形式如图 11－4 所示，图中导线回路 $a\to b\to c\to d\to a$ 平面的方向与磁感应强度 $\boldsymbol{B}$ 的关系平行，它们之间的空间夹角 $\theta=0$，导线 ab 可以在导线框架上滑动，形成回路 $a\to b\to c\to d\to a$ 的面积随时间变化，设 t 时刻导线 ab 所在的位置为 x，ab 的长为 l，导线 ab 滑动的速度 $\frac{\mathrm{d}x}{\mathrm{d}t}$

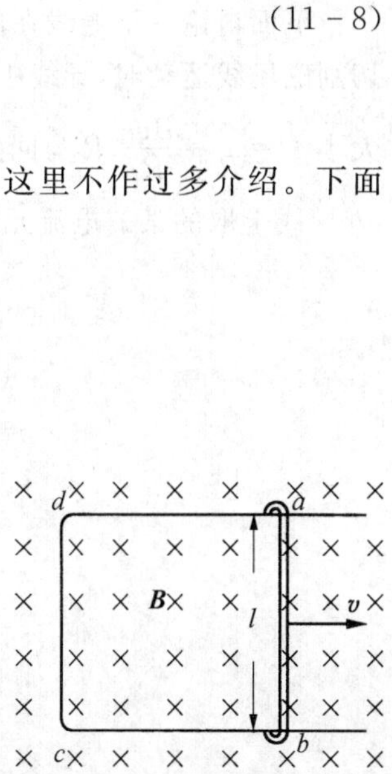

图 11－4　动生电动势

$=v$，对照式(11－8)可得，则该动生电动势的大小为

$$\mathscr{E}_{i\mathrm{d}}=-B\frac{\mathrm{d}}{\mathrm{d}t}(lx)$$
$$=-Blv \tag{11-9}$$

当导线 ab 向右以 v 的速度运动时，在导线回路 $a\to b\to c\to d\to a$ 中磁通增加，其中的感生电流产生的磁场必阻止该磁通的增加，因此其感生电流 I_i 为逆时针方向，在整个回路中，导线 ab 相当于电动势，其余导线 $bcda$ 相当于外电路，在 ab 中感生电流的方向由 b 指向 a。

那么，导线 ab 中的电动势从何而来呢？为了更好理解，把图 11－5 的装置改为没有外电路，只是导线 ab 在均匀磁场中以垂直于 $\boldsymbol{B}$ 的速度 $\boldsymbol{v}$ 向右运动。

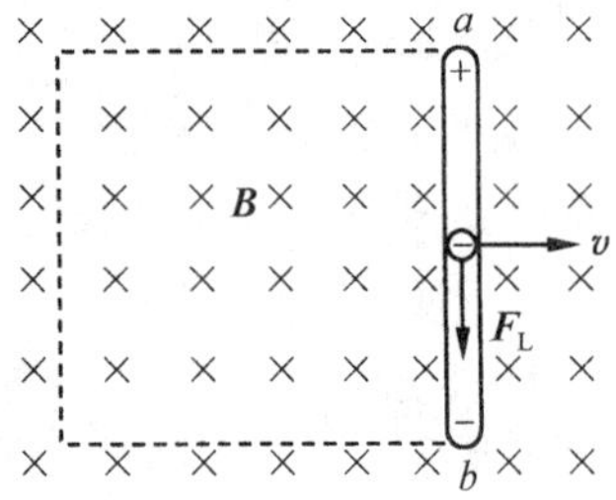

图 11－5　导线 ab 作切割磁感应线的运动，产生动生电动势

因导线 ab 中存在许多自由电子，当 ab 向右运动时，电子也有一向右的运动速度 $\boldsymbol{v}$，于是受洛伦兹力作用

$$\boldsymbol{F}_b=(-e)\boldsymbol{v}\times\boldsymbol{B} \tag{11-10}$$

使电子由 a 向 b 运动，**此时 $\boldsymbol{v}\times\boldsymbol{B}$ 相当于一个非静电场**，即 $\boldsymbol{E}_\mathrm{k}=\boldsymbol{v}\times\boldsymbol{B}$。由式(8－9)可得

$$\boxed{\mathscr{E}_{i\mathrm{d}}=\int_{-}^{+}\boldsymbol{E}_\mathrm{k}\cdot\mathrm{d}\boldsymbol{l}=\int_{b}^{a}(\boldsymbol{v}\times\boldsymbol{B})\cdot\mathrm{d}\boldsymbol{l}} \tag{11-11}$$

动生电动势 $\mathscr{E}_{i\mathrm{d}}$ 的方向就是 $\boldsymbol{E}_\mathrm{k}=\boldsymbol{v}\times\boldsymbol{B}$ 所指的方向。由此可见，形成动生电动势是运动电荷受到洛伦兹力作用的结果，洛伦兹力是产生动生电动势的直接原因。从中可见 $\boldsymbol{v}$ 不能平行与 $\boldsymbol{B}$。一种通俗的说法：**导线必须切割磁场线才能产生动生电动势**。

下面讨论一下导线在磁场中运动时有关能量转换关系，见图 11－6，一段长度为 l 的导线在磁场中做切割磁场线运动时，导线中产生动生电动势。当导线 ab 向右运动时，回路中感应电流 I_i 是由 b 指向 a，其大小 $I_i=\dfrac{\mathscr{E}}{R}=\dfrac{Bvl}{R}$，$R$ 为回路电阻。此时，载流导线 ab 在磁场中运动要受到安培力作用，根据安培定律，在 ab 导线上取的某一电流元 $I_i\mathrm{d}\boldsymbol{l}$，$I_i\mathrm{d}\boldsymbol{l}\perp\boldsymbol{B}$，积分从 b 到 a，导线 ab 受到安培力的量值为

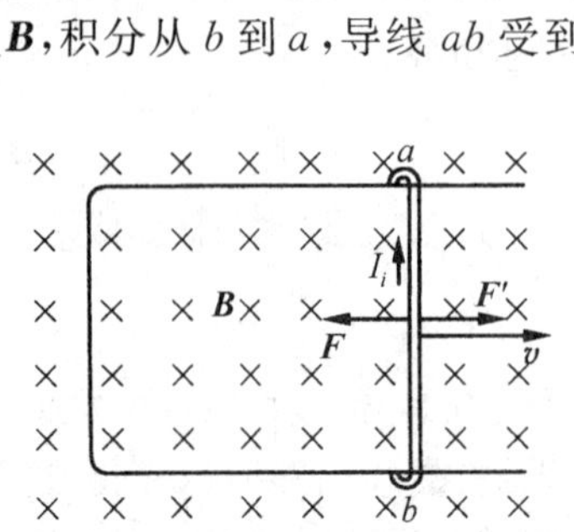

图11－6　导线在磁场中运动时的功能关系

$$\boldsymbol{F}=\int_{b}^{a}I_i\mathrm{d}\boldsymbol{l}\times\boldsymbol{B} \tag{11-12}$$

$$F=I_i lB$$

安培力 $\boldsymbol{F}$ 的方向垂直于 ab 向左，因此要维持 ab 向右做匀速运动使之产生恒定的电动势 $\mathscr{E}_i$，就必须提供外力 $\boldsymbol{F}'=-\boldsymbol{F}$，在这一过程中，外力克服安培力的功率为

$$P=F'v=I_i lBv=\frac{l^2B^2v^2}{R} \tag{11-13-1}$$

此时导线回路电阻上的热功率为

$$P'=I^2R=\frac{l^2B^2v^2}{R} \tag{11-13-2}$$

上两式的结果表明，**电阻上的热功率等于外力做功的功率**，电源 ab 向回路所提供的电能来源于外界供给机械能，即**电能是由机械能转换来**的。

由实践可知，在机械能转化为电能的过程中会有能量损耗，而热能转化为机械能时损耗更大，因此电能应为高品质能源，其次为机械能，而最差的则是热能。所以随意将电能转变为热能是浪费资源违反科学的行为。

例 11-1　如图 11-7 所示，一长直导线中通以电流 $I=10$ A，在其附近有一长度 $l=0.2$ m 的金属棒 ab，它与长直导线平行且共面，当棒在离开直导线为 $d=0.1$ m 时，其正好以速度 $v=2\ \mathrm{m\cdot s^{-1}}$ 向右运动。求此时棒中的动生电动势。

解：棒 ab 中的非静电场 $\boldsymbol{E}_k=\boldsymbol{v}\times\boldsymbol{B}$，式中，$\boldsymbol{B}$ 为棒 ab 所在位置处的磁场，$B=\dfrac{\mu_0 I}{2\pi d}$，$\boldsymbol{B}$ 的方向垂直于纸面向里，于是，$\boldsymbol{E}_k$ 的方向由 $b\to a$。

在棒 ab 中的动生电动势为

$$\mathscr{E}_i=\int_{b\to a}(\boldsymbol{v}\times\boldsymbol{B})\cdot \mathrm{d}\boldsymbol{l}=vBl=\frac{\mu_0 I}{2\pi d}vl$$

代入有关数据后，得

$$\mathscr{E}_i=8\times10^{-6}\ \mathrm{V}$$

其方向为 $b\to a$。

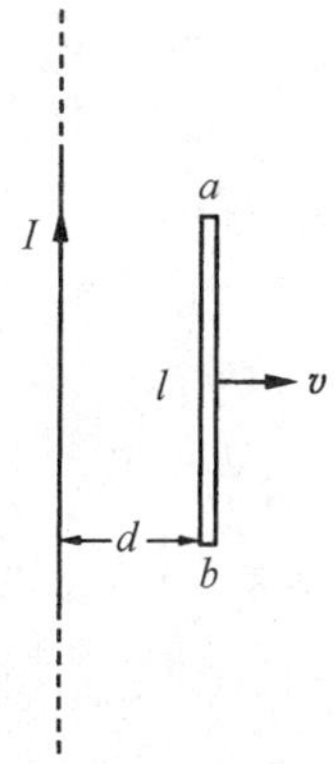

图 11-7　金属棒中的动生电动势

例 11-2　如图 11-8 所示，导体棒 OA 长为 $l=40$ cm，处于垂直于纸面向里的均匀磁场中，已知 $B=0.1$ T，当棒绕 O 点沿逆时针转动的角速度为 $\omega=100\ \mathrm{rad\cdot s^{-1}}$ 时。试求棒中动生电动势的大小和方向。

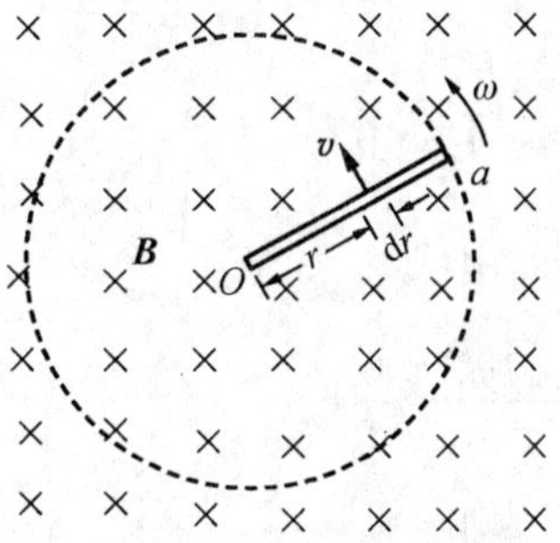

图 11-8　导体棒的电动势

分析：前面讨论的是金属棒上各点在匀强磁场中做匀速运动的简单情况。当金属棒绕其一端旋转时，棒上各点的速度都不一样，因此不能用前面的计算结果。

解：按式(11-11)建立 Or 轴，取 $r\to r+\mathrm{d}r$ 线元，因 $\mathrm{d}r$ 很小，可以视 $\mathrm{d}r$ 上所有各点的速度相同，因此该段棒元中的动生电动势为：

$$\mathrm{d}\mathscr{E}_i=(\boldsymbol{v}\times\boldsymbol{B})\cdot\mathrm{d}\boldsymbol{l}=-\omega rB\mathrm{d}r$$

按 $d\mathscr{E}_i$ 在棒上的分布，可视为一系列电动势的串联，所以棒中总的电动势为

$$\mathscr{E}_i = \int d\mathscr{E}_i = -\omega B\int_0^l r\,dr = -\frac{\omega B}{2}l^2$$

代入有关数据后 $\mathscr{E}_i=0.8$ V，其方向由 $\boldsymbol{v}\times\boldsymbol{B}$ 确定。则本题中的 $\mathscr{E}_i$ 的方向是由 a 指向 O，或者说 O 点的电势高于 a 点电势，即 $U_O>U_a$。

* **例 11-3** 当一根金属棒在均匀的磁场中做进动时，求金属棒两端的电动势。

解：如图 11-9 所示，设金属棒长为 l_0，匀强磁场磁感应强度为 $\boldsymbol{B}$，金属棒与磁感应强度的夹角为 θ，进动的角速度为 ω。以 O 为原点建立 Or 轴，取 $r\rightarrow r+dr$ 线元，线元 dr 在磁场中的线速度 $v=\omega r\sin\theta$

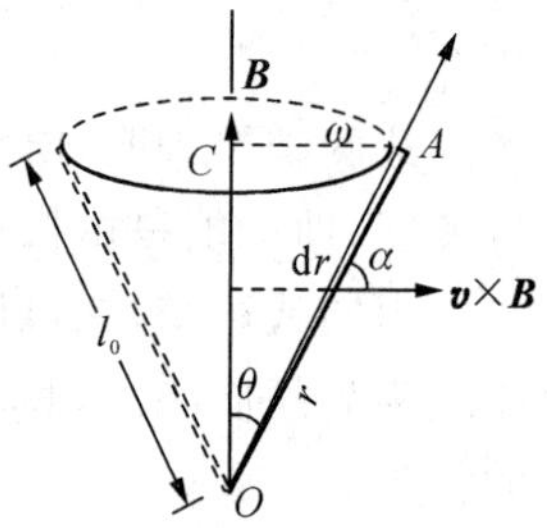

图 11-9 例 11-3 图

$$\begin{aligned} d\mathscr{E}_{id} &= (\boldsymbol{v}\times\boldsymbol{B})\cdot d\boldsymbol{l} \\ &= vB\,dr\cos\alpha \\ &= r\omega B\sin\theta\, dr\cos\alpha \end{aligned}$$

因 $\alpha+\theta=\frac{\pi}{2}$，故

$$d\mathscr{E}_{id} = \omega B\sin^2\theta\, r\,dr$$

$$\begin{aligned} \mathscr{E}_{id} &= \omega B\sin^2\theta\int_0^{l_0} r\,dr \\ &= \frac{1}{2}\omega B l_0^2\sin^2\theta \\ &= \frac{1}{2}\omega B(l_0\sin\theta)^2 \end{aligned}$$

A 点电势高于 O 点电势。

如果 $\theta=\frac{\pi}{2}$，本题与上题结果一致，当将金属棒 l_0 换成三角形金属板 OAC 情况又如何，请读者考虑。

例 11-4 在无限长直电流旁有一个垂直放置的金属杆，直电流为 $I=10$ A，金属杆近端与导线相距为 $a=0.1$ m，棒长为 $2a$，金属杆以速度 $v=2$ m/s 平行于导线运动。求金属棒中的电动势。

解：如图 11-10 所示，建立一个 Or 轴，取 $r\rightarrow r+dr$ 线元，线元 dr 处于不同的位置，磁感应强度都不同，因 dr 很小，所以可视 dr 所在处为匀强磁场，dr 处的磁感应强度 $B=\frac{\mu_0 I}{2\pi r}$。

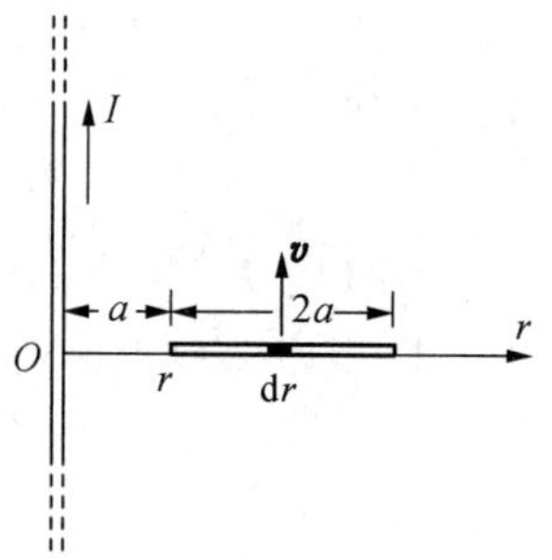

图 11-10 例 11-4 图

$$\begin{aligned} \mathscr{E}_{id} &= \int \boldsymbol{v}\times\boldsymbol{B}\cdot d\boldsymbol{l} \\ &= -\int vB\,dr \\ &= -\frac{\mu_0 I v}{2\pi}\int_a^{3a}\frac{dr}{r} \\ &= -\frac{\mu_0 I v}{2\pi}\ln 3 \\ &= 4.4\times10^{-6}\text{ V} \end{aligned}$$

靠近 O 点的端点电势较高。

例 11-5 有一半径为 R 的金属半圆环，在磁感应强度为 $\boldsymbol{B}$ 的均匀磁场中以速度 $\boldsymbol{v}$ 垂直于磁场运动，求此半圆环的电动势。

解：如图 11-11 所示，取 $\theta\rightarrow\theta+d\theta$ 的线元，$dl=Rd\theta$，则

$$\begin{aligned} \mathrm{d}\mathscr{E} &= \boldsymbol{v}\times\boldsymbol{B}\cdot\mathrm{d}\boldsymbol{l} \\ &= vB\mathrm{d}l\cos\theta \\ &= vB\cos\theta R\mathrm{d}\theta \end{aligned}$$

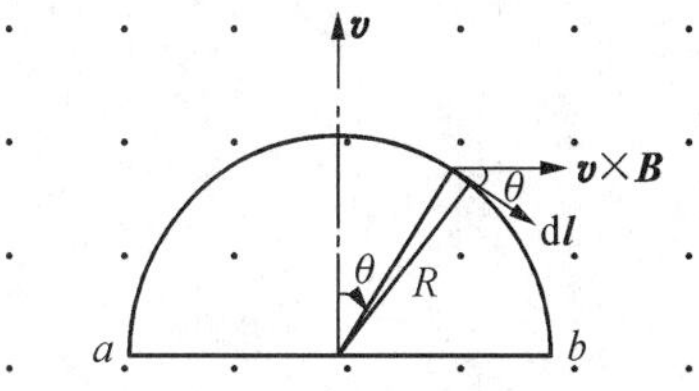

图 11-11　例 11-5 图

则

$$\begin{aligned} \mathscr{E} &= vBR\int_{-\frac{\pi}{2}}^{\frac{\pi}{2}}\cos\theta\mathrm{d}\theta \\ &= 2vrB \end{aligned}$$

b 点的电势高于 a 点的电势。

还可以从另外的角度考虑此问题。若将 ab 用金属棒连接，对于一个半圆环回路，运动速度 $\boldsymbol{v}$ 不改变其磁通，由法拉第电磁感应定律，半圆环回路中没有电动势，但金属棒 ab 在磁场中运动时会产生电动势 $\mathscr{E}_{ab}=2RvB$，因此 $\mathscr{E}_{\widehat{ab}}=2RvB$，它们在一个回路中处于反向串联状态，所以半圆形回路中没有电动势，也没有电流。

11.3　感生电动势

1. 感生电动势

设导线回路面积不变，仅由回路内的磁感应强度随时间变化时，产生的电动势称为感生电动势 $\mathscr{E}_{ig}$，当导线回路平面的方向与磁感应强度方向平行时，$\theta=0$，由式(11-8)可得

$$\mathscr{E}_{ig}=-S\left(\frac{\mathrm{d}B}{\mathrm{d}t}\right) \tag{11-14}$$

根据麦克斯韦的分析，认为变化的磁场会产生感生电场$\boldsymbol{E}_i$。为了方便讨论，取一个半径为 r 的环形回路，如图 11-12 所示。并在环形导线回路上取线元 $\mathrm{d}l$，$\mathrm{d}l$ 两端的电动势为 $\mathscr{E}_i$，由电动势的表达式(8-10)知，$\mathrm{d}\mathscr{E}_i=\boldsymbol{E}_i\cdot\mathrm{d}\boldsymbol{l}$，**$\boldsymbol{E}_i$ 是由磁场变化感应产生的非静电场，称为感生电场**。由于磁场的对称性分布，导线回路中各处的感生电场在量值上都相等，方向处于环形回路的切向，因而回路各线元上的 $\mathrm{d}\mathscr{E}_i$ 为串联，故回路中的感生电动势：

$$\mathscr{E}_{ig}=\oint\mathrm{d}\mathscr{E}_i=\oint\boldsymbol{E}_i\cdot\mathrm{d}\boldsymbol{l}=\oint E_i\cdot\mathrm{d}l=2\pi rE_i$$

结合式(11-14)可得

$$2\pi rE_i=-\pi r^2\frac{\mathrm{d}B}{\mathrm{d}t}$$

或者

$$\boxed{E_i=-\frac{r}{2}\left(\frac{\mathrm{d}B}{\mathrm{d}t}\right)} \tag{11-15}$$

导线回路中的感生电流可以理解为载流子在**感生电场**的作用下做漂移运动而形成的，而式(11-15)可以理解为**感生电场是由变化的磁场产生的**。它告诉我们从场的观点来看，**变化的磁场总会在空间激发电场，这与空间是否有导体回路存在没有关系**。如果存在导体回路，感生电场的作用便驱动导体中的自由电子定向运动，形成**感应电流**；如果没有导体回路存在，自然没有感应电流，但空间照样存在感生电场。

例 11-6　如图 11-12 所示，在半径为 R 的圆柱形管内，有一随时间变化的磁场 $\boldsymbol{B}$，已知$\frac{\mathrm{d}B}{\mathrm{d}t}=k>0$。试求圆柱内外的感生电场。

解：变化磁场所激发的感生电场的电场线在圆柱内、外都是与圆柱同轴的同心圆，且$\boldsymbol{E}_i$ 处处与圆相切，在同一条电场线上$\boldsymbol{E}_i$ 的量值相等。

根据式(11-14)可得：

$$\oint_L \boldsymbol{E}_i \cdot d\boldsymbol{l} = -S\frac{dB}{dt}$$

设$\frac{dB}{dt}=k$，当 $r<R$ 时

$$2\pi r E_i = -\pi r^2 k$$

于是，感生电场的场强

$$E_i = -\frac{1}{2}rk \tag{11-15}$$

当 $r>R$ 时

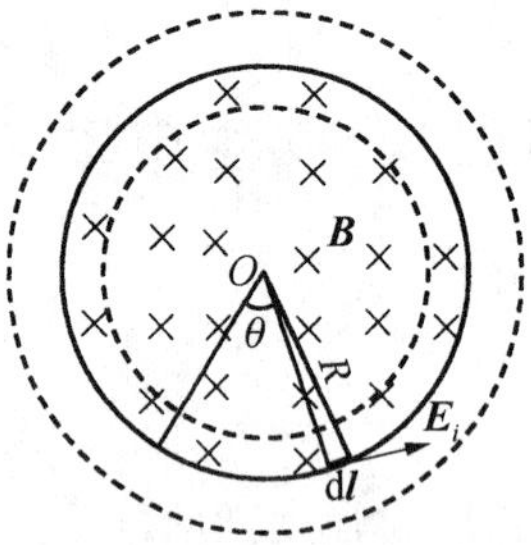

图 11-12　圆柱形管内外的感生电场

$$2\pi r E_i = -\pi R^2 \frac{dB}{dt} = -\pi R^2 k$$

感生电场的场强

$$E_i = -\frac{R^2 k}{2r} \tag{11-16}$$

以上两种情形，感生电场的方向都沿圆周逆时针方向。

例 11-7　一随时间做正弦变化的磁场 $B=B_0\sin\omega t$ 垂直通过由细导线围成的半径为 r 的平面，式中 B_0 为磁感应强度的幅值，ω 为常量，单位为 rad·s^{-1}。由于磁场做周期性变化，图 11-13 显示的只是某瞬间时的情形。试求：

(1) t 时刻通过该线圈平面的磁通量；

(2) t 时刻感生电动势的量值。

解：(1) t 时刻通过线圈的磁通量为

$$\Phi = B_0 S\sin\omega t = B_0\pi r^2\sin\omega t$$

(2) t 时刻的感生电动势

$$\mathscr{E}_i = -\frac{d\Phi}{dt} = -(B_0\pi r^2\omega)\cos\omega t$$

可见电动势随时间做余弦变化。

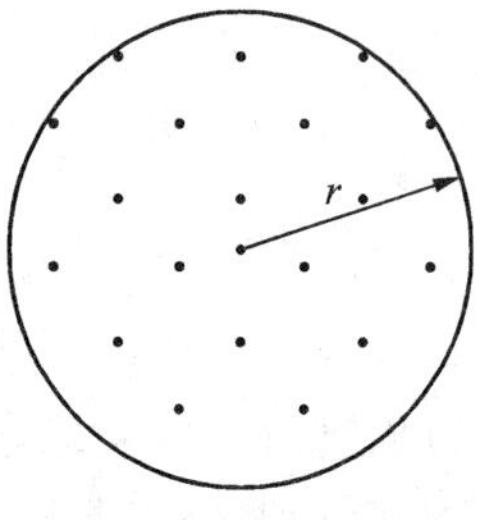

图 11-13　例 11-7 图

***例 11-8**　有一半径为 a，厚度为 b 的铝质圆盘，其电导率为 γ。将其放在均匀变化的磁场中，磁场的方向与圆盘轴线平行，且$\frac{dB}{dt}=\alpha$(α 为常数)。(1) 忽略感生电流产生的磁场，求盘内感应电场；(2) 求盘内的感应电流。

解：(1) 如图 11-14 所示，建立 Or 轴，取 $r\to r+dr$ 的铝环，环内的电场为$\boldsymbol{E}_i$，则

$$\oint \boldsymbol{E}_i \cdot \mathrm{d}\boldsymbol{l} = -\frac{\mathrm{d}\Phi}{\mathrm{d}t}$$

$$2\pi r E_i = -\pi r^2 \frac{\mathrm{d}B}{\mathrm{d}t}$$

所以

$$E_i = -\frac{r}{2}\left(\frac{\mathrm{d}\boldsymbol{B}}{\mathrm{d}t}\right) = -\frac{\alpha r}{2}$$

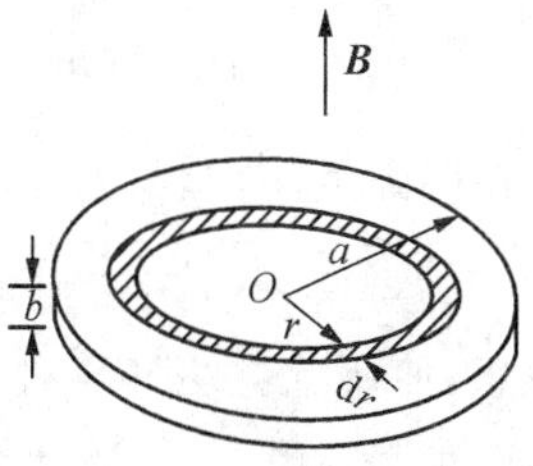

图 11-14　例 11-8 图

(2) 因 $j=\gamma E=-\frac{\alpha}{2}\gamma r$，故

$$\begin{aligned} I &= \int j \cdot \mathrm{d}S \\ &= -\frac{\alpha}{2}\gamma \int rb\,\mathrm{d}r \\ &= -\frac{\alpha}{2}\gamma b \int_0^a r\mathrm{d}r \\ &= -\frac{\alpha\gamma b a^2}{4} \end{aligned}$$

这一电流就是铝盘受变化磁场影响而形成的**涡电流**，关于涡电流的利弊将在后面专门讨论。

也可以由 E_i 先计算出 $r \to r+\mathrm{d}r$ 铝环中的电动势和电阻，再求其中的电流 $\mathrm{d}I$。

$$\mathscr{E} = \oint \boldsymbol{E}_i \cdot \mathrm{d}\boldsymbol{l} = -\frac{\alpha}{2} 2\pi r^2 = -\alpha\pi r^2$$

$$R = \rho \int \frac{\mathrm{d}l}{b\,\mathrm{d}r} = \frac{\rho}{b}\frac{2\pi r}{\mathrm{d}r}$$

得

$$\mathrm{d}I = \frac{\mathscr{E}}{R} = -\alpha\pi r^2 \gamma b \frac{\mathrm{d}r}{2\pi r}$$

积分

$$I = -\frac{\alpha\gamma b}{2}\int_0^a r\mathrm{d}r = -\frac{\alpha\gamma a^2 b}{4}$$

其结果与上面的计算相同。

例 11-9　在一个半径为 R 的圆柱形空间存在着均匀变化的磁场 $\frac{\mathrm{d}\boldsymbol{B}}{\mathrm{d}t}=k>0$，磁场的方向沿圆柱的轴线，在圆柱形空间截面内有一长为 l $(l<2R)$ 的金属棒，如图 11-15 所示。求此棒两端的感生电动势。

解：圆柱的轴线位于 C，棒的中心为 O。设 $OC=a$，$a=\sqrt{R^2-\frac{l^2}{4}}$。建立 Ox 轴，取 $x \to x+\mathrm{d}x$ 线元，$\mathrm{d}x$ 处的感生电场 $E_i=\frac{r}{2}k$，方向如图 11-15 所示。

$$\begin{aligned} \mathscr{E}_i &= \int \boldsymbol{E}_i \cdot \mathrm{d}\boldsymbol{l} \\ &= \frac{k}{2} r\cos\theta \mathrm{d}x \end{aligned}$$

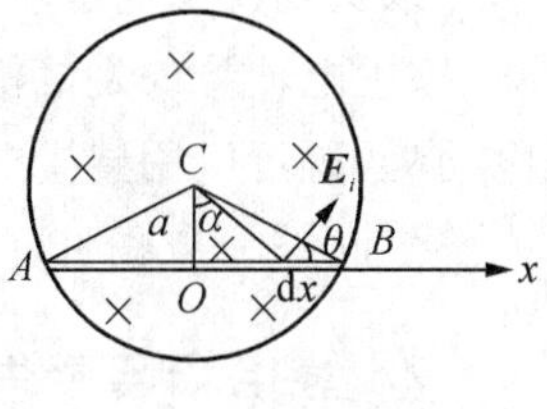

图 11-15　例 11-9 图

由 $\cos\theta=\frac{a}{r}$ 可得

$$\mathscr{E}_i = \frac{1}{2}ka\int_{-\frac{l}{2}}^{\frac{l}{2}} \mathrm{d}x = \frac{1}{2}alk$$

或者

$$\mathscr{E}_i = \left(\frac{1}{2}al\right)\frac{\mathrm{d}B}{\mathrm{d}t} = \frac{\mathrm{d}}{\mathrm{d}t}\varphi_{\mathrm{m}}$$

$$\varphi_{\mathrm{m}} = \frac{1}{2}alB$$

φ_m 恰好为 ΔABC 的磁通。按法拉第电磁感应定律，$\mathscr{E}_i=-\frac{d\Phi}{dt}$ 中的电动势应为回路上的总电动势，即 $\mathscr{E}_i=\mathscr{E}_{CA}+\mathscr{E}_{AB}+\mathscr{E}_{BC}$，除非证明 $\mathscr{E}_{CA}+\mathscr{E}_{BC}=0$，否则 $\mathscr{E}_i\neq\mathscr{E}_{AB}$。

因 CA、BC 为柱体截面的半径，故其上 $d\boldsymbol{l}$ 的方向在径向，半径上任意一点的感生电场 E_i 的方向始终在圆弧的切向，故对 CA、BC 段的电动势的计算 $\mathscr{E}_{CA}=\mathscr{E}_{BC}=\int \boldsymbol{E}_i\cdot d\boldsymbol{l}=0$，故上述结论是成立的。

对这样的问题直接计算三角形 CAB 中的磁通，再用法拉第电磁感应定律计算比较方便，但必须注意，使用此方法计算时，应事先说明径向电动势 $\mathscr{E}_{CA}+\mathscr{E}_{BC}=0$，否则说不通。读者可以仿此求金属弧 AB 的电动势。

* **例 11-10** 有一长直导线中的电流 $I=I_0e^{-\lambda t}$（I_0，λ 为常数，且 $\lambda>0$），一带有滑动边的矩形导线框与直导线共面，位置如图 11-16 所示。当 $t=0$ 时 $x=0$ 后滑动边以速度 $\boldsymbol{v}$ 向右运动，求矩形框的电动势。

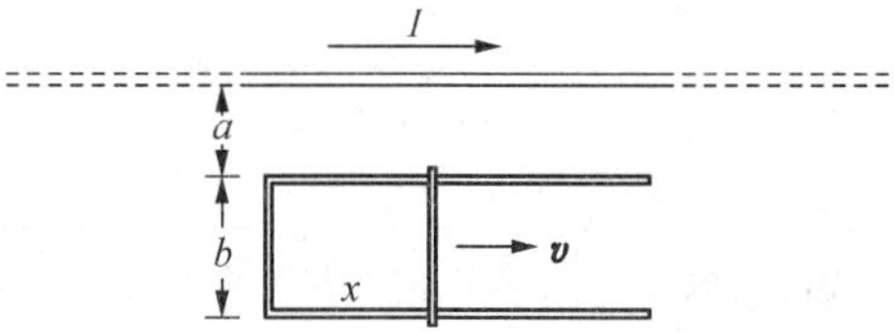

图 11-16 例 11-10 图

分析： 矩形框内的电动势应由滑动杆的动生电动势和电流 I 变化在导线框内的感生电动势两项合成，单独求 $\mathscr{E}_{id}$ 与 $\mathscr{E}_{ig}$ 并不困难，我们将此留给读者计算。这里采用法拉第电磁感应定律求解。

解： 设 t 时刻滑杆位于 x 处，t 时刻框内的磁通（见例 9-8）

$$\varphi=\frac{\mu_0 Ix}{2\pi}\ln\left(\frac{a+b}{a}\right)$$

因电流 I，滑杆位置 x 都是随时间 t 变化，由法拉第电磁感应定律可得：

$$\mathscr{E}_i=-\frac{d\varphi}{dt}=-\frac{\mu_0}{2\pi}\left(x\frac{dI}{dt}+I\frac{dx}{dt}\right)\ln\left(1+\frac{b}{a}\right)$$

由 $I=I_0e^{-\lambda t}$ 得

$$\frac{dI}{dt}=-\lambda I_0e^{-\lambda t}=-\lambda I$$

由 $\frac{dx}{dt}=v$，$x=vt$ 得

$$\mathscr{E}_i=-\frac{\mu_0}{2\pi}(Iv-\lambda xI)\ln\left(1+\frac{b}{a}\right)$$

$$=\frac{\mu_0 Iv}{2\pi}(\lambda t-1)\ln\left(1+\frac{b}{a}\right)$$

由于感生电动势为顺时针方向，动生电动势为逆时针方向，所以，当 $\lambda t>1$ 时，感应电动势 $\mathscr{E}_i$ 为顺时针方向；当 $\lambda t<1$ 时，$\mathscr{E}_i$ 为逆时针方向。

该例题使我们进一步看到：由法拉第电磁感应定律可以求出回路的总电动势，其中可能包括动生电动势，感生电动势或发电机电动势。动生电动势、感生电动势并非一定用非静电场 $\boldsymbol{E}_i$ 积分求解。而发电机电动势，既可以用感生电动势的方法求解，也可以用动生电动势方法求解，读者可以参考有关文献。

由此进一步证明，在**电磁感应现象中，法拉第电磁感应定律是一个求感应电动势的基本定律**。

2. 静电场与感生电场

下面把静止电荷激发的静电场与变化磁场激发的感生电场进行比较。

由静止电荷激发的静电场满足如下关系

$$\oint_L \boldsymbol{E}\cdot d\boldsymbol{l}=0$$

因此它是保守力场，其电场线是有头有尾的，所以又称无旋场。由高斯定理可得，$\oint \boldsymbol{E}\cdot \mathrm{d}\boldsymbol{S}=\frac{1}{\varepsilon_0}\sum_i q_i$，所以静电场是有源的，故称**静电场为有源无旋场**。

变化的磁场所激发的感生电场，沿任意一闭合回路 L 的线积分满足式(11－14)，

$$\oint_L \boldsymbol{E}_i \cdot \mathrm{d}\boldsymbol{l}=-\iint \frac{\partial \boldsymbol{B}}{\partial t}\cdot \mathrm{d}\boldsymbol{S}$$

这表明感生电场不是保守力场，其电场线为闭合线，像漩涡一样，因此又称有旋电场。感生电场的电场线类似于磁场线，对一个闭合面而言，穿出闭合面的电场线等于穿进闭合面的磁场线，故 $\oint \boldsymbol{E}_i\cdot \mathrm{d}\boldsymbol{S}=0$，说明感生电场为无源场，所以称**感生电场为无源有旋场**。

尽管静电场与感生电场是两种不同性质的电场，但它们对电荷都有作用力，这一点是相同的。

*3. 电子感应加速器

感生电场可以使处于其中的电子加速。电子感应加速器就是一种利用感生电场加速电子的装置，可广泛应用于科研、医疗方面。为此，这里对电子感应加速器作简单介绍。

如图 11－17 所示，在电磁铁的两极之间有一环形真空室，电磁铁在每秒约几十周的强大交变电流激励下，环形真空室区域内产生交变磁场，因而会产生很强的感生电场，感生电场的场强为$\boldsymbol{E}_i$，入射到环形真空室的电子束既受到洛伦兹力$\boldsymbol{F}_{\mathrm{n}}=-e\boldsymbol{v}\times\boldsymbol{B}$ 作用，又受到感生电场力$\boldsymbol{F}_{\mathrm{t}}=-e\boldsymbol{E}_i$ 作用。电子受法向力$\boldsymbol{F}_{\mathrm{n}}=-e\boldsymbol{v}\times\boldsymbol{B}$ 作用，使电子在环形真空室内做圆周运动，电子受切向感生电场力$\boldsymbol{F}_{\mathrm{t}}=-e\boldsymbol{E}_i$ 作用，使电子不断加速运动。

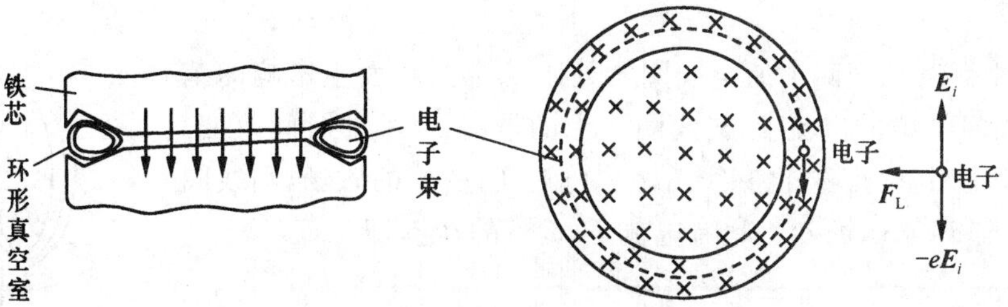

图 11－17　磁极与真空室中电子的轨道

由式(11－9)可得

$$F_{\mathrm{t}}=-eE_i=-\frac{er}{2}\left(\frac{\mathrm{d}B}{\mathrm{d}t}\right)e_t=m\frac{\mathrm{d}v}{\mathrm{d}t}e_t \qquad (11-16)$$

则

$$\frac{\mathrm{d}v}{\mathrm{d}t}=-\frac{er}{2m}\left(\frac{\mathrm{d}B}{\mathrm{d}t}\right) \qquad (11-17)$$

式中，$\frac{\mathrm{d}B}{\mathrm{d}t}$指半径为 r 的电子轨道范围内磁场对时间的变化率。

又
$$\boldsymbol{F}_{\mathrm{n}}=-e\boldsymbol{v}\times\boldsymbol{B}=-evBe_{\mathrm{n}}=m\frac{v^2}{r}e_{\mathrm{n}} \qquad (11-18)$$

此处的 $\boldsymbol{B}$ 为电子轨道所在处的磁感应强度。

将式(11－18)两边对时间 t 求导

$$\frac{\mathrm{d}v}{\mathrm{d}t}=-\frac{er}{m}\left(\frac{\mathrm{d}B}{\mathrm{d}t}\right) \qquad (11-19)$$

式(11－19)中的 B 是指电子所在处的磁感应强度。

比较式(11－17)和式(11－19)可得，电子轨道所在处的磁感应强度对时间的变化率$\frac{\mathrm{d}B}{\mathrm{d}t}$，应等于电子轨道所围范围内的磁场对时间变化率的 2 倍时，电子就能在确定的加速轨道以确定的加速度运动。

只要设计得当，使电子维持在恒定圆形轨道上加速，在磁场未改变极性的第一个$\frac{1}{4}$周期内电子可绕行几十万圈，从而获

得足够的速度，具有极高的能量。根据需要，在恰当的时候将电子引出电子轨道，射向靶子。

4. 涡电流

当金属块在磁场中运动，或者金属块处于交变磁场中，金属块内部就会产生感应电流，自成闭合回路，这种电流称为涡电流。涡电流具有广泛的应用，例如，在冶金工业中采用电磁感应加热炉用作冶炼高级合金钢，常根据功率的需要做成“中频炉”或“高频炉”；在日常生活中利用涡电流发热做成炊具，如电磁炉。另外，当外磁场高频变化时，涡电流也随之高频变化，利用交流电的趋肤效应，可以对金属的表面进行热处理，实现节能、高效、高质量改善金属表面的物理结构和物理性质。在各种仪表中，利用电磁阻尼摆原理起阻尼作用可做成电磁刹，用于机械减速。

涡电流的热效应有着广泛应用，同时它又带来能量的损耗，甚至有破坏作用，这就需要有效的避免。例如，在变压器、电机及某些交流仪器的铁心中，涡电流严重发热会影响设备的正常工作，甚至造成损坏。为了减少涡电流，常常采用绝缘硅钢片加绝缘层压制做铁心，使得涡电流只能在薄片范围内流动，增加电阻从而降低损耗，同时也保护设备。

涡电流除了具有热效应外，涡电流的磁场与原磁场之间还会产生作用力。原磁场可以是交流电产生的磁场，这时会产生一种“电磁弹射”现象，现代的“电磁炮”和航母舰载机的“弹射起飞”都可采用这种原理。

11.4 自感　互感

从图 11-18 中可以见到两个通电线圈共处于一个互相发生影响的范围内。首先假设线圈 1 中的电流 I_1 与线圈 2 中的电流 I_2 不随时间改变。线圈 1 平面内有 I_1 产生的磁场，也有线圈 2 中电流 I_2 产生的磁场，则线圈 1 中的磁通既有电流 I_1 贡献的 Φ_{11}，也有电流 I_2 贡献的 Φ_{12}，即

$$\Phi_1 = \Phi_{11} + \Phi_{12} \tag{11-20}$$

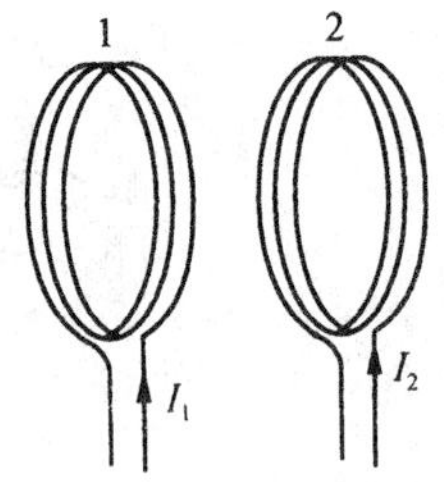

图 11-18　两通电线圈中磁通的计算

当 I_1、I_2 随时间变化时，Φ_{11}、Φ_{12} 必然也随时间变化，所以此时线圈 1 中的感生电动势

$$\begin{aligned}\mathscr{E}_1 &= -\frac{\mathrm{d}\Phi_1}{\mathrm{d}t} = \left(-\frac{\Phi_{11}}{\mathrm{d}t}\right) + \left(-\frac{\Phi_{12}}{\mathrm{d}t}\right) \\ &= \mathscr{E}_L + \mathscr{E}_M\end{aligned} \tag{11-21}$$

式中

$$\mathscr{E}_L = -\frac{\Phi_{11}}{\mathrm{d}t} \tag{11-22}$$

称为**自感电动势**，它是线圈 1 中自身电流变化产生的感应电动势。

而

$$\mathscr{E}_M = -\frac{\Phi_{12}}{\mathrm{d}t} \tag{11-23}$$

称为**互感电动势**，它是线圈 2 中电流变化在线圈 1 中产生感应电动势。

1. 自感系数

如图 11-18 所示，当自身回路中的电流发生变化时，通过回路所围面积的磁通量也随之变化，因而在自身回路中也将激发起感应电动势。

假设回路有 N 匝，这时磁通 $N\Phi$ 与 I 成正比例，该比例系数便称为**自感系数**，即

$$\boxed{L=\frac{N\Phi}{I}} \tag{11-24}$$

L 的单位为亨利(H),另外比 H 更小的单位有毫亨(mH)、微亨(μH)。

$$1\ \text{mH}=10^{-3}\ \text{H}$$
$$1\ \mu\text{H}=10^{-3}\ \text{mH}=10^{-6}\ \text{H}$$

根据法拉第电磁感应定律可得自感电动势为

$$\mathscr{E}_L=-N\frac{\mathrm{d}\Phi}{\mathrm{d}t}=-\frac{\mathrm{d}}{\mathrm{d}t}(N\Phi)$$

由式(11-24)可得

$$\boxed{\mathscr{E}_L=-L\frac{\mathrm{d}I}{\mathrm{d}t}} \tag{11-25}$$

例 11-11　如图 11-19 所示,一密绕螺线管有 N 匝,螺线管长为 l,截面积为 S,通以电流 I,管中没有铁心。试求该螺线管的自感以及由于电流变化所引起的自感电动势

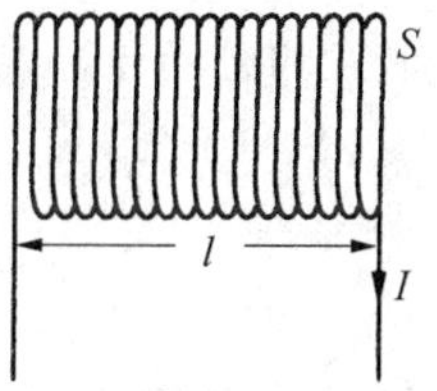

图 11-19　螺线管的自感

解:将螺线管作无限长近似,其内磁感应强度

$$B=\mu_0 nI$$

式中,$n=\dfrac{N}{l}$为螺线管单位长上绕线匝数。

$$N\Phi=NBS=\mu_0\frac{N^2}{l}SI$$

因此,**螺线管的自感系数**

$$\boxed{L=\frac{\mu_0 N^2 S}{l}=\mu_0 n^2 Sl=\mu_0 n^2 \Omega} \tag{11-26}$$

式中,Ω 为螺线管的体积。

自感电动势为

$$\mathscr{E}_L=-L\frac{\mathrm{d}I}{\mathrm{d}t}=-\mu_0 n^2\Omega\frac{\mathrm{d}I}{\mathrm{d}t}$$

例 11-12　如图 11-20 所示,内外半径分别为 a,b 的同轴电缆之间充满磁导率为 μ 的介质,求这种同轴电缆单位长度上的**分布电感**。

分析:同轴电缆的电感来自哪里?同轴电缆内导线、外导线必与电源、用电器构成回路,当导线中电流随时间变化时,回路中的磁通也随时间变化形成感应电动势。

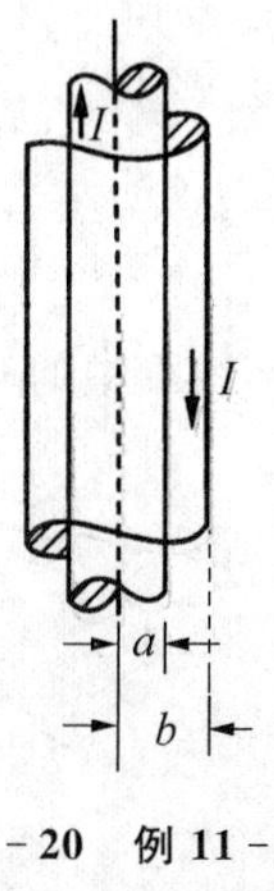

图 11-20　例 11-12 图

解:设导线中的电流为 I,则两导线的磁通(参照例 9-8)

$$\begin{aligned}\Phi&=\int \boldsymbol{B}\cdot\mathrm{d}\boldsymbol{S}\\&=\int_a^b Bl\,\mathrm{d}r\\&=\int_a^b\frac{\mu_0 I}{2\pi r}l\,\mathrm{d}r\end{aligned}$$

$$=\frac{\mu_0 Il}{2\pi}\ln\left(\frac{b}{a}\right)$$

由式(11－24)可得电感

$$L=\frac{\mu_0 l}{2\pi}\ln\left(\frac{b}{a}\right)$$

令 $l=1$，则单位长度的电感

$$L=\frac{\mu_0}{2\pi}\ln\left(\frac{b}{a}\right)$$

2. 互感系数

如图 11－18 所示，相邻两线圈 1 与线圈 2，分别通以电流 I_1 与 I_2。当一个线圈中的电流发生变化时，通过另一线圈回路所围面积的磁通量也随之变化，因而在另一线圈中产生感应电动势，此电动势称为互感电动势。

假定两线圈形状不变，相对位置不变，周围无铁磁性物质，这时的互感现象就相对简单一些。此时，线圈 2 中通以电流 I_2 所激发的磁场通过线圈 1 的磁通量 Φ_{12} 与 I_2 成正比例。同样，线圈 1 中通以电流 I_1 所激发的磁场通过线圈 2 的磁通量 Φ_{21} 与 I_1 成比例。实践和理论都已证明这两个比例系数相等，即

$$\boxed{\frac{\Phi_{12}}{I_2}=\frac{\Phi_{21}}{I_1}=M} \tag{11-27}$$

M **称为互感系数**，简称互感，其单位也是亨利，记为 H。互感系数反映了两个相邻回路各自在另一回路中产生互感电动势的能力。

定义 $\mathscr{E}_{12}$ 为线圈 2 中电流 I_2 的变化在线圈 1 中产生的互感电动势，而 $\mathscr{E}_{21}$ 为线圈 1 中电流 I_1 的变化在线圈 2 中产生的互感电动势，则它们分别为

$$\boxed{\begin{aligned}\mathscr{E}_{12}&=-M\frac{\mathrm{d}I_2}{\mathrm{d}t}\\ \mathscr{E}_{21}&=-M\frac{\mathrm{d}I_1}{\mathrm{d}t}\end{aligned}}$$

例 11－13 如图 11－21 所示，绕有 C_1 和 C_2 两层线圈的长直螺线管，长度均为 l，截面积都视为 S，其中 C_1 线圈有 N_1 匝，通以电流 I_1，C_2 线圈有 N_2 匝。(1) 试求两线圈的互感系数 M；(2) 当 I_1 随时间变化时求 C_2 中的互感电动势。

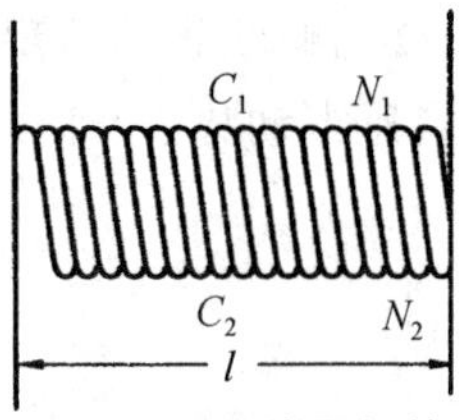

图 11－21 两层线圈间的互感与互感电动势

解：(1) C_2 线圈中的磁链为

$$N_2\Phi_{21}=N_2BS=N_2\mu_0\left(\frac{N_1}{l}I_1\right)S$$

因此，互感系数

$$M=\frac{N_2\Phi_{21}}{I_1}=\mu_0\frac{N_1N_2}{l}S$$

(2) C_2 线圈中的互感电动势为

$$\mathscr{E}_{21}=-M\frac{\mathrm{d}I_1}{\mathrm{d}t}=-\mu_0\frac{N_1N_2}{l}S\frac{\mathrm{d}I_1}{\mathrm{d}t}$$

11.5　磁场的能量

如图 11－22 所示，当合上电键 K，RL 电路便接上电源。在电流增长的过程中，自感线圈中产生自感电动势 $\mathscr{E}_L=-L\frac{\mathrm{d}I}{\mathrm{d}t}$，它要阻止电流的增加，所以，$\mathscr{E}_L$ 与电源电动势相反，当瞬时电流为 I 时，根据闭合回路的欧姆定律得到

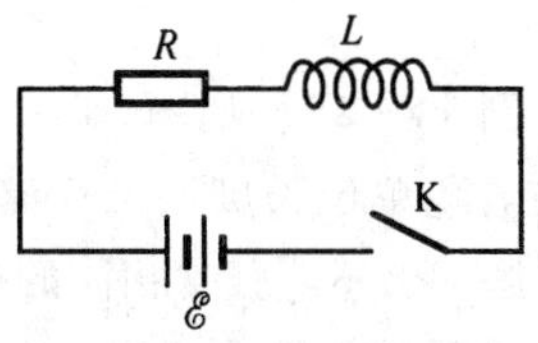

图 11－22　RL 电路的能量转换与磁场能量

$$\mathscr{E}-L\frac{\mathrm{d}I}{\mathrm{d}t}=IR$$

上式两边乘以 I 得到表示功率的关系式

$$\mathscr{E}I-LI\frac{\mathrm{d}I}{\mathrm{d}t}=I^2R$$

两边再乘以经历的时间 $\mathrm{d}t$，然后积分

$$\int_0^t \mathscr{E}I\mathrm{d}t=\int_0^{I_0}LI\,\mathrm{d}I+\int_0^t I^2R\mathrm{d}t=\frac{1}{2}LI_0^2+\int_0^t I^2R\mathrm{d}t$$

上式左边项表示电源在 t 时间内所做的功，右边第二项是 t 时间内消耗在电阻上的焦耳热，第一项表示回路中建立电流（从零到 I_0）过程中，电源克服自感电动势需要做的功。由能量守恒定律可知，电流做功转化为储存于自感线圈中磁场的能量，对于这部分磁能可表示为

$$E_{\mathrm{m}}=\frac{1}{2}LI^2=\frac{1}{2}(\mu n^2\Omega)I^2=\frac{1}{2\mu}(\mu nI)^2\Omega=\frac{B^2}{2\mu}\Omega=\frac{1}{2}BH\Omega$$

单位体积内，磁场的能量

$$\boxed{w_{\mathrm{m}}=\frac{1}{2}BH=\frac{B^2}{2\mu}} \tag{11-28}$$

式中，w_{m} 也称磁场的能量密度，简称磁能密度。

式(11－28)是从螺线管的均匀磁场这一特例推导出来的，但也适用于任意磁场，具有普遍性。这表明在任何磁场中，该点的磁能密度只与该点的磁感应强度 $\boldsymbol{B}$ 及介质的磁导率 μ 有关。由此可见，在非均匀磁场中，**体积 $\boldsymbol{\Omega}$ 中的总磁能**应由积分给出

$$\boxed{E_{\mathrm{m}}=\iiint_{\Omega}w_{\mathrm{m}}\mathrm{d}\Omega} \tag{11-29}$$

例 11－14　一长为 $l=20$ cm，半径为 $R=0.4$ cm 的空心纸筒上密绕有 500 匝线圈。当线圈中通以电流 $I=5$ A 时，试问线圈中所存储的磁能有多少？当磁导率为 $\mu=2\mu_0$ 的均匀磁介质充满原纸筒时，情形又将如何？

解：线圈的自感：

$$L=\mu_0\frac{N^2}{l}S$$

线圈所储磁能

$$E_{\mathrm{m}}=\frac{1}{2}LI^2=\frac{1}{2}\mu_0\frac{N^2}{l}SI^2$$

代入具体数据后得

$$E_{\mathrm{m}}=9.9\times10^{-4}\ \mathrm{J}$$

当纸筒中充以磁介质后，线圈的自感：$L'=\mu\frac{N^2}{l}S=2\mu_0\frac{N^2}{l}S$

线圈所储磁能：$E'_{\mathrm{m}}=\frac{1}{2}L'I^2=\mu_0\frac{N^2}{l}SI^2$

代入具体数据后有 $E'_{\mathrm{m}}=1.98\times10^{-3}\ \mathrm{J}$

可见，有磁介质存在时磁能增加了。

例 11－15 如图 11－23 所示，内外半径分别为 a，b 的同轴电缆之间充有磁导率为 μ 的介质，求这种同轴电缆单位长度上所存储的能量。

解：磁感应强度相同的地方，磁能密度 w_{m} 也相等，在该处取一体积元 $\mathrm{d}\Omega$，则 $\mathrm{d}\Omega$ 的磁能 $\mathrm{d}E_{\mathrm{m}}=w_{\mathrm{m}}\mathrm{d}\Omega$。

在同轴电缆中离中心轴相同的柱面上 $\boldsymbol{B}$ 相等，磁能密度 w_{m} 相等，故取 $r\to r+\mathrm{d}r$ 的体积元

$$\mathrm{d}\Omega=2\pi rl\mathrm{d}r$$

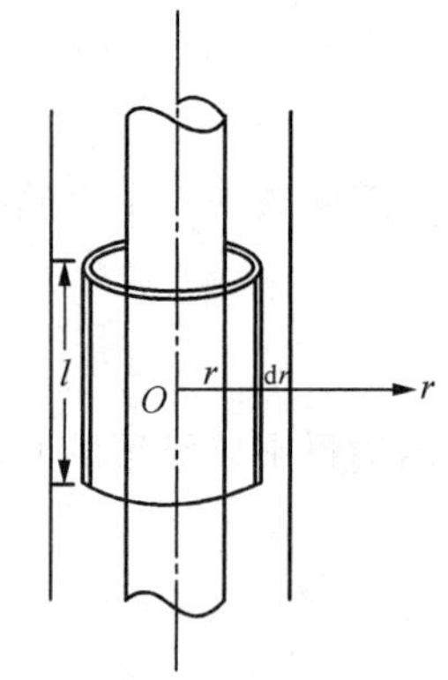

图 11－23 例 11－15 图

$\mathrm{d}\Omega$ 处的磁感应强度 $B=\frac{\mu I}{2\pi r}$，对应的 $w_{\mathrm{m}}=\frac{B^2}{2\mu}=\frac{\mu I^2}{8\pi^2r^2}$

所以

$$\begin{aligned}E_m&=\int w_{\mathrm{m}}\mathrm{d}\Omega\\&=\frac{\mu I^2}{8\pi^2r^2}2\pi rl\,\mathrm{d}r\\&=\frac{\mu lI^2}{4\pi}\int_a^b\frac{\mathrm{d}r}{r}\\&=\frac{\mu lI^2}{4\pi}\ln\left(\frac{b}{a}\right)\end{aligned}$$

令 $l=1$ 时 $E_{\mathrm{m}}=\frac{\mu I^2}{4\pi}\ln\left(\frac{b}{a}\right)$

由 $E_{\mathrm{m}}=\frac{1}{2}LI^2$ 得

$$L=\frac{\mu}{2\pi}\ln\left(\frac{b}{a}\right)$$

对照例 11－12，其结果相同。虽然前面已经介绍过根据同轴电缆计算自感 L 的方法，此例又给出求自感的另一个方法，即利用线圈的磁能计算出线圈的自感。

11.6 位移电流 麦克斯韦方程组

1. 位移电流

我们已经熟悉传导电流激发的磁场，而且在单一恒定电流激发的磁场中，可以应用安培环路定理，即 $\oint_L\boldsymbol{H}\cdot\mathrm{d}\boldsymbol{l}=I$ 计算磁感应强度，式中，I 为穿过闭合回路 L 所围面积 S 的传导电流的代数和。为了区别于其他形式的电流，常用“I_C”表示传导电流。只要是以同一闭合回路 L 作边线，$\boldsymbol{H}$ 的环路积分（又称环流）都应是 I_C，而与闭合回路 L 所围的面积 S 是平面还是曲面无关。

当把安培环路定理应用到平板电容器充电（或放电）情形时，由于电容器两极板间传导电流不连续，虽以同一闭合回路 L 为边线，当选用不同曲面时所得出的传导电流是不相同的，如图 11－24 所示。当电容器充电时，在与左极板连接的导线的某截面处作一闭合回路 L，以回路 L 为边线所围的面积有 2 个，其中面积 S_1 是垂直于导线的平面，而面积 S_2 是一包围极板的曲面。

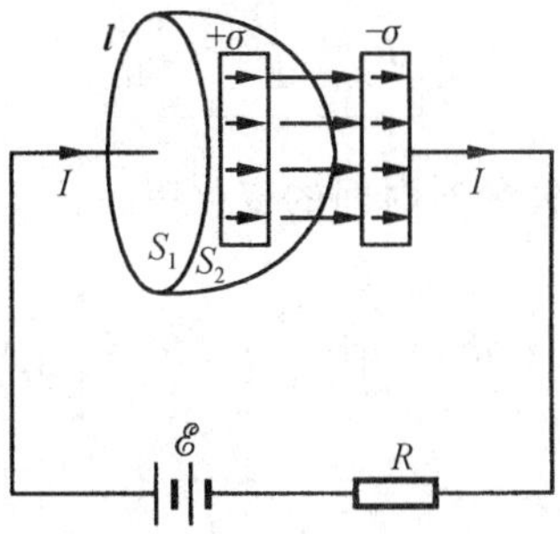

图11－24　平板电容器充电时的电路图

安培环路定理对于 S_1 面得到

$$\oint_L \boldsymbol{H}\cdot d\boldsymbol{l}=I_C$$

对于 S_2 面得到

$$\oint \boldsymbol{H}\cdot d\boldsymbol{l}=0$$

显然这两个式子是自相矛盾的。将恒定电流磁场中适用的安培环路定理运用到电容器充电(或放电)情形时,由于选用的曲面不同,结果也就不同。这说明在非恒定电流的情形下,安培环路定理不适用,为此,有必要对原有的理论做合理的修正。

当电容器充电时,导线中的电流到极板处中断,但是极板上的电荷量 q 和电荷面密度 σ 则随时间变化(充电时增加,放电时减少)。

设平板电容器极板面积为 S,极板上某时刻的电荷面密度为 σ,在充电的任意瞬间

$$I_C=\frac{dq}{dt}=\frac{d(S\sigma)}{dt}=S\frac{d\sigma}{dt} \tag{11-30}$$

式中,$I_C=S\dfrac{d\sigma}{dt}$。令 $\dfrac{d\sigma}{dt}=j_C$,j_C 为电容极板上的传导电流密度。

平行板电容器两极板间的电位移矢量在数值上等于平行板电容器极板上的电荷密度,即 $|\boldsymbol{D}|=\sigma$,或者

$$\left|\frac{dD}{dt}\right|=\frac{d\sigma}{dt}=j_C \tag{11-31}$$

上式说明平行板电容器内电位移矢量对时间的变化率在数值上等于平行板电容器极板上的传导电流密度。进一步计算

$$S\frac{dD}{dt}=\frac{d}{dt}(SD)=\frac{d}{dt}\varphi_D=I_C \tag{11-32}$$

即平行极板上的电位移矢量的通量对时间的变化率在数值上等于极板上的传导电流。

虽然 $\dfrac{d\boldsymbol{D}}{dt}$ 或 $\dfrac{d}{dt}\varphi_D$ 都不是传统意义上的电流密度或电流,但麦克斯韦却发现它们在空间的磁效应和传导电流一样。因此,麦克斯韦分别将它们假设成“**位移电流密度 $\boldsymbol{j}_d$**”和“**位移电流 $\boldsymbol{I}_d$**”。这样就把原来在电容器中中断的传导电流用位移电流连续上,它们不仅在数值上相等,而且对磁场的贡献也相同。麦克斯韦将原来只用传导电流表示的安培环路定理修正为由传导电流与位移电流共同表示的安培环路定律,其具体的形式为

$$\oint \boldsymbol{H}\cdot d\boldsymbol{l}=\iint\left(\boldsymbol{j}_C+\frac{\partial \boldsymbol{D}}{\partial t}\right)\cdot d\boldsymbol{S} \tag{11-33}$$

因电位移矢量 $\boldsymbol{D}=\varepsilon\boldsymbol{E}$，所以

$$\boxed{\boldsymbol{j}_d=\frac{\mathrm{d}\boldsymbol{D}}{\mathrm{d}t}=\varepsilon\frac{\mathrm{d}\boldsymbol{E}}{\mathrm{d}t}} \tag{11-34}$$

本质上**位移电流密度等于电位移矢量对时间的变化率**。

这样，位移电流

$$I_d=\iint\boldsymbol{j}_d\cdot\mathrm{d}\boldsymbol{S}=\iint\frac{\partial\boldsymbol{D}}{\partial t}\cdot\mathrm{d}\boldsymbol{S}=\boxed{\frac{\mathrm{d}}{\mathrm{d}t}(DS)}\frac{\mathrm{d}}{\mathrm{d}t}\varphi_D \tag{11-35}$$

对照式(11－32)，可知

$$\boxed{I_d=I_c} \tag{11-36}$$

说明在不计电场的边缘效应时，电容器两极板内的位移电流等于向电容器充电的传导电流。

麦克斯韦修正后的安培环路定律，不仅圆满地解决了电容器极板空间的磁场的计算问题，更了不起的是预言了一个重要的物理现象，即**变化的电场激发产生磁场**。

例 11－16 如图 11－25 所示，半径为 R 的两金属圆板构成平板电容器，由圆板中心处引入两根直导线给电容器均匀充电，使得电容器两极板间电场随时间的变化率为 $\frac{\mathrm{d}E}{\mathrm{d}t}=$ 常量。试求：

(1) 该电容器两极板间的位移电流；

(2) 电容器内离两板中心连线 $r(<R)$ 处的磁感应强度 $\boldsymbol{B}_r$。

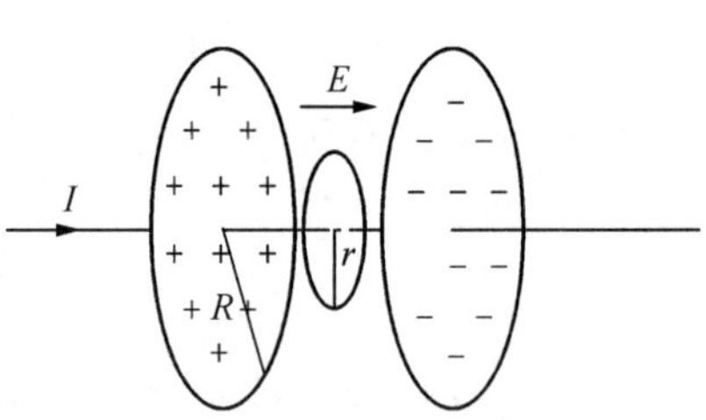

图 11－25 例 11－16 图

解：(1) 由式(11－35)，位移电流

$$I_D=S\frac{\mathrm{d}D}{\mathrm{d}t}=\pi R^2\varepsilon_0\frac{\mathrm{d}E}{\mathrm{d}t}$$

(2) 由于电容器极板之间 $\boldsymbol{j}_C=0$，由式(11－33)

$$\oint\boldsymbol{H}\cdot\mathrm{d}\boldsymbol{l}=2\pi rH_r=\iint\frac{\partial\boldsymbol{D}}{\partial t}\cdot\mathrm{d}\boldsymbol{S}=\varepsilon_0\iint\frac{\mathrm{d}\boldsymbol{E}}{\mathrm{d}t}\cdot\mathrm{d}\boldsymbol{S}=\varepsilon_0\frac{\mathrm{d}E}{\mathrm{d}t}\pi r^2$$

所以

$$H_r=\frac{\varepsilon_0 r}{2}\frac{\mathrm{d}E}{\mathrm{d}t}$$

$$B_r=\mu_0H_r=\frac{\mu_0\varepsilon_0 r}{2}\frac{\mathrm{d}E}{\mathrm{d}t}$$

2. 麦克斯韦方程组

前面分别介绍了麦克斯韦关于有旋电场和位移电流两个假设。这两个假设分别指出了**变化磁场会激发有旋电场**，同时**变化电场会激发磁场**，**电场和磁场相互联系在一起**，**构成了统一的电磁场整体**。在此基础上，麦克斯韦进一步总结，概括了已有电磁学知识，将其上升到理论高度，给出了作为电磁学理论基础的麦克斯韦方程组，由 4 个方程组组成，分别是：

(1) 关于电场的性质，由电场的高斯定理给出

$$\oiint_S\boldsymbol{D}\cdot\mathrm{d}\boldsymbol{S}=q=\iiint_V\rho\mathrm{d}V \tag{11-37}$$

表明在任何电场中，通过任意闭合曲面的电位移通量等于该曲面所包围自由电荷的代数和。这里要说明的是电场可以是由自由电荷激发，也可以是由变化磁场激发，但后者激发的是有旋电场，它对闭合曲面的积分贡献为零。

(2) 关于磁场的性质，由磁场的高斯定理给出

$$\oiint_S\boldsymbol{B}\cdot\mathrm{d}\boldsymbol{S}=0 \tag{11-38}$$

表明在任何磁场中通过任意闭合曲面的磁通量等于零。这里需要说明的是，磁场可由传导电流激发，也可由变化的电场，即位移电流 I_d 激发。它们激发的磁场都是涡旋场，磁感应线为闭合线。

(3) 关于变化电场与磁场的关系，由修正后的安培环路定理给出

$$\oint_L \boldsymbol{H}\cdot d\boldsymbol{l}=\iint_S \boldsymbol{j}\cdot d\boldsymbol{S}+\iint_S \frac{\partial \boldsymbol{D}}{\partial t}\cdot d\boldsymbol{S} \tag{11-39}$$

表明在任何磁场中，磁场强度沿任意闭合回路 L 的线积分(即 $\boldsymbol{H}$ 的环流)等于通过以该闭合回路 L 为边线的任意曲面的全电流。它揭示了变化电场激发磁场的规律，同时又能把传导电流的磁场也包括在内。

(4) 关于变化磁场与电场的关系，由法拉第电磁感应定律给出

$$\oint_L \boldsymbol{E}\cdot d\boldsymbol{l}=-\iint_S \frac{\partial \boldsymbol{B}}{\partial t}\cdot d\boldsymbol{S} \tag{11-40}$$

表明在任何电场中，电场强度沿任意闭合回路 L 的线积分(即 $\boldsymbol{E}$ 的环流)等于通过该回路 L 所围面积的磁通量对时间的变化率的负值。它揭示了变化磁场激发电场的规律，同时，当$\frac{\partial \boldsymbol{B}}{\partial t}=0$ 时，又把自由电荷激发的静电场也包括在内，因为在自由电荷激发的静电场中，场强 $\boldsymbol{E}$ 的环流$\oint_L \boldsymbol{E}\cdot dl=0$，它属于保守力场。

以上 4 个方程组成的方程组称为**麦克斯韦方程组的积分形成**。

由数学定理可以将相应的麦克斯韦方程组的积分形式表示为**微分形式**。

$$\nabla\cdot\boldsymbol{D}=\rho$$

$$\nabla\cdot\boldsymbol{B}=0$$

$$\nabla\times\boldsymbol{H}=\boldsymbol{j}+\frac{\partial \boldsymbol{D}}{\partial t}$$

$$\nabla\times\boldsymbol{E}=-\frac{\partial \boldsymbol{B}}{\partial t}$$

3. 电磁场的物质性

电磁场是物质，它的物质性主要包括以下内容：

(1) 电磁场具有能量，其能量密度为 $w=\frac{1}{2}(ED+HB)$；

(2) 电磁场具有质量，单位体积中的质量，即质量密度为 $m=\frac{w}{c^2}$；

(3) 电磁场具有动量，单位体积中的动量，即动量密度为 $p=\frac{w}{c}$。

本章习题

11-1　如图所示，一长直导线通以电流 $I=5$ A，在导线附近有长为 $L=0.3$ m 的金属棒 AB 以均匀速度 $v=5$ m/s 做平行于直导线的运动。已知棒的 A 端与直导线的距离为 $d=0.1$ m，试求棒中的动生电动势的大小和方向。

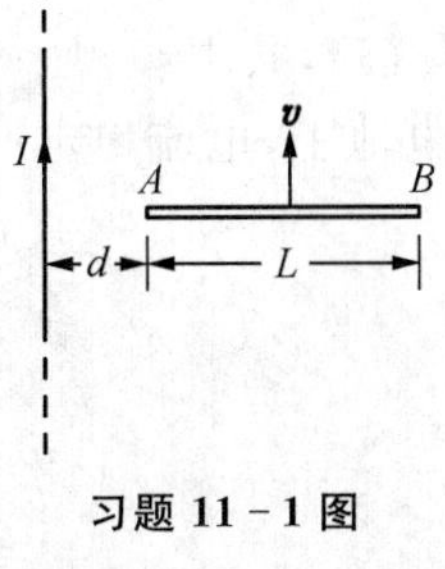

习题 11-1 图

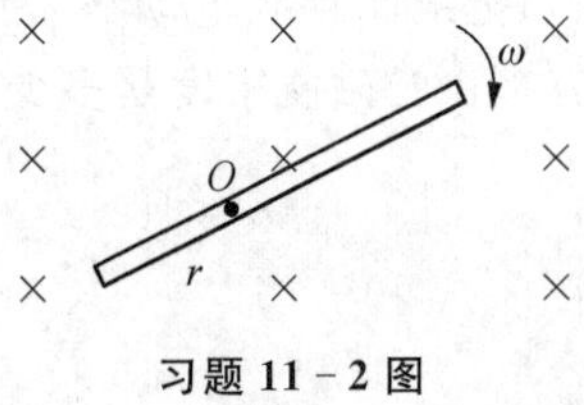

习题 11-2 图

11-2　长度为 L 的铜棒，以距端点 r 处为支点，并以角速率 ω 绕通过支点且垂直于铜棒的轴转动(如图所示)。设磁感应强度为 $\boldsymbol{B}$ 的均匀磁场与轴平行，求棒两端的感应电动势大小。

11-3　正方形导线线圈边长 $L=6$ cm，共 10 匝，在磁感应强度为 $B=0.5$ T 的磁场中绕轴转动，转轴与磁场方向垂直，起始时，线圈平面与磁场垂直，绕逆时针转动的角速度为 $\omega=10$ rad/s，试求：(1) t 时线圈中的动生电动势；(2) 动生电动势的最大值；(3) 当 $t=\frac{\pi}{60}$s 时的动生电动势。

11-4　有一长直螺线管，在管中部放置了一个与它同轴的小线圈，小线圈面积为 S，共 N 匝。管中的磁场沿轴向，磁感应强度的大小为 $B=B_0\ \frac{t}{\tau}$，式中 B_0 的单位为 T，τ 为常量，单位为 s。试求 t 时小线圈的感生电动势。

11-5　在半径为 R 的圆柱形体积内有一沿轴方向随时间作线性变化的磁场，即 $\frac{\mathrm{d}B}{\mathrm{d}t}=c$ 为常量。试求圆柱体内外距离圆柱体中心轴线为 r 的感生电场的场强。

11-6　一密绕有 $N=500$ 匝的螺线管，长为 $l=10$ cm，半径为 $r=0.4$ cm，通有电流 I，已知电流的时间变化率为 $\frac{\mathrm{d}I}{\mathrm{d}t}=10$ A/s。试求该螺线管的自感及自感电动势的大小。

11-7　一空心密绕螺绕环，平均周长为 l，截面积为 S，环上共有 N 匝，试问该螺绕环的自感有多大？当线圈中的电流随时间变化的关系为 $\frac{\mathrm{d}I}{\mathrm{d}t}=b$(常量)时，其自感电动势的大小有多大？

11-8　内外半径分别为 R_1、R_2 的同轴电缆。求其 l 长度上的分布电感 L。

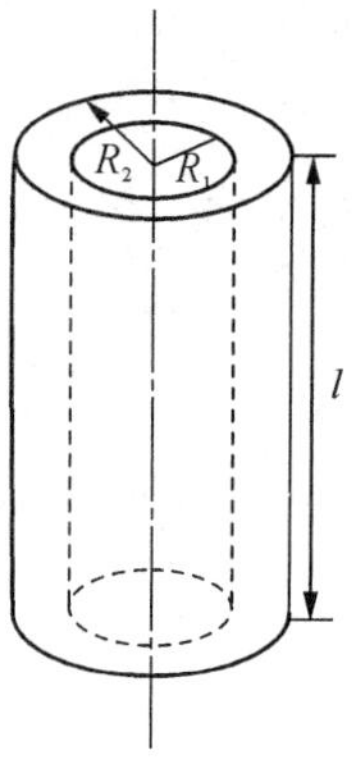

习题 11-8 图

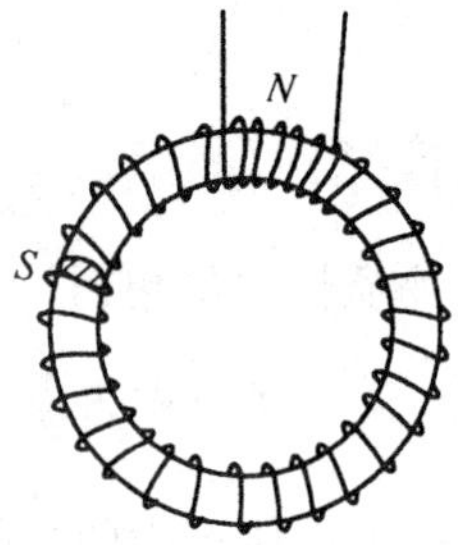

习题 11-9 图

11-9　一密绕空心螺绕环，单位长度匝数为 $n=2\,000$，环的截面积为 $S=1\ \mathrm{cm}^2$，通有电流 I，另一个 $N=20$ 匝的小线圈套绕在环上，如图所示。试求：

(1) 两线圈间的互感；

(2) 当螺绕环中电流的变化率为 $\frac{\mathrm{d}I}{\mathrm{d}t}=8$ A/s 时，求线圈中产生的互感电动势的大小。

11-10　载流长直导线中的电流以 $\frac{\mathrm{d}I}{\mathrm{d}t}$ 的变化率增长。若有一边长为 a 的正方形线圈与导线处于同一平面内，如图所示。求：(1) 线圈中的感应电动势；(2) 线圈与直导线之间的互感系数 M。

11-11　一个直径为 0.01 m，长为 0.10 m 的长直密绕螺线管，共 1 000 匝线圈，总电阻为 7.76 Ω。如把线圈接到电动势 $\mathscr{E}=2.0$ V 的电池上，电流稳定后，线圈中所存储的磁能有多少？磁能密度是多少？

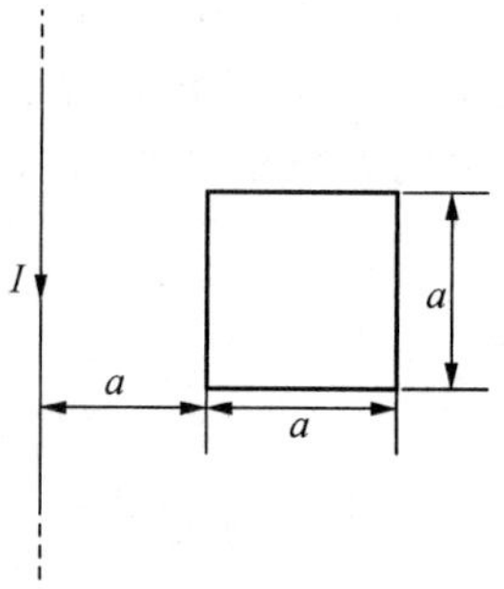

习题 11-10 图

第三篇　热　　学

自然界的一切生物都能觉察到周围温度的变化，物理学的发展使人们认识到温度的改变将伴随着热能的变迁。自从瓦特发明蒸汽机后，人类第一次观察到利用热能做功的事实。在围绕蒸汽机效率的研究中，人们发现了提高热机效率的物理学途径，由此发现了三个热力学定律。热力学定律的发现过程是伴随着提高热机的效率实验进行的，形式虽然简单，但是热力学定律的内涵丰富，甚至超出了自然科学的范畴。

这里将上述这些内容分成两章介绍：气体动理论和热力学定律。

第十二章 气体动理论

本章研究的对象是气体，气体分子之间的间距要比固体和液体大，所以气体分子在运动过程中随机性很强。理论上可以采用“质点”模型研究气体分子的运动，但当面对大量的分子构成的一个系统时，系统中个别分子的行为对系统宏观物理量的影响几乎没有意义。况且，面对大量的分子，即使能够对每个分子列出运动方程，最终也因方程数量的超巨量而显得无能为力。在研究一个系统时，一般是通过气体分子行为统计平均方法，从微观上阐明系统宏观物理量的变化规律，因此，统计平均方法就成了研究气体动理论的基本方法。

12.1 理想气体状态方程

1. 系统、平衡态、准静态

这里将所研究的具有明确周界的大量分子的聚集体称为系统。对系统的物理参量产生影响的外界称为**环境**。当环境处于一个确定的状态时，系统内宏观物理量，比如温度、体积、压强等也将趋于一个确定的状态，不再随时间变化，则称**系统处于平衡态**。处于平衡态的系统与周围环境没有物质与能量的交换。当外界环境变化后，系统与环境发生作用，系统的平衡态被打破后，随着环境的稳定又进入一个新的平衡态。从一个平衡态进入另一个平衡态的过程如果进行得很缓慢，以至于中间的每一个瞬间状态都可以视为平衡态时，那么就称这样的变化过程为**准静态过程**。例如，在观察天体的运动时，短时间内我们感觉不到天体的运动，所以日月星辰的运动过程都可以视为准静态过程。

一个系统处于平衡态时，有确定的**温度、体积和压强，称它们为系统的状态参量**。实验发现这些状态参量之间的变化是相关的，但其独立的变量只有2个。如果温度用“T”，体积用“V”，压强用“P”表示的话，则可以用其中的任意2个变量表示第三个参量，这样就可以建立一个坐标系，如$P-V$、$P-T$、$T-V$，系统的某个平衡态就可以用坐标系中的一个“点”表示。例如，常用的坐标系为$P-V$，通常是以V为横轴，P为纵轴。这样准静态过程就可以用$P-V$图中一系列“点”表示。当“点”很密集时就能够构成一条曲线。由此可见，$P-V$图中的任意一条曲线表示的是系统变化的“准静态过程”，或者说**只有系统处于准静态变化过程时，才能用 $P-V$ 图中的一条曲线表示。**

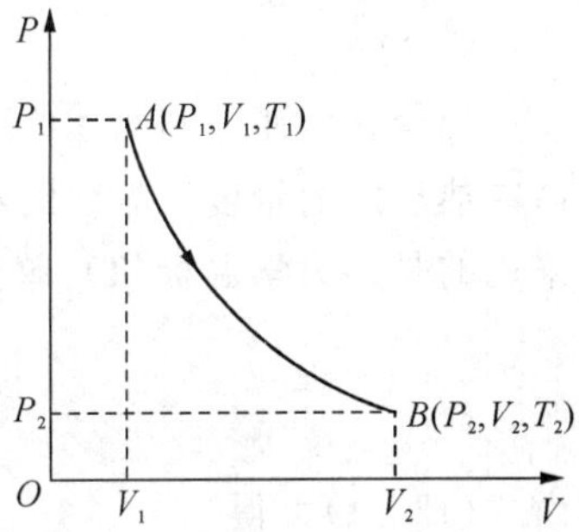

图 12-1 准静态过程示意图

2. 理想气体

一个系统中的气体分子按其物理性质讲，它具有体积，并要受到其他分子的作用。一般情况下，气体分子的间距较大，所以气体分子之间的作用力可以忽略；而分子的运动空间远大于分子本身的尺度，所以气体分子的体积可以忽略。通常在气体压力不是很大，分子密度不太大时，可采用“**理想气体分子**”模型分析气体分子的行为，理想气体分子系统的条件是：

(1) 气体分子的大小与气体分子之间的距离相比，可以忽略不计，分子可以视为质点；

(2) 气体分子之间没有相互作用力，这样分子系统可以不考虑分子之间的势能；

(3) 气体分子之间的碰撞可以认为是完全弹性碰撞，因此，系统在某一段时间内可以认为没有能量损耗；

(4) 气体分子处于不断运动中，在任意时刻，系统的宏观参量表现出瞬间一致性。

理想气体虽然不是我们面临的真实气体，但只要在常态下，以理想气体模型得到的系统的变化规律与真实气体的实验结果之间吻合得很好，误差完全可以忽略。这样，在一定的误差范围内，利用理想气体模型寻求系统变化的规律要方便许多。

3. 理想气体状态方程

初等物理告诉我们，只要系统处于**常态**下，即系统的温度不太低，密度不太高，压强不太大时，实验的结果表明，系统的宏观物理量之间有下列关系

$$\boxed{PV=\frac{m}{M}RT} \tag{12-1}$$

式中，m 为系统的气体质量；M 为系统中气体分子的**摩尔质量**；R 为**普适常量**，$R=8.31\ \mathrm{J\cdot mol^{-1}\cdot k^{-1}}$；$P$、$V$、$T$ 为系统的状态参量，分别为压强、体积和温度。

根据实验的条件，可知系统接近理想气体模型，所以称式(12－1)为**理想气体状态方程**。

1) 体积 V

气体的体积 V 是指气体容器的容积，即气体分子活动的空间。体积 V 是从几何角度来描述气体状态的，常称为系统的几何参量。在国际单位制(SI)中，**体积的单位是立方米($\mathbf{m^3}$)**，体积另一个常用单位是升(L)，而升与立方米的关系是 $1\ \mathrm{L}=1\times10^{-3}\ \mathrm{m^3}$。

2) 压强 P

气体的压强 P 是指气体作用在器壁单位面积上的垂直作用力。它是系统中大量分子对器壁不断碰撞的结果。压强是从力学角度来描述气体状态的，常称为力学参量。在国际单位制(SI)中，**压强的单位是帕**(Pa)，即 $1\ \mathrm{Pa}=1\ \mathrm{N\cdot m^{-2}}$。在实用中，压强的常用单位还有毫米汞高(mmHg)和**标准大气压(atm)**，它们与 Pa 的关系如下：

$$1\ \mathrm{mmHg}=1.33\times10^{2}\ \mathrm{Pa}$$

$$\boxed{1\ \mathrm{atm}=760\ \mathrm{mmHg}=1.013\times10^{5}\ \mathrm{Pa}}$$

3) 温度 T

温度在本质上与物体内部大量分子的热运动剧烈程度密切有关，但在宏观上可以简单地将其看成物体冷热程度的量度。温度的数值表示方法为温标，常用的温标是摄氏温标(t)，单位摄氏度(℃)；而物理学采用的是**热力学温标(T)，单位是开**[尔文](K)。这两种温标间的关系是

$$\boxed{T=t+273.15}$$

由式(12－1)可得

$$\begin{aligned} P &=\frac{m}{M}\frac{1}{V}RT \\ &=\left[\left(\frac{m}{M}\right)N_A\right]\frac{1}{V}\left(\frac{R}{N_A}\right)T \end{aligned}$$

式中，$\frac{m}{M}$为系统的**摩尔数**；N_A 为**阿伏伽德罗常数**；$\frac{m}{M}N_A$ 为系统的总分子数 N。

令 $n=\frac{N}{V}$为单位体积内的分子数，称为系统的**分子数密度**。

所以

$$\boxed{P=nk_BT} \tag{12-2}$$

式中，$k_B=\frac{R}{N_A}$ 称为**玻耳兹曼常数**，$k_B=1.38\times10^{-23}\ \mathrm{J\cdot K^{-1}}$。

式(12－2)是由式(12－1)关系而得到，所以这两个式子都称为理想气体状态方程。

例 12－1　某柴油机气缸内空气温度为 47.0 ℃，压强是 0.85 atm。当活塞把空气压缩到原来体积的 $\frac{1}{17}$ 时，压强增大到 42 atm。试求这时气缸内空气的温度(设空气可以看作理想气体)。

解：由题意可知，以气缸内的空气作为研究对象，则初状态的压强、温度和体积分别为 $P_1=0.85$ atm，$T_1=(47+273)$ K$=320$ K，V_1；而末状态的压强、温度和体积分别为 $P_2=42$ atm，T_2，$V_2=\frac{1}{17}V_1$。

由理想气体状态方程式(12－1)可知，对于任何 2 个平衡态有

$$\frac{P_1V_1}{T_1}=\frac{P_2V_2}{T_2}$$

即

$$T_2=\frac{P_2V_2}{P_1V_1}T_1$$

代入数据，有

$$T_2=\frac{42\times V_2}{0.85\times 17V_2}\times 320\ \text{K}=9.3\times 10^2\ \text{K}$$

这个温度远远超过了柴油的燃点，所以柴油喷入气缸时就会立即燃烧，发生爆发冲程，推动活塞做功。

例 12－2　容积为 $10\times10^{-3}\ \text{m}^3$ 的氧气瓶内装有温度为 27 ℃，压强为 50 atm 的氧气。在气焊时，用去一部分氧气，若瓶内氧气的温度不变，降强变为 10 atm。试问用去多少质量的氧气(设氧气为理想气体)？

解：设氧气未使用前的压强，体积和温度分别为 P_1、V_1 和 T_1，而使用后的压强、体积和温度分别为 P_2、V_2 和 T_2。

根据理想气体状态方程式(12－1)，瓶内未使用前的氧气质量为

$$m_1=\frac{P_1V_1}{T_1}\frac{M}{R}$$

使用后瓶内剩下氧气的质量为

$$m_2=\frac{P_2V_2}{T_2}\frac{M}{R}$$

所以，用去的氧气质量为

$$m_1-m_2=\frac{M}{R}\left(\frac{P_1V_1}{T_1}-\frac{P_2V_1}{T_1}\right)$$

数据代入后可得

$$\begin{aligned}m_1-m_2&=\frac{32\times10^{-3}}{8.31}\times\left(\frac{50\times10\times10^{-3}}{300}-\frac{10\times10\times10^{-3}}{300}\right)\times1.013\times10^5\ \text{kg}\\&=0.39\ \text{kg}\end{aligned}$$

例 12－3　一容器内贮有氧气，气体压强 $P=2\times10^5$ Pa，温度 $t=27$ ℃。求：(1) 该容器内氧气分子数密度；(2) 氧气的密度；(3) 氧气分子间的距离。

解：(1) 由理想气体状态方程式 $P=nk_BT$ 可得，分子数密度 $n=\frac{P}{k_BT}$。

将 $P=2\times10^5$ Pa，$T=273+27=300$ K，$k_B=1.38\times10^{-23}\ \text{J}\cdot\text{K}^{-1}$ 代入得

$$n=\frac{2\times10^5}{1.38\times10^{-23}\times300}\ \text{个/m}^3=4.83\times10^{25}\ \text{个/m}^3$$

(2) 由理想气体状态方程式 $PV=\frac{m}{M}RT$ 可得：

氧气的密度

$$\rho=\frac{m}{V}=\frac{MP}{RT}=\frac{32\times10^{-3}\times2\times10^{5}}{8.31\times300}\ \text{kg/m}^3=2.567\ \text{kg/m}^3$$

(3) 平均每个气体分子占有的空间

$$V_0=\frac{1}{n}=2.07\times10^{-26}\ \text{m}^3$$

分子间的平均距离

$$d=\sqrt[3]{V_0}=\sqrt[3]{20.7}\times10^{-9}\ \text{m}$$

例 12-4 某天室内温度由 32 ℃下降到 27 ℃,问从室外透进室内的分子数占原来室内分子总数的百分比。

分析:室内气温变化时,室内的压强、体积都不变,分子数密度随温度的改变而改变。

解:设原来室内温度为 T_0,压强为 P_0,分子间密度为 n_0。而温度改变为 T 后,分子数密度为 n,压强仍为 P_0。

由 $P=nkT$,P 不变,

故 $n_0T_0=nT$ 或 $\frac{n}{n_0}=\frac{T_0}{T}$,

则

$$\frac{n-n_0}{n_0}=\frac{T_0-T}{T}=\frac{5}{300}=1.67\%$$

$$\frac{\Delta N}{N_0}=\frac{V\Delta n}{Vn_0}=\frac{n-n_0}{n_0}=1.67\%$$

12.2 理想气体的压强公式

1. 理想气体压强公式的推导

从分子运动的观点来看,气体的压强是由大量分子在与器壁碰撞过程中不断给器壁以力的作用引起的,它是一个统计平均值。气体的压强在数值上等于每单位时间与器壁相碰撞的所有气体分子作用于器壁单位面积上的总冲量。

为了计算方便,选一个边长分别为 l_1,l_2,l_3 的长方形容器(图 12-2),并设容器中有 N 个同类气体分子。设每个分子的质量都是 m,分子在做不规则的热运动时,其速度为 v,在 x,y,z 三个方向上速度分量分别为 v_x,v_y,v_z。

在平衡状态下,器壁各处所受压强完全相同。现在计算器壁 A_1 面上所受压强。先选一个分子 a 来考虑,单分子 a 撞击器壁 A_1 面时,它将受到 A_1 面沿 $-x$ 方向的作用力。因为碰撞是完全弹性的,所以从 x 方向的运动来看,以速度 v_x 撞击 A_1 面,然后以速度 $-v_x$ 弹回。这样,分子 a 与 A_1 面碰撞一次分子动量的改变为 $I'_x=(-mv_x-mv_x)=-2mv_x$。按动量定理可知,这一动量的改变等于 A_1 面对分子 a 的冲量。A_1 面在 Δt 时间内对分子 a 的冲量为 $f'\Delta t=-2mv_x$。分子 a 从 A_1 面弹回,又飞向 A_2 面,碰撞 A_2 面后,再回到 A_1 面,在 x 方向运动速度 v_x 大小不变,所需要时间为 $\Delta t=\frac{2l_1}{v_x}$。

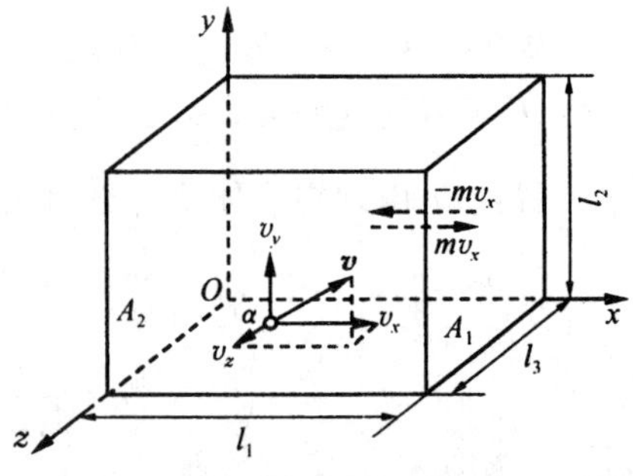

图 12-2 推导压强公式用图

所以,分子 a 作用在 A_1 面上的平均作用力,即 $f'=-\frac{2mv_x}{\Delta t}=-\frac{mv_x^2}{l_1}$。由牛顿第三定律可知,分子 a 对 A_1 面的作用力为 $f=-f'=\frac{mv_x^2}{l_1}$。

从以上讨论可知,一个分子在器壁上碰撞,即作用在器壁上的力是间歇的、不连续的。但是容器内有 N 个分子,它们对 A_1 面都在碰撞,使器壁受到一个连续而均匀的作用力,正如密集的雨点打在雨伞上,我们能感到一个均匀的作用力。A_1 面所受到平均作用力 $\overline{F}$ 的大小应该等于 N 个分子对 A_1 面作用的总和,即 $\overline{F}=f_1+f_2+f_3+\cdots+f_N=\frac{mv_{1x}^2}{l_1}+\frac{mv_{2x}^2}{l_1}+\frac{mv_{3x}^2}{l_1}+\cdots+\frac{mv_{ix}^2}{l_1}=\sum_{i=1}^{N}\frac{mv_{ix}^2}{l_1}=\frac{m}{l_1}\sum_{i=1}^{N}v_{ix}^2$ 。其中,v_{ix} 为第 i 个气体分子在 x 方向上的速度分量。

按压强定义可得:

$$P=\frac{\overline{F}}{l_2l_3}=\frac{m}{l_1l_2l_3}\sum_{i=1}^{N}v_{ix}^2=\frac{mN}{l_1l_2l_3}\left(\frac{v_{1x}^2+v_{2x}^2+v_{3x}^2+\cdots+v_{Nx}^2}{N}\right)$$

式中,括号内的量为 N 个气体分子沿 x 方向上速度分量平方的平均值,可写作 $\overline{v_x^2}$。又因单位体积内的分子数 $n=\frac{N}{l_1l_2l_3}$,所以上式可以写为

$$p=nm\,\overline{v_x^2}$$

按上面所说的统计假设,沿各个方向速度分量的平均值应该相等,即 $\overline{v_x^2}=\overline{v_y^2}=\overline{v_z^2}$,又因为 $\overline{v_x^2}+\overline{v_y^2}+\overline{v_z^2}=\overline{v^2}$,所以 $\overline{v_x^2}=\frac{1}{3}\overline{v^2}$。即

$$p=nm\,\overline{v_x^2}=\frac{1}{3}nm\,\overline{v^2} \tag{12-3}$$

此处 $\overline{v^2}$ 为 N 个分子速度平方的平均值。又因为分子的平均平动动能(简称平动能)

$$\overline{\varepsilon_k}=\frac{1}{2}m\,\overline{v^2} \tag{12-4}$$

代入式(12－3)得

$$p=\frac{2}{3}n\left(\frac{1}{2}m\,\overline{v^2}\right)=\frac{2}{3}n\,\overline{\varepsilon_k} \tag{12-5}$$

式(12－5)便是理想气体的压强公式,它表明气体的压强既与单位体积中的分子数 n 有关,又与分子的平均平动能 $\overline{\varepsilon_k}$ 有关,这是一个统计性规律。

2. 理想气体的平均平动能

根据理想气体状态方程式(12－2)和压强公式(12－5),比较这两个公式可得**分子的平均平动能**

$$\boxed{\overline{\varepsilon_k}=\frac{3}{2}k_BT} \tag{12-6}$$

式(12－6)表示,系统中的宏观物理量 T 与系统内分子的平均平动能的关系。它揭示了系统温度的统计意义,即系统的温度 T 是系统内大量气体分子热运动动能的统计平均,或者说系统的**温度反映了系统内分子运动的激烈的程度**。因此分子永远处于不断的运动中,平均平动能永远不可能为零。所以绝对零度是肯定不能实现的,关于这一点,在以后的热力学理论中将进一步讨论。

3. 理想气体的方均根速率

由分子的平均平动能的表达式(12－4)与式(12－6)易得

$$\boxed{\overline{\varepsilon_k}=\frac{1}{2}m\overline{v^2}=\frac{3}{2}k_BT}$$

或者

$$\boxed{\sqrt{\overline{v^2}}=\sqrt{\frac{3k_BT}{m}}} \tag{12-7}$$

等式的左边称为气体分子速率的“方均根”，简称**气体分子的方均根速率**；而等式右边的 m 表示一个气体分子的质量。

对等式右边的分子、分母同乘以阿伏伽德罗常数 N_A，可得

$$\sqrt{\overline{v^2}}=\sqrt{\frac{3k_BTN_A}{mN_A}}=\sqrt{\frac{3RT}{M}} \tag{12-8}$$

式中，M 为系统气体的摩尔分子量；R 为普适常数；T 为系统的温度。

12.3 能量均分定理 理想气体的内能

1. 分子的自由度

由气体分子的平均平动能的表达式(12-6)可知，分子的平均平动能 $\overline{\varepsilon}_k$ 是 $\frac{1}{2}k_BT$ 的 3 倍。分析其来源，发现是由直角坐标系 3 个维度确定的，这就启发我们，分子的平均平动能是否与分子的自由度有关。这样的设想只要经过实践验证，就是了不起的发现。

什么是自由度？按数学的定义，**自由度是确定一个物体在空间位置的最少的独立参量数**。一个质点位置的确定需要 3 个独立坐标，这个质点的自由度为 3；由 N 个质点构成的质点系的自由度为 $3N$。这 $3N$ 个自由度可以重新作一个分配：(1) 系统的质心位置的自由度 $t=3$，称之为**平动自由度**。(2) 如图 12-3 所示，通过坐标原点和质心建立一个转轴，确定这一转轴的空间取向的独立参量为 2 个，系统绕转轴转过一个角度还有 1 个自由度，这样，一个转轴的自由度为 $r=3$，称之为**转动自由度**。(3) 剩下的 $(3N-6)$ 个自由度是系统质点之间的相对位置形成的，当两质点之间相对位置随时间改变时，可以视为质点之间振动，所以将其称为系统的**振动自由度**，$s=(3N-6)$ 个。

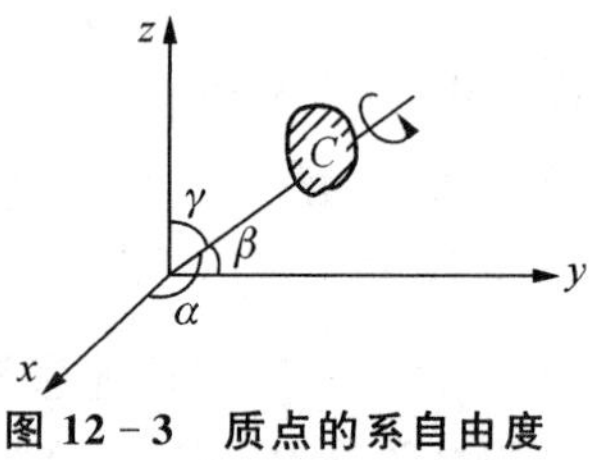

图 12-3 质点的系自由度表示方法

由 N 个原子构成的一个分子，**系统的温度不是特别高时，系统的振动自由度可以忽略**，则称这样的分子为刚性分子。

刚性分子之间是相互牵连的，是受到某种制约和限制的，如图 12-4 所示。就像限制质点做直线运动一样，质点的自由度将受到制约。温度不特别高时，由于质点之间的相对位置不变，所以只需考虑分子的平动自由度 t 和转动自由度 r。

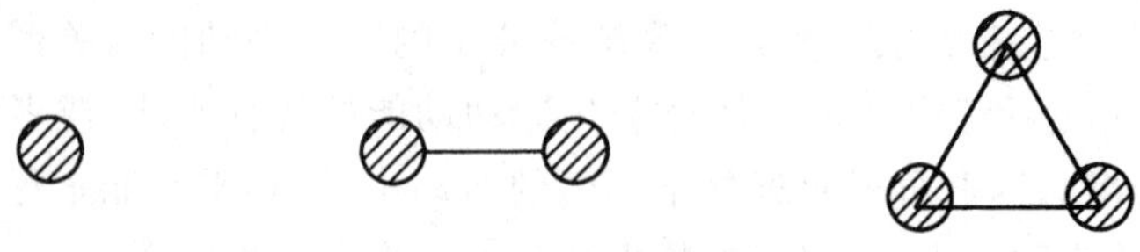

(a) (b) (c)

图 12-4 刚性分子的自由度受到制约

任何分子都有一个质心，所以对一切分子，其平动自由度一律为 $t=3$。对于**单原子分子，只有一个平**

动自由度，所以其总自由度 $i=3$。双原子哑铃状分子有 3 个平动自由度，在 3 个转动自由度中，由于过两个原子的转轴转动时，原子的不可区分，所以只剩下转轴空间取向的 2 个自由度(图 12－3)。因此，**双原子哑铃状分子的自由度 $i=t+r=5$**；对于**多原子分子，质心的平动自由度 $t=3$，转动自由度 $r=3$，总自由度 $i=t+r=6$**。

由于绝大多数的分子系统的温度都在经典范围内($T<1\,000$ K)，所以一般都不考虑分子的振动自由度，如表 12－1 所示。

表 12－1　气体分子自由度

分子种类	平动自由度 t	转动自由度 r	总自由度($i=t+r$)
单原子分子	3	0	3
双原子分子	3	2	5
三(多)原子分子	3	3	6

2. 能量均分定理

理想气体分子的平均平动能公式是

$$\frac{1}{2}m\overline{v^2}=\frac{3}{2}k_BT$$

理想气体大量分子向各方向运动的几率相等，因此应有

$$\overline{v_x^2}=\overline{v_y^2}=\overline{v_z^2}=\frac{1}{3}\overline{v^2}$$

因

$$\overline{v^2}=\overline{v_x^2}+\overline{v_y^2}+\overline{v_z^2}$$

故

$$\frac{1}{2}m\overline{v^2}=\frac{1}{2}m\overline{v_x^2}+\frac{1}{2}m\overline{v_y^2}+\frac{1}{2}m\overline{v_z^2}$$

由此可见

$$\frac{1}{2}m\overline{v_x^2}=\frac{1}{2}m\overline{v_y^2}=\frac{1}{2}m\overline{v_z^2}=\frac{1}{2}k_BT \tag{12-9}$$

式(12－9)表明：气体分子每一个自由度都可以分配到的能量是 $\bar{\varepsilon}_k=\frac{1}{2}k_BT$。

这种能量的平均分配可以扩展到转动自由度上，即对气体分子每一个转动自由度，其平均能量也应是 $\frac{1}{2}k_BT$。这样，**气体分子任意一个自由度的平均动能都等于 $\frac{1}{2}k_BT$，能量按照这样的原则分配的规律叫做能量按自由度的均分定理**。如果**气体分子有 i 个自由度，则每一个分子总平均动能就是 $\frac{i}{2}k_BT$**。在经典物理中，能量均分定律也适用于液体和固体分子的无规则运动。

* 应当指出，当环境温度 T 很高时，分子成为非刚性气体分子，除了平动自由度和转动自由度外，还存在着振动自由度 s，对应于每一个振动自由度，每个分子除了有 $\frac{1}{2}k_BT$ 平均动能外，还有 $\frac{1}{2}k_BT$ 的平均势能。**对于非刚性分子，用能量均分定律计算其平均动能时，其自由度应记为 $i=t+r+2s$，i 称为气体分子的能量自由度。**

3. 理想气体的内能

内能，顾名思义，是指一系统内的能量。在一系统内可能存在的能量不仅有机械能、热能、电磁能，还有化学能、核能等。如果以其终极的能量来说，应按狭义相对论计算 $E=mc^2$，但是，质量 m 能否彻底转化为能量，至今尚无实验证明，仅在核裂变、聚变反应中被局部地证实。系统可与外界交流的能量才是"内

能”的意义所在。因此，在讨论“内能”时，应该是有层次的，**我们关心的不是内能的绝对量，而是其相对量**。

常态下，理想气体在与外界进行能量交流时，仅仅是气体分子的动能与势能的改变，而理想气体分子之间不存在相互作用，所以**理想气体系统内没有势能，仅有动能**。

因每个气体分子的平均动能 $\bar{\varepsilon}_k=\frac{i}{2}k_BT$，设系统气体的总质量为 m，摩尔质量为 M，该理想气体系统的内能

$$\boxed{E=\left(\frac{m}{M}N_A\right)\frac{i}{2}k_BT=\frac{m}{M}\frac{i}{2}RT} \tag{12-10}$$

可见，对一个确定的**理想气体系统，其内能仅仅是温度的函数**。

例 12-5 试求质量为 1 mol，温度为 100 ℃的氧气(视为理想气体)的平均平动能、转动动能和内能。

解：氧气为双原子分子气体，其分子有 3 个平动自由度和 2 个转动自由度，因此，1 mol 氧气平均平动动能和平均转动动能分别为

$$E_{平}=\frac{t}{2}RT=\frac{3}{2}\times 8.31\times 373\ \text{J}=4.65\times 10^3\ \text{J}$$

$$E_{转}=\frac{r}{2}RT=\frac{2}{2}\times 8.31\times 373\ \text{J}=3.10\times 10^3\ \text{J}$$

它的内能为

$$E=E_{平}+E_{转}=7.75\times 10^3\ \text{J}$$

由式(12-10)可得，当系统的温度的改变量为 ΔT 时，系统内能的改变量

$$\Delta E=\frac{m}{M}\frac{i}{2}R\Delta T \tag{12-11}$$

例 12-6 多原子理想气体系统的初始状态为(P_0,V_0,T_0)，经过加热后，系统的温度变为 T。求该系统内能的变化。

解：设系统的总质量为 m，摩尔质量为 M，多原子气体分子的自由度 $i=6$，初始状态系统的内能

$$E_1=\frac{m}{M}\frac{i}{2}RT_0=3\,\frac{m}{M}RT_0$$

系统温度为 T 时，系统的内能为

$$E_2=3\,\frac{m}{M}RT$$

系统内能的改变量

$$\begin{aligned}\Delta E&=E_1-E_2=3\,\frac{m}{M}R(T-T_0)\\&=3(T-T_0)\frac{P_0V_0}{T_0}\\&=3\left(\frac{T}{T_0}-1\right)P_0V_0\end{aligned}$$

当 $T>T_0$ 时，$\Delta E>0$，表示系统内能增加；当 $T<T_0$ 时，$\Delta E<0$，表示系统内能减少。

例 12-7 有体积为 $2\times 10^{-3}\ \text{m}^3$ 的刚性双原子理想气体系统分子总数 $N=5.4\times 10^{22}$ 个，其内能 $E=6.75\times 10^2$ J。试求：(1) 气体的压强 P；(2) 分子的平均平动动能及系统的温度 T。

解：(1) 设系统的分子数密度为 n，系统的温度为 T 时，系统的内能

$$E=N\,\frac{i}{2}k_BT \tag{1}$$

$$=(nV)\frac{i}{2}k_BT$$

由理想气体状态方程 $P=nk_BT$ 可得

$$E=\frac{i}{2}VP$$

双原子分子自由度 $i=5$，

所以 $$P=\frac{2E}{5V}=1.35\times10^5\ \text{Pa}$$

(2) 由式(1)可得 $k_BT=\frac{2E}{iN}$，则系统的平均平动能 $\bar{\varepsilon}_k=\frac{3}{2}k_BT$， (2)

代入上式得

$$\bar{\varepsilon}_k=\frac{3}{2}\times\frac{2E}{5N}=\frac{3E}{5N}=7.5\times10^{-21}\ \text{J}$$

则 $$T=\frac{2\bar{\varepsilon}_k}{3k_B}=\frac{2\times7.5\times10^{-21}}{3\times1.38\times10^{-23}}\text{K}=362.3\ \text{K}$$

12.4　麦克斯韦速率分布律

在讨论气体分子的平均平动能时，得到气体分子的方均根速率。它是分子速率的一种统计平均值。然而气体处于平衡态时，并非所有分子都是以同一方均根速率运动，而是以各种大小不同的速度向各个方向运动，由于分子之间的相互碰撞，每一个分子的速率都在不断地变化。因此，若在某一时刻，预测分子速度的大小和方向是不可能的。从大量分子的整体来看，在某一平衡态下，它们的速率分布却遵循一定的统计规律。这个统计规律是 1859 年由英国理论物理学家麦克斯韦(James Clerk Maxwell)首先推导出的，并于 21 世纪 20 年代由斯特恩(Otto Stem)做了气体分子速率分布实验进行验证。我国物理学家葛正权也于 30 年代用实验检验了分子的速率分布。

1. 分子速率的实验测定

1955 年，美国哥伦比亚大学的 2 位物理学家米勒(R. C. Miller)和库士(P. Kusch)精确地验证了麦克斯韦速率分布律。他们所用的装置可用图 12-5 加以说明，全部装置放在高真空的容器内。图中 A 是汞蒸气源，S 狭缝是气体分子射出口，经狭缝 S 形成一束定向的细窄射线。B 和 C 是两个共轴圆盘，盘上各开一条狭缝，两条狭缝略微错开，成一小角 φ(约 2°)，B 和 C 两圆盘间距为 l，P 是接收金属蒸汽分子的胶片屏。

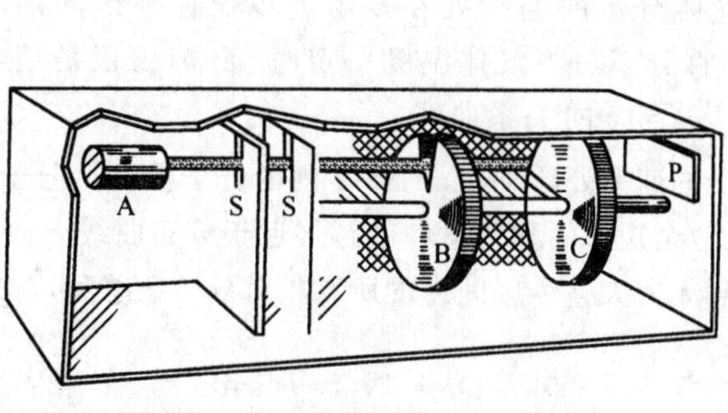

图 12-5　米勒和库士实验装置简图

当 B 和 C 两圆盘以角速度 ω 转动时，圆盘每转一周，分子通过圆盘上的狭缝一次。由于分子的速率不同，分子由 B 到 C 所需时间也不一样，所以并非所有通过 B 圆盘上的狭缝的分子都能通过 C 圆盘上的狭缝而射到 P 屏上。只有当分子速率 v 满足下列关系式的分子才能通过 C 圆盘上的狭缝而射到 P 屏

上，即

$$t=\frac{l}{v}=\frac{\varphi}{\omega}$$

所以

$$v=\frac{\omega}{\varphi}l$$

可见，圆盘B和C具有速率选择的作用。改变 ω（或 l 和 φ）时，可使速率不同的分子通过。考虑到B和C两圆盘上的狭缝都有一定的宽度。所以，实际上当角速度 ω 一定时，能射到P屏上的分子速率在 $v\sim v+\Delta v$ 之间。

实验指出，当圆盘以不同的角速度 $\omega_1,\omega_2,\omega_3,\cdots$ 转动时，从P屏上可以测量出每次沉积的金属层的厚度，从而可以知道分布在 $v_1\sim v_1+\Delta v, v_2\sim v_2+\Delta v, v_3\sim v_3+\Delta v,\cdots$ 不同速率区间内的相对分子数。所谓**相对分子数**是指P屏上分子数与射出S缝总分子数的比值。

图12-6是直接从实验结果给出金属汞分子在100 ℃时汞分子速率分布情况，其中一块块矩形面积表示分布在各速率区间内的相对分子数。实验结果表明，分布在不同速率区间内的相对分子数并不相同，但在实验条件（如金属涉及强度、温度等）不变的情况下，分布在各个速率区间内的相对分子数则是完全确定的。尽管个别分子的速率等于多少是偶然的，但从整体说大量分子的速率分布是遵循一定规律的。这种规律叫做气体分子速率的分布规律。

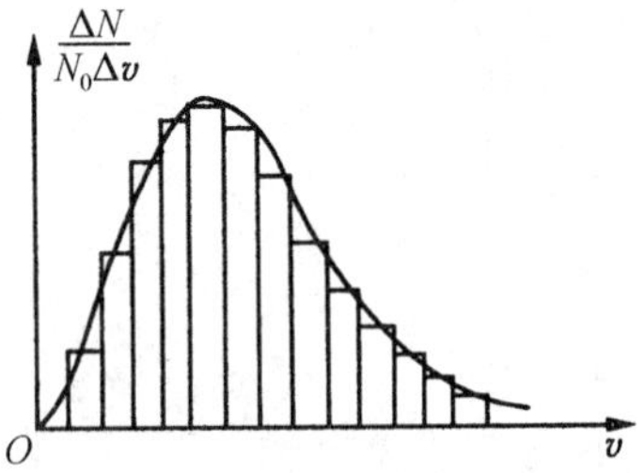

图12-6　金属汞分子射线实验

2. 麦克斯韦速率分布律

设在平衡状态下一定量气体的分子总数为 N_0，其中，速率在 $v\sim v+\Delta v$ 内的分子数为 ΔN，则 $\frac{\Delta N}{N_0}$ 就表示气体分子其速率处在这一区间内的**相对分子数**，即在这一区间内的分子数占总分子数的百分率。由图12-6可知，$\frac{\Delta N}{N_0}$ 与速率区间有关，对于不同的速率区间，其数值不同。如果所取的 Δv 越大，则 $\frac{\Delta N}{N_0}$ 就越大，但它们不成比例关系。由实验规律可知，这是一个与 v 相关的函数，记为 $f(v)$，即

$$\frac{\Delta N}{N_0}=f(v)\Delta v$$

等式两边取极限，得

$$\mathrm{d}N=N_0 f(v)\mathrm{d}v \tag{12-10}$$

式中，$f(v)$ 的物理意义为：气体分子的速率处在 v 附近单位速率区间内的气体分子数占总分子数的百分率。当气体温度一定时，$f(v)$ 仅仅是速率 v 的函数。图12-7是 $f(v)$ 与 v 的关系曲线。

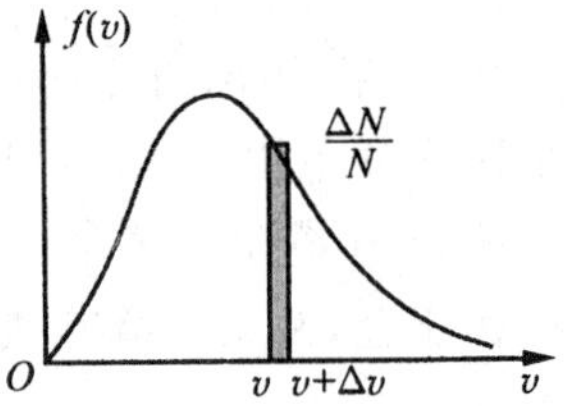

图12-7　$f(v)$ 与 v 的关系曲线

曲线中矩形面积表示分子的速率处在 $v\sim v+\Delta v$ 之间的分子数占总分子数的百分率。Δv 取得越小，则矩形面积数目就越多，这无数个矩形面积的总和就越接近于分布曲线下面的总面积。曲线下的总面积表示分子的速率分布在从零到无穷大整个区间内的所有相对分子数总和，对式(12-10)两边积分，可得：

$$\int_0^{N_0}\mathrm{d}N=N_0\int_0^{\infty}f(v)\mathrm{d}v$$

得

$$\boxed{\int_0^{\infty}f(v)\mathrm{d}v=1} \tag{12-11}$$

此为**理想气体速率分布函数的归一化条件**。表明 $f(v)$ 曲线下的总面积等于 1。

麦克斯韦经过理论研究，指出在平衡状态下气体分子速率分布函数的具体形式是

$$f(v)=4\pi\left(\frac{m}{2\pi k_B T}\right)^{\frac{3}{2}}\exp\left(-\frac{mv^2}{2k_B T}v^2\right) \tag{12-12}$$

将上式称为**麦克斯韦速率分布函数**。理论分析与实验结果的比较，两者是比较接近的。可以认为麦克斯韦速率分布律是符合客观实际的，所以，麦克斯韦速率分布律是气体动理论的基本规律之一。

3. 三种速率、速率分布与温度的关系

1) 最概然速率 v_p

从麦克斯韦概率分布曲线可以知道，具有很大速率或很小速率的相对分子数较少，而具有中等速率的相对分子数很多。值得注意的是，$f(v)$ 有一个极大值。与这个极大值相对应的速率值 v_p，叫做**最概然速率**。其物理意义是：在一定温度下，速率大小在 v_p 附近单位速度间隔内气体的相对分子数最大。v_p 的数值是由 $\frac{\mathrm{d}f(v)}{\mathrm{d}v}=0$ 求得的，计算结果

$$\boxed{v_p=\sqrt{\frac{2k_B T}{m}}=\sqrt{\frac{2RT}{M}}\approx 1.44\sqrt{\frac{RT}{M}}} \tag{12-13}$$

式中，m 为气体分子的质量；k_B 为玻耳兹曼常量；T 为热力学温度；M 为气体摩尔质量；R 为普适常量。

当系统的温度升高，由式(12-13)可得，v_p 增大，表示分布函数 $f(v)$ 的极大值向 v 增大的方向漂移。但由于曲线下的总面积等于 1，所以 $f(v)$ 的峰值下降。$f(v)$ 的曲线趋于平稳(图 12-8)。同理，当系统气体的摩尔质量 M 下降时，分布函数 $f(v)$ 的极大值也向 v 增大的方向漂移，分布函数曲线也趋于平缓(图 12-9)。

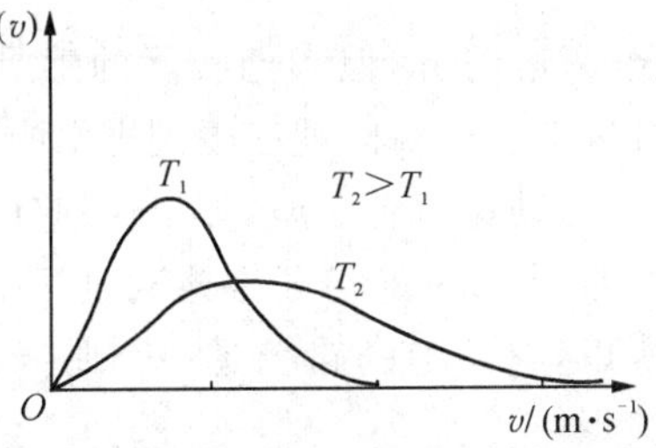

图 12-8　同一种气体不同温度下的速率分布曲线

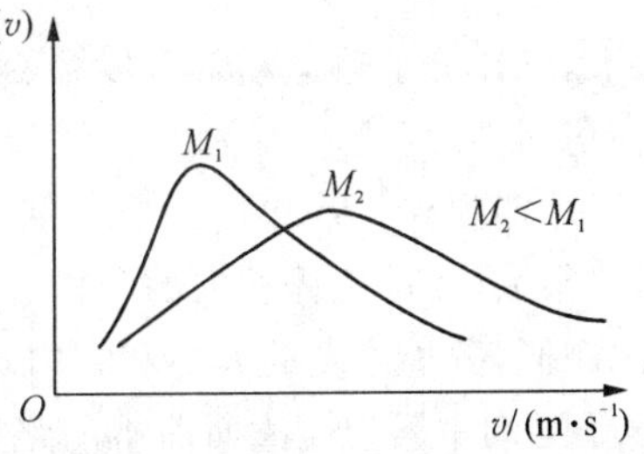

图 12-9　同一温度下不同气体的速率分布曲线

2) 平均速率 $\bar{v}$

大量气体分子速率的平均值叫做平均速率，以 $\bar{v}$ 表示。设系统中速度为 v 的分子数为 $\mathrm{d}N$，则 $\mathrm{d}N$ 个分子的速率总量为 $v\mathrm{d}N$，速率在 $v_1 \sim v_2$ 区间的气体分子的**平均速率**

$$\bar{v}=\frac{\int_{v_1}^{v_2} v\mathrm{d}N}{\int_{v_1}^{v_2}\mathrm{d}N} \tag{12-14}$$

将式(12-10)代入上式

$$\bar{v}=\frac{\int_{v_1}^{v_2} vf(v)\mathrm{d}v}{\int_{v_1}^{v_2} f(v)\mathrm{d}v} \tag{12-15}$$

当 $v_1\to 0$，$v_2\to\infty$ 时，由式(12-11)得

$$\bar{v}=\int_0^{\infty} vf(v)\mathrm{d}v \tag{12-16}$$

$f(v)$用麦克斯韦速率分布函数代入得

$$\bar{v}=\sqrt{\frac{8k_BT}{\pi m}}=\sqrt{\frac{8RT}{\pi M}}\approx 1.60\sqrt{\frac{RT}{M}} \tag{12-17}$$

3) 方均根速率$\sqrt{\overline{v^2}}$

由气体分子平均平动能公式(12-8)中已经推导出气体的方均根速率

$$\sqrt{\overline{v^2}}=\sqrt{\frac{3k_BT}{m}}\approx 1.73\sqrt{\frac{RT}{M}}$$

* 也可以利用类似于式(12-15)的分析,系统在速率在 $v_1 \sim v_2$ 范围内气体分子的速率的平方的平均值

$$\overline{v^2}=\frac{\int_{v_1}^{v_2} v^2\mathrm{d}N}{\int_{v_1}^{v_2}\mathrm{d}N}=\frac{\int_{v_1}^{v_2} v^2 f(v)\mathrm{d}v}{\int_{v_1}^{v_2} f(v)\mathrm{d}v} \tag{12-18}$$

$f(v)$用麦克斯韦速率分布函数代入,并令 $v_1 \to 0, v_2 \to \infty$ 得

$$\overline{v^2}=\int_0^{\infty} v^2 f(v)\mathrm{d}v=\frac{3k_BT}{m}。$$

12.5 分子碰撞与平均自由程

1. 分子平均碰撞频率

在常温下,气体分子热运动常常以几百米每秒的平均速率运动着,但人们实际的感受常常不是这样的。例如,在房间中,打开一瓶香水的盖子后,房间内的人按理应在一瞬间就能嗅到香水的味道,但实际上则是要几秒后才能嗅到其香味。这个现象似乎与气体分子的运动速率有矛盾,如果仔细分析就可以看出,分子速率虽然很大,而单位体积内的气体分子数是非常巨大的,所以一个分子在运动过程中要与其他分子碰撞,每一次碰撞,分子速度的大小和方向均会发生变化,所以,它所走的路径是一个曲折的路径,图12-10是气体分子运动中因为碰撞而曲折的路径示意图。

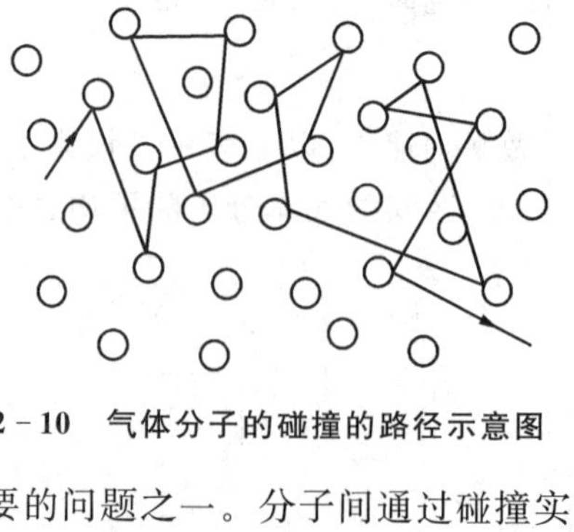

图 12-10　气体分子的碰撞的路径示意图

分子的碰撞问题是气体动理论重要的问题之一。分子间通过碰撞实现动量、动能等交换,气体由非平衡态到平衡态的过程也是通过碰撞实现的。例如,容器中气体各个地方温度不相同时,通过分子间的碰撞实现动能的交换,而使容器内气体温度达到处处相等。

在讨论分子的碰撞时,为了使问题简化,假设分子中只有一个分子 A 以平均速率 v 运动,其余分子都看成是不动的,如图12-11所示,并把分子看成具有直径为 d 的弹性小球。理想气体分子之间的碰撞都是弹性碰撞,可以认为其速率不变。

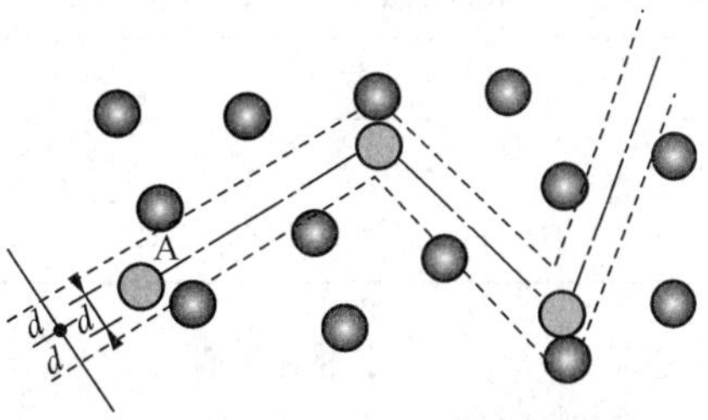

图 12－11　分子平均碰撞频率的计算

在分子 A 运动过程中，分子 A 的球心轨迹是一系列的折线，凡是其他分子的球心离开折线的距离小于 d 或等于 d，它们都将和分子 A 发生碰撞。如果将折线拉直，以 d 为半径作一个圆柱体，以 1 s 内分子 A 的球心所经过的轨道为轴，该圆柱体的长度为$\overline{v}$，所以圆柱体的体积为 $\pi d^2\overline{v}$。这样，球心在这圆柱体内的其他分子均将在这 1 s 内和分子 A 发生碰撞。

设分子密度为 n，则圆柱体内的分子数为

$$\overline{Z}=\pi d^2\,\overline{v}n \tag{12-19}$$

显然，这就是分子 A 在 1 s 内和其他分子发生碰撞的次数。

实际上，一切分子都在不停地运动着。每一个分子运动的速率各不相同，它们是遵守气体分子速率分布律的。考虑到以上因素，对式(12－19)必须加以修正。修正后**分子的平均碰撞频率为**

$$\boxed{\overline{Z}=\sqrt{2}\pi d^2\,\overline{v}n} \tag{12-20}$$

式(12－20)表明，分子平均碰撞频率$\overline{Z}$与分子密度 n、分子平均速率 $\overline{v}$ 成正比，也与分子直径平方 d^2 成正比。

应该指出，在推导分子平均碰撞频率的过程中，把气体当作直径 d 的弹性小球，并且把分子间的碰撞看成弹性碰撞，这样求出分子直径并不能准确表示分子的实际大小。首先，分子不是真正的球体；其次，分子的碰撞过程也并非弹性碰撞。分子是一个复杂的系统，分子之间的相互作用也很复杂。所以计算出来的分子直径只能够近似地反映分子的大小，一般 d 为分子的有效直径。

2. 分子平均自由程

分子在单位时间内的运动路径长度为$\overline{v}$，单位时间又与其他分子发生碰撞$\overline{Z}$次，每发生一次碰撞，分子的行径方向改变一次，这样单位时间内分子路径长度 $\overline{v}$被曲折$\overline{Z}$次，如图12－10 所示。

可见平均每段折线的长度为

$$\overline{\lambda}=\frac{\overline{v}}{\overline{Z}} \tag{12-21}$$

因为$\overline{v}$为分子的平均速度，$\overline{Z}$为分子平均碰撞频率，所以$\overline{\lambda}$为**分子在连续两次碰撞间所经过的路程的平均值，将$\overline{\lambda}$叫做分子平均自由程。**

将式(12－20)的分子平均碰撞频率代入式(12－21)，得分子平均自由程

$$\boxed{\overline{\lambda}=\frac{1}{\sqrt{2}\pi d^2 n}} \tag{12-22}$$

式(12－22)表明：分子平均自由程只与分子直径 d、分子数密度 n 有关，而与分子平均速度$\overline{v}$无关。说明**只要系统的分子数密度 n 不变，气体分子的平均自由程就不变。**表 12－2 是标准状态下几种气体的$\overline{\lambda}$和 d。

表 12-2 标准状态下几种气体和的 $\overline{\lambda}$ 和 d

参数	氢	氮	氧	氦
$\overline{\lambda}$/m	1.123×10^{-7}	0.599×10^{-7}	0.648×10^{-7}	1.793×10^{-7}
d/m	2.3×10^{-10}	3.1×10^{-10}	2.9×10^{-10}	1.9×10^{-10}

***例 13-7** 已知空气分子的有效直径为 3.5×10^{-10} m。试求在标准状态下，空气的平均碰撞频率 $\overline{Z}$ 和平均自由程 $\overline{\lambda}$。

解：标准状态下 1 atm，$P=1.013\times10^5$ Pa，$T=273$ K，空气的摩尔质量为 $M=29\times10^{-3}$ kg · mol^{-2}，由式(12-22)和理想气体状态方程式(12-2)可得

$$\overline{\lambda}=\frac{1}{\sqrt{2}\pi d^2 n}$$

$$=\frac{k_B T}{\sqrt{2}\pi d^2 p}=\frac{1.38\times10^{-23}\times273}{1.41\times3.14\times(3.5\times10^{-10})^2\times1.013\times10^5}\text{ m}=6.86\times10^{-8}\text{ m}$$

由式(12-21)可计算气体分子的平均碰撞频率

$$\overline{Z}=\frac{\overline{v}}{\overline{\lambda}}$$

因为

$$\overline{v}=1.60\sqrt{\frac{RT}{M}}=1.60\sqrt{\frac{8.31\times273}{29\times10^{-3}}}\text{ m}\cdot\text{s}^{-1}=4.48\times10^2\text{ m}\cdot\text{s}^{-1}$$

所以

$$\overline{Z}=\frac{\overline{v}}{\overline{\lambda}}=6.53\times10^9\text{ s}^{-1}$$

本章习题

12-1 冬天在室内打开取暖器，室温从 12 ℃升高到 27 ℃，而室内气压不变。试求：因门窗关闭不严而漏出室外的空气分子数占原先室内总分子数之比。

12-2 一体积为 400 cm^3 容器中充满温度为 27 ℃，压强为 1 atm 的氮气，若将 800 cm^3 的同温同压的氧气压入到此容器中。试求：(1) 氧气的压强；(2) 混合气体的压强。

12-3 有 A、B 两个球形容器，容积分别为 5.0×10^{-2} m^3 和 2.0×10^{-2} m^3，用一根绝热管连接，容器内装有空气(可看作理想气体)，温度为 27 ℃，压强为 1 atm。现把 A 容器放入 100 ℃开水中，B 容器放入 0 ℃冰水中。此时容器内空气的压强为多大？

12-4 试计算在 300 K 温度下，氢气、氧气和水银蒸气分子的方均根速率和平均平动动能。

12-5 一个能量为 1×10^{12} eV 的宇宙射线粒子射入氖管中，氖管中含有氖气0.01 mol，如果宇宙射线粒的能量全部被氖气分子所吸收而变为热运动动能，氖气温度能升高几度？

12-6 求压强为 1.013×10^5 Pa，质量为 2.0×10^{-3} kg，体积为 1.54×10^{-3} m^3 的氧气分子平均平动动能。

12-7 容器内储有 1 mol 的某种气体，今从外界输入 2.09×10^2 J 热量，测得其温度升高 10 K。试求该气体分子的自由度。

12-8 1 mol 氮气在 300 K 时，其分子的平均平动动能和平均转动动能各为多少？内能为多少？

12-9 一容积为 10 cm^3 的电子管，当温度为 300 K 时，用真空泵把管内空气抽成压强为 5×10^{-6} mmHg 的高真空。试问：(1) 此时管内有多少个空气分子？(2) 这些空气分子的平均平动动能是多少？(3) 平均转动动能是多少？(4) 内能总和是多少？(空气分子看成双原子分子)

12-10 求氮气分子在 400 K 时的最概然速率、平均速率、方均根速率。

12-11 试求氢气在 300 K 时分子速率在$(v_p-10)\sim(v_p+10)$ m · s^{-1}的分子所占百分率。

12－12　请在 $f(v)-v$ 图中画出在相同温度下氢气和氧气的速率分布曲线。若温度在 300 K 时，它们的最概然速率各为多少？

12－13　氮分子的有效直径为 3.8×10^{-10} m。试求它在标准状态下的平均自由程和连续两次碰撞间的平均时间间隔。

12－14　真空管的线度为 1×10^{-2} m，其中真空度为 1.33×10^{-3} Pa，设空气分子的有效直径为 3×10^{-10} m。试求 27 ℃的单位体积内空气分子数、平均自由程和平均碰撞频率。

12－15　今测得温度为 $t_1=15$ ℃，压强为 $p_1=76$ cmHg 高时，氩气分子和氖气分子的平均自由程分别为 $\bar{\lambda}_{Ar}=6.7\times10^{-8}$ m 和 $\bar{\lambda}_{Ne}=13.2\times10^{-8}$ m。试求：(1) 氖分子和氩分子有效直径之比 $d_{Ne}:d_{Ar}$；(2) 当温度 $t_2=20$ ℃，压强为 $p_2=1.5$ cmHg 高时，氩分子的平均自由程 $\bar{\lambda}'_{Ar}$。

第十三章　热力学基础

热力学是研究物质热现象和热运动规律的一门学科。热力学是以追求热机的效率为背景，以观测和实验事实为依据的应用型学科，它从能量观点出发，分析研究热功转换的条件，能量转换的效率等问题。

本章主要讨论热力学基础理论的热力学第一定律和热力学第二定律。在介绍热力学第二定律时还将引进熵的概念，通过熵的变化来说明热力学过程的不可逆性。熵的理论不仅对自然科学有重要意义，而且已经渗透社会科学的各个领域，可以认为，熵是沟通自然科学和社会科学的桥梁。

热力学定律所研究的是气体系统的宏观规律，其相关结论需参照气体动理论的分析才能了解其物理本质；换言之，气体动理论是经过热力学的研究得到验证的。所以，两者之间相互补充，相互印证。

13.1　热力学第一定律

无数实验表明，如果两个物体都与确定状态的第三个物体处于热平衡时，那么这两个物体彼此之间也处于热平衡，这称为热力学第零定律。广而言之，处于同一热平衡状态的所有物体都具有共同的宏观性质，这个宏观性质就是温度。冷热不同的物体，温度是不同的，当相互接触后，热的变冷，冷的变热，最后冷热均匀，温度相同，从而达到热平衡。

在热平衡过程中，系统常常伴随着热量的转移，内能的改变，甚至还有做功现象等。

1. 功、热量、内能

广义地讲，热力学系统内有固体、液体、气体等多种状态。为了方便，热力学理论中多采用理想气体的准静态过程来近似讨论问题。

热力学系统的状态变换，总是通过外界对系统做功，或向系统传递热量，或两者并用而完成的。例如，一杯水可以通过加热，用传递热量的方法使其升温；也可用搅拌做功的方法，升高到同一温度。这两种方式虽然不同，但最后都能达到相同的状态。由此可见，传递热量和做功是等效的。

1）功

在力学中，功的定义是力与位移两个矢量的标积。以气体在气缸中膨胀为例，如图 13-1 所示，气体的压强为 P（可以认为压强 P 处处均匀不变），活塞的截面积为 S，活塞在缓慢移动一小段距离 $\mathrm{d}l$ 的微小变化过程中，则气体所做的元功为

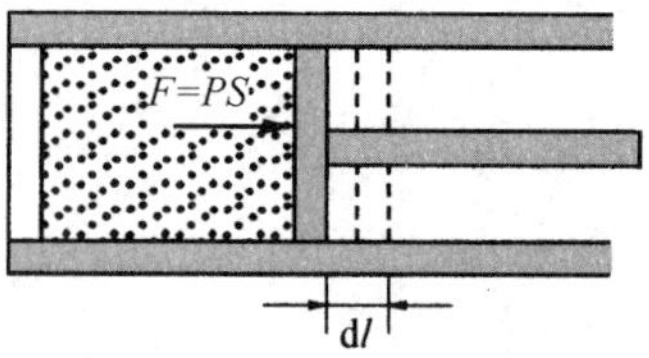

$$\boxed{\mathrm{d}W = F\mathrm{d}l = PS\mathrm{d}l = P\mathrm{d}V} \qquad (13-1)$$

图 13-1　气体膨胀所做的功

式中，$\mathrm{d}V$ 为气体体积的增量，气体膨胀时，$\mathrm{d}V>0$，所以 $\mathrm{d}W>0$，表示系统对外界做正功；若气体被压缩时，$\mathrm{d}V<0$，表示系统对外界做负功，即外界对系统做功。

当系统的状态从 V_1 变化到 V_2，**系统所做的功** $W=\int_{V_1}^{V_2} P\mathrm{d}V$。**在 $P-V$ 图中，它是由 $V_1 \sim V_2$ 范围内函数 $P(V)$ 曲线与 V 轴之间的“面积”**，如图 13-2 所示。外界对系统做功的结果使系统状态发生变化，在做功的过程中，外界与系统之间有能量的交换。

由此可见，做功是外界与系统相互作用的一种方式，也是两者能量相互交换的一种方式。这种能量交换方式是通过宏观的机械运动完成的。

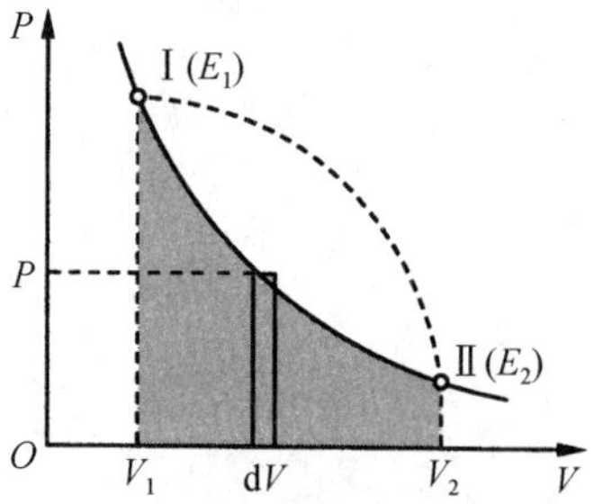

图 13-2　气体膨胀做功

2）热量

传递热量与做功不同，这种交换能量的方式是通过系统分子的无规则运动完成的。当外界的热源与系统相接触时，两者的分子在无规则运动之间进行能量的交换，实现热量的传递。

在过程发生时，外界除了向系统做功，还可以通过向系统传递热量，使系统的状态发生变化，反之，环境也将接纳因系统状态发生变化而形成的能量，它们的大小与过程有关。

3）内能

内能是热力学系统在一定状态下具有的能量。从气体动理论的观点看，如不考虑系统分子之间的相互作用，系统的工作物质作理想气体近似时，其内能就是系统中所有分子热运动能量的总和，即系统的内能仅仅是温度的单值函数，即 $E=f(T)$。这样内能的改变只与系统的初、末两个温度参量有关，而与所经历的过程无关。

热量、内能与功是能量的不同的表现形式，因此，它们具有相同的单位"焦耳"。它们之间可以转换，转换的规律符合下面讨论的热力学第一定律。

2. 热力学第一定律

如果有一系统，外界对其传递的热量为 Q，系统从内能为 E_1 的初始状态变化到内能为 E_2 的终末状态，同时系统对外做功 W，它们之间的关系为

$$Q=(E_2-E_1)+W \tag{13-2}$$

式(13-2)就是热力学第一定律。**热力学第一定律反映了系统状态变化过程中的能量守恒**。其中关于符号的正负规定如下：

(1) 外界向系统传递热量时，$Q>0$；而系统向外界传递热量时，$Q<0$。

(2) 系统内能增加时，$E_2-E_1>0$；系统内能减少时，$E_2-E_1<0$。

(3) 系统对外界做功时，$W>0$；外界向系统做功时，$W<0$。

将式(13-2)两边微分，得热力学第一定律的微分表示式

$$\boxed{\mathrm{d}Q=\mathrm{d}E+\mathrm{d}W} \tag{13-3}$$

因热与功都不是温度的函数，所以严格地讲，它们不能用微分表示。这里可以将它们理解为"微量元"。

热力学第一定律指出，系统做功必须由能量转换而来。它可以是与外界交换的热量，也可以是来自于系统本身的内能变化。

热力学第一定律建立以前，曾有人企图制造一种机器——永动机，它不需要任何动力和燃料，工作物质的内能最终也不改变，却能不断地对外做功，这种永动机叫做第一类永动机。所有这种企图经过无数次尝试都失败了。由于第一类永动机违反了热力学第一定律，所以它不可能制造成功。

当气体经历一个状态变化的准静态过程时，利用式(13-1)可将式(13-2)写成

$$Q=E_2-E_1+\int_{V_1}^{V_2}P\mathrm{d}V \tag{13-4}$$

式中，$\int_{V_1}^{V_2}P\mathrm{d}V$ 代表在准静态过程中系统所做的功。可以看到，系统由一个状态变化到另一个状态时，所做的功不仅取决于系统的初、末状态，而且还与系统经历的过程有关。

13.2　热力学第一定律在理想气体等值过程中的应用

系统的变化形式是多种多样、不拘一格的。为方便以后的应用，可以从几个典型过程开始讨论，它们分别是等体过程、等压过程、等温过程和常见的绝热过程。这里首先讨论几个等值过程。

1. 等体过程 气体的等体摩尔热容

理想气体等容过程的特点就是系统的体积保持不变，即 V 为恒量。如图 13－3(a)所示，设一个气缸的活塞被卡住，在某一固定位置，外界向气缸内传递热量 Q_V。由于体积 V 不变，所以 $dV=0$，$dW=PdV=0$。根据热力学第一定律微分形式，得

$$dQ_V=dE \tag{13-5}$$

式中，脚标 V 表示体积保持不变。

我们看到在**等体过程中，外界传给气体的热量全都用来增加气体的内能**，系统相应的温度增加。在气体动理论中，气体内能增加，温度增加，由理想气体状态方程 $P=nk_BT$，体积不变时，n 不变，结果使气体的压强增加。图 13－3(b)反映了气体等容过程的综合情况。

由式(12－10)可得，系统内能的微分表达式为 $dE=\frac{m}{M}\frac{i}{2}RdT$，所以式(13－5)又写成

$$dQ_V=dE=\frac{m}{M}\frac{i}{2}RdT \tag{13-6}$$

定义 $C_{V,m}$ 为气体的摩尔等体热容，其物理意义是指 1 mol 气体在体积不变的条件下，温度改变 1 K 时，所吸收或放出的热量。

由式(13－6)，令$\frac{m}{M}=1$，则气体的**等体摩尔热容**

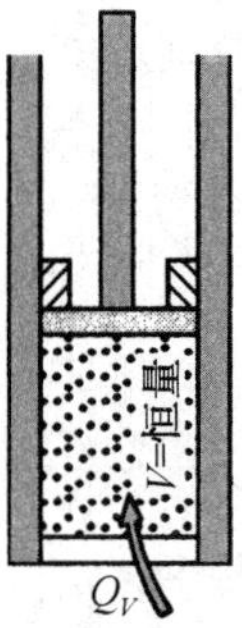

(a) 气体的等体过程形象图

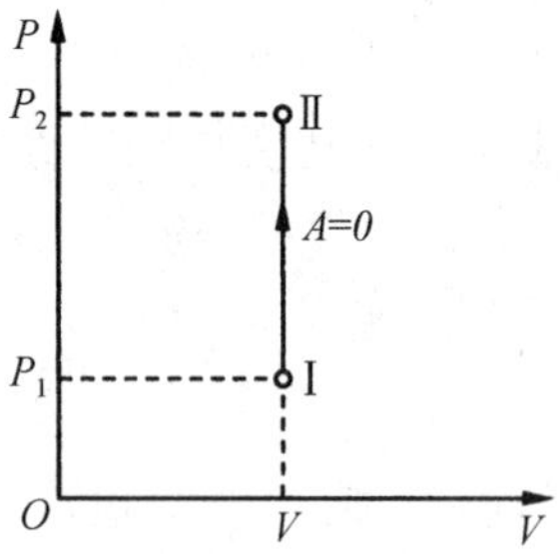

(b) 等体过程中功的计算

图 13－3 等体过程

$$\boxed{C_{V,m}=\frac{dQ_V}{dT}=\frac{i}{2}R} \tag{13-7}$$

把式(13－7)代入式(13－6)，可得

$$\boxed{dQ_V=dE=\frac{m}{M}C_{V,m}dT} \tag{13-8}$$

因气体内能的增量与所经历的过程无关，所以式(13－8)**不但适用于理想气体在等容过程中内能的计算，也适用于其他过程中内能的计算**。

2. 等压过程 气体的等压摩尔热容

理想气体等压过程的特点是系统的压强保持不变，即 P 为恒量。如图 13－4(a)所示，设一个气缸内有气体，外界向气缸传递热量 Q_P，在保持压强不变的情况下，气体推动活塞对外做功，体积从 V_1 变化到 V_2，系统对外做功

$$W=\int_{V_1}^{V_2}PdV=P(V_2-V_1) \tag{13-9}$$

根据热力学第一定律微分形式：

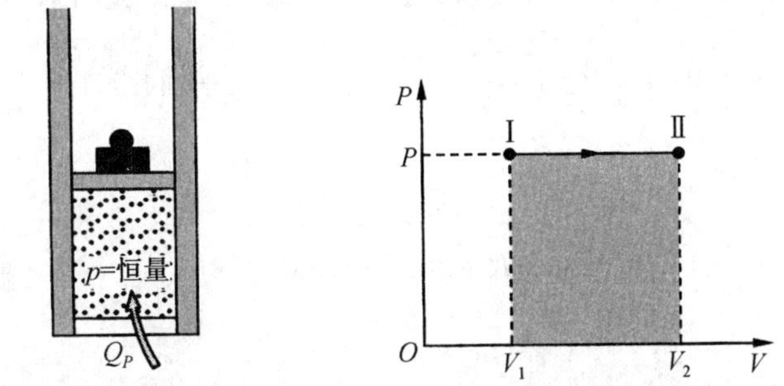

(a) 气体的等压过程　　(b) 等压过程中功的计算

图 13-4　等压过程

$$dQ_P = dE + dW$$

由式(13-8)可得

$$dE = \frac{m}{M}C_{V,m}dT$$

利用理想气体状态方程，压强不变时

$$dW = PdV = \frac{m}{M}RdT \tag{13-10}$$

等压过程中，热力学第一定律的微分形式可写成

$$dQ_P = \frac{m}{M}C_{V,m}dT + \frac{m}{M}RdT \tag{13-11}$$

定义 $C_{p,m}$ 为气体摩尔定压热容，其物理意义是指 1 mol 气体在压强不变的条件下，温度改变 1 K 时，所吸收或放出的热量。

由式(13-11)，令 $\frac{m}{M}=1$，则**气体等压摩尔热容**

$$\boxed{C_{P,m} = \frac{Q_p}{dT} = C_{V,m} + R} \tag{13-12}$$

式(13-11)可以表示为

$$dQ_p = \frac{m}{M}C_{P,m}dT \tag{13-13}$$

对式(13-13)积分后，可得**系统在等压过程中吸收的热量**

$$\boxed{Q_P = \frac{m}{M}C_{P,m}(T_2 - T_1)}$$

式中，$C_{P,m} = C_{V,m} + R$ 叫做**迈耶(J. R. Meyer)公式**。

因为 $C_{V,m} = \frac{i}{2}R$，所以又可将式(13-12)改写成

$$\boxed{C_{P,m} = \frac{i+2}{2}R} \tag{13-14}$$

例 13-1　一气缸中贮有氧气，质量为 1.20 kg，在标准大气压下等压膨胀，使温度升高 1 K。试求气

体膨胀时所做的功 W，气体内能变化 ΔE 和气体所吸收的热量 Q_p。

解：对于氧气，$M=0.032\ \mathrm{kg\cdot mol^{-1}}$。因过程是等压膨胀，所以由式(13-10)可得

$$W=\frac{m}{M}R\Delta T=\frac{1.20}{0.032}\times 8.31\times 1\ \mathrm{J}=311.6\ \mathrm{J}$$

因为 $i=5$，

所以

$$C_{V,m}=\frac{i}{2}R=20.8\ \mathrm{J\cdot mol^{-1}\cdot K^{-1}}$$

由式(13-8)可得

$$\Delta E=\frac{m}{M}C_{V,m}\Delta T=\frac{1.20}{0.032}\times 20.8\times 1\ \mathrm{J}=780\ \mathrm{J}$$

氧气在等压膨胀过程中吸收的热量为

$$Q_p=\Delta E+W=1\,091.6\ \mathrm{J}$$

例 13-2 1 kg 氮气温度由 20 ℃上升到 100 ℃，试问在等体过程和等压过程中各吸收多少热量？

解：由题意可知，$i=5$，$M=0.028\ \mathrm{kg\cdot mol^{-1}}$，存在等体过程，则由式(13-8)可得

$$Q_V=\frac{m}{M}C_{V,m}\Delta T=\frac{1}{0.028}\times\frac{5}{2}\times 8.31\times 80\ \mathrm{J}=5.94\times 10^4\ \mathrm{J}$$

而等压过程则由式(13-13)可得

$$Q_P=\frac{m}{M}C_{P,m}\Delta T=\frac{1}{0.028}\times\frac{7}{2}\times 8.31\times 80\ \mathrm{J}=8.31\times 10^4\ \mathrm{J}$$

3. 等温过程

理想气体等温过程的特点就是系统的温度保持不变。如图 13-5(a)所示，设一个气缸与外界大热源相接触，大热源向气缸传递热量，气缸内气体温度不变，活塞膨胀对外做功

$$\mathrm{d}W=P\mathrm{d}V$$

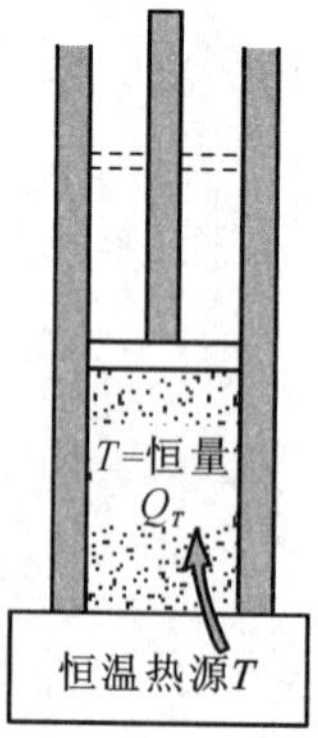

(a) 气体的等温过程示意图

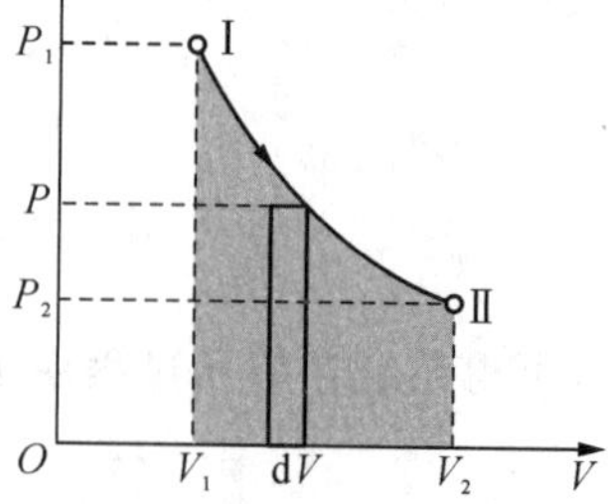

(b) 等温过程中功的计算

图 13-5 等温过程

由于理想气体的内能只是温度的函数，**在等温过程中，因为 $\mathbf{d}T=0$，所以 $\mathbf{d}E=0$**。由热力学第一定律的微分形式，可以写成

$$\mathrm{d}Q_T=\mathrm{d}W=P\mathrm{d}V \tag{13-15}$$

式中，脚标 T 表示温度保持不变。

因为理想气体状态方程 $PV=\frac{m}{M}RT$，代入式(13-15)并积分，得等温过程中系统吸热等于系统对外做

功，即

$$Q_T = W = \int_{V_1}^{V_2} P\mathrm{d}V = \int_{V_1}^{V_2} \frac{m}{M}RT\,\frac{\mathrm{d}V}{V} = \frac{m}{M}RT\ln\left(\frac{V_2}{V_1}\right) \tag{13-16}$$

等温过程中 $P_1V_1=P_2V_2$，所以式(13-16)又写成

$$Q_T=W=\frac{m}{M}RT\ln\left(\frac{V_2}{V_1}\right)=\frac{m}{M}RT\ln\left(\frac{P_1}{P_2}\right) \tag{13-17}$$

如图 13-5(b)所示，等温膨胀时，P 为 V 的反比曲线。从状态 I 变化到状态 II 时，气体吸收的热量全部转化为对外所做的功。

例 13-3　如图 13-6 所示，把压强为 5 atm，体积为 20 cm³ 的氮气膨胀到 100 cm³，假定经历的是下列两种过程：(1) 等温膨胀($A\to C$)；(2) 先等体降压，然后再等压膨胀到同样状态($A\to B\to C$)。试求气体内能增量、对外做的功和吸收热量各是多少？

解：(1) 如图 13-6 所示，当气体从初状态 A 等温膨胀到末状态 B 时，温度不变，其内能也不变，即 $E_3-E_1=0$。

由式(13-16)可得，气体对外做的功和吸收热量为

$$\begin{aligned} W = Q_T &= \int_{V_1}^{V_2} P\mathrm{d}V = \frac{m}{M}RT\int_{V_1}^{V_2}\frac{\mathrm{d}V}{V} = P_1V_1\ln\left(\frac{V_2}{V_1}\right) \\ &= 1.013\times10^5\times5\times20\times10^{-6}\times\ln\frac{100\times10^{-6}}{20\times10^{-6}}\ \mathrm{J} \\ &= 16.3\ \mathrm{J} \end{aligned}$$

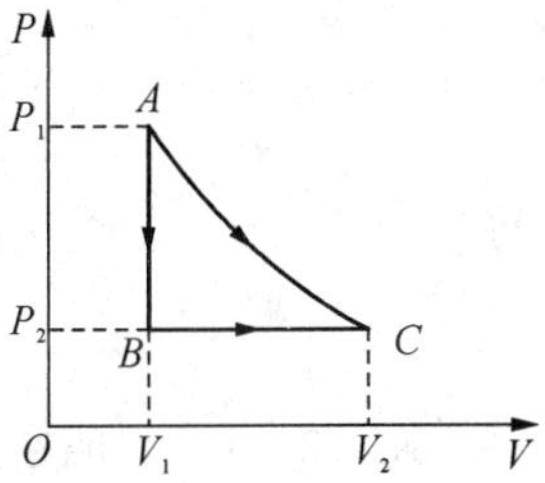

图 13-6　例 13-3 图

(2) 气体先由 $A(P_1,V_1,T_1)$状态等体降压到 $B(P_2,V_1,T_2)$状态，再等压膨胀到 $C(P_2,V_2,T_1)$状态，气体对外所做总功为 W，则 $W=W_V+W_P$

从 A 到 B 的等体降压过程中，气体对外不做功 $W_V=0$。

气体从 B 到 C 等压膨胀过程中，所做的功为 $W_P=P_3(V_1-V_2)$

因为从 A 到 C 过程是等温过程，所以 $P_1V_1=P_3V_3$，从已知 $V_3=5\,V_1$，所以

$$P_3=\frac{1}{5}P_1=1\ \mathrm{atm}=1.013\times10^5\ \mathrm{Pa}$$

代入上式得

$$\begin{aligned} W_P&=P_3(V_2-V_1)=1.013\times10^5\times(100\times10^{-6}-20\times10^{-6})\ \mathrm{J} \\ &=8.1\ \mathrm{J} \end{aligned}$$

由于状态 A,C 的温度相同，所以内能不变。

由热力学第一定律可知，吸收热量为 Q

$$Q=W=W_P=8.1\ \mathrm{J}$$

故气体对外做功和吸收的热量都是 8.1 J。

从以上结果可见，**内能变化与过程无关，而功和热量都与过程有关。**

13.3　绝热过程

1. 绝热过程

理想气体绝热过程的特点就是系统在状态变化过程中，不与外界发生热量的交换。如图 13-7(a)所

示，设气缸其周围包着一层绝热材料，**气体在气缸内做绝热膨胀时，$dQ=0$**。由热力学第一定律的微分形式 $dE+dW=0$，而 $dW=PdV$，可以写成

$$dE+PdV=0$$

即
$$dW=PdV=-dE \tag{13-18}$$

或
$$W=-(E_2-E_1)=-\frac{m}{M}C_{V,m}(T_2-T_1) \tag{13-19}$$

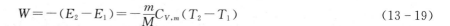

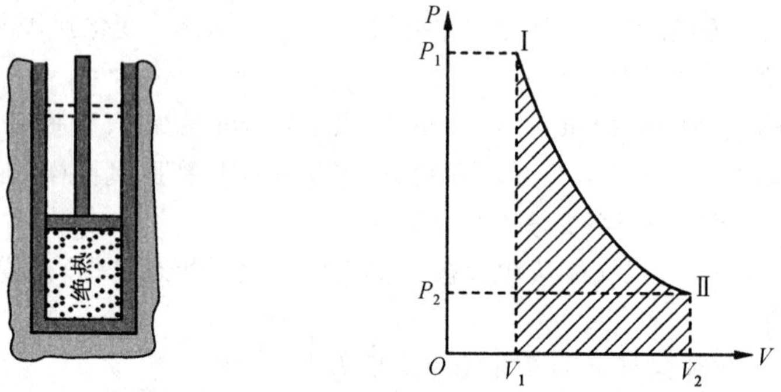

(a) 气体的绝热过程形象图　　(b) 绝热过程中P-V图

图 13-7　绝热过程

式(13-19)表明**在绝热膨胀过程中，系统对外做功是以减少系统内能为代价的**。

2. 绝热方程

由理想气体的状态方程 $PV=\frac{m}{M}RT$，对方程的两边微分，得

$$PdV+Vdp=\frac{m}{M}RdT \tag{13-20}$$

由式(13-18)(13-8)可得
$$PdV=-\frac{m}{M}C_{V,m}dT \tag{13-21}$$

对式(13-20)、式(13-21)消去 dT 可得

$$(C_{V,m}+R)PdV+C_{V,m}VdP=0$$

由 $C_{P,m}=C_{V,m}+R$ 整理后

$$C_{P,m}PdV+C_{V,m}VdP=0$$

令
$$\boxed{\gamma=\frac{C_{pm}}{C_{Vm}}=\frac{i+2}{i}} \tag{13-22}$$

γ 叫做摩尔热容比，也称绝热指数。

上式可写成
$$\frac{dP}{P}+\gamma\frac{dV}{V}=0$$

积分后得
$$\boxed{PV^{\gamma}=常量} \tag{13-23}$$

表 13-1 列出各种理想气体 C_P，C_V 和 γ 的相关数据。

表 13-1　各种理想气体 C_P，C_V 和 γ 的数据

气体分子	$C_P=\frac{i+2}{2}R$	$C_V=\frac{i}{2}R$	$\gamma=\frac{C_P}{C_V}$
单原子气体	$\frac{5}{2}R$	$\frac{3}{2}R$	1.67
双原子气体	$\frac{7}{2}R$	$\frac{5}{2}R$	1.40
多原子气体	$\frac{8}{2}R$	$\frac{6}{2}R$	1.33

利用理想气体的状态方程 $PV=\frac{m}{M}RT$ 代入式(13-23)可得：

$$\begin{cases} PV^{\gamma}=\text{常量} \\ V^{\gamma-1}T=\text{常量} \\ P^{\gamma-1}T^{-\gamma}=\text{常量} \end{cases} \tag{13-24}$$

式(13-24)统称为**绝热方程**。

3）等温过程和绝热过程比较

当气体绝热变化时，可在 $P-V$ 图上画出一条 P 与 V 的关系曲线，称之为绝热线。为了比较等温过程和绝热过程，作如图 13-8 所示的 $P-V$ 图，其中 $A(P_1,V_1,T_1)$ 状态开始，分别等温膨胀到 $B(P_2,V_2,T_1)$ 状态，经绝热膨胀到 $C(P_3,V_2,T_2)$ 状态。在等温过程中 $PV=C$，全微分得 $P\mathrm{d}V+V\mathrm{d}P=0$，整理后得等温线的斜线

$$\frac{\mathrm{d}P}{\mathrm{d}V}=-\frac{P}{V}$$

在绝热过程中 $PV^{\gamma}=C$，全微分得 $V^{\gamma}\mathrm{d}P+\gamma PV^{\gamma-1}\mathrm{d}V=0$，整理后得绝热线的斜线

$$\frac{\mathrm{d}P}{\mathrm{d}V}=-\gamma\frac{P}{V} \tag{13-25}$$

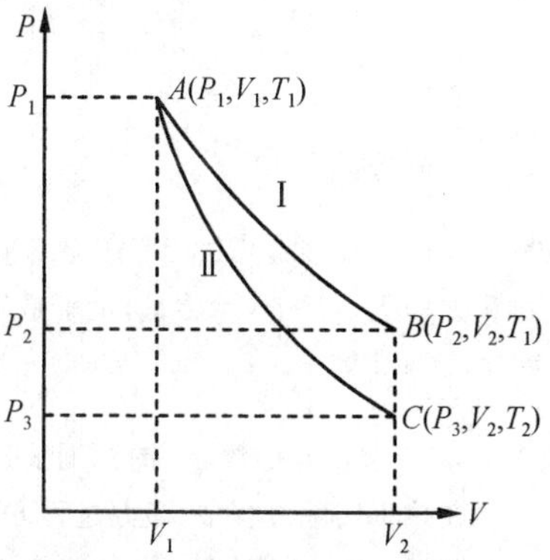

图 13-8　等温线和绝热线比较

因为 $\gamma=\frac{C_P}{C_V}>1$，所以从两曲线斜率的绝对值可以看出**绝热线比等温线更陡峭一些**。

从图 13-8 中可以看出，由 $A(P_1,V_1,T_1)$ 状态分别等温膨胀和绝热膨胀到体积 V_2 相同的 B 和 C 状态时，等温膨胀做功大于绝热膨胀做功；等温膨胀压强下降少，绝热膨胀压强下降多；等温过程内能不变，绝热过程靠内能减小，对外做功，所以**对于从同一状态出发的膨胀过程**，在同一等体线上，**绝热线各点的温度普遍比等温线上各点的温度低一些**。由 $P=nk_BT$，当 B、C 两点体积 V_2 相同时 n 不变，压强 P 取决于温度 T，故对应的绝热线温度低、压强小。

例 14-4　设有 10 kg 氧气，压强为 2 atm，体积为 $0.40\times10^{-3}\,\mathrm{m}^3$，温度为 300 K，分别做等温膨胀和绝热膨胀，膨胀后的体积为 $4\times10^{-3}\,\mathrm{m}^3$，如图 13-8 所示。求：(1) 膨胀后各状态参量各为多少？(2) 膨胀后各做多少功？

解：(1) 等温过程中，P 与 V 的关系式 $P_1V_1=P_2V_2$，则

$$P_2=\frac{P_1V_1}{V_2} \tag{1}$$

$$P_2=0.2\ \mathrm{atm}$$

由此可知 B 点的状态参量 $P_2=0.2\ \mathrm{atm}$，$V_2=4\times10^{-3}\ \mathrm{m}^3$，$T_1=300\ \mathrm{K}$。

根据绝热过程中 P 与 V 的关系式可得

$$P_1V_1{}^{\gamma}=P_3V_2{}^{\gamma}$$

$$P_3=P_1\left(\frac{V_1}{V_2}\right)^{\gamma} \tag{2}$$

又根据绝热过程中 T 与 V 的关系式可得：

$$V_1^{\gamma-1}T_1=V_2^{\gamma-1}T_2$$

$$T_2=T_1\left(\frac{V_1}{V_2}\right)^{\gamma-1} \tag{3}$$

将 $P_1=2\ \text{atm}$，$T_1=300\ \text{K}$，$V_1=0.40\times10^{-3}\ \text{m}^3$，$V_2=4.0\times10^{-3}\ \text{m}^3$ 及 $\gamma=1.40$ 分别代入式(2)和式(3)，得 C 点状态参量

$$P_3=0.08\ \text{atm},\ V_2=4\times10^{-3}\ \text{m}^3,\ T_2=119\ \text{K}。$$

(2) 氧气分子 $i=5$，$C_{V,m}=\frac{i}{2}R=20.8\ \text{J}\cdot\text{mol}^{-1}\cdot\text{K}^{-1}$，于是由式(13-17)可得等温膨胀气体所做功

$$W_T=\frac{m}{M}RT\ln\left(\frac{V_2}{V_1}\right)=P_1V_1\ln\left(\frac{V_2}{V_1}\right)=1.86\times10^2\ (\text{J})$$

绝热膨胀，气体所做功等于内能的减少。

$$W_Q=\frac{m}{M}C_{V,m}(T_1-T_2)=\frac{m}{M}\frac{5}{2}R(T_1-T_2)=\frac{5}{2}(P_1V_1-P_3V_2)=1.22\times10^2\ (\text{J})$$

*4. 多方过程

气体的很多实际过程既不是等值过程，也不是绝热过程。在实际过程中很难做到严格的等温或严格的绝热，即它们的过程方程既不是 $PV=$常量，也不是$PV^\gamma=$常量。在热力学中，常用下述方程表示实际过程中气体压强和体积的关系

$$PV^n=\text{常量} \tag{13-26}$$

式中，n 叫做多方指数。n 的范围很大，可以从 0 到∞。满足这个关系式过程叫做多方过程。

在热工实际过程中，多方过程方程有着广泛应用。

理想气体从Ⅰ(P_1，V_1)状态经多方过程而变为Ⅱ(P_2，V_2)状态，这时，$P_1V_1{}^n=P_2V_2{}^n=C$，在这个过程中，气体所做的功为

$$\begin{aligned} W &= \int_{V_1}^{V_2}P\mathrm{d}V=\int_{V_1}^{V_2}\frac{P_1V_1{}^n}{V^n}\mathrm{d}V=C\int_{V_1}^{V_2}\frac{\mathrm{d}V}{V^n}\\ &=C\left(\frac{1}{1-n}V_2{}^{1-n}-\frac{n}{1-n}V_1{}^{1-n}\right)\\ &=\frac{P_1V_1-P_2V_2}{n-1} \end{aligned} \tag{13-27}$$

13.4 循环过程 卡诺循环

1. 循环过程

这里仍用准静态过程的近似理论描述循环过程。如图 13-9 所示，气体从 A 状态出发，经过 AⅠB 到达 B 态，然后由 B 状态通过 BⅡA 回到 A 状态。在 $P-V$ 图上形成一条闭合曲线。**当一系统从某一个状态出发，经一系列变化后，又回到原来的状态的过程称为循环过程**。简单地说，可以在 $P-V$ 图上用一条闭合曲线表示循环过程。在整个循环过程中，因状态不变，温度不变，故内能保持不变。

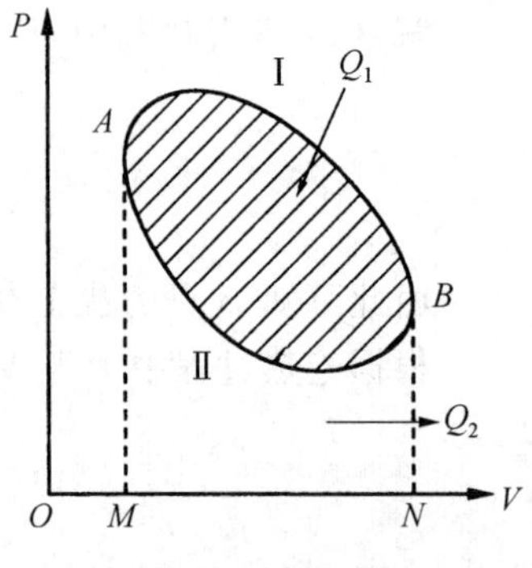

图 13-9 循环过程

气体从 A 状态出发，经过 AⅠB 到达 B 态，在此过程中吸收热量 Q_1，对外做功为 AⅠBNM 所包围面积；然后由 B 状态通过 BⅡA 回到 A 状态，在此过程中放出热量 Q_2，外界对气体做功为 BⅡAMN 所包围面积。气体对外**做净功为闭合曲线所包围的面积**(即阴影部分)。

根据循环的方向可以确定做功的正负。在循环过程中，如果循环沿顺时针方向进行，系统对外做功 $W>0$，称为正循环，**正循环也称热机循环**；反之，若循环沿逆时针方向进行，外界对系统做功 $W<0$，此循环称为逆循环，**逆循环也称制冷循环**。

热机循环就是利用热来做功的过程，靠热机完成。例如，蒸汽机、内燃机、汽轮机等都属热机。各种热机都是重复地进行某些循环过程，并不断地从高温热源吸收热量用于对外做功，同时又向低温热源放出热量。

制冷循环靠制冷机完成。制冷机做功从低温热源吸热，同时向高温热源放出热量，从而使低温环境温度不断下降。如冰箱、空调使用的压缩机就是制冷机。随着时代的发展，制冷机已经进入了寻常百姓家，现已形成了一个庞大的产业。

热机循环及其效率是本章讨论的重点。

2. 循环的效率　卡诺循环

1) 循环的效率

由上述讨论可知，若以 Q_1 表示系统在循环过程中吸收热量；$|Q_2|$ 表示系统在循环过程中放出的热量。根据热力学第一定律，如图 13－9 所示的循环过程中，系统所做的净功

$$W=Q_1-|Q_2| \tag{13-28}$$

式(13－28)说明，在吸收相同热量的条件下，系统放出热量越少，对外所做的功就越多，则热量转变为功的效率越高。

定义 $\eta=\dfrac{W}{Q_1}$ 为热机的循环效率。

把式(13－28)代入该定义式可得

$$\eta=\frac{W}{Q_1}=\frac{Q_1-|Q_2|}{Q_1}=1-\frac{|Q_2|}{Q_1}$$

因为 $Q_2<0$，$|Q_2|=-Q_2$，

所以
$$\boxed{\eta=1+\frac{Q_2}{Q_1}} \tag{13-29}$$

例 13－5　如图 13－10 所示为奥托内燃机的循环，其循环由两个等容过程和两个绝热过程组成，内燃机的系统是汽油和空气的混合气体。试求奥托循环的效率。

解：奥托循环由图 13－10 所示，这个循环中的吸热 Q_1 和放热 $|Q_2|$ 是在两个等容过程中进行的，所以

$$Q_1=\frac{M}{\mu}C_{V,m}(T_3-T_2)$$

$$Q_2=\frac{M}{\mu}C_{V,m}(T_1-T_4)$$

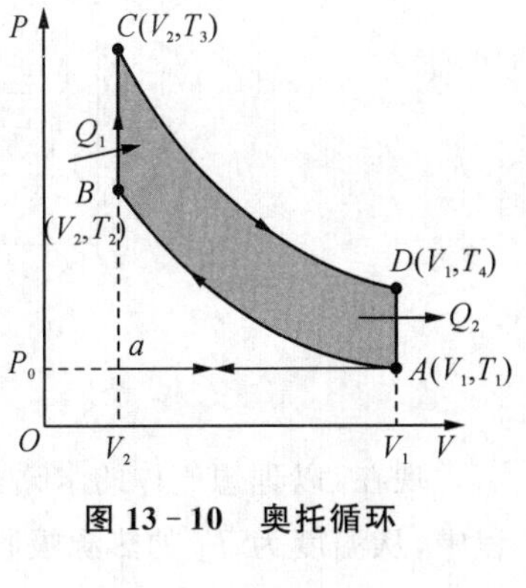

图 13－10　奥托循环

则这个循环的效率为：

$$\eta=1+\frac{Q_2}{Q_1}=1-\frac{T_4-T_1}{T_3-T_2} \tag{1}$$

由于 AB 过程和 CD 过程都是绝热膨胀过程，所以有

$$V_2^{\gamma-1}T_3=V_1^{\gamma-1}T_4 \tag{2}$$

$$V_2^{\gamma-1}T_2=V_1^{\gamma-1}T_1 \tag{3}$$

式(2)减去式(3)得

$$V_2^{\gamma-1}(T_3-T_2)=V_1^{\gamma-1}(T_4-T_1)$$

即

$$\frac{T_4-T_1}{T_3-T_2}=\left(\frac{V_2}{V_1}\right)^{\gamma-1} \tag{4}$$

把式(4)代入式(1),可得

$$\eta=1-\frac{1}{\left(\frac{V_1}{V_2}\right)^{\gamma-1}}=1-\frac{1}{\delta^{\gamma-1}} \tag{5}$$

式中,$\delta=\frac{V_1}{V_2}$称为绝热压缩比,可以看出δ越大,热机效率越高。δ的大小与热机的工作条件有关。在奥托循环中δ一般为5～7,所以奥托循环的效率为47%～55%,这是理论值,实际上汽油机的效率只有25%左右。

2) 卡诺循环

如何提高热机效率,降低热机运行成本是人们普遍关心的问题。19世纪初,热机的效率只有3%～5%,绝大部分能量都白白浪费掉,所以提高热机效率成为许多科学家、工程师研究热机理论的主要课题,其中贡献最大的是法国青年工程师卡诺(N. L. Sadi Carnot),他于1824年提出了一种理想热机——卡诺热机,卡诺热机的循环为卡诺循环。

卡诺循环是由两个准静态的等温过程和两个准静态的绝热过程组成的。如图13-11(a)所示为理想气体卡诺循环的$P-V$图,曲线ab和cd表示温度为T_1和T_2的两条等温线,曲线bc和da是两条绝热线,闭合曲线$abcda$表示所做循环过程。卡诺循环中系统只在两个等温过程与外界热源有热量交换,即从高温热源T_1吸收热量Q_1,向低温热源T_2吸收热量Q_2($Q_2<0$)。在循环过程中,系统对外做净功$W=Q_1+Q_2$,如图13-11(b)所示为循环过程中系统与外界热量交换的情况。

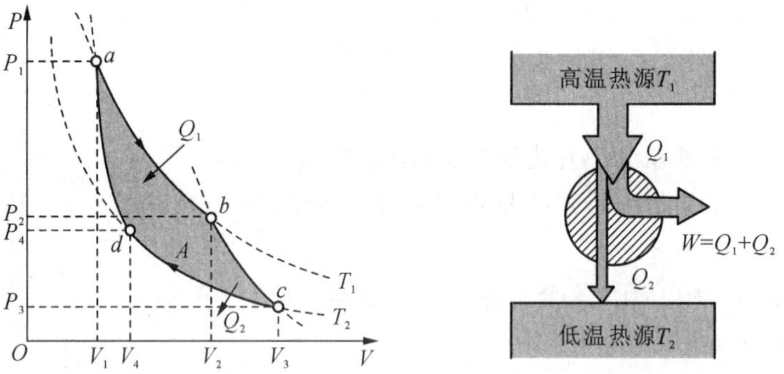

(a) $P-V$图　(b) 热量交换工作示意图

图13-11　卡诺循环

现在,以理想气体的卡诺循环为例,讨论卡诺循环的效率。由式(13-16)可知,气体在ab等温膨胀过程中,从温度为T_1的热源吸收热量Q_1,即

$$Q_1=\frac{m}{M}RT_1\ln\left(\frac{V_2}{V_1}\right)$$

气体在cd等温过程中,向温度为T_2的低温热源吸收热量

$$Q_2=\frac{m}{M}RT_2\ln\left(\frac{V_4}{V_3}\right)$$

因此

$$\eta=1+\frac{Q_2}{Q_1}=1-\frac{T_2\ln\left(\frac{V_3}{V_4}\right)}{T_1\ln\left(\frac{V_2}{V_1}\right)} \tag{13-30}$$

气体在 bc，da 绝热膨胀过程中，分别应用绝热方程，得

$$T_1V_2^{\gamma-1}=T_2V_3^{\gamma-1}$$

$$T_1V_1^{\gamma-1}=T_2V_4^{\gamma-1}$$

相比后有

$$\left(\frac{V_2}{V_1}\right)^{\gamma-1}=\left(\frac{V_3}{V_4}\right)^{\gamma-1}$$

或

$$\frac{V_2}{V_1}=\frac{V_3}{V_4} \tag{13-31}$$

把式(13-31)代入式(13-30)可得**卡诺循环的效率**

$$\boxed{\eta_C=1-\frac{T_2}{T_1}} \tag{13-32}$$

从卡诺效率表达式可以看出：

(1) 卡诺效率 η_C 只与高温热源的温度 T_1、低温热源的温度 T_2 有关，而与工作物质无关；

(2) 从卡诺效率 η_C 关系式可看到，高温热源的温度 T_1 越高，低温热源 T_2 的温度越低，η_C 就越大，然而热机的低温热源常常来自于自然界，人为的降低 T_2 是不现实的，所以提高高温热源的温度 T_1 是提高卡诺循环效率的最佳途径；

(3) 卡诺循环效率总是小于 1，其原因是 $T_1\neq\infty$，因为高温热源的温度为有限值，而无数的实验表明低温热源的温度 $T_2\neq0$ K(此称为热力学第三定律，即**绝对零度是达不到的**)。

3. 制冷机　制冷系数

系统循环过程沿逆时针方向进行，则循环称为逆循环。在逆循环中，外界对系统做功 $|W|$，系统从低温热源吸收热量 Q_2，向高温热源放出热量 $|Q_1|$，其中 $|Q_1|=|W|+Q_2$。由于逆循环过程系统从低温热源吸热，导致低温热源的温度降低，这就是制冷机的制冷原理。衡量制冷机制冷效果优劣的指标称为制冷系数。其数学表达式

$$\omega_C=\frac{Q_2}{|W|}=\frac{Q_2}{|Q_1|-Q_2} \tag{13-33}$$

上式表明，制冷系数越大，则外界对系统消耗相同的功时，系统从低温热源中吸收的热量 Q_2 越多，制冷效果越佳。

卡诺制冷循环也是由两个准静态的等温过程和两个准静态的绝热过程组成的。图 13-12 所示为理想气体卡诺制冷循环的 $P-V$ 图和工作示意图，闭合曲线 $adcba$ 所做逆循环过程。

* 卡诺制冷机的制冷系数

$$\omega_C=\frac{Q_2}{|W|}=\frac{T_2}{T_1-T_2} \tag{13-34}$$

由式(13-34)可以看到，T_2 越小，ω_C 也越小，则表明从更低温热源中吸取相同的热量，需要消耗外界更多的功。

制冷机向高温热源所发出的热量 $|Q_1|=|W|+Q_2$ 也是可以利用的。从制冷循环降低低温热源的温度来说，它是制冷机；而从制冷循环把热量从低温热源输送到高温热源释放来说，它又是**热泵**。这在现代工程技术中已广泛应用，例如冬天家用空调中的热量采集就使用热泵技术。

例 13-6　一卡诺热机工作在温度分别为 27 ℃和 127 ℃两个热源之间。(1) 若在热机循环中该机从

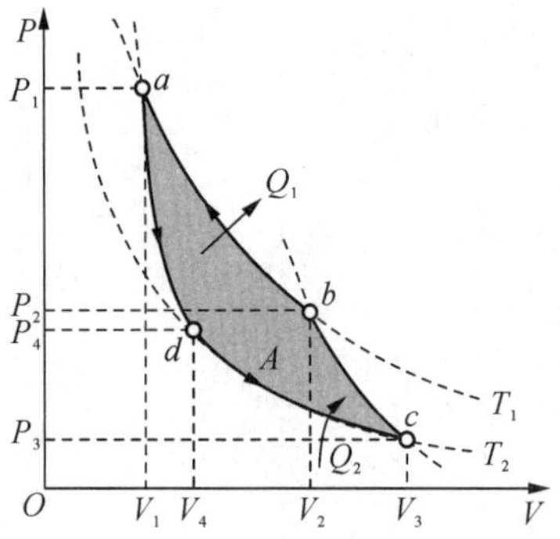

(a) P-V图

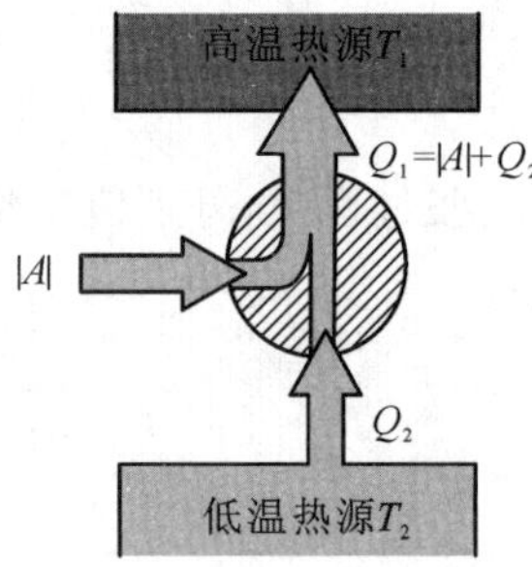

(b) 工作示意图

图 13-12　气体卡诺制冷循环

高温热源吸收热量 5 840 J，试问该机向低温热源放出热量多少？对外做功多少？(2) 若在制冷循环中，该机作为制冷机工作，试问它从低温热源吸收 5 840 J 时，将向高温热源放热多少？外界向该机做功多少？

解：(1) 卡诺热机的效率为

$$\eta_C = 1 - \frac{T_2}{T_1} = 1 - \frac{300}{400} = 25\%$$

由题意已知，$Q_1 = 5\ 840$ J，则对外做功为

$$W = \eta_C Q_1 = 0.25 \times 5\ 840\ \text{J} = 1\ 460\ \text{J}$$

热机向低温热源放出热量为

$$|Q_2| = Q_1 - W = 5\ 840 - 1\ 460\ \text{J} = 4\ 380\ \text{J}$$

(2) 制冷循环时，由式(13-14)可知卡诺制冷系数为

$$\omega_C = \frac{Q_2}{|W|} = \frac{T_2}{T_2 - T_1} = \frac{300}{400 - 300} = 3$$

由题意已知 $Q_2 = 5\ 840$ J，则外界对制冷机做功为

$$|W| = \frac{Q_2}{\omega_C} = \frac{5\ 840}{3}\text{J} = 1\ 947\ \text{J}$$

向高温热源放出热量为

$$|Q_1| = |W| + Q_2 = 1\ 947 + 5\ 840\ \text{J} = 7\ 787\ \text{J}$$

13.5　热力学第二定律

自 19 世纪初期以来，工业上热机已得到广泛应用，提高热机效率已经成为十分迫切的问题。由热力学第一定律可知，不需要任何动力和燃料的热机是一种空想，因为它违背了能量转换和守恒定律，所以第一类永动机是不可能实现的。那么，制造出效率等于 100% 的热机是否可能？设想这种热机的效率为 100%，它并不违背热力学第一定律，然而大量事实证明，制造出效率等于 100% 的热机同样是幻想，也是不可能实现的。常称效率等于 100% 的热机为第二类永动机，第二类永动机也是不可能实现的。

根据这些事实，开尔文(W. T. Lord Kelvin)于 1851 年总结出一条重要原理：**不可能制造出一种热机，只从单一热源吸收热量，使之全部转换为功，而不产生其他影响**，这称为**热力学第二定律的开尔文叙述**。从高温热源吸热，对外做功而不放出热量是不可能的。

克劳修斯(R. J. E Clausius)于 1850 年在大量事实的基础上提出了热力学第二定律的另一种叙述：**热量不可能自动地从低温物体向高温物体传递**。

在热功转换这类热力学工程中，利用摩擦、功可以全部变为热；但是热量却不能通过一个循环过程全部变为功。热力学第二定律的开尔文叙述，反映了**热功转换的不可逆性**。在热量传递的热力学过程中，热量可以自动地从高温热源向低温热源传递，但热量却不能自动地从低温热源向高温热源传递，热力学第二定律的克劳修斯说法反映了**热量传递的不可逆性**。由此可见，自然界中出现的自发的热力学过程是单方向性的，是不可逆的。因此，热力学第二定律说明并非所有能量转换和守恒过程均能实现。

热力学第二定律的两种表述乍看起来似乎毫不相干，但其实两者是等价的。下面用反证法来证明两者的等价性。若能证明其逆否命题成立，则正命题自然也成立。

假设克劳修斯说法不成立，热量 Q_2 可以自动地从低温热源 T_2 向高温热源 T_1 传递。另有一台理想卡诺热机，从高温热源 T_1 处吸收热量 Q_1，对外做功 W，向低温热源 T_2 放出热量 Q_2。如图 13－13(a)所示，两过程联合以后的总效果是从高温热源 T_1 吸收热量 Q_1，而向低温热源 T_2 放出热量为 $|Q_2|$，结果低温热源状态不变，等价于一台从单一热源吸收热量对外做功的热机，如图 13－13(b)所示，这样就否定了开尔文的叙述。说明如果克劳修斯叙述不成立，则开尔文叙述也不成立。所以**开尔文叙述成立，则克劳修斯叙述也成立**。

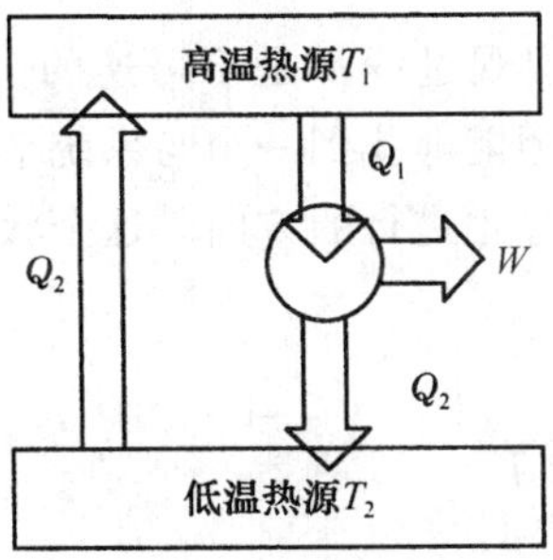

(a) 联合机械工作

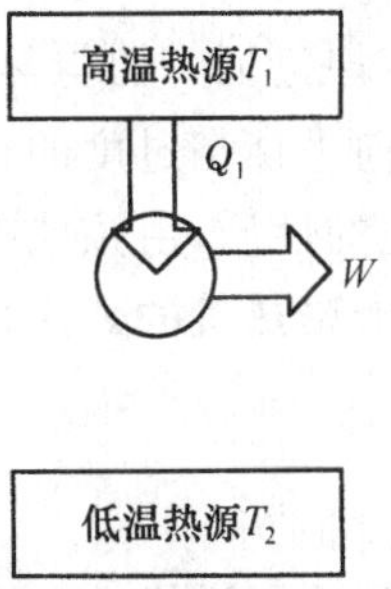

(b) 等效工作结果

图 13－13　假设克劳修斯叙述不成立

热力学第二定律还有其他多种叙述，人们之所以公认开尔文叙述和克劳修斯叙述作为热力学第二定律的标准叙述，其原因之一是热功转换和热量传递是热力学过程中最有代表性的典型事例，正好分别被开尔文和克劳修斯用作定律来叙述，而且这两种叙述是等效的；原因之二是他们两人是历史上最早完整地提出热力学第二定律的先驱者，为了尊重和肯定他们的伟绩，所以就采用了这两种叙述。

*13.6　可逆过程与不可逆过程　卡诺定理

1. 可逆过程与不可逆过程

为了进一步研究热力学过程方向性问题，这里介绍可逆过程与不可逆过程的基本概念。

设有一个系统，经历从 A 状态变为 B 状态，然后又从 B 状态回到 A 状态的一个过程。在这变化过程中，周围一切也都各自恢复原状，称从 A 状态到 B 状态的过程是可逆过程；反之，从一个系统从 A 状态变化到 B 状态，又从 B 状态回到 A 状态的变化过程，周围一切不能恢复原状，则此过程称为不可逆过程。

自然界中不受外界影响而能够自动发生的过程，称为自发过程，热力学第二定律两种叙述都是自发过程且是不可逆过程。一个不受外界影响的热力学系统称为孤立系统。严格地讲，**自然界孤立系统中一切自发过程都是不可逆过程**。

在热力学理论中，过程的可逆与否，与系统所经历的中间状态是否平衡态密切相关。只有过程进行的无限缓慢，由一系列无限接近于平衡状态所组成的准静态过程，而且过程中没有因摩擦等引起机械能耗散的情况，才是可逆过程。当然，这在实际生活中是不可能的。所以，可逆过程仅仅是热力学中的理想过程。不过，可逆过程的概念就像质点、理想气体、平衡态、准静态过程等理想化概念一样，在热力学理论研究中具有重要意义。

2. 卡诺定理

卡诺循环由两个等温过程和两个绝热过程组成。卡诺循环中每个过程都是准静态过程，所以卡诺循环是理想的可逆循环，完成可逆循环的热机称为可逆机。

卡诺定理指出：

(1) 在相同高温热源 T_1 和低温热源 T_2 之间工作的一切可逆机，其效率都相等，且等于 $\eta=1-\frac{T_2}{T_1}$，而与工作物质无关；

(2) 在相同高温热源 T_1 和低温热源 T_2 之间工作的一切不可逆机的效率低于可逆机的效率，即 $\eta_{不可逆}\leqslant\eta_{可逆}$。

卡诺定理在热力学的发展过程中起到重要作用，任何热机的效率不可能大于卡诺机的效率，所以，卡诺效率称为热机效率的极限。卡诺定理同时又指出提高热机效率的途径：首先是要增大高温热源 T_1 和低温热源 T_2 之间的温度差，由于一般热机总是以周围环境为低温热源，所以，实际上**要提高热机的效率只能是提高高温热源的温度 T_1；其次是尽可能减少热机循环的摩擦、漏气、散热等耗散因素。**

13.7 熵 自由膨胀的不可逆性

1. 熵

根据热力学第二定律论证一切与热现象有关的实际宏观过程都是不可逆的。当系统处于非平衡态时，总是有从非平衡态向平衡态过度的自发过程。我们希望能够找到一个与系统平衡态有关的状态函数，根据这个状态单向变化的性质，由该状态函数来判断实际过程进行的方向。这个状态函数就是熵。

根据卡诺循环，其卡诺热机的效率是

$$\eta_C=\frac{Q_1+Q_2}{Q_1}=\frac{T_1-T_2}{T_1}$$

由卡诺定律，考虑到不可逆机的效率

$$\frac{Q_1+Q_2}{Q_1}\leqslant\frac{T_1-T_2}{T_1}$$

进行整理，把上式改写成

$$\frac{Q_1}{T_1}+\frac{Q_2}{T_2}\leqslant 0 \tag{13-35}$$

此式说明在可逆卡诺循环中，量值 $\frac{Q}{T}$ 的代数和等于零。

对于任意可逆循环，可以近似地将其看作由许多卡诺循环所组成，而所取的卡诺循环数越多就越接近于实际循环过程，如图 13－14 所示。在极限的情况下，卡诺循环数目趋于无穷大。在每一微循环中，设 ΔQ_i 为在各无限短的等温过程中与外界交换的热量。参考式(13－35)可得，$\sum_i \frac{\Delta Q_i}{T_i}\leqslant 0$

对上式取极限，将求和换成积分，对于任意一个可逆循环有

$$\oint\left(\frac{\mathrm{d}Q}{T}\right)_{可逆}=0 \tag{13-36}$$

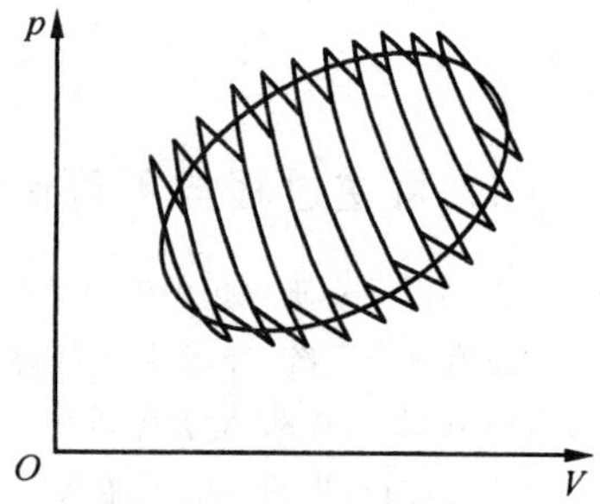

图 13－14 任一可逆循环可看成无数卡诺循环组成

式中，$\oint$ 为积分沿整个循环过程进行。

由式(13－35)可以看出，如果可逆循环由 $a\xrightarrow{\text{I}}b\xrightarrow{\text{II}}a$ 所组成，如图 13－15 所示。

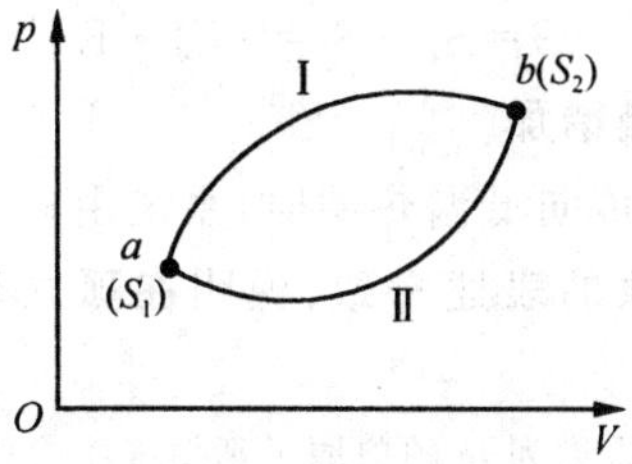

图 13-15　状态函数——熵的引入

$$\oint\left(\frac{dQ}{T}\right)_{可逆}=\int_{a\,\mathrm{I}\,b}\left(\frac{dQ}{T}\right)_{可逆}-\int_{a\,\mathrm{II}\,b}\left(\frac{dQ}{T}\right)_{可逆}=0$$

也可写成

$$\int_{a\,\mathrm{I}\,b}\left(\frac{dQ}{T}\right)_{可逆}=\int_{a\,\mathrm{II}\,b}\left(\frac{dQ}{T}\right)_{可逆}$$

上式说明$\int_a^b\left(\frac{dQ}{T}\right)_{可逆}$与过程路径无关，只与始末状态有关。因此与保守力的讨论类似可以判断**系统存在一个状态函数，把这个状态函数定义为熵**，并以 S 表示，如果状态 S_1 和 S_2 分别表示状态 a 和状态 b 时的熵，那么系统沿可逆过程从状态 a 到状态 b 时熵的增量为

$$S_b-S_a=\int_a^b\left(\frac{dQ}{T}\right)_{可逆}\tag{13-37}$$

对于一段无限小的可逆过程，式(13-37)也可以写成微分形式，同时考虑到不可逆过程

$$dS\geqslant\left(\frac{dQ}{T}\right)_{可逆}\tag{13-38}$$

可把$\frac{dQ}{T}$看成可逆过程中系统的熵变。由式(13-35)可以看出，当 $dQ=0$，即在一个可逆循环中，系统的熵变 $dS=0$；在任何不可逆过程中，即使 $dQ=0$，但 $dS>0$，说明**在孤立系统的不可逆过程中熵增 dS 不可能小于零，此结论称为熵增原理**。

2. 熵的计算

例 13-7　将 0.3 kg 温度为 90 ℃的水与 0.7 kg 温度为 20 ℃的水混合达到平衡。若该系统与外界没有热量交换，求该系统的熵变。

解：(1) 设高温热源的质量为 m_1，温度为 T_1；低温热源的质量为 m_2，温度为 T_2；混合以后系统的温度为 T，水的热容为 c，从高温热源释放的热能与低温热源吸收的热能相等。

$$m_1c(T_1-T)=m_2c(T_2-T)$$

则

$$T=\frac{m_1T_1+m_2T_2}{m_1+m_2}=\frac{0.3\times363+0.7\times293}{0.7+0.3}\,\mathrm{K}=314\ \mathrm{K}$$

$$S_1=\int_{T_1}^{T}\frac{d\theta}{T}=m_1c\int_{T_1}^{T}\frac{dT}{T}=m_1c\ln\left(\frac{T}{T_1}\right)$$

$$=0.3\times4.18\times10^3\times\ln\frac{314}{363}\ \mathrm{J\cdot K^{-1}}$$

$$=-182\ \mathrm{J\cdot K^{-1}}$$

$$S_2=\int_{T_2}^{T}\frac{d\theta}{T}=m_2c\ln\left(\frac{T}{T_2}\right)$$

$$=0.7\times4.18\times10^3\times\ln\frac{314}{293}\ \mathrm{J\cdot K^{-1}}$$

$$= 203\ \text{J}\cdot\text{K}^{-1}$$

系统的熵变 $$\Delta S = S_1 + S_2 = 21\ \text{J}\cdot\text{K}^{-1}$$

说明冷水与热水混合以后系统的熵增加。

例 13-7 说明，当热量由高温热源传向低温热源时，系统由非平衡态到达平衡态。**热力学第二定律的克劳休斯叙述与熵增原理对热传导现象的表述一致；说明在孤立系统内进行的不可逆过程中，熵总是增加的。**

***例 13-8** 气体摩尔质量为 M，系统的质量为 m 的单原子理想气体由状态 $a(P_a, V_a, T_a)$ 变化到 $b(P_b, V_b, T_b)$。求此过程中的熵变。

解：由热力学第一定律可得：

$$\begin{aligned} dQ &= dE + dW \\ &= \frac{m}{M}C_{V,m}dT + PdV \end{aligned}$$

将式(13-37)和式(12-1)代入上式，可得：

$$dS = \frac{dQ}{T} = \frac{m}{M}C_{V,m}\frac{dT}{T} + \frac{m}{M}R\frac{dV}{V} \tag{1}$$

对单原子分子 $C_{V,m} = \frac{3}{2}R$，则

$$dS = \frac{3}{2}\frac{m}{M}R\frac{dT}{T} + \frac{m}{M}R\frac{dV}{V}$$

对上式两边积分，可得 $$\int_{S_a}^{S_b} dS = \frac{m}{M}R\left(\frac{3}{2}\int_{T_a}^{T_b}\frac{dT}{T} + \int_{V_a}^{V_b}\frac{dV}{V}\right)$$

即 $$\begin{aligned} S_b - S_a &= \frac{m}{M}R\left[\frac{3}{2}\ln\left(\frac{T_b}{T_a}\right) + \ln\left(\frac{V_b}{V_a}\right)\right] \\ &= \frac{m}{M}R\ln\left[\left(\frac{T_b}{T_a}\right)^{\frac{3}{2}}\cdot\left(\frac{V_b}{V_a}\right)\right] \end{aligned}$$

3. 自由膨胀过程的不可逆性

现在讨论理想气体绝热自由膨胀过程中的熵变情况。在自由膨胀过程中，系统不做功，$dW=0$，绝热过程，$dQ=0$。由式(13-3)得 $dE=0$，理想气体绝热自由膨胀过程中系统温度不变。设理想气体在膨胀前体积为 V_1，压强为 P_1，温度为 T，膨胀后体积为 $V_2(V_2>V_1)$，压强为 $P_2(P_2<P_1)$。由于气体自由膨胀处在等温过程中，根据热力学第一定律有

$$dQ = dE + PdV = PdV$$

由理想气体的状态方程为 $PV=\frac{M}{m}RT$，得熵的变化为：

$$S_2 - S_1 = \int\frac{dQ}{T} = \int\frac{PdV}{T} = \frac{M}{m}R\int_{V_1}^{V_2}\frac{dV}{V} = \frac{M}{m}R\ln\left(\frac{V_2}{V_1}\right) > 0$$

此结果说明，**气体在绝热自由膨胀过程中，它的熵是增加的。**

*气体绝热自由膨胀的不可逆性，可用气体动理论观点给以解释。如图 13-16 所示，用隔板将容器分成容积相等的 A，B 两室，A 室有 a，b，c，d 共 4 个气体分子，B 室保持真空。

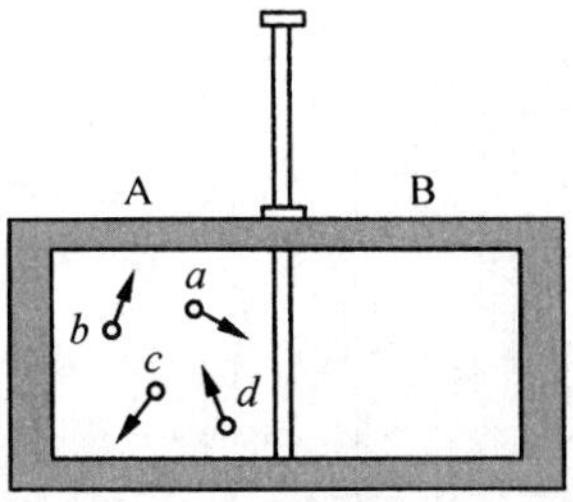

图 13-16 气体自由膨胀不可逆

首先考虑气体中任意一个分子，例如，a 分子。隔板抽掉前，它只能在 A 室运动，隔板抽掉后 a 分子可以在整个容器中运动。由于碰撞的结果，它可以在 A 室，也可以在 B 室，由于 A，B 两室的容积相等，所以 a 分子在 A，B 两室机会是均等的，即回到 A 室的概率为 $\frac{1}{2}$。如果考虑 4 个分子，当隔板抽掉后，它们在整个容器内运动，如果按 A 室和 B 室分，则 4 个分子在容器中分布有 16 种可能，情况见表 13-2。

表 13-2　气体自由膨胀后分子各种分布状态出现的概率

容器	分子的分布																总计
	A B	0 abcd	abcd 0	a bcd	b acd	c abd	d abc	bcd a	acd b	abd c	abc d	ab cd	ac bd	ad bc	bc ad	bd ac	cd ab	
状态数		1	1	4				4				6						16

从表 13-2 中可以看出：4 个分子全部回到 A 室的概率为 $\frac{1}{2}\times\frac{1}{2}\times\frac{1}{2}\times\frac{1}{2}=\frac{1}{2^4}$，比一个分子回到 A 室的概率低了很多。如果有 N 个气体分子，全部回到 A 室，其概率仅有 $\frac{1}{2^N}$。假如 $N=6\times10^{23}$，气体自由膨胀后，回到 A 室的概率为 $\frac{1}{2^{6\times10^{23}}}$，这个概率如此之小，实际上是不可能实现的。由此可见，**气体绝热自由膨胀过程是不可逆的过程**。

以上分析可以看到，如果以 4 个分子在 A 室或 B 室分布的情况来分析，**把每一种的分布称一个微观状态**，则 4 个分子共有 $2^4=16$ 个可能的概率均等的微观状态，4 个分子全部在 A 室的宏观状态的概率为 $\frac{1}{2^4}=\frac{1}{16}$；而 2 个分子在 A 室，2 个分子在 B 室，基本上均匀分布的宏观状态的概率为 $\frac{6}{2^4}=\frac{6}{16}$。显然后者的宏观状态出现的概率大于前者的宏观状态出现的概率，发展到 N 个分子也可以类似分析。这里可以得出一个规律：气体自由膨胀的不可逆性，实质上反映了这个系统内部发生的过程总是由概率小的宏观状态向概率大的宏观状态进行。与之相反的过程，没有外界的影响是不可能实现的。

一个不受外界影响的封闭的系统，其内部发生的过程，总是由概率小的状态向概率大的状态进行，由包含微观状态数目少的宏观状态向包含微观状态数目多的宏观状态进行，这是熵增加原理的本质，也是热力学第二定律统计意义之所在。玻耳兹曼将其表示为

$$S=k_B\ln W \tag{13-39}$$

式中，W 为系统的**热力学概率**。

自由膨胀过程的计算表明，绝热系统与外界没有热交换，是热传导意义上的孤立系统。**对孤立系统的不可逆过程，熵永不减少**；在一个大孤立系统中若有几个相互作用的非孤立小系统。当这些小系统由非平衡态向平衡态过度时，对应的大系统的熵增加，但对于其中的小系统来说，并非所有的小系统的熵都是增加的，有些小系统也可能发生熵减少的情况，对局部的非孤立的小系统的熵变可表示为

$$\Delta S=\Delta S_i+\Delta S_e \tag{13-40}$$

式中，ΔS_i 为小系统内的熵变。由上面的讨论可知，$\Delta S_i>0$。ΔS_e 为外部输入该小系统的熵变。当 $\Delta S_e<0$，且 $|\Delta S_e|>|\Delta S_i|$ 时，非孤立小系统的熵 ΔS 就可能减少。非孤立系统可视为开放系统。**对于一个开放系统才有可能发生熵减的现象**。

4. 熵与有序度

在自由膨胀没有发生时，一边有气体分子，一边没有气体分子。自由膨胀发生以后，两边都有气体分子，从分子分布的微观状态数看，参见表 13-2 所列，最后系统处于微观状态数最大的宏观状态；从另一方面看，该过程中分子的无序度越来越大，反映了系统的无序度与系统熵增之间的对应关系。即熵增代表无序度的增加，有序度的减小。所以一般说，**无序代表熵增**，熵变为正；**有序代表熵减**，熵变为负。可认为**熵是孤立系统无序度的量度**。

玻耳兹曼关于熵的统计表达式(13-39)表明，**孤立系统的无序度越高，热力学概率越大，熵越大**。孤立系统由非平衡态向平衡态过渡的过程是无序度增大的过程，对应的热力学概率增加，熵也增加。同时也说明**孤立系统熵增的过程是一个不可逆的过程**。重复前面的结论，即**孤立系统的熵永不减少**。

5. 熵增的后果

先看一个具体的例子，一个高温热源温度为 T_1，另一个低温热源温度为 T_2，若有 Q 的热量直接由高

温热源传向低温热源，其熵增

$$\Delta S=\frac{Q}{T_2}-\frac{Q}{T_1}=Q\left(\frac{1}{T_2}-\frac{1}{T_1}\right)。$$

如果在高温热源与低温热源之间设置一卡诺机，该卡诺机从高温热源吸收热量 Q，可以对外做功

$$W=Q\eta=Q\left(1-\frac{T_2}{T_1}\right)=T_2Q\left(\frac{1}{T_2}-\frac{1}{T_1}\right)=T_2\Delta S。$$

显示直接传热将损失掉本可利用的功 W，损失的功与熵增 ΔS 成正比。根据这一例子，可以知道，**系统熵增以后，使可用功遭受损失。熵增越大，损失越大。**

如果我们所处的环境中的三废增多，有序度破坏，混乱度增加，熵值增加，最后导致可利用功的损失，造成资源浪费，将直接影响国民经济的可持续发展，影响我们的生活质量。

由于孤立系统的熵总是增加，孤立系统必然导致可利用功的耗损，造成资源浪费，效率低下。所以闭关锁国必然导致国力衰微，个人自我封闭必然日趋愚笨，抑郁呆滞，前途黯然。

由熵增理论可知，作为一个系统来看的人体，人体是一个非孤立系统，需要向外界摄取负熵，所以，严格地说，能够维持生命的不是能量，而应该是负熵，是人体能够吸收的负熵(物理学家**薛定鄂认为人吃进的是负熵**)。

由热力学第二定律和熵增理论还可以知道：能量有品质的高低之分。**热能是低品位的能源，电能、机械能是高品位的能源**。而机械能转变为电能时还要损耗摩擦热能，所以，电能相比于机械能，电能是更高品位的能源。而**将电能直接转化为热能是违反科学的行为**。

本章习题

13-1　有 10 g 氦气吸收了 1×10^3 J 的热量时压强未发生变化，它原来的温度是300 K，最后的温度是多少？

13-2　一定量的氢气在压强 $p=4.0\times10^5$ Pa 的情况下，温度由 0 ℃升到 50 ℃时，吸收了 6.0×10^4 J 热量。试求：(1) 氢气的质量是多少摩尔？(2) 氢气的内能变化；(3) 氢气对外做功。

13-3　如图所示，一定量的理想气体由状态 a 经 b 到达 c(abc 为直线)，在此过程中，试求：(1) 气体内能增量；(2) 气体对外做的功；(3) 气体吸收的热量。

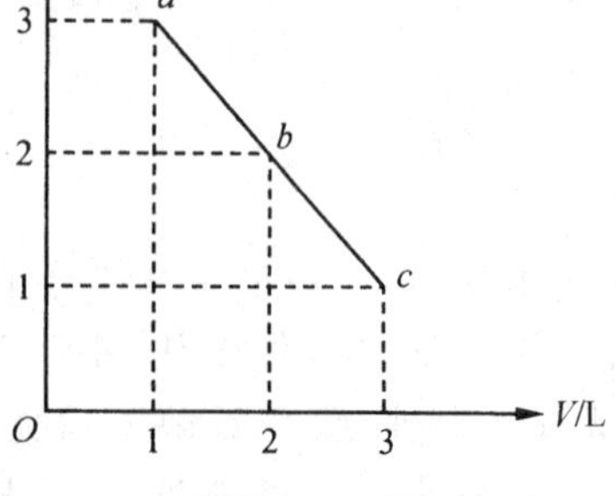

习题 13-3 图

13-4　一汽缸内有 1 mol，温度为 27 ℃，压强为 1 atm 的氮气，先使它等压膨胀到原体积的 2 倍，再使它等体升压到 2 atm，最后使它等温膨胀到 1 atm，求系统在全部过程中对外做功、吸收热量及内能的变化。

13-5　2 mol 氢气初态压强为 1 atm，温度为 20 ℃时，体积为 V。若先保持体积不变，加热使其温度升高到 80 ℃，再等温度膨胀到 $2V$。试计算：(1) 内能的增量；(2) 对外做的功；(3) 气体吸收的热量，并画出 $p-V$ 图。

13-6　质量为 1 kg 的氧气，其温度由 300 K 升高到 400 K，若在温度升高过程中分别是：(1) 等容过程；(2) 等压过程；(3) 绝热过程。则内能的改变各为多少？

13-7　体积为 0.01 m^3 氮气，在温度 27 ℃时，从压强 0.01 atm 绝热压缩到 1 atm，此时，试求：(1) 氮气的体积；(2) 氮气的温度；(3) 氮气对外做功。

13-8　2 mol 氢气其初状态体积为 0.05 m^3，温度为 300 K，分别经过等压膨胀，等温膨胀和绝热膨胀体积最后变为 0.25 m^3，试分别计算这三种过程中，氢气对外做的功为多少？并在同一 $p-V$ 图上表示出来。

13-9　一定量氧气压强为 1.0×10^5 Pa，体积为 2.3×10^{-3} m^3，温度为 27 ℃，经多方过程后，压强为 0.5×10^5 Pa，体积为 4.1×10^{-3} m^3，试求：(1) 多方指数 n；(2) 内能的变化；(3) 对外做的功；(4) 吸收的热量。

13-10　如图所示，某单原子气体状态为压强 2 atm，体积为 1 L。首先等压膨胀到 2 L，然后是等容降压到 1 atm，最后等温压缩回到原状态，试求：(1) 各过程内能变化、对外做功、热量变化；(2) 循环效率。

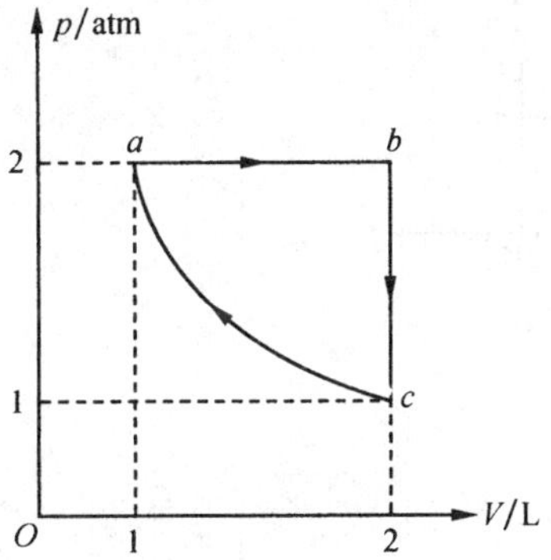

习题 13-10 图

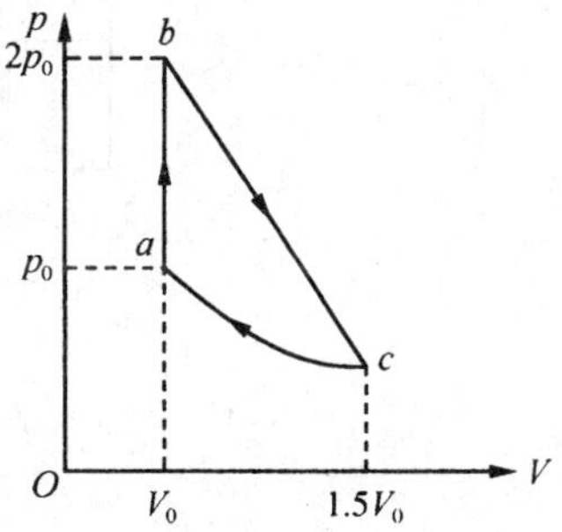

习题 13-11 图

13-11　1 mol 多原子理想气体，其循环如图所示，其中 ab 为等容过程，bc 为一直线过程，ca 为等温过程。试求循环效率。

13-12　一定量的氧气，先做等温膨胀，体积由 V_0 增大为 $2V_0$，压强由 p_0 下降到 $\frac{1}{2}p_0$，其次做等容降压，最后绝热压缩回到初始状态。试求：(1) 在 $p-V$ 图上画出循环图，标明各过程进行方向；(2) 各过程内能变化，对外做功和热量的变化；(3) 循环效率。

13-13　一定量理想气体，在 127 ℃和 7 ℃之间进行卡诺循环，已知在 127 ℃的等温线上，气体起始体积为 10 L，终末体积为 20 L。整个循环过程中，最大压强为 1 atm，摩尔热容比 $\gamma=1.4$。试求：(1) 循环效率；(2) 循环过程中系统向低温热源放出的热量。

13-14　一卡诺热机在 1 000 K 和 300 K 的两热源之间工作。若：(1) 高温热源提高 100 K，低温热源温度不变；(2) 高温热源温度不变，低温热源降温 100 K。试问理论上热机效率各增加多少？哪一种方案更好？

13-15　有一卡诺制冷机、从温度为 10 ℃冷冻室中吸收热量，向温度为 27 ℃的水中放出热量，设制冷机用 10 kW 电动机带动。试求：(1) 制冷机的制冷系数；(2) 每分钟从冷冻室中吸取的热量。

13-16　当热源温度为 100 ℃和冷却器温度为 0 ℃时，设一卡诺循环所做的净功为800 J。今维持冷却器温度不变，使卡诺循环的净功增至 1.6×10^3 J，若此两循环工作于相同的绝热线之间，工作物质为理想气体，问热源的温度应变为多少？此时循环的效率多大？

13-17　一台电冰箱，在室温为 15 ℃环境中工作，冷冻室的温度为 −18 ℃。若按卡诺制冷循环计算，制冷机每消耗 1×10^3 J 的功，可以从冷冻室中吸取多少热量？

13-18　有可能利用表层海水和深层海水的温差来制成的热机。已知表层水温为25 ℃，海水深处水温为 5 ℃。试求：(1) 这两个温度之间工作的卡诺热机的效率；(2) 若电站获得的机械功率是 1 MW，它将以多少功率排出废热？(3) 若此电站获得的机械功和排出口废热均来自 25 ℃的水冷却到 5 ℃所放出的热量，此电站每秒提取多少 25 ℃的表层水？

13－19　一热机在高温热源 600 K 和低温热源 300 K 两热源之间工作，每秒吸取热量 3.34×10^4 J，放出热量 2.09×10^4 J。试问：(1) 热机的效率，此热机是否为可逆机？(2) 为了提高热机效率，每秒从高温热源吸热 3.34×10^4 J，则每秒最多能做功多少？

13－20　在绝热容器中放一隔板，将容器分成体积相同的两部分，左边为 1 mol 理想气体，压强为 p_0 温度为 T_0；右边为真空。若将隔板抽开，让气体绝热自由膨胀，刚达到最终平衡状态时，试求：(1) 气体的压强和温度；(2) 自由膨胀中的熵变。

13－21　1 mol 氧气做如图所示循环，其中 ab 为等容过程，bc 为绝热过程，cd 为等容过程，da 为等压过程。试求：(1) c 状态的压强；(2) 循环过程中对外做的功；(3) 循环效率；(4) ab 过程中的熵变。

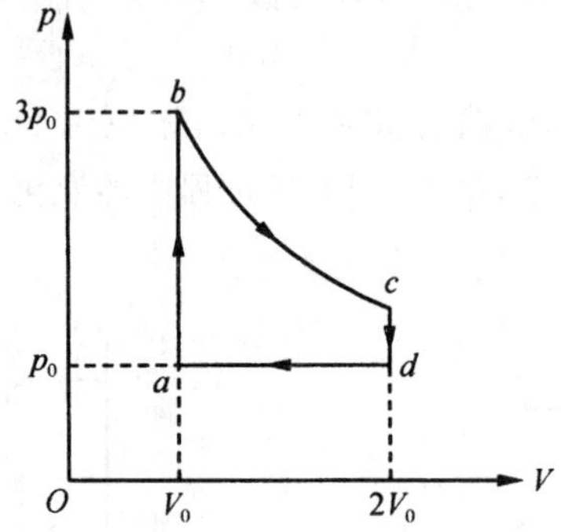

习题 13－21 图

第四篇　振动与波

在力学篇中，讨论的运动形式主要是直线运动和少量的曲线运动。而自然界中还有一类更普遍的运动形式便是振动及由振动形成的波动。机械运动本身包含各种类型的振动、波动。电磁学、化学、建筑学、光学、生物学及近代量子力学等领域都与振动、波动有着密切的关系，可以认为振动与波动构成现代科学技术的基础。

本篇着重于讨论基本的振动形式——简谐振动、简谐波，以及由此延伸出的电磁波等3个部分。电磁波的内容主要是为光学篇作引领，同时也为读者提供一些电磁波理论中的基本概念。

第十四章　机械振动

振动是自然界中一种常见的、基本的运动形式，而机械振动是振动现象中一类很重要的经典振动。所谓的机械振动，是指物体在一定位置附近来回往复的运动。例如，地震，音叉的振动，各类乐器上弦的振动，树枝上叶片随微风的飘动，船在水面上的上下浮动等。受机械振动的启发，某种物理量在一定数值附近来回往复变化的现象也称为振动。例如，电路中的电流、电压，电磁场中的电场强度矢量 $\boldsymbol{E}$ 与磁场强度矢量 $\boldsymbol{H}$ 随时间发生有规律的变化等。当物体在某一位置附近，其位移沿直线做来回往复变化运动，或角位移绕一固定轴来回往复变化，都属于一维振动。在各种各样的一维振动中，又以一维简谐振动最为简单和基本，它是研究各种复杂振动的基础，称其为简谐振动，简称谐振动。本章首先研究简谐振动方程，在此基础上研究阻尼振动和受迫振动，并讨论这些振动的主要特征，最后再讨论谐振动叠加。

14.1　简谐振动

如图 14－1 所示，弹性系数为 k 的轻质弹簧放置在光滑水平直轨上，弹簧一端固定，另一端连接一质量为 m 的物体，称其为一维弹簧振子系统，而质量为 m 的物体称为振子。

我们把弹簧自由伸长处设为原点 O，建立坐标系 Ox。当物体处于坐标 x 处，便受到弹簧的作用力 $-kx$，此力为弹性恢复力，又称简谐力。弹簧振子在简谐力的作用下，所做运动就是简谐振动。

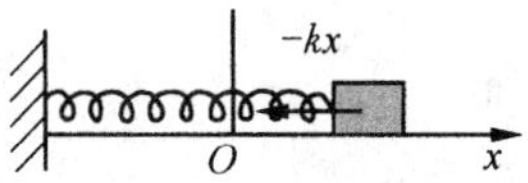

图 14－1　一维弹簧振子

1. 简谐振动

1）谐振子运动方程

由牛顿运动定律可知，谐振子运动方程为

$$m\frac{\mathrm{d}^2x}{\mathrm{d}t^2}=-kx$$

改写为

$$\frac{\mathrm{d}^2x}{\mathrm{d}t^2}+\frac{k}{m}x=0 \tag{14-1}$$

令 $\omega^2=\dfrac{k}{m}$，可得方程的解

$$x=A\cos(\omega t+\varphi_0) \tag{14-2}$$

式中，x 表示振子的位移；从数学上分析 A、φ_0 为二阶微分方程的两积分常数。从物理意义上看，式(14－2)中的 A 表示谐振子运动中振子的最大位移，称为谐振子的振幅；$(\omega t+\varphi_0)$称为振子振动相位(或位相)，当 $t=0$ 时，相位 φ_0 称为初相位。

可见，振子的位移是一个周期函数，设周期为 T，振子在 t 时刻与$(t+T)$时刻应有相同的位移与速率，故 $\omega T=2\pi$，得

$$\boxed{\omega=2\pi\frac{1}{T}=2\pi f} \tag{14-3}$$

式中，ω 称为**谐振子振动的角频率或圆频率**，它是频率 f 的 2π 倍。

2）谐振子的速度与加速度

由谐振子的位移式(14－2)可得：

谐振子的运动速度 $$v=\frac{dx}{dt}=-\omega A\sin(\omega t+\varphi_0) \quad (14-4)$$

谐振子运动的加速度 $$a=\frac{dv}{dt}=-\omega^2 A\cos(\omega t+\varphi_0)=-\omega^2 x \quad (14-5)$$

比较谐振子的位移、速度和加速度发现：当 $x=0$ 时，谐振子处于弹簧平衡位置，受力为零，所以加速度为零，速度达到极大值；当 $x=A$ 时，谐振子处于最大位移处，此时受到的简谐力最大，加速度最大，其方向与位移相反，但此时谐振子的速度为零。

3）振幅 A 与初相 φ_0 的确定

由于 A、φ_0 为两积分常数，因此确定这两个常数必须依靠**初始条件**。设 $t=0$ 时，谐振子的位移为 x_0，速度为 v_0，由方程式(14－2)可知

$$\begin{cases} x_0=A\cos\varphi_0 \\ v_0=-\omega A\sin\varphi_0 \end{cases}$$

所以 $$\boxed{A=\sqrt{x_0^2+\left(\frac{v_0}{\omega}\right)^2}} \quad (14-6)$$

而 $$\boxed{\begin{cases} \sin\varphi_0=-\dfrac{v_0}{\omega A} \\ \cos\varphi_0=\dfrac{x_0}{A} \end{cases}} \quad (14-7)$$

以上两式中 ω 是由振动系统的固有参数，且 $\omega=\sqrt{\frac{k}{m}}$。当 A 确定后，便由 φ_0 的正弦、余弦值确定 φ_0。

例 14－1 如图 14－2 所示，有一柱状木块放置在水中，平衡时浸水的深度为 a。若用手将木块按入水中，使木块浸水深度为 b，然后突然放手，求木块的运动方程。

分析：研究运动物体，首先需要建立一个参照系。木块相对于水运动，故选大地为参照系。设水面很大，以水平面为坐标原点，建立向下的 x 轴。木块平衡时，木块上与水面对应的位置称吃水线。在参照系中，吃水线的运动就代表着木块的运动。

解：设 s 为木块的截面积，ρ 为水的密度。t 时刻，木块上吃水线所在位置坐标为 x，木块受到的重力为 mg，木块浸入水中的深度为$(x+a)$，受到水的浮力为 $s(x+a)\rho g$。

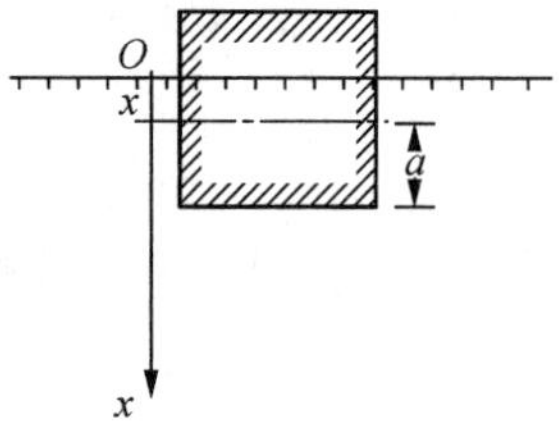

图 14－2 例 14－1 图

由牛顿运动定律可得

$$m\frac{d^2x}{dt^2}=mg-(x+a)\rho sg$$

平衡时 $$mg=as\rho g$$

所以 $$m=as\rho$$

将其代入上式可得

$$\frac{d^2x}{dt^2}=g-\frac{x+a}{a}g=-\frac{g}{a}x$$

整理得 $$\frac{d^2x}{dt^2}+\frac{g}{a}x=0$$

令 $$\omega^2=\frac{g}{a} \text{或} \omega=\sqrt{\frac{g}{a}}$$

则 $$x=A\cos(\omega t+\varphi_0)$$

当 $t=0$ 时，$x_0=(b-a)$，$v_0=0$。

由式(14－6)可得 $$A=(b-a)$$

由式(14－7)可得 $$\cos\varphi_0=1$$

故 $$\varphi_0=0$$

木块的运动方程

$$x=(b-a)\cos\left(\sqrt{\frac{g}{a}}t\right)$$

4）垂直悬挂的弹簧振子

如图14－3所示，有一垂直悬挂的轻质弹簧，其弹性系数为 k。若弹簧的原长为 l_0，挂上质量为 m 的重物后，伸长为 l，此处为弹簧的平衡位置。取平衡位置为坐标原点，向下为 x 轴，在任意时刻 t，振子的位移为 x，此时振子的受力为

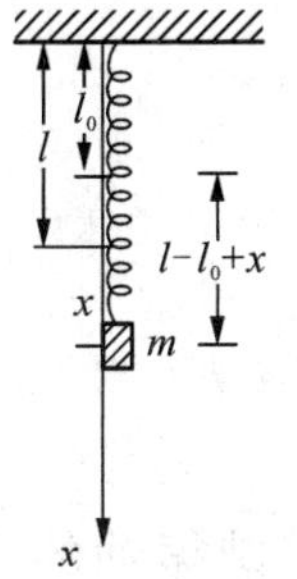

图14－3　垂直悬挂的轻质弹簧

$$F=mg-k[(l-l_0)+x]$$

由牛顿运动定律可得

$$m\frac{\mathrm{d}^2x}{\mathrm{d}t^2}=mg-k[(l-l_0)+x]$$

平衡时 $$mg=k(l-l_0)$$

振子的运动方程为

$$m\frac{\mathrm{d}^2x}{\mathrm{d}t^2}+kx=0 \tag{14-8}$$

对于固定在斜面上的弹簧振子的运动方程可做类似推导，同样可得弹簧振子的运动方程，如式(14－8)，请读者不妨一试。

可见垂直悬挂的谐振子运动方程式(14－8)与水平放置的弹簧振子的方程式(14－1)完全一致，这说明将**轻质弹簧**置于水平面，垂直悬挂或置于斜面上，**只要以弹簧的平衡位置为坐标原点建立运动方程，那么谐振动方程的形式不变。**

例14－2　有一垂直悬挂的弹簧，其弹性系数 $k=1.6\ \mathrm{N\cdot m^{-1}}$，下系有一质量 $m=25\ \mathrm{g}$ 的振子。(1)将振子从平衡位置下拉到 $x=0.10\ \mathrm{m}$ 处释放，求谐振子的运动方程；(2)将谐振子从平衡位置下拉到 $x=0.10\ \mathrm{m}$ 处后给它一个向下的初速度 $v_0=0.8\ \mathrm{m/s}$，求谐振子的运动方程。

解：取平衡位置为坐标原点，建立一向下的 x 轴，谐振子的运动方程为

$$m\frac{\mathrm{d}^2x}{\mathrm{d}t^2}+kx=0$$

此方程的解为 $$x=A\cos(\omega t+\varphi)$$

式中角频率 $$\omega=\sqrt{\frac{k}{m}}=\sqrt{\frac{1.6}{0.025}}=8\ (\mathrm{s^{-1}})$$

(1) 当 $t=0$ 时，$x_0=0.10\ \mathrm{m}$，$v_0=0$

由式(14－6)可得 $$A=0.10\ \mathrm{m}$$

由式(14－7)可得 $$\cos\varphi=1$$

则 $$\varphi=0$$

则谐振子方程 $$x=0.1\cos(8t)\,(\mathrm{m})$$

(2) 当 $t=0$ 时，$x_0=0.10\ \text{m}$，$v_0=0.8\ \text{m/s}$

则
$$A=\sqrt{x_0{}^2+\left(\frac{v_0}{\omega}\right)^2}=0.1\times\sqrt{2}=0.14\ (\text{m})$$

由式(14－7)可得

$$\cos\varphi=\frac{x_0}{A}=\frac{1}{\sqrt{2}}$$

故
$$\varphi=\pm\frac{\pi}{4}$$

当 $t=0$ 时，$v_0>0$，由式(14－4)可得

$$-\omega A\sin\varphi>0$$

则
$$\sin\varphi<0$$

可知
$$\varphi=-\frac{\pi}{4}$$

谐振子运动方程为
$$x=0.14\cos\left(8t-\frac{\pi}{4}\right)\ (\text{m})$$

2. 谐振动的几何表示(旋转矢量表示)

如图 14－4 所示，取 O 为圆心，以振幅 A 为半径，设想有一质点在该圆周上**以匀角速度 ω 做逆时针转动。赋予振幅 A 为矢量 $\boldsymbol{A}$**，上述表示称为**旋转矢量**。

$t=0$ 时，$\boldsymbol{A}$ 与 x 轴的夹角为 φ_0，t 时刻 $\boldsymbol{A}$ 与 x 轴夹角为 $\omega t+\varphi_0$，由图 14－4 所示，在 t 时，振幅矢量 $\boldsymbol{A}$ 的端点在 x 轴上的投影为

$$x=A\cos(\omega t+\varphi_0)$$

端点在 x 轴上的投影的速度值为

$$v=-A\omega\sin(\omega t+\varphi_0)$$

端点在 x 轴上的投影的加速度值为

$$a=-A\omega^2\cos(\omega t+\varphi_0)$$

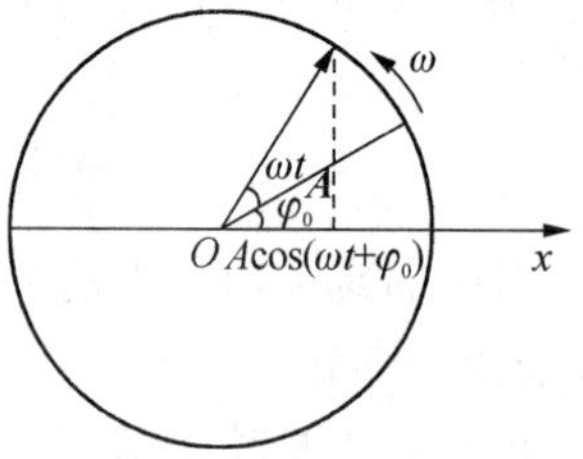

图 14－4 用旋转矢量表示谐振动

因此，用旋转矢量法也可描述物体所做的谐振动。当用旋转矢量描述谐振动时，旋转矢量转过 2π，谐振子运动也刚好完成一个周期，因此周期 $T=\frac{2\pi}{\omega}$ 与式(14－3)完全吻合。

例 14－3 两质点振动的角频率都为 ω，振幅都为 A，质点 1 在 $x=\frac{A}{2}$ 处向 x 轴负方向运动，质点 2 在 $x=-\frac{A}{2}$ 处向 x 轴负方向运动。求两质点谐振动的相位差。

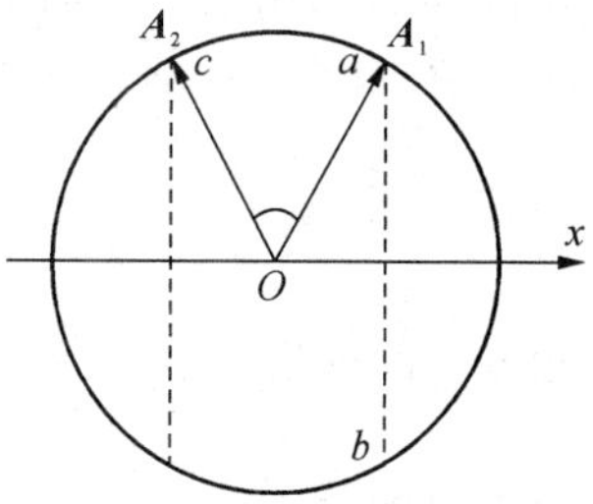

图 14－5 例 14－3 图

解：用旋转矢量法计算。如图 14－5 所示，以 O 为圆心，以 A 为半径作圆，质点 1 在 $x=\frac{A}{2}$ 处对应的矢量在圆上位置有 a，b 两点，但要求在该点向 x 轴负方向运动的点只有 1 个。因矢量旋转的角速度 ω 的旋转方向为逆时针，矢量端点在 x 轴上的投影向 x 轴负方向运动，所以矢量 $\boldsymbol{A}$ 的端点的位置只能在 a 点，同理可以确定质点 2 的矢量位置在图中的 c 点。分别画出，端点在 a 点的位置矢量 $\boldsymbol{A}_1$ 和端点在 c 点的位置矢量 $\boldsymbol{A}_2$。由矢量相位的表示法可知，两质点的谐振运动的相位差为矢量 $\boldsymbol{A}_1$，$\boldsymbol{A}_2$ 夹角，由图可以判断此相位差为 $\frac{\pi}{3}$。

例 14－4　已知一谐振子的振动曲线如图 14－6 所示，$t_1=0.7$ s。求：(1) 振动周期；(2) 振子从开始到第三次到达平衡位置的时间 t_2；(3) 若振幅 $A=2$ cm，则求谐振动方程。

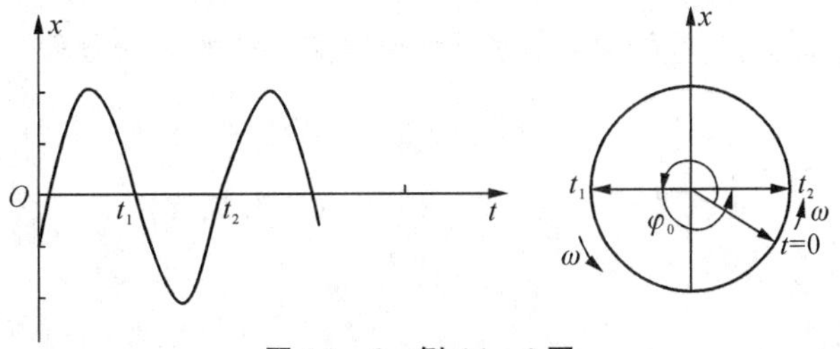

图 14－6　例 14－4 图

解：用旋转矢量法求解。按曲线 x 坐标的方向，取旋转矢量图中的 x 轴的正向向上。

(1) 找出 $t=0$ 时谐振子的位置。在 $-\dfrac{A}{2}$ 处，振子向正向运动，由旋转矢量 $\boldsymbol{\omega}$ 的逆时针方向可逆断出 $t=0$ 时的旋转矢量的位置，如图 14－6 所示。该图显示 $\varphi_0=\dfrac{4\pi}{3}$。振子第二次在平衡位置时，旋转矢量在 x 轴的垂直向左的方向，此时 $t=t_1=0.7$ s。

从图中可以看出，旋转矢量在 t_1 的时间内转过的角度 $\Delta\varphi_1=\dfrac{7}{6}\pi$，所以 $\omega=\dfrac{\Delta\varphi_1}{t_1}=\dfrac{10}{6}\pi$。

可得

$$T=\frac{2\pi}{\omega}=\frac{2\pi\times 6}{10\pi}=1.2\ (\mathrm{s})$$

(2) 当振子第三次到达平衡位置时，旋转矢量位置在与 x 轴垂直向左的方向，在 t_2 时间内转过的角度 $\Delta\varphi_2=\dfrac{13}{6}\pi$，故 $t_2=\dfrac{\Delta\varphi_2}{\omega}=\dfrac{13}{10}\mathrm{s}=1.3$ s。

(3) 由 $A=0.02$ m，$\omega=\dfrac{10}{6}\pi$，$\varphi_0=\dfrac{4\pi}{3}$ 可知谐振子的运动方程为

$$x=0.02\cos\left(\frac{10}{6}\pi t+\frac{4\pi}{3}\right)\ (\mathrm{m})$$

14.2　谐振动的能量

将弹簧与振子视为一个完整的系统，称之为弹簧振子系统。做谐振动时，其能量应包括振子的动能和弹簧的势能。

振子的动能为

$$E_k=\frac{1}{2}mv^2=\frac{1}{2}mA^2\omega^2\ \sin^2(\omega t+\varphi_0)=\frac{1}{2}kA^2\ \sin^2(\omega t+\varphi_0) \tag{14-9}$$

弹簧的势能为

$$E_p=\frac{1}{2}kx^2=\frac{1}{2}kA^2\ \cos^2(\omega t+\varphi_0)$$

可见动能与势能都随时间做周期性变化，弹簧振子系统总能量

$$\boxed{E=E_k+E_p=\frac{1}{2}kA^2} \tag{14-10}$$

因此，一维弹簧振子的机械能是一恒量，它不随时间变化。可见一维谐振动是一种能量不变的振动，物体在运动过程中，其势能与动能交替变化。当确定其总能量 E 后，则物体的运动范围就确定了，它只能

在$-A\sim A$范围内来回往复运动，当物体运动到最大位移点时，其动能为零，势能最大；当物体运动到平衡位置点时，其动能最大，势能为零。可以计算出动能等于势能的位置点处于$x=\pm\frac{A}{\sqrt{2}}$。

例 14-5 由谐振子系统动能、势能之和为常数，确定谐振子的振动方程。

解：由题意可知：

$$\frac{1}{2}kx^2+\frac{1}{2}mv^2=C \qquad (C\text{ 为常数})$$

两边对t求导，得

$$kx\frac{\mathrm{d}x}{\mathrm{d}t}+mv\frac{\mathrm{d}v}{\mathrm{d}t}=0$$

将$v=\frac{\mathrm{d}x}{\mathrm{d}t}$代入上式得

$$v\left(m\frac{\mathrm{d}^2x}{\mathrm{d}t^2}+kx\right)=0$$

谐振子的速度v不恒为零，故有

$$m\frac{\mathrm{d}^2x}{\mathrm{d}t^2}+kx=0$$

此为谐振动方程。

例 14-6 如图 14-7 所示，当电容C充电以后，开关接至电感L上，电容通过电感L放电，忽略L、C的边缘效应，认为它们没有能量损耗。求任意时刻电容极板的电量q和放电电路中的电流I。

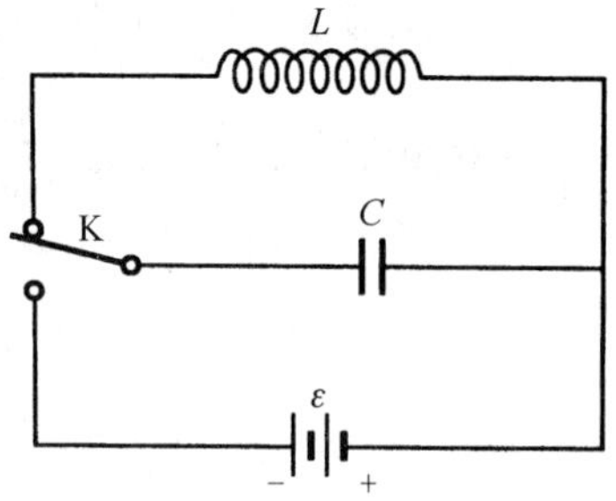

图 14-7 *LC* 电路

解：电路放电时，没有能量损耗，电场能、磁场能的总能量不变。即

$$\frac{1}{2C}q^2+\frac{L}{2}I^2=C \qquad (C\text{ 为常数}) \qquad (14-11)$$

上式两边对t求导，可得

$$\frac{q}{C}\frac{\mathrm{d}q}{\mathrm{d}t}+LI\frac{\mathrm{d}I}{\mathrm{d}t}=0$$

由$I=\frac{\mathrm{d}q}{\mathrm{d}t}$可得

$$I\left(\frac{q}{C}+L\frac{\mathrm{d}^2q}{\mathrm{d}t^2}\right)=0$$

因$I=\frac{\mathrm{d}q}{\mathrm{d}t}$并不时时为零，故

$$\frac{\mathrm{d}^2q}{\mathrm{d}t^2}+\frac{1}{LC}q=0$$

则谐振动方程为：

$$\omega^2=\frac{1}{LC} \qquad \text{或 } \omega=\frac{1}{\sqrt{LC}} \qquad (14-12)$$

任意时刻电容极板的电量

$$q=q_A\cos(\omega t+\varphi_0)$$

式中，q_A为电容极板上的最大电荷量。

放电电路中的电流为

$$I=\frac{\mathrm{d}q}{\mathrm{d}t}=-\omega q_A\sin(\omega t+\varphi_0)=-I_A\sin(\omega t+\varphi_0)$$

式中，I_A为电路中的最大电流量。

由此可见，在没有电磁辐射的 *LC* 电路中，电荷、电流都以正弦或余弦函数振荡，其振荡频率

$$f=\frac{\omega}{2\pi}=\frac{1}{2\pi\sqrt{LC}} \tag{14-13}$$

显然，这已不是机械振动的范畴，但其变化方式与谐振动的形式一致，也称为谐振动。

例 14－7　单摆的摆长为 l，摆锤的质量为 m，当单摆做小角摆动时，求其摆动周期。

解：设任意时刻单摆的摆角为 θ，摆锤在以 O 为圆心，以 l 为半径的圆周上运动，受到的重力在圆周上的切向分量 $f=-mg\sin\theta$，“－”号是考虑到 f 的方向与角位移 θ 引起的摆锤的切向加速度的方向相反。摆锤的切向加速为

$$a=l\alpha=l\frac{d^2\theta}{dt^2} \tag{1}$$

由牛顿运动定律可得：

$$ml\frac{d^2\theta}{dt^2}=-mg\sin\theta \tag{2}$$

考虑到 θ 很小时，$\sin\theta\approx\theta$，则方程(2)简化为：

$$\frac{d^2\theta}{dt^2}+\frac{g}{l}\theta=0 \tag{3}$$

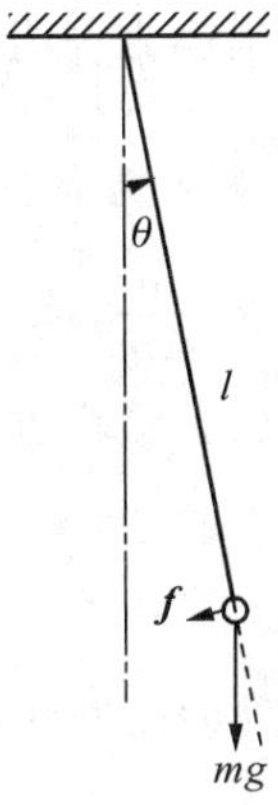

图 14－8　单摆的小角摆动

可见**单摆做小角摆动时，其运动方程就是谐振动方程**。

令 $\omega=\sqrt{\frac{g}{l}}$ 得单摆小角摆动的**振动周期**

$$T=\frac{2\pi}{\omega}=2\pi\sqrt{\frac{l}{g}}$$

在没有钟表的年代，牛顿曾用单摆计时，完成了对力学实验的观察与分析。另外，也可考虑到单摆运动中机械能守恒：

$$\frac{1}{2}mv^2+mgl(1-\cos\theta)=C \qquad (C\text{ 为常数})$$

上式两边求对 t 求导，可得：

$$mv\frac{dv}{dt}+mgl\frac{d\theta}{dt}\sin\theta=0$$

而将 $v=l\omega=l\frac{d\theta}{dt}$ 代入上式得

$$\frac{d^2\theta}{dt^2}+\frac{g}{l}\sin\theta=0$$

比较式(2)可知，它们为同解方程，同样证明，作小角近似的单摆的运动可视为弦振动。

如果将单摆的摆线视为刚性的轻质杆，此问题将过渡到**刚体的小角摆动**，这一**摆动形式称为复摆**。利用转动定律，分析刚体所受的合外力矩，可以根据转动定律作相应类似地分析。**刚体做小角摆动时的运动形式也是谐振动，具有确定的周期 T**，谐振动的周期由振动系统的参数确定。

14.3　阻尼振动　受迫振动

1. 阻尼振动

前面讨论的一维谐振动是在忽略摩擦和阻力等因素的理想情形下，完全没有能量损耗的一种振动，但

一个实际的振动系统或多或少存在摩擦和阻力，因此也就必然存在能量损耗。因阻力很复杂，有时是受多种因素的影响，甚至找不到它们的函数关系。为方便讨论，这里仅考虑谐振子受到的阻力正比于速度时的简单情形。

设物体的运动阻力 $f=-hv=-h\dfrac{dx}{dt}$ （h 为比例系数）

物体的运动方程为

$$m\frac{d^2x}{dt^2}=-kx-h\frac{dx}{dt} \tag{14-14}$$

式中，h 为阻力系数。

令 $\beta=\dfrac{h}{2m}$，称为阻尼因子；$\omega_0=\sqrt{\dfrac{k}{m}}$是不存在阻尼时谐振动的圆频率。

式(14－14)可表示为

$$\frac{d^2x}{dt^2}+2\beta\frac{dx}{dt}+\omega_0^2x=0 \tag{14-15}$$

式(14－15)是常见的二次齐次方程，该方程的解

$$x=A\,e^{-\beta t}\cos(\omega t+\varphi) \tag{14-16}$$

式中，$\omega=\sqrt{\omega_0^2-\beta^2}$。

考虑到阻尼因子 β 与圆频率 ω_0 的量值，运动方程的解存在 3 种情形：

(1) 当 $\beta<\omega_0$ 时，这是小阻尼情形，此时物体运动方程解的形式为

$$x=Ae^{-\beta t}\cos(\omega t+\varphi)$$

式中，$Ae^{-\beta t}$ 为阻尼振动的振幅，显然它随时间 t 做指数衰减。因此，形式上物体在平衡位置附近来回往复运动，但振幅随时间 t 不断衰减，愈来愈小，最后趋向于零，如图 14－9 所示。

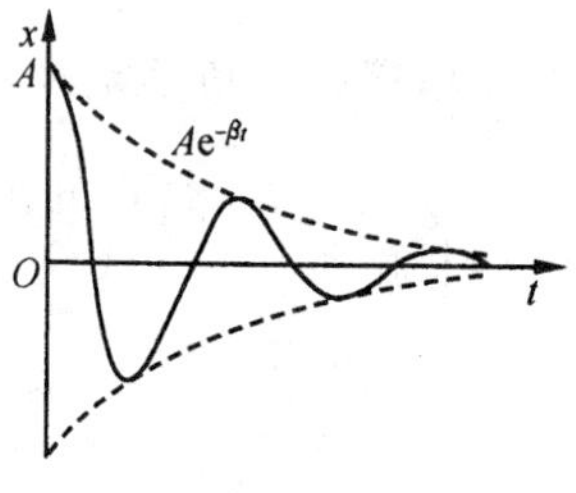

图 14－9　阻尼振动

物体在平衡位置附近来回往复一次的时间，习惯上称为阻尼振动的周期 $T=\dfrac{2\pi}{\omega}=\dfrac{2\pi}{\sqrt{\omega_0^2-\beta^2}}$，因此，它比无阻尼时的振动周期 $T_0=\dfrac{2\pi}{\omega_0}$要大一些。

(2) 当 $\beta=\omega_0$ 时，属于临界阻尼情形。此时角频率 $\omega=0$，周期 $T\to\infty$，因此，振动的特征完全消失。

(3) 当 $\beta>\omega_0$ 时，属于过阻尼情形。

可见，此时周期 T 为虚数，或者说已没有周期的概念。虽然当$t\to\infty$时，$x\to0$，但同样没有丝毫振动的特征，而且从时间上看，物体逼近平衡位置比临界阻尼时逼近得更慢，如图 14－10 所示。阻尼振动在日常生活中有许多应用，如果希望振动系统在较长时间内保持振动，应让阻尼因子 β 小些；如果不希望系统在较长时间保持振动，可让阻尼因子 β 大一些。例如，天平和电表中的指针不应老是摆动不停，就应取适当的阻尼。

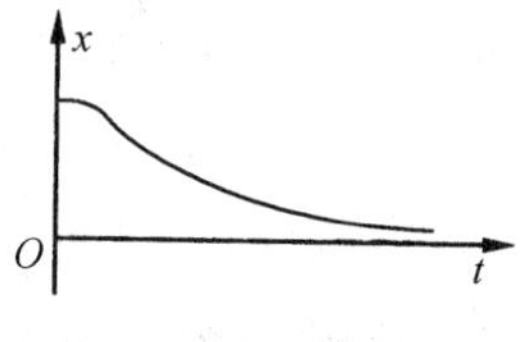

图 14－10　过阻尼

*2. 受迫振动

前面讨论的谐振动和阻尼振动都称自由振动，它们都必须在开始时给振动系统一份能量，让其振动起来。谐振动与阻尼振动的区别就在于是否存在介质的阻尼作用，是否有能量的损耗。

受迫振动是指振动系统除了受到阻尼作用外，还受到外界周期性的策动力的作用，这种运动称之为**受迫振动**。外界不断向振动系统输送能量，因而也就可能使振动越来越激烈，振幅越来越大，并出现“**共振**”现象。

1) 物体的运动方程及其解

设外界周期性的策动力 $F=F_0\cos\Omega t$（Ω 为策动力频率）

受迫振动方程

$$m\frac{\mathrm{d}^2x}{\mathrm{d}t^2}+h\frac{\mathrm{d}x}{\mathrm{d}t}+kx=F_0\cos\Omega t \tag{14-17}$$

通过数学的求解，当时间足够长时，可得到方程式(14－17)的解为

$$x=A\cos(\Omega t+\varphi_0) \tag{14-18}$$

其中

$$A=\frac{F_0/m}{\sqrt{(\omega_0^2-\Omega^2)^2+4\beta^2\Omega^2}} \tag{14-19}$$

$$\tan\varphi_0=\frac{-2\beta\Omega}{\omega_0^2-\Omega^2} \tag{14-20}$$

式中，$\omega_0=\sqrt{\frac{k}{m}}$是不计阻尼时的圆频率，又称本征圆频率。

2) 共振现象

根据振幅 A 随 Ω 变化的函数关系式(14－19)，可以作出 $A(\Omega)$ 图线，如图 14－11 所示。由$A(\Omega)$图示可知，在 Ω_0 处，具有最大的振幅值 A_0，Ω_0 称为共振圆频率，它可以通过数学上求函数极值的方法得到，即由 $\mathrm{d}A(\Omega)/\mathrm{d}\Omega=0$，得到 $A(\Omega)$具有极值时，

$$\Omega=\Omega_0=\sqrt{\omega_0^2-2\beta^2} \tag{14-21}$$

当周期性策动力的圆频率 Ω 为 $\Omega_0=\sqrt{\omega_0^2-2\beta^2}$ 时，系统就会发生**共振**，相应的共振振幅

$$A_0=\frac{F_0}{2m\beta\sqrt{\omega_0^2-\beta^2}} \tag{14-22}$$

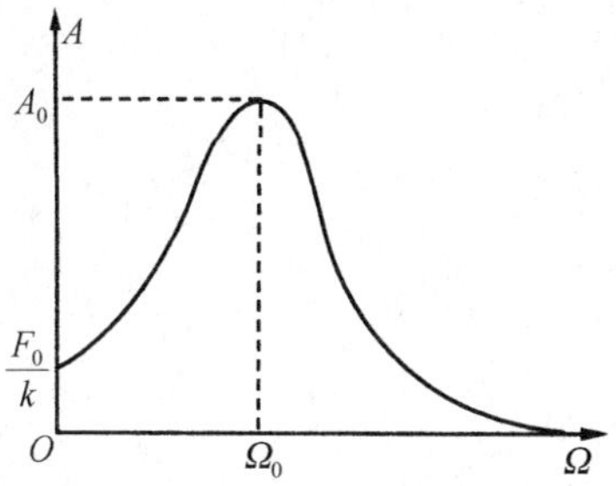

图 14－11　A(Ω)图线

可见，阻尼因子 β 越小，振幅 A_0 就越大，即共振振幅峰值就越高，越尖锐。当阻尼很小时，即 $\beta^2\ll\omega_0^2$ 时，$A_0=\frac{F_0}{2m\beta\sqrt{\omega_0^2-\beta^2}}\approx\frac{F_0}{h\omega_0}$。

共振现象有许多可利用的方面，例如收音机中利用"调谐"改变接收回路的本征频率，以便与电台广播频率一致，达到共振的效果，从而就能接收到该电台相应频率的广播节目，称为电共振。典型的电路为 $\varepsilon(t)$、R、L、C 串联电路的电压方程，其形式与式(14－17)完全一致。

共振又会在许多场合带来危害，则需要避免，例如维修工人爬"云梯"时，要注意应用不规则的步子上爬；建造桥梁时要使其共振频率远离于车辆运行时给予的强迫力的频率等。

例 14－8　火车车厢置于弹簧垫上可上下振动。已知车厢连同负载的总质量 $m=25\times10^3$ kg，弹簧垫的劲度系数 $k=1\times10^7\ \mathrm{N\cdot m^{-1}}$，铁轨长为 20 m。火车行驶中每经过一次铁轨接头处就要受到一次撞击，这种周期性的撞击将使车厢做强迫振动。试求车厢振动的本征圆频率及火车以多大速度行驶将会发生共振？

解：由式(14－21)可得，在忽略阻尼时，当外界周期性策动力的频率 $\Omega=\omega_0$ 时车厢发生共振，车厢振动的本征圆频率 $\omega_0=\sqrt{\frac{k}{m}}$，代入有关数据 $k=1\times10^7\ \mathrm{N\cdot m^{-1}}$，$m=25\times10^3$ kg，可得 $\omega_0=20$ rad/s，所以本征频率 $f_0=\frac{\omega_0}{2\pi}=3.18$ Hz。

铁轨接头撞击的频率

$$f=\frac{1}{T}=\frac{v}{L}$$

因此，估计车厢发生共振的条件为

$$\frac{v}{L}=\frac{\omega_0}{2\pi}$$

解出速度

$$v=\frac{\omega_0L}{2\pi}=\frac{20\times20}{2\pi}\mathrm{m\cdot s^{-1}}=\frac{200}{\pi}\mathrm{m\cdot s^{-1}}\approx230\ \mathrm{km\cdot h^{-1}}$$

可见当火车以 230 $\mathrm{km\cdot h^{-1}}$ 速度行驶时会发生共振造成灾难，驾驶员应使火车远离这一速度运行！

14.4　谐振动的合成

这里讨论一质点同时参与两个谐振动的合成振动问题。由于一般性讨论这个问题比较复杂，所以只限于讨论三种最简单，也是最基本的情形。

1. 方向相同、频率相同的两个谐振动的合成

假设一质点同时参与 x 方向的两个谐振动,且频率相同,它们分别是

$$x_1=A_1\cos(\omega t+\varphi_{10})$$

$$x_2=A_2\cos(\omega t+\varphi_{20})$$

这样的两个谐振动的合成结果用代数法很难求解。试探采用旋转矢量法,如图 14-12 所示,先假设在起始时刻,即 $t=0$ 时,两个分振动都赋予相应的振幅矢量,以后的任意时刻 t,两矢量 $\boldsymbol{A}_1$、$\boldsymbol{A}_2$ 都以 ω 的角速度逆时针旋转,它们的相对位置不变,意味着它们的合矢量 $\boldsymbol{A}$ 也以 ω 的角速度逆时针旋转,那么旋转矢量 $\boldsymbol{A}$ 在 x 轴上的投影能否代表两个谐振动的和呢?

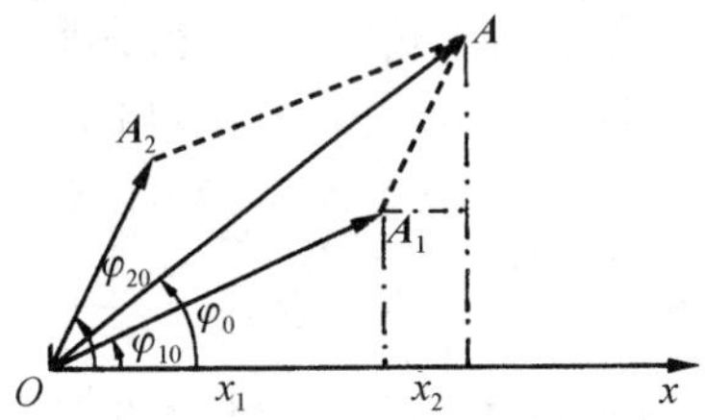

图 14-12　2 个同方向、同频率的谐振动的合成

旋转矢量 $\boldsymbol{A}_1$ 表示振动

$$x_1=A_1\cos(\omega t+\varphi_{10})$$

旋转矢量 $\boldsymbol{A}_2$ 表示振动

$$x_2=A_2\cos(\omega t+\varphi_{20})$$

由图 14-12 可知,$\boldsymbol{A}_1$,$\boldsymbol{A}_2$ 合成矢量 $\boldsymbol{A}$,在 x 轴上的投影为

$$\begin{aligned}x&=x_1+x_2\\&=A_1\cos(\omega t+\varphi_{10})+A_2\cos(\omega t+\varphi_{20})\end{aligned}$$

说明合成矢量 $\boldsymbol{A}$ 确实可以代表两振动合成后的振动的旋转矢量。

利用 $t=0$ 时的瞬间静止状态可以求出合成振动的振幅为

$$\boxed{|\boldsymbol{A}|=A=[A_1^2+A_2^2+2A_1A_2\cos(\varphi_{20}-\varphi_{10})]^{\frac{1}{2}}} \tag{14-23}$$

初相位为

$$\varphi_0=\arctan\left(\frac{A_1\sin\varphi_{10}+A_2\sin\varphi_{20}}{A_1\cos\varphi_{10}+A_2\cos\varphi_{20}}\right) \tag{14-24}$$

由于合成振动的振幅矢量与 2 个分振动的振幅矢量绕坐标原点 O 逆时针转动的角速度(即圆频率 ω)是相同的,因此在 t 时刻它们转过相同的角位移量 ωt。于是在 t 时刻,合成振动的表达式为

$$x=A\cos(\omega t+\varphi_0) \tag{14-25}$$

例 14-9　已知同方向同频率的两个谐振动分别是 $x_1=A_1\cos\left(\omega t+\frac{\pi}{4}\right)$,$x_2=A_2\cos\left(\omega t-\frac{3\pi}{4}\right)$。求这两个谐振动的合成振动。

解:由于这两个分振动的频率相等,圆频率 $\omega=2\pi f$ 也相等,相位差便是 $-\pi$,所以两分振动的相位始终相反,可见合成振动为

$$x=x_1+x_2=\begin{cases}(A_1-A_2)\cos\left(\omega t+\frac{\pi}{4}\right) & (A_1>A_2)\\(A_2-A_1)\cos\left(\omega t-\frac{3\pi}{4}\right) & (A_1<A_2)\end{cases}$$

例 14-10　同方向同频率的两个谐振动分别为 $x_1=10\cos\left(8t+\frac{\pi}{2}\right)$ cm，$x_2=5\cos\left(8t+\frac{\pi}{4}\right)$ cm。试求其合成振动的振幅、初相位。

解：合成振动的振幅为：　$A=\left(A_1^2+A_2^2+2A_1A_2\cos\frac{\pi}{4}\right)^{\frac{1}{2}}\approx 14$ cm

初相位：
$$\varphi_0=\arctan\frac{A_1\sin\frac{\pi}{2}+A_2\sin\frac{\pi}{4}}{A_1\cos\frac{\pi}{2}+A_2\cos\frac{\pi}{4}}$$
$$=\arctan\frac{4+\sqrt{2}}{\sqrt{2}}=75°22'$$

* 对于 3 个或 3 个以上的同频率同方向振动的叠加，在两个振动合成的基础上用矢量合成的多边形法则进行计算。为了以后讨论光栅问题的需要，这里介绍 N 个振动方向相同、频率相同、振幅都为 A_0 的谐振动的合成。为了简单化，设相邻两振动的相位差为 δ，由多边形法则可以画成如图 14-13 所示的 N 个矢量的合成图。

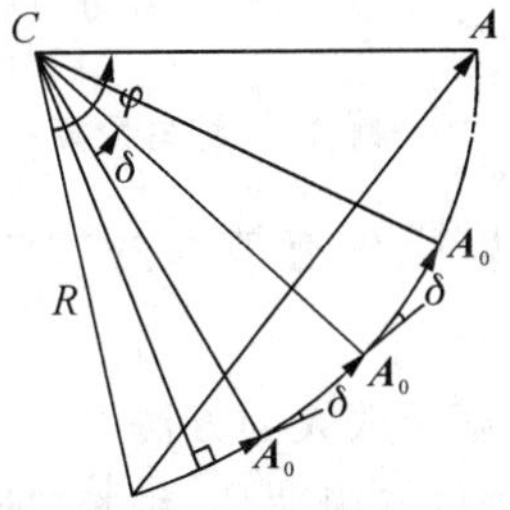

图 14-13　N 个矢量合成图

为了求 **A** 矢量的大小，借用多边形的外接圆，设此外接圆的圆心为 C，半径为 R，N 个矢量对应的圆心角为 φ，由几何关系可知 $\varphi=N\delta$，合矢量 **A** 的大小

$$A=2R\sin\frac{\varphi}{2}=2R\sin\frac{N\delta}{2} \tag{14-26}$$

而 $R=\dfrac{\frac{A_0}{2}}{\sin\frac{\delta}{2}}$将其代入上式可得：
$$A=A_0\frac{\sin\frac{N\delta}{2}}{\sin\frac{\delta}{2}} \tag{14-27}$$

由图 14-13 可见，当 $\delta=2k\pi(k=0,1,2\cdots)$时，**合矢量 A 有极大值**，此极大值　(14-28)

$$\boxed{A_m=NA_0} \tag{14-29}$$

也可以用代数法对式(14-27)求导得式(14-28)，当 $\delta=2k\pi$ 代入式(14-27)时，利用罗比塔法则得式(14-29)。

由式(14-27)可得，当$\frac{N\delta}{2}=k'\pi$ 时，**合振幅 A 极小值 $A_{min}=0$**，可见 $A=0$ 的条件是 $\delta=\frac{1}{N}2k'\pi(k'\neq nN)$，$k'$也是整数，但 k'不能等于 N 的整数倍，否则就与式(14-28)相同，而式(14-28)是振幅 A 极大值的条件。

2. 方向相同、频率不同的两振动的合成

设两振动的振幅都为 A，初相为 φ，振动频率分别为 ω_1，ω_2，且 ω_1 和 ω_2 比较接近，则它们的振动方程为

$$x_1=A\cos(\omega_1t+\varphi),\ x_2=A\cos(\omega_2t+\varphi)$$

用代数法求和
$$x=x_1+x_2=\left[2A\left(\cos\frac{\omega_1-\omega_2}{2}t\right)\right]\cos\left(\frac{\omega_1+\omega_2}{2}t+\varphi\right)$$
$$=A'\cos\left(\frac{\omega_1+\omega_2}{2}t+\varphi\right)$$

其中,振幅 $A'=2A\cos\frac{\omega_1-\omega_2}{2}t$。

说明合成后的振动仍是谐振动,其振动角频率为两分振动的角频率的平均值,振幅受时间 t 的调制,调制的角频率为 $\frac{1}{2}|\omega_1-\omega_2|$,其图形如图 14-14 所示。

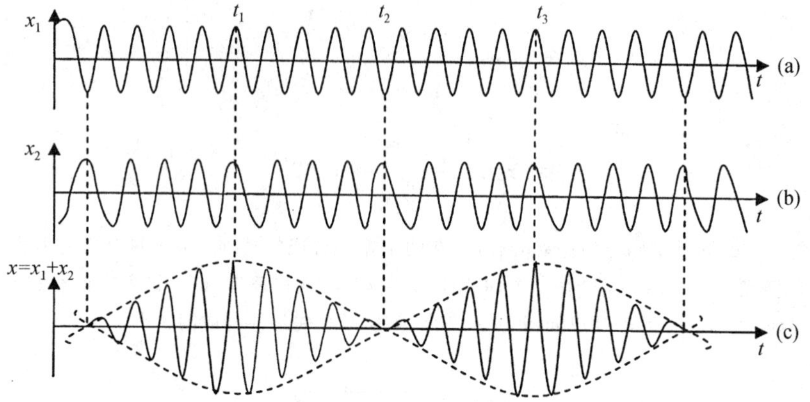

图 14-14　拍与拍频

利用双簧管的两簧片的频率差异可以听到有节奏的"啪",所以称其为"**拍频**"现象,拍频的频率 $f=|f_1-f_2|$。

拍频技术是无线电技术中常用来处理宽频放大的方法之一。在**雷达测速**中,电磁波的频率很高,多普勒效应中的频率变化较小,所以**常用发射波与反射波的"拍频"计算目标物体的运行速度**。如测卫星、飞机的运行速度;在超声波的"声呐"技术中,也常用拍频技术测潜水艇的速度等。

*3. 方向垂直频率相同的两个谐振动的合成

1) 先讨论质点同时参与 x,y 方向的频率相同的 2 个谐振动的合成问题。设这两个分振动的振动方程分别是 $x=A_1\cos(\omega t+\varphi_1)$,$y=A_2\cos(\omega t+\varphi_2)$。

设法在上两式中消去时间 t,可得到下列方程

$$\left(\frac{x}{A_1}\right)^2+\left(\frac{y}{A_2}\right)^2-2\left(\frac{x}{A_1}\right)\left(\frac{y}{A_2}\right)\cos(\varphi_1-\varphi_2)=\sin^2(\varphi_1-\varphi_2) \tag{14-32}$$

由解析几何可知,此方程的曲线为椭圆,所以**两频率相同、振动方向相互垂直的振动合成后的振子的轨迹为一椭圆。**

当 $\varphi_1-\varphi_2=\frac{\pi}{2}$ 时,方程为 $\left(\frac{x}{A_1}\right)^2+\left(\frac{y}{A_2}\right)^2=1$,它是标准椭圆方程。

当 $\varphi_1-\varphi_2=k\pi$ 时,方程为 $\frac{x}{A_1}\pm\frac{y}{A_2}=0$,它是一条直线。

一般情况下,两合成振动为一非标准的椭圆(在讨论椭圆偏振光时常运用这一理论)。由示波器显示,常常看到两振动方向相互垂直的信号的叠加形成的各种图形。

2) 为讨论简单起见,可令 $\varphi_1=0$,于是两分振动的初相差便是 φ_2。如图 14-15 所示,当采用旋转矢量法求其合成振动的轨迹线时,先是在 xy 平面上选定参考点 O_1 和 O_2,让 $\boldsymbol{A}_1$ 绕 O_1 点做逆时针转动,让 $\boldsymbol{A}_2$ 绕 O_2 点做逆时针转动,它们的转动角速度都是 ω。在同一时刻,取矢量 $\boldsymbol{A}_1$ 端点在 x 轴上的投影,同时取矢量 $\boldsymbol{A}_2$ 端点在 y 轴上的投影,两投影线的交点便是该时刻合成振动的振子的位置,随时间的推移便可得到合成振动的轨迹线。又例如图 14-16 所示情形:轨迹线的形状可能是直线或不同走向的椭圆,这些都取决于初相位的值。例如,$\varphi_2=\frac{\pi}{4}$,其轨迹为椭圆,顺时针走向。

当 $\varphi_2=0$ 或 π 时,轨迹为直线;

当 $0<\varphi_2<\pi$ 时,轨道为椭圆,顺时针走向;

当 $\pi<\varphi_2<2\pi$ 时,轨道为椭圆,逆时针走向。

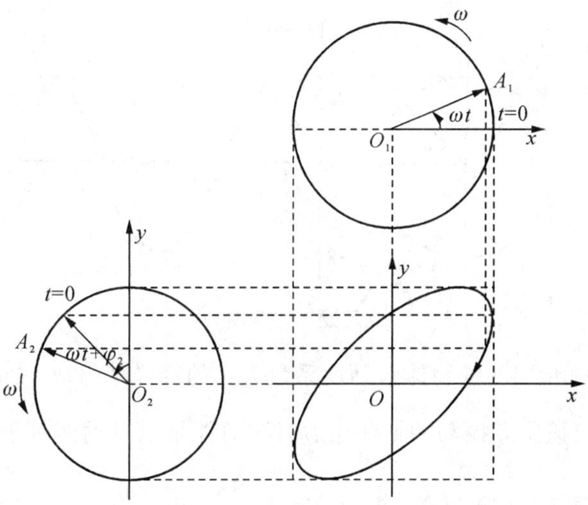

图 14-15　当 $\varphi_2=\frac{\pi}{4}$ 时，合成振动轨迹线

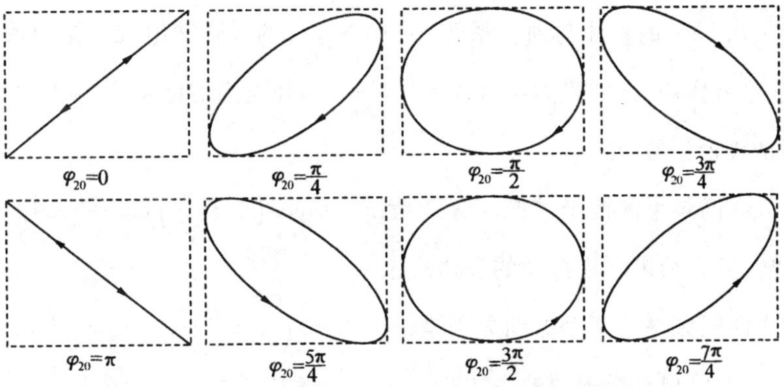

图 14-16　合成振动轨迹线

本章习题

14-1　一弹簧振子，由质量为 m 的物体与劲度系数为 k 的轻弹簧组成，弹簧一端固定，另一端连接物体，整个系统被放置在光滑水平直线轨道上，起始时手扶物体使弹簧由自然长 L_0 拉伸到 x_0 位置，然后放手，物体运动起来。试给出该物体的运动规律。

14-2　如图所示，质量为 $m_1=0.01$ kg 的子弹以 500 m/s 的速度射入并嵌在质量为 4.99 kg 的木块中，同时压缩弹簧做简谐运动，已知弹簧的劲度系数为 8×10^5 N/m，若以弹簧原长时所在位置为坐标系原点，向右为 x 轴正方向，忽略木块与桌面之间的摩擦和空气阻力，求简谐运动方程。

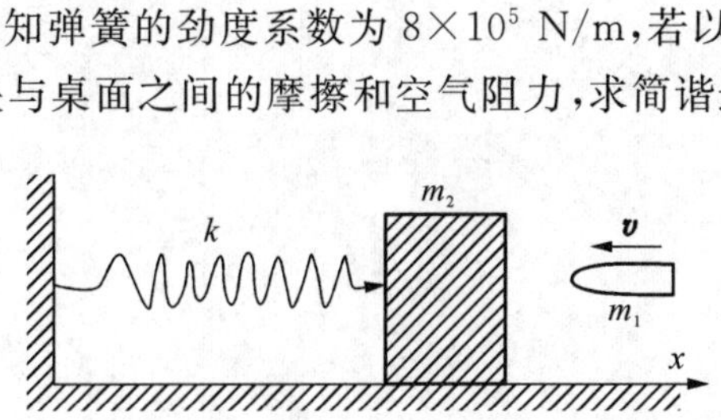

习题 14-2 图

14-3　一质点做简谐振动，其相应的参考圆以及用正弦函数描述的振动图线如图所示。试确定该质点振动的初相、周期以及用正弦函数表示的振动规律。

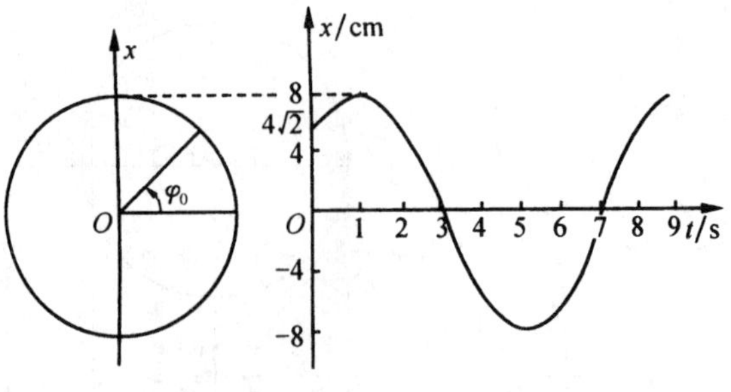

习题 14－3 图

14－4　已知质量为 $m=0.1$ kg 的物体与劲度系数为 k 的轻弹簧组成一维谐振动系统，其振动规律为 $x=3\cos\left(4\pi t-\frac{\pi}{2}\right)$m，试确定该质点振动的初相位、周期、总能量以及动能等于势能的位置点。

14－5　已知受迫振动的振幅为 $A(\Omega)=\dfrac{F_0/m}{\sqrt{(\omega_0^2-\Omega^2)^2+4\beta^2\Omega^2}}$，试求证其共振圆频率为 $\Omega_0=\sqrt{\omega_0^2-2\beta^2}$。

14－6　一质量为 0.1 kg 的物体与劲度系数 $k=10$ N/cm 的轻弹簧组成一振动系统，该振动系统还受到阻尼力和周期性强迫力作用，已知阻力系数 $h=2\left(\frac{N\cdot s}{m}\right)$，强迫力的幅度 $F_0=10$ N，试求该系统的共振圆频率 Ω_0 和共振时的极值振幅 A_0。

14－7　已知同方向同频率的两个谐振动分别是：$x_1=9\cos\left(6t+\frac{\pi}{2}\right)$，$x_2=7\cos\left(6t-\frac{\pi}{2}\right)$。试求合成振动的振幅 A 及初相位 φ_0，并给出合成振动的表达式。

14－8　已知同方向同频率的两个振动分别是：$x_1=4\cos\left(8t+\frac{\pi}{4}\right)$，$x_2=3\cos\left(8t-\frac{\pi}{4}\right)$，试求合成振动的振幅 A 及初相位 φ_0，并给出合成振动的表达式。

14－9　一质点同时参与 x 方向两个同频率的谐振动，$x_1=10\cos\left(\omega t+\frac{3\pi}{8}\right)$，$x_2=5\cos\left(\omega t-\frac{\pi}{8}\right)$。试求合成振动的振幅和初相位。

14－10　两个互相垂直的同频率谐振动分别为 $x=6\cos(\omega t)$，$y=4\cos\left(\omega t+\frac{\pi}{6}\right)$。试求合成振动的轨迹。

第十五章 机械波 电磁波

振动状态在介质中的传播形成了波，称之为波动。波动是自然界普遍存在的另一种运动形式。最常见的一类波是机械波，它是机械振动在介质中的传播，如声波、水波等；而另一类重要的波是电磁波，它是由变化的电场和变化的磁场在空间的传播。这一章重点介绍机械波，机械波是研究其他各种波动问题的基础，最后再简要说明电磁波的形成及其主要特性。

15.1 一维简谐波

形成**机械波要有两个条件：一是波源**，它是激发波动的振动源；**二是存在弹性介质**。这两个条件缺一不可。机械振动离开弹性介质就无法传播，无法形成机械波；而只有介质，没有波源也无法形成机械波。

下面首先研究一维机械波的形成、传播及其主要特性。

1. 机械波的形成

取一根较长、均匀、柔软的细绳，一端固定，另一端用手拿着，水平放置，轻轻拉直，然后用手握住绳端上下抖动一次，就会出现一个“峰”和一个“谷”，并沿绳向固定端移动。如图 15-1 所示，当绳端不断做谐振动时，绳上就会有一个一个波形向绳的固定端传去，这便是绳上的一维波动。若绳端做谐振动，这时的绳波就称为一维谐波。绳端就是波源，绳子便是传播波的介质。

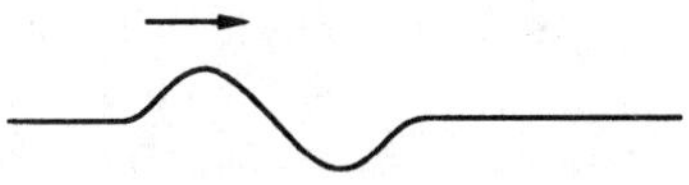

图 15-1 绳上波

绳波的运动本质是什么呢？可以在绳子上取一个线元，由于线元很小，又有质量，所以称为“质元”，类似于“质点”。把绳子看作是由一连串相互联系着的质元组成，当绳子被轻轻拉直时，这些质元也就互相拉紧，这相互拉紧的力便是绳子中的张力。当绳端的质点离开平衡位置向上(或向下)运动时，便对邻近的质元作用一拉力，使其跟随它一起运动，与此同时，邻近质元也从后面拉它，要它回到原先的平衡位置，这便是阻力。**把靠近波源的点称为波的上游，相对远离波源的点称为波的下游，下游的质元总是跟随上游的质元运动，下游质元的运动步调比上游的质元要滞后一些**。于是一个个质元依次被带动相继离开各自的平衡位置，照此下去，一个个质元的振动，一次次带动自己邻近的质元振动起来，振动也就由近及远地传播出去，这便形成了绳上的波。只要手持绳端持续振动，绳上的波也就持续不断地沿绳传播，如图 15-2 所示，显示绳上波的形成过程。

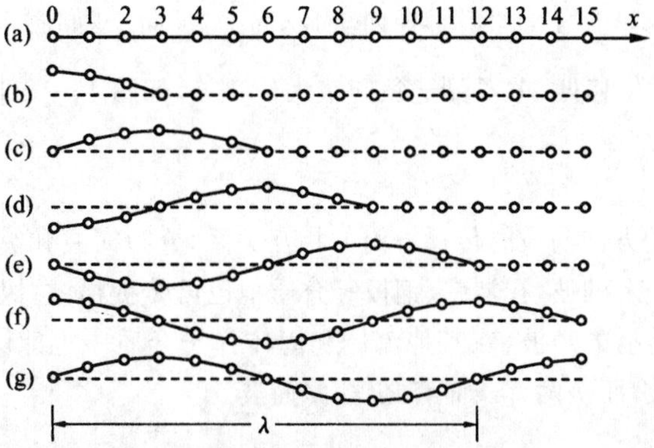

图 15-2 绳上波的形成

振动在绳上传播时，下游各点的振动相位依次滞后，因此振动从一质元传到另一质元需要时间，即振动的传播有一定的速度，此速度便为相速，是指振动的相位移动的速度。这一速度又被称为波速。绳上波的速度为

$$u=\sqrt{\frac{T}{\rho}} \tag{15-1}$$

式中，T 为绳中的张力；ρ 为绳子的单位长度的质量，又称质量线密度。

波速与张力、线密度有关，这是容易理解的。张力越大，对邻近质点的带动力越大，所以振动传播得快；而绳子越轻，各个质点的惯性就越小，也就容易被带动，因此振动传播也就越快。要注意**波速并不是介质中质元的振动速度**。

在描述波的过程中常常出现一些有关波的物理学名词，掌握这些名词的物理含义有利于我们对波动的理解。

波面：介质中相位相同的点构成的面，根据波面的形状可分为平面波、球面波等。

波前：波源最初的运动状态在介质中的波面。

波线：波在介质中传播的方向常用一些带箭头的指向线表示，在各向同性的介质中波线与波面正交。

波的频率(f)：单位时间内穿过某一介质截面的波的个数。波的频率与波源的振动频率相同。

波的周期(T)：介质中传出一个完整的波所需的时间。波的周期与波源的振动周期相同，$T=\frac{1}{f}$。

波长(λ)：介质中两相邻的相位相同的质元之间的距离。

波速(u)：波的相位在介质中传播的速度，也称波的相速。

$$u=\lambda f=\frac{\lambda}{T} \tag{15-2}$$

例 15-1 设某一时刻横波波形曲线如图 15-3(a)所示，该波的传播方向由水平箭头表示。试给出该时刻图中 $A,B,\cdots$ 质点的运动方向以及经 $\frac{1}{4}T$ 时的波形曲线。

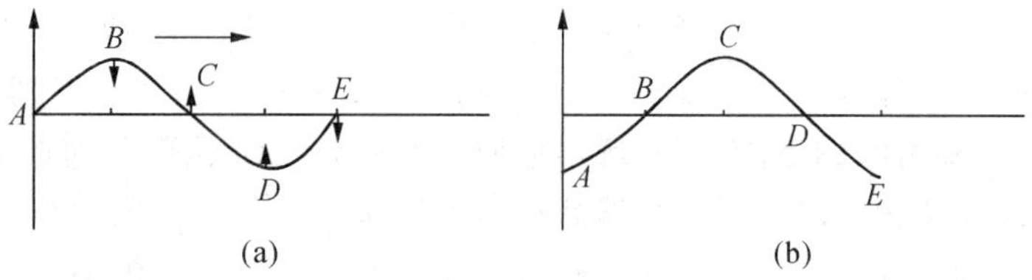

图 15-3 例 15-1 图

解：由图 15-3(a)所示，波向右传播，说明波源位于左边，靠近波源的点为上游，远离波源的点为下游，下游的点紧随上游的点运动，所以 A 向下，B 向下，C 向上，D 向上，E 向下，如图 15-3(a)所示。$\frac{T}{4}$后，B、D 达到平衡位置，C 点达到正的最大位移处，A、E 到达负向最大位移处，如图 15-3(b)所示。

2. 横波与纵波

在波动中，根据质元的振动方向与波的传播方向的相互关系，分为横波和纵波。**横波指质元的振动方向与波的传播方向相互垂直**，如绳上的波，在琴弦、钢板等介质中也可传播横波；**纵波指质点的振动方向与波的传播方向相互平行**，如空气中传播的声波，在其他流体和固体弹簧介质中也能够传播纵波；还有另一类波既非单纯的横波，也非单纯的纵波，而是两者兼而有之，如水面波。

3. 一维谐波的运动学方程

波源做谐振动，该振动在介质中传播，介质中各点也随之做谐振动，这样形成的波称为**简谐波**。

为了表示介质中的某一质元在波动过程中所处的状态，沿波的传播方向建立一 x 轴，其原点设在波源处，并假设原点的振动方程 $y=A\cos(\omega t+\varphi)$。

在介质中任选一点 P。设 P 点的坐标为 x，当波沿 x 轴传播时，P 点比 O 点落后波的个数为$\frac{x}{\lambda}$，落后一个波在相位上就相差 2π，故 P 点的质元振动相位比原点 O 点的振动相位落后

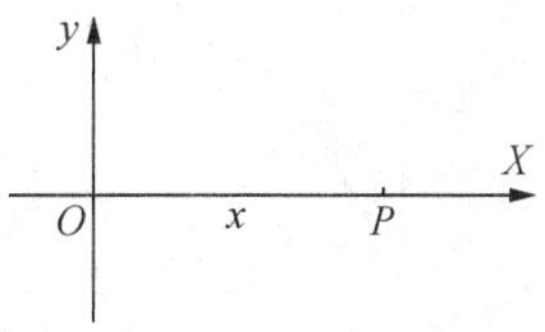

图 15-4　P 点与 O 点的质元振动相位比较

$$\Delta\varphi=\frac{2\pi}{\lambda}x \tag{15-3}$$

这样 P 点的质元的振动方程为：

$$\begin{aligned} y&=A\cos(\omega t+\varphi-\Delta\varphi)\\ &=A\cos\left(\omega t+\varphi-\frac{2\pi}{\lambda}x\right) \end{aligned} \tag{15-4}$$

式中，y 为 P 点质元离平衡位置的位移。

当 x 变化时，P 点就是介质中的任意点。式(15-4)就成介质中任意点的振动方程。由式(15-4)可知，只要知道介质中任意一点的坐标 x 和原点的振动方程，该点的质元的振动状态就唯一确定。这就是所求的波的运动学方程，简称波动方程。

利用 $\omega=\frac{2\pi}{T}$，将式(15-4)表示为：

$$\boxed{y=A\cos\left[2\pi\left(\frac{t}{T}-\frac{x}{\lambda}\right)+\varphi\right]} \tag{15-5}$$

利用 $\lambda f=u$ 还可以将式(15-4)表示为：

$$\boxed{y=A\cos\left[\omega\left(t-\frac{x}{u}\right)+\varphi\right]} \tag{15-6}$$

对波动方程式(15-4)式两边对时间 t 求导，得

$$v=-\omega A\sin\left(\omega t-\frac{2\pi x}{\lambda}+\varphi\right) \tag{15-7}$$

式中，v 表示 P 点质元在 t 时刻的**振动速度**，注意它**不是波速**。

当波沿 x 轴负向传播时，P 点的质元的振动相位比 O 点的振动超前 $\Delta\varphi$，相应的波动方程为

$$y=A\cos\left[2\pi\left(\frac{t}{T}+\frac{x}{\lambda}\right)+\varphi\right] \tag{15-8}$$

或

$$y=A\cos\left[\omega\left(t+\frac{x}{u}\right)+\varphi\right] \tag{15-9}$$

在以上诸多形式的波动方程中，**x 一定是介质中某质点所在处的坐标**。这一点读者可反复领会。

在波动方程中**选定某一时间 t(即 t 为定值)**。此时**波动方程变为 t 时刻的波形图**；若**选定某一点 x(即 x 为定值)**，这时的**波动方程退化为介质中 x 处质元的振动方程**。

例 15-2　如图 15-5 所示，一维简谐波沿直线向左传播，其传播速度 $u=40$ m/s，已知介质中 A 点的振动方程 $y=0.1\cos4\pi t$ m。求：

(1) 以 A 为原点写出波动方程；

(2) B 点在 A 点的左边，离 A 点的距离为 10 m，试以 B 点为原点建立波动方程。

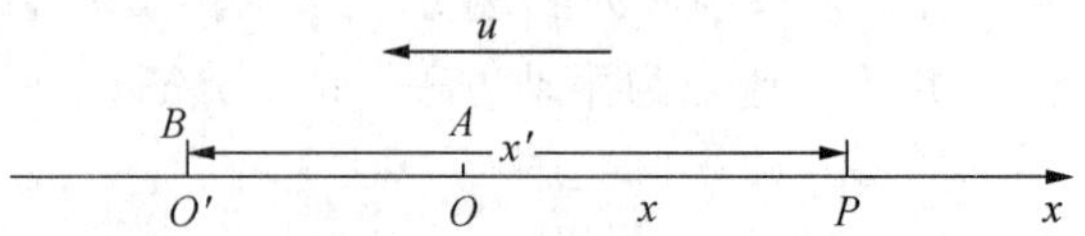

图 15－5　一维简谐波各点状态

解：如图 15－5 所示，以 A 为原点建立向右的 x 轴，在 x 轴上任取一点 P，则 P 点的振动的相位比 A 点超前 $\Delta\varphi=2\pi\dfrac{x}{\lambda}$，若 P 点的振动位移为 y，则

$$y=0.1\cos\left(4\pi t+2\pi\frac{x}{\lambda}\right)\ \text{m}$$

因 $\lambda=\dfrac{u}{f}=2\pi\dfrac{u}{\omega}=20$ m，则波动方程又可以表示为：

$$\begin{aligned}y&=0.1\cos\left(4\pi t+\frac{\pi}{10}x\right)\ \text{m}\\&=0.1\cos4\pi\left(t+\frac{x}{40}\right)\ \text{m}\end{aligned}\tag{1}$$

因波沿 x 轴负向传播，也可以由式(15－9)直接写出波动方程。

(2) 利用式(1)写出 B 点的波动方程，将 $x=-10$ 代入式(1)可得

$$\begin{aligned}y_0&=0.1\cos4\pi\left(t-\frac{1}{4}\right)\\&=0.1\cos(4\pi t-\pi)\end{aligned}$$

再由式(15－9)写出以 B 为原点的 x'轴上的方程

$$y=0.1\cos\left[4\pi\left(t+\frac{x'}{40}\right)-\pi\right]\tag{2}$$

* 另：也可利用 $x=x'-10$ 代入式(1)直接得到

$$\begin{aligned}y&=0.1\cos4\pi\left(t+\frac{x'-10}{40}\right)\\&=0.1\cos\left[4\pi\left(t+\frac{x'}{40}\right)-\pi\right]\end{aligned}\tag{3}$$

例 15－3　一维简谐波的频率为 $f=500$ Hz，波速 $u=350$ m/s 的波在介质中传播，试求：

(1) 相位差为$\dfrac{\pi}{3}$的两点之间的距离；

(2) 在某点时间间隔 $\Delta t=10^{-3}$ s 的两个位移的相位差。

解：(1)

$$\lambda=\frac{u}{f}=\frac{350}{500}=0.7\ \text{m}$$

设相位差为$\dfrac{\pi}{3}$的两点之间的距离为 Δx，因 $\Delta\varphi=2\pi\dfrac{\Delta x}{\lambda}$，则

$$\Delta x=\frac{1}{2\pi}\lambda\Delta\varphi=\frac{\lambda}{6}\ \text{m}=0.12\ \text{m}$$

(2) 由 $T=\dfrac{1}{f}=\dfrac{1}{500}$，可得某点时间间隔 $\Delta t=10^{-3}$ s 的两位移的相位差：

$$\Delta\varphi=2\pi\frac{\Delta t}{T}=\frac{2\pi\times10^{-3}}{\dfrac{1}{500}}=\pi$$

例 15-4　如图 15-6 所示，已知一维简谐波在 $t=0$ 时刻的波形图和介质中 P 点的质元的振动曲线。求此简谐波的波动方程。

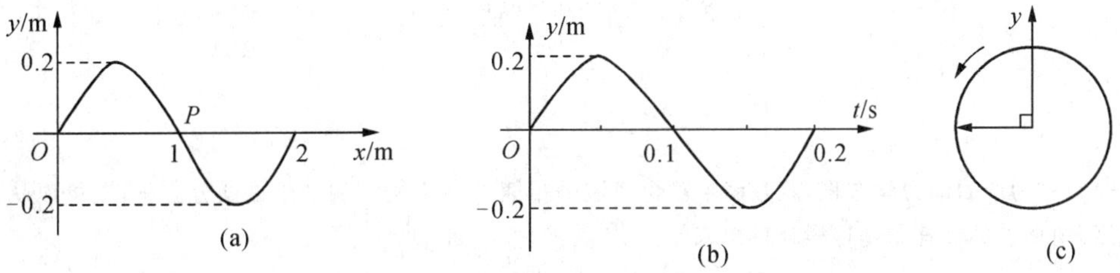

图 15-6　例 15-4 图

解：由波形图 15-6(a)可知，$\lambda=2$ m，$A=0.2$ m。而由质元 P 的振动曲线图 15-6(b)可知，$T=0.2$ s。

起始时 P 点向正向，跟着左边的质元运动，可以判断波的传播方向沿 x 正向，选择式(15-5)可得：

$$y=A\cos\left[2\pi\left(\frac{t}{T}-\frac{x}{\lambda}\right)+\varphi\right] \tag{1}$$

式中，φ 为原点 O 的振动的初相。

由波形图 15-6(a)可知，$t=0$ 时，O 点质元位于平衡位置向负向运动，所以可得旋转矢量图 15-6(c)。由旋转矢量图可知

$$\varphi=+\frac{\pi}{2}$$

将 $\varphi=+\frac{\pi}{2}$ 代入式(1)可得波动方程为：

$$y=0.2\cos\left[2\pi\left(\frac{10t}{2}-\frac{x}{2}\right)+\frac{\pi}{2}\right]\ \text{m} \tag{2}$$

若用式(15-6)表示该波动方程，则

$$y=0.2\cos\left[10\pi\left(t-\frac{x}{10}\right)+\frac{\pi}{2}\right]\ \text{m} \tag{3}$$

由式(3)可知，波的传播速度为 $u=10$ m/s，而由式(2)中可得，$u=\frac{\lambda}{T}=\frac{2}{0.2}$ m/s$=10$ m/s，两者一致。

例 15-5　已知一维谐波的波源在原点处，波速 $u=40$ m/s，沿 x 正向传播，在离原点10 m 处有一 P 点，其振动方程 $y=A\cos\left(4\pi t-\frac{\pi}{2}\right)$，求此波动方程。

解：由式(15-6)可得：　$y=A\cos\left[\omega\left(t-\frac{x}{u}\right)+\varphi\right]$

当 $x=10$ m，$u=40$ m/s 时，波动方程为

$$y=A\cos\left[\omega\left(t-\frac{1}{4}\right)+\varphi\right]$$

对照 P 点的振动方程可知，$\omega=4\pi$，所以 $\varphi-\pi=-\frac{\pi}{2}$，即得 $\varphi=\frac{\pi}{2}$。

此波动方程为　$y=A\cos\left[4\pi\left(t-\frac{x}{40}\right)+\frac{\pi}{2}\right]$

***4. 一维简谐波的动力学方程**

设波的运动学方程为 $y=A\cos\omega\left(t-\frac{x}{v}\right)$，对 t,x 分别求二阶导数，得：

$$\frac{\partial^2 y}{\partial t^2}=-\omega^2 A\cos\omega\left(t-\frac{x}{u}\right)$$

$$\frac{\partial^2 y}{\partial x^2}=-\frac{\omega^2}{u^2}A\cos\omega\left(t-\frac{x}{u}\right)$$

可得

$$\boxed{\frac{\partial^2 y}{\partial x^2}=\frac{1}{u^2}\frac{\partial^2 y}{\partial t^2}} \tag{15-10}$$

将式(15-10)称为**波的动力学方程**，**此方程中隐含了波的相速** $\boldsymbol{u}$，若有类似的二阶偏微分方程，则可以从方程中判断出该波的传播速度，电磁波的波速就是这样计算出来的。

15.2 波的能量

1. 介质的平均能量密度

波是振动在介质中的传播，传播时介质中的各点便相继振动起来，从能量的角度来看，随着波的传播，能量在介质中不断地向外传递。

为便于讨论，假设波在一直线中传播，直线的**线密度为** $\boldsymbol{\lambda}$。

1) 质元的动能

设波动方程 $y=A\cos\left[\omega\left(t-\frac{x}{u}\right)+\varphi\right]$，在 $x\to x+\mathrm{d}x$ 范围内介质元的质量 $\mathrm{d}m=\lambda\mathrm{d}x$，所以此介质元的动能：

$$\mathrm{d}E_k=\frac{1}{2}(\lambda\mathrm{d}x)\omega^2 A^2\sin^2\left[\omega\left(t-\frac{x}{u}\right)+\varphi\right] \tag{15-11}$$

*2) 质元的势能

波在传播的过程中，不仅在 y 方向有位移，线元还要发生弹性形变，设线元由原长 $\mathrm{d}x$ 变成了 $\mathrm{d}l$，其伸长量为$(\mathrm{d}l-\mathrm{d}x)$，线中**张力** $\boldsymbol{T}$($\mathrm{d}x$ 很小，$T_1=T_2=T$)所做的功就等于线元所具有的势能

$$\mathrm{d}E_p=T(\mathrm{d}l-\mathrm{d}x) \tag{15-12}$$

由于

$$(\mathrm{d}l)^2=(\mathrm{d}x)^2+(\mathrm{d}y)^2$$

或

$$\mathrm{d}l=\left[1+\left(\frac{\mathrm{d}y}{\mathrm{d}x}\right)^2\right]^{\frac{1}{2}}\mathrm{d}x \tag{15-13}$$

式中，$\frac{\mathrm{d}y}{\mathrm{d}x}$为直线振动时 x 处的线元在 Oxy 坐标系中的斜率如图 15-7 所示。

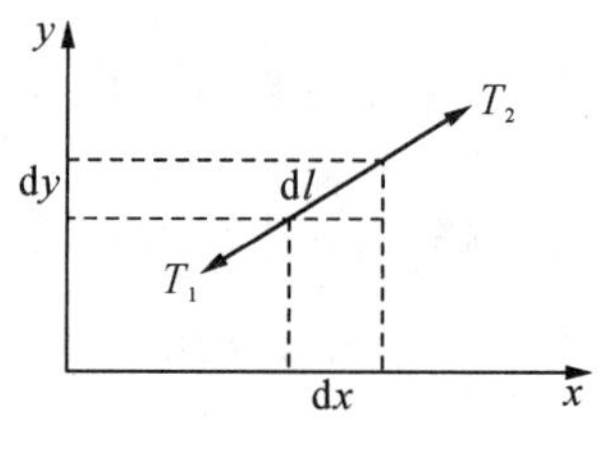

图 15-7　质元的势能

由实验可知，一般情况下$\frac{\mathrm{d}y}{\mathrm{d}x}\ll 1$，利用二项定理，取一级近似可得：

$$\mathrm{d}l=\left[1+\frac{1}{2}\left(\frac{\mathrm{d}y}{\mathrm{d}x}\right)^2\right]\mathrm{d}x \tag{15-14}$$

将上式代入式(15-12)，可得：

$$\mathrm{d}E_p=\frac{1}{2}T\left(\frac{\mathrm{d}y}{\mathrm{d}x}\right)^2\mathrm{d}x=\frac{1}{2}T\frac{\omega^2A^2}{u^2}\sin^2\left[\omega\left(t-\frac{x}{u}\right)+\varphi\right]\mathrm{d}x \tag{15-15}$$

由式(15-1)可得，

$$T=\lambda u^2$$

故

$$\mathrm{d}E_p=\frac{1}{2}\lambda\omega^2A^2\mathrm{d}x\sin^2\left[\omega\left(t-\frac{x}{u}\right)+\varphi\right] \tag{15-16}$$

比较式(15-11)和式(15-16)，可得 $\mathrm{d}E_k=\mathrm{d}E_p$，说明**介质中的质元的动能与质元处介质形变引起的势能随时间同步变化。**

3）$\mathrm{d}x$ 质元的总能量

$$\mathrm{d}E=\mathrm{d}E_{\mathrm{k}}+\mathrm{d}E_{\mathrm{p}}=\lambda\mathrm{d}x\omega^2A^2\sin^2\left[\omega\left(t-\frac{x}{u}\right)+\varphi\right] \tag{15-17}$$

式中，λ 为直线的质量密度，即单位长度直线的质量。

当直线较粗，且具有 Δs 的截面积，单位长度的体积就等于 Δs。当密度为 ρ 时，则单位长度的质量为：$\lambda=\rho\Delta s$

将上式代入式(15－17)可得：

$$\mathrm{d}E=\rho\Delta s\mathrm{d}x\omega^2A^2\sin^2\left[\omega\left(t-\frac{x}{v}\right)+\varphi\right] \tag{15-18}$$

令 $\mathrm{d}\Omega=\Delta s\mathrm{d}x$ 为介质元的体积，将式(15－18)两边同除以 $\mathrm{d}\Omega$，可得介质的**能量密度**

$$w=\frac{\mathrm{d}E}{\mathrm{d}\Omega}=\rho\omega^2A^2\sin^2\left[\omega\left(t-\frac{x}{v}\right)+\varphi\right] \tag{15-19}$$

因正弦或余弦函数的平方在一个周期内的平均值等于$\frac{1}{2}$，这样可以用平均能量密度表示式(15－19)，均匀介质中简谐波的**平均能量密度**为

$$\boxed{\overline{w}=\frac{1}{2}\rho\omega^2A^2} \tag{15-20}$$

2. 能流与能流密度

波在传播过程中不断地向外传递能量，如果在波的传播方向上，$\mathrm{d}t$ 时间内流过横截面 s 的总能量应为

$$\begin{aligned}W&=\overline{w}\mathrm{d}\Omega\\&=\frac{1}{2}\rho\omega^2A^2u\mathrm{d}ts\end{aligned}$$

定义：能流——在单位时间内流过横截面 s 的能量为

$$P=\frac{1}{2}\rho\omega^2A^2us \tag{15-21}$$

在此基础上，定义一个重要的物理量**能流密度——单位时间内流过单位截面积的能量**

$$\boxed{I=\frac{P}{s}=\frac{1}{2}\rho\omega^2A^2u} \tag{15-22}$$

波的能流密度也称波的强度，无线电波的强度也称为坡印亭矢量。

15.3　声　　波

平时人和动物的耳朵能听到的各种声音统称为声波。声波是机械波中一类重要的波，它涉及信息的传递和人类的通讯。声波是纵波，动物是靠听觉器官来感受的，根据波的频率可以将声波分为**次声波**、**可闻声波**和**超声波**。由统计得到，**人的可闻声的频率范围在 20～20 000 Hz，低于 20 Hz 的声波称为次声波，高于 20 000 Hz 的波称为超声波**。

1）可闻声波

将 20～20 000 Hz 的频率范围分成 10 个倍频程，如 $20\overset{1}{—}40\overset{2}{—}80\overset{3}{—}160\overset{4}{—}320\overset{5}{—}640\overset{6}{—}1\,280\overset{7}{—}2\,560\overset{8}{—}5\,120\overset{9}{—}10\,240\overset{10}{—}20\,480$。将 f～$2f$ 之间的频率间隔称为一个倍频程，在音乐上也称为一个“八度音”。

把一个八度音按 $2^{\frac{1}{12}}$ 的频率比分为 12 份，每一份称为一个“半音”，每一个半音又可以分为 100 音分。

由单一频率产生的声音称为“单音”，从人耳的听觉感受来讲，单音是不好听的。人们欣赏的“乐音”由一个固定的“基音”频率 f 和与 f 成整数倍的频率 $2f$、$3f$、$4f$…的一系列“泛音”构成的。乐音是基音与泛谐音组合。**基音决定“音高”，泛音决定“音色”**。不同的乐器有不同的音色，它是由泛音的个数和强度构成的。一个乐音中泛音的个数越多，越富于变化，则人们就会感到乐音的“韵味好”。世界公认的最美的音色是基音至 16 泛音的强度连成一直线的乐音。

2) 声强与声强级

声波的强度称为声强，人耳能感受到的声强在$10^{-12}\sim 1\ \mathrm{w/m^2}$，相差$10^{12}$倍。为了便于分辨，常选频率为 $f=1\,000$ Hz。将人耳刚能听到的声强 $I_0=10^{-12}\,\mathrm{w/m^2}$ 作为**标准声强**，然后定义声强为 I 的**声强级**

$$\boxed{L=10\lg\frac{I}{I_0}\ (\mathrm{dB})} \tag{15-23}$$

式中，dB 表示“分贝”。例如，闹市区的噪音检测仪常用分贝表示。

例 15-6 距一点声源 10 m 处的声强级为 20 dB，不计空气的吸收。求：

(1) 距声源 5 m 处的声强级；

(2) 距声源多远，声音就听不见了？

解：(1) 在一个广阔的空间，点声源发出的是一个球面波。设声速为 u，在 $r_1=10$ m 处的振幅为 A_1，声强为 I_1；在 $r_2=5$ m 处的振幅为 A_2，声强为 I_2。在没有吸收的空气中，两球面上能流相等。

$$4\pi r_1^2 I_1=4\pi r_2^2 I_2$$

故

$$\frac{I_2}{I_1}=\frac{r_1^2}{r_2^2} \tag{1}$$

则

$$I_2=\left(\frac{r_1^2}{r_2^2}\right)I_1=4I_1$$

将 $L=20$ 代入式(15-23)可得

$$I_1=10^{\left(\frac{L}{10}\right)}I_0=100I_0$$

所以

$$I_2=400I_0$$

距声源 5 m 处的声强级

$$L=10\lg\frac{I_2}{I_0}=10\lg 400=10(\lg 4+\lg 100)=26\ (\mathrm{dB})$$

(2) 设在 r_x 处的声强小于等于 I_0，取等于号。

由式(1)可得

$$\frac{I_0}{I_1}=\frac{r_1^2}{r_x^2}$$

则

$$r_x=\sqrt{\frac{I_1}{I_0}}r_1=10r_1=100\ \mathrm{m}$$

根据计算可知，在距声源 100 m 处，此声音就听不到了。

例 15-7 设空气的密度为 $1.29\ \mathrm{kg\cdot m^{-3}}$，声速 $u=344$ m/s。有一扬声器膜片 $r=0.1$ m，使其产生 1 000 Hz功率为 40 W 的声辐射，则膜片的振幅为多大？

解：40 W 的声辐射是由 $r=0.1$ m 的扬声器膜片发出，则其声强为

$$I=\frac{N}{\pi r^2}=\frac{40}{3.14\times 0.1^2}$$

由式(15－22)可得

$$I=\frac{1}{2}\rho\omega^2A^2u$$

则
$$A^2=\frac{2I}{\rho\omega^2u}=\frac{80}{3.14\times0.1^2\times1.29\times4\pi^2\times10^6\times344}=0.1455\times10^{-6}$$

故
$$A=0.38\ \text{mm}$$

3) 超声波

超声波的频率在 20 000 Hz 以上，其特点是频率高、波长短、方向性好、声强大。用聚焦的方法可得10^5 W/cm^2 以上的声强，比炮声声强高10^9 倍，使介质质元的加速度达重力加速度的上百万倍，达$10^6 g$。

超声在介质中传播时，介质获得的加速度极大，对于纵波的介质，**具有极强的撕裂作用**，形成“空洞”。因撕裂以后产生的电荷，在下半个周期内随空洞迅速消失而引起放电，这一作用称为**超声波的“空化”作用**。由于这种空化作用可以使清洗物表面的附着物受到极强的撕离力，所以超声波常用于洗涤难洗的油渍。在半导体器件生产过程中，由于高纯度的要求，所以常用超声波清洗器件；超声波的空化作用还常用于化学工业中的催化反应；由于超声波的方向性好，在液体介质中能量损耗小，所以常用于潜艇的导航或水下探测，称之为“声呐”；利用超声波在不同界面上的反射波的时差，常用于铸件等工业产品的质量检验，查看工件是否有空洞式裂痕；在医学诊断中也常用这一原理进行超声检查；由于“空化”作用的存在，人们也常用聚焦后的超声波杀死癌细胞，可见**超声的空化作用对人体细胞的破坏作用是不可避免的**，所以，对孕妇的超声波检查应格外谨慎，以避免对胎儿的伤害。

4) 次声波

次声波的频率低、波长大，只有在巨大的障碍物面前才有反射波，且在传播过程中损耗小。地震波、海浪产生的声波都是次声波，有些地震波可绕地球好几圈。次声波的频率与人体器官的频率接近，所以应**尽量避免次声波对人体的伤害和影响**。

15.4　多普勒效应

人们站在铁路轨道旁，火车鸣着汽笛从身旁经过时，人们对从远处传来的汽笛声和从身边向远处传去的汽笛声感觉到明显不同，这一现象称为多普勒效应。它是由奥地利科学家多普勒于 1842 年发现的，下面我们分析其原理。

(1) 设**声源不动**时发出的声波频率为 f_s，声音在介质中传播的速度为 u，当观察者不动时，所接收到的频率 $f=f_s$。如果**接收者以 u_0 的速度向着声源运动**，单位时间内，接收者除了接收到 f_s 个波，还要多接收$\frac{u_0}{\lambda}$个波，所以接收者接收到波的个数(即波的频率)为

$$f=f_s+\frac{u_0}{\lambda}$$

而$\lambda=\frac{u}{f_s}$，故接收者接收到的频率为：

$$\boxed{f=\frac{u+u_0}{u}f_s} \tag{15-24}$$

当接收者以 u_0 的速度远离波源时，则少接收到$\frac{u_0}{\lambda}$个波。此时接收者接收到的频率为：

$$\boxed{f=\frac{u-u_0}{u}f_s} \tag{15-25}$$

(2) 设接收者不动，波源也不动。接收者接收到的波长 $\lambda=\frac{u}{f_s}$，若**接收者不动，波源以 u_s 的速度向着接收者运动时**，单位时间内 f_s 个波被压缩在 $u-u_s$ 的长度内，如图 15-8 所示，接收者接收到声波的波长 $\lambda'=\frac{u-u_s}{f_s}$，折算到接收者接收到的频率为

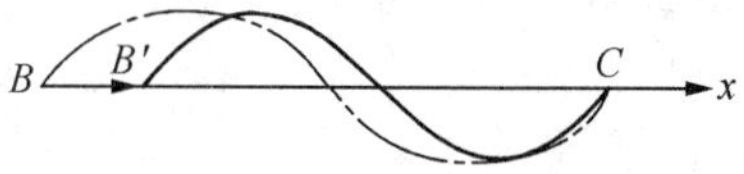

图 15-8　波源向着接收者运动

$$\boxed{f=\frac{u}{\lambda'}=\frac{u}{u-u_s}f_s} \tag{15-26}$$

(3) 如果**波源以 u_s 的速度远离接收者**，那么 f_s 个波分布在 $u+u_s$ 的长度内，接收者接收到的声波波长 $\lambda'=\frac{u+u_s}{f_s}$，转换成频率为：

$$\boxed{f=\frac{u}{u+u_s}f_s} \tag{15-27}$$

分析前面听到火车的汽笛的频率情况，火车从远处驶近时，由式(15-26)可得，频率升高，火车由近及远时由式(15-27)可得，频率下降。

这里是从声波来观察多普勒效应，实际上**多普勒效应在自然界普遍存在**。电磁波也存在多普勒效应，由于电磁波以光速传播，所以计算电磁波的多普勒效应要运用到相对论的有关知识，在此不多介绍。

利用超声波的多普勒效应可以知道潜水艇的速度，也可以测得被观察的目标物的速度，利用**电磁波的多普勒效应可以测量汽车、飞机和卫星的速度**，利用光的多普勒效应可以测量天体远离地球的速度。

例 15-8　一固定超声波波源发出的超声波频率为 100 kHz，一汽车向超声波源迎面驶来，在波源处接收到的超声波的频率为 110 kHz。设超声波在空气中的速度 $u=330$ m/s，求汽车的速度。

解：波源不动，汽车接收到的波的频率由式(15-24)可得：

$$f_1=\frac{u+u_0}{u}f_s$$

波源处的接收者接收到运动的汽车反射的声波频率由式(15-26)可得：

$$f_2=\frac{u}{u-u_0}f_1=\frac{u+u_0}{u-u_0}f_s$$

解出：

$$u_0=\frac{f_2-f_1}{f_1+f_2}u=\frac{10}{210}\times 330\ \text{m/s}=15.7\ \text{m/s}$$

因为超声波在空气中衰减很快，所以测量的距离有限。如果将超声波换成电磁波，就可以避免这一问题。用雷达接收发射在汽车上的电磁波，再用相关公式计算汽车的速度，则称为**雷达测速**。实际应用的测速仪都是雷达测速仪。

例 15-9　一辆救护车汽笛的频率为 500 Hz，以 30 m/s 的速度在公路上行驶，声速为 340 m/s。求：

(1) 对于路边的观察者，当救护车远离时，他接收到的频率为多少？

(2) 如一小车在救护车后面以 20 m/s 的速度与救护车同向行驶，则小车驾驶员听到救护车发出的汽笛的频率为多少？

解：(1) 路边的接收者接收到的汽笛的频率由式(15-27)可得：

$$f=\frac{u}{u+u_s}f_s=\frac{340}{340+30}\times 500\ \text{Hz}=459.5\ \text{Hz}$$

(2) 小车驾驶员是接收者，小车不动，救护车以 u_s 远离而去小车接收到的频率由式(15-27)计算。现在小车以 $u_0=20$ m/s 驶向声源，驾驶员听到的频率由式(15-24)计算，综合可得：

$$f=\frac{u+u_0}{u+u_s}f_s=\frac{340+20}{340+30}\times 500\ \mathrm{Hz}=486.5\ \mathrm{Hz}$$

15.5　惠更斯原理

观察一个水面波的实验:在水面平静的情况下,击起一个水面波,当水面波向前传播的途中遇到带孔的障碍物时,波可以穿过小孔继续传播,但穿过小孔后的波是圆形波,好像是以小孔为波源发出来的波,如图 15－9 所示。

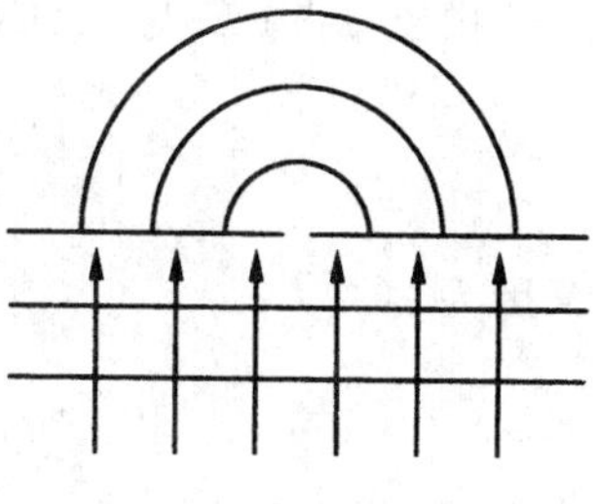
图 15－9　水面波

荷兰物理学家惠更斯(C. Huygens,1629—1695)于 1690 年提出了在介质中波的传播规律:传播时,波前上的各点都可以看成是发射波新的波源,由它发射的这些波叫**子波**,在其后的任意时刻,这些**子波波前的包络面构成新的波前**。这就是**惠更斯原理**。

根据惠更斯原理,通过作图法就可以求出新的波面。如图 15－10 所示,分别给出平面波与球面波向前推进的图像。

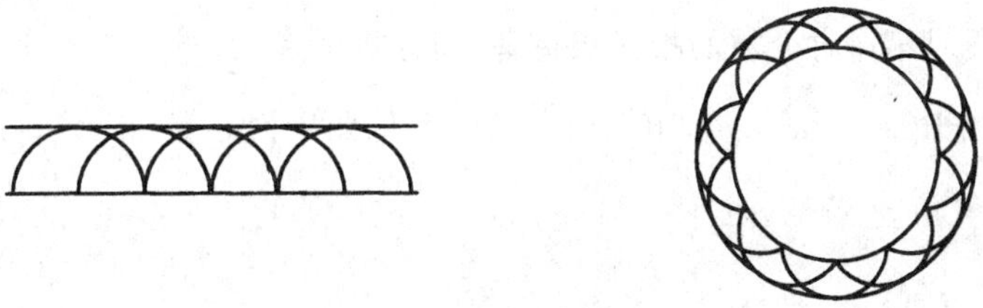
(a) 平面波　(b) 球面波

图 15－10　应用惠更斯原理求解新的波面

利用惠更斯原理可以解释波传播中的绕射现象。例如,一平面波传播时遇到了像"闸口"那样的障碍物,波会通过"闸口"并绕到"闸口"的后面继续传播。图 15－11 给出了这一现象的简单图示。

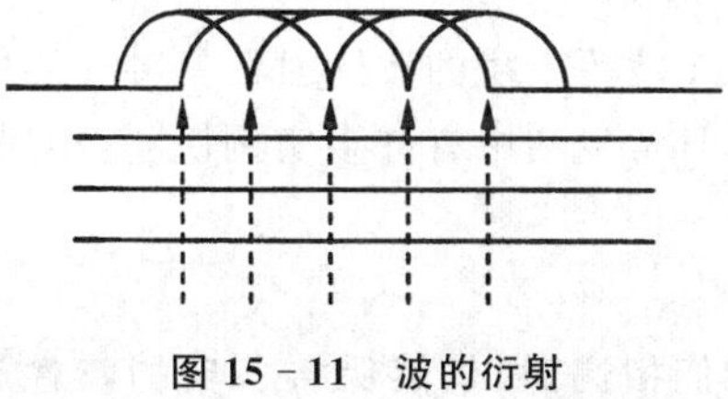
图 15－11　波的衍射

利用**惠更斯原理可以说明波的反射定律**。图 15－12 表示平面波入射到两种介质分界面上,这时利用作图法可以看出入射线、法线和反射线在同一平面内(即图面内)。因为当平面波传播到 AE 位置时,作为波前上首先到达界面的 A 点便立即发出子波,入射波波前继续向前传播时,波前依次到达界面的 B、C、D、E' 各点,它们依次发射子波,当 E' 点刚要发射子波时,作出各个子波波前(只画出一个)的包络面 $A'E'$,此即反射波的波前,反射线(只画两条)与 $A'E'$ 垂直,反射线与界面法线之间的夹角便是反射角 γ。当 A 点发射子波传到 A' 点时,E 正好传播到 E' 点,因此 $AA'=EE'$,于是 $\triangle AA'E'$ 与 $\triangle AEE'$ 是全等三角形,对应角 $\theta=\varphi$,便有 $i=\gamma$,即反射角等于入射角。

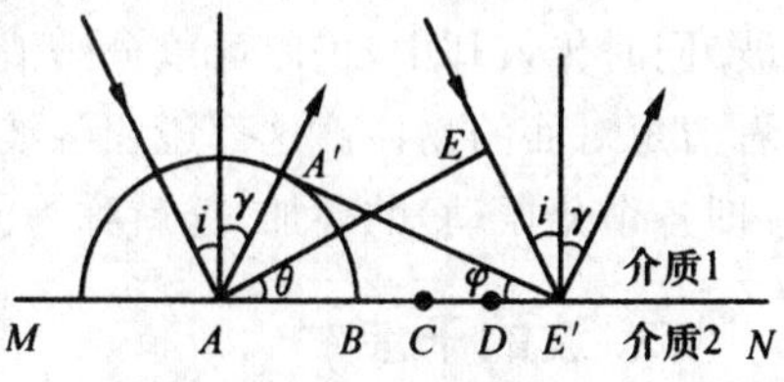

图 15－12　波的反射

利用**惠更斯原理也可以说明波的折射定律**。图15－13表示平面波入射到两种介质的分界面上,这时利用作图法可以看出入射线、法线和折射线在同一平面内(即在图面内),当波前推进到 A、E 位置时,首先到

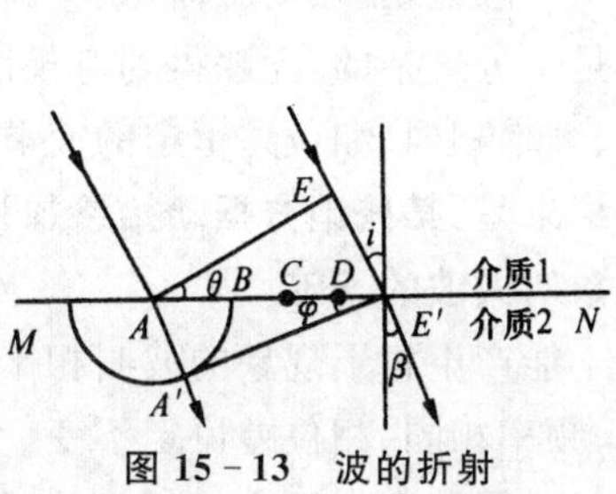

图 15－13　波的折射

达界面的 A 点便发射子波向介质 2 中传播，接着波前依次到达界面的 B、C、D、E'各点，它们也依次发射子波向介质 2 中传播，当 E'点刚要发射子波时，作出各个子波波前(只画出一个)的包络面 $A'E'$，此即折射波的波前，折射线(只画出两条)与界面法线的夹角便是折射角 β。当 A 点发射的子波传播到 A'时，E 正好传播到 E'点，它们所用时间相等，所以

$$\frac{EE'}{AA'}=\frac{u_1}{u_2}$$

由于 $\Delta AA'E'$与 $\Delta AEE'$都为直角三角形，于是

$$\frac{\sin\theta}{\sin\varphi}=\frac{EE'}{AA'}=\frac{u_1}{u_2}$$

又因为

$$\theta=i,\ \varphi=\beta$$

所以

$$\frac{\sin i}{\sin\beta}=\frac{u_1}{u_2}=n_{21} \tag{15-28}$$

式中，n_{21}称为第二种介质对第一种介质的**相对折射率**，**简称折射率**。

设波由介质 1 射向介质 2，且 $u_1<u_2$，由式(15-28)可见如果恰好有 $\sin\beta=1$，即 $\beta=\frac{\pi}{2}$时，便出现全反射。**全反射**时的最小入射角 i_0 满足

$$\sin i_0=\frac{u_1}{u_2}=n_{21} \tag{15-29}$$

15.6 波的叠加原理　波的干涉

波是振动在介质中的传播，当几个波源产生的波同时在一种介质中传播时，它们在介质空间某点处相遇，在相遇点处的振动又将如何呢？日常生活中有许多实例说明，相遇点处的振动满足叠加原理。

1. 波的叠加原理

几个波在同一介质中传播，当它们相遇时，仍然保持各自的特性(包括频率、波长、振动方向、传播指向、相位依次滞后等)**不变**，即每一种波的传播都保持各自的独立性，互不相扰。例如，几种声音(即几种声波)同时传入耳中，仍旧可以分辨清楚是哪几种声音；两个物点的光线在人的瞳孔相交时，并不影响观察者看清楚对面的物体。这都说明各波独立传播，在它们相遇点处，其合振动的位移是各波单独存在时的振动(即各个分振动)的叠加，这就称为波的叠加原理。

2. 波的干涉

一般地，当振动方向、频率、相位各不相同的几列波在同一介质中传播，在某一点相遇，相互叠加时，情形是十分复杂的，无法得到有规律的结果。为此，只讨论一种简单而又最重要的情形，即两列振动方向相同、频率相同、相位差恒定的简谐波，并在同一介质中传播。当这两列简谐波在某区域中相遇时，相互重叠的结果是：**某些地方振动始终加强，某些地方振动始终减弱或完全抵消，强弱分布情形保持稳定不变，这种现象叫做波的干涉。**

能产生相干现象的波叫相干波，相应的波源称相干波源。因此，两个相干波源的条件应是振动方向相同、频率相同、相位差恒定不变。由这两个波源发出的两列波在同一介质中传播，恰在某一点相遇时，该点处两分振动也有恒定的相位差，这就决定着该点合成振动的强弱。在介质中某些地点，当两分振动的相位

差始终保持为零或 2π 的整数倍时，其合成振动振幅最大，强度最强；而在介质中另一些地点，两分振动的相位差始终保持为 π 或 π 的奇数倍时，其合成振动为最小乃至为零。

通常在单一波源 S 的前面对称地放置两条平行的狭缝 S_1 和 S_2，从 S 出发的波传播到 S_1 和 S_2 处，依据惠更斯原理，S_1 和 S_2 便是处于同一波面上的两个子波源，由它们发出的两子波就是相干波，便能产生相干现象，如图 15－14 所示。

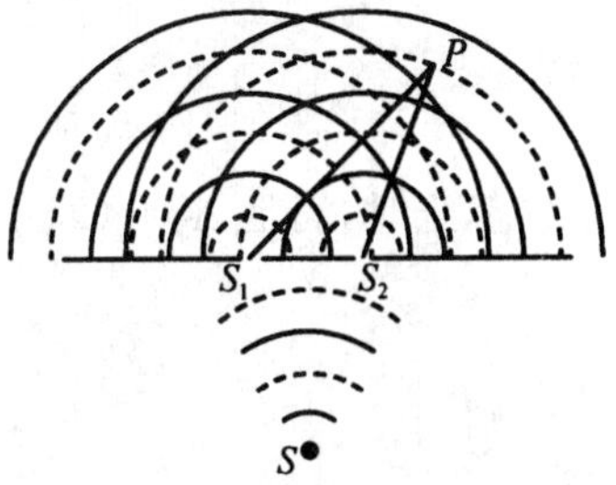

图 15－14　波的干涉

下面定量讨论波的干涉现象，并确定干涉加强和减弱的条件。

如图 15－15 所示，设有两相干波源 S_1 和 S_2，波源 S_1 和 S_2 的振动规律分别为

$$y_1=A_1\cos(\omega t+\varphi_1)$$

$$y_2=A_2\cos(\omega t+\varphi_2)$$

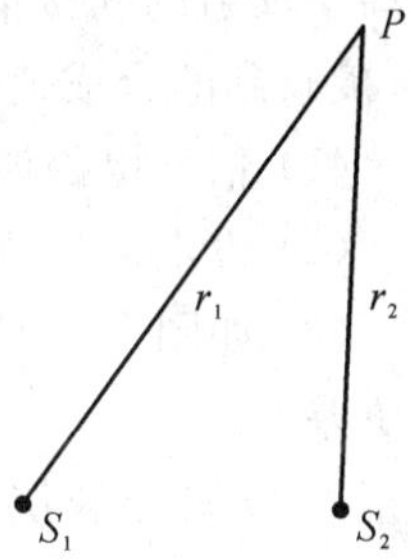

图15－15　两相干波源

S_1 发出的波传到 P 点，P 点的质元的振动方程为

$$y_1=A_1\cos\left(\omega t+\varphi_1-2\pi\frac{r_1}{\lambda}\right)$$

S_2 发出的波传到 P 点，引起 P 点的质元的振动，其振动方程为

$$y_2=A_2\cos\left(\omega t+\varphi_2-2\pi\frac{r_2}{\lambda}\right)$$

于是在 P 点的两振动的相位差

$$\Delta\varphi=\varphi_2-\varphi_1+\frac{2\pi}{\lambda}(r_1-r_2) \tag{15-30}$$

由振动的叠加理论可知

$$(\varphi_2-\varphi_1)+\frac{2\pi}{\lambda}(r_1-r_2)=\begin{cases}2k\pi & (k=0,1,2,\cdots)\quad \text{相干加强}\\(2k+1)\pi & (k=0,1,2,\cdots)\quad \text{相干减弱}\end{cases} \tag{15-31}$$

当 $\varphi_1=\varphi_2=\varphi_0$ 时，式(15－31)可简化为

$$|r_1-r_2|=\begin{cases}k\lambda & (\text{相干加强})\\\left(k+\frac{1}{2}\right)\lambda & (\text{相干减弱})\end{cases} \tag{15-32}$$

式(15－32)表明，初相位相同的两波源发出的相干波传到介质中的某点 P，若它们的波程差 $|r_1-r_2|$ 为波长的整数倍时，则相干加强；若波程差为半波长 $\frac{1}{2}\lambda$ 的奇数倍时，则相干减弱。这说明介质中某点的干涉情况决定于该点到两波源的波程差。

在相干加强时，合振幅为两振幅的代数和为 $A=A_1+A_2$。在**相干减弱时，合振幅为**两振幅的差的绝对值，即 $A=|A_1-A_2|$。此时合振幅的相位由振幅较大的波源传到该点振幅的相位确定。

例 15－10　如图 15－16 所示，波源位于一介质中 A、B 两点，其振幅相等，频率皆为100 Hz。B 比 A 的相位超前 π，A，B 两点之间相距 30 m，波速 $u=400$ m/s。求 AB 连线上因干涉而静止的各点位置。

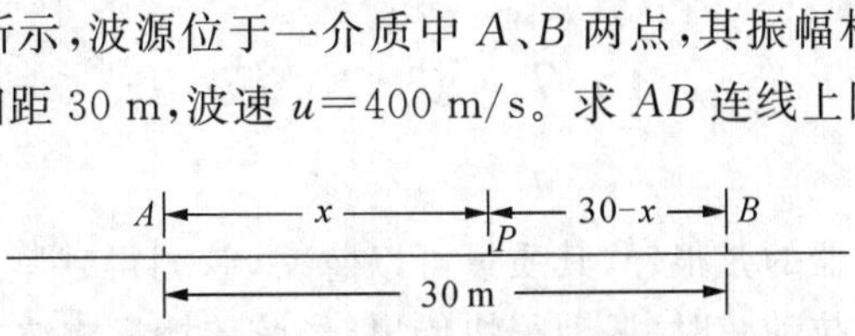

图 15－16　例 15－10 图

解：在 AB 连线上任取一点 P。设 P 到 A 点的距离为 x，则 P 到 B 点的距离为$(30-x)$，如图 15－16 所示。由式(15－31)可得：

$$\Delta\varphi=\varphi_2-\varphi_1+\frac{2\pi}{\lambda}(r_1-r_2)$$
$$=+\pi+\frac{2\pi}{\lambda}[x-(30-x)]$$

干涉静止时，满足 $\Delta\varphi=(2k+1)\pi$，因 $\lambda=\frac{u}{f}=4\ \mathrm{m}$，代入上式可得

$$2x-30=2k$$

则
$$x=15+2k$$

因 $0\leqslant x\leqslant 30$，所以 k 的取值为 $0,\pm1,\pm2,\cdots,\pm7$，共 15 个静止点。

例 15－11　一收音机同时收到 500 km 远处的发射台的直接信号和由电离层反射的间接信号。当发射频率 $f=100\ \mathrm{MHz}$，电离层高度为 200 km 时，接收到的合成信号从极大到极小的变化频率为 8 次/min。问

(1) 信号电磁波的波长为多少？

(2) 设电离层垂直运动，引起的相位差随时间的变化频率为多少？

(3) 如图 15－17 所示，当电离层不动时 R 处接收者接收到的两信号的相位差？

*(4) 若电离层作水平反射，电离层做垂直运动的速度为多少？

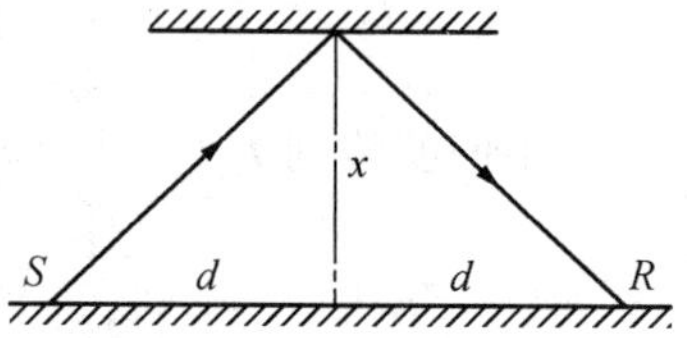

图 15－17　例 15－11 图

解：(1) 由于电磁波的传播速度等于光速，所以 $c=3\times10^8\ \mathrm{m/s}$，$\lambda=\frac{c}{f}=3\ \mathrm{m}$。

(2) 由题意可知，$\frac{\mathrm{d}\varphi}{\mathrm{d}t}=8\times\frac{1}{60}\times2\pi=\frac{4\pi}{15}$。　　(1)

(3) 如图 15－17 所示，设波源 S 到接收者的距离为 $2d$，电离层距地面的高度为 x，则反射波与直射波的波程差

$$\Delta r=2(\sqrt{d^2+x^2}-d)$$

引起的相位差为
$$\Delta\varphi=2\pi\frac{\Delta r}{\lambda}=\frac{4\pi}{3}(\sqrt{d^2+x^2}-d)\tag{2}$$

*(4) 由式(2)两边对时间求导

$$\frac{\mathrm{d}\varphi}{\mathrm{d}t}=\frac{4\pi}{3}\frac{x}{\sqrt{d^2+x^2}}\frac{\mathrm{d}x}{\mathrm{d}t}\tag{3}$$

$$v=\frac{\mathrm{d}x}{\mathrm{d}t}=\frac{3\sqrt{d^2+x^2}}{4\pi x}\left(\frac{\mathrm{d}\varphi}{\mathrm{d}t}\right)$$

由式(1)可得：
$$v=\frac{\sqrt{250^2+200^2}}{4\pi\times200}\times\frac{12\pi}{15}\ \mathrm{m/s}$$
$$=0.32\ \mathrm{m/s}$$

15.7　驻　　波

由于小提琴、二胡等丝弦乐器的弦很轻，其质量可以忽略，弦绷得越紧，张力就越大，此时弦上的波速也越大，每秒可达几百米。当弓拉动弦时，振动很快传出，经弦传播形成波并由弦的端点反射回来，因此弦上既有弓所激发的正向波，又有从端点反射回来的反向波，这两种波同时在弦上传播，从合成的结果看，见不到波形的传播，这就是所谓的**驻波**。

驻波是波的干涉的特例。例 15－10 实际就是一个由干涉而形成的驻波的实例。两传播方向相反的

相干波在介质中因干涉而形成驻波。图 15 - 18 为用电动音叉在弦上产生驻波的实验简图。电动音叉的末端系一水平弦线 AB，B 处置一可移动的劈尖，以便调节 AB 之间的距离。弦又绕过一定滑轮后系着砝码，使弦线拉紧。当 A 端的音叉振动产生的波向右传向 B 端，并由 B 端返回，弦上便有两列相反方向传播的波，互相叠加，只要劈尖 B 的位置适当，弦上就会出现图 15 - 18 所示的波动状态，即驻波的图像。

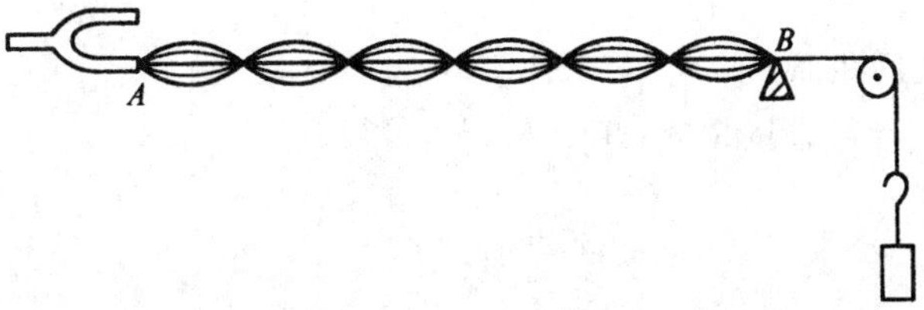

图 15 - 18　弦上的驻波

由图 15 - 18 可见，有些点始终不振动，这些点称为**波节**。而处于两相邻波节之间的各点，振动的幅度不同，但相位相同，处于中间的点，振动最激烈，振幅最大，这些点称为**波腹**。

设有两列传播方向相反的相干波，为便于讨论，设它们的初相位零，振幅相等，其运动方程分别为

$$y_1 = A\cos\omega\left(t - \frac{x}{u}\right)$$

$$y_2 = A\cos\omega\left(t + \frac{x}{u}\right)$$

可见，y_1 表示沿 x 方向正向传播的波，y_2 表示沿 x 方向负向传播的波，叠加以后

$$\begin{aligned} y &= y_1 + y_2 \\ &= 2A\cos\omega t\cos\frac{\omega x}{u} = \left[2A\cos\frac{2\pi x}{\lambda}\right]\cos\omega t \end{aligned}$$

令
$$A' = 2A\cos\frac{2\pi x}{\lambda} \tag{15-33}$$

叠加后的波的方程可表示为

$$y = A'\cos\omega t \tag{15-34}$$

可以看出，合成的驻波方程式(15 - 34)表示的是一个振幅 A' 受质元位置 x 调制的谐振动，在振幅 A' 不改变符号的区间，所有振动的相位都相同，若某处的质元不振动，该点静止，A' 等于零这就是**波节**。

1）波节的位置

由式(15 - 33)可得，$A'=0$ 时，$\cos\frac{2\pi x}{\lambda}=0$，所以 $\frac{2\pi x}{\lambda}=\left(k+\frac{1}{2}\right)\pi$。

由此可见，当 $x=\left(k+\frac{1}{2}\right)\frac{\lambda}{2}$ 时，便是波节的位置。

当 k 取定值，称其为第 k 个波节，第 k 个波节的位置

$$x_k = \left(k+\frac{1}{2}\right)\frac{\lambda}{2} \tag{15-35}$$

可见相邻两波节之间距离

$$\Delta x = x_{k+1} - x_k = \frac{\lambda}{2} \tag{15-36}$$

2）波腹的位置

当 $\cos\frac{2\pi x}{\lambda}=\pm 1$ 时，$|A'|=2A$ 为极大值，对应的 x 必须满足：

$$\cos\frac{2\pi x}{\lambda} = k'\pi \quad (k'=0,1,2\cdots)$$

第 k 个**波腹**的位置
$$x'_k=k'\frac{\lambda}{2} \tag{15-37}$$

易见**相邻的波腹之间距离**

$$\Delta x'=x'_{k+1}-x'_k=\frac{\lambda}{2} \tag{15-38}$$

3) **相邻的波节,波腹之间距离**

由式(15-35)和式(15-37)直接相减,并令 $k=k'$,可得

$$\Delta x''=x_k-x'_k=\frac{\lambda}{4} \tag{15-39}$$

由上述分析可知,波腹、波节等间距分布。在两波节之间,例如,取 $k=0$ 与 $k=1$ 的两波节,由式(15-35)可知其范围为$\frac{\lambda}{4}<x<\frac{3\lambda}{4}$,代入式(15-33)可知,$\frac{2\pi x}{\lambda}$在第二、三象限。在第二、三象限,$\cos\frac{2\pi x}{\lambda}<0$,故在$\frac{\lambda}{4}<x<\frac{3\lambda}{4}$的范围内,$A'<0$,说明两波节之间的所有质元的振动相位都相同,但受 $\cos\frac{2\pi x}{\lambda}$的调制,各处的振幅 A'不相等。位于同一波节两边的质元,例如取 $k=0$,$x_0=\frac{\lambda}{4}$两边的 x 对应值代入式(15-33),当 $x>\frac{\lambda}{4}$时,$\frac{2\pi x}{\lambda}>\frac{\pi}{2}$,$\cos\frac{2\pi x}{\lambda}<0$,$A'<0$;当 $x<\frac{\lambda}{4}$时,$\frac{2\pi x}{\lambda}<\frac{\pi}{2}$,$\cos\frac{2\pi x}{\lambda}>0$,$A'>0$ 发现波节左右两边的振幅 A'相差一个负号,表示在**波节两边的质元振动的相位有一个 π 的突变**。

由上面的分析可知,**驻波不是波,不传递能量,而是一种特殊的振动模式**。由入射波与反射波叠加形成的驻波具有驻波所有的特点。

值得注意的是,在弦上驻波实验中,如图 15-18 所示,在反射点 B 处,弦是固定不动的,因而该点处只能是波节。这就意味着反射波与入射波的相位在此处正好相反,即入射波在反射时有 π 的相位跃变,相当于反射波损失了半个波长的波程,把这种现象称为**半波损失**。当波在自由端反射时,便不出现相位跃变,此时合成的驻波在反射点处将形成波腹。

半波损失的现象存在与否,决定于界面两边介质的波阻 ρu。把波阻相对大的介质称为波密媒质,波阻相对小的介质称为波疏媒质。**当波由波疏媒质传向波密媒质,并在波密媒质表面反射时,反射波有半波损失;反之,反射波没有半波损失。**

丝弦乐器的驻波现象反映了半波损失的实际情况。弦固定的两端均是波节,弦长 L 应是半波长或半波长的整数倍,于是波长必须满足条件

$$L=n\frac{\lambda}{2}$$

式中,n 为任意整数。

因此,频率的取值只能是

$$f=\frac{u}{\lambda}=n\frac{u}{2L}=\frac{n}{2L}\sqrt{\frac{T}{\rho}} \tag{15-40}$$

可见,只有频率满足式(15-40)的振动,才能在弦上形成驻波,并持续存在下去。其频率就是弦振动的本征频率,其中 $n=1$ 时的频率称为基频,$f_1=\frac{1}{2L}\sqrt{\frac{T}{\rho}}$。在调整好弦的紧张程度(即张力 T)后,还可以用改变长度 L(即用手指按弦上不同位置的方式)改变振动频率 f,并利用指法和运弓方法巧妙结合,演奏出美妙动听的乐曲。

例 15－12　如图 15－19 所示，已知二胡的“千斤”（即弦上方固定点）与“码”（即弦的下方固定点）之间相距 $L=0.3\ \mathrm{m}$。其中一根弦的质量线密度 $\rho_{线}=4\times10^{-4}\mathrm{kg\cdot m^{-1}}$，弦上的张力 $T=9.44\ \mathrm{N}$。试求此弦所发声音的基频。

解：因基频 $f_1=\frac{1}{2L}\sqrt{\frac{T}{\rho}}$，代入有关数据后得到 $f_1=256\ \mathrm{Hz}$，故此基频即为“C”调的频率。

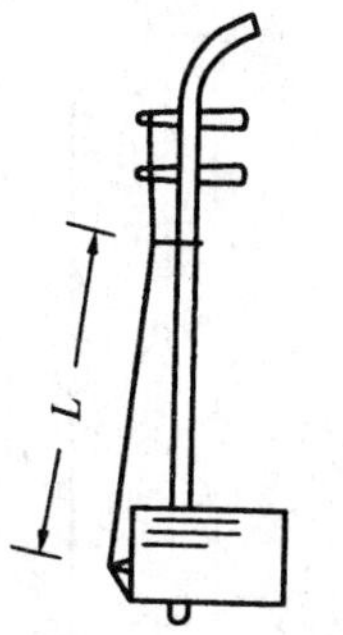

图 15－19　二胡

*15.8　电磁波

在讨论谐振动系统的机械能时，曾讨论过 LC 电路。当电路中的电容 C 中的电场能与电感 L 中的磁场能在无辐射损耗的情况下，构成了 LC 振荡电路，其振荡角频率 $\omega=\frac{1}{\sqrt{LC}}$。说明在无损耗的情况下，电场能与磁场能相互转换，但总能量保持不变。实际上，不论电容还是电感，没有能量辐射或泄漏是不可能的，有时恰是人们需要的。理论与实践证明，角频率越高，泄漏的电磁能量就越大，相应的电磁辐射也越强。这种电磁辐射技术广泛应用于无线电通讯中。

1. 辐射电磁能的电路结构

由式(14－12)可知，要实现强电磁辐射，就要提高 LC 振荡电路的频率，相应地则要减小电感 L 或减小电容 C，或两者都减小。从计算平行板电容器电容 C 知道，要减小 C，就要增大极板之间的距离 d，缩小极板的面积 S；若要减小 L，就要减小螺旋管的绕线密度 n，减小螺旋管的体积 Ω，所以一个电磁辐射电路的结构是由 LC 振荡电路演变而成，如图 15－20 所示。

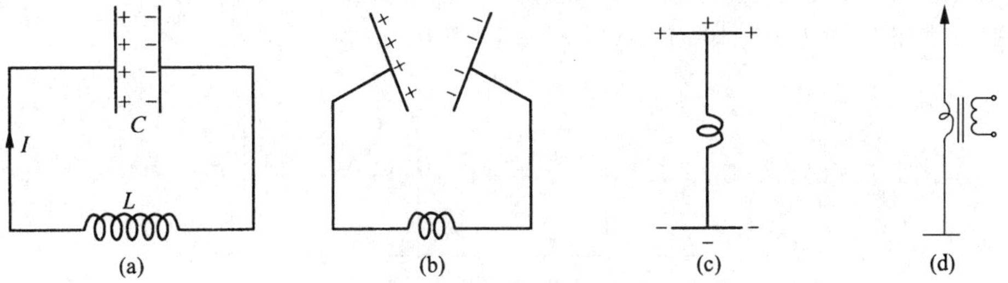

图 15－20　由振荡电路成为电磁场发射电路的思想过程

2. 电磁波的产生（振荡偶极子模型）

从图 15－20(d)可见，在左侧的发射天线中，电流的振荡可以借用电偶极子的上下运动来形象说明。

(1) 电偶极子靠得很近，正电荷在上，负电荷在下，且正负电荷彼此远离时，导线中的等效电流的方向向上，由右手螺旋法则可知，磁场的方向如图 15－21(a)所示，则电场的方向由上向下。

(2) 电偶极子间距最大时，由(1)形成的电场，磁场都要向外传播，电场形成半圆，由于电偶极子等效电流的方向不变，所以电场的方向也没变，如图 15－21(b)所示。

(3) 当电偶极子中正负电荷相互靠拢时，等效电流的方向向下，磁场改变方向，当正负电荷越接近，速度越大，磁场越强，在导线的右边形成如图 15－21(c)所示的情形，此时原电场线由于电荷的运动和电场传播，形成向上的方向。当正负电荷接近时，电场线形成闭合线。

(4) 当电偶极子正电荷继续向下，负电荷继续向上，它们的间距达到最大时可以类似(1)和(2)两种情况的讨论，得到如图 15－21(d)所示的电磁场的分布，在图 15－21(d)中右边的两道弧线是由图 15－21(c)中的电场、磁场线继续向外传播的情形。

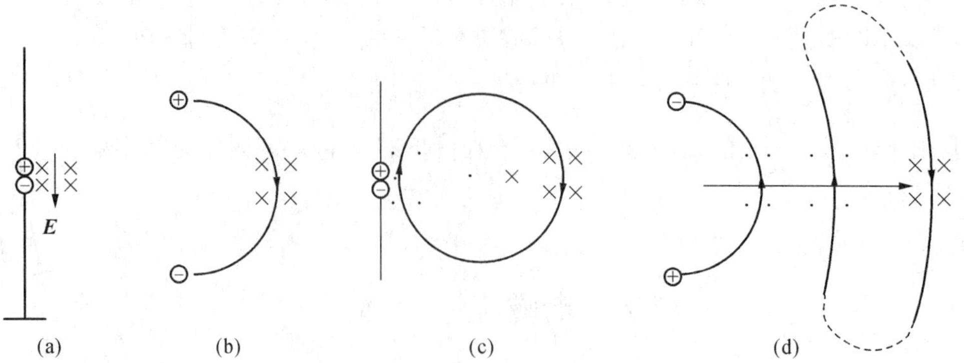

图 15-21　振荡偶极子与辐射电磁场

由电偶极子振荡模型得到的电场、磁场之间的关系可以知道：

(1) 电场 $\boldsymbol{E}$、磁场 $\boldsymbol{H}$ 是同步变化的；

(2) **电磁波传播的方向 e_I 与电场的方向 e_E，磁场的方向 e_H 成右手螺旋关系**。即 $e_I = e_E \times e_H$，说明**电磁波是横波**。无论是电磁波中的电场，还是磁场的振动方向都与电磁波的传播方向正交。

(3) 电偶极子形成的等效电流实际上是 LC 振荡电路中电感中的电流，该电流呈正弦规律变化，所以无论 LC 振荡中的电场，还是磁场将都以正弦规律变化。

*3. 电磁波的动力学方程及电磁波的传播速度

根据麦克斯韦的电磁场动力学理论，空间若有电场变化，在邻近的区域将产生变化的磁场，这变化的磁场在较远处又产生新的变化的电场，这样就形成电场和磁场的交替变化，不断地向外传播并形成电磁波。电偶极子振荡符合麦克斯韦的理论，因此开放的振荡电路可以形成电磁波，或者说电磁辐射是以电磁波的形式向外传播的。

这里给出由麦克斯韦方程的积分形式推导出的微分关系，如图 15-22 所示。

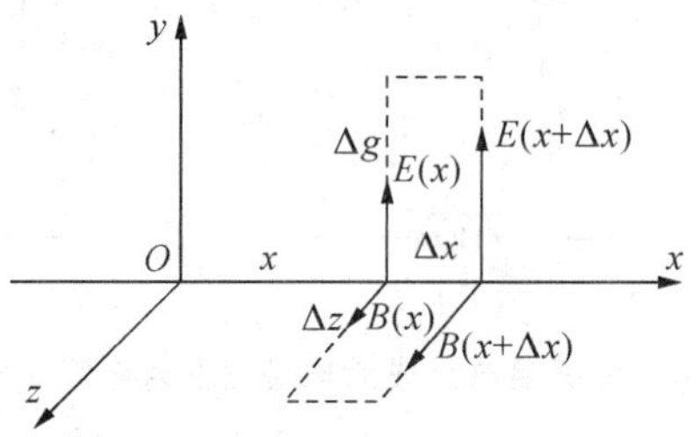

图 15-22　由麦克斯韦方程推导电磁波的动力学方程

设电磁波沿 x 方向传播，电场的方向在 y 方向，磁场的方向在 z 方向。由麦克斯韦方程可得

$$\oint \boldsymbol{E} \cdot \mathrm{d}\boldsymbol{l} = -\iint \frac{\partial \boldsymbol{B}}{\partial t} \cdot \mathrm{d}\boldsymbol{S} \tag{15-41}$$

结合图 15-22，$\mathrm{d}\boldsymbol{l}$ 的方向与磁场 $\boldsymbol{B}$ 的方向成右手螺旋法则，取逆时针方向为 $\mathrm{d}\boldsymbol{l}$ 的方向，将式(15-41)写成

$$[E(x+\Delta x) - E(x)]\Delta y = -\frac{\partial B}{\partial t}\Delta x \Delta y \tag{15-42}$$

上式左边可记为

$$\frac{\partial E}{\partial x}\Delta x \Delta y \tag{15-43}$$

所以

$$\frac{\partial E}{\partial x} = -\frac{\partial B}{\partial t} \tag{15-44}$$

由麦克斯韦方程可得

$$\oint \boldsymbol{B} \cdot \mathrm{d}\boldsymbol{l} = \mu_0 \left(\boldsymbol{j}_c + \frac{\partial \boldsymbol{D}}{\partial t}\right) \cdot \mathrm{d}\boldsymbol{S} \tag{15-45}$$

结合图 15-22，$\mathrm{d}\boldsymbol{l}$ 的方向与电场 $\boldsymbol{E}$ 的方向成右手螺旋法则，取逆时针方向为 $\mathrm{d}\boldsymbol{l}$ 的方向。

方程式(15-45)左边

$$[B(x) - B(x+\Delta x)]\Delta z = -\frac{\partial B}{\partial x}\Delta x \Delta z \tag{15-46}$$

方程式(15－45)右边

$$j_c=0$$

故其表示式可记为

$$\mu_0\varepsilon_0\frac{\partial E}{\partial t}\Delta x\Delta z \tag{15-47}$$

由式(15－46)和式(15－47)可得

$$\frac{\partial B}{\partial x}=-\mu_0\varepsilon_0\frac{\partial E}{\partial t} \tag{15-48}$$

由式(15－44)和式(15－48)消去 B 可得电磁波中关于电场的方程为

$$\frac{\partial^2 E}{\partial x^2}=\varepsilon_0\mu_0\frac{\partial^2 E}{\partial t^2} \tag{15-49}$$

对照方程式(15－10)可知,**电磁波在真空中的传播速度**

$$\boxed{u=\frac{1}{\sqrt{\varepsilon_0\mu_0}}=2.9979\times10^8\ \mathrm{m/s}=C} \tag{15-50}$$

方程式(15－49)称为电磁波中的电场的动力学方程。由此方程可知:**电磁波的传播速度 u 等于光速 C。**

4. 电磁波中电场与磁场之间的关系

电磁波的电场可用一般的余弦波表示,设

$$E=E_0\cos\left[\omega\left(t-\frac{x}{u}\right)\right] \tag{15-51}$$

对上式两边 x 求导

$$\frac{\partial E}{\partial x}=\frac{\omega}{u}E_0\sin\left[\omega\left(t-\frac{x}{u}\right)\right] \tag{15-52}$$

由式(15－44)可得:

$$\begin{aligned}B&=\int-\frac{\partial E}{\partial x}\mathrm{d}t\\&=-\frac{\omega}{u}E_0\int\sin\omega\left(t-\frac{x}{u}\right)\mathrm{d}t\\&=\frac{1}{u}E_0\cos\omega\left(t-\frac{x}{u}\right)\\&=\frac{1}{u}E\end{aligned}$$

因 $u=c$,故

$$E=cB$$

将 $B=\mu_0 H$ 代入上式可得:

$$E=\frac{1}{\sqrt{\varepsilon_0\mu_0}}(\mu_0 H) \tag{15-53}$$

所以

$$\boxed{\sqrt{\varepsilon_0}E=\sqrt{\mu_0}H} \tag{15-54}$$

5. 坡印亭矢量——电磁波的强度

仿照机械波的能流密度的讨论方法,先求电磁波的能量密度,它包括电场与磁场两部分。

$$\begin{aligned}w&=w_e+w_H\\&=\frac{1}{2}\varepsilon_0E^2+\frac{1}{2}\mu_0H^2\end{aligned}$$

将式(15－54)代入上式,得

$$w=\varepsilon_0E^2 \tag{15-55}$$

电磁波的能流密度为：

$$I = wc = \varepsilon_0 \frac{1}{\sqrt{\varepsilon_0 \mu_0}} E^2 = \sqrt{\frac{\varepsilon_0}{\mu_0}} E^2$$

将式(15-54)代入得

$$I = EH \tag{15-56}$$

令**电磁波的能流密度**(**即电磁波的强度**)为矢量 $\boldsymbol{S}$，由电磁波的横波特性可得

$$\boxed{\boldsymbol{S} = \boldsymbol{E} \times \boldsymbol{H}}$$

矢量 $\boldsymbol{S}$ 有一个专门的名词，称为**坡印亭矢量**，因 $\boldsymbol{E}$、$\boldsymbol{H}$ 同步变化，用余弦函数式(15-51)表示，利用余弦函数的平方在一个周期内的平均值等于$\frac{1}{2}$，可得

$$\boxed{S = \frac{1}{2} E_0 H_0} \tag{15-57}$$

式中，$\boldsymbol{E_0}$ 为电磁波的电场振幅；$\boldsymbol{H_0}$ 为电磁波磁场的振幅。

本章习题

15-1　已知波源发出的横波沿一波线传播，其频率 $f=1\,000$ Hz，振幅 $A=2$ cm，波速 $v_{波}=680$ m/s，该波经过 A 点后再经 B 点用时 $t'=\frac{1}{2}T$。试求：(1) A、B 两点之间的间距 Δx；(2) A、B 两点的相位差 $\Delta\varphi$。

15-2　一横波沿一弦向右传播，设 $t=0$ 时的波形曲线如图中虚线所示，波速 $v_{波}=10$ m/s。试求该波的：(1) 振幅；(2) 波长；(3) 波的周期；(4) 弦上任意一点的最大速率；(5) 图中 A、B 两点的相位差；(6) $t=\frac{T}{4}$时的波形曲线。

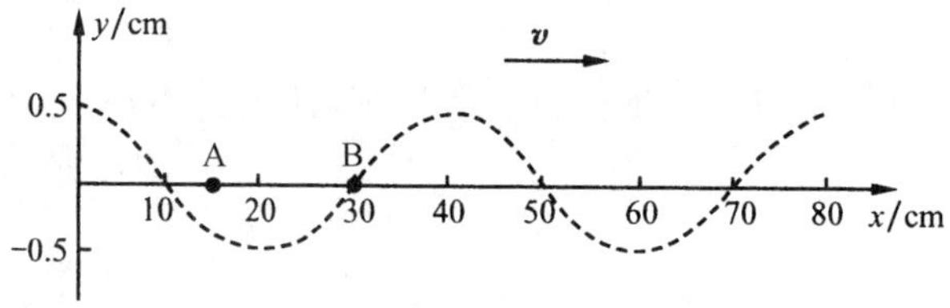

习题 15-2 图

15-3　已知沿波线传播的谐波函数为 $u(x,t)=6\cos\left(8\pi t-4x+\frac{\pi}{2}\right)$ cm。试求：(1) 该谐波的传播方向；(2) 波长；(3) 波速；(4) 介质中质点的速度幅值。

15-4　如图所示，一平面简谐波沿 ox 轴负向传播，波长为 λ，若图中 P_1点处质元的运动方程为 $y_1=A\cos(2\pi rt+\varphi)$。求：(1) 该波波函数；(2) P_2处质元的运动方程 y_2。

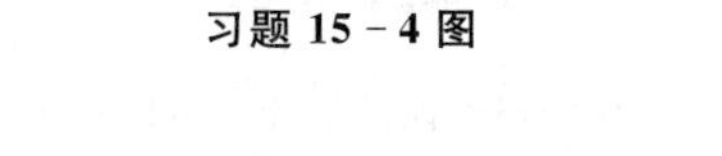

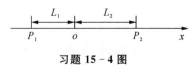

习题 15-4 图

15-5　已知声波的振幅 A 为 5×10^{-9} m，频率为 2 000 Hz，空气密度 $\rho=1.29$ kg/m^3，波速 $v_{波}=340$ m/s。试求该声波的波强。

15-6　如图所示，S_1 和 S_2 是两相干波源，它们的频率为 100 Hz，相位相同，波速 $v_{波}=40$ m/s，已知 S_1 与 S_2 相距 9 m，P 点到 S_2 的垂直距离为 12 m，试分析 P 点合成振动情况。

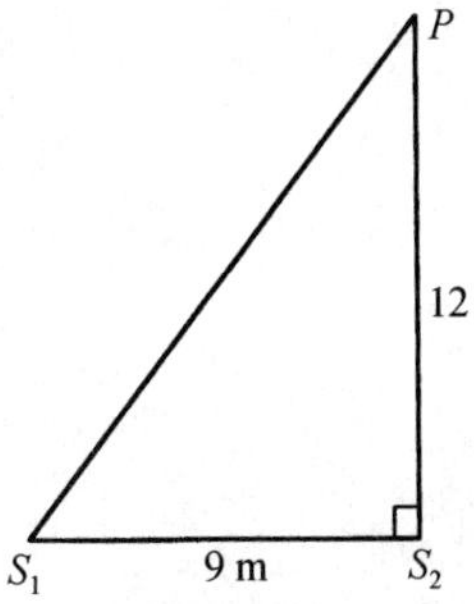

习题 15-6 图

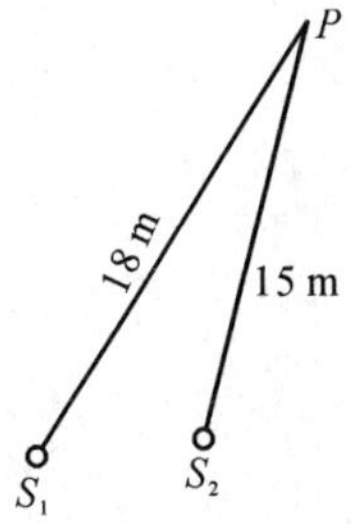

习题 15-7 图

15-7　S_1 和 S_2 是两相干波源，它们的频率为 400 Hz，波速 $v_{波}=100$ m/s，它们的相位差 $\varphi_{20}-\varphi_{10}=\delta=\pi$，当它们发出的波在 P 点处相遇时，试问 P 点处合成振动情形。(已知 $S_1P=18$ m，$S_2P=15$ m)

15-8　如图所示是一个干涉消声器的结构原理图。发动机排气噪声声波经管道到达 A 点时，分成两路，并在 B 点相遇，声波因干涉而相消，若要消除 300 Hz 的发动机排气噪声，求图中弯管和直管长度差 $\Delta r=r_2-r_1$ 至少应为多少。(设声速 $v=340$ m/s)

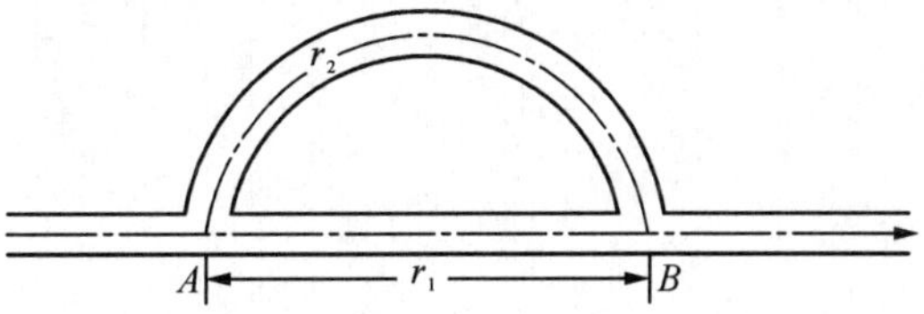

习题 15-8 图

15-9　已知二胡的“千斤”与“码”之间的距离为 $l=0.4$ m，其中一根弦的质量密度 $\rho_{线}=8\times10^{-4}$ kg/m，要求发生的基频 $f_1=256$ Hz，则需把该弦中的张力调整到多大？

15-10　某警车拉着警铃(其频率为 1 200 Hz)以速度 $v=20$ m/s 向站在路旁的人群驶来，试问在迎着和目送警车的两种情况下人们听到的警笛声其音调有何变化？

15-11　一救护车拉着警报声(其频率为 1 500 Hz)以速度 $v=20$ m/s 向某方向行驶，某人骑车以速度 $u=5$ m/s 跟随其后。试求骑车人听到的警报声频率。

第五篇　波动光学

光的研究起源于两三千年前，我国的《墨经》记载了许多光学现象，例如投影、小孔成像、平面镜成像、凸面镜、凹面镜等。江苏邗江甘泉二号汉墓出土一枚金圈嵌水晶石放大镜，全重2.3 g能放大4～5倍。说明早在东汉初年，我国就有了水晶石磨制加工而成的“凸透镜”。从光的传播路径研究光的聚焦和扩散的理论称为几何光学。由于学时的限制，这里不讨论几何光学，仅从光的物理本质上讨论解释有关实验现象。

对光的本质的研究始于公元17世纪，以牛顿为首的一派认为“光是微粒”，利用牛顿在力学方面的成就，可以解释光的反射、光的折射，但不能解释光的干涉现象；而以惠更斯为代表的另一派则认为“光是波”，利用惠更斯原理可以解释光的反射、折射和光的干涉现象。由于牛顿的耀眼光环和当时实验手段的落后，这两种学说的争论长达100多年。直到19世纪60年代，麦克斯韦建立了电磁理论，人们才认识到光是一种电磁波。通过光的波动理论的实验研究，衍生出光谱理论、精密测量等应用学科，为人们研究固体的结构，高精度的机械加工、安装，光纤通讯等领域提供了可靠的理论依据和实验手段。可是到19世纪末20世纪初，人们发现了光电效应的现象以后，仅从波动理论的角度又无法解释这一新的发现，爱因斯坦为了解释光电效应实验，在光的波动理论的基础上提出了“光子”的理论，使人们认识到光具有“波”和“粒子”的两重性质，被现代人称为光的波粒二象性。

本篇内容主要从光的波动理论出发，重点讨论光的干涉、衍射、偏振等物理现象。

第十六章　光的干涉

由前面的波动理论可知，波具有干涉现象，能发生干涉现象的波称为相干波。光既然是电磁波，那么光能发生干涉吗？相干光的条件又如何呢？

16.1　光源　相干光

实验证明，光的干涉现象在自然界客观存在，鉴于机械波相干的条件，**相干光**也应该具有如下条件：(1) **频率相同**；(2) **振动方向相同**；(3) **初相位恒定**。

相干光的条件似乎很容易满足，但相干光的现象并非想象的那样容易见到。为什么看似满足相干条件的光不发生干涉现象呢？这就需要追溯到光是如何产生的。

由"量子"理论可知，原子由带正电的原子核和绕核运动的电子组成，电子有各自的能量，而且其能量是不连续的，所以原子核外的电子都处于各自的能级上，而不同元素的原子核外电子的能级是不一样的，对同一种元素其原子核外的电子可能的能级都相同。从统计意义上讲，在没有外界能量激发时，所有同类原子的核外电子都处于总能量最小的稳定状态。

当原子受到外界的能量激发时，原子中的电子将由原来的能级跃迁到高一级的能级上，但这种被激发到高能级上的电子是不稳定的，当它返回原来的能级时，多余的能量将以光子的形式释放，电子从高能级跌落到低能级的时间约在$10^{-9}\sim10^{-11}$ s 的量级。在这一时间内，这一光子的波列的长度就变得十分有限，所以，看到的一束光线实际是由无数的电子在跃迁过程中产生的大量次序先后不一的光的波列组成(图 16－1)。这一系列光的波列的振动方向不可能相同，其波列的初相也随机不一，所以平时见到的光，即使是同频率(同一颜色)，因其振动方向、初相都不可能满足相干光的条件，所以很难看到光的干涉现象。激光的相干涉性较强。激光是一种特殊的光，是将光束经谐振腔共振调制而成，所以激光已不是原发性的光。因此，实验中经常用激光作相干光源。

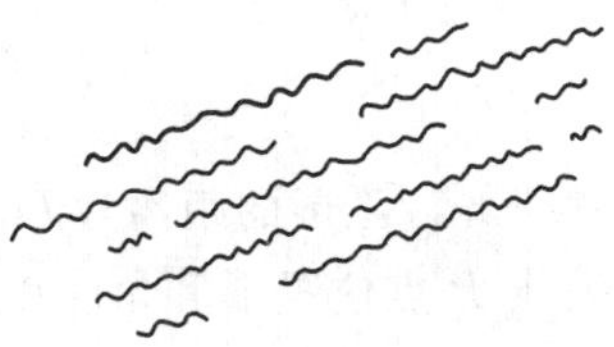

图 16－1　光的波列

如果在观察原发光，如烛光、电灯光、火光的相干现象时，就必须利用特定的方法使其满足相干光条件。一个普遍的指导思想是将同一束光分成两束，其主要方法有两种：其一是**分波阵面法**——例如杨氏双缝、菲涅耳双镜、洛埃镜等，其原理是将一束光分成两束，等于将一个波面一分为二；其二是**分振幅法**——薄膜，包括劈尖和牛顿环，其原理是将一束光分为反射光和折射光，然后由此两束光叠加。

16.2　杨氏双缝干涉

1. 杨氏(T. Young)双缝干涉实验

1801 年英国医生托马斯·杨首先设计出双缝干涉实验装置，并观察到光的干涉现象，图 16－2 是一幅双缝干涉示意图。狭缝 S 是一线光源，长度方向与纸面垂直，它发出的光为单色光，波长为 λ。G 是一个遮光屏，其上开有两条平行的细缝 S_1 和 S_2，其中 S_1 和 S_2 离光源 S 等距离，E 是一个与 G 平行的光屏。由光源 S 发出的光波波面同时到达 S_1 和 S_2，通过 S_1 和 S_2 的光将发生衍射现象而叠加在一起。由于 S_1 和 S_2 是由 S 发出的同一波阵面的两部分，所以这种产生的干涉方法叫做分波阵面法。

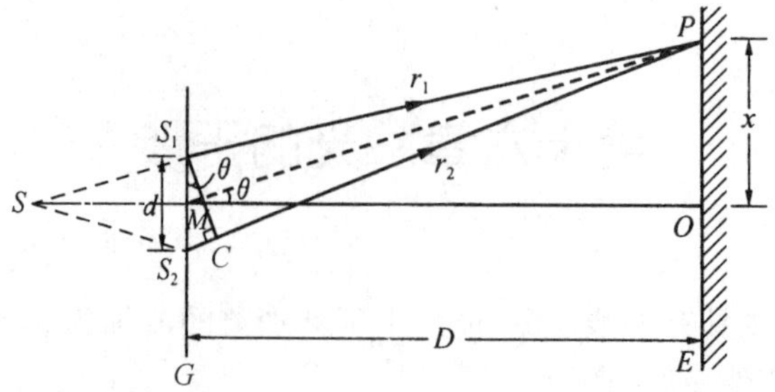

图 16-2 双缝干涉示意图

利用波的干涉理论可以分析屏上明暗条纹的位置。如图 16-2 所示，设 P 为屏上任意一点，r_1，r_2 分别为 S_1，S_2 到 P 点的距离，则由 S_1 和 S_2 发出的光到达 P 点的波程差 $\Delta r = r_2 - r_1$。若两相干光源 S_1 和 S_2 之间的距离为 d，则

$$\Delta r = r_2 - r_1 \approx d\sin\theta \tag{16-1}$$

采用机械波的干涉理论，S_1、S_2 两波源传到 P 点后，引起 P 点振动，此两振动的相位差

$$\Delta\varphi = \frac{2\pi}{\lambda} d\sin\theta = \begin{cases} k2\pi & \text{（相干加强，明纹）} \\ 2\left(k+\frac{1}{2}\right)\pi & \text{（相干减弱，暗纹）} \end{cases}$$

$$(k=0,\ 1,\ 2\cdots) \tag{16-2}$$

由此可得 S_1，S_2 两光源发生干涉现象的条件为

$$\boxed{d\sin\theta = \begin{cases} k\lambda & \text{（相干加强）} \\ \left(k+\frac{1}{2}\right)\lambda & \text{（相干减弱）} \end{cases}} \tag{16-3}$$

相干光源至屏的距离为 D，MO 是 S_1S_2 的中垂线，P 点离 O 点的距离为 x，$\angle PMO \approx \theta$，从图 16-2 中可以看出 P 点位置 x 和角度 θ 之间的关系为

$$x = D\tan\theta \tag{16-4}$$

通常在实验中，$D \gg d$，取 PM，PS_2 近似与 S_1C 垂直，当 θ 很小，可取 $\sin\theta \approx \tan\theta$。

由式(16-3)，式(16-4)得到第 k 级明条纹中心的位置为

$$x_k = D\tan\theta \approx D\sin\theta = \pm k\frac{D}{d}\lambda,\ (k=0,1,2,\cdots) \tag{16-5}$$

第 k 级暗条纹中心的位置为

$$x_k' = \pm(2k'-1)\frac{D}{d}\frac{\lambda}{2},\ (k'=1,2,\cdots) \tag{16-6}$$

定义**两相邻明条纹中心之间的距离为暗条纹的宽度，两相邻暗条纹中心之间的距离为明条纹的宽度**。这样相邻两明条纹中心间的距离或暗条纹中心间的距离为

$$\boxed{\Delta x = \frac{D}{d}\lambda} \tag{16-7}$$

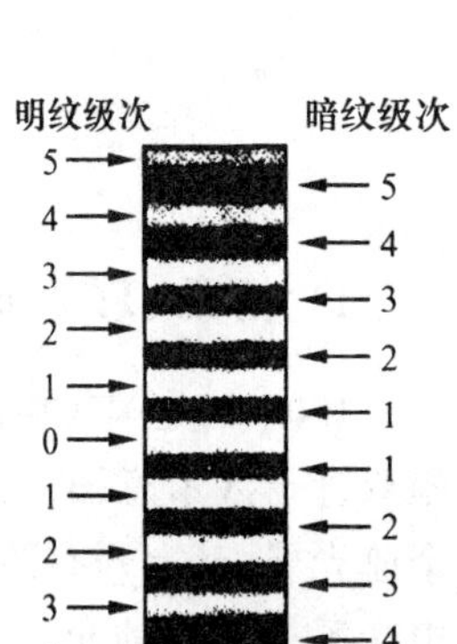

图 16-3 双缝干涉条纹

从以上讨论可以得出结论：双缝干涉条纹等间距地分布于中央明纹的两侧，图 16-3 就是双缝干涉条纹的照片，在缝距和屏距确定的情况下，条纹在屏上的位置和间距取决于入射光的波长 λ。因此，当采用白光照射时，在白光条纹两边对称地排列着几条彩色条纹。

如果测量出 d 和 D 以及条纹在光屏上的位置 x 或条纹间距 Δx，就可以计算

出波长 λ，历史上正是通过杨氏双缝实验第一次测量了可见光的波长。

例 16-1　在双缝干涉实验中，用钠光灯作单色光源，其波长 $\lambda=589.3$ nm，屏与双缝的距离 $D=500$ mm。问：

(1) $d=1.2$ mm，干涉明条纹或干涉暗条纹的宽度为多大？

(2) 若两相邻干涉明纹能被分辨的最小距离为 0.065 mm，则双缝间距 d 最大是多少？

解：已知 $D=500$ mm，$\lambda=5.893\times10^{-4}$ mm，则

(1) $d=1.2$ mm，明纹间距 Δx 为

$$\Delta x=\frac{D}{d}\lambda=\frac{500\times5.893\times10^{-4}}{1.2}\ \text{mm}=0.25\ \text{mm}$$

(2) $\Delta x=0.065$ mm，双缝间距 d 为

$$d=\frac{D\lambda}{\Delta x}=\frac{500\times5.893\times10^{-4}}{0.065}\ \text{mm}=4.5\ \text{mm}$$

这表明，双缝间距 d 必须小于 4.5 mm 才能看到干涉条纹。

2. 劳埃(H. Lioyd)镜实验

劳埃镜是一块下表面涂黑的平板玻璃或金属平板。如图16-4所示，从狭缝 S_1 发出的光，以近 90°的入射角入射到劳埃镜上，经反射，光的波阵面改变方向，反射光就好像从 S_1 的虚像 S_2 发出的一样，S_1 和 S_2 形成一对相干光源，类似于杨氏双缝，它们"发出"的光在屏上(BC 区)相遇，产生明暗相间的干涉条纹。

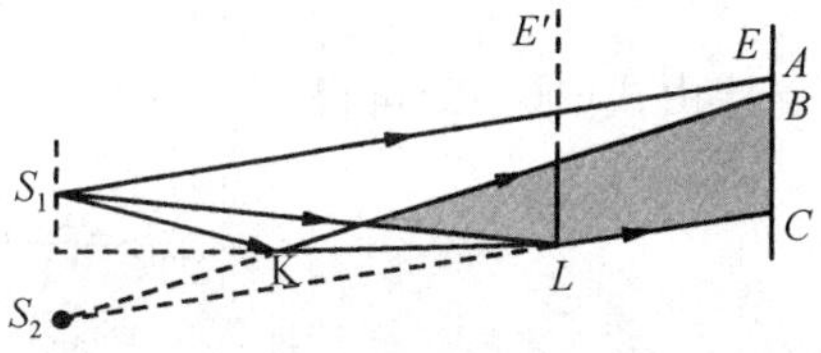

图 16-4　劳埃镜实验示意图

当把屏移到 E'位置，使之与平面镜的边缘相接触，发现接触处屏上出现暗条纹，但是根据 S_1 和 S_2 到该处的波程差计算，应该是明条纹。这一相位突变是在反射过程中发生的，因为两束光在充满均匀介质或真空中传播时，不可能引起这种相位差的变化。这种变化只能是由一束光在两种介质分界面上反射时发生的，等效于反射光的波程在反射过程中损失了半个波长，因而这种现象也称**半波损失**。**把折射率相对大的介质称为光密介质，折射率相对小的介质称为光疏介质**。实验发现：**当光由光疏介质入射到光密介质，并在光密介质表面反射，则反射光有半波损失，反之当光在光疏介质表面反射时没有半波损失**。这一实验事实也为电磁波理论所肯定。在实际计算中，遇到类似的反射光束时，应考虑是否存在这"半波损失"形成的相位突变。

例 16-2　在劳埃镜装置中，狭缝光源 S_1 及其虚像 S_2 在离镜左边 20 cm 的平面内，如图 16-5 所示。镜长 30 cm，在镜的右面边缘放置一毛玻璃屏。如果 S_1 到镜面的垂直距离为2.0 mm，使用波长为720.0 nm 的红光，试计算镜面右边边缘到第一条明纹中心的距离。

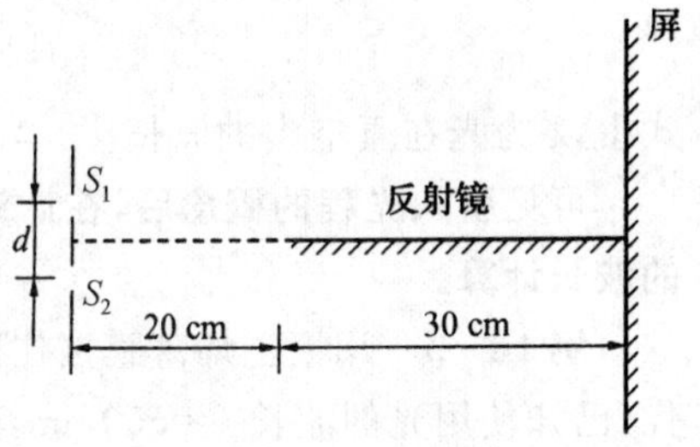

图 16-5　例 16-2 图

解：S_1，S_2 间的距离为

$$d=2\times2.0\ \text{mm}=4.0\ \text{mm}$$

双缝到屏的距离为

$$D=20\ \text{cm}+30\ \text{cm}=0.5\ \text{m}$$

镜的右边缘为暗纹中心，它到第一条明条纹的中心的距离为半个条纹的宽度，由式(16-7)

$$\Delta x=\frac{1}{2}\frac{D\lambda}{d}=\frac{0.5\times7.2\times10^{-7}}{2\times4\times10^{-3}}\ \text{m}=4.5\times10^{-5}\ \text{m}$$

16.3 光程　光程差

1. 光程

为了便于分析相干光在不同介质中传播相遇时的相位差，特引入光程和光程差的概念。若光在真空中的速度为 c，在介质中的速度为 u，因光的频率不变，所以介质的折射率为

$$n=\frac{c}{u}=\frac{\lambda}{\lambda_n} \tag{16-8}$$

下面举一个简单的例子，了解引入光程的意义。

假设 S_1 和 S_2 为相干光源，它们的初相位相同，经路程 r_1 和 r_2 到达空间某点 P 相遇（图 16－6），若 S_1P 和 S_2P 分别表示在折射率为 n_1 和 n_2 的介质中传播路径，则这两个波在 P 点引起振动的相位差为：

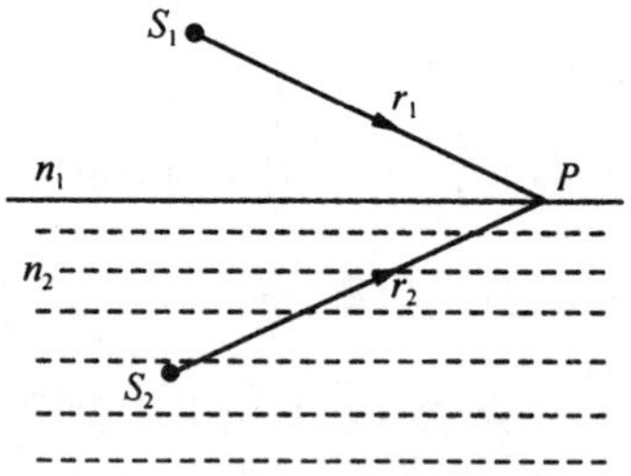

图 16－6　光程差的计算

$$\Delta\varphi=\frac{2\pi r_2}{\lambda_2}-\frac{2\pi r_1}{\lambda_1}$$

由式(16－8)可得

$$\Delta\varphi=\frac{2\pi}{\lambda}(n_2r_2-n_1r_1) \tag{16-9}$$

令 $D=nr$，并**定义 D 为光程。光程就是介质的折射率和光在介质中传播的几何路程的乘积**。其物理意义是，在相同时间内**把光在介质中传播的路程折算成在真空中传播的路程**。

由此可见，两相干光波在相遇点 P 的相位差不是决定于它们的几何路程 r_2 与 r_1 之差，而是决定于它们的光程之差 $n_2r_2-n_1r_1$，常用 **Δ 表示光程差**，即

$$\boxed{\Delta=n_2r_2-n_1r_1}$$

式(16－9)可表示为

$$\boxed{\Delta\varphi=\frac{2\pi}{\lambda}\Delta}$$

式中，λ 为光在真空中的波长。

可见**引入光程的概念后，在计算相干光的相位差时，可以不考虑光在介质中的波长**，**而直接用真空中的波长计算**。

例 16－3　用聚乙烯薄膜挡住杨氏双缝中的 S_1 缝，如图 16－7 所示，原中央零级亮纹被第 7 级明纹取代，已知使用光的波长 $\lambda=550$ nm，薄膜的折射率 $n=1.58$。求薄膜的厚度。

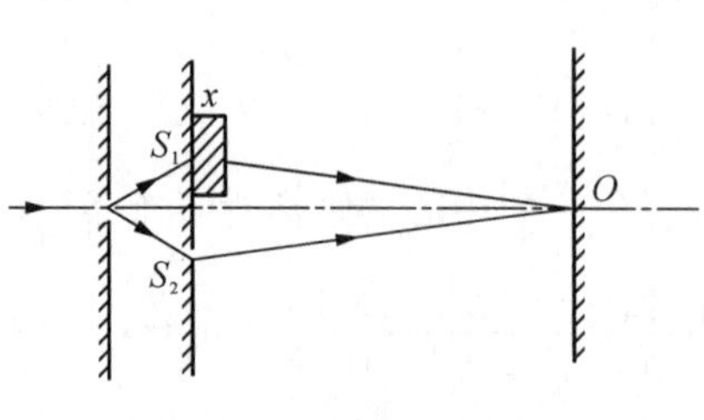

图 16－7　例 16－3 图

分析：计算塑料薄膜引起 S_1O 光路的光程差是求解的关键。

解：设薄膜厚度为 x，由薄膜引起的 O、S_1 两点间的光程差为 $\Delta=nx-x=(n-1)x$。

由题意可知，当光程差改变 λ 时，屏上的干涉条纹移动1级，当光程差改变 Δ，干涉条纹移动7级，故

$$(n-1)x=7\lambda$$

解得
$$x=\frac{7\lambda}{n-1}=6.64\ (\mu\text{m})$$

***2. 光线通过透镜的等光程性**

在干涉和衍射装置中，经常要用到薄透镜(简称透镜)。下面简要说明光线通过透镜的等光程性，由几何光学可知，平行光束通过透镜后，将会聚于焦平面上成一亮点(图16-8)。这是由于某时刻平行光束上各点(图中 A、B、C、D、E 各点)的相位相同，而到达焦平面后相位仍然相同，因而干涉加强。可见这些点到 F 点的光程都相等。这个事实还可这样理解，如图16-8(a)所示，虽然光 AaF 比光 CcF 经过的几何路程长，但是光 CcF 在透镜中经过的路程比光 AaF 的长，因此折算成光程，AaF 的光程与 CcF 的光程相等。对于斜入射的平行光，会聚于焦平面上的点 F'，类似讨论可知，AaF'，BbF'，…的光程均相等(图16-8(b))，因此，使用**透镜并不引起附加的光程差**。

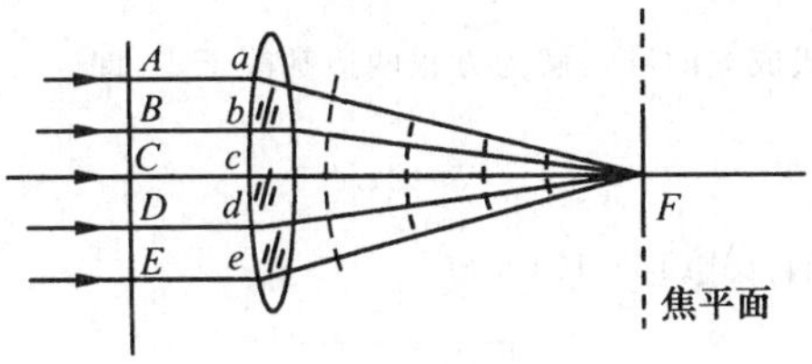

(a)

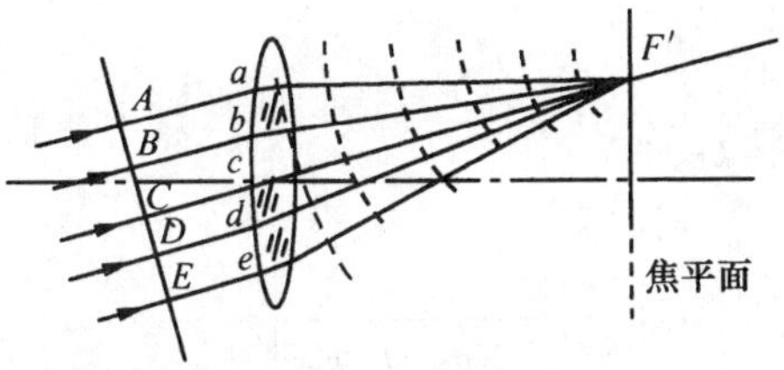

(b)

图16-8 光线通过透镜的光程

*16.4 多光束干涉

在杨氏双缝实验中，若把 S_1S_2 视为光源，这时反映在屏上某点 P 的干涉情况可借用旋转矢量法计算两振动矢量叠加，此时可以用式(16-2)判断，因传到 P 点的两振动的相位差为 $2k\pi$ 时，表示两旋转矢量在一直线上且方向相同，合矢量最大；当两矢量的相位差为 $(2k+1)\pi$ 时，表示两旋转矢量在一直线上但方向相反，合矢量最小。多光束干涉面临的等间距分布的狭缝为 N 个，相邻两缝在 P 点引起的相位差为

$$\delta=\frac{2\pi}{\lambda}(d\sin\theta) \tag{16-10}$$

为了计算合矢量的大小，设每一狭缝的光强 I_0，相应的光振幅为 A_0，则 $I_0=A_0^2$，对 N 个矢量合成后的矢量为 $\mathbf{A}$，由矢量叠加的多边形法则可绘制成图16-9。

N 个 A_0 围成了一个类似的正多边形的局部，设其合矢量为 $\mathbf{A}$，借助于正多边形外接圆，设其半径为 R，可将 $\mathbf{A}$ 表示为

$$\mathbf{A}=2R\sin\frac{\varphi}{2} \tag{16-11}$$

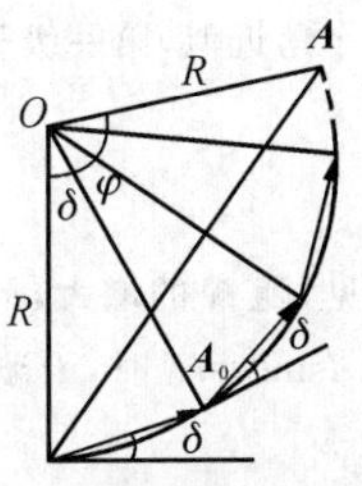

图16-9 多光束相干光的叠加

由几何关系可知，矢量 $\mathbf{A}$ 对应的圆心角 $\varphi=N\delta$，再由矢量 $\mathbf{A}_0$ 对应的顶角为 δ 的小三角形可得

$$R=\frac{\frac{A_0}{2}}{\sin\frac{\delta}{2}}$$

将 φ,R 代入式(16-11)得

$$A=A_0\frac{\sin\frac{N\delta}{2}}{\sin\frac{\delta}{2}} \tag{16-12}$$

矢量 $\boldsymbol{A}$ 的平方对应着 N 个细缝在屏上 P 点的光强 I,即 $I=A^2$,显然当 $\boldsymbol{A}$ 有极大值时,表示光强 I 也极大,$\boldsymbol{A}$ 极小时,I 也极小。

对式(16-12)求极值,令 $\frac{\mathrm{d}A}{\mathrm{d}\delta}=0$,可得

$$\frac{N}{2}\cos\frac{N\delta}{2}\sin\frac{\delta}{2}-\frac{1}{2}\sin\frac{N\delta}{2}\cos\frac{\delta}{2}=0 \tag{16-13}$$

即 $N\tan\frac{\delta}{2}=\tan\frac{N\delta}{2}$时,$A$ 有极值。此式成立的唯一解为方程两边都等于零,即

$$\delta=2k\pi \tag{16-14}$$

很明显,此时表示 N 个矢量处于一直线,由式(16-10)可知

当

$$\boxed{d\sin\theta=k\lambda} \tag{16-15}$$

则 P 点为是干涉极大值位置。

由式(16-12),当 $\sin\frac{N\delta}{2}=0$ 时,$\frac{N\delta}{2}=k\pi$。

由式(16-10)可知

当

$$\boxed{Nd\sin\theta=k'\lambda} \tag{16-16}$$

时,A 极小,式中 $k'\neq nN$(n 为整数)。

若 $k'=nN$,式(16-16)就成为式(16-15),此时恰为干涉主极大,所以 N 条狭缝干涉极小时满足

$$d\sin\theta=\frac{k'}{N}\lambda \qquad (k'\neq nN) \tag{16-17}$$

当 N 确定,k'可取值为$(N+1)$,$(N+2)$,$(N+3)$,…,$(2N-1)$,共$(N-1)$个,可见在**两干涉主极大之间有$(N-1)$个极小**。在两相邻的极小之间为次极大,故**有$(N-2)$个次极大**。与主极大光强比较,次极大的光强可以忽略不计。

计算主极大的角宽度。由式(16-17)可得,当 N 确定时,第一级主极大位置对应的 k'值为 N,其两边极小的位置对应的 k'值为$(N-1)$和$(N+1)$,由式(16-17)可得:

$$\sin\theta_-=\frac{N-1}{N}\frac{\lambda}{d}$$

$$\sin\theta_+=\frac{N+1}{N}\frac{\lambda}{d}$$

取小角近似,第一级**干涉明纹的角宽度**

$$\Delta\theta=\theta_+-\theta_-=\frac{2\lambda}{Nd} \tag{16-18}$$

可见,**随 N 的增大**,干涉明纹**角宽度很小**,意味着在焦平面上的**干涉条纹很细**。

当 $d\sin\theta=k\lambda$ 时,干涉明纹的强度由式(16-12)可得

$$I=A^2=A_0^2\left(\frac{\sin\frac{N\delta}{2}}{\sin\frac{\delta}{2}}\right)^2=I_0\left(\frac{\sin\frac{N\delta}{2}}{\sin\frac{\delta}{2}}\right)^2$$

当 $\delta=2k\pi$ 时,用罗比塔法则得

$$\boxed{I=N^2I_0} \tag{16-19}$$

可见,**屏上干涉主极大的光强等于每一条缝的光强的 N^2 倍**。所以,N 条狭缝形成的干涉主极大条纹的特点:随 N 的增大变得明而细。这对测量精度的提高具有重要意义,用于光谱分析时必须选择 N 足够大光栅的道理不言自明。

例 16-4　由 4 个等间距的狭缝,缝间距为 d,用波长 λ 的光垂直照射时,在相距 1 m 处的屏上看到干涉条纹,若每缝的光强为 I_0。求干涉条纹在屏上的分布(与杨氏双缝比较)。

解:(1) 干涉主极大的角位置满足式(16-15)

$$d\sin\theta=k\lambda \quad (k=1,2,3\cdots)$$

且主极大光强

$$I=N^2I_0=16I_0$$

(2) 干涉暗条纹的角位置满足式(16-16)

$$d\sin\theta=\frac{k}{4}\lambda, \quad (k=1,2,3,5,6,,7\cdots)$$

(3) 取 x 轴表示 $\sin\theta$,单位取为 $\left(\frac{\lambda}{4d}\right)$,取 y 轴表示光强,单位为 I_0,可用图 16-10 表示 4 缝的干涉图。

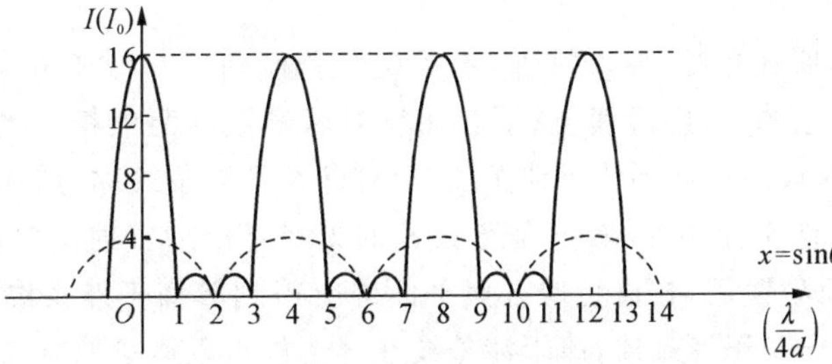

图 16-10　4 条等间距狭缝的干涉

图 16-10 中实线为 4 缝干涉后的光强分布,虚线为双缝干涉的光强分布,两者干涉图相差甚远,4 条缝的干涉图证明两主极大之间有 3 个极小,2 个次极大。双缝的情况请读者自己对照杨氏双缝进行比较体会。

16.5　薄膜干涉　等倾干涉

日常生活中可以看到油膜、肥皂膜在太阳光的照射下呈现彩色花纹,这就是薄膜干涉现象,类似现象在生物中也随处可见,如蝴蝶、蜻蜓等的翅膀在阳光下形成绚丽的彩色等。这里讨论光照在薄膜上为什么会产生干涉现象。

如图 16-11 所示,设厚度为 d 的均匀透明薄膜,它是折射率为 n_2 的介质Ⅱ,其上方是折射率为 n_1 的介质Ⅰ,其下方是折射率为 n_3 的介质Ⅲ。今有真空中波长为 λ 的一束单色平行光由介质Ⅰ射向薄膜,根据光的反射定律和折射定律,一部分光在薄膜的上表面反射,用①光表示;另一部分光经过折射后在薄膜的下表面反射,然后又折射回到介质Ⅰ,用②光表示。这两条光线是从同一条入射光线分出来的,或者说是从入射光的波阵面上的同一部分分出来的,故它们是相干光。它们的能量也是从同一条入射光线分出来的。由于光波的能量和振幅有关,所以这种产生相干光的方法称为分振幅法,使得这两束相干光通过透镜会聚后就会产生干涉。

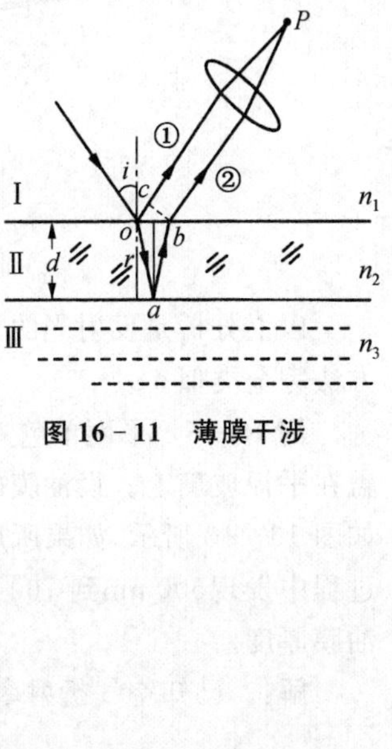

图 16-11　薄膜干涉

暂不考虑反射光的半波损失,参照图 16-11,设光的入射角为 i,折射角为 r,薄膜厚度为 d,计算在薄膜上、下表面反射光的光程差

$$\Delta=n_2(oa+ab)-n_1oc$$

因 $oa=ab=\dfrac{d}{\cos r}$,$oc=ob\sin i$,$ob=2d\tan r$,将其代入上式可得

$$\Delta=\frac{2dn_2}{\cos r}-\frac{2dn_1\sin i\sin r}{\cos r}$$

由折射定律可知

$$n_1\sin i=n_2\sin r$$

代入上式可得

$$\begin{aligned}\Delta&=2n_2d\cos r\\&=2d\sqrt{n_2^2\cos^2 r}\\&=2d\sqrt{n_2^2(1-\sin^2 r)}\end{aligned}\tag{16-20}$$

再由折射定律,并考虑半波损失的实际情况,最后的光程差的计算式为

$$\boxed{\Delta=2d\sqrt{n_2^2-n_1^2\sin^2 i}\left(+\frac{\lambda}{2}\right)}\tag{16-21}$$

式中,d 为薄膜厚度;n_2 为膜的折射率;i 为入射角;$\left(+\frac{\lambda}{2}\right)$将根据实际的介质折射率判断半波损失存在与否的情况来决定取舍。

所以,两束光在 P 点是明还是暗,与入射角 i 有关(i 又称倾角)。由式(16-21)可知,凡以相同入射角 i 射到厚度均匀的平面薄膜上的光,经薄膜上、下表面反射后产生的两束相干光具有相同的光程差,它们经透镜会聚在焦平面上就形成同一条环状干涉条纹,故将此类干涉条纹称为等倾干涉条纹。

图 16-12(a)是等倾干涉实验装置,来自面光源 S 的光经半反射镜射向薄膜表面,再经薄膜上、下表面反射的两条光线透过半反射镜后,在透镜像方焦平面屏上得到**等倾干涉条纹**。凡是**以相同入射角 i 入射到薄膜的光线,将对应同一条干涉条纹**,该干涉条纹在屏上位于以透镜像方焦点 O' 为中心的圆周上,干涉条纹如图 16-12(b)所示。由式(16-12)可以看出,入射角 i 越小(即折射角 r 越小)的光线,所形成的圆条纹的级次越高,也就是说**内圆条纹的级次比外圆条纹的级次高**。常用等倾干涉装置检查高精度平板(如玻璃平板)两表面的平行度。

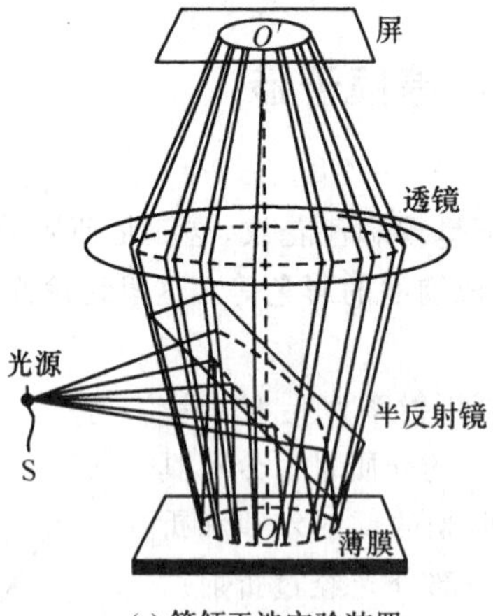

(a) 等倾干涉实验装置

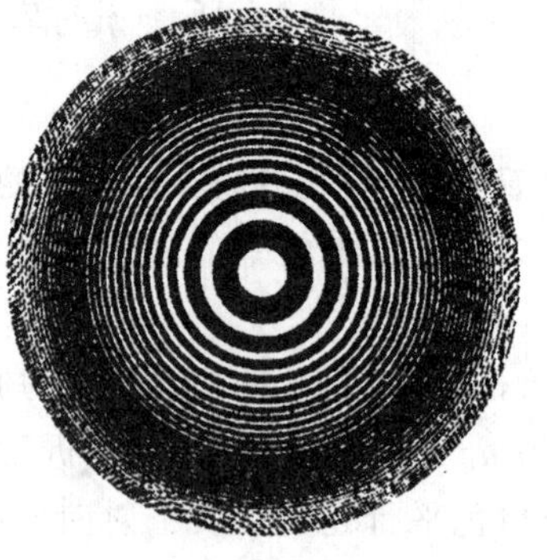

(b) 干涉条纹

图 16-12 观察等倾干涉条纹装置简图

以上分析是反射光的干涉。同样透射光也能产生干涉,其分析方法完全类似。

例 16-5 平面单色光垂直照射在厚度均匀的油膜上,油膜覆盖在平板玻璃上。设油膜的折射率为 1.30,玻璃的折射率为 1.50。如图 16-13 所示,如果所用光源的波长连续,在调节入射光波长的过程中发现500 nm到 700 nm 这两个波长在反射光中没有出现,求油膜厚度。

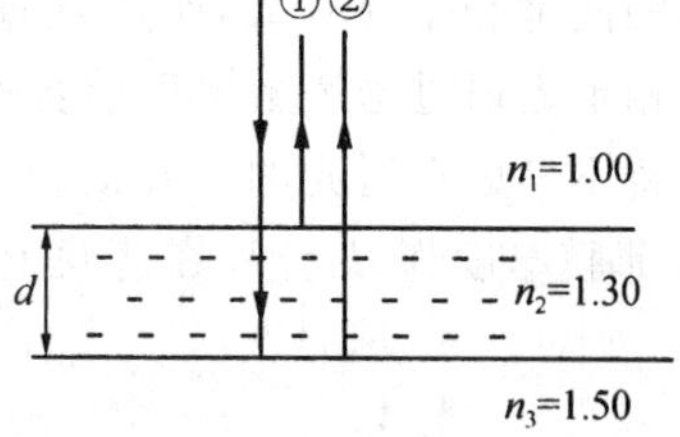

图 16-13 例 16-5 图

解: 已知空气折射率 $n_1=1$,油膜的折射率 $n_2=1.30$,玻璃的

折射率 $n_3=1.50$，$\lambda_1=500\ \text{nm}$，$\lambda_2=700\ \text{nm}$。

由油膜上下表面产生的两束反射光的光程差产生于油膜之中，因为 $n_1<n_2<n_3$，所以油膜上下两表层都存在半波损失，两反射光线的光程都要附加一项 $\frac{\lambda}{2}$，但在计算两反射光的光程差时，附加项 $\frac{\lambda}{2}$ 相互抵消，设油膜厚度为 d，因此两反射光的光程差为 $2n_2d$。

由于光源连续可调，调节过程中在波长 500 nm 和 700 nm 之间没有出现其他的干涉相消波长，因此，两波长所对应的干涉级只能相差一级：

$$2n_2d=(2k+1)\frac{\lambda_1}{2}$$

$$2n_2d=[2(k-1)+1]\frac{\lambda_2}{2}$$

比较以上两式，得

$$(2k+1)\frac{\lambda_1}{2}=(2k-1)\frac{\lambda_2}{2}$$

代入数据
$$(2k+1)\times\frac{500\times10^{-9}}{2}\ \text{m}=(2k-1)\times\frac{700\times10^{-9}}{2}\ \text{m}$$

解得
$$k=3$$

于是可计算

$$d=\frac{(2k+1)\lambda_1}{4n_2}=\frac{(2\times3+1)\times500\times10^{-9}}{4\times1.30}\ \text{m}=6.73\times10^{-7}\ \text{m}$$

故油膜的厚度为 673 nm。

例 16-6　为了提高光学仪器镜头对波长为 λ 光的透射能力，常在镜头上镀上一层透明介质薄膜。如果薄膜厚度合适，可使波长为 λ 的光因干涉效应，只透射不反射，这种薄膜称为**增透膜**。波长 $\lambda=550\ \text{nm}$ 黄绿光对人眼和照相底片最敏感，要使照相机对此波长反射小，可在照相机镜头上镀一层氟化镁（MgF_2）薄膜。已知 MgF_2 的折射率 $n_2=1.38$。试求 MgF_2 的最小厚度。

解：如图 16-14 所示，照相时光线近似地与镜头垂直（为了看得清楚，图中把入射角画大些）。因 MgF_2 的折射率介于空气和玻璃之间，所以反射光在 MgF_2 薄膜的下表面反射时有半波损失，因此折射光③无半波损失，折射光④有半波损失。两条折射光干涉加强的条件是

$$2n_2d+\frac{\lambda}{2}=k\lambda\qquad(k=1,2,\cdots)$$

取 $k=1$ 时，可得 MgF_2 增透膜的最小厚度为

$$d=\frac{\lambda}{4n_2}=\frac{550}{4\times1.38}\ \text{nm}=100\ \text{nm}$$

由能量守恒，折射光干涉加强时其反射光必须相干减弱。因此本题还可以用反射光的相干减弱条件来求解。请读者一试。

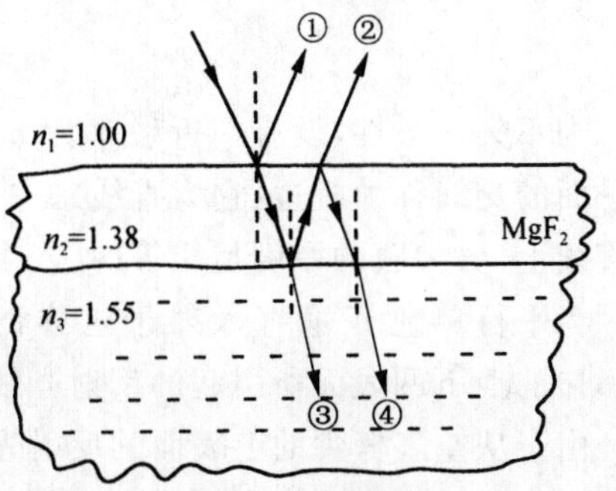

图 16-14　增透膜

在这个例子中，因为反射光中缺少黄绿色而呈蓝紫色，因此，如果我们看到薄膜呈蓝紫色，就知道它的最小厚度大约是 100 nm。在半导体元件生产中，估计二氧化硅(SiO_2)薄膜的一种简单方法就是根据 SiO_2 表面的颜色进行判断。

在上述例子中，也可以通过改变膜厚，使反射光相干加强，这样的膜层称增反射膜。

根据薄膜干涉原理，使用**多层镀膜**方法，可以制成常用的反射式的干涉滤色片，以及反射本领高达 99%以上的反射面，这种反射面可以用作激光谐振腔的端面反射镜，或者城镇巷口、马路拐弯处的反射镜。这样的反射镜比传统的玻璃反射镜的反射能力强得多，而其基底不一定要采用硬质玻璃，可以采用软基质的塑料，这样可以降低成本，减少消耗，扩大应用。

例 16-7 由两光纤截面构成一个空气膜，可作为**光通讯中的光滤波器**。(1) 如垂直入射时透射光的波长 $\lambda=546$ nm，求此空气膜的厚度；(2) 设光纤的折射率 $n=\frac{4}{3}$，入射角为30°用混合光照射，求此空气膜中透射出的光波的波长。

解：如图 16-15 所示，分析透射光的半波损失的情况：第①束光没有半波损失，第②束光有 2 次反射，每次都有半波损失，所以共损失了一个波长，对光程差没有影响。

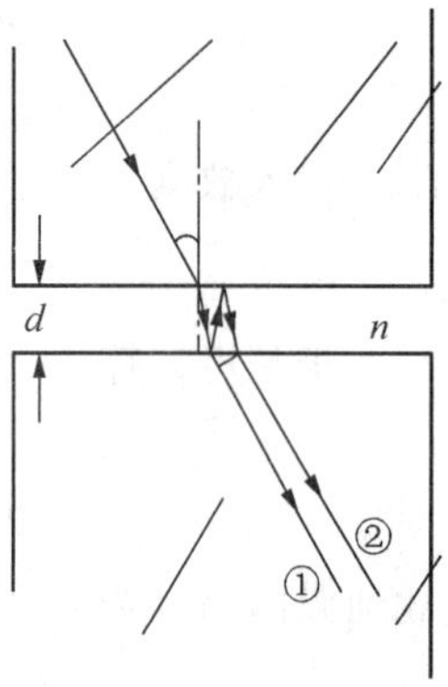

图 16-15 光滤波器

(1) 由相干加强的条件可得

$$2d=k\lambda$$

取 $k=1$，得 $$d_{\min}=\frac{\lambda}{2}=273\ \text{nm}$$

(2) 由 $$\begin{aligned}\Delta&=2d\sqrt{n_2^2-n_1^2\sin^2 i}\\&=2d\sqrt{1-\left(\frac{4}{3}\times\frac{1}{2}\right)^2}\\&=k'\lambda\end{aligned}$$

将膜厚 $d=273$ nm 代入上式，并由 400 nm$<\lambda<$760 nm 可取 $k'=1$，得

$$\begin{aligned}\lambda&=\frac{2\sqrt{5}}{3}d\ \text{nm}\\&=407.0\ \text{nm}\end{aligned}$$

实际的光通讯未必都是可见光，它可以是红外光、紫外光，但其原理是不变的。读者可以查阅有关资料来了解光通讯中如何使用光滤波器选择信号。

16.6 等厚干涉

前面介绍了平行光束入射在厚度均匀的薄膜上产生的干涉现象。这里介绍在厚薄不均匀的薄膜上产生的干涉现象，实验室中能观察到这种干涉现象的常见的装置是劈尖膜和牛顿环。

1. 劈尖膜

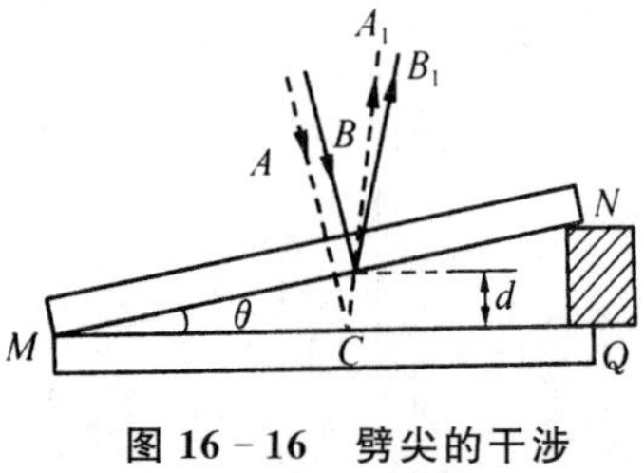

图 16-16 劈尖的干涉

为不失一般性，设有一折射率为 n 的玻璃平板构成的空气劈尖，劈尖两平面的交线称为棱边(它为直线)。当玻璃为标准平面时，在平行于棱边的直线上，劈尖膜的厚度是相等的。

当平行单色光垂直入射于这样的玻璃劈尖时($i=0$)，在空气劈尖($n=1$)的上下两表面所引起的反射光线将形成相干光。

由于从空气劈尖的上表面的反射光没有半波损失，而从玻璃劈尖的下表面的反射光有半波损失，如图 16-16 所示。劈尖在 C 点处的厚度为 d，当光线垂直入射到劈尖膜的上表面时，由于劈尖顶角很小，则认为光线在下两表面近似垂直入射。在劈尖上、下表面反射的两束光线之间的光程差

$$\Delta=2nd+\frac{\lambda}{2} \tag{16-22}$$

为不失一般性，我们保留膜的折射率 n，其条件是 $n<n_{玻}$。

由干涉条件可知：

$$\Delta=2nd+\frac{\lambda}{2}=\begin{cases}k\lambda & (k=1,2,3,\cdots) \quad 明纹\\ (2k+1)\frac{\lambda}{2} & (k=0,1,2,3,\cdots) \quad 暗纹\end{cases} \tag{16-23}$$

第 k 级干涉明纹对应的膜厚

$$d_k=\left(k-\frac{1}{2}\right)\frac{\lambda}{2n}$$

由式(16-8)得

$$d_k=\left(k-\frac{1}{2}\right)\frac{\lambda_n}{2}$$

第 k' 级干涉暗纹对应的膜厚

$$d_k{}'=k'\frac{\lambda}{2n}=k'\frac{\lambda_n}{2}$$

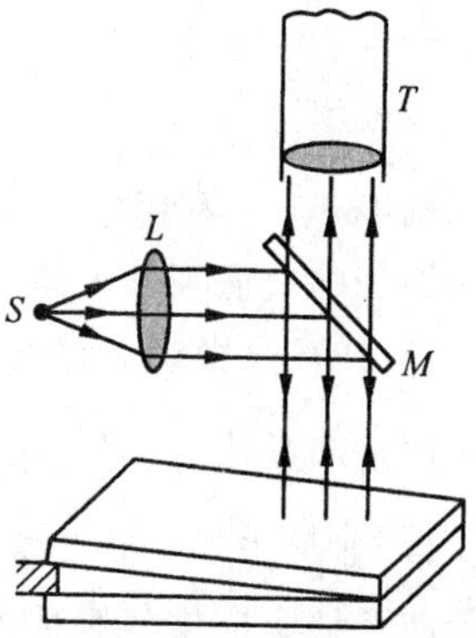

图 16-17　劈尖干涉观察简图

干涉条纹为平行于劈尖棱边的直线条纹，表明**相等的膜厚对应同一条干涉条纹**。所以这些干涉条纹称为**等厚干涉条纹**。观察劈尖干涉的实验装置如图 16-17 所示。

在两玻璃面相接触处，$d=0$，光程差等于 $\frac{\lambda}{2}$，所以看到的是暗条纹，其理论与实验一致。

如图 16-18 所示，**任何两个相邻的明纹对应的膜厚差**

$$\Delta d=d_{k+1}-d_k=\frac{1}{2n}(k+1)\lambda-\frac{1}{2n}k\lambda=\frac{\lambda_n}{2} \tag{16-24}$$

同样可得到**相邻暗纹对应的膜厚差** $\Delta d=\frac{\lambda_n}{2}$，显然，干涉条纹是等间距的，而相邻的干涉条纹之间的距离 $l=\frac{\lambda_n/2}{\sin\theta}$，而且 θ 越小，l 越大，干涉条纹越疏；θ 越大，干涉条纹越密。如果劈尖的夹角 θ 相当大，干涉条纹就可能密得无法分开，因此，干涉条纹只能在劈尖处很窄的区域存在，乃至人眼无法分辨，浑然不觉干涉现象的存在。

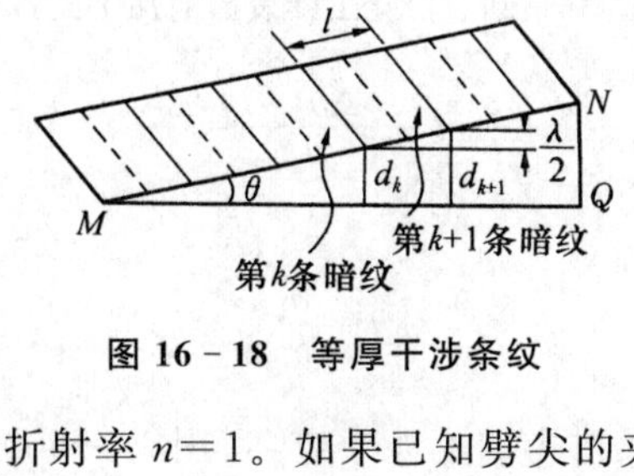

图 16-18　等厚干涉条纹

由式(16-24)可见，空气劈尖的折射率 $n=1$。如果已知劈尖的夹角，那么测出干涉条纹的间距 l，就可以测出单色光的波长。反过来，如果单色光的波长是已知的，那么就可以测出劈尖顶角微小的角度。利用这个原理，工程技术上也常常用来测定细丝的直径或薄片的厚度。

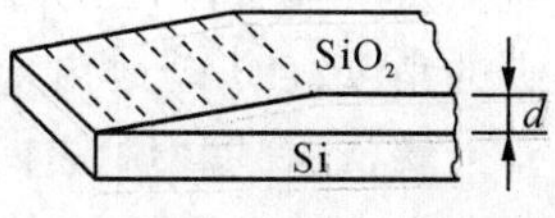

图 16-19　例 16-8 图

例 16-8　在芯片生产过程中，常常要检测 Si 表面生成的 SiO_2 的厚度，其

方法是将 SiO_2 层磨成一个劈尖。用氦氖激光器垂直照射($\lambda=632.8$ nm)在反射光中，看到劈尖区有 8 条暗条纹，最高处为暗条纹中心，测得 Si 的折射率为 3.42，SiO_2 的折射率为1.5。求 SiO_2 膜厚。

解：在 SiO_2 薄膜表面的反射光有半波损失，在 Si 表面的反射光也有半波损失，故 SiO_2 膜反射的光程差 $\Delta=2nd$。

由干涉条件可知

$$\Delta=2nd=\begin{cases} k\lambda & (\text{干涉明纹}) \\ \left(k+\dfrac{1}{2}\right)\lambda & (\text{干涉暗纹}) \end{cases}$$

在劈尖处 $d=0$，$\Delta=0$ 为零级明纹中心，而膜的另一端(最高处)为第 8 级暗纹中心，在整个劈尖区域内共有 7.5 条干涉条纹，故膜厚为：

$$d=7.5\times\frac{\lambda}{2n}=1.58\ \mu\text{m}$$

例 16-9 利用空气劈尖的等厚干涉条纹可以检测工件或玻璃表面存在的极小的加工纹路，在经过精密加工的玻璃工件表面上放一标准光学平面玻璃，使其间形成空气劈形膜，用单色光照射玻璃(图 16-20(a))，并在显微镜下观察到干涉条纹(图 16-20(b))。试根据干涉条纹的弯曲方向，判断工件表面是凹潭的还是凸丘；并证明凹凸深度可用下式计算得到：$\Delta h=\dfrac{a}{b}\dfrac{\lambda}{2}$，式中，$\lambda$ 为照射光的波长。

解：如果工件表面是精确的平面，等厚干涉条纹应是等距离的平行直条纹。如图 16-20 所示，观察到的干涉条纹弯向空气膜的左端劈尖处，等厚干涉的特点是同一条干涉条纹对应的膜厚相等，见图 16-20(d)。因此，可判断工件表面是下凹的。由图 16-20 还可看出，工件上有沿 AB 方向的柱面形凹痕(图 16-20(c))，由图 16-20(d)中两相似直角三角形可得

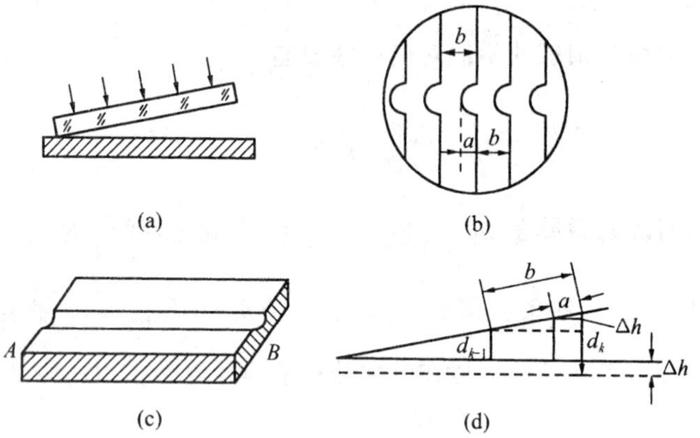

图 16-20 检验工件表面的加工纹路

$$\frac{a}{b}=\frac{\Delta h}{d_k-d_{k-1}}=\frac{\Delta h}{\dfrac{\lambda}{2}}$$

所以

$$\Delta h=\frac{a}{b}\frac{\lambda}{2}$$

例 16-10 在空气劈尖上观察反射光的干涉条纹，当用 $\lambda_1=500$ nm 的光垂直照射时，测得第三级暗纹所在处的 A 点到劈尖的距离为 $l=1.56$ cm。(1) 求劈尖的角度；(2) 若改用 $\lambda_2=600$ nm 的光垂直照射，则 A 点的干涉情况如何？

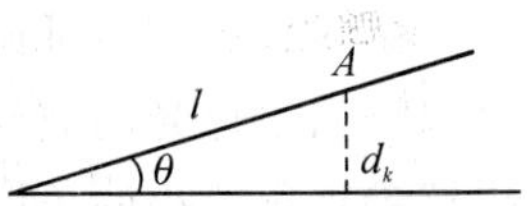

图 16-21 例 16-10 图

解：空气劈尖下表面的反射光存在半波损失，若膜厚为 d，则空气膜上、下表面反射光的光程差

$$\Delta=2d+\frac{\lambda_1}{2}$$

劈尖处 $d=0$，$\Delta=\frac{\lambda_1}{2}$，故劈尖处为零级暗纹中心，第三级暗纹离劈尖为整三条干涉明纹，A 点对应的空气膜的厚度

$$d_A=3\times\frac{\lambda_1}{2}=750\ \text{nm}$$

当 θ 很小时，
$$\theta\approx\sin\theta=\frac{d_A}{l}=\frac{750\times10^{-9}}{1.56\times10^{-2}}\ \text{rad}=4.8\times10^{-5}\ \text{rad}$$

（2）当用 λ_2 的光垂直照射

$$\Delta=2d+\frac{\lambda_2}{2}=1\ 800\ \text{nm}=3\lambda_2$$

故 A 点为第三级干涉明纹中心。

2. 牛顿环

如图 16－22 所示，在一块平面玻璃 B 上放一块曲率半径很大的平凸透镜 A，形成一个上表面是球面，下表面是平面的空气薄膜层。当用单色光垂直照射时，从上往下观察会看到以接触点 O 为中心的一组圆形干涉条纹，这是由环形空气劈尖上下表面反射的光发生干涉而形成的条纹。由于以接触点 O 为中心的任意圆周上，空气层的厚度是相等的，因此，这种条纹也是等厚干涉条纹。这是牛顿首先在实验中发现的，通常称其为**牛顿环**。

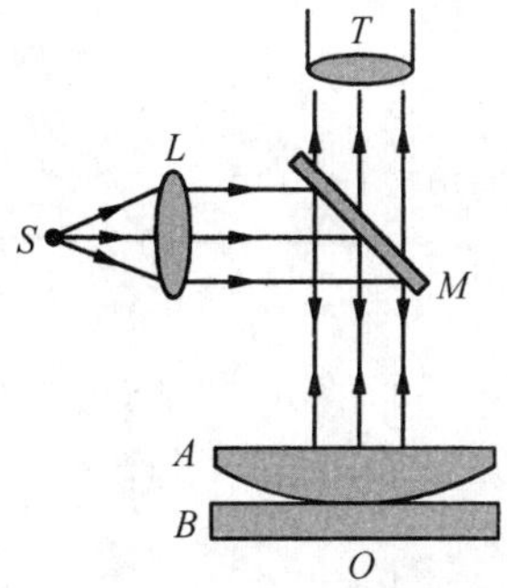

(a) 牛顿环装置图

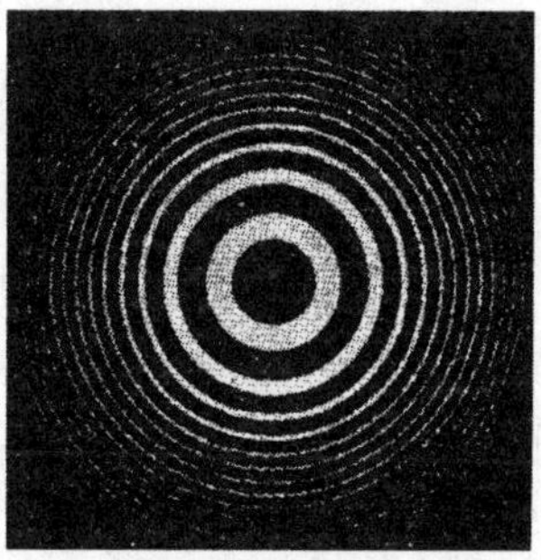

(b) 牛顿环照相图

图 16－22　牛顿环实验

现在对牛顿环进行计算，图 16－23 中 R 为平凸透镜的曲率半径，r 为环形干涉条纹的半径。若半径为 r 的环形干涉条纹下面的空气膜厚度为 d，由图中可知

$$R^2=r^2+(R-d)^2=r^2+R^2-2Rd+d^2$$

因 $d\ll R$，d^2 可略去，于是得

$$d=\frac{r^2}{2R}$$

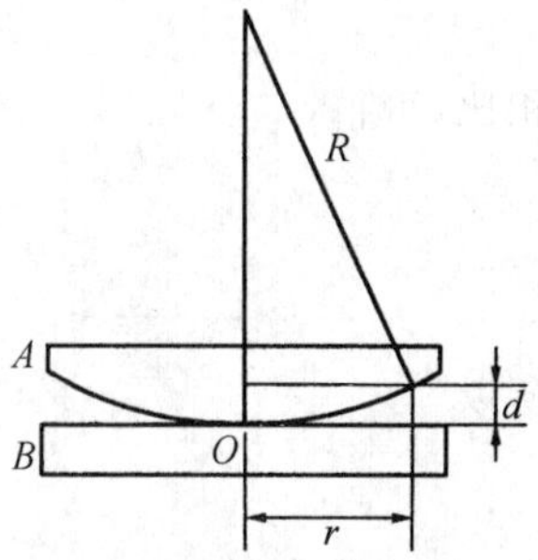

图 16－23　牛顿环的明、暗环半径的计算

根据式(16－22)可知牛顿环的明纹条件为

$$2d+\frac{\lambda}{2}=2\times\frac{r^2}{2R}+\frac{\lambda}{2}=k\lambda\quad(k=1,2,3,\cdots)$$

由此可得牛顿环的第 k 级明纹半径

$$r_k=\sqrt{\left(k-\frac{1}{2}\right)R\lambda}\quad (k=1,2,3,\cdots) \tag{16-25}$$

暗纹条件为

$$2d+\frac{\lambda}{2}=2\times\frac{r^2}{2R}+\frac{\lambda}{2}=(2k+1)\frac{\lambda}{2}\quad (k=0,1,2,3,\cdots)$$

第 k' 级暗环半径

$$r_k{}'=\sqrt{k'\lambda R}\quad (k'=0,1,2,\cdots) \tag{16-26}$$

相邻两明环的半径差

$$\Delta r=r_{k+1}-r_k=\left(\sqrt{k+\frac{1}{2}}-\sqrt{k-\frac{1}{2}}\right)\sqrt{R\lambda} \tag{16-27}$$

随 k 增大，Δr 将越来越小，干涉明环会越来越密。对暗环进行同样的讨论，可得相同的结论。由于紧靠牛顿环中心的光程差小于远离中心的光程差，所以**牛顿环靠中心处的干涉条纹级次小于其外层的干涉条纹级次**，这与等倾干涉的情况刚好相反。

牛顿环常用于检验透镜的质量，测定平凸透镜的曲率半径，也可用于测定光的波长。

例 16-11 用氦氖激光器发出的波长为 633 nm 的单色光做牛顿环实验，测得第 k 个暗环的半径为 5.63 mm，第 $(k+5)$ 个暗环的半径为 7.96 mm，求平凸透镜的曲率半径 R。

解：应用式(16-26)，有

$$r_k=\sqrt{k\lambda R},\ r_{k+5}=\sqrt{(k+5)\lambda R}$$

可得

$$5R\lambda=(r_{k+5}^2-r_k^2)$$

$$R=\frac{r_{k+5}^2-r_k^2}{5\lambda}=\frac{(7.96)^2-(5.63)^2}{5\times 633}\ \text{m}=10.0\ \text{m}$$

例 16-12 用牛顿环实验装置测未知光的波长，实验用 $\lambda_1=589.3$ nm 的钠黄光垂直照射时，测得第 k 级与第 $k+4$ 级的暗环半径差 $\Delta r_1=4\times10^{-3}$ m，当用未知光测得同样的第 k 与 $k+4$ 级的暗环半径差 $\Delta r_2=3.85\times10^{-3}$ m，求未知光的波长。

解：设未知光的波长为 λ_2，则

$$\Delta r_1=\sqrt{(k+4)R\lambda_1}-\sqrt{kR\lambda_1}$$

$$\Delta r_2=\sqrt{(k+4)R\lambda_2}-\sqrt{kR\lambda_2}$$

两式相比，可得：

$$\frac{\Delta r_1}{\Delta r_2}=\sqrt{\frac{\lambda_1}{\lambda_2}}$$

所以

$$\lambda_2=\left(\frac{\Delta r_1}{\Delta r_2}\right)^2\lambda_1=\left(\frac{3.85}{4}\right)^2\times 589.3\ \text{nm}=545.9\ \text{nm}$$

*16.7 迈克耳孙干涉仪

1881 年，迈克耳孙为了研究因为光速不变问题而假设的绝对参照系的存在与否，设计了一种实验装置——迈克耳孙

干涉仪(Michelson Interferometer)，它为狭义相对论的确立提供了关键性的实验依据。当前的多种干涉仪都是由迈克耳孙干涉仪衍生而来的，并广泛用于光的波长测量以及微小长度的精密测量。

迈克耳孙干涉仪的实物照片如图 16－24(a)所示，其光路如图 16－24(b)所示。M_1 和 M_2 是两块相互垂直放置的平面反射镜。M_2 固定不动，M_1 可以沿精密丝杠前后进行微小移动。G_1 和 G_2 是两块与 M_1 和 M_2 成 45°平行放置的平面玻璃板，它们的折射率和厚度都完全相同，其中 G_1 的背面镀有半反射膜，称为分光板，G_2 称为补偿板。两块反射镜到 G_1 的光路称为干涉仪的臂，两条臂长几乎相等。来自光源 S 的光经透镜 L 射出的一束单色平行光入射到分光板 G_1 上，一半被反射，一半被透射，分成光线 1 和光线 2 两部分。这两条光线分别垂直入射到平面反射镜 M_1 和 M_2 上，经 M_2 反射的光线回到分光板 G_1 后，一部分反射成为光线 2′。而光线 1 经 M_1 反射后再经分光板 G_1 透射，成为光线 1′。光线 2′和光线 1′相干叠加，因此在 E 处可以看到干涉现象。光路中放置补偿板 G_2 的目的是让光线 1 和光线 2 分 3 次穿过相同厚度的玻璃板，以免光线 1 和光线 2 所经路径不同而引起较大的光程差。

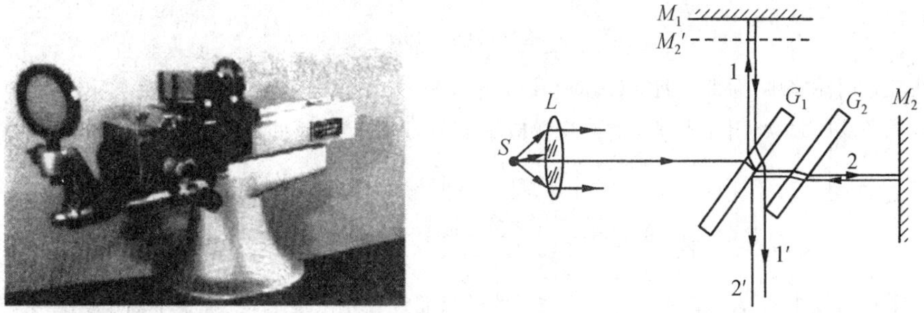

(a) 实物图片　　　　(b) 光路示意图

图 16－24　迈克耳孙干涉仪

平面镜 M_2 经 G_1 薄反射银层形成的虚像为 M'_2，所以虚像 M'_2 应在 M_1 附近，来自 M_2 的反射光线 2′可看成是从 M'_2 处反射的。如果 M_1 和 M_2 严格地相互垂直，那么 M'_2 与 M_1 会严格地相互平行，因而 M'_2 与 M_1 形成一等厚的空气层。来自 M_1 和 M'_2 的光线 1′和光线 2′与在空气膜两表面上反射的光线相类似，其结果在视场中的干涉条纹将为环形的等倾条纹，如图 16－25(a)～图 16－25(e)所示。如果 M_1 与 M_2 并不严格地相互垂直，那么 M_1 与 M'_2 有微小夹角，形成空气劈尖。我们可以在视场中看到光束 1′和 2′产生的如图 16－25(f)～图 16－25(j)的等厚条纹。与各干涉条纹相对应的 M_1 和 M'_2 的位置如图 16－26 所示。

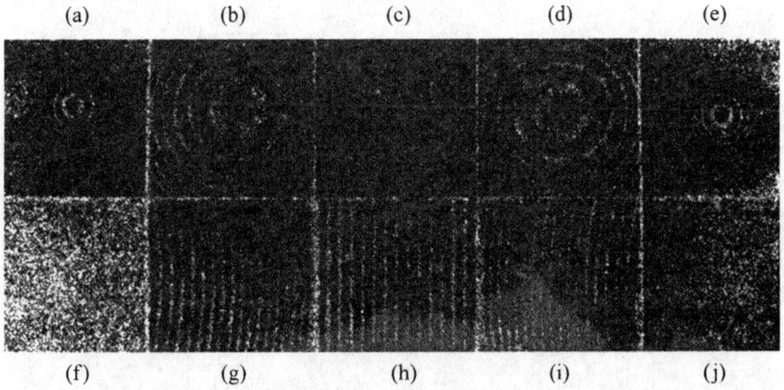

图 16－25　迈克耳孙干涉仪中观察到的几种典型条纹

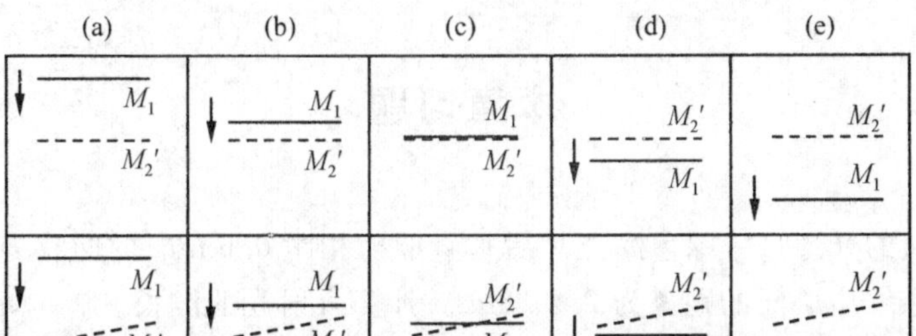

图 16－26　图 16－25 中典型条纹所对应的 M_1 和 M'_2 的位置关系

干涉条纹的位置取决于光程差。只要光程差有微小的变化，即使变化的数量级为光波波长的$\frac{1}{10}$，干涉条纹就将发生可鉴别的移动。当M_1每平移$\frac{\lambda}{2}$的距离时，视场中就有一条明纹移动，所以，知道了视场中移过的明纹条数N就可算出M_1平移的距离

$$d=N\frac{\lambda}{2} \tag{16-28}$$

上式指出，用已知波长的光波可以测定平移长度d，也可用已知的平移长度d测定波长λ。

例 16-8 当把折射率为$n=1.40$的透明薄膜插入迈克耳孙干涉仪的一臂，发现引起了7条干涉条纹的移动，求薄膜的厚度(已知所用钠光的波长为589.3 nm)。

解：设薄膜的厚度为d，在插入薄膜的前后，光程差的改变量为

$$\Delta\delta=2(n-1)d$$

系数2为光线在透明薄膜中"一来一回"引起的2倍光程差。

由于引起了7条条纹的移动，因此光程差的改变量应等于7λ，即满足关系式

$$\Delta\delta=2(n-1)d=7\lambda$$

得

$$d=\frac{7\lambda}{2(n-1)}=\frac{7\times589.3\times10^{-9}}{2\times(1.40-1)}\ \text{m}=5.156\times10^{-6}\ \text{m}。$$

在用迈克耳孙干涉仪做实验时发现，M_1和M'_2之间的距离超过一定限度后，就观察不到干涉现象。这是由于一切辐射光源发射的光是一个个的波列，每个波列有一定长度。例如，在迈克耳孙干涉仪的光路中，点光源先后发出两个波列a和b，每个波列都被分光板分为1和2两个波列，分别用a_1，a_2，b_1，b_2表示。当两光路光程差不太大时，如图16-27(a)所示。由同一波列分出来的两波列，如a_1和a_2，b_1和b_2可以部分重叠，这时还能够发生干涉。

如果两光路的光程差太大，如图16-27(b)所示，则由同一波列分解出来的两波列不再重叠，而相互重叠的却是不同波列a和b分出来的波列，如a_2和b_1，这时就不能发生干涉。这就是说，两光路之间的光程差超过了波列长度L，就不再发生干涉。因此，两个分光束产生干涉效应的最大光程差δ_m为波列长度L，这称为该光源所发射的光的相干长度，与相干长度对应的时间$\Delta t=\frac{\delta_m}{c}$，称为相干时间。当同一波列分出来1,2两波列到达观察点的时间间隔小于Δt时，这两波列叠加后会发生干涉现象，否则就不能发生。为了描述所用光源相干性的好坏，常用"**相干长度**"或"**相干时间**"来分析。

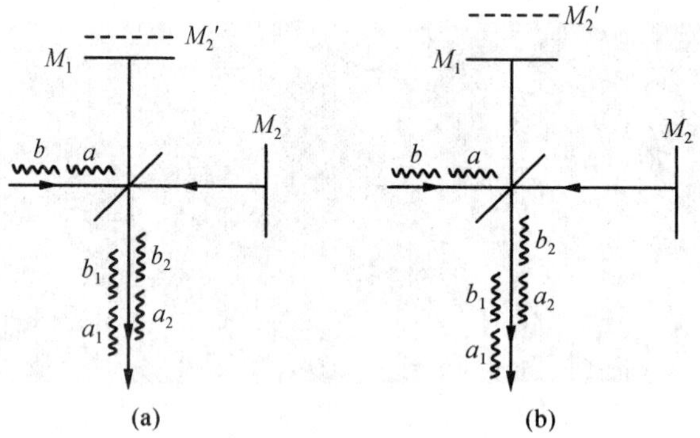

图 16-27 波列长度与相干性

本章习题

16-1 汞弧灯发出的光通过一绿色滤光片后垂直照射相距0.6 mm的两狭缝，在离狭缝2.5 m处的屏幕上，测得相邻两明条纹中心间的距离为2.27 mm。计算入射光的波长。

16-2 用波长为5 890 Å的钠黄光做杨氏双缝实验，在离双缝10 cm处的屏上，测出第5级明条纹中心和中央明条纹中心之间的距离为3.85 mm，求双缝间距。

16-3 如图所示，S_1、S_2为两相干光源，发出波长为λ的光波，A是它们连线中垂线上的一点，若在

S_1与A之间插有厚度为e，折射率为n_2的薄膜片。求两光源发出的光在A点的相位差。

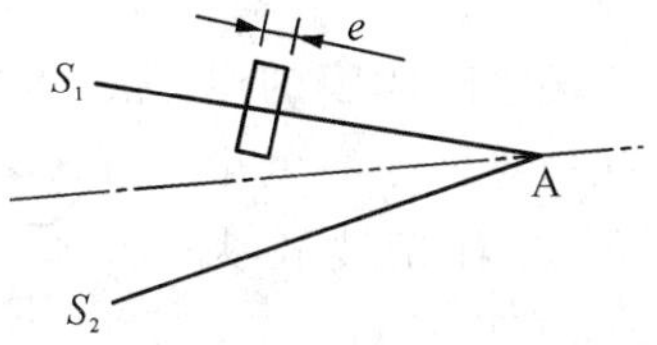

习题 16－3 图

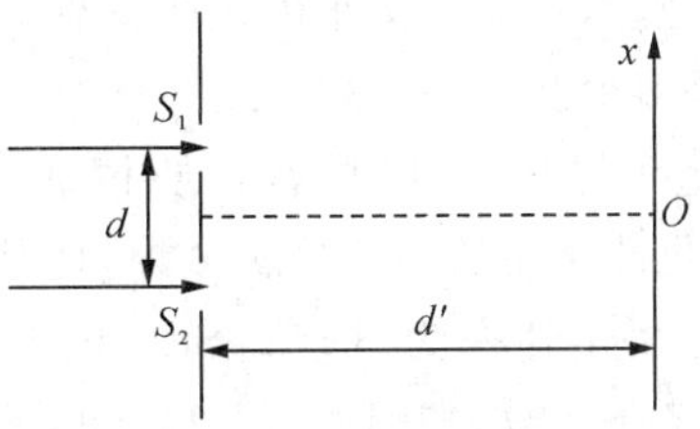

习题 16－4 图

16－4　双缝干涉实验装置如图所示，双缝与屏之间的距离$d'=120$ cm，双缝间距$d=0.50$ mm，用波长$\lambda=500$ nm的单色光垂直照射双缝。求：(1) 原点O(零级明条纹所在处)上方的第三级明纹的坐标x；(2) 如果用厚度$l=1.0\times10^{-2}$mm，折射率$n=1.50$的透明薄膜覆盖在图中的S_1缝后面，求上述第三级明条纹的坐标x'；(3) 原中央明纹位置被第几级干涉条纹取代？

16－5　光滤波器原理，由两块玻璃构成空气膜，若玻璃的折射率为$n=4/3$，试求：(1) 垂直入射时，透射光波长为546 nm，则空气膜最小厚度为多少？(2) 当入射角为$\pi/6$，用白光照射，从空气膜透射出的光的波长为多少。

16－6　在空气劈尖上观察反射光的干涉，当用$\lambda_1=500$ nm的光垂直照射时，测得第三级暗纹中心所在点A到劈尖的距离$l=1.56$ cm。

(1) 求劈尖的角度；

(2) 当用$\lambda_2=600$ nm的光观察反射光时，A点为何种干涉条纹？

16－7　利用等厚干涉可以测量微小的角度。如图所示，折射率$n=1.4$的劈尖状板，在某单色光的垂直照射下，量出两相邻明条纹间距$l=0.25$ cm，已知单色光在空气中的波长$\lambda=700$ nm。求劈尖顶角θ。

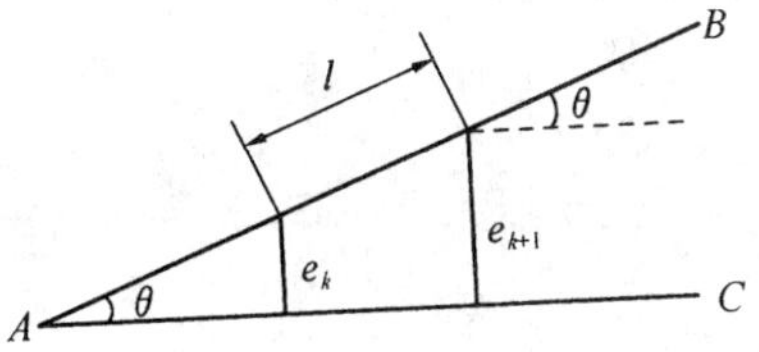

习题 16－7 图

16－8　如图所示，在劳埃镜实验中，狭缝光源S_1的虚像是S_2，M是平面反射镜，其长度为b，屏幕与镜的距离为c，已知图中$a=1$ cm，$b=1$ cm，$c=99$ cm，$d=0.2$ cm，光源波长为$\lambda=0.4$ μm。屏幕上能呈现几条明条纹，并求出每条明条纹中心的位置。

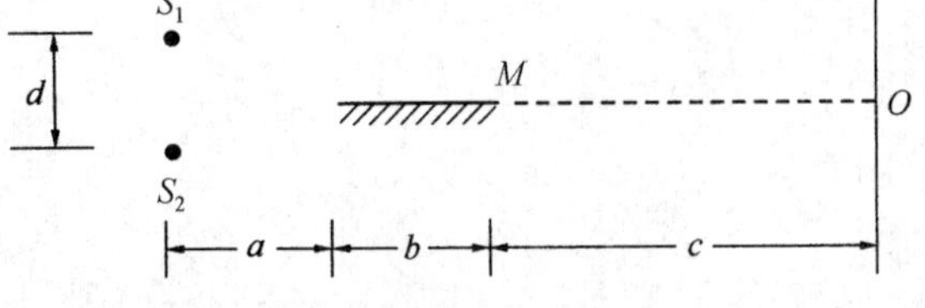

习题 16－8 图

16－9　在牛顿环实验中，用已知波长为589.3 nm的钠黄光垂直照射时，测得第n级和第$(n+4)$级暗环中心的距离为4.00 mm。用未知的单色光照射时，测得第n级和第$(n+4)$级暗环中心的距离为3.85 mm，求未知单色光的波长。

16－10　一平面单色光垂直照射在厚度均匀的薄油膜上，油膜覆盖在玻璃板上，所用光源波长可连续变化，观察到500 nm和700 nm这两个波长的光在反射中消失。已知油的折射率为1.30，玻璃的折射率为1.50，试求油膜的厚度。

16－11　用迈克耳逊干涉仪测量单色光的波长时，M_1镜移动距离0.322 mm，观察到干涉明条纹移过1 024条，试求该单色光的波长。

16－12　一种塑料透明薄膜的折射率 1.85，把其贴在折射率为 1.52 的车窗玻璃上，根据光干涉原理，以增强反射光强度，从而保持车内比较凉快。如果要使波长为 700 nm 的红光在反射上加强，则薄膜的最小厚度应该是多少？

16－13　制造半导体元件时，常常要精确测定硅片上二氧化硅薄膜的厚度，这时可把二氧化硅薄膜的一部分腐蚀掉，使其形成劈尖，利用等厚条纹测出其厚度。已知 Si 的折射率为 3.42，SiO_2 的折射率为 1.5，入射光波长为 589.3 nm，观察到 7 条暗纹，如图所示。问 SiO_2 薄膜的厚度 e 是多少？

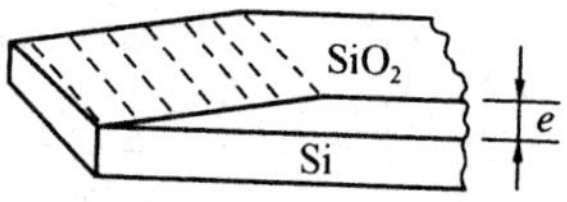

习题 16－12 图

第十七章　光的衍射

光的衍射是光波动性的另一重要特征。本章在介绍光的衍射现象的基础上，定性阐述惠更斯-菲涅耳原理，并分析几种典型的光的衍射规律。

17.1　光的衍射现象　惠更斯-菲涅耳原理

1. 光的衍射现象

日常生活中可以看到水波的衍射，可以感觉到声波的衍射，但是却很难看到光的衍射现象。只有当障碍物（如小孔、狭缝、小圆屏、细针等）的大小与光的波长相当时，才能观察到衍射现象。图 17－1 所示是障碍物为细线、针、毛发等呈现明显的明暗相间的衍射条纹，或用单色光照射在一个大小可以调节的小圆孔上，改变小圆孔的直径时，在小圆孔后方的屏幕上也会出现明暗相间的圆形条纹，如图 17－2 所示。

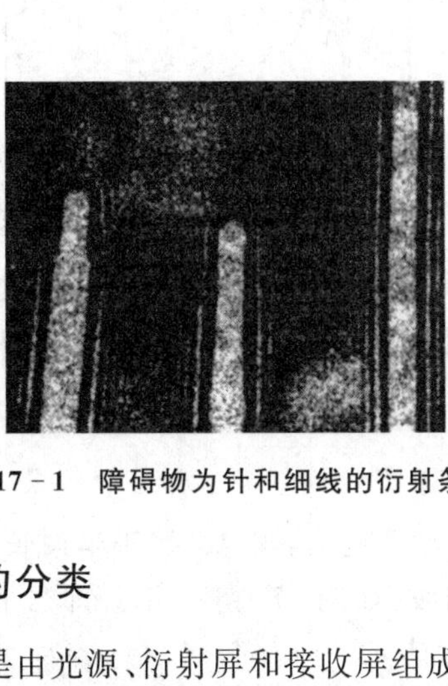

图 17－1　障碍物为针和细线的衍射条纹

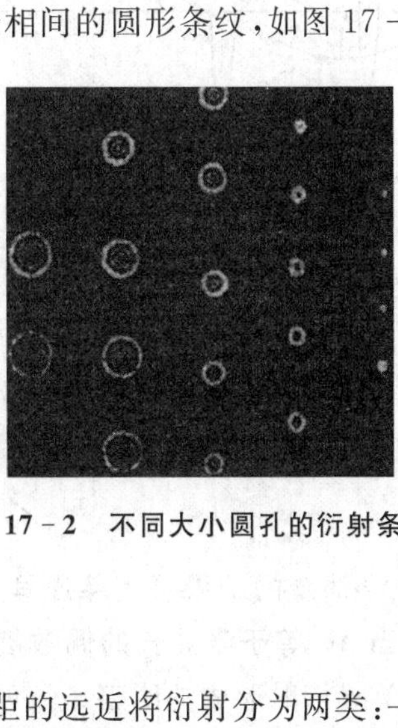

图 17－2　不同大小圆孔的衍射条纹

2. 衍射的分类

衍射装置是由光源、衍射屏和接收屏组成。通常按相互间距的远近将衍射分为两类：一类是光源和接收屏距离衍射屏为有限远（图 17－3(a)），这类衍射称为菲涅耳衍射；另一类是光源和接收屏距离衍射屏为无限远（图 17－3(b)），这类衍射称为**夫琅禾费**(Fraunhofer)**衍射**。由于夫琅禾费衍射计算简单，且近代发展的傅里叶光学又使夫琅禾费衍射具有独特的意义，因此，这里只讨论夫琅禾费衍射。

在实验室中实现“无限远”是不可能的，而考虑到夫琅禾费衍射中，“无限远”意味着光束为平行光，所以可利用透镜实现夫琅禾费衍射。如图 17－4 所示，把光源 S 放在透镜 L_1 的焦点处，入射到衍射屏的光就成为平行光，再把接收屏 E 放在透镜 L_2 的焦平面处，使从衍射屏发出的平行光聚焦在接收屏上，这样利用两个透镜，相对于衍射屏，就相当于把光源和接收屏都移动到无穷远处。

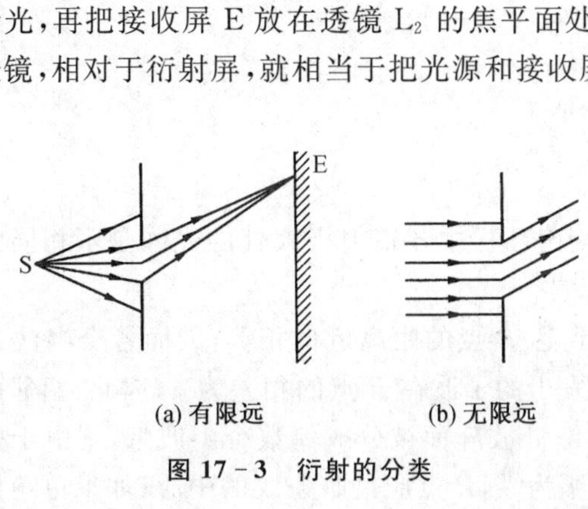

图 17－3　衍射的分类

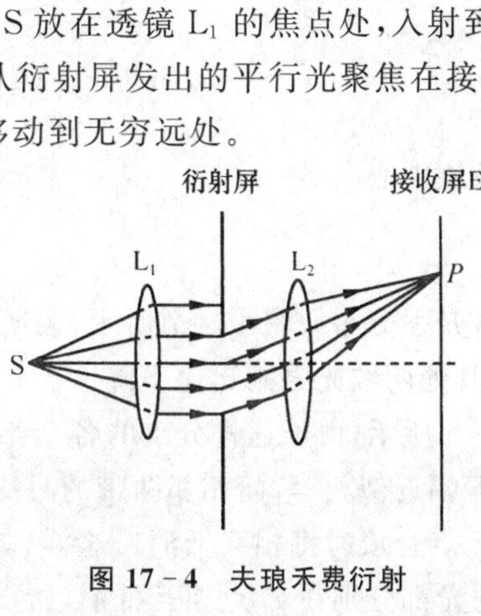

图 17－4　夫琅禾费衍射

3. 惠更斯-菲涅耳原理

波的衍射现象可以运用惠更斯原理作定性说明，显然它不能解释光的衍射图样中光强的分布。因为从衍射光强分布图来看，似乎类似于光的干涉现象。如何解释光的衍射？为此，菲涅耳发展了惠更斯原理，为光的衍射理论奠定了基础。菲涅耳假定：波在传播过程中，**从同一波阵面上各点发出的子波，经传播而在空间某点相遇时，发生了干涉叠加，将子波之间的干涉现象称为光的衍射。**

17.2 单缝的夫琅禾费衍射　菲涅耳半波带法

图 17－5 为夫琅禾费衍射实验的光路图。为了便于说明，在此图中扩大了缝的宽度 a（缝的长度方向是垂直于纸面的）。

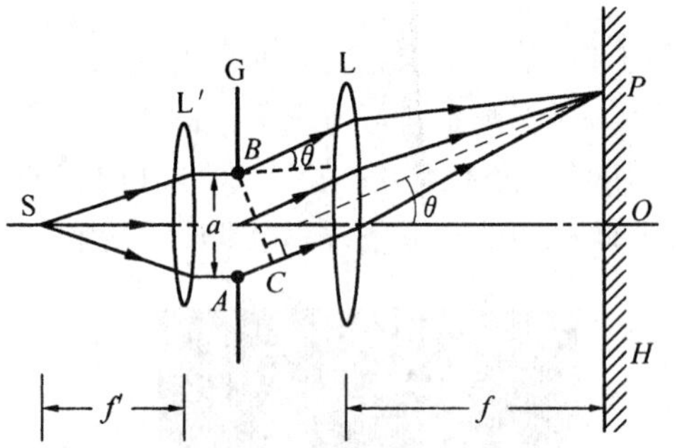

图 17－5　夫琅禾费衍射实验光路图

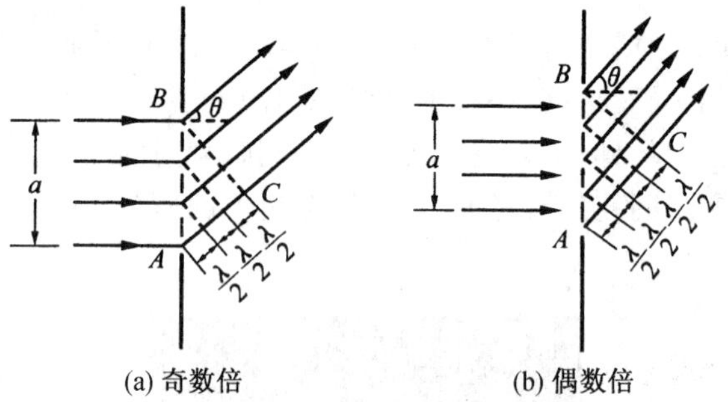

图 17－6　半波带

如图 17－5 所示，根据惠更斯-菲涅耳原理，单缝后面空间任意一点 P 的光振动是单缝处波阵面上所有子波波源发出的子波传到 P 点的光振动的相干叠加。而**衍射角 $\boldsymbol{\theta}$** 是衍射光线与单缝平面法线间的夹角，则单缝上、下边缘之间的光程差

$$AC = a\sin\theta$$

单缝衍射数学演绎的结果可用**菲涅耳半波带法**概括。菲涅耳认为：**当 $\boldsymbol{AC}$ 等于半波长的奇数倍时，屏上 $\boldsymbol{P}$ 点为明纹；当 $\boldsymbol{AC}$ 等于半波长的偶数倍时，屏上 $\boldsymbol{P}$ 点为暗纹**，如图 17－6 所示。即当平行光垂直于单缝平面入射时，单缝衍射形成的明暗条纹的位置可用衍射角 θ 表示。

暗条纹中心

$$a\sin\theta = \pm 2k\frac{\lambda}{2} \quad (k = 1,2,3,\cdots) \tag{17-1}$$

明纹条纹中心（近似）

$$a\sin\theta = \pm(2k+1)\frac{\lambda}{2} \quad (k = 1,2,3,\cdots) \tag{17-2}$$

中央明条纹中心

$$\theta = 0$$

单缝衍射光强分布如图 17－7 所示，表明单缝衍射图样中各衍射极大处的光强是不相同的。**中央明纹光强最大，其他明纹光强则迅速下降。**

如图 17－5 所示，由于这样分出的各个半波带到达 P 点的距离近似相等，因而各个半波带发出的子波在 P 点的振幅近似相等，而相邻两带的对应点上发出的子波在 P 点的相差为 π，因此，相邻两波带发出的对应光在 P 点合成时将相互抵消。这样，如果单缝处波阵面被分成偶数个半波带，则由于一对对相邻的半波带发的光都分别在 P 点相互抵消，所以合振幅为零，P 点应是暗条纹的中心；如果单缝处波阵面被

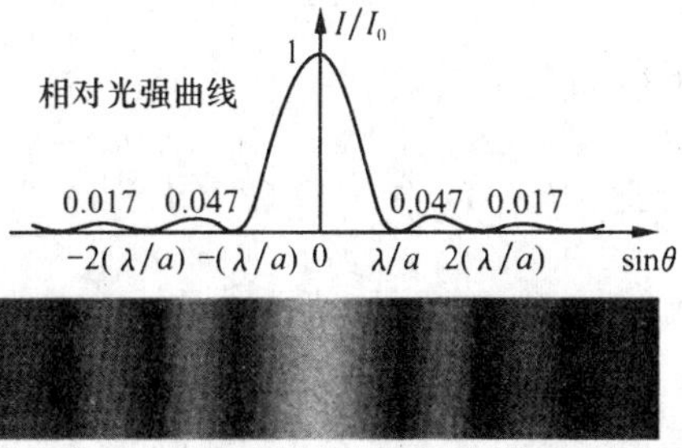

图 17-7　线光源的单缝衍射图样和光强分布

分为奇数个半波带，则一对对相邻的半波带发的光分别在 P 点相互抵消后，还剩一个半波带发的光到达 P 点合成。这时，P 点应近似为明条纹的中心，而且 θ 角越大，半波带面积越小，明纹光强越小。当 $\theta=0$ 时，各衍射光光程差为零，通过透镜后会聚在透镜的焦平面上，这就是中央明纹(或零级明纹)中心的位置。该处光强最大，对于其他任意的衍射角 θ，AB 一般不能恰巧分成整数个半波带，此时衍射光束形成介于最明和最暗之间的强度。

两个第一级暗条纹中心间的距离即为中央明条纹的宽度，中央明条纹的宽度最宽，约为其他明条纹宽度的 2 倍。屏上衍射条纹的宽度与衍射角相关，由式(17-1)可得，考虑到一般 θ 角较小，**中央明条纹的角宽度**

$$\Delta\varphi = 2\theta \approx 2\sin\theta = \frac{2\lambda}{a} \tag{17-3}$$

此时的 θ，也称**半角宽度**。若用 f 表示透镜 L 的焦距，则观察屏上中央条纹的线宽度为

$$\Delta x = 2f\tan\theta \approx 2f\sin\theta = 2f\,\frac{\lambda}{a}$$

上式表明，中央明条纹的宽度正比于波长 λ，反比于缝宽 a，即**缝越窄，衍射越显著**；缝越宽，衍射越不明显。当缝宽 $a \gg \lambda$ 时，各级衍射条纹向中央靠拢，密集到人眼无法分辨的地步，所以只显示出单一的明条纹，实际上这些明条纹就是线光源 S 通过透镜所成的几何光学的像，这个像相当于从单缝射出的光直线传播时的平行光束。由此可见，光的直线传播现象是光的波长较透光孔或缝(或障碍物)的线度小很多时，衍射现象不显著的情形。由于几何光学是以光的直线传播为基础的理论，所以几何光学是光的波动理论在 $\frac{\lambda}{a} \to 0$ 时的极限情形。所谓透镜成像，仅当衍射不显著时形成的发光物的几何像。如果衍射不能忽略，则透镜所成的像将不是发光物的几何像，而是一个衍射图样。

例 17-1　在一单缝夫琅禾费衍射实验中，用波长为 550 nm 的单色平行光垂直照射到宽度为0.5 mm 的单缝上，在缝后放一焦距 $f=50$ cm 的凸透镜，求屏上：

(1) 中央明纹的宽度；

(2) 第一级明纹的位置。

解：(1) 设一级暗纹的衍射角为 θ，由式(17-1)，取 $k=1$，则

$$a\sin\theta = \pm 2k \times \frac{\lambda}{2} = \pm\lambda$$

第一级暗纹在屏幕上的坐标位置为

$$x_0 = f\tan\theta = f\theta = f\,\frac{\lambda}{a}$$

中央明纹的宽度为

$$l_0 = 2x_0 = 2f\,\frac{\lambda}{a} = 2 \times 0.5 \times \frac{550 \times 10^{-9}}{0.5 \times 10^{-3}}\ \text{m}$$

$$=1.10\times10^{-3}\ \text{m}=1.10\ \text{mm}$$

(2) 由式(17-2)可知第一级明纹满足关系式

$$\theta\approx\sin\theta=\pm(2k+1)\frac{\lambda}{2a}=\pm(2\times1+1)\frac{\lambda}{2a}=\pm3\frac{\lambda}{2a}$$

以中央明纹中心为坐标原点,则第1级明纹在屏幕上原点两侧的坐标位置均为

$$x_1=f\tan\theta=f\theta=f\frac{3\lambda}{2a}$$

$$=0.5\times\frac{3\times550\times10^{-9}}{2\times0.5\times10^{-3}}\ \text{m}=0.825\ \text{mm}$$

例 17-2 如图17-8所示,雷达测速仪中电磁波的输出口的宽度 $a=0.10$ m,发射束与公路成 $\alpha=15°$角,若雷达置于距路边 $d=15$ m的位置,电磁波的波长 $\lambda=18$ mm。求此雷达在公路上的监视长度。

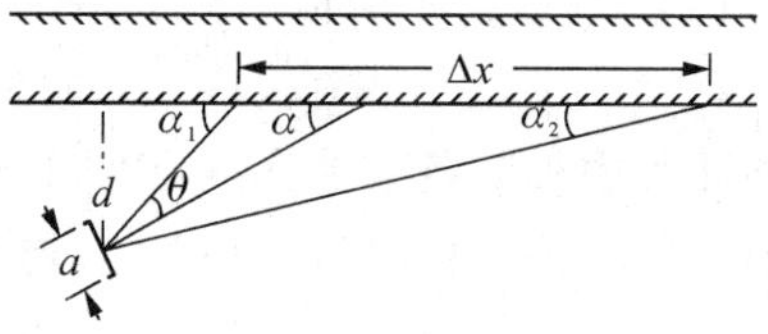

图 17-8 雷达测速仪

解:对电磁波的衍射可以参考光的单缝衍射的结果,中央明条纹的半角宽 θ 应满足

$$a\sin\theta=\lambda$$

$$\sin\theta=\frac{\lambda}{a}=\frac{18}{100}$$

故

$$\theta=11.52°$$

由三角形几何关系可知:

$$\alpha_1=\alpha+\theta=26.52°$$

$$\alpha_2=\alpha-\theta=3.48°$$

$$\Delta x=d(\cot\alpha_2-\cot\alpha_1)$$

$$=240\ (\text{m})$$

在海面下的某处的超声波探测器(声呐),可依照上面的思路知道其探测的范围,并由此布置声呐阵,监视敌舰。若声呐为敌方潜艇发出,可以按上述思路寻找舰艇的最佳隐蔽位置。

*17.3 圆孔衍射 光学仪器的分辨率

光的单缝衍射现象事实上不仅仅是狭缝产生衍射,当光通过任何形状的小孔时都会产生衍射。这里讨论圆孔衍射现象,因为它涉及许多实际光学仪器的成像质量问题。

设远处一单色点光源S发出一束光照射在小圆孔上,小孔背后放一个凸透镜,光速通过小孔经透镜成像于透镜的焦平面上。

按照几何光学中光的直线传播原理,一个物点发出的光在屏上应该形成一个像点,但是事实并非如此,屏幕上出现的是一个亮斑,在其周围并有一组明暗相间的环形纹,显然这是由于光的衍射造成的结果,中央亮斑又称**艾里斑**(Ariy Disk)。艾里斑的大小定义为一级暗环纹包围的面积,其上集中了约84%的衍射光能量,而周围的环形纹强度相对很弱。如图17-9所示,假设入射光的波长为 λ,小圆孔的直径为 D,透镜的焦距为 f,**艾里斑的半径对透镜光心的张角为 θ**,由理论计算可得

$$\boxed{\theta = 1.22\frac{\lambda}{D}} \tag{17-4}$$

上式表明，圆孔直径 D 越小，艾里斑越大，衍射效果越明显。

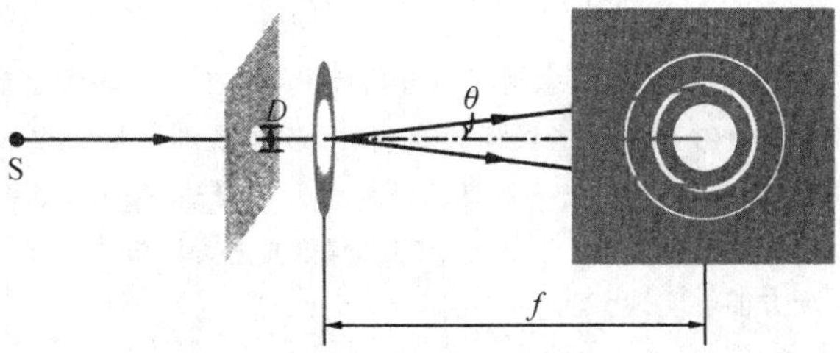

图 17-9　艾里斑

由于光学仪器中的透镜和光阑都相当于一个透光的圆孔，因此衍射效应将直接影响到仪器的成像质量。以照相机为例，在镜头焦距调整准确后，被摄物体上的每一个物点，在相机底片上应该形成一个相应的像点，全部像点则构成一个完整清晰的物像，但实际上，由于光的衍射作用，一个物点在底片上所形成的不是一个点像，而是一个艾里斑。如果两个物点靠得足够近，以致相应的两个艾里斑相互重叠，这时有可能无法分辨这是两个物点所成的像，如图 17-10(a)所示。虽然照相机的光阑远比入射光的波长大，衍射现象不明显，所形成的艾里斑非常小，但是如果要充分体现被摄物体的精细结构还是会受到衍射效应的制约。一般情况下，当两个物点经透镜或光阑在屏幕上所成的两个艾里斑中心的距离正好等于一个艾里斑的半径，即一个艾里斑的中央最亮处正好与另一个艾里斑的边缘(一级暗纹)相重合，这时两个艾里斑重叠部分的中央光强约为每个艾里斑中央光强的 80%，刚好能被人的眼睛所分辨，如图 17-10(b)所示。这一判断准则称为**瑞利判据**。

这时**两艾里斑中心对于透镜光心的张角**(等于艾里斑半径对于透镜光心的张角)为

$$\boxed{\theta_0 = 1.22\frac{\lambda}{D}}$$

把 $\boldsymbol{\theta_0}$ **称为最小分辨角**，**而最小分辨角的倒数称为分辨率**，用 R 表示

$$\boxed{R = \frac{1}{\theta_0} = \frac{D}{1.22\lambda}} \tag{17-5}$$

在天文观察中，因星光是不可改变的客体，为了提高望远镜的分辨率，经常采用直径很大的透镜；对于显微镜改变光阑也并非简单容易的事，一般也不允许把透镜做得很大，所以，为了提高分辨率，则尽量采用波长短的紫光或不可见光，如 x 光、γ 射线。

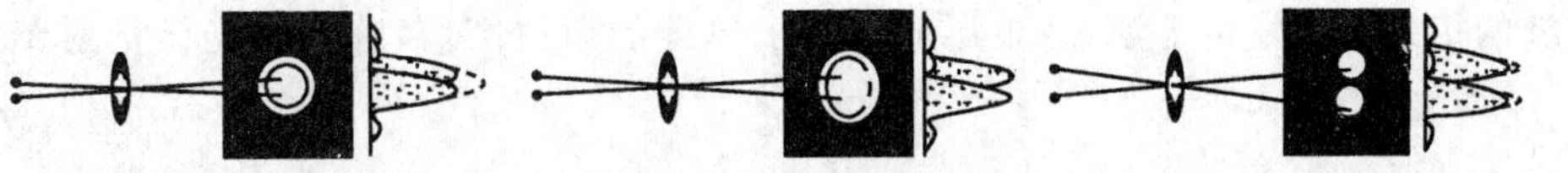

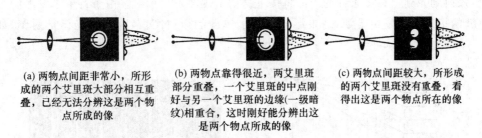

(a) 两物点间距非常小，所形成的两个艾里斑大部分相互重叠，已经无法分辨这是两个物点所成的像

(b) 两物点靠得很近，两艾里斑部分重叠，一个艾里斑的中点刚好与另一个艾里斑的边缘(一级暗纹)相重合，这时刚好能分辨出这是两个物点所成的像

(c) 两物点间距较大，所形成的两个艾里斑没有重叠，看得出这是两个物点所在的像

图 17-10　圆孔衍射

在同样波长、同样分辨率的情况下，为了保护样品，必须选择小能量、短波长的光，但这常常是矛盾的。由于电子具有波动性，若使电子在电压为几十万伏的电场中加速，电子波的波长只有百分之几埃(1 埃=0.1纳米)，其能量比同波长的 γ 射线小很多，所以**电子显微镜**就应运而生，其分辨率高，对样品损伤小，这为研究物质的微观结构提供了工具。随着近代科技的发展，又用效果更理想的**隧道扫描显微镜**和**原子力显微镜**取代了电子显微镜。

例 17-3　在通常亮度下，人眼的瞳孔直径为 3 mm，问人眼对敏感的黄光(λ=550.0 nm)的最小分辨率为多少？如窗纱的两细丝之间的距离为 2.0 mm，问人在离它多远的地方恰能分辨清楚？

解：人眼的玻璃体类似于透镜，瞳孔等于一个透光小孔，视网膜等同于屏，视网膜刚好处于玻璃体的焦平面上，则

$$\theta_0 = \frac{1.22\lambda}{D} = \frac{1.22 \times 550 \times 10^{-9}}{3 \times 10^{-3}}\ \text{rad} = 2.3 \times 10^{-4}\ \text{rad}$$

取最小分辨角为其极限,设细丝之间距为 d,恰能分辨的距离为 x,则

$$\theta_0 = \frac{d}{x}$$

故

$$x = \frac{d}{\theta_0} = \frac{2 \times 10^{-3}}{2.3 \times 10^{-4}} = 9.1\ (\text{m})$$

在显示技术中常常要考虑清晰度。清晰度的概念刚好与分辨率相反,**在一幅画面之前,人眼分辨力不够时,常常认为此画是清晰的**。例如,报纸上的照片近看时都是一些点阵分布,稍远才能看到一幅完整照片的影像;对于电视机,在每帧625行的配置下,屏幕越大,清晰度越差,人必须站在某距离以外观看方才舒适,失去了大屏幕本来的优越性。如果要在远近都能较清晰地欣赏大屏幕画面,实现"高清晰",其努力的方向只有增加显示屏的"像素"密度,在线路上面增加每帧的扫描行数,使之与显示屏的"像素"匹配方能够实现。

17.4 光栅衍射

由大量等宽间距的平行狭缝构成的光学器件称为**光栅**。光栅的种类很多,有透射光栅、平面反射光栅和凹面光栅等。光栅是光谱仪、单色仪,即许多光学精密测量仪器的重要器件。下面介绍透射光栅的构造和其衍射条纹。

在一块透明的很平的玻璃上用现代电子加工工艺——光刻技术刻制出一系列等宽的平行刻痕,就构造了透射光栅。若透光缝宽为 a,相邻缝之间不透光部分的宽度为 b,则 $d=a+b$,称为**光栅常数**。通常,光栅常数是很小的,如在 10 mm 内刻有 5 000 条等宽间距的狭缝,此时,$d=2\times100^{-3}$ mm。实用光栅每毫米内有几十条、上千条,甚至几万条狭缝。一块100 mm×100 mm 的光栅上可能刻有10^4～10^6条的狭缝。

如图 17-11(a)所示,平行单色光垂直照射在光栅上,光栅后面的衍射光束通过透镜后会聚在透镜焦平面处的屏上,并在屏上产生一组明暗相间的衍射条纹。一般来说,这些衍射条纹与单缝衍射条纹有明显的差别,**光栅衍射条纹的主要特点是:明条纹很亮很细**,明条纹之间有较暗的背景,如图 17-11(b)所示,并且随着缝数的增加,屏上明条纹越来越细,也越来越亮,相应地,这些又细又亮的条纹之间的暗背景也越来越暗。如果入射光由波长不同的成分组成,每一种波长的光都将产生与其对应的又细又亮的明纹,则称光栅有分光的作用。

光栅衍射条纹与单缝衍射条纹如此不同,原因在于**光栅衍射条纹具有单缝衍射和多缝干涉的综合效果**。实际上,入射到光栅上每一条缝的光都将按单缝衍射规律发生衍射。由于各单缝发出的光是相干光,因此每一单缝的衍射光又发生干涉,结果形成不同于单缝的衍射图像,称之为光栅衍射图,如图 17-12 所示。

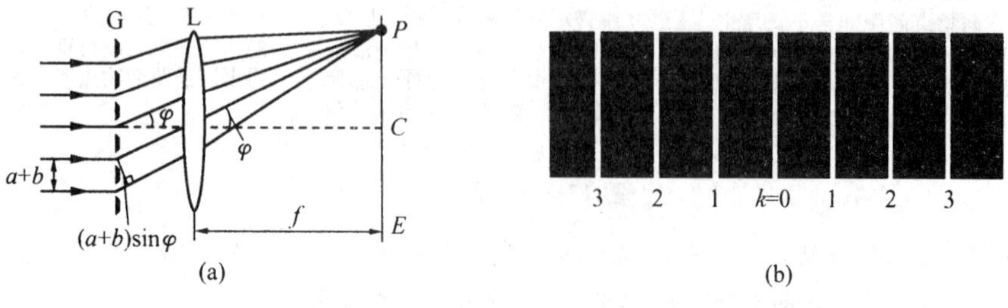

图 17-11 光栅的多光束干涉

综合了单缝衍射式(17-1)、式(17-2)和 N 条的多缝干涉式(16-15)、式(16-17),**在 θ 角的衍射方向光栅衍射的规律如表 17-1 所示**。

表 17-1　在 θ 角的衍射方向光栅衍射规律

单缝衍射	多缝干涉	
	$d\sin\theta=k\lambda$（k 为干涉级次）（明纹）	$d\sin\theta=\frac{k'}{N}\lambda\ (k'\neq nN)$（$n$ 为整数）（暗纹）
$a\sin\theta=\pm\lambda$（暗纹）	干涉缺级（暗纹）	暗纹
$a\sin\theta=(2m+1)\frac{\lambda}{2}$（明纹）（$m$ 为整数）	干涉明纹	暗纹

单缝衍射时，因次极大的光强相对弱，常常不予考虑，只需考虑中央主极大，所以在第一列单缝衍射的条件中只用 $a\sin\theta=\pm\lambda$。第二行的第二列在干涉主极大的下方出现了干涉缺级，其原因是在第 k 级主极大的衍射角位置上刚好是单缝衍射的暗纹位置，即每一条缝在这里都出现了衍射极小，尽管理论上在此衍射角 θ 的位置上为第 k 级干涉明纹，其实却看不到一丝光线，形成了第 k 级干涉条纹的缺级，因此**干涉缺级的条件为**：

$$\begin{cases} d\sin\theta = k\lambda \\ a\sin\theta = \lambda \end{cases} \quad 或 \quad \frac{d}{a} = k \tag{17-6}$$

当光栅常数与缝宽的比值为某一整数 k 时，在第 k 级干涉明纹的位置上出现干涉缺级现象，本该为明纹，但却是暗纹（图 17-12）。理论上，在 k 的整数倍干涉明纹位置上，也同样会有干涉缺级现象。

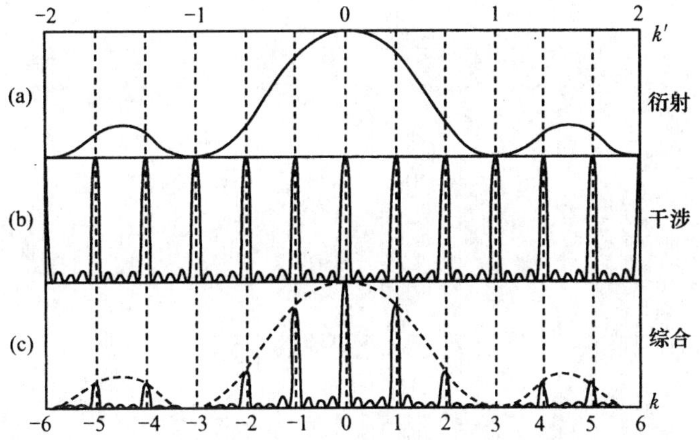

图 17-12　光栅衍射的光强分布

例 17-4　有一平面光栅，每厘米 6 000 条刻痕，一平行白光垂直照射到光栅上。求：

(1) 在第一级光谱中，对应于衍射角为 20°的光谱线的波长；

(2) 此波长的第二级谱线的衍射角。

解：(1) 该光栅的光栅常量：

$$d=\frac{1\times10^{-2}}{6\,000}\ \text{m}=1.667\times10^{-6}\ \text{m}$$

根据光栅方程可得：

$$d\sin\theta=k\lambda$$

取 $k=1$，则一级光谱线的波长为：

$$\lambda=d\sin\theta=1.667\times10^{-6}\times\sin 20^\circ\ \text{m}=5.701\times10^{-7}\ \text{m}=570.1\ \text{nm}$$

(2) 取 $k=2$，由光栅方程可得：

$$d\sin\theta=2\lambda$$

则

$$\sin\theta=\frac{2\lambda}{d}=\frac{2\times5.701\times10^{-7}}{1.667\times10^{-6}}=0.684$$

故 $$\theta = 43°9'$$

例 17-5 波长 600 nm 的单色光入射在一光栅上，相邻两条明纹的衍射角分别由 $\sin\theta=0.20$ 和 $\sin\theta=0.30$ 确定。已知第 4 级缺级，试问：

(1) 光栅常数为多大？

(2) 光栅上狭缝的最小宽度有多大？

(3) 在中央主极大范围内能看到几级条纹？

解：(1) 设 $\sin\theta=0.20$ 对应的条纹级数为 k，$\sin\theta=0.30$ 对应的条纹级数为 $(k+1)$，根据光栅方程 $d\sin\theta=k\lambda$ 得

$$\begin{cases}0.20d = k\lambda \\ 0.30d = (k+1)\lambda\end{cases}$$

解得
$$k = 2, d = \frac{2\lambda}{\sin\theta_k} = \frac{2\times 600\times 10^{-9}}{0.20}\ \text{m} = 6\times 10^{-6}\ \text{m}$$

(2) 由单缝衍射理论可知，第 1 级暗纹公式 $a\sin\theta=\lambda$。按题意可知，第 4 级缺级意味着多缝干涉的 4 级明纹与单缝衍射的第 1 级暗纹正好在同一个衍射角位置上，则有

$$\frac{d}{a} = k = 4$$

$$a = \frac{d}{4} = 1.5\times 10^{-6}\ \text{m}$$

所以能看到的全部条纹级数为

$$k = \pm 0, \pm 1, \pm 2, \pm 3$$

故共 7 条干涉明纹。

*17.5 X 射线衍射

X 射线(X 光)是伦琴在 1895 年发现的，X 射线在本质上和可见光一样，它是一种波长范围 0.1～10^{-2} 埃(1 埃=0.1 纳米)的电磁波。产生 X 射线的机器称为 X 光机，其核心是 X 射线管，结构如图 17-13 所示。在抽空的玻璃管中装有阴极 K 和阳极 A，阴极由电源 ε_1 供电，使之发出电子束，这些电子束在高压电源 ε_2 的强电场作用下，高速撞击阳极(金属靶)，从而产生出 X 射线。阳极中有冷却液，以带走电子撞击所产生的热量，实验表明 X 射线在磁场或电场中仍沿直线前进，这说明 X 射线是不带电的粒子流。

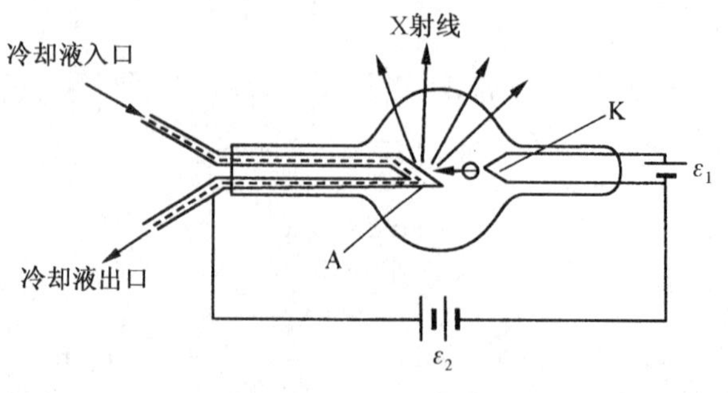

图 17-13 X 射线管

由光栅衍射条件可知，$d\sin\theta=k\lambda$，$\sin\theta=\frac{k\lambda}{d}$。为方便观察衍射条纹，$\theta$ 不能很小，k 又不能太大，太大了光强弱，这就要求 d 与 λ 比较接近，即这种光栅的光栅常数 d 要接近使用光的波长，在 X 光的波长范围内制作如此精密的光栅实属不易，因为晶体的原子间距也只有3～5 nm。

1912年德国物理学家劳厄(M. Von Laue)想到，晶体是由一系列有规则排列的原子(或离子)组成的，它也许会构成一种适合于X射线使用的天然三维衍射光栅。劳厄的实验装置如图17-14(a)所示，一束穿过铅板PP′上小孔的X射线(波长连续分布)，投射在薄片晶体C上，在照相底片E上发现在一些确定的方向上有很强的X射线束。劳厄分析后认为，由于X射线照射晶体时，组成晶体的每一个原子相当于发射子波的中心并向各方向发出子波(称为散射)，来自晶体中许多有规则排列的散射中心的X射线会发生叠加形成干涉，使得沿某些方向的光束加强。图17-14(b)是X射线通过氯化钠(NaCl)晶体后投射到照相底片上形成的斑点，称为劳厄斑点，对这些劳厄斑点的位置与强度仔细研究，就可推断出晶体中的原子排列。

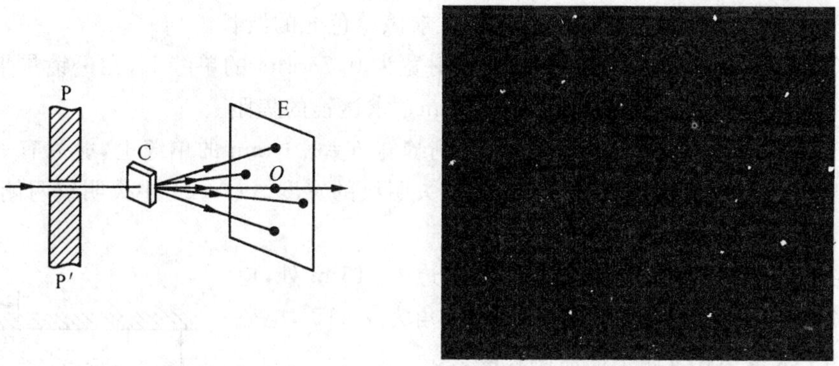

(a) 劳厄实验装置　　(b) 劳厄斑点

图17-14　劳厄实验和劳厄斑点

1913年，布拉格父子提出了一种解释X射线衍射的理论，并作了定量计算。他们把晶体看成是由一系列彼此相互平行的原子层所组成的。如图17-15所示，小圆点表示晶体点阵中的原子(或离子)位置，当X射线照射到晶体时，向各方向发出子波，也就是说入射波被原子散射。从各平行层上散射的X射线只要满足一定条件都能相互加强，形成衍射斑，这些原子就成为子波波源。在图17-15中设两原子平面层的间距为d，则由两相邻平面反射的散射波的光程差为$2d\sin\theta$，这里θ是X射线入射方向与原子层平面之间的夹角，称为**掠射角**。所以，两反射干涉加强的条件为

$$\boxed{2d\sin\theta = k\lambda \qquad (k = 0, 1, 2, \cdots)} \tag{17-7}$$

此时的掠射角θ称为布拉格角，而式(17-7)则称为**布拉格公式**。由此式可测出X射线的波长λ或晶面间隔d。

应该指出，同一块晶体的空间点阵，从不同方向看去，看到不同取向的晶面。X射线入射晶体时，对于不同取向的晶面，其掠射角θ不同，晶面间距d也不同。只要满足式(17-7)的都能在相应方向获得干涉加强的X射线。布拉格公式是X射线衍射的基本规律，此规律已广泛应用于岩石、矿物成分的分析，研究晶体的结构，测定材料的性能等方面。

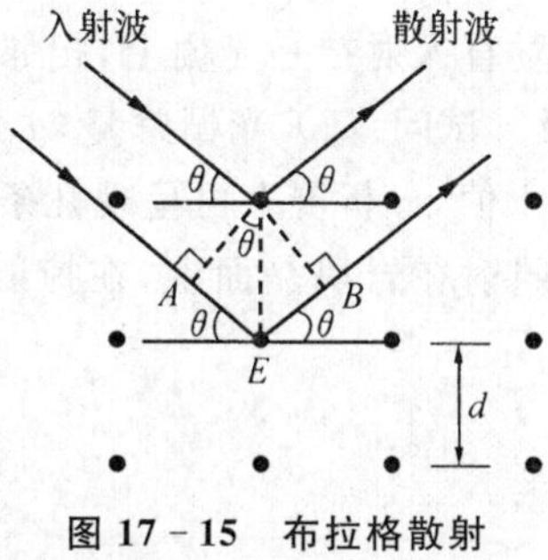

图17-15　布拉格散射

如今X光还被广泛应用于医疗诊断，如X光透视与CT扫描，但必须注意使用X光诊疗时的利弊。英国伦敦海默史密斯医学院物理系教授沃顿博士指出“**医源性辐射是人类所制造的最严重的放射性损伤**”，我国著名心血管病专家胡大一教授说，做一次心脏冠状动脉CT检查，其放射剂量相当于拍了750次X光胸片，会给病人带来一生的患癌风险。人体组织对放射敏感性与细胞分裂活动成正比，所以**儿童和孕妇应尽量避免X光检查**，而且成人的性腺位置也应避免X光的伤害。

本章习题

17-1　有一单缝，宽 a 为 0.10 mm，在缝后放一焦距为 50 cm 的会聚透镜，用平行绿光（$\lambda=546.0$ nm）垂直照射单缝。试求位于透镜焦平面处的屏幕上的中央明条纹及第二级明纹宽度。

17-2　一单色平行光垂直入射到单缝上，若其第三级明条纹中心位置恰与波长为6 000 Å的单色光垂直入射该缝时的第二级明条纹中心位置重合。试求该单色光的波长。

17-3　波长为 5 000 Å 的单色平行光垂直入射宽为 0.75 mm 的单缝上，在透镜焦平面上，测得对称中央明条纹的 2 个第三级暗纹中心的距离为 3.0 mm。求透镜的焦距。

17-4　波长为 600 nm 单色平行光垂直照射到缝宽 $b=0.1$ mm 的单缝上，缝后有一焦距 $f=60$ cm 的透镜，在透镜的焦平面观察衍射图样。求：(1) 中央明纹的宽度 Δx_0；(2) 中央明纹两侧 2 个第一级明纹中心的间距 Δx_1。

17-5　如图所示雷达测试仪放置的位置距路边 $d=15$ m 处，电磁波的输出口宽度 $a=0.10$ m。发射束与公路的夹角为 $\alpha=15°$，电磁波波长 $\lambda=18$ mm。求雷达在公路上的监测长度。

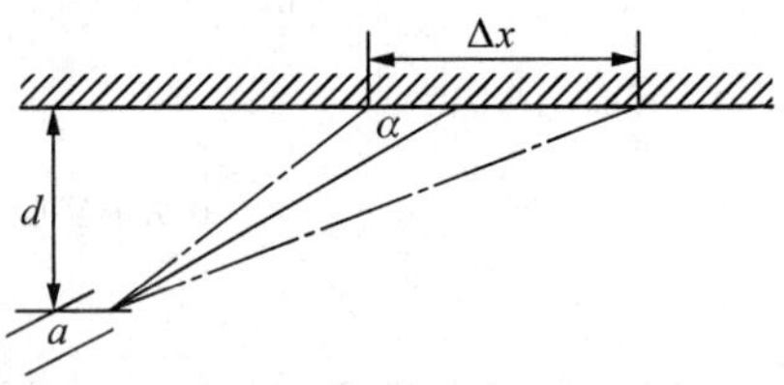

习题 17-5 图

17-6　波长为 λ 的单色平行光沿着与单缝衍射屏成 α 角的方向入射到宽度为 a 的单狭缝上。试求各级衍射极小的衍射角 θ 值。

17-7　夜间，在迎面驶来的汽车上，两盏前灯相距 120 cm。试问汽车离人多远的地方，眼睛才可以分辨出这两盏前灯？设夜里人眼瞳孔直径为 5.0 mm，入射光波长为 5 500 Å，而且只考虑人眼瞳孔的衍射效应。

17-8　某单色光垂直入射到每厘米有 6 000 条狭缝的光栅上，其第一级条纹中心的衍射角为 20°，求该单色光的波长，它的第二级明条纹中心的衍射角为多大？

17-9　用钠光（$\lambda=589.3$ nm）垂直照射到某光栅上，测得第三级光谱的衍射角为 60°。若换用另一光源测得其第二级光谱的衍射角为 30°，求后一光源发光的波长。

17-10　若用波长范围为 4 300 Å～6 800 Å 的可见光垂直照射光栅，要使屏上第一级光谱的衍射角扩展范围为 30°，应该选用每厘米有多少条狭缝的光栅？

17-11　光栅在每 2.54 cm 内有 8 000 条狭缝，若用 4 000 Å 至 7 600 Å 的白光照射，在屏上第五级光谱中可能出现哪些波长的光？

17-12　波长为 6 000 Å 的单色光垂直入射在一光栅上，相邻的两条明条纹分别出现在 $\sin\varphi_1=0.20$ 和 $\sin\varphi_2=0.30$ 处，第四级开始出现缺级。试问：(1) 光栅常量 $(a+b)$ 为多大？(2) 光栅上狭缝可能的最小宽度 a 为多大？(3) 按上述选定的 a、b 值，分析屏上可呈现几条明条纹？

17-13　波长为 1.54 Å 的 X 射线照射在岩块晶面上，在掠射角为 15.5°时获得第一级极大反射光，求岩块的晶面间距。

第十八章　光的偏振

光的干涉和衍射现象反映了光的波动性，而光的偏振现象从实验上又进一步证明了光是横波。本章介绍光的偏振规律及其应用。

18.1　自然光　偏振光

光波是特定频率范围的电磁波，电磁波中起感光作用(如引起视网膜受刺激的光化学作用)的主要是电场矢量 $\boldsymbol{E}$。光波的振动矢量称为**电矢量**或**光矢量**。由于电磁波是横波，所以**光波中光矢量的振动方向总和光的传播方向垂直**。一般认为，光波列的振动方向是唯一的，光波的这一基本特征就称为光的**偏振**。按照光振动状态的不同，可以把光分为 5 类：自然光、线偏振光、部分偏振光、椭圆偏振光和圆偏振光。

1) **自然光**

光是由构成光源的大量原子发出的。一般光源中，**各个原子的发光彼此独立**，所以光源发出的**光中包含着各个方向的光振动**，并且没有哪一个方向的光振动比其他方向占优势，即各个方向光矢量(电场强度矢量 $\boldsymbol{E}$)的振幅相等。由于**光强与振幅的平方成正比**，也可以说，**各个方向振动的光强相等，这样的光称为自然光**。图 18－1(a)表示一束自然光在垂直于光的传播方向的平面内，用各个方向长度相等的箭头表示各个方向振动的光矢量的振幅。为研究问题方便，常把自然光中各个方向的光振动都分解在两个相互垂直的方向上，这两个方向振动的光强是相等的。图 18－1(b)是一束自然光形象的表示，短线表示在纸面内的光振动，点表示垂直于纸面的光振动。图中短线和点一个隔一个地均匀设置，表示纸面内振动的光强和垂直于纸面振动的光强相同。

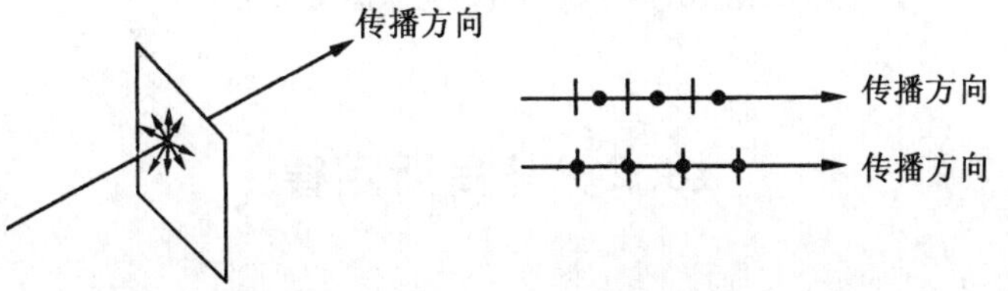

(a) 自然光的光矢量　　(b) 自然光的表示法

图 18－1　自然光

2) **线偏振光**

自然光经过某些物质反射、折射、吸收等成为**只具有某一方向振动的光，这种光称为线偏振光**(也称平面偏振光、完全偏振光)，**简称为线偏光**。如图 18－2(a)所示，光振动的方向和光的传播方向构成的平面称为**振动面**。线偏振光的振动面只有一个，且不随时间改变。图 18－2(b)是线偏振光的表示法，短线表示光振动在纸面内，点表示光振动垂直于纸面。

3) **部分偏振光**

部分偏振光是介于线偏振光和自然光之间的一种光。它和自然光相同的是，在垂直于光的传播方向的平面内，各个方向都有光振动；而和自然光不同的是，各个方向振动的光强不是完全相同，某一方向振动的光强特别大。**部分偏振光可以看成是自然光和线偏振光的叠加**。图 18－3 是部分偏振光的表示法，其中图 18－3(a)表示纸面内振动的光强比垂直于纸面振动的光强大，图 18－3(b)表示垂直于纸面振动的光强比纸面内振动的光强大。

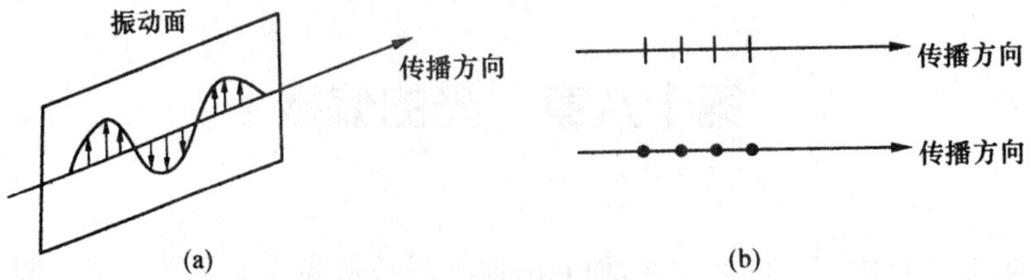

图 18－2　线偏振光表示法

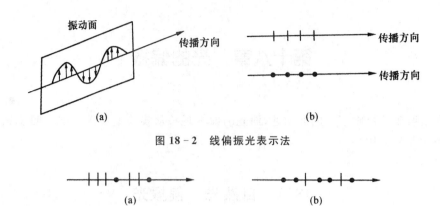

图 18－3　部分偏振光表示法

*4）**椭圆偏振光和圆偏振光**

这两种光的特点是光振动的方向随时间变化，光矢量（电场强度矢量）在垂直于光的传播方向的平面内以一定的角速度旋转。如图 18－4(a)所示，t_1 时刻光矢量为 $\boldsymbol{E}_1$，t_2 时刻光矢量为 $\boldsymbol{E}_2$。若把不同时刻的光矢量画在同一平面内，如图 18－4(b)所示，**光矢量的端点描绘出的轨迹是椭圆**，即不仅光矢量的方向随时间改变，光矢量的大小也随时间改变，这种光称为椭圆偏振光。如果只是光矢量的方向随时间改变，光矢量的大小不随时间改变，光矢量的端点描绘出的轨迹是圆，这种光称为圆偏振光。如图 18－4(c)所示。

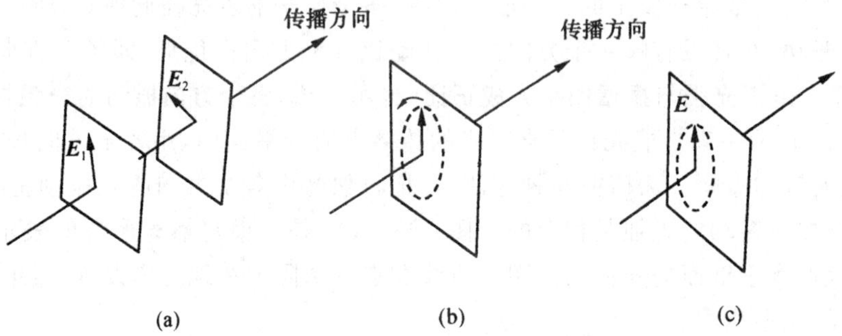

图 18－4　椭圆偏振光和圆偏振光

18.2　马吕斯定律

1. 起偏与检偏

由自然光获得线偏光的过程称为起偏，将获得线偏振光的器件或装置称为**偏振片**。偏振片有多种，如利用光的反射和折射起偏的玻璃片堆；利用晶体的双折射特性起偏的尼科耳棱镜、沃拉斯顿棱镜等各类偏振片。让自然光产生线偏光的偏振片也称**起偏器**。

自然光照射在偏振片上时，只有某一方向振动的光能通过偏振片，与该方向垂直振动的光被偏振片吸收、折射或反射。**能通过偏振片的光振动方向称为该偏振片的偏振化方向**。

如图 18－5(a)所示，自然光通过偏振片 P_1 后成为线偏振光，偏振片中的箭头方向表示偏振片的偏振化方向。偏振片 P_1 就是起偏器。从偏振片 P_1 射出的线偏振光再垂直射到另一偏振片 P_2 上，当偏振片 P_2 的偏振化方向和线偏振光的振动方向相同时，则线偏振光全部通过偏振片 P_2，在偏振片 P_2 后面能观察到透射光；若把偏振片 P_2 旋转 90°，使它的偏振化方向和线偏振光的振动方向相互垂直，则线偏振光全部被偏振片 P_2 阻拦，在偏振片 P_2 后面就观察不到透射光（图 18－5(b)）。如果用自然光（或圆偏振光）射到偏振片 P_2 上，不论偏振片旋转多少角度，在偏振片 P_2 后面总能观察到透射光。利用上述现象，可以用偏振片检查一束光是否是线偏振光。将能够检查一束光是否是线偏振光的器件称为**检偏器**，上述偏振片 P_2 就是检偏器。由以上分析可以看到，**偏振片既可以作为起偏器，又可作为检偏器**。

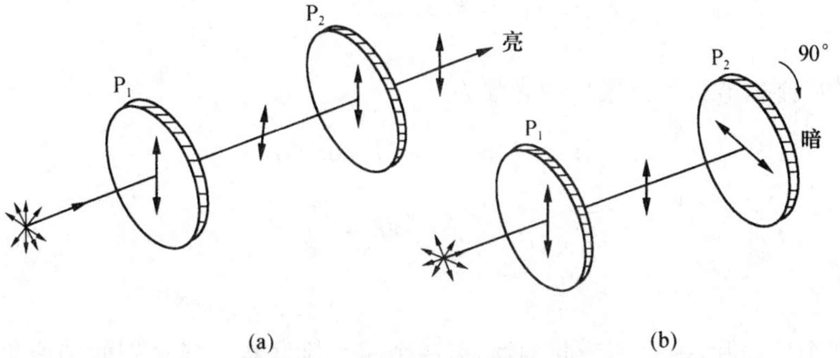

图 18-5　偏振片的起偏和检偏

2. 马吕斯定律

在图 18-5 所示的实验中，如果使偏振片 P_2 逐渐旋转，在偏振片 P_2 后面可观察到光强不断改变，这是由于偏振片的偏振化方向和入射的线偏振光的振动方向的夹角在不断变化。下面分析光强和夹角的关系。

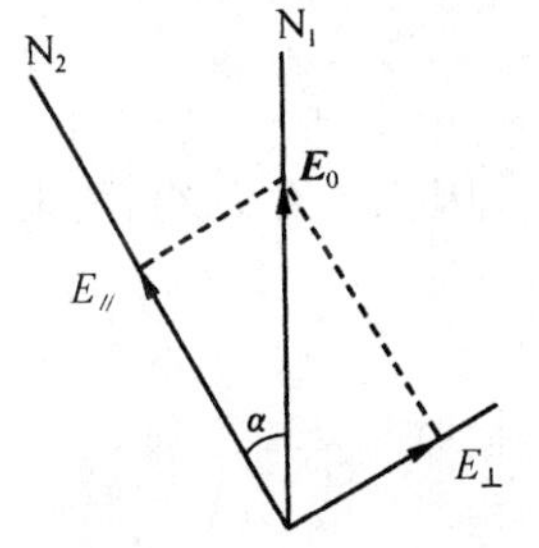

图 18-6　马吕斯定律的导出

如图 18-6 所示，设入射线偏振光的振动方向为 N_1，偏振片 P_2 的偏振化方向为 N_2，偏振片 P_2 的偏振化方向和入射偏振光振动方向的夹角为 α，入射线偏振光的光矢量振幅为$\boldsymbol{E}_0$，由于入射线偏振光的光矢量可分解为平行于 N_2 方向和垂直于 N_2 方向的两个分量，其中只有平行于 N_2 方向的光矢量可以透过偏振片 P_2。从图上可以得出，透过偏振片 P_2 的光矢量振幅 $\boldsymbol{E}$ 是入射偏振光的振幅$\boldsymbol{E}_0$ 在偏振片 P_2 的偏振化方向上的投影，即 $E=E_0\cos\alpha$。因为光强与振幅的平方成正比，所以透过偏振片 P_2 的光强 I 与入射线偏振光的光强 I_0 之比为

$$\frac{I}{I_0}=\frac{E^2}{E_0^2}=\frac{E_0^2\cos^2\alpha}{E_0^2}=\cos^2\alpha$$

或

$$\boxed{I=I_0\cos^2\alpha} \tag{18-1}$$

这一公式是马吕斯(E. L. Malus)在 1809 年由实验发现的，称为**马吕斯定律**。该定律指出了线偏振光通过偏振片后，透射光强随入射线偏振光的振动方向与偏振片的偏振化方向之间的夹角 α 的变化关系。从上式可以看到，$\alpha=0$ 时，$I=I_0$，透过偏振片的光强最大；$\alpha=90°$时，$I=0$，没有光透过偏振片。这和图 18-5的实验现象是完全一致的。

例 18-1　如图 18-7 所示，若自然光的光强为 I_0，让它通过两个偏振化方向夹角为 60°的两偏振片(P_1 和 P_2)，求透过第二个偏振片 P_2 的光强。

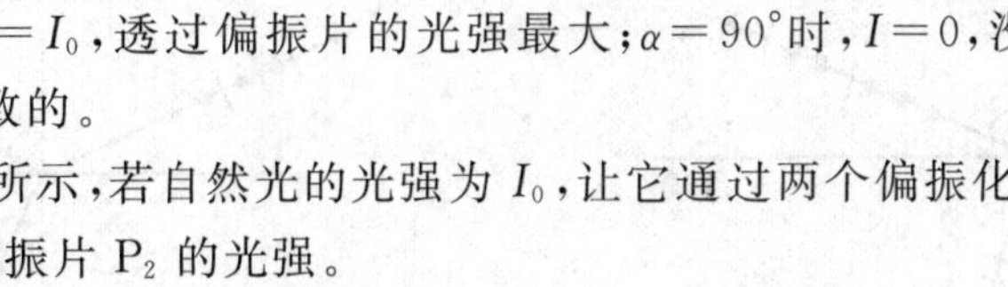

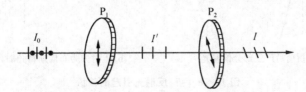

图 18-7　自然光通过两个偏振片

解：设自然光通过第一个偏振片后的光强为 I'，由于自然光可以看成光强相等的振动方向互相垂直的两部分光，而偏振片阻拦了与其偏振方向垂直振动的光，所以有

$$I' = \frac{I_0}{2}$$

按照马吕斯定律可知，透过第二个偏振片的光强为

$$I = I' \cos^2 \alpha = I' \cos^2 60°$$

即
$$I = \frac{I_0}{2} \cos^2 60° = \frac{I_0}{8}$$

例 18－2 有两个偏振片，一个用于起偏器，另一个用于检偏器。当它们的偏振化方向之间的夹角为 30°时，一束单色自然光穿过它们，出射光强为 I_1。当它们的偏振化方向之间的夹角为 60°时，另一束单色自然光穿过它们，出射光强为 I_2，且 $I_1 = I_2$。求两束单色自然光的强度之比。

解：设第一束单色自然光的强度为 I_{10}，第二束单色自然光的光强为 I_{20}，它们透过起偏器后，强度都应减为原来的一半，分别为$\frac{I_{10}}{2}$和$\frac{I_{20}}{2}$。根据马吕斯定律有

$$I_1 = \frac{I_{10}}{2} \cos^2 30°, \quad I_2 = \frac{I_{20}}{2} \cos^2 60°$$

因 $I_1 = I_2$ 故得，两束单色自然光的强度之比为

$$\frac{I_{10}}{I_{20}} = \frac{\cos^2 60°}{\cos^2 30°} = \frac{1}{3}。$$

18.3 反射光和折射光的偏振

实验表明，当自然光入射到折射率分别为 n_1 和 n_2 的两种介质(如空气和玻璃)的分界面时，反射光和折射光都是部分偏振光。如图 18－8(a)所示，其中 i 为入射角，r 为折射角，入射光为自然光。图中的点表示垂直于入射面的光振动，短线则表示平行于入射面的光振动。反射光是垂直入射面的振动较强的部分偏振光，而折射光则是平行入射面的振动较强的部分偏振光。

实验还表明，入射角 i 改变时，反射光的偏振化强度也随之改变，**当入射角 i_0 满足时，反射光中就只有垂直于入射面的光振动**，而没有平行于入射面的光振动。这时**反射光为线偏光，而折射光仍为部分偏振光**，如图 18－8(b)所示。

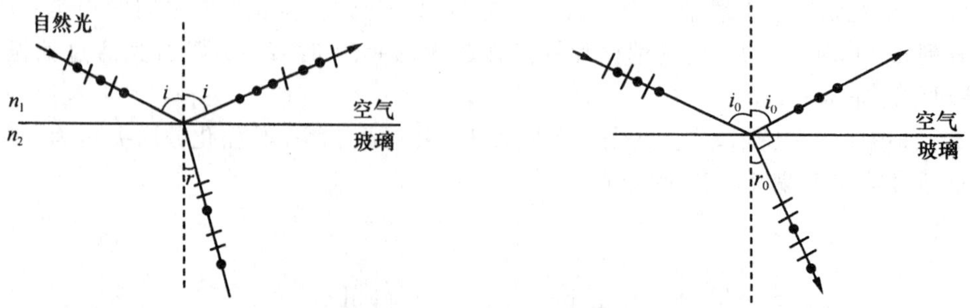

(a) 自然光经反射和折射后产生部分偏振光　　(b) 入射角为布儒斯特角时，反射光为偏振光

图 18－8　折、反射光引起的偏振

式(18－2)是布儒斯特(D. Brewster，1781—1868)于 1815 年由实验中得出的，该式为**布儒斯特定律**，其中，**i_0 为起偏角或布儒斯特角**。

$$\boxed{\tan i_0 = \frac{n_2}{n_1}} \tag{18-2}$$

对应于布儒斯特角 i_0 的折射角用 r_0 表示，根据折射定律，有

$$\frac{\sin i_0}{\sin r_0} = \frac{n_2}{n_1}$$

由布儒斯特定律可知

$$\tan i_0 = \frac{\sin i_0}{\cos i_0} = \frac{n_2}{n_1}$$

所以

$$\sin r_0 = \cos i_0$$

即

$$\boxed{i_0 + r_0 = \frac{\pi}{2}} \tag{18-3}$$

这说明，**当入射角为起偏角时，反射光线与折射光线相互垂直。**

自然光从空气射到折射率为 1.50 的玻璃片上，欲使反射光为线偏振光，根据式(18－2)可知，起偏角应为56.3°。如果自然光从空气射到折射率为 1.33 的水上，起偏角应为53.1°。入射角为 i_0 的入射光中平行于入射面的光振动全部被折射，垂直于入射面的光振动的光强约为 85％也被折射，反射的只占 15％，大部分光仍将透过玻璃。因此，仅靠自然光在一块玻璃的表面反射来获得偏振光，其强度是比较弱的。但将一些厚度相等的玻璃片平行放置叠成玻璃片堆(图 18－9)，并使入射角等于起偏角 i_0。可以证明，在各个界面上的反射光都是光振动垂直于入射面的线偏振光，所以经过玻璃片堆反射后，反射光是振动方向垂直于入射面的线偏光，折射光是振动方向平行于入射面的线偏光。由于玻璃堆的吸收，折射光将很弱，所以利用玻璃堆，可以从以起偏角入射的自然光中获得振动方向垂直于入射面的线偏光。

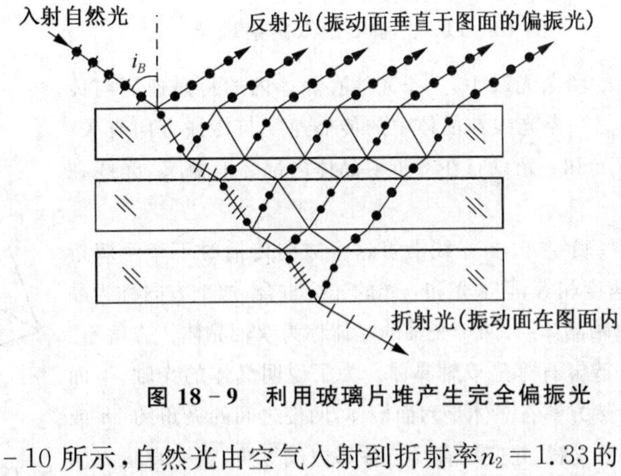

图 18－9　利用玻璃片堆产生完全偏振光

例 18－3　如图 18－10 所示，自然光由空气入射到折射率 $n_2 = 1.33$ 的水面上，入射角为 i 时使反射光为线偏振光。今有一块玻璃浸入水中，其折射率 $n_3 = 1.5$，若水中折射光由玻璃面反射后也成为完全偏振光，求水面与玻璃之间的夹角 α。

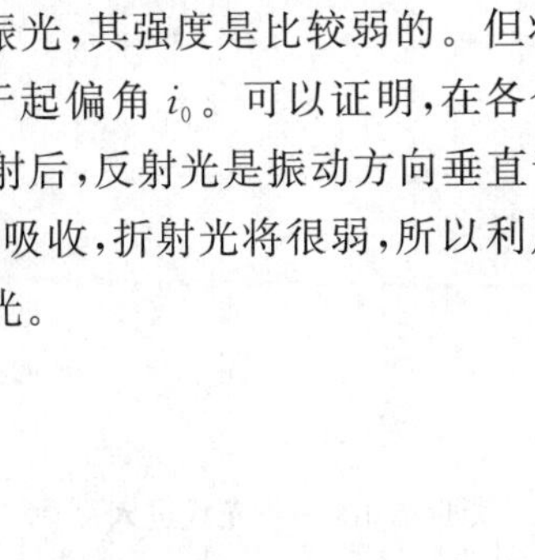

图 18－10　例 18－3 图

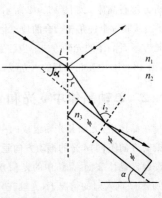

解：根据反射光成为完全偏振光的条件可知：

$$i + r = 90°,\quad i = 90° - r$$

因 $\tan i = \dfrac{n_2}{n_1}$，故 $\tan r = \dfrac{n_1}{n_2} = \dfrac{1}{1.33}$

得
$$r = 36°56'$$

又因 i_2 是布儒斯特角，由布儒斯特定律可得

$$\tan i_2 = \frac{n_3}{n_2} = \frac{1.5}{1.33}, \quad i_2 = 48°26'$$

$$\alpha = \pi - \left(\frac{\pi}{2} + r\right) - \left(\frac{\pi}{2} - i_2\right) = i_2 - r = 48°26' - 36°56' = 11°30'$$

*18.4 光的双折射现象

1. 寻常光和非常光

一束光由一种介质进入各向同性介质（如玻璃、水等）表面时，在界面上发生的折射光通常只有一束。但是，一束光线进入方解石晶体（即 $CaCO_3$ 的天然晶体）后分裂成两束光线，它们分别沿不同方向折射，这种现象称为**双折射**。双折射现象出现与否取决于介质的分子结构。当物质的分子作规则排列形成晶体时，晶体的分子间距在各方向上都不一样，形成分子之间的力学性质、电学性质、磁学性质都不一样，这样的物质称为各向异性介质，如方解石等。**光在各向异性的介质中传播时会形成双折射现象**，如图 18-11 所示。但像水、玻璃一类的介质分子是随机排列，它们在各个方向上的物理性质分不出差异，称为各向同性介质，它们属非晶体。光在各向同性的介质中传播时不产生双折射现象。光束在方解石晶体内的双折射时，晶体越厚，射出的光束分得越开。

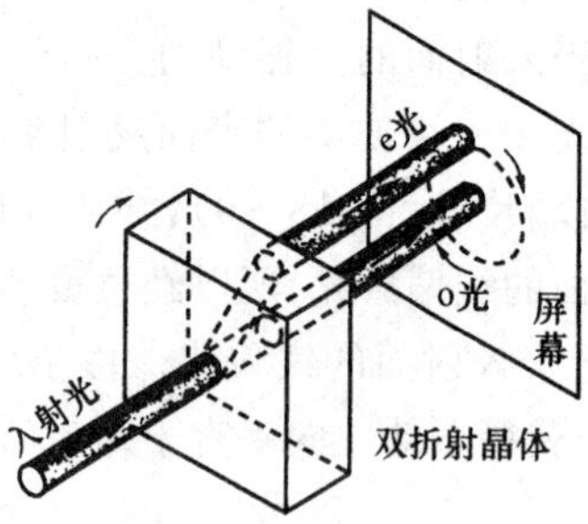

图 18-11 方解石的双折射现象

实验指出，一条光线进入晶体产生的两条光线中，一条光线在晶体内的传播速度与传播方向无关，称为**寻常光线，简称 *o* 光**；另一条光线在晶体中的传播速度与传播方向有关，称为**非寻常光线，简称 *e* 光**。应注意，*o* 光和 *e* 光只有在双折射晶体内部才有意义，光线在晶体以外，就无所谓 *o* 光和 *e* 光。

实验还指出，在晶体内部存在着某些确定方向，光线沿着这个方向传播时不产生双折射现象，即 *e* 光和 *o* 光在该方向的传播速度相等，且 *e* 光和 *o* 光的光线重合，这个方向称为晶体的**光轴**。**只有一个光轴的晶体称为单轴晶体**；有两个光轴的晶体称为双轴晶体。方解石、石英、红宝石等是单轴晶体；云母、硫磺、蓝宝石等是双轴晶体。为了说明晶体的光轴，下面分析方解石晶体。如图 18-12 所示，天然方解石晶体是六面棱体，两棱之间的夹角约 78°或 102°。从其 3 个钝角相会合的顶点作一条直线，并使该直线与各邻边成等角，这一直线方向就是方解石晶体的光轴方向。应注意，**晶体的光轴指的是某一确定的方向**，不是仅指一条直线，图 18-12 中互相平行的点划线都是光轴。

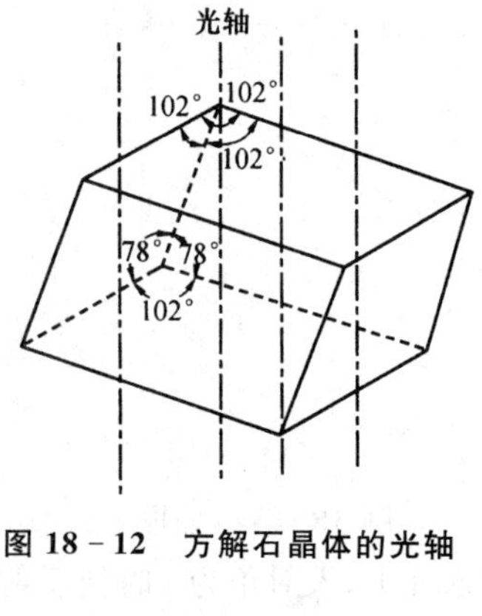

图 18-12 方解石晶体的光轴

2. 单轴晶体中 *o* 光和 *e* 光的特性

在晶体中，光线和光轴组成的平面称为该光线的**主平面**。实验指出，双折射晶体中的 *o* 光和 *e* 光都是线偏振光，但它们的振动方向不同，***o* 光的振动方向垂直于 *o* 光的主平面，*e* 光的振动方向平行于 *e* 光的主平面**。如图 18-13 所示，若自然光垂直射入晶体表面，晶体中的光轴方向，纸平面内 *o* 光和 *e* 光的振动方向分别如图 18-13 所示。应指出，自然光在图 18-13 所示垂直入射的情况下，光轴在入射面内，这时 *o* 光的主平面和 *e* 光的主平面 2 个面相重合。在有些情况下，*o* 光的主平面和 *e* 光的主平面是不重合的。

晶体中 o 光和 e 光的子波波面也是不同的。由惠更斯原理可知，在各向同性的介质中，光在任意时刻传播到的某一点发出的子波，沿各个方向传播速度相同，经过 Δt 时间形成的子波波前是一个半径为 $v_0\Delta t$ 的球面。实验指出，晶体中的 o 光沿各个方向传播的速度 v_0 是相同的，而 e 光沿着不同方向传播的速度 v_e 是不同的。e 光的子波波前是以光轴为轴线的旋转椭球面，且 e 光和 o 光的子波波前在晶体光轴方向上相切，如图 18－14 所示。在与光轴垂直的方向上，不同的晶体 e 光的椭球面常有不同的形状。根据这一点，把单轴晶体分为两类：一类晶体中 $v_e \geqslant v_o$，称为负晶体，如图18－14(a)所示，如方解石；另一类晶体中 $v_e \leqslant v_o$，称为正晶体，如石英，如图 18－14(b)所示。由于光在介质中的传播速度和介质折射率的关系为 $v=\frac{c}{n}$，其中，c 为真空中的光速。e 光和 o 光的波前在晶体光轴方向相切，表示沿光轴方向 e 光和 o 光的传播速度相同、折射率相等；在垂直于光轴的方向上，v_e 和 v_o 的差值最大，**把垂直于光轴方向上的折射率称为晶体的主折射率**，用 n_o 或 n_e 表示，所以，在负晶体中 e 光的主折射率 n_e 和 o 光的主折射率 n_o 相比较，有 $n_e \leqslant n_o$；而在正晶体中，有 $n_e \geqslant n_o$。

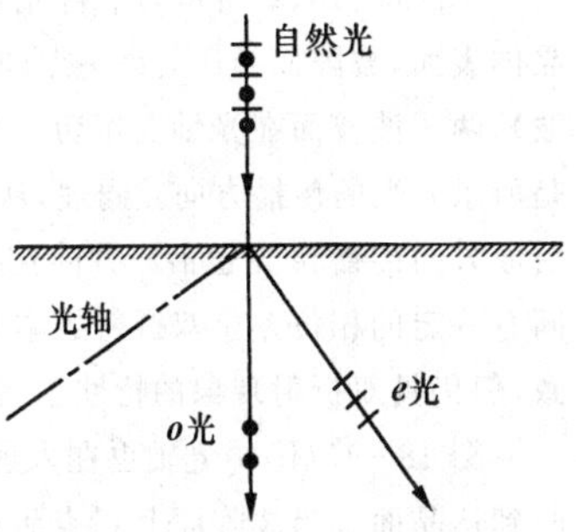

图 18－13　o 光和 e 光

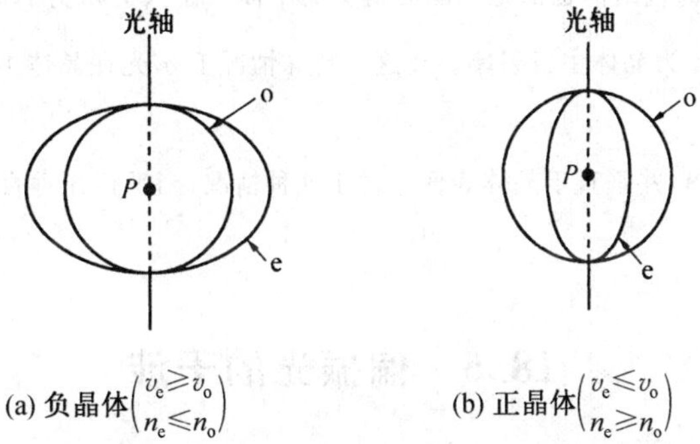

(a) 负晶体 $\begin{pmatrix} v_e \geqslant v_o \\ n_e \leqslant n_o \end{pmatrix}$　　(b) 正晶体 $\begin{pmatrix} v_e \leqslant v_o \\ n_e \geqslant n_o \end{pmatrix}$

图 18－14　o 光和 e 光的子波波面

* 应用惠更斯原理作图，可以确定单轴晶体中 e 光、o 光的传播方向，从而说明双折射现象。

当自然光垂直入射到单轴晶体上时，波阵面上的每一点都可作为子波源，向晶体内分别发出球面子波和椭球面子波。作所有球面子波的包络面，即得晶体中 o 光波面，从入射点引相应子波包络面与光波面的切点的连线，其方向就是 o 光的传播方向；再作椭球面子波包络面，从入射点引相应子波包络面与光波面的切点的连线，其方向就是 e 光的传播方向。以负晶体为例，图 18－15 给出了几种比较常见的双折射情形。

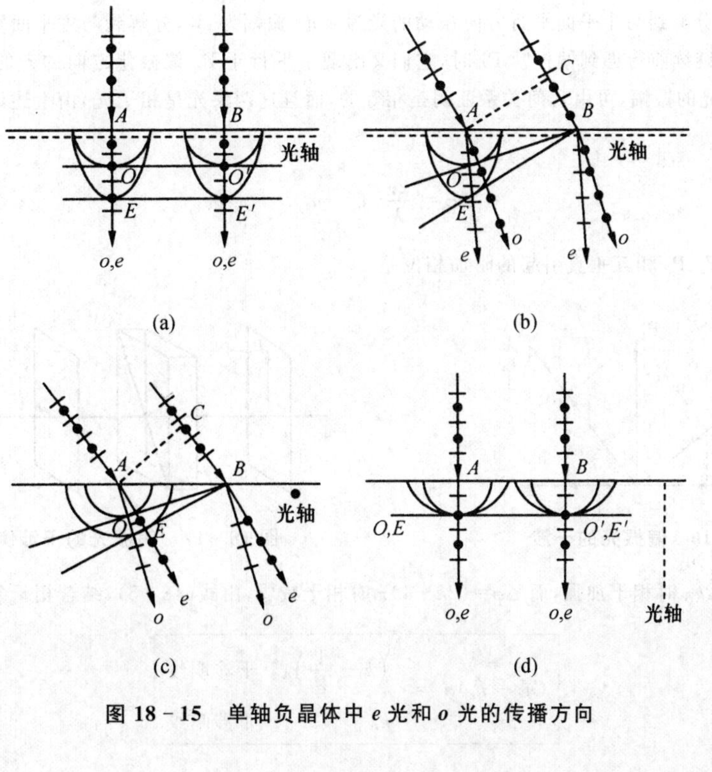

图 18－15　单轴负晶体中 e 光和 o 光的传播方向

图 18-15(a)所示为平行光垂直入射晶体，光轴在入射面内，并与晶面平行。这种情况入射波波阵面上各点同时到达晶体表面，波阵面 AB 上每一点同时向晶体内发出球面子波和椭球面子波(为了清楚起见，图中只画出 A,B 两点所发的子波)，两子波波面在光轴上相切。Δt 时间后，o 光的包络面为 OO'(此处 OO' 为切线)，从入射点引向切点 O、O' 的连线方向就是所求 o 光的传播方向。同理，从入射点引向切点 E,E' 的连线方向就是 e 光的传播方向。这种情况下，入射角 $i=0$，o 光沿原方向传播，e 光也沿原方向传播，但是两者的传播速度不同，所以 o 光波面和 e 光波面不相重合，到达同一位置时，两者间有一定的相位差。双折射的本质是 o 光、e 光的传播速度不同，折射率不同。对于这种情况，尽管 o 光、e 光传播方向一致，但仍具双折射现象的特性。

图 18-15(b)中光轴也在入射面内，并平行于晶面，入射光为平行斜入射。平行光斜入射时，入射波波阵面 AC 不能同时到达晶面。当波阵面上 C 点到达晶面 B 点时，AC 波阵面上除了 C 点以外的其他各点发出的子波，都已在晶体中传播了各自相应的一段距离，其中，A 点发出的 o 光子波波面、e 光子波波面分别如图 18-15(b)所示。从入射点 B 向由 A 发出的子波波面分别引切线，再由 A 点向相应切点 O,E 引直线，即得所求 o 光、e 光的传播方向。

图 18-15(c)中光轴垂直于入射面，并平行于晶面。平行光斜入射与图 18-15(b)的情形类似。所不同的是因为旋转椭球面的转轴就是光轴，所以旋转椭球与入射面的交线也是圆。在负晶体情况下，e 光波面这个圆的半径为椭圆的半长轴，大于 o 光球面半径。两种子波波面的包络面也都是和晶面斜交的平面。设入射角为 i，o 光、e 光的折射角分别为 r_o 和 r_e，则有 $\frac{\sin i}{\sin r_o}=n_o$，$\frac{\sin i}{\sin r_e}=n_e$，式中 n_o，n_e 为晶体主折射率。在这一特殊情况下，e 光在晶体中的传播方向，也可以用普通折射定律求得。

图 18-15(d)中光轴在入射面内，并垂直于晶体表面。对于这种情况，当平行光垂直入射时，光在晶体内沿光轴方向传播，不发生双折射。

*18.5 偏振光的干涉

参考图 18-15(a)，当入射光为线偏光时，只要线偏光的偏振化方向与晶体光轴的方向夹角为 α，那么在晶体中将形成振动方向相互垂直的 o 光与 e 光，其中 o 光的振动方向与主平面垂直，e 光的振动方向与主平面平行。由于 o 光 e 光的折射率不同，穿过厚度为 d 的晶体后将形成光程差

$$\Delta=(n_0-n_1)d \tag{18-4}$$

一般情况下，把这样的晶体放在两片偏振化方向相互垂直的偏振片之间。用仰视的方法重画图 18-15(a)就可得到图 18-16，图 18-17 为图 18-16 的侧面示意图。图中 P_1 为起偏器的偏振化方向，即是上述的偏振光的方向。cc' 的方向为晶体主平面的方向，偏振光分解到与主平面平行方向振动的光为 e 光，振幅为 Ae，分解到与主平面垂直方向的振动光为 o 光，振幅为 Ao。当 o 光、e 光继续前行遇到偏振片 P_2 时，它们又出现了平行于 P_2 偏振化方向的光的分量，这一分量将透过偏振片 P_2，其透过 P_2 的两光的振幅，可由几何关系证明是相等的，而且这两束光是相干光，由上述讨论的光程差式(18-4)可得它们的相位差为

$$\Delta\varphi=\frac{2\pi}{\lambda}(n_o-n_e)d+\pi \tag{18-5}$$

上式中最后一项 π 是由 P_1、P_2 相互垂直引起的附加相位差。

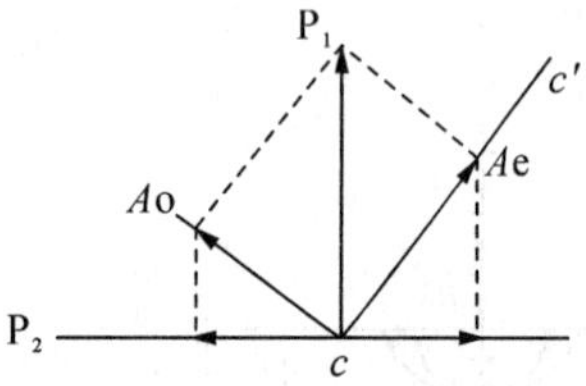

图 18-16　偏振光的干涉

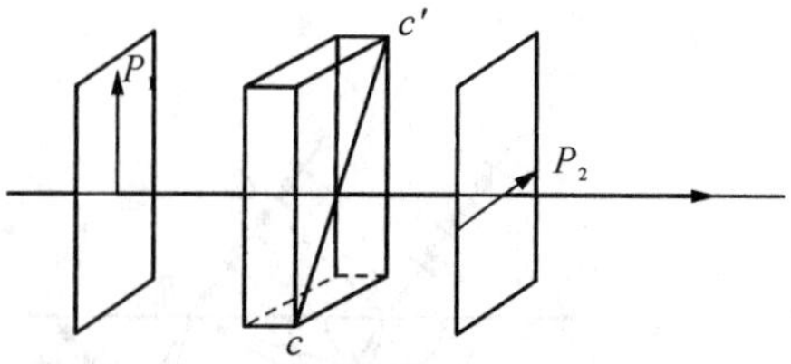

图 18-17　偏振光的干涉侧向图

由于相干条件 $\Delta\varphi=2k\pi$ 时相干加强，而 $\Delta\varphi=(2k+1)\pi$ 时相干减弱，由式(18-5)，结合相干条件重新表示为

$$(n_o-n_e)d=\begin{cases}\left(k-\frac{1}{2}\right)\lambda & \text{干涉明纹}\\ k\lambda & \text{干涉暗纹}\end{cases} \tag{18-6}$$

如果用白光垂直照射到 P_1 上，则满足式(18-6)的波长 λ 的光获得相干加强时，从 P_2 透射出来的光为波长为 λ 的单色光，这种现象又称为**色偏振**。

可以推测，当 P_1P_2 的位置不再垂直，当它们的夹角为 0 或任意角 θ 时，它们的色偏振的情况会随 θ 的改变而变化，并呈现出美丽的色彩变换。

色偏振现象有着广泛应用，如将矿石做成晶体片，放在两偏振片之间形成不同干涉色彩的图像，可以精确地判断矿石的种类。

*18.6　人为双折射　旋光现象

有些非晶体(如塑料、玻璃、树脂、大气等)一般情况下不会出现双折射现象，但是当外界环境变化，如电场、磁场的作用，或某一方向的压强改变时，就会形成各向异性的介质而发生双折射现象。在自然界中常有这样的报道，某地某时出现了两个太阳，这可以用大气的双折射理论进行解释，是因大气分子受外界环境的影响成了各向异性的类晶体。这种在人工(或外界)条件下发生的双折射现象称为**人为双折射**。根据引起双折射条件的不同，大致可以分为以下几类：

1）光弹性效应

将一个透明的塑料膜在某一方向拉伸以后使其内部产生应力。在应力作用下分子的分布发生变化，由原来的分子随机取向分布变成各个方向的不均匀取向分布，形成类似于晶体的性质，将有双折射现象发生。把它们放在偏振光干涉仪中观察色偏振现象。可看到各种不同的颜色，当偏振光干涉仪的两偏振片的偏振化方向的夹角不断变化时就会看到各种颜色的变化。如果将图 18-17 中的晶体用拉伸的透明膜取代，那么就会在偏振片的右边看到**光弹性效应**，图 18-18 是透明物体在应力作用下的光弹性效应的照片。

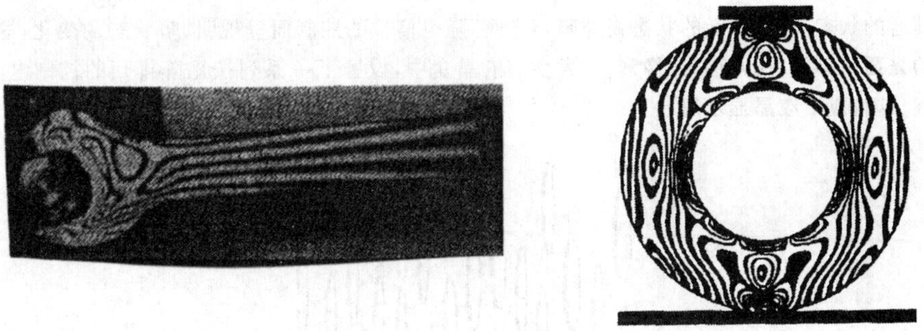

图 18-18　光弹性效应

2）电光效应

有些非晶体或液体在强电场的作用下，显示出双折射现象，称电致双折射效应。因该效应是由苏格兰物理学家克尔(J. Kerr)首先发现的，故又**称为克尔效应**。这是因为构成非晶体或液体的分子在强电场的作用下发生极化，极化后的分子沿电场方向重新排列，呈现晶体的各向异性的特征。

克尔效应实验表明，施加在克尔盒上的电压发生变化，则双折射光的光程差也发生变化，所以白光透过克尔盒的透射光的波长将随所施加的电压而受到调制。

利用克尔效应可以做成单色光的断续器，其"通"、"断"状态的转换在 10^{-9} s 时间内就可以完成，所以该断续器广泛用于高速摄影、测距和激光通讯中。

3）磁致双折射实验

与电致双折射类似，**在强磁作用下，也可以使一些非晶体出现双折射现象**，称之为**磁致双折射效应**。实验仪器的结构与电致双折射中的克尔盒类似，实验发现当磁场方向与光的传播方向垂直时，双折射效应最为明显。磁致双折射的发生是分子磁矩在强磁场的作用下发生磁化作用，当非晶体的分子在磁场作用下发生取向排列后，使非晶体出现各向异性的性质，因而发生类似于单轴晶体的双折射现象。

4）旋光现象

当偏振光射入某些物质后，偏振光的振动方向会以光的入射方向为轴，转过一定的角度，这一现象称为**旋光现象**，如图 18-19 所示。该现象是阿喇果在 1811 年首先发现的。将能发生旋光现象的物质称为旋光物质。如糖溶液、松节油、石油酒石酸、石英晶体、液晶等都是旋光物质。用偏振片可以检测偏振光振动方向转过的角度，常称之为旋光角。实验发现对固体旋光物质的旋光角的规律

$$\Delta\varphi = \alpha l \tag{18-7}$$

式中，α 称为旋光率；l 为旋光物质的厚度。

对液体旋光物质的旋光角的实验结果为

$$\Delta\varphi = \alpha l \rho \tag{18-8}$$

式中，ρ 为旋光物质的浓度。

对糖溶液，ρ 就代表糖溶液的浓度。工业生产中常根据液体旋光物质的特性制成各种浓度计，如糖量计等。

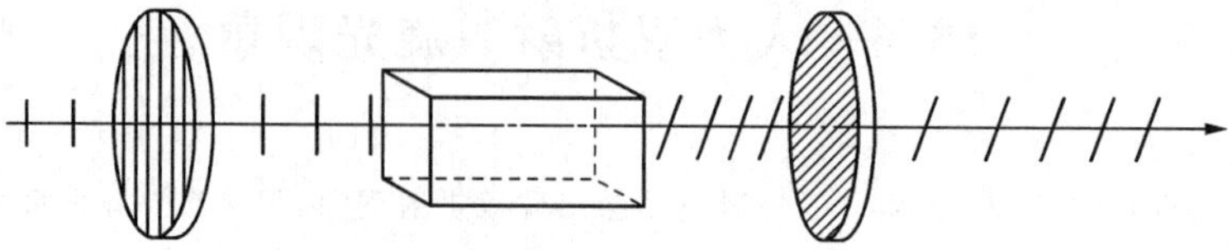

图 18-19　旋光物质与浓度计

5）晶体光阀和液晶显示。

所谓的**液晶是指其形态像液体，其光学性质像晶体的一类物质**，在液晶中有一类液晶分子长轴的排列趋于一定的方向，分子可以在液体中自由运动，但分子的长轴的方向基本不变，这类分子称为**向列相液晶**，分子长轴的平均指向矢 $\boldsymbol{n}$ 相当于晶体的光轴（图 18-20）。这类液晶常用于光阀或液晶平板显示的材料。液晶分子的取向常受外界环境的影响，如当外界在液晶上施加一电压，液晶分子会发生连续性的扭转，当一束偏振光照在液晶上，由于偏振光的振动方向将随液晶分子的方向变化而变化。所以，偏振光透过液晶时会产生旋光现象；当电场消失后，液晶分子的排列方向又会恢复原状，这样随液晶盒与电源的连接和中断，透射偏振光的偏振光方向就会发生“变”与“不变”的两种状态，在透射光的末端再加一偏振片，就可以鉴别这两种状态，因而获得光路的“通”与“断”两个状态。根据这一原理做成的液晶盒又称**光开关，形象地称其为“光阀”**。若将其通的状态视为明，断的状态视为暗，“光阀”随电信号的控制而呈现明、暗状态的变化，这样“光阀”就成了显示屏上电信号的**光显示单元**，通常称为**“像素”**。大型的液晶盒中，设置了一系列按矩阵排列的控制电路，每一个立体正交点就是一个像素，这就成了**液晶显示屏**。

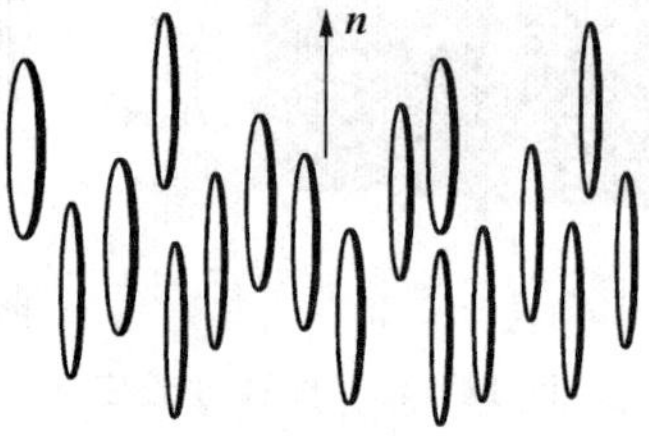

图 18-20　向列相液晶分子排列示意图

本章习题

18-1　将两个偏振片叠放在一起，两偏振片的偏振化方向之间的夹角为 60°，一束光强为 I_0 的线偏振光垂直入射到偏振片上，该光束的光矢量振动方向与二偏振片的偏振化方向皆成 30°角。(1) 求透过偏振片后的光束强度；(2) 若将原入射光束换为强度相同的自然光，求透过偏振片后的光束强度。

18-2　自然光入射到两个互相重叠的偏振片上。如果透射光强为透射光最大强度的三分之一，则这两个偏振片的偏振化方向间的夹角是多少？

18-3　用一束自然光和一束线偏振光构成的混合光垂直照射在一偏振片上，以光的传播方向为轴旋转偏振片时，发现透射光强的最大值为最小值的 5 倍，则入射光中，自然光光强 I_0 与线偏振光光强 I 的比值为多少？

18-4　水的折射率为 1.33，玻璃的折射率为 1.50，光由水中射向玻璃而反射时，起偏振角为多少？光由玻璃射向水中而反射时，起偏振角又为多少？

18-5　若从水池静止水面上反射出来的太阳光是线偏振光，则太阳在地平线之上的仰角为多大？请作图画出反射光的振动方向。已知水的折射率为 1.33。

18-6　波长为5 893 Å的钠光垂直入射到方解石晶体中，晶体光轴平行于晶体表面，试画出晶体中的e光和o光的传播方向和振动方向，并分别求出它们在晶体中的波长和光速。

18-7　两尼科耳棱镜的主截面的夹角由30°转到45°。问：(1) 当入射光是自然光时，求转动前后透射光的强度之比；(2) 当入射光是线偏振光时，其振动方向平行于第一个棱镜的主截面，求转动前后透射光的强度之比。

第六篇　近代物理引论

到19世纪末,经典物理学的发展已经相对成熟,正如著名物理学家开尔文在迎接1900年的贺词中所说,“在已经建立成的物理学大厦中,今后物理学家只要做一些零碎的修补工作”,接着他又说,“在物理学晴朗的天空的远处,还有两朵小小的令人不安的乌云”。“第一朵乌云”指的是迈克耳逊-莫雷实验的零结果与“以太”假说之间的矛盾;“第二朵乌云”指的是黑体辐射规律与能量均分定理之间的矛盾。正是这“两朵乌云”导致相对论和量子力学的诞生。

相对论和量子力学是近代物理学的两大支柱,它们深刻改变了人们对物质世界的认知。第十九章简要介绍狭义相对论,第二十章则对量子物理的基本概念和规律进行初步介绍。

*第十九章　狭义相对论基础

19.1　爱因斯坦的基本假设

时间和空间,简称时空。物质的运动与时空的性质紧密相连,对时空性质的研究一直是物理学中的一个基本问题。物理学对时空的认识可分为3个阶段:牛顿力学阶段、狭义相对论阶段和广义相对论阶段。牛顿的力学理论是建立在绝对不变的时空框架中,所有的时间、空间在任何条件下都不会改变。米尺的长度在任何参照系中都一样;宇宙的任何地方,时间都处于均匀流逝的状态。

我们知道,光的速度只决定于真空中的电导率和磁导率,而与参照系无关,且实验也支持这样的结果。按相对运动的观念这是不可想象的,这一事实为难了许多的科学家。狭义相对论就是在这样的背景下诞生的。狭义相对论是惯性系中的时空理论,它革命性地提出时间和空间将与选择的参照系有关。

1. 时空变换

设想有一辆卡车相对于地面做匀速直线运动,还有两个完全相同的时钟和两把完全相同的米尺。在同一参考系中,这两个时钟走得一样精准,这两把米尺的长度严格相等。现把其中的一个时钟和一把米尺放在卡车上(称为动钟和动尺),另一个时钟和另一把米尺放在地上(称为静钟和静尺),并且让这两把米尺都沿着卡车运动的方向放置。问动钟和静钟哪个走得快?动尺和静尺哪个更长?这实际上是时间和空间在两个惯性系之间的变换问题。

所谓事件是指具有确定的发生时间和确定的发生地点的物理现象。一个事件发生的时间和地点,称为该事件的时空坐标。例如,"两粒子相撞"就是一个事件,如果用t表示两粒子碰撞的时刻,用(x,y,z)代表相撞的地点,则该事件的时空坐标就是(x,y,z,t)。在讨论时空性质时,我们关心的是时空坐标,而不必再去关心引入时空概念的事件。

如图19-1所示,S′和S代表两个惯性系,S′系相对S系以速度v沿$x'(x)$轴方向做匀速直线运动。同一事件P的时空坐标的测量值在S系中是(x,y,z,t),在S′系中是(x',y',z',t')。图中只画出空间坐标,为了表示时间,设想在S′,S系中的所有地点都放置完全相同的一系列时钟,让它们在各自的参考系中同步运行。当坐标原点O'和O重合时,取该时刻为时间零点($t'=t=0$)。

同一事件在两个惯性系中的时空坐标(x',y',z',t')和(x,y,z,t)之间的变换关系,称为时空变换。由于时空坐标代表时间和长度的测量值,因此时空变换反映了时间和空间与参考系选择的关系。

如果不做特别说明,下面提到的参考系S′和S都是惯性系,并都按图19-1所示配置。

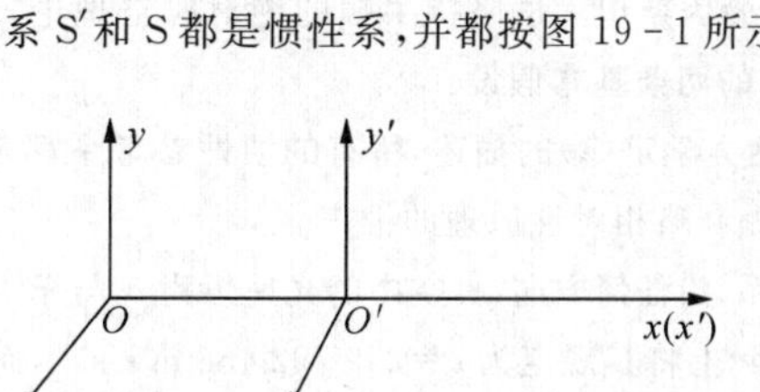

图19-1　事件的时空坐标

2. 伽利略变换

牛顿力学认为,时间与空间相互独立,不论在S′系或S系中作测量时,时间间隔和空间间隔都是相同的,即动钟和静钟走得一样快,动尺和静尺的长度相同,它们都与参考系的选择无关。这称为**绝对时空观**。

现在考虑图19-1中事件P,S′系中的观察者测出这一事件的时空坐标为(x',y',z',t'),S系中的观察者测出这一事件的时空坐标(x,y,z,t),按照绝对时空观,可得到两组时空坐标的关系为

$$\begin{cases} x' = x - vt \\ y' = y \\ z' = z \\ t' = t \end{cases} \tag{19-1}$$

式(19－1)称为**伽利略变换**,它表达了绝对时空观的时空变换性质。

从伽利略变换很容易推出经典力学的速度变换公式。将上式对时间求导,考虑到 $t'=t$ 可得

$$\begin{cases} u'_x = u_x - v \\ u'_y = u_y \\ u'_z = u_z \end{cases}$$

即
$$u' = u - v \tag{19-2}$$

这正是在牛顿力学中导出的伽利略速度变换公式。由上面的推导可以看出,它是以绝对时空观为基础的。

将式(19－2)再对时间求导,可得出加速度变换公式。由于 u 与时间无关,所以有

$$\boldsymbol{a}' = \boldsymbol{a} \tag{19-3}$$

这说明同一质点的加速度在不同的惯性系内测得的结果是一样的。

在牛顿力学中,质点的质量和运动速度没有关系,因而也不受参考系的影响,即 $m'=m$;力等于质点的质量与其加速度的乘积,因而力也是和参考系无关的,即 $\boldsymbol{f}'=\boldsymbol{f}$。所以,只要 $\boldsymbol{f}=m\boldsymbol{a}$ 在参考系 S 中是正确的,那么,对参考系 S′来说,$\boldsymbol{f}'=m'\boldsymbol{a}'$ 也是正确的。总之,牛顿定律对任何惯性系都是成立的,这就是牛顿力学的相对性原理。

3. 实验对绝对时空观的挑战

μ 子衰变时产生中微子与反中微子。实验室测得 μ 子的寿命 $\tau_0=2.15\times10^{-6}$ s,μ 子在大气中的速度为 $0.998c$(c 为光速),理论计算它在空中划出路径的长度为 664 m。但实际测得 μ 子从高空产生地到湮灭地的距离为该数值(664 m)的 15 倍左右。这样的矛盾反映了传统的时空理论存在问题。

现代的电子加速器中,当电子的加速电压 10 MV 时,测得电子的速率 $v=0.998\,8c$,当加速器电压增加到 40 MV 时,电子的速度为 $v=0.999\,8c$。外界的能量增加到 4 倍,但电子的速度只增加了千分之一,而运用传统的理论无法解释这样的实验事实。

4. 爱因斯坦的两个基本假设

要解决伽利略变换和上述实验规律的矛盾,使用传统的理论是无法解释的,所以只有放弃牛顿的绝对时空观,从而创造一个崭新的理论。

在迈克耳孙-莫雷实验的事实面前,爱因斯坦无法坚持牛顿的绝对时空理论,于 1905 年发表了题目为《论动体的电动力学》的论文,提出了**狭义相对论所依据的两条基本假设**:

(1) **相对性原理**对于物理定律(包括力学定律)的描述,所有的惯性参考系都是等价的,即物理规律对所有惯性参考系都可以用相同的形式表示,该假设是对伽利略相对性原理的推广。

(2) **光速不变原理**相对于任何惯性系,沿任何方向,真空中的光速恒为 c,与光源和观察者的运动无关。

光速作为一个物理常量,1983 年国际上将其规定为 $c=299\,792\,458\ \text{m}\cdot\text{s}^{-1}$,而 1 m 就是光在真空中 1/299 792 458 s 时间内所经过的距离。

爱因斯坦提出的上述两个基本假设是狭义相对论的两条基本原理,孕育出了新的时空观。

19.2 时间延缓与长度收缩

1. 时间延缓效应

从爱因斯坦的光速不变这一基本假设,可以得什么结论呢?首先还原爱因斯坦初期的一个假想实验。

如图 19－2(a)所示,设有一列高度为 H 的列车在一水平轨道上以速度 v 行驶,以大地为 S 系,列车为 S′系。显然 S′系以速度 v 相对于 S 系做水平运动。在地面上的 A 点,列车内的工作人员开始做一个实验。他向列车的天花板发射了一束

光，而天花板是由反射镜做成的。该束光经天花板反射，被工作人员接收，工作人员接收到的时间为 $\Delta t'$，此时列车已运行到 S 系的 B 点。S 系的观测者测得列车内工作人员所做的这样一个实验过程的时间为 Δt，A，B 两点之间的距离 $l=v\Delta t$，在 AB 连线的中间处，光束从列车顶端的反射镜中返回。遵循爱因斯坦的假设，光速为恒量 c，所以，S 系中的观测者得到如图 19－2(b)的传输路径图。

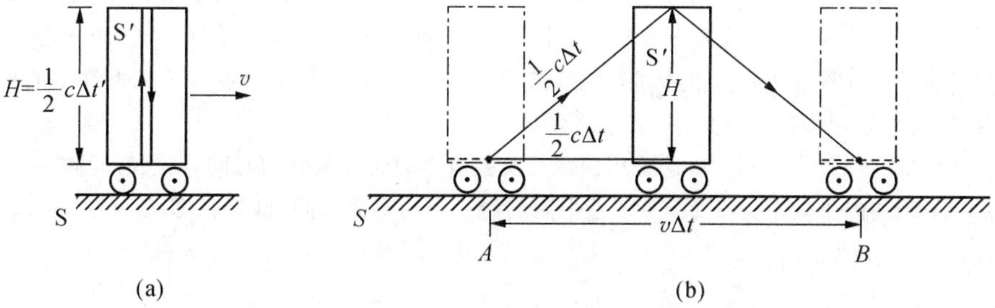

图 19－2　爱因斯坦的假设性实验

利用几何关系得

$$\left(\frac{1}{2}c\Delta t\right)^2=\left(\frac{1}{2}v\Delta t\right)^2+H^2 \tag{19-4}$$

式中，H 为车厢的高度。

由车内的实验人员根据光束实验的时间间隔 $\Delta t'$ 可以测得

$$H=\frac{1}{2}c\Delta t' \tag{19-5}$$

将式(19－5)代入式(19－4)得

$$\Delta t=\sqrt{\frac{c^2}{c^2-v^2}}\Delta t'=\frac{1}{\sqrt{1-\frac{v^2}{c^2}}}\Delta t'=\gamma\Delta t' \tag{19-6}$$

其中

$$\gamma=\frac{1}{\sqrt{1-\frac{v^2}{c^2}}}>1 \tag{19-7}$$

对同一事件，S 系中的观测者测得的时间 Δt 比 S′系中的观测者测得的时间 $\Delta t'$ 要长。或者说，在 S 系的观测者看到 S′系中的时钟走慢了。

比较他们测量时间的方法：在 S 系中的观测者是用 A、B 两地事先已校正过的时钟测量的，是事件发生时两地的时钟测到的时间差 Δt；而 S′系中的观测者是用静止在 S′系中的同一个钟测到的时间差 $\Delta t'$。在 S 系中的观察者看来，S′系中的时钟是随 S′系以速度 v 在运动。因此，S 系的观测者认为，**运动的钟走慢了**，它的 1 min 比实际的 1 min 长，所以，**S 系的观测者认为：运动系参照系 S′中的时间延缓了。**

定义：**固定于参考系中的同一个时钟测到的时间为固有时间**，这样，S′系中的钟测到的时间 $\Delta t'$ 为固有时间。S 系中的观测者测到的时间 Δt 为非固有时间，两者比较 $\Delta t\geqslant\Delta t'$，所以**固有时间最小**。

2. 长度收缩

在 S 系中测到 A、B 两地的长度 $\Delta l=v\Delta t$，而在列车坐标系 S′中的观测者测到的 A、B 之间的长度 $\Delta l'=v\Delta t'$，因 $\Delta t'<\Delta t$。所以 S′系中的观测者测到的 A、B 两地之间的长度

$$\Delta l'=\frac{\Delta t'}{\Delta t}\Delta l=\frac{1}{\gamma}\Delta l \tag{19-8}$$

在 S 系中的观测者测到的长度 Δl 是固定于 S 系中的 A、B 两点间的长度，可以用列车运行的时间与列车的速度的 v 的乘积表示，也可以用 B 点的坐标与 A 点的坐标差表示。当然也可以用米尺测量。对列车参考系 S′系中的观测者而言，他的测量方法只能唯一地依赖固定于 S′系中的时钟和 S′系相对于 S 的速度(实际也是时钟相对于 S 的速度)测量，测到的是相对于 S′系以速度 v 运动的 A、B 两点之间的长度 $\Delta l'=v\Delta t'$。

定义：**静止在某一参考系中的事物的长度为固有长度**。AB 的长度 Δl 是静止于 S 系的长度，属固有长度。在 S′系中测到的 AB 的长度 $\Delta l'$是非固有长度。从上面的分析 $\Delta l'<\Delta l$，所以两者比较，**固有长度最大**。

如果将 AB 连接线视为一细竹竿，在列车 S′系中的观测者看到的情景是此竹竿以 v 的速度从旁边穿过。S′系中的观测者

认为自己测到的竹竿的长度所以变小，是因为它在以速度 v 运动。因此他判断**物体在运动的方向上缩短了。我们把这种效应称为长度收缩，也称为洛仑兹收缩**。

这就是爱因斯坦光速不变原理所得到的两个重要的结论：**时间延缓效应和长度收缩效应**。根据固有时间和固有长度的定义，来分析理解有关狭义相对论中的有违于以往习惯思维的种种结论。应注意的是，时间延缓和长度收缩是一种相对论效应。运动的钟走得慢，不是说钟的结构发生变化。如果静止的钟和运动的钟放在一起，它们的计时功能还是一样的精准。

例 19-1 μ 子衰变产生中微子，实验室测得 μ 子的寿命为 $\tau_0=2.15\times10^{-6}$ s。μ 子在大气中的速度为 $0.998c$，光速 $c=2.998\times10^{8}$ m/s，按经典理论计算 μ 子在大气中进行的轨迹长 $l=v\tau_0=644$ m。但实际 μ 子在大气中的轨迹的长度为此值的 16 倍左右。请用相对论进行解释。

解：μ 子的实验室寿命 $\tau_0=2.15\times10^{-6}$ s，这是用固定在实验室中的时钟测到的时间，属固有时间。

设大地为 S 系，μ 子所在的坐标系为 S′系，在 S′系中测到的 μ 子的寿命为固有时间，即 $\Delta t'=\tau_0$，所以，大地参照系测得 μ 子运行的实际时间

$$\Delta t=\gamma\Delta t'=\frac{\Delta t'}{\sqrt{1-\frac{v^2}{c^2}}}=\frac{\Delta t'}{\sqrt{1-0.998^2}}=15.82\times2.15\times10^{-6}\ \text{s}$$

在大地参照系测得 μ 子在大气中的运行轨迹的长度 $\Delta l=v\Delta t=10\,177$ m 接近经典理论值的 16 倍左右。

从另一角度也可以推测，因光速不变。在 μ 子所在的 S′系中测得 μ 子轨迹的长度 $l'=\tau_0 v=644$ m。这个长度为非固有长度。在大地参照系（S 系）中测到的才是固有长度，故 $l=\gamma l'=10\,188$ m，在近似范围内与实验值符合。

例 19-2 设列车以速度 v 驶过一站台，这时恰有一闪电同时击中车厢的头尾，并在站台上留下两个焦痕。问在车厢内看到的雷击是否是同时的？相差多少？车厢内的观察者如何解释在大地参照系中雷击的同时性？

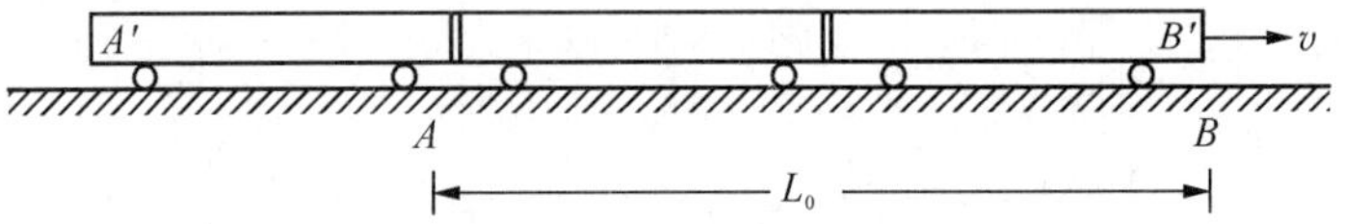

图 19-3 例 19-2 图

解：设大地为 S 系。列车为 S′系，S′系相对于 S 系的速度为 v。

在 S 系中测得站台上两焦斑 A、B 之间的长度为 L_0，这也是 S 系中的观察者测到的车厢的长度 L_0，因车厢以速度 v 运动，所以 S 系中的观测者知道车厢的固有长度 L' 比 L_0 大。根据洛伦兹收缩理论，推测车厢的固有长度 $L'_{车}=\gamma L_0$，这一长度也是 S′系中的观察者测到的车厢的固有长度；焦斑 A、B 之间的长度 L_0 为 S 系中的观察者测到的，所以此为站台上焦斑 A、B 两点之间的固有长度，在以速度 v 运动的车厢内的观察者测到的 A、B 两点间的长度仅为 $L'_{台}=\frac{1}{\gamma}L_0$。

车厢内的观察者发现当车厢的头部 B' 与站台上焦斑 B 对准发生闪电时，车厢尾 A' 离站台上的 A 点的距离为

$$\Delta L=L'_{车}-L'_{台}=\left(\gamma-\frac{1}{\gamma}\right)L_0$$

在车厢内的观察者发现，车尾 A' 的闪电与站台 A 点的闪电时间间隔

$$\Delta t'=\frac{\Delta L'}{v}=\frac{L_0}{v}\left(\gamma-\frac{1}{\gamma}\right)=\gamma\frac{vL_0}{c^2}$$

时间 $\Delta t'$ 是 S′系中的观测者测量 S′系中的两地的校准钟的时间差，是非国有时间，相当于固定于 A 点的钟测到的时间 $\Delta t=\frac{1}{\gamma}\Delta t'=\frac{v}{c^2}L$，$\Delta t$ 为固有时间，因此，S′系中的观测者认为车头、车尾的闪电并非同时发生。说明“同时”不是绝对的，**在一个参照系 S 系中同时发生的两件事在另一个参照系 S′系中是不同时的，这就是“同时”的相对性**。S′系中的观测者判断：车厢的尾部 A' 将在 Δt 时间后与站台上的 A 点重合时发生闪电。既然在 S 系中 A、B 两处闪电是同时发生的，S 系中的 A 处的钟比 B 处的钟超前了 $\Delta t=\frac{vL_0}{c^2}$，因此，才有 S 系中观测者得到“$A$、$B$ 两地的闪电为同时”的结论。在 S 系同步的 A、B 两地的钟，在车厢 S′系中观测者看到 A、B 两地的钟不同步，A 处的钟超前了 $\left(\frac{vL_0}{c^2}\right)$。

19.3 洛伦兹时空变换

相对运动的参照系中，时间空间的变换关系称为洛伦兹时空变换，简称洛伦兹变换。如图 19-4 所示，假定 S′系相对

于 S 系以速度 v 沿 x 轴运动。$t'=t=0$ 时，S′系与 S 系重合，在以后的某时刻，S′系原点 O' 离 O 点的距离在 S、S′系中的观察者眼中是不一样的，因他们的计时标准不一样，分别从 S 系，S′系考察发生在 P 点的一事件的坐标。

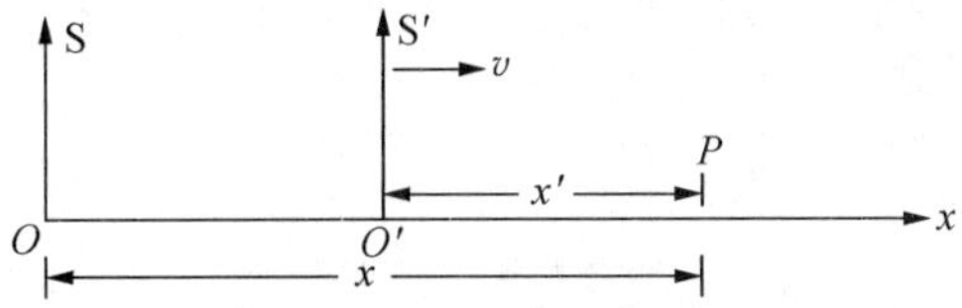

图 19-4　洛仑兹变换

在 S 系中 P 点坐标为 x，即 $OP=x$，x 为 S 系中 OP 的固有长度；在 S′系中 P 点坐标为 x'，即 $O'P=x'$，x' 为 S′系中 $O'P$ 的固有长度。

在 S 系的观察者看来，$O'P$ 在以速度 v 运动，测到的 $O'P$ 的长度为 $\frac{1}{\gamma}x'$，所以 P 点坐标

$$x = OO' + O'P = vt + \frac{1}{\gamma}x'$$

可表示为

$$x' = \gamma(x - vt) \tag{19-9}$$

在 S′系的观察者看来，OP 是以速度 v 运动，它测到的 OP 的长度为 $\frac{1}{\gamma}x$，所以 P 点的坐标

$$x' = OP - OO' = \frac{1}{\gamma}x - vt'$$

可表示为

$$x = \gamma(x' + vt') \tag{19-10}$$

在牛顿绝对时空理论中，时间在任何参考系中都一样，所以可以用一个三维空间描述一物体的运动，而时间可以作为一个共同的自变量。但在狭义相对论中存在时间延缓效应，时间是非共同的，所以在以不同的相对速度运动的参照系中时间的标度都不相同。在狭义相对论中必须用时间加三维空间讨论物体的运动，为此还要引出时间变换的关系式。将式(19-9)代入式(19-10)

$$x = \gamma[\gamma(x - vt) + vt']$$

得到

$$t' = \frac{1}{v}\left[\frac{x}{\gamma} - \gamma(x - vt)\right]$$

化简后得

$$t' = \gamma\left(t - \frac{v}{c^2}x\right) \tag{19-11}$$

用 S 系中的参量表示 S′系中的物理量的变换关系称为洛伦兹正变换；将 S′系中的参量表示 S 系中的物理量称为洛伦兹逆变换。

洛伦兹正变换和逆变换没有数学上的逻辑关系，地位平等。当 $v \ll c$ 时 $\gamma = \frac{1}{\sqrt{1-\frac{v^2}{c^2}}} \approx 1$，洛伦兹变换退化为伽利略变换。由此可见**牛顿的绝对时空理论是爱因斯坦狭义相对论在低速下的近似。**

表 19-1 为洛伦兹变换内容。

表 19-1　洛伦兹变换

洛伦兹正变换	洛伦兹逆变换
$x' = \gamma(x - vt)$	$x = \gamma(x' + vt')$
$y' = y$	$y = y'$
$z' = z$	$z = z'$
$t' = \left(t - \frac{v}{c^2}x\right)$	$t = \left(t' + \frac{v}{c^2}x'\right)$

由洛伦兹变换可知，将 S 坐标系的不同地点、不同时间发生的两相关事件在相对于 S 系以速度 v 沿 x 轴方向运动的 S′

系中，找到它们之间的时间差与距离差。

设在S系中第一事件发生于 x_1 处 t_1 时刻，第二事件发生于 x_2 处 t_2 时刻，在 S′系中看到的第一事件发生的地点和时间分别为

$$x'_1 = \gamma(x_1 - vt_1)$$
$$t'_1 = \gamma(t_1 - \frac{v}{c^2}x_1) \tag{19-12}$$

同理，在 S′系中观察到第二事件的地点和时间分别为

$$x'_2 = \gamma(x_2 - vt_2)$$
$$t'_2 = \gamma(t_2 - \frac{v}{c^2}x_2) \tag{19-13}$$

由此，可以得到 S′系中两事件的距离差与时间差分别为

$$\boxed{\begin{aligned} x'_2 - x'_1 &= \gamma[(x_2 - x_1) - v(t_2 - t_1)] \\ t'_2 - t'_1 &= \gamma[(t_2 - t_1) - \frac{v}{c^2}(x_2 - x_1)] \end{aligned}} \tag{19-14}$$

利用洛伦兹逆变换，同样可以将 S′系中不同地点、不同时间发生的两件事转换到 S 系中，当 S′系中的两件事分别发生于 (x'_1, t'_1)，(x'_2, t')，在 S 系中得到此两件事的距离和时间差分别为

$$\boxed{\begin{aligned} x_2 - x_1 &= \gamma[(x'_2 - x'_1) + v(t'_2 - t'_1)] \\ t_2 - t_1 &= \gamma[(t'_2 - t'_1) + \frac{v}{c^2}(x'_2 - x'_1)] \end{aligned}} \tag{19-15}$$

式(19－14)和式(19－15)显示同时是相对的。

在惯性系中两相关事物的先后次序不可颠倒，设在S系中第一事件比第二事件先发生，即 $t_2 > t_1$，由式(19－14)得 S′系中的观察者得到此两事件的时间差

$$t'_2 - t'_1 = \gamma(t_2 - t_1)\left[1 - \frac{v}{c^2}\left(\frac{x_2 - x_1}{t_2 - t_1}\right)\right]$$

由于 $v < c$，$\frac{x_2 - x_1}{t_2 - t_1} < c$，故 $\frac{v}{c^2}\left(\frac{x_2 - x_1}{t_2 - t_1}\right) < 1$，而 $\gamma > 1$，$t_2 - t_1 > 0$，所以 $t'_2 - t'_1 > 0$。

说明在 S′系中，第一事件仍然先发生，**这表明凡相关的两个事件发生的次序，在任何惯性系中观察，其发生先后的次序不变。**

式(19－14)和式(19－15)隐含了相当丰富的物理内涵，用它们可以解释前面介绍的时间延缓，长度收缩和时钟超前等效应，可以更好地理解由狭义相对论得到的新的时空观念，对克服经典的绝对时空观烙下的传统印迹大有帮助。

例 19－3 一宇宙飞船相对于大地以 $v=0.8c$（c 为光速）的速度飞行，一光脉冲从船尾传到船头，飞船上的观察者测得飞船长为 90 m。问地面上的观察者测得光脉冲从船尾传到船头的空间距离。

解：设大地为 S 系，飞船为 S′系，光脉冲发射于船尾 (x'_1, t'_1)，终止于船头 (x'_2, t'_2)，则

$$\begin{cases} x'_2 - x'_1 = 90 \\ t'_2 - t'_1 = \dfrac{1}{c}(x'_2 - x'_1) \end{cases}$$

由式(19－15)可得

$$x_2 - x_1 = \gamma[(x'_2 - x'_1) + v(t'_2 - t'_1)]$$

因 $v=0.8c$，$\gamma = \frac{1}{\sqrt{1-\frac{v^2}{c^2}}} = \frac{1}{0.6}$，代入上式得

$$x_2 - x_1 = \frac{5}{3}[90 + 0.8 \times 90]\ \text{m} = 270\ \text{m}$$

为了验证 S 系中的光速为常数 c，进一步计算，在 S 系中观察两事件的时间差

$$
\begin{aligned}
t_2 - t_1 &= \gamma\left[(t'_2 - t'_1) + \frac{v}{c^2}(x'_2 - x'_1)\right] \\
&= \frac{5}{3}\left(\frac{1}{c} + \frac{0.8}{c}\right) \times 90 \\
&= \frac{270}{c}
\end{aligned}
$$

在大地参照系 S 系中测得的光速仍为常数 c。

19.4　洛伦兹速度变换

在洛伦兹变换的基础上可以得到相应的速度变换公式，对式(19-9)两边微分

$$
\mathrm{d}x' = \gamma(\mathrm{d}x - v\mathrm{d}t) \tag{19-16}
$$

对(19-11)式两边微分

$$
\mathrm{d}t' = \gamma\left(\mathrm{d}t - \frac{v}{c^2}\mathrm{d}x\right) \tag{19-17}
$$

由式(19-16)与式(19-17)可得

$$
u'_x = \frac{\mathrm{d}x'}{\mathrm{d}t'} = \frac{u_x - v}{1 - \frac{v}{c^2}u_x} \tag{19-18}
$$

同理可得

$$
u'_y = \frac{\mathrm{d}y'}{\mathrm{d}t'} = \frac{u_y}{\gamma\left(1 - \frac{v}{c^2}u_x\right)}
$$

$$
u'_z = \frac{\mathrm{d}z'}{\mathrm{d}t'} = \frac{u_z}{\gamma\left(1 - \frac{v}{c^2}u_x\right)}
$$

以上用 S 系中的物体的速度 u_x 表示 S′系中的物体的速度 u'_x 的换算公式称为**洛伦兹速度变换**。同样计算可以得到**洛伦兹速度逆变换的公式**

$$
\begin{cases}
u_x = \dfrac{u'_x + v}{1 + \frac{v}{c^2}u'_x} \\[2ex]
u_y = \dfrac{u'_y}{\gamma\left(1 + \frac{v}{c^2}u'_x\right)} \\[2ex]
u_z = \dfrac{u'_z}{\gamma\left(1 + \frac{v}{c^2}u'_x\right)_x}
\end{cases}
$$

例 19-4　设想一粒子相对于实验室坐标以 $0.05c$ 的速度飞行，此粒子衰变时发出一个电子，该电子相对于粒子的速度为 $0.8c$。若电子的速度方向与粒子的速度方向相同，求电子相对于实验室的速度。

解：设实验室坐标为 S 系，粒子所在的参照系为 S′系，S′系相对于 S 系的速度 $v=0.05c$，电子在 S′系的速度 $u'_x=0.8c$。由洛伦兹速度逆变换得

$$
u_x = \frac{u'_x + v}{1 + \frac{v}{c^2}u'_x} = \frac{(0.80 + 0.05)c}{1 + 0.05 \times 0.8} = \frac{0.85}{1.04}c = 0.817c
$$

例 19-5　一观察者看到两飞船各以 $0.99c$ 的速度彼此离开，试问从一个飞船上看另一个飞船的速度为多少？

解：设大地为 S 系，向右飞行的飞船为 S′系，S′系以 $v=0.99c$ 的速度向右离去，另一飞船相对于 S 系以 $u_x=-0.99c$ 的速度向左离去。

由洛伦兹速度变换公式(19-18)求得在 S′系中的观察者观察到的速度

$$
u'_x = \frac{u_x - v}{1 - \frac{v}{c^2}u_x}
$$

$$= -\frac{0.99c + 0.99c}{1 + \frac{c^2}{c^2}0.99 \times 0.99}$$

$$= -0.99995c$$

说明另一飞船在相反的方向以 $0.99995c$ 的速度离去，速度仍小于光速。

19.5　相对论质量

现在讨论爱因斯坦的另一个假设，即相对性原理在狭义相对论中可以得到的重要的结论。相对性原理认为，在惯性系中物理规律都可以表示为相同的形式。由此将推导出两个重要的结论：系统的质量守恒、相对论质量公式。

1. 质量守恒定理

讨论一个质点系，假设此质点系不受外力作用，即 $\sum_i \boldsymbol{F}_i = 0$，由质点系的质心运动定律可知，质心的加速度为零，即质心的速度 v_c 为常数，另外，合外力为零时，系统的动量守恒，设系统的总质量为 M，则

$$\sum_i m_i \boldsymbol{v}_i = M v_c = 常数$$

所以 M 为常数，说明在惯性系中质点系在没有外力作用时，其内部发生的相互作用，如碰撞等，并不改变系统的总质量，这一结论称为**系统的质量守恒定理**。

2. 相对论质量

将相对于某惯性系静止的物体的质量称为静质量。

设有两个静质量都为 m_0 的小球 A、B 在一个静止的参照系 S 系中，A 球以速度 v 沿 x 轴方向与静止的 B 球发生完全非弹性对心碰撞。运动小球的质量不再是 m_0，不妨设运动的小球 A 的质量为 m，碰撞以后两球相粘连，它们共同的速度为 u_x，由质量守恒定律，碰撞后它们的总质量仍为 $m+m_0$，根据动量守恒定律可得

$$u_x = \frac{mv}{m + m_0} \tag{19-19}$$

在小球 A 上建立一个坐标系 S′系，S′系沿 x 轴以速度 v 运动，此时 A 球相对于 S′系静止，质量为 m_0；B 球相对于 S' 系以 $-v$ 的速度运动，质量变为 m，做完全非弹性碰撞后，两球相粘连，速度为 u'_x，由动量守恒定律可得：

$$-mv = (m + m_0)u'_x$$

$$u'_x = -\frac{mv}{m + m_0} \tag{19-20}$$

可见

$$u'_x = -u_x \tag{19-21}$$

由洛伦兹速度变换公式可得

$$u'_x = \frac{u_x - v}{1 - \frac{v}{c^2}u_x} \tag{19-22}$$

将式(19-21)代入式(19-22)得

$$1 - \frac{u_x v}{c^2} = \frac{v}{u_x} - 1 \tag{19-23}$$

将式(19-19)中的 u_x 代入式(19-23)得

$$1 - \frac{v^2}{c^2}\frac{m}{m + m_0} = \frac{m_0}{m}$$

或

$$1 - \frac{m_0}{m} = \frac{v^2}{c^2}\frac{m}{m + m_0}$$

化简

$$(m^2 - m_0^2)c^2 = m^2 v^2$$

可得

$$\boxed{m = \frac{m_0}{\sqrt{1-\frac{v^2}{c^2}}} = \gamma m_0} \tag{19-24}$$

当运动物体的速度 $v\neq 0$ 时，$m\neq m_0$，说明**运动物体的质量与其静止质量不同**，将式(19-24)称为**相对论质量公式**。

由式(19-24)可得到以下重要结论：

(1) 对一确定的运动物体，速度越大，其质量也越大。当作用力不变时，速度越大时获得的加速度越小。

(2) 当物体以 $v=c$ 的光速速度运动时，m 为无限值，这不符合实际，m 必须取有限值，这样必有 $m_0=0$，说明**凡以光速运动的物体，其静止质量 $m_0=0$。光子的静质量为零**的结论就是这样得到的。

(3) 如果物体的静质量 $m_0\neq 0$，那么它永远不可能以光速运动。静质量不等于零的粒子，如电子、质子、中子等又称实物粒子，**实物粒子的质量将随速度的增大而急剧增大**。

(4) 运动物体的动量 $\boldsymbol{P}=m\boldsymbol{v}=\gamma m_0\boldsymbol{v}$。 (19-25)

例 19-6　在惯性系 S 中，有 2 个静质量都为 m_0 的粒子分别以速度 v 相向运动，发生完全非弹性碰撞，问碰撞以后粒子质量为多少？

解：由于两质点不受外力作用，系统的动量守恒，质心的速度不变，故碰撞前后质量守恒。

$$\begin{aligned} m &= \gamma m_0 + \gamma m_0 \\ &= 2\gamma m_0 \\ &= \frac{2m_0}{\sqrt{1-\frac{v^2}{c^2}}} \end{aligned}$$

19.6　相对论能量　质能关系式

根据爱因斯坦的假设，一切物理定律在惯性系中的形式不变。前面根据动量守恒定律得到了相对论质量。下面将分别由牛顿第二定律和动能定律得到相对论能量公式。

由牛顿第二定律可得

$$F = \frac{\mathrm{d}\boldsymbol{P}}{\mathrm{d}t} = \frac{\mathrm{d}}{\mathrm{d}t}(mv) \tag{19-26}$$

由动能定理可得

$$\mathrm{d}E_\mathrm{k} = F\mathrm{d}x \tag{19-27}$$

将式(19-26)代入式(19-27)，并注意到质量是随速度的改变而变化

$$\begin{aligned} \mathrm{d}E_\mathrm{k} &= \frac{\mathrm{d}}{\mathrm{d}t}(mv)\mathrm{d}x = v\mathrm{d}(mv) \\ &= v(v\mathrm{d}m + m\mathrm{d}v) \\ &= v^2\mathrm{d}m + mv\mathrm{d}v \end{aligned} \tag{19-28}$$

对上式两边积分，得

$$\begin{aligned} E_\mathrm{k} &= mv^2 + m_0\int_0^v \frac{v\mathrm{d}v}{\sqrt{1-\frac{v^2}{c^2}}} \\ &= \gamma m_0 v^2 + m_0 c^2\left(\sqrt{1-\frac{v^2}{c^2}} - 1\right) \\ &= \gamma(m_0 v^2 + m_0 c^2 - m_0 v^2) - m_0 c^2 \\ &= mc^2 - m_0 c^2 \end{aligned}$$

或

$$\boxed{mc^2 = E_\mathrm{k} + m_0 c^2} \tag{19-29}$$

这是狭义相对论的一个十分重要的结论：质量与能量可以转换，m_0c^2 具有能量的量纲。把 $\boldsymbol{E_0=m_0c^2}$ **称为静质量能**，$\boldsymbol{E}$

$=mc^2$ **称为总能量**。由式(19-29)可知:**物体的总能量等于静质量能与其动能之和**,即

$$E = E_0 + E_k \tag{19-30}$$

式中,

$$\boxed{E = mc^2 = \gamma m_0 c^2 = \frac{m_0 c^2}{\sqrt{1-\frac{v^2}{c^2}}}} \tag{19-31}$$

式(19-31)称为**质能关系式**。

实验表明,核反应的巨大能量是与其反应过程中的质量亏损能等量的,但是否所有的质量都能转化为能量呢?转换的条件是什么,到目前为止人类尝未完全认识清楚。不过,由此可隐约知道,宇宙中的天体演化过程中巨大能量的来源,比如**太阳的辐射能量应由太阳的质量亏损产生的……**

例 19-7 请给出例 19-6 中两粒子以相同的速度相向运动,做完全非弹性碰撞时质量 $m=2\gamma m_0$ 的物理解释。

解:两粒子碰撞时各自都有一定的动能,设粒子运动时的质量为 m,则 $m=\gamma m_0$。
由式(19-29)可得:

$$E_k = 2(m - m_0)c^2$$

此动能在做完全非弹性碰撞时转化为质量 m'

$$m' = 2(m - m_0)$$

所以最后碰撞粘合在一起后的质量应为

$$m = 2m_0 + m' = 2m = 2\gamma m_0$$

例 19-8 试证明经典理论中的动能表示式 $E_k=\frac{1}{2}m_0 v^2$ 是相对论质能关系式(19-31)在低速下的近似。

解:因

$$\gamma = \frac{1}{\sqrt{1-\frac{v^2}{c^2}}} = \left(1-\frac{v^2}{c^2}\right)^{-\frac{1}{2}}$$

因 $v \ll c$,$\frac{v^2}{c^2} \ll 1$,利用二项式展开

$$\gamma \approx 1 + \frac{v^2}{2c^2}$$

由式(19-29)可得

$$\begin{aligned} E_k &= mc^2 - m_0 c^2 \\ &= (\gamma m_0 - m_0)c^2 \\ &= \frac{v^2}{2c^2} m_0 c^2 \\ &= \frac{1}{2} m_0 v^2 \end{aligned}$$

要注意的是,**经典理论中动能的计算公式 $E_k=\frac{1}{2}m_0 v^2$ 是一个近似式**,它对速度有限止,即要求 $v \ll c$。一般情况下,物体运动的速度都很小,即使是火箭的速度也都远小于光速,所以在经典理论中,计算动能可以用 $E_k=\frac{1}{2}m_0 v^2$。但在一些特殊的场合,如研究宇宙射线或者粒子加速器中的高能粒子的运动状态时,必须采用相对论的理论去计算。又一次证明,**经典理论是狭义相对论在 $v \ll c$ 的情况下的近似理论**。

例 19-9 计算电子的静质量能。电子的速率多大时,其动能才等于它的静质量能?

解:电子的静质量能

$$E_0 = m_0 c^2 = 9.11 \times 10^{-31} \times (2.998 \times 10^8)^2 = 81.9 \times 10^{-15}\ \text{J} = 0.511\ \text{MeV}$$

在讨论电子的能量状态时,常作近似计算,电子的静质量能就成了一个应用经典理论或相对论的分水岭,比如在讨论电子显微镜时的加速度电压时,必须考虑到这一重要的区分。

$$\begin{aligned} E_k &= mc^2 - m_0 c^2 \\ &= \left(\frac{1}{\sqrt{1-\frac{v^2}{c^2}}} - 1\right) m_0 c^2 \end{aligned}$$

由题意可知
$$E_k = m_0 c^2$$
故
$$\sqrt{1-\frac{v^2}{c^2}} = \frac{1}{2}$$
解得
$$v = 0.866c$$

从计算的过程看到，对于任何粒子，只要它的**速度达到 0.866c，其动能就与静质量能相等**。

由相对论的质能关系式(19-31)，等式两边平方得
$$(mc^2)^2 = (\gamma m_0 c^2)^2$$
将 γ 代入，结合动量表达式(19-24)，整理得
$$\boxed{m^2c^4 = p^2c^2 + m_0^2c^4} \tag{19-32}$$

我们可以得到**粒子的能量和动能之间的关系为**
$$\boxed{E^2 = p^2c^2 + E_0^2} \tag{19-33}$$

* **例 19-10**　一个电子经 $u=5\times10^6$ V 的高压电场加速，则该电子的动能、动量和速度分别为多少？

解：电子在电场中加速后的动能
$$E_k = eu = 5\ \text{MeV}$$
电子的总能量由式(19-30)可得
$$E = mc^2 = E_k + E_0 = (5+0.511)\text{Mev} = 5.511\ \text{MeV}$$
电子的动量由式(19-33)可得
$$p = \frac{1}{c}\sqrt{E^2-E_0^2} = \frac{1}{c}\sqrt{5.511^2-0.511^2}\ \text{MeV} = \frac{5.49}{c}\ \text{MeV}$$
电子的速度
$$v = \frac{p}{m} = \frac{pc^2}{mc^2} = 0.996c$$

* 近代物理中研究微观粒子的波粒二象性时，常常要涉及电子的动量。对微观粒子的动量的计算，必须根据粒子的能量的大小，分别采用经典近似或相对论关系式计算。当粒子的能量远小于粒子的静质量能时，应用经典理论，此时 $p=\sqrt{2mE_k}$；当粒子的能量大于粒子的静质量能时，应用式(19-32)计算动量，此时 $p=\frac{1}{c}\sqrt{(mc^2)^2-(m_0c^2)^2}$。

本章习题

19-1　一火箭的固有长度为 L，相对于地面做匀速直线运动的速度为 v_1，火箭上有一个人从火箭的后端向火箭前端上的一个靶子发射一颗相对于火箭的速度为 v_2 的子弹。在火箭上测得子弹从射出到击中靶的时间间隔是多少？

19-2　设有一光子火箭，相对于地球以速率 $v=0.95c$（c 为真空中光速）飞行，若以火箭为参考系测得火箭长度为 15 m。以地球为参考系，此火箭有多长？

19-3　边长为 a 的立方体静止于惯性系 S 中的 Oxy 平面上，且各边分别与 x,y,z 轴平行。今有惯性系 S′以 0.8c（c 为真空中光速）的速度相对于 S 系沿 x 轴做匀速直线运动，则从 S′系中测得该立方体的体积是多少？

19-4　一列高速列车静止时的车厢长度为 90 m，当列车相对于地面以 0.6 c（c 为真空中光速）的匀速度在地面轨道上奔驰时。试求：(1) 车站测得列车的车厢通过站台观测点的时间间隔；(2) 列车长测得列车通过观测点的时间间隔。

19-5　一宇宙飞船沿 x 方向离开地球（S 系，原点在地心），以 $u=0.80\,c$ 的速度航行，宇航员在自己的参考系中（S′系，原点在飞船上）观察到有一超新星爆发，爆发的时间是 $t'=-6.0\times10^8$ s，地点是 $x'=1.80\times10^{17}$ m，$y'=1.20\times10^{17}$ m，$z'=0$。他把这一观测结果通过无线电发回地球，在地球参考系中该超新星爆发这一事件的时空坐标如何？假定飞船飞过地球时其上的钟与地球上的钟的示值都指零。

19-6　天津和北京相距 120 km，在北京于某日上午 9 时整有一工厂因过载而断电。同日在天津于 9 时 0 分 0.000 3

秒有一自行车与卡车相撞。在以 $u=0.8\,c$ 的速率沿北京到天津方向飞行的飞船中，观测到的这两个事件之间的时间间隔是多少？哪一事件发生在前？

19－7　两个火箭相向运动，它们相对于静止观察者的速率都是 $3c/5$（c 为真空中的光速）。试求火箭甲相对火箭乙的速率。

19－8　一宇宙飞船以 $c/2$（c 为真空中的光速）的速率相对地面运动，从飞船中以相对飞船为 $c/3$ 的速率向前方发射一枚火箭。假设发射火箭不影响飞船原有速率，则求地面上的观察者测得火箭的速率。

19－9　某核电站年发电量为 1 000 亿度，等于 36×10^{16} J 的能量，如果这是由核材料的全部静能转化产生的，则需要消耗的核材料的质量为多少千克？

19－10　质子在加速器中被加速，当其动能为静止能量的 4 倍时，其质量为静止质量的多少倍？

19－11　根据相对论力学，动能为 0.25 MeV 的电子，其运动速度约是真空中的光速 c 的多少倍？（已知电子的静能 $m_0c^2=0.51$ MeV）

19－12　设电子静止质量为 m_e，将一个电子从静止加速到速率为 $0.6\,c$（c 为真空中的光速），电子动能为其静能的多少倍？

19－13　设有一个静止质量为 m_0 的质点，以接近光速的速率 v 与一质量为 M_0 的静止质点发生碰撞结合成一个复合质点。求复合质点的速率 v_f。

第二十章　量子物理学初步

1900 年，普朗克(M. Planck)为了解释黑体辐射的实验规律与能量均分定理的矛盾，首次提出能量量子化的概念。这对经典物理理论是一个极大的冲击，因为能量的连续性在经典物理中是“天经地义”的事情。在物理学史上，“能量子”概念的提出了具有划时代的意义，它是量子力学诞生的标志。

1905 年，爱因斯坦为解释光电效应，提出了光具有粒子性的假设。1923 年，德布罗意(P. L. De Broglie)在分析光的波粒二象性后，又大胆提出关于实物粒子具有波动性的假设，揭示了物质世界的波粒二象性，并进一步提出用波函数描述微观粒子状态的假设，指出粒子状态变化的规律不再是牛顿运动方程，而是薛定谔(E. Schrodinger)方程。

量子力学是研究原子、分子和凝聚态物质的理论基础，在物理、化学、生物、通信、信息、能源和新材料等科学研究和技术开发中起着十分重要的作用。本章将介绍量子力学建立初期的认识过程、思想方法和一些基本的规律。

20.1　黑体辐射　能量子假设

1. 热辐射

把一块生铁放到电炉上，随着铁块温度的升高，它的颜色逐步变成暗红、赤红、橙色，最后变成黄白色。这是生活中常见的物体在加热时所发出的光的颜色随温度而改变的现象，这种**能量随温度而改变的电磁辐射叫做热辐射**。在不同温度下物体所发出的电磁波的波长是不同的，因而表现为不同的辐射热。

物体在辐射电磁波的同时还吸收照射到它表面上的电磁波。如果在单位时间内物体辐射的电磁波的能量等于吸收的电磁波的能量，那么物体和环境辐射场之间就达到在同一温度下的热平衡。这时的热辐射叫做平衡热辐射。这里只谈论平衡热辐射，并简称为热辐射。

物体热辐射的本领用**单色辐出度**描述。在单位时间内，从热力学温度为 T 的物体的单位表面发出的波长在 λ 附近单位波长区间内的电磁辐射的能量，称为单色辐出度。它是热力学温度 T 和辐射波长 λ 的函数，**用 $\boldsymbol{M_\lambda(T)}$ 表示**，其单位是瓦每立方米($\mathrm{W\cdot m^{-3}}$)。

实验表明，物体的单色辐出度不仅与温度和波长有关，而且还与物体表面状态和组成材料等性质有关。一般来说，物体的表面越黑越粗糙，单色辐出度就越大。同在 1 000 K 的温度下，一块金属可以发出红色可见光，但一块石英却不发出可见光，显然不同材料物体的单色辐出度有明显的差别。如果能找到一类物体，其单色辐出度与物体的具体性质无关，而只与温度和波长有关，那么就可以用这类物体的单色辐出度描述热辐射的普遍规律。

2. 黑体辐射

如果一个物体在任何温度下，能全部吸收照射到该物体上面的所有波长的电磁波，则这个物体就叫做**绝对黑体**，简称黑体。**黑体所发出的热辐射，称为黑体辐射**。

黑体是一个理想模型。现实中最黑的煤烟也只能吸收入射到其上电磁波的 99%的能量，因此，它还不是理想的黑体。通常把维恩(W. Wien)设计的空腔辐射看作黑体辐射，如图 20-1 所示，它是一个用不透明的材料制成的空腔，其上开了一个小孔 A。当电磁波射入小孔 A 后，经空腔的内壁多次反射后基本被全部吸收，射入小孔 A 的电磁波再从小孔重新射出的可能性几乎为零。

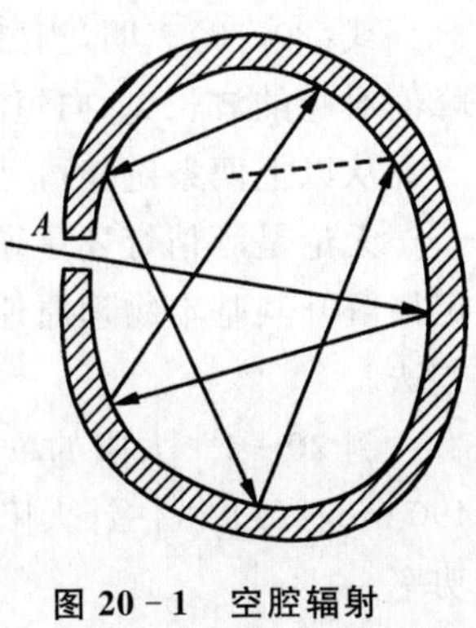

图 20-1　空腔辐射

从空腔的外面看，小孔 A 的表面能够在任何温度下全部吸收射入小孔 A 的任何波长的电磁辐射，因此，小孔 A 的表面就是一个十分理想的黑体。均匀加热这个空腔到不同的温度，小孔 A 就成了不同温度下的黑体。用分光技术测出不同温度下由小孔 A 射出的电磁波按波长的分布，就能研究黑体辐射的规律。

图 20－2 给出的是在不同温度 T 的情况下测量小孔 A 处的单色辐出度 $M_\lambda(T)$ 随波长 λ 的变化曲线。在几何上，$M_\lambda(T)$ 按 λ 分布曲线下的面积为

$$M(T)=\int_0^\infty M_\lambda(T)\mathrm{d}\lambda \tag{20-1}$$

每条曲线下的面积值等于在单位时间内，从温度为 T 的黑体单位面积上辐射出的所有波长的电磁辐射的能量总和，称为**辐射出射度**，简称**辐出度**，用 $M(T)$ 表示。它只是黑体的热力学温度 T 的函数。

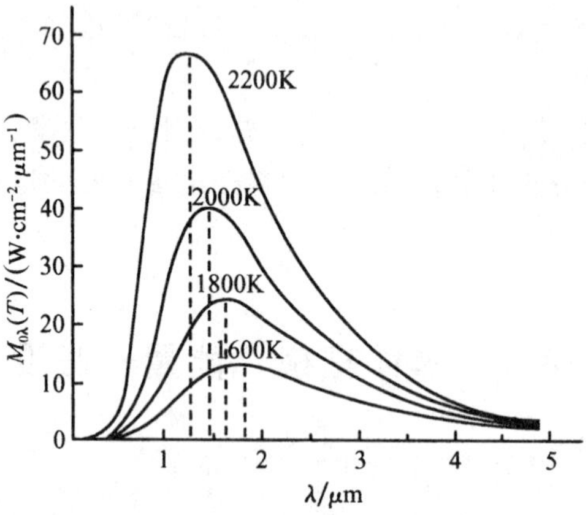

图 20－2　单色辐出度 $M_\lambda(T)$ 的实验曲线

由图 20－2 中的实验曲线，可以总结出黑体辐射的实验规律：

(1) 斯特藩-玻耳兹曼定律

斯特藩(J. Stefan)于 1879 年从分析实验数据中发现，**黑体辐射的辐出度与黑体的热力学温度的四次方成正比**，即

$$\boxed{M(T)=\int_0^\infty M_\lambda(T)\mathrm{d}\lambda=\sigma T^4} \tag{20-2}$$

称之为**斯特藩-玻耳兹曼定律**。式中，$\sigma=5.67\times10^{-8}\,\mathrm{W\cdot m^{-2}\cdot K^{-4}}$，称为斯特藩-玻耳兹曼常量。该定律后来由玻耳兹曼于 1884 年从热力学理论得出，故以他们 2 人的名字共同命名这一定律。

(2) 维恩位移定律

在黑体辐射中，对应单色辐出度最大值的波长 λ_m 与黑体的热力学温度 T 成反比，即

$$\boxed{\lambda_m T=b} \tag{20-3}$$

式中 $b=2.898\times10^{-3}\,\mathrm{m\cdot K}$，称为维恩常量。

式(20－3)表明，当黑体的热力学温度升高时，在 $M_\lambda(T)-\lambda$ 的曲线上，与黑体的单色辐出度 $M_\lambda(T)$ 的峰值对应的波长 λ_m 向短波方向移动，这称为**维恩位移定律**。

从以上两条定律可见，随着温度的升高，黑体辐射的强度增大，辐射最强的波长变短。

无论是酒精灯还是煤气燃具的火焰温度与火焰颜色的关系，过去只能凭经验确定，而今则由维恩位移定律解开其基本物理原理。由此启发人们，完全可以按此原理建立起对天体温度、高温物体的温度的测量方法。

例 20－1　太阳的单色辐出度与黑体很相似，实验测得太阳的单色辐出度的最大值对应的波长 $\lambda_m=490\,\mathrm{nm}$。(1) 试估计太阳表面的温度；(2) 求太阳辐射到地球表面的功率；(3) 日照部分单位面积的平均功率。

解：(1) 由维恩位移定律可测得太阳的表面温度：

$$T = \frac{b}{\lambda_m} = 5.9 \times 10^3\ \text{K}$$

(2) 由太阳的半径 $R_s = 7 \times 10^6$ m，太阳到地球的距离 $L_{se} = 1.49 \times 10^{11}$ m，地球半径 $R_e = 6.37 \times 10^6$ m 可以计算：

太阳的辐出度　　$M(T) = \sigma T^4$

太阳的辐射功率　　$P_s = \sigma T^4 4\pi R_s^2$

考虑到地球接收辐射的面积为 πR_e^2，太阳辐射到地球表面的功率为：

$$P_e = \frac{P_s}{4\pi L_{se}^2}\pi R_e^2 = \frac{\sigma T^4 R_s^2}{L_{se}^2}\pi R_e^2 = 1.93 \times 10^{17}\ \text{W}$$

(3) 地表日照部分单位面积的平均功率

$$\bar{P}_e = \frac{P_e}{2\pi R_e^2} = 757.4\ \text{W/m}^2$$

有人估计，对于**地处温带的地区的中国，日照的平均功率可达 1 000 W/m²**。

这是一个巨大的能源，由于地表不同的物体对地表太阳能的接收、储存方式的不同，因此，地表太阳能又可分为直接太阳能和间接地表能。在有植被的地区直接太阳能将转化为各种有机物，在戈壁沙漠地区可以利用直接太阳能发电；而间接地表能可以理解为风能、海浪、潮汐等。现在无论是直接太阳能，还是间接地表能都在被开发利用之中，开发成商用的风能电、潮汐电、太阳能电池等。太阳能电池的优点是能量集中，可以转化为其他各种能量，而且直接、随用随取，但成本高，而且生产太阳能电池的过程对环境污染大。从生态环保和成本的角度考虑，绿化地球应该不失为利用太阳能最好的方法。

3. 普朗克黑体辐射公式和能量子假设

1) 经典理论遇到的困难

求出黑体辐射的单色辐出度 $M_\lambda(T)$ 的数学表达式，对热辐射的理论研究和实际应用具有重大意义。19 世纪末，一些物理学家根据经典物理理论推导出的所有黑体辐射公式都不能在全部波长范围内符合实验结果，其中最著名的是维恩公式和瑞利-金斯(J. Jeans)公式。

如图 20-3 所示(o 代表实验值)，维恩公式在短波(高频)区域与实验结果符合，但对长波(低频)却偏离实验值；瑞利-金斯公式在长波(低频)区域与实验符合，但对短波(高频)明显偏离实验结果。当波长**接近紫外区域**时，图 20-3 中的 $M_\lambda(T)$ 趋于无穷大，这称为"紫外灾难"，它暗示了热辐射的经典理论与实验之间的分歧是不可调和的。"紫外灾难"给 19 世纪末看似完美的经典物理理论，带来了很大困扰，使许多物理学家感到困惑。

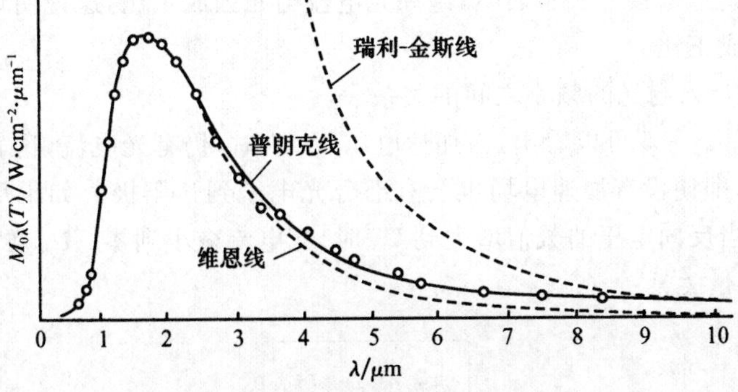

图 20-3　普朗克黑体辐射公式与实验值

2）普朗克黑体辐射公式　能量子假设

1900 年，普朗克运用数学的内插法，把维恩公式和瑞利-金斯公式衔接起来，得到一个半经验的公式

$$M_0(T)=\frac{2\pi hc^2}{\lambda^5}\frac{1}{\exp\left(\frac{hc}{k_B T\lambda}\right)-1} \tag{20-4}$$

该公式在全部波长范围内完全符合实验结果（图 20－3）。式（20－4）称为普朗克黑体辐射公式，式中，**k_B 为玻耳兹曼常量**。

为了揭示式（20－4）的物理意义，并将其从理论上推导出来。1900 年末，普朗克提出能量子假设：空腔壁中的电子的振动可视为简谐振子，它吸收或发射电磁辐射能量时，是以谐振子的能量子 $h\nu$ 为基本单元进行的。也就是说，空腔壁上吸收或发射的能量，只能是谐振子能量 $h\nu$ 的整数倍，即

$$\varepsilon=nh\nu \tag{20-5}$$

式中，$n=1,2,3,\cdots$ 正整数，称为量子数；**$h=6.626\times10^{-34}$ J·s，称为普朗克常量**。

按照普朗克的能量子假设，频率为 ν 的谐振子的能量，只能取 $h\nu,2h\nu,3h\nu,\cdots,nh\nu$ 中的一个值，即谐振子的能量是不连续的，称其为“量子”化的。在能量子假设的前提下，普朗克又从理论上重新推导出式（20－4）。这表明**能量子**的概念较好地反映了热辐射的物理机制。**辐射场能量的量子化就是式（20－4）的物理基础**。

对于经典物理理论来说，能量子假设，即能量量子化的概念是离经叛道的，就连普朗克本人当时都觉得难以置信。为回到经典的理论体系，在一段时间内，普朗克总想用能量的连续性解决黑体辐射问题，但都没有成功。现在我们看到，在物理学中，能量子假设的提出具有划时代的意义，它克服了经典物理学在微观领域内遇到的困难，开启人们对粒子的新认识，后人将此视为量子力学的诞生标志，为此普朗克获得 1918 年诺贝尔物理学奖。

20.2　光电效应　光子理论

19 世纪末，人们发现，当光照射到金属表面时会有电子从金属表面逸出，这种现象称为光电效应，所逸出的电子叫做光电子。

1. 光电效应的实验规律

图 20－4 所示为光电效应的实验装置，GD 为光电管，管中抽成真空，K 和 A 分别是阴极和阳极。当光照射到阴极 K 上时，便有光电子释出，在电极 A，K 间的加速电场作用下形成光电流。

1）饱和光电流 i_m 与入射光光强 I 的关系

图 20－5 表示在两种不同强度同频率光的照射下，光电流 i 与所施加电压 U 之间的关系。在一定光强照射下，i 随着 U 的增大而增大，当 U 增加到一定量值后，i 达到饱和值 i_m。电流达到饱和意味着由阴极释放出的光电子全部到达阳极。实验表明，饱和光电流与光强成正比，这说明单位时间内由阴极发射出的光电子数与入射光强成正比。

2）光电子的初动能与入射光的频率之间的关系

（1）遏止电压。由图 20－5 可以看出，当加速电压 $U=0$ 时，仍有光电流，这表明光电子逸出阴极表面时具有一定的初始速度，即使没有加速电场也会有部分光电子到达阳极。如果反向施加电压，电极 A，K 间的电场使电子减速。当反向电压的数值增大到 U_0 时，光电流减小到零。**U_0 称为遏止电压**。实验表明，U_0 与光强无关。按照能量关系

$$\boxed{\frac{1}{2}mv^2=eU_0} \tag{20-6}$$

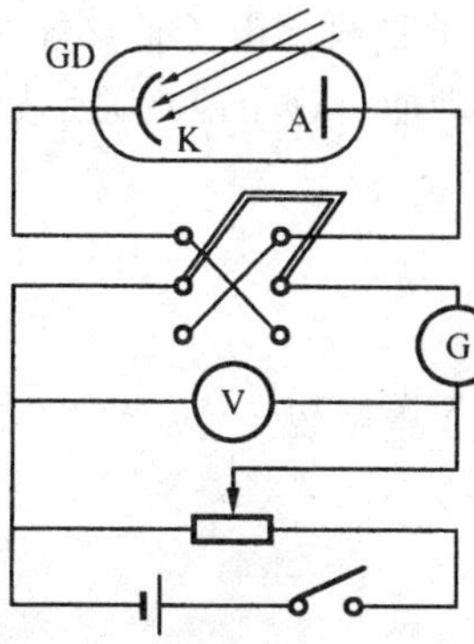

图 20-4　光电效应的实验装置

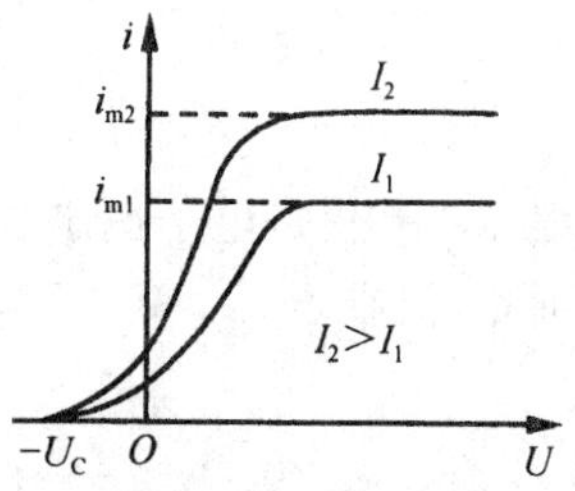

图 20-5　光电流 i 与所加电压 U 的关系

式中，v 为光电子逸出金属表面时的最大初速度；m 和 e 分别为电子的质量和电量。因 U_o 与光强无关，说明光电子的初动能与入射光强无关。

(2) 截止频率。图 20-6 表明，不同金属的遏止电压 U_o 与入射光的频率 ν 之间具有线性关系，即

$$U_o = K(\nu - \nu_o) \tag{20-7}$$

直线斜率 K 是一个与金属种类无关的普适常量。

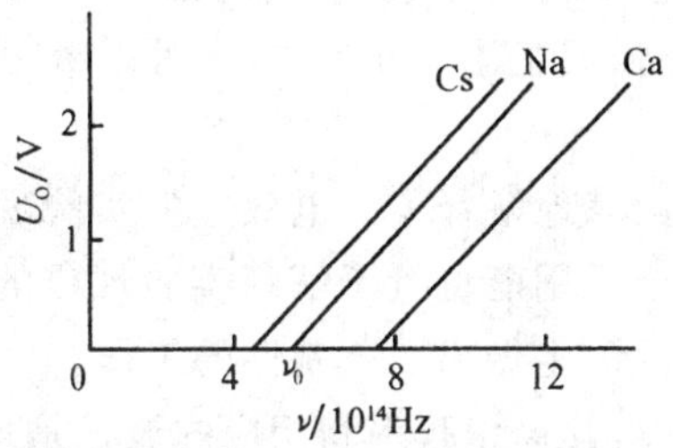

图 20-6　遏止电压 U_o 与入射光的频率 ν 之间的关系

由此可见，光电子的初动能随入射光的频率 ν 的增加而线性地增加，且与入射光的强度无关。

发生光电效应的入射光的频率 ν 必须满足 $\nu \geqslant \nu_o$ 的条件。这个**最小的极限频率 ν_o 称为金属的截止频率，也称红限**。图 20-6 还表明，不同的金属有不同的 ν_o。综上可知，如果入射光的频率 $\nu < \nu_o$，那么无论光强有多大，光照时间有多长，都不产生光电效应。

3) 光电效应和时间的关系

实验表明，无论光强多小，只要入射光的频率大于阴极材料的截止频率，光电子的产生几乎与光照同时发生，延迟时间小于10^{-9} s。

2. 光的波动理论遇到的困难

电子逸出金属表面时要受到表面层的束缚，相当于受到一个势垒的阻挡。这一势垒的高度称为**金属的逸出功**。因此，电子从外界获得至少等于逸出功的能量，才能逸出金属表面。

按照光的波动理论，无论入射光的频率是多少，只要光强足够大，光照时间足够长，电子就会聚集足够能量，逸出金属表面，不应该存在截止频率。此外，光波的能量均匀分布在波前上，而光电子吸收光能的有效面积不会大于一个原子的截面面积，即使入射光很强，电子逸出金属表面前的能量积累时间也远远大于10^{-9} s。因此，无法用光的波动理论解释光电效应的实验事实。

3. 爱因斯坦的光子理论

为了解释光电效应的实验结果，1905 年爱因斯坦提出了光子假说。他认为，一束光可以认为是一束以光速 c 运动的粒子流。这些光的粒子，不是牛顿粒子，是**光的能量量子，简称光量子，或光子**。频率为 ν 的光子的能量为 $h\nu$，频率 ν 为波的特点；而 $h\nu$ 为粒子的特点。这样，爱因斯坦巧妙地将光的粒子性与光的波动性联系起来。按爱因斯坦的观点，光不但具有波动性，而且还具有粒子性。

爱因斯坦认为，当光射到金属表面上时，能量为 $h\nu$ 的光子被电子吸收。电子把该能量的一部分用来克服金属表面对它的束缚，另一部分就是电子离开金属表面后的初动能。这个能量关系如下：

$$\boxed{\frac{1}{2}mv^2 = h\nu - W} \tag{20-8}$$

这称为**爱因斯坦方程**，式中 W 是电子逸出金属表面所需做的功，称为逸出功。

由前面的讨论可知，只有当 $h\nu > W$ 时，才有光电子逸出。

由式(20-6)得

$$eU_o = h\nu - W$$

当 $\nu = \nu_o$，$U_o = 0$

$$W = h\nu_o \tag{20-9}$$

由此得光电效应**遏止电压**

$$U_o = \frac{h}{e}(\nu - \nu_o) \tag{20-10}$$

按照光子假设，单位时间内由阴极发射的光电子数与入射光子数成正比，光强 I 应正比于光子数 N，即 $I = Nh\nu$，所以饱和光电流与入射光强成正比。此外，电子可以瞬间吸收光子，因此光电效应与光照几乎同时发生。

爱因斯坦采用光子的假设以后，圆满地解释了光电效应的实验现象。爱因斯坦是继普朗克用能量量子解释黑体辐射实验现象以后，又一个采用能量量子解释实验现象的成功范例。这无疑是对摇摆中的普朗克的一个巨大支持，也为量子力学的诞生做出了奠基性的工作。

例 20-2 钠的逸出功是 2.29 eV，其遏止频率和相应的波长是多少？若用波长为500 nm的光照射钠表面，求遏止电压和光电子的初速度。

解：由式(20-9)得遏止频率

$$\nu_o = \frac{W}{h} = \frac{2.29 \times 1.6 \times 10^{-19}}{6.63 \times 10^{-34}}\ \text{Hz} = 5.53 \times 10^{14}\ \text{Hz}$$

相应的波长

$$\lambda_o = \frac{c}{\nu_o} = \frac{3 \times 10^8 \times 10^9}{5.53 \times 10^{14}}\ \text{nm} = 542\ \text{nm}$$

又由式(20-6)和式(20-8)得

$$eU_o = h\nu - W$$

所以遏止电压

$$U_o = \frac{h\nu - W}{e} = \frac{\frac{hc}{\lambda} - W}{e} = \frac{\frac{6.63 \times 10^{-34} - 3 \times 10^{-8}}{500 \times 10^{-9}} - 2.29 \times 1.6 \times 10^{-19}}{1.6 \times 10^{-19}}\ \text{V} = 0.196\ \text{V}$$

再由式(20-6)知电子的初速度

$$v = \sqrt{\frac{2eU_o}{m}} = \sqrt{\frac{2eU_o}{mc^2}}c = \sqrt{\frac{2 \times 0.196}{0.511 \times 10^6}}c = 8.76 \times 10^{-4}c$$

表 20-1 列出了几种金属的逸出功和遏止频率。

表 20－1　几种金属的逸出功和遏止频率

金属	铯 Cs	铷 Rb	钾 K	钠 Na	钙 Ca	钨 W	金 Au
逸出功 W/eV	1.94	2.13	2.25	2.29	3.20	4.54	4.80
截止频率 $\nu_0/10^{14}$ Hz	4.68	5.15	5.43	5.53	7.73	10.96	11.59

4. 光的波粒二象性

这里有必要对光子作进一步了解。光子是光的能量量子，**光子的能量**

$$E = h\nu \tag{20-11}$$

根据爱因斯坦的狭义相对论，光子具有质量。那么如何认识光子的质量呢？由相对论质量关系式可得

$$m = \frac{m_0}{\sqrt{1-\dfrac{v^2}{c^2}}}$$

当光子的速度 $v=c$ 时，$m\to\infty$。显然这是不合理的，m 必须是有限的，因此

$$m_0 = 0 \tag{20-12}$$

说明**光子的静质量一定等于零**。

光子的质量则由质能关系式 $mc^2=E$ 得到，所以**光子的质量**

$$\boxed{m = \frac{E}{c^2} = \frac{h\nu}{c^2}} \tag{20-13}$$

由相对论能量动量关系式(19－32)，因 $m_0=0$，所以**光子的动量**

$$\boxed{p = mc = \frac{h\nu}{c} = \frac{h}{\lambda}} \tag{20-14}$$

光子是一种粒子，但它不是实物粒子。光子的能量与频率 ν 相联系，光子的动量与波长 λ 相关联，可见**光子是与光的波动性密切相关的特殊粒子**。关于光的波动理论，已经在光的干涉、衍射和偏振中作过详细讨论。所以从完整的意义上讲，光既有波动性，又有粒子性，统称**光具有波粒二象性**，它们是一个事物的两个方面，忽略任意一方面都是片面的。这种波动性与粒子性集中于同一物体的形态在经典物理领域确实难于想象，可以借用一句古诗来形容：“横看成岭侧成峰，远近高低各不同。”由此可见，微观世界的内涵应该是很丰富的，也许我们的认识还十分有限。

5. 内光电效应

当光照在金属表面时会激发光电子，产生光电流，此现象称为光电效应。严格地讲，这是在金属表面发生的光电效应，故称其为**外光电效应**。当光子具有足够的能量，能够深入晶体内部，并使晶体内部的原子发生电离，原子电离后的电子将游离于各原子之间成为自由电子，从而使晶体的电导率产生显著的变化，晶体在光照情况下电阻发生变化。这一现象也是光电效应，称其为**内光电效应**。**光敏电阻**的微观机理就是内光电效应，如今光敏电阻作为一种光传感器已广泛应用于自动控制技术中。

*20.3　康普顿效应

1923 年，康普顿发现，当单色χ射线照射石墨等物质时，在散射光中除了波长与入射光的波长相同的成分外，还有波长较长的成分。这种伴随波长改变的散射称为康普顿散射，又称康普顿效应。图 20－7 为康普顿实验装置简图，波长为 λ_0 的入射χ射线照射到石墨上，在散射角 θ 方向上，χ射线的散射光中具有波长 λ 成分。这里着重研究这一波长改变的现象的物理本质。

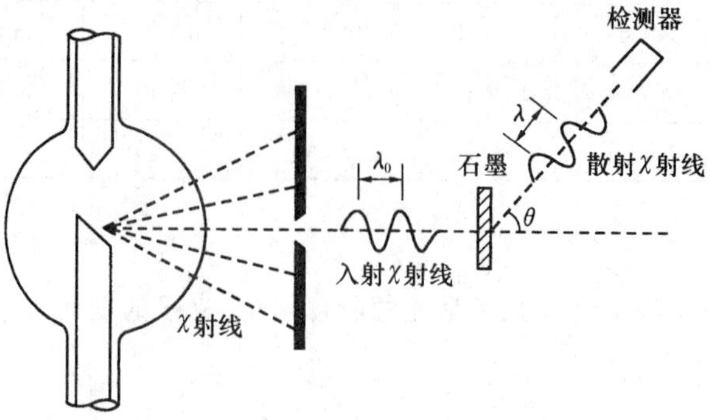

图 20－7　康普顿实验装置简图

图 20－8 为康普顿效应的实验结果。图中横坐标为波长，纵坐标是散射χ射线的强度。当入射χ射线的波长 $\lambda_0=0.0709$ nm 时，在散射角等于 45°，90°和 135°的方向上，散射χ射线的波长 λ 分别增加到 0.071 5、0.073 1 和 0.074 9 nm。实验结果表明，波长的改变量 $\Delta\lambda=\lambda-\lambda_0$ 与散射物质及入射χ射线的波长 λ_0 无关，只与散射角 θ 有关。

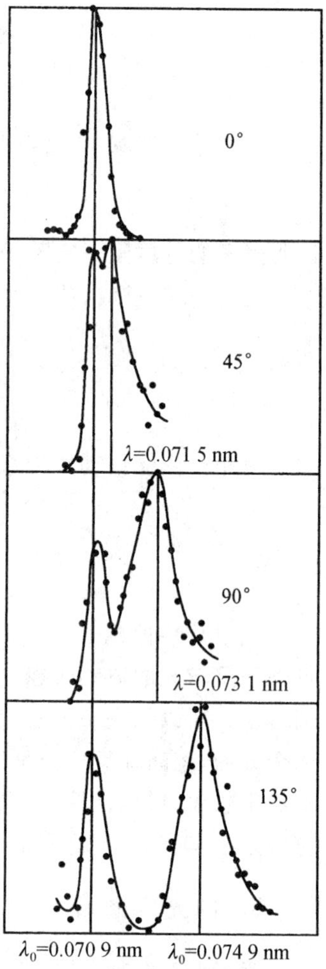

图 20－8　康普顿效应实验结果

按照经典电磁理论，当电磁波通过物体时，将引起物体内带电粒子的受迫振动，每个振动着的带电粒子将向四周辐射，这就是散射光。从波动观点来看，带电粒子受迫振动的频率等于入射光的频率，所发射的光（即散射光）的频率（或波长）等于入射光的频率（或波长）。可见，光的波动理论能够解释波长不变的散射，而不能解释康普顿效应。

利用光子概念，康普顿成功地解释上述现象。康普顿认为，由于χ射线的波长很短，对应的光子的能量较大（数量级为10^4 eV），远大于原子中被原子核束缚较弱的外层电子的束缚能（这些电子的热运动的平均动能的数量级为10^{-2} eV）。因此，在康普顿散射中，可近似地把这些外层电子看成静止的自由电子。χ射线光子与静止的自由电子发生弹性碰撞，由于电子反冲带走了一部分能量，减少了散射光子的能量，因此散射的χ射线频率变小，波长变长。

图 20－9 为康普顿效应中的动量关系，其中 ν_0 和 ν 分别为碰撞后光子的频率，$h\nu_0/c$ 和 $h\nu/c$ 分别为入射光子和散射光子的动量大小，mv 是电子的反冲动量，v 为反冲电子的速度。根据能量和动量守恒，有

$$h\nu_0+m_0c^2=h\nu+mc^2 \tag{20-15}$$

$$\frac{h\nu_0}{c}\boldsymbol{n}_0=\frac{h\nu}{c}\boldsymbol{n}+m\boldsymbol{v} \tag{20-16}$$

式中，$m=m_0/\sqrt{1-v^2/c^2}$；m_0 为电子的静质量。

联立式(20－15)和式(20－16)，求解得

$$\boxed{\Delta\lambda=\lambda-\lambda_0=\frac{h}{m_0c}(1-\cos\theta)=\frac{2h}{m_0c}\sin^2\frac{\theta}{2}=2\lambda_c\sin^2\frac{\theta}{2}} \tag{20-17}$$

其中

$$\lambda_c=\frac{h}{m_0c}=2.43\times10^{-3}\ \text{nm} \tag{20-18}$$

式中，λ_c 为**康普顿波长**；m_0 为电子的静质量；h 为普朗克常量；c 为真空中的光速。

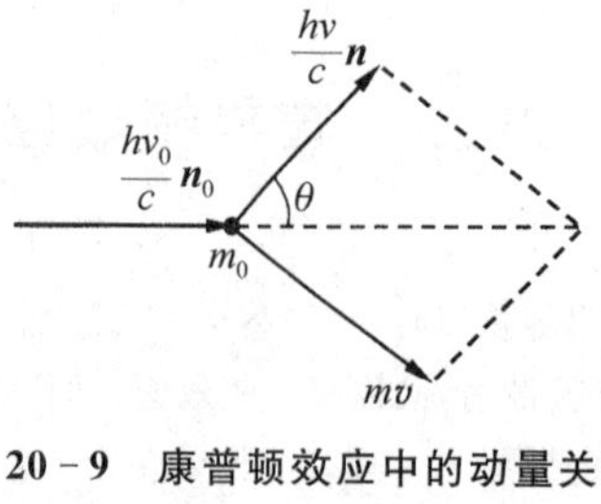

图 20－9　康普顿效应中的动量关系

电子的康普顿波长的理论值 λ_c 与其实验值十分接近。由此可见，理论分析与实验结果一致。

在散射物质中还有许多被原子核束缚得很紧的电子，光子与这些电子的碰撞相当于和整个原子交换能量。由于原子的质量很大，散射光子只改变方向，几乎不改变能量，所以散射光中还包含波长不变的光，这样就完整地解释康普顿效应。

对式(20-17)两边除以 λ

$$\frac{\lambda-\lambda_0}{\lambda}=\frac{h}{m_0c\lambda}(1-\cos\theta)$$

即

$$\frac{\Delta\lambda}{\lambda}=\frac{h\nu}{m_0c^2}(1-\cos\theta) \tag{20-19}$$

当入射光的波长 λ 较大时，$\frac{\Delta\lambda}{\lambda}$是一个较小的量。这时式(20-19)成立的条件为：θ 接近于零。这样就很难观测康普顿散射，康普顿效应在这种情况下就变得不明显。如果说康普顿效应是光的粒子性的一种表现，那么，由式(20-19)可知，当入射光的波长 λ 较大时，光的粒子性就不明显。所以，**由康普顿实验可知，光的波长越小，粒子性越明显；光的波长越大，粒子性越不明显**。

另外，通过式(20-11)和式(20-14)也可以看出，光的波动性和粒子性是通过普朗克常数 h 联系起来的。波长越大，频率越小，就可能出现光子的能量 $E=h\nu\to0$，光子的动量 $p\to0$，光的粒子性也不会显著表现出来。

普朗克常数 h 在这里具有特别重要意义，当 h **在某一实验中起重要作用的现象时都可以称为量子现象**。

康普顿效应的发现，以及理论值计算与实验结果的吻合，不仅有力证实爱因斯坦的光子理论，揭示光子不仅具有能量，还具有动量。康普顿实验还**证实了在微观粒子的相互作用过程中，能量守恒定律和动量守恒定律都严格成立**。康普顿效应和光电效应一起成为光具有粒子性的重要实验依据。为此，康普顿获得 1927 年诺贝尔物理学奖。

例 20-3 波长为 0.10 nm 的 X 射线照射在石墨上，发生康普顿效应。实验发现散射光的方向与入射光的方向垂直，求散射光的波长、反冲电子的动能及其运动方向与入射方向的夹角(图 20-10)。

解：由式(20-17) $\Delta\lambda=\lambda-\lambda_0=\lambda_c(1-\cos\theta)$ 得散射光的波长为

$$\lambda=\lambda_0+\Delta\lambda=\lambda_0+\lambda_c(1-\cos\theta)$$
$$=0.1\times2.43\times10^{-3}\times(1-0)\text{nm}=0.1024\text{ nm}$$

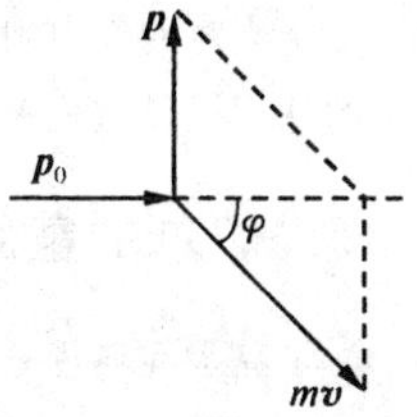

图 20-10 例 20-3 图

由能量守恒关系 $h\nu_0+m_0c^2=h\nu+mc^2$，得反冲电子的动能为

$$E_k=h\nu_0-h\nu=\left(\frac{1}{\lambda_0}-\frac{1}{\lambda}\right)hc$$
$$=\left(\frac{1}{0.1}-\frac{1}{0.1024}\right)\times10^9\times6.63\times10^{-34}\times3\times10^8\text{ J}$$
$$=4.66\times10^{-17}\text{J}$$

如图 20-10 所示，反冲电子的运动方向与入射方向的夹角为

$$\varphi=\arctan\left(\frac{p}{p_0}\right)=\arctan\left(\frac{\lambda_0}{\lambda}\right)=\arctan\left(\frac{0.1}{0.1024}\right)=44°19'$$

*20.4 氢原子的玻尔理论

1. 氢原子光谱的规律性

1885 年，瑞士科学家巴尔末(J. J. Balmer)发现氢原子光谱线的波长可以用如下经验公式表示：

$$\lambda=B\frac{n^2}{n^2-2^2}\quad(n=3,4,5,\cdots) \tag{20-20}$$

式(20-20)反映了氢原子线光谱中可见光范围内的光谱线具有按波长分布的规律。式(20-20)称为巴尔末公式。当 n 取不同的数，可得一系列 λ，称其为**巴尔末线系**。当 $n\to\infty$时，波长 $\lambda_\infty=364.56$ nm，这是巴尔末线系波长的极限。

1890 年，瑞典科学家里德伯对巴尔末公式取其倒数，并令$\tilde{\nu}=\frac{1}{\lambda}$，$\tilde{\nu}$称为**波数**，表示单位长度上波的数目，则巴尔末公式可改写如下：

$$\bar{\nu} = \frac{1}{\lambda} = \frac{1}{B}\frac{n^2-4}{n^2} = \frac{4}{B}\left(\frac{1}{2^2}-\frac{1}{n^2}\right) = R_H\left(\frac{1}{2^2}-\frac{1}{n^2}\right) \tag{20-21}$$

式中，$R_H = 1.096\,775\,8\times10^{-7}\,\mathrm{m}^{-1}$，称为氢原子的**里德伯常量**。

氢原子光谱的其他谱线系也像巴尔末线系一样，可用一个简单的公式表达：

$$\begin{cases} \text{莱曼系} & \bar{\nu} = R_H\left(\dfrac{1}{1^2}-\dfrac{1}{n^2}\right) \quad (n=2,3,4,\cdots) \\ \text{巴耳末系} & \bar{\nu} = R_H\left(\dfrac{1}{2^2}-\dfrac{1}{n^2}\right) \quad (n=3,4,5,\cdots) \\ \text{帕邢系} & \bar{\nu} = R_H\left(\dfrac{1}{3^2}-\dfrac{1}{n^2}\right) \quad (n=4,5,6,\cdots) \\ \text{布拉开系} & \bar{\nu} = R_H\left(\dfrac{1}{4^2}-\dfrac{1}{n^2}\right) \quad (n=5,6,7,\cdots) \\ \text{普丰德系} & \bar{\nu} = R_H\left(\dfrac{1}{5^2}-\dfrac{1}{n^2}\right) \quad (n=6,7,8,\cdots) \end{cases} \tag{20-22}$$

从上述公式可见，氢原子光谱的波数可概括为：

$$\bar{\nu} = R_H\left(\frac{1}{K^2}-\frac{1}{n^2}\right) \tag{20-23}$$

式中，$K=1,2,3,\cdots$，对每一个 K，$n=K+1,K+2,K+3,\cdots$ 构成一个**谱线系**。

从氢原子光谱的规律可看出，氢原子光谱具有如下特点：

(1) 光谱是线状的，谱线位置确定，且彼此分立；

(2) 谱线间有一定的关系，可构成谱线系，同一谱线系可用一个公式表示；

(3) 每一谱线的波数都可以表示为两光谱项之差。

由于当时的经典理论无法解释氢原子光谱的上述特点，但式(20-23)无疑反映了原子内部固有的规律性，这为人们对原子的认识提供重要信息。

2. 玻尔的氢原子理论

为了克服经典理论的困难，1913 年玻尔(N. Bohr)在卢瑟福的原子核式结构模型的基础上，把量子概念应用于氢原子系统，提出了 3 条基本假设，使氢原子光谱规律得到较好的解释。

玻尔的氢原子理论的 3 条基本假设是：

(1) 定态假设。原子系统只能有一系列不连续的能量状态 $E_1, E_2, E_3, \cdots$ 且 $E_1<E_2<E_3<\cdots$ 处在这些状态的原子中的电子，只能在一些特定的圆轨道上运动但不辐射电磁波，这些状态称为原子系统的稳定态(简称定态)。

(2) 处于定态的电子，以速度 v 在半径为 r_n 的圆周上绕核运动时，其轨道角动量(动量矩)L 一定满足

$$L = m\omega r_n^2 = n\hbar, \quad \hbar = \frac{h}{2\pi} \quad (n=1,2,3,\cdots) \tag{20-24}$$

上式称为量子化条件，其中 n 称为量子数，r_n 为电子对应于主量子数 n 的轨道半径。

(3) 原子中某一轨道上运动的电子，由于某种原因发生跃迁时，原子就从能量为 E_n 的初态跃迁到能量为 E_k 的末态，同时吸收或发射光子，其频率 ν 为

$$\boxed{\nu_{n\to k} = \frac{|E_n - E_k|}{h}} \tag{20-25}$$

下面求证氢光谱的规律性。氢原子中电子以速率 v 在距核为 r 的定态轨道上运动，所以有

$$\begin{cases} m\dfrac{v^2}{r_n} = \dfrac{1}{4\pi\varepsilon_0}\dfrac{e^2}{r_n^2} \\ mvr_n = n\hbar \end{cases}$$

可解得

$$r_n = \frac{4\pi\varepsilon_0 n^2\hbar^2}{me^2} = n^2 r_1 \quad (n=1,2,\cdots) \tag{20-26}$$

其中，

$$r_1=\frac{4\pi\varepsilon_0\hbar^2}{me^2}=5.29\times10^{-11}\ \text{m} \tag{20-27}$$

r_1 称为玻尔半径。可见轨道半径只能取一系列分立值，把量子数 $n=1$ 的原子状态称为**基态**。

电子在半径为 r_n 的轨道上总能量等于动能和势能之和，即

$$\begin{aligned}E_n&=\frac{1}{2}mv^2-\frac{e^2}{4\pi\varepsilon_0 r_n}=-\frac{e^2}{8\pi\varepsilon_0 r_n}\\&=\left(-\frac{me^4}{8\varepsilon_0^2h^2}\right)\frac{1}{n^2}\\&=\frac{E_1}{n^2}\quad(n=1,2,3,\cdots)\end{aligned} \tag{20-28}$$

式中

$$\boxed{E_1=-\frac{me^4}{8\varepsilon_0^2h^2}=-13.6\ \text{eV}} \tag{20-29}$$

为了与其他量子数区分，**称 n 为主量子数**。当 $n=1$ 时，E_1 为氢原子的最低能级的能量，称为**基态能量**；$n>1$ 的各态称为**激发态**，其能量为 $E_n=-\frac{13.6}{n^2}$ eV。可见氢原子的能级也是量子化的。

由式(20-25)可得电子由高能态 E_n 跃迁到低能态的 E_k 时，发出频率为

$$\nu_{n\to k}=\frac{E_n-E_k}{h}=\frac{me^4}{8\varepsilon_0^2h^3}\left(\frac{1}{k^2}-\frac{1}{n^2}\right)=R_{\text{H}}c\left(\frac{1}{k^2}-\frac{1}{n^2}\right)$$

的光，其对应的波数为

$$\frac{1}{\lambda}=\frac{\nu_{n\to k}}{c}=\frac{1}{hc}(E_n-E_k)=\frac{me^4}{8\varepsilon_0^2h^3c}\left(\frac{1}{k^2}-\frac{1}{n^2}\right)=R_{\text{H}}\left(\frac{1}{k^2}-\frac{1}{n^2}\right) \tag{20-30}$$

式中，$R_{\text{H}}=\frac{me^4}{8\varepsilon_0^2h^3c}=1.097\,373\,1\times10^7\ \text{m}^{-1}$，而实验值 $R=1.096\,775\,8\times10^7\ \text{m}^{-1}$，两者基本符合。这样，玻尔用半经典半量子化的方法成功解释了氢原子的光谱所呈现的规律性。

图 20-11 给出了能级高低次序图，并作出跃迁图，从而表示出氢原子光谱线系的形成过程。

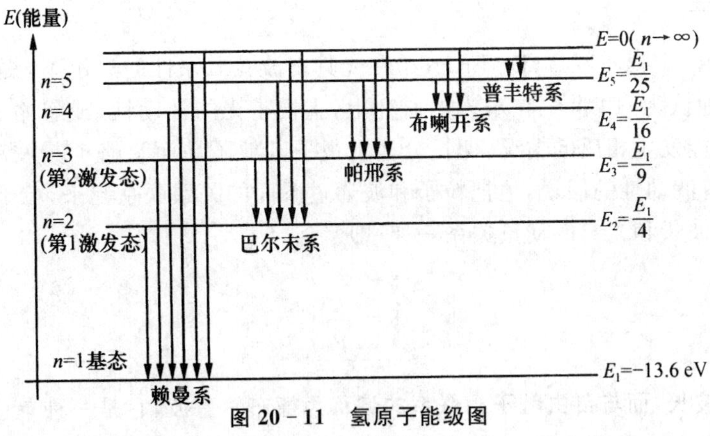

图 20-11　氢原子能级图

例 20-4　求出氢原子巴尔末线系的最长和最短波长。

解：巴尔末线系波长倒数为

$$\frac{1}{\lambda}=R\left(\frac{1}{2^2}-\frac{1}{n^2}\right)\qquad(n=3,4,5,\cdots)$$

(1) 当 $n=3$ 时，有

$$\lambda=\lambda_{\max}=\left[1.097\times10^7\times\left(\frac{1}{2^2}-\frac{1}{3^2}\right)\right]^{-1}=6.563\times10^{-7}\ \text{m}=656.3\ \text{nm}$$

(2) 当 $n=\infty$ 时，有

$$\lambda=\lambda_{min}=\left[1.097\times10^{7}\times\left(\frac{1}{2^{2}}-\frac{1}{\infty^{2}}\right)\right]^{-1}=3.646\times10^{-7}\ \text{m}=364.6\ \text{nm}$$

例 20－5 求氢原子中基态和第一激发态电离能。

解：氢原子能级为

$$E_n=\frac{1}{n^2}E_1\qquad(n=1,2,3,\cdots)$$

(1) 基态电离能等于电子从 $n=1$ 激发到 $n\to\infty$ 时所需要能量

$$\Delta E=E_\infty-E_1=\frac{E_1}{\infty}-\frac{E_1}{1^2}=-E_1=13.6\ \text{eV}$$

(2) 第一激发态电离能等于电子从 $n=2$ 激发到 $n\to\infty$ 时所需能量

$$\Delta E'=E_\infty-E_2=\frac{E_1}{\infty}-\frac{E_1}{2^2}=3.4\ \text{eV}$$

3. 玻尔氢原子理论的缺陷

玻尔理论成功解释了氢原子和类氢离子光谱。玻尔对于稳定运动状态的概念和光谱频率的假设，在原子结构和分子结构的现代理论中仍然是有用的。玻尔的定态假设和频率条件不仅对一切原子是正确的，而且对其他微观物体也适用，因此玻尔理论是重要的客观规律。玻尔的创造性工作对现代量子力学的建立有着深远影响。

虽然玻尔理论成功解释了氢原子和类氢原子的光谱规律，且能计算氢原子和类氢原子的光谱频率，但对于一些稍复杂的原子就不能计算，也不能解决谱线的强度、宽度和偏振等一系列问题，这就使得玻尔理论逻辑上不自洽，所以说玻尔理论存在较大的局限性。因此，解决上述问题只能依靠量子力学。

20.5 微观粒子的波动性　德布罗意波

1. 粒子的波动性

1924 年，法国物理学家德布罗意(De Broglie)在光具有波粒二象性的启示下，提出了**微观粒子也具有波粒二象性**的假说。他认为，19 世纪在对光的研究上，重视了光的波动性，或忽略了光的粒子性；而在对实物粒子的研究上，可能发生相反的情况，即过分地重视了其粒子性而忽略了其波动性。因此，德布罗意提出了微观粒子也具有波动性的假说，他把粒子和波通过下面的关系联系起来，粒子的波长 λ 与动量 p 之间的关系，正像光子的波长和光子的动量关系一样，即

$$\boxed{\lambda=\frac{h}{p}}\tag{20-31}$$

式中，**λ 称为德布罗意波长，而与自由粒子相联系的波称为德布罗意波**，它是一种单色平面波。

对于非高速运动的粒子，不考虑相对论效应，一个静质量为 m_0、运动速度为 v 的粒子的德布罗意波长

$$\lambda=\frac{h}{p}=\frac{h}{m_0v}\tag{20-32}$$

对于**在不太强的电场中加速的电子**，如果加速电压为 U，则有 $\frac{1}{2}m_0v^2=eU$，因而经典理论的**德布罗意波长**

$$\boxed{\lambda=\frac{h}{m_0v}=\frac{h}{\sqrt{2em_0}}\frac{1}{\sqrt{U}}=\frac{1.225}{\sqrt{U}}\ \text{nm}}\tag{20-33}$$

式中，U 是以伏特(V)为单位的加速电压的数值，一般当 $U<10^5$ V 时，可以用式(20－33)的计算结果近

似。例如，当 $U=150$ V 时，电子的波长等于 0.1 nm，处于射线波段。但当电压 U 超过 10^5 V 时，必须运用相对论计算。

1927 年，戴维孙(C. J. Davisson)和革末(L. H. Germer)通过镍晶体的表面对电子束的散射，观测到了与 X 射线衍射类似的电子衍射现象，用实验证明了电子具有波动性。图 20－12(a)是实验装置示意图，戴维孙和革末用一定的电压 U 把由热阴极发出的电子加速后经狭缝 D 形成细束平行电子射线，以一定的角度 φ 入射到镍晶体 M 上，经晶面反射后用法拉第圆筒 B 收集，进入 B 的电子流强度 I 由电流计 G 量度。实验中，保持图中的 2 个 φ 角相等且恒定，改变电势差 U，记录相应的电子流强度 I，实验结果如图 20－12(b)中的曲线所示，图中可见，当$\sqrt{U}$单调增大时，I 不是单调地增大，而是明显地表现出对电势差 U 有选择性，只有当 U 为某些特定值时，I 才有极大值。

如果只认为电子具有粒子性，上述结果就难以理解。分析实验的结果，唯一的假设是电子具有波动性。上述实验结果可以视为电子波的衍射。

在 d 和 φ 给定时，满足布拉格公式

$$2d\sin\varphi = k\frac{h}{\sqrt{2m_0e}}\frac{1}{\sqrt{U}} \quad (k=1,2,3,\cdots) \tag{20-34}$$

由式(20－34)计算加速电压 U，所得的各个量值和实验结果相符，因而证实德布罗意假设的正确性。

同年，汤姆逊(G. P. Thomson)用电子束穿过金属多晶薄膜，证实电子的波动性(图20－13)。后来，人们又在实验中观测到中子、质子和原子等实物粒子的波动性。这充分证明了德布罗意假说的正确性。电子显微镜就是利用电子束的波动性成像的。为此，德布罗意获得 1929 年诺贝尔物理学奖，戴维孙和汤姆逊分享 1937 年诺贝尔物理学奖。

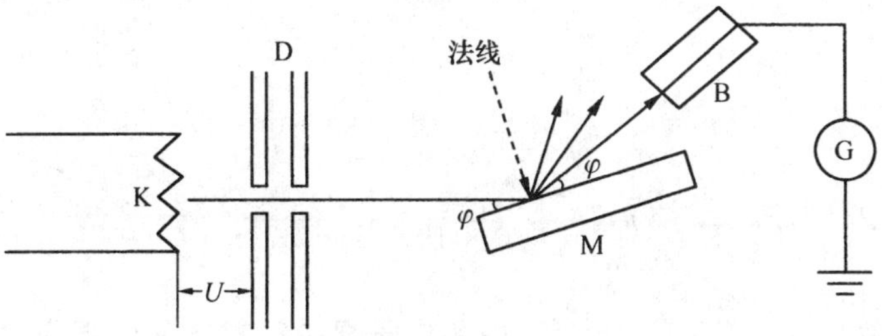

(a) 实验装置简图

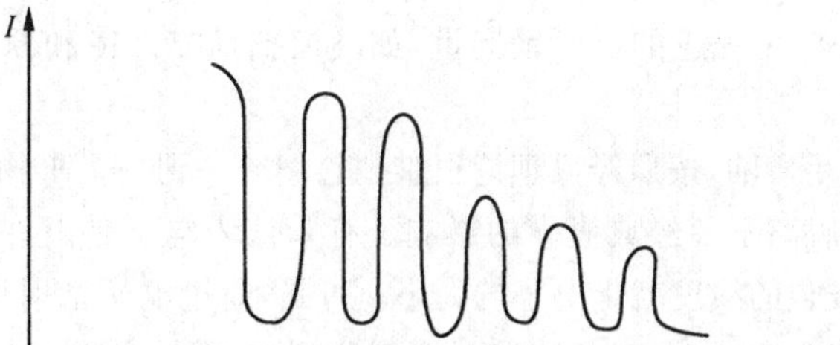

(b) 实验曲线

图 20－12　戴维孙和革末实验

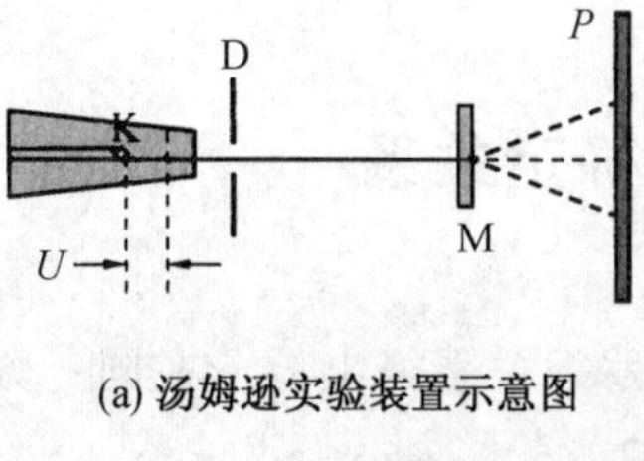

(a) 汤姆逊实验装置示意图

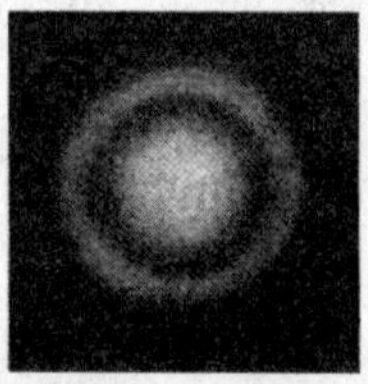

(b) 电子衍射图样

图 20－13　汤姆逊实验

普朗克常量 h 是一个很小的量，而宏观物体的动量 p 很大，因此宏观物体的德布罗意波长 $\lambda=h/p$ 很小，实验无法测量，所以宏观物体通常不显现波动性。

例 20-6　一台电子显微镜对电子的加速电压 $u=10\,000$ V 时电子的波长为多少？

解：加速电压小于 10^5 V 时，可选用经典方法近似地求电子的动量，再求其德布罗意波长。

由式(20-33)可得：

$$\lambda=\frac{1.225}{\sqrt{u}}=1.23\times10^{-2}\ \text{nm}$$

电子的德布罗意波长可以通过改变加速电压的大小来改变。

* 电子的静质量能 $E_0=m_0c^2=5.11\times10^5$ eV，当改变电子显微镜的加速电压时，若 eU_0 接近于 5.11×10^5 eV 时，不能直接用式(20-33)计算，而必须应用相对论能量、动量关系式计算其动量，然后再用式(20-31)计算。理论计算出的阈值电压 $U=10^5$ V，即对电子**加速电压达 100 kV 时，必须用相对论动量、能量关系式(19-32)，先计算电子的相对论动量，再**由式(20-31)**计算电子的德布罗意波长。**

例 20-7　根据光学仪器的分辨率的要求，显微镜所使用波的波长必须限制在 $\lambda=0.2$ nm。计算该波长的光子和电子的动量与能量。

解：对于光子：

$$p=\frac{h}{\lambda}=\frac{6.63\times10^{-34}}{0.2\times10^{-9}}\ \text{kg}\cdot\text{m}\cdot\text{s}^{-1}=3.32\times10^{-24}\ \text{kg}\cdot\text{m}\cdot\text{s}^{-1}$$

$$E=h\nu=\frac{hc}{\lambda}=pc=9.94\times10^{-16}\ \text{J}=6.2\times10^{3}\ \text{eV}$$

对于电子：

$$p=\frac{h}{\lambda}=3.32\times10^{-24}\ \text{kg}\cdot\text{m}\cdot\text{s}^{-1}$$

$$E=\frac{p^2}{2m}=0.6\times10^{-17}\ \text{J}=37.8\ \text{eV}$$

光子的能量是同样波长电子能量的 164 倍，**使用电子显微镜对样品的损伤要比光子显微镜小很多。**在观察生物样品、古文物样品时，应特别注意对样品的保护。由于光子显微镜，甚至电子显微镜有时都达不到要求，为此，近代又有一些更先进的显微镜问世，如隧道扫描显微镜和原子力显微镜，它们比电子显微镜优越许多。

波动性和粒子性是相互矛盾的，按照经典理论很难把它们统一到一个事物上。在量子力学建立的初期，人们对德布罗意波的认识还脱离不了经典概念的影响。有人认为电子是由许多波组成的波包，即电子波是一个代表电子实体的波包，波包的线度就是电子的大小。可是，通过电子衍射可以在空间不同方向上观测到“波包”的一部分，如果波包代表实体，那就意味着只能观测到电子的一部分，这与显示电子具有整体性的实验结果相矛盾；还有人认为波是由许多粒子相互作用的结果。1949 年，苏联物理学家 V·法布里康完成了非常困难的单电子衍射实验，他使电子流极其稀疏，完全消除了电子间的相互作用，让电子一个一个入射(在相同的条件下)，发现时间足够长后，干涉图样与大量电子同时入射时的情形完全相同。这说明，电子的波动性并不是很多电子在空间聚集在一起时相互作用的结果，而是**单个电子本身就具有波动性。**

20.6　不确定关系

1927 年，海森伯分析研究实验结果，并根据德布罗意关系得出粒子在同一方向上的坐标和动量不能同时取确定值的结论。粒子的坐标和动量之间的这种关系称为不确定关系。

下面借助电子单缝衍射实验结果定性地导出这一关系。图 20-14 为电子单缝衍射实验结果示意图，

一束动量为 $\boldsymbol{p}$ 的电子通过宽度为 Δx 的狭缝发生衍射，θ 是衍射中央明纹的半角宽度。

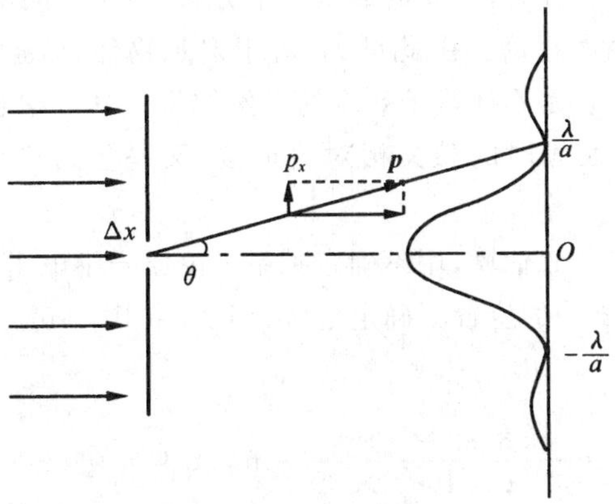

图 20－14　电子单缝衍射

在狭缝处，电子的 x 轴方向上的坐标不确定范围为 Δx。如果限制电子落在屏上中央明纹内，则有

$$0 \leqslant p_x \leqslant p\sin\theta \tag{20-35}$$

式中，p_x 为动量在 x 轴方向上的分量，也是电子在 x 轴方向上的动量的不确定范围。因此电子通过狭缝时，在中央衍射主极大范围内，x 轴方向上动量的最大不确定量为

$$\Delta p_x = p\sin\theta \tag{20-36}$$

由于电子还可能在屏上第 1 次极大、第 2 次极大等区域内，所以 x 轴方向上动量的不确定量为

$$\Delta p_x \geqslant p\sin\theta \tag{20-37}$$

用 λ 代表电子的波长，根据单缝衍射的结果，有 $\Delta x\sin\theta=\lambda=\dfrac{h}{p}$，代入式(20－37)，得 $\Delta p_x \geqslant p\sin\theta=h/\Delta x$，即

$$\boxed{\Delta x\Delta p_x \geqslant h} \tag{20-38}$$

这就是粒子在 x 轴方向上的坐标不确定范围 Δx 和 x 轴方向上的动量不确定范围 Δp_x 之间的关系，称为不确定关系。它表明 Δx 或 Δp_x 不能同时为零，即 **x 或 p_x 不能同时取确定值**。

根据不确定关系，如果某一时刻粒子的坐标是确定的($\Delta x=0$)，则沿该方向的动量完全不能确定，即 $\Delta p_x \to \infty$。此时粒子的速度也完全不能确定($\Delta v_x \to \infty$)，从而下一刻粒子的坐标就完全不能确定，所以**不确定关系直接否定微观粒子经典的轨道概念**，这一结论不得不使人惊叹。

不确定关系不是由测量仪器的精度及系统的干扰造成的，而是因微观粒子具有波动性的必然结果。**不确定关系是微观粒子的基本特性**。

量子力学理论给出的不确定关系为

$$\Delta x\Delta p_x \geqslant \frac{\hbar}{2} \quad \left(\hbar=\frac{h}{2\pi}\right) \tag{20-39}$$

当仅作数量级估计时，常用同数量级的 h 代替 $\hbar/2$，或定性地说，式(20－39)和式(20－38)是等价的。

例 20－8　设子弹的质量为 0.01 kg，枪口的直径为 0.5 cm，用不确定关系求出子弹射出枪口时的横向速度。

解：由题意知，在垂直于射击方向上，子弹位置的不确定范围 $\Delta x=0.5$ cm，子弹速度的不确定范围等于子弹横向速度的不确定范围 Δv_x，且 $\Delta p_x=m\Delta v_x$，由式(20－38)知

$$\Delta v_x \geqslant \frac{h}{m\Delta x}=\frac{6.63\times10^{-34}}{0.01\times0.5\times10^{-2}}\ \mathrm{m\cdot s^{-1}}=1.3\times10^{-30}\ \mathrm{m\cdot s^{-1}}$$

该速度远小于子弹从枪口射出时每秒几百米的速度，因此对射击瞄准没有实质性的影响。由此可见，把不确定关系用于宏观物体——子弹，由于 h 的数量级十分微小，子弹的波动性完全可以忽略不计。因此子弹总是按照经典理论设计的轨道运动。由此可见，对于宏观物体，轨道的概念是有意义的。**经典物理中，粒子具有确定的位置和速度**，它是不计量子效应的必然结果。**从严格意义上讲，我们关心的经典世界是一个近似的世界，它是速度不太大时的狭义相对论近似，又是忽略了普朗克常数以后的量子力学的近似。**

例 20－9 原子的线度按10^{-10} m 估算，用不确定关系讨论原子中电子的运动的轨道模型的不合理性。

解：原子的线度就是原子中电子的位置不确定范围，即 $\Delta x=10^{-10}$ m。由式(20－38)得速度的不确定范围

$$\Delta v_x \geqslant \frac{h}{m\Delta x}=\frac{6.63\times10^{-34}}{9.11\times10^{-31}\times10^{-10}}\ \mathrm{m\cdot s^{-1}}=0.69\times10^{6}\ \mathrm{m\cdot s^{-1}}$$

而电子的能量以 10 eV 计算，其速度

$$v=\sqrt{\frac{2E_{\mathrm{k}}}{m}}=\sqrt{\frac{2\times10\times1.60\times10^{-19}}{9.11\times10^{-31}}}\ \mathrm{m\cdot s^{-1}}=1.9\times10^{6}\ \mathrm{m\cdot s^{-1}}$$

可见速度的不确定范围 Δv 和速度 v 本身同数量级，说明这时电子的速度完全不能确定，从而下一时刻电子的位置也就完全不能确定，轨道模型失去意义。由于电子的波动性十分显著，此时**只能用“电子云”图像来描述电子在空间的概率分布**。因电子云距离核的半径的差异，不同的层面的电子云球面又称“**电子壳层**”。

微观领域的不确定关系也存在于能量和时间之间。

例 20－10 证明光子的能量不确定量 ΔE 和时间不确定量 Δt 满足关系式：$\Delta E\Delta t\geqslant h$。

解：由光子的能量 $E=h\nu=\dfrac{hc}{\lambda}$得光子的能量不确定量(变化量)

$$\Delta E=\frac{hc}{\lambda^2}\Delta\lambda \tag{1}$$

由光子的动量 $p=\dfrac{h}{\lambda}$得光子的动量不确定量

$$\Delta p=\frac{h}{\lambda^2}\Delta\lambda \tag{2}$$

由式(1)(2)得 $\qquad \Delta E=c\Delta P$

再由不确定关系 $\qquad \Delta p\Delta x\geqslant h$

和 $\qquad \Delta x=c\Delta t$

得

$$\boxed{\Delta E\Delta t\geqslant h} \tag{20-40}$$

可以证明，微观粒子同样遵循能量、时间的不确定关系式(20－40)。

设电子处于某一能级的平均寿命为 τ，则该能级就有一个不确定的宽度 ΔE_0。寿命 τ 与能级宽度 ΔE_0 之间的关系通常写成

$$\tau\Delta E_0\approx h \tag{20-41}$$

理论上计算出某状态电子的平均寿命，就可用上式估算该状态能级的宽度 ΔE_0；或者知道能级宽度 ΔE_0，按上式可得该状态的电子的平均寿命 τ。

量子力学的计算结果应为

$$\Delta E \Delta t \geqslant \frac{\hbar}{2} \tag{20-42}$$

例 20-11　设电子处于某激发态的平均寿命为 $\tau=10^{-8}$ s，将 τ 视为电子的时间不确定量。求该电子在跃迁时产生的光谱谱线的自然宽度。

解：由不确定关系

$$\Delta E \Delta t \geqslant \frac{\hbar}{2}$$

因 $\Delta E = h\Delta\nu$，故 $\Delta\nu\Delta t \geqslant \frac{1}{4\pi}$，

则

$$\Delta\nu \geqslant \frac{1}{4\pi\Delta t} = \frac{1}{4\pi\tau} = 7.96\times10^{6}\ \mathrm{s^{-1}}$$

若对于 $\lambda=589.0$ nm 的光，其相对频率宽度

$$\frac{\Delta\nu}{\nu} = \frac{\Delta\nu\lambda}{c} = 1.56\times10^{-8}$$

相对宽度约为一亿分之二，因电子运动的多普勒效应，实际谱线的宽度比该自然谱线宽度理论值大得多。说明**在原子辐射光谱中，纯粹的单色光是不存在的**，所谓的单色光是一种理想的、相对近似的说法。

20.7　薛定谔方程

微观粒子的波动状态能否用波函数描写，决定粒子状态变化的方程的形式到底何样。本节主要介绍微观粒子的波函数以及波函数满足的薛定谔方程。必须指出，波函数和薛定谔方程不是推导得出的，而是量子力学的又一个基本假设，其正确性只能由实验来检验。

1. 自由粒子的波函数

为了表示微观粒子的波粒二象性，可以用平面波描写自由粒子。自由粒子的波函数形式应该与经典平面波的波函数有一定的联系，沿 x 轴正方向传播的经典平面波的波函数的复数形式为

$$\tilde{y}(x,t) = A\exp\left[-i(\omega t - kx)\right] \tag{20-43}$$

平面波的角频率 ω 与自由粒子的能量 E 借用爱因斯坦光子理论，波矢 k 与动量 p 由德布罗意关系联系起来，即

$$\omega = 2\pi\nu = \frac{2\pi E}{h} = \frac{E}{\hbar},\quad k = \frac{2\pi}{\lambda} = \frac{2\pi p}{h} = \frac{p}{\hbar} \tag{20-44}$$

式中，$\hbar = h/2\pi = 1.05\times10^{-34}\ \mathrm{J\cdot s}$。

把式(20-44)代入式(20-43)，并将 $\tilde{y}(x,t)$ 写成 $\psi(x,t)$，得到一个假设的自由粒子的波函数

$$\psi(x,t) = \psi_0 \exp\left[\frac{i}{\hbar}(px - Et)\right] \tag{20-45}$$

式中，ψ_0 为任意常数。

将上式写成坐标和时间变量分离的形式

$$\psi(x,t) = \psi(x)\exp\left(-\frac{i}{\hbar}Et\right) \tag{20-46}$$

式中，空间变量的函数

$$\psi(x) = \psi_0 \exp\left(\frac{i}{\hbar}px\right) \tag{20-47}$$

通常也把式(20-47)叫做**自由粒子的德布罗意定态波函数,它不随时间变化**。本教材主要讨论微观粒子的定态波函数。

2. 粒子波函数的物理意义

在完成了自由粒子的波函数假设以后,必须找到粒子波函数式(20-47)表示的物理意义。既然微观粒子的波动性受到光的波粒二象性的启发,那么通过光波与光子的关系是否可以寻找到粒子与德布罗意波的物理意义呢?

我们参照光子的性质讨论波函数的物理意义。以圆孔衍射为例,用波动的观点认为光强 $I=A^2$,光强大的地方,光的振幅的平方比较大;光强弱的地方,光的振幅的平方比较小。用光子的观点认为:光强大的地方,光子出现的概率大;光强小的地方,光子出现的概率小。用不同的观点对同一物理现象的说明,可以找到两者之间的等同性,即光子的概率与其在该处的波函数的振幅平方成正比。因电子的衍射图和光子的衍射图类似,所以电子在某处出现的概率也应该与电子在该处的波函数的振幅平方成正比。1926 年,玻恩对波函数给出了统计假设,该统计假设表明:**微观粒子的波函数不同于机械波,也不同于电磁波,而是一种"概率波"**,不论它是定态波函数,还是含时的波函数,其物理意义不变。

3. 自由粒子的定态薛定谔方程

对微观粒子的定态波函数式(20-47)两边求二阶导数得

$$\frac{d^2\psi}{dx^2}=-\frac{p^2}{\hbar^2}\psi(x) \tag{20-48}$$

在经典问题中 $p^2=2mE_k=2m(E-E_p)$,代入式(20-48)得

$$\boxed{\frac{d^2\psi}{dx^2}+\frac{2m}{\hbar^2}(E-E_p)\psi(x)=0} \tag{20-49}$$

当粒子运动于三维空间时,推广至三维空间,其波函数 $\psi(x)$ 演变为 $\psi(xyz)$,它满足方程

$$\nabla^2\psi(xyz)+\frac{2m}{\hbar^2}(E-E_p)\psi(xyz)=0 \tag{20-50}$$

$$\nabla^2=\frac{\partial^2}{\partial x^2}+\frac{\partial^2}{\partial y^2}+\frac{\partial^2}{\partial z^2}$$

式(20-50)称为**微观粒子的定态薛定谔方程**的一般形式,这是一个二阶偏微分方程。必须说明,由于波函数 $\psi(x)$ 是假设的,所以由 $\psi(x)$ 建立的薛定谔方程也只是一种假设。

一般情况下,德布罗意波函数的表示式是复数,为了将波函数的振幅的平方与波函数的平方等同起来,因此**粒子在某一空间出现的概率密度应正比于波函数与其共轭复数的乘积,这样粒子在体积元 $d\Omega$ 中出现的概率表示为**

$$\boxed{|\psi|^2 d\Omega=\psi\psi^* d\Omega} \tag{20-51}$$

式中,$|\psi|^2=\psi\psi^*$ **称为概率密度**。

根据粒子物理状态的客观性,波函数必须满足:

(1) 式(20-51)对整个粒子存在的可能空间积分得到的是粒子的总概率等于 1,所以相应的数学表示为

$$\iiint|\psi|^2 d\Omega=1 \tag{20-52}$$

物理上将式(20-52)称为**粒子波函数的归一化条件**。

(2) 为了保证 $\psi(xyz)$ 有意义,所以波函数必须是单值、有限函数,这称为**波函数的合理化条件**。

(3) 实验表明粒子出现的概率分布不会发生突变,因此还要求波函数 $\psi,\frac{\partial\psi}{\partial x},\frac{\partial\psi}{\partial y},\frac{\partial\psi}{\partial z}$为连续函数,这称为**波函数的边界条件**。

以上对波函数的限制成为求解薛定谔方程的定解条件,或者根据以上条件,方能最后确定粒子波函数的具体形式,并由波函数确定粒子的物理状态。

由于这些条件的限制,只有当能量 E 具有某些特定值时才有解。这些特定值常称粒子**能量本征值**,而相应的波函数称为**本征函数**。

由于这里仅仅讨论粒子的定态问题,所以要求粒子所处的势场不随时间变化。对于随时间变化的势场中粒子的行为不在本教材讨论的范围内,请读者阅读相关量子力学文献资料。

20.8　一维势垒

为了便于讨论,列举一维势垒的问题进行讨论。设粒子位于图 20-15 所示的势场

$$E_{\mathrm{p}}=\begin{cases}0 & (x<0)\\ E_{\mathrm{p0}} & (x\geqslant 0)\end{cases}$$

式中,E_{p} 表示粒子的势能函数。设在 $x<0$ 的区域,粒子的势能为 0,波函数为 $\psi_1(x)$;在 $x\geqslant 0$ 的区域,粒子的势能为 E_{p0},波函数为 $\psi_2(x)$。它们都不随时间变化,这是一个确定的状态,由定态薛定谔方程可得

$$\begin{cases}\dfrac{\mathrm{d}^2\psi_1}{\mathrm{d}x^2}+\dfrac{2m}{\hbar^2}E\psi_1(x)=0 & (x<0)\\[2ex] \dfrac{\mathrm{d}^2\psi_2}{\mathrm{d}x^2}+\dfrac{2m}{\hbar^2}(E-E_{\mathrm{p0}})\psi_2(x)=0 & (x\geqslant 0)\end{cases}$$

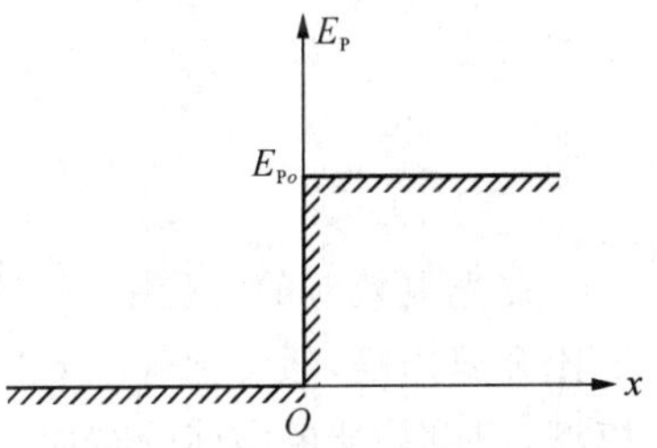

图 20-15　一维势垒

令 $\alpha^2=\frac{2m}{\hbar^2}E$, $\beta^2=\frac{2m}{\hbar^2}(E-E_{\mathrm{p0}})$得到方程的通解

$$\begin{cases}\psi_1=A\exp(i\alpha x)+B\exp(-i\alpha x)\\ \psi_2=C\exp(i\beta x)+D\exp(-i\beta x)\end{cases}$$

若上式中第一项表示沿 x 方向的正向波,第二项表示沿 x 方向的反向波。在 $x>0$ 的区域不可能出现反向波,故 $D=0$。

由边界条件

$$\psi_1(0)=\psi_2(0)$$

及

$$\left.\frac{\mathrm{d}\psi_1(x)}{\mathrm{d}x}\right|_{x=0}=\left.\frac{\mathrm{d}\psi_2(x)}{\mathrm{d}x}\right|_{x=0}$$

分别得到关系式

$$\begin{cases}A+B=C\\ \alpha(A-B)=\beta C\end{cases}$$

用 A 表示 B,C

$$\begin{cases}B=\dfrac{\alpha-\beta}{\alpha+\beta}A\\[2ex] C=\dfrac{2\alpha}{\alpha+\beta}A\end{cases}$$

对这样的结果作一些讨论:

(1) 当 $E>E_{\mathrm{p0}}$,由经典理论可知,在 $x<0$ 的区域内不可能有反射波,但是,由于 $A\neq 0$,故 $B\neq 0$ 所以

量子力学认为有反射波存在。

(2) 当 $E<E_{p0}$，经典理论认为电子不可能出现 $x>0$ 的区域，在势垒区不可能有透射波，但是，因为 $C\neq 0$，所以量子力学认为粒子在此区域仍有出现的可能。设势垒的宽度为 a，可以用类似的方程求解 $\psi_2(x)$ 得粒子穿过势垒的概率密度 P 正比于 $\exp\left(-\frac{2a}{\hbar}\sqrt{2m(E_{p0}-E)}\right)$，这一现象称为微观粒子穿越势垒的“隧道效应”。

(3) 基于上述(2)的讨论，当 $a\to\infty$ 或 $E_{p0}\to\infty$ 时 $P\to 0$，说明**只有无限高或无限宽的势垒，才能阻止粒子的穿越**。

在日常生活中，可以验证这样的结论。20 世纪 90 年代，我国铜资源紧缺，常用铝线代替铜线，铝是一种活泼的金属，很容易氧化成 Al_2O_3，而氧化铝是绝缘的，当导线与导线需要连接时怎么办呢？事先必须清除绝缘层，但氧化铝的生长速度极快，所以无法彻底地清除干净。这时，勉强扭结两根导线，事实证明，扭结部分的绝缘层没有限止电流的通过，电子通过“隧道效应”从一根导线穿越到另一根导线。

* 利用隧道效应可以制造隧道扫描显微镜。常用探针与样品连成电路，保持一定量大小的电流，当电势不变时，探针与样品之间的距离就是定值。对于电子来说，这就是势垒。电子靠“隧道效应”穿过该势垒，表现出一定的电流。这时探针必然沿着样品的表面描绘出一条曲线。该曲线就是样品表面的形貌图，当探针尖端达一个原子时，画出的曲线就是样品表面的原子排列图。当然，隧道扫描显微镜技术与当今的精密制造技术和自动控制技术密切相关。

微观粒子穿越势垒的现象被许多试验所证实，如原子核的 α 衰变、电子的场致发射、超导体的隧道结等。

20.9 一维势阱

在光电效应的实验中，金属中的电子逸出金属表面时要克服逸出功。对于电子来说，在金属外的势能要比金属内高，通常把这样的势能分布称为势阱，金属中的电子相当于处在势阱中的粒子。作为一个理想模型，假设势能的空间分布如图 20-16 所示，称为一维无限深方势阱，其势能函数为

$$E_p(x)=\begin{cases}0 & (0<x<a)\\ \infty & (x\leqslant 0, x\geqslant a)\end{cases}$$

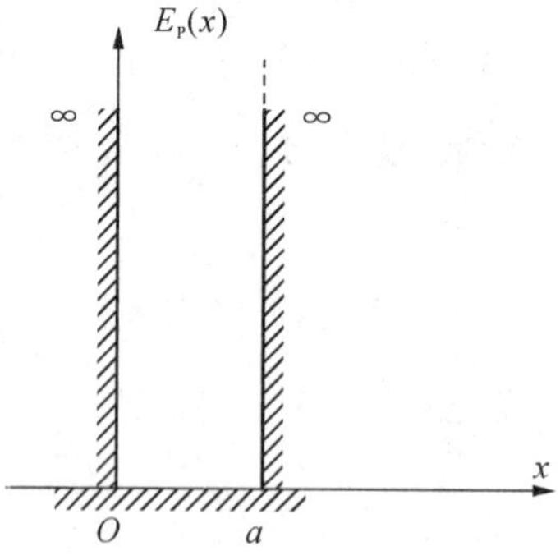

图 20-16　一维无限深方势阱

下面讨论一个质量为 m 的粒子在一维无限深方势阱中运动时，该粒子的能量和波函数。

已知一个质量为 m 的粒子在一维势场 $E_p(x)$ 中运动，其定态薛定谔方程为

$$\frac{d^2\psi}{dx^2}+\frac{2m}{\hbar^2}(E-E_p)\psi(x)=0$$

在 $x<0$ 或 $x>0$ 的区域内，因 $E_p(x)\to\infty$，所以在此两区域内粒子的波函数 $\psi=0$。

在 $0\leqslant x\leqslant a$ 的区域内，因 $E_p(x)=0$，代入薛定谔方程得

$$\frac{d^2\psi(x)}{dx^2}+\frac{2mE}{\hbar^2}\psi(x)=0$$

令
$$k^2=\frac{2mE}{\hbar^2} \tag{20-53}$$

则
$$\psi(x)=A\sin kx+B\cos kx$$

由定解条件 $\psi(0)=0$ 得 $B=0$。

波函数
$$\psi(x)=A\sin kx \tag{20-54}$$

由定解条件 $\psi(a)=0$，代入式(20-54)得

$$A\sin ka=0$$

满足上式的解
$$k=\frac{n\pi}{a}\quad (n=1,2,\cdots) \tag{20-55}$$

由式(20-53)和式(20-55)可得

$$\begin{cases} E_n=\dfrac{1}{2m}\hbar^2k^2=\dfrac{\hbar^2n^2\pi^2}{2ma^2}=n^2E_1 \\ E_1=\dfrac{\hbar^2}{2ma^2} \end{cases} \tag{20-56}$$

不确定关系告诉我们，势阱中的粒子的能量 $E_n\neq 0$，故(20-56)中的 n 取值不等于零。将式(20-55)代入式(20-54)得

$$\psi=A\sin\left(\frac{n\pi}{a}x\right) \tag{20-57}$$

A 为待定常数，由归一化条件 $\int_0^a|\psi|^2\mathrm{d}x=1$ 得

$$A^2\int_0^1\sin^2\frac{n\pi x}{a}\mathrm{d}x=1$$

利用三角函数的倍角关系

$$\frac{1}{2}A^2\int_0^a\left(1-\cos\frac{2n\pi x}{a}\right)\mathrm{d}x=1$$

解得
$$A=\sqrt{\frac{2}{a}}$$

这样得到势阱中粒子的波函数为

$$\psi(x)=\sqrt{\frac{2}{a}}\sin\left(\frac{n\pi}{a}x\right)\quad (0\leqslant x\leqslant a) \tag{20-58}$$

$$E_n=\frac{k^2\hbar^2}{2m}=\frac{\pi^2\hbar^2}{2ma^2}n^2\quad (n=1,2,3,\cdots)$$

表明：**无限深方势阱中粒子的能量是量子化的**。式中 n 称为量子数，n 不同，能量不同，则称其为不同的**能级**或不同的能量状态。**$n=1$ 代表能量最低的状态，称为基态；$n>1$ 时表示微观粒子处于能量较高的激发态**。如图 20-17 为一维无限深方势阱中的粒子的能量及能量确定后的波函数，粒子概率深度的分布示意图。

由以上结论可知：

(1) **粒子在无限深势阱中能量是分裂的、不连续的**，$E_n=n^2E_1$。$E_{\min}=E_1\neq 0$，这与经典力学中自由粒子的能量最小为零相违背。如果粒子的 $E=0$，则动量 $p=0$。由于不确定关系 $\Delta x\to\infty$，但实际的 $\Delta x\leqslant a$，所以 $E_{\min}\neq 0$ 也是微观粒子波粒二象性的必然结果。

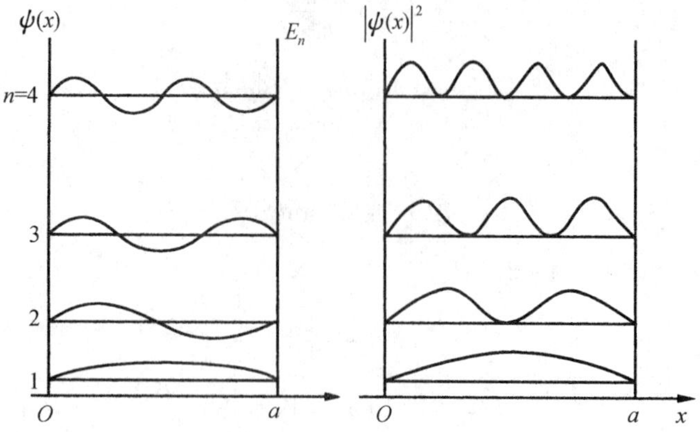

图 20-17　一维无限深势阱中的粒子

电子在原子核周围的势阱也类似于无限深势阱，只是 $E_{p\max}=0, E_{p\min}=-\infty$，**电子在这样的势阱中的状态称为束缚态，电子处于束缚态的能级也是分离的**，其相应的最大能级 $E_\infty=0$，**原子中的电子的能级是量子化**的，显然，使用经典理论不会有此结论。

(2) 当$\frac{n\pi}{a}x=\left(k'+\frac{1}{2}\right)\pi$时，$\psi^2(x)$有极大值，此时 $x=\frac{(2k'+1)a}{2n}(k'=0,1,2,\cdots)$，因 $x<a$，故 k'的最大值为$(n-1)$，当量子数 n 确定后，由粒子波函数决定的概率密度的峰值的位置 x 也确定，对应的 k'的取值为 $k'=0,1,2,\cdots,(n-1)$共 n 个，即在 $0\sim a$ 的区域内，概率密度有 n 个峰，相应有$(n+1)$个谷。

(3) **量子数 n 越大，对应的能量越大，峰值越多，峰值密度越大**，以致可视为连续分布。**意味着粒子在势阱范围内各处出现的概率相等。量子现象退化到经典现象。**

(4) 相邻能量的能级间距 $\Delta E=E_n-E_{n-1}=(2n+1)E_1=\frac{(2n+1)h^2}{8ma^2}$，可见能级间距 ΔE 与 a^2 成反比，势阱宽度越大，ΔE 越小，这时粒子能量可视为连续分布，量子效应退化为经典行为。

在集成电路工艺中，当集成度很高时，由于电子的势阱宽度缩小，在分析电子行为时必须考虑到电子的量子效应。

例 20-12　设粒子在一维无限深方势阱中运动，处于基态时，求距势阱内壁 1/4 宽度以内发现粒子的概率。

解：一维无限深方势阱的基态波函数为：

$$\psi_1(x)=\sqrt{\frac{2}{a}}\sin\left(\frac{\pi}{a}x\right)$$

在 $x=0$ 到 $x=a/4$ 的区域内该粒子出现的概率为：

$$P=\int_0^{a/4}|\psi_1(x)|^2\mathrm{d}x=\frac{2}{a}\int_0^{a/4}\sin^2\left(\frac{\pi}{a}\right)\mathrm{d}x=\frac{1}{4}-\frac{1}{2\pi}=0.091$$

例 20-12　粒子在一维矩形无限深势阱中的波函数

$$\psi(x)=\sqrt{\frac{1}{a}}\cos\frac{3\pi x}{2a}\qquad(-a\leqslant x\leqslant a)$$

(1) 求粒子在 $x=\frac{5}{6}a$ 处出现的概率密度；

(2) 粒子在$\frac{a}{2}$到$\frac{5}{6}a$ 区间内出现的概率。

解：(1) 概率密度

$$\psi^2(x)\big|_{x=\frac{5}{6}a}=\frac{1}{a}\cos^2\frac{3\pi}{2a}\frac{5}{6}a$$

$$=\frac{1}{a}\cos^2\frac{5\pi}{4}$$
$$=\frac{1}{2a}$$

(2) 区间内的概率

$$\int_{\frac{a}{2}}^{\frac{5}{6}a}\psi^2(x)\mathrm{d}x=\frac{1}{2a}\int_{\frac{a}{2}}^{\frac{5}{6}a}\left(1+\cos\frac{3\pi x}{a}\right)\mathrm{d}x=\frac{1}{6}\left(1+\frac{2}{\pi}\right)$$

本章习题

20-1　把太阳表面看成黑体，测得太阳辐射的 λ_m 约为 500 nm，估算它的表面温度和辐射的辐出度。

20-2　天狼星的温度大约是 11 000 ℃，试由维恩位移定律计算其辐射峰值的波长。

20-3　铝的逸出功是 4.2 eV，今用波长为 200 nm 的光照射铝表面，求：(1) 光电子的最大动能；(2) 截止电压；(3) 铝的红限波长。

20-4　在康普顿效应中，入射光子的波长为 3.0×10^{-3} nm，反冲电子的速度为 0.6 c，求散射光子的波长和散射角。

20-5　入射的 X 射线光子的能量为 0.6 MeV，被自由电子散射后波长变化了 20%，求反冲电子的动能。

20-6　在玻尔氢原子理论中，当电子由量子数 $n=5$ 的轨道跃迁到 $n=2$ 的轨道上时，对外辐射光的波长为多少？若再将该电子从 $n=2$ 的轨道跃迁到游离状态，外界需要提供多少能量？

20-7　电子和光子的波长均为 0.20 nm，则它们的动量和动能各是多少？

20-8　如果电子被限制在边界 x 与 $x+\Delta x$ 之间，$\Delta x=0.5$ Å，则电子动量 x 分量的不确定量为多少？

20-9　一维无限深势阱中的粒子在 $n=3$ 状态下，其波函数 $\psi_3=\sqrt{\frac{2}{a}}\sin\left(\frac{3\pi x}{a}\right)$。试求粒子的概率密度分布函数及概率密度的极值位置。

20-10　设有一电子在宽为 0.20 nm 的一维无限深的方势阱中，则(1) 计算电子在最低能级的能量；(2) 当电子处于第一激发态($n=2$)时，在势阱何处出现的概率最小，其值为多少？

20-11　已知一维运动的粒子的波函数为

$$\psi(x)=\begin{cases}Ax\exp(-\lambda x) & (x\geqslant0)\\0 & (x<0)\end{cases}$$

式中 $\lambda>0$，求：(1) 归一化常数；(2) 粒子出现的概率密度；(3) 粒子在何处出现的概率最大？(提示：积分公式 $\int_0^x x^2\exp(-ax)\mathrm{d}x=\frac{2}{a^3}$)

参考答案

第一章习题

1-1　$v=-ck\mathrm{e}^{-kt}, a=ck^2\mathrm{e}^{-kt}$

1-2　(1) $x=\sqrt{x_0^2+2bt}$；　(2) $a=-\dfrac{b^2}{x^3}$

1-3　$a=2b^2x^3$

1-4　$(x-b)^2+(y-b)^2=c^2$，　$\boldsymbol{a}=c\omega^2\cos\omega t\boldsymbol{i}-c\omega^2\sin\omega t\boldsymbol{j}$

1-5　(1) $\omega=2\,\mathrm{s}^{-1}, \alpha=2\,\mathrm{s}^{-2}$；　(2) $v=0.2\ \mathrm{m\cdot s^{-1}}$，　$\boldsymbol{a}=(0.2\boldsymbol{\tau}+0.4\boldsymbol{n})\mathrm{m\cdot s^{-2}}$

1-6　$v=2bt+c$，　$a_\tau=2b$，　$a_\mathrm{n}=\dfrac{(2bt+c)^2}{R}$

1-7　$0.5g$，　$\rho=\dfrac{2v^2}{\sqrt{3}g}$

第二章习题

2-1　$v=(6t^2+4t+6)\mathrm{m\cdot s^{-1}}$，　$x=(2t^3+2t^2+6t+5)\mathrm{m}$

2-2　$v=\left[v_0^2+\dfrac{2k}{m}\left(\dfrac{1}{b}-\dfrac{1}{x}\right)\right]^{\frac{1}{2}}$

2-3　$v=v_0\mathrm{e}^{kt}$，　$x=\dfrac{v_0}{k}(\mathrm{e}^{kt}-1)$

2-4　$v=\left(\dfrac{g}{R}+v_0\right)\mathrm{e}^{-Rt}-\dfrac{g}{R}$，$x=\dfrac{g+v_0R}{R^2}(1-\mathrm{e}^{-Rt})-\dfrac{g}{R}t$

2-5　5.94×10^3 N，　$-1\,980$ N，　3.5 m/s^2

2-6　$t=\sqrt{\dfrac{(m_\mathrm{A}+m_\mathrm{B})h}{(m_\mathrm{A}-m_\mathrm{B})g}}$，　$T=\dfrac{2m_\mathrm{A}m_\mathrm{B}}{m_\mathrm{A}+m_\mathrm{B}}g$

2-7　$v=\sqrt{\dfrac{2Pt}{m}}$，　$s=\dfrac{2}{3}\sqrt{\dfrac{2P}{m}t^3}$

2-8　$v=\sqrt{\dfrac{R^2g}{r}}$，　$T=2\pi\sqrt{\dfrac{r^3}{R^2g}}$

2-9　$v=\sqrt{v_0^2+2gl(\cos\theta-1)}$，　$T=\dfrac{m}{l}v_0^2+3mg\cos\theta-2mg$

2-10　$a_0\leqslant\mu g$

2-11　$\mu\geqslant\dfrac{r\omega^2}{g}$

第三章习题

3-1　$\overline{N'}=1.63\times10^6$ N

3-2　2×10^5 N

3-3　$Sv^2\boldsymbol{i}$

3-4　(1) 224 N·s，116.6°；(2) 4.47 s；(3) −63.4°

3-5　$v=v_0-\dfrac{mv'}{M+m}$

3-6　$2v_0$

第四章习题

4-1　(1) $-\dfrac{3mv_0^2}{8}$；(2) $\dfrac{3v_0^2}{16\pi Rg}$；(3) $\dfrac{4}{3}$圈

4-2　$\dfrac{1}{k}\left[-\mu mg+\sqrt{(\mu mg)^2+2k\left(\dfrac{1}{2}mv_0^2-\mu mgL\right)}\right]$

4-3　-4.82×10^3 J，-9.64×10^3 J，4.82×10^3 J

4-4　(1) $\dfrac{mv}{2m'}$；(2) $\dfrac{2m'}{m}\sqrt{5lg}$

4-5　(1) $3mg\cos\varphi-2mg$；(2) $\sqrt{\dfrac{2gR}{3}}$

4-6　$\dfrac{v}{2}$，$\dfrac{m}{4}v^2$

4-7　0，v_0

4-8　略

第五章习题

5-1　(1) 0.24 m/s；(2) 0.384 $\mathrm{m/s^2}$；(3) 0.107 $\mathrm{s^{-2}}$

5-2　$\dfrac{4}{3}ml^2$

5-3　$\dfrac{m_3g}{(m_1+m_2+m_3)r}$

5-4　$\omega_0-\dfrac{\mu g}{r}t$

5-5　(1) 18.4 $\mathrm{rad/s^2}$；(2) 0.85 J；(3) 8.57 rad/s

5-6　(1) $\dfrac{mg}{R\left(m+\dfrac{1}{2}M\right)}$；(2) $\dfrac{mgt}{m+\dfrac{1}{2}M}$

5-7　$\dfrac{J\omega_0}{J+k\omega_0t}$

5-8　$\omega_0-\dfrac{3\mu g}{2l}t$

5-9　(1) $\dfrac{6v_0}{7l}$；(2) $\arccos\left(1-\dfrac{3v_0^2}{14gl}\right)$

第六章习题

6-1　Q应放置在离q为$(\sqrt{2}-1)l$

6-2　$3.2\times10^4\ \frac{\mathrm{N}}{\mathrm{C}}$,方向与 BC 边夹角为 $\arctan\frac{2}{3}=33°41'$

6-3　$\frac{q}{2\pi^2\varepsilon_0 R^2}$

6-4　$\frac{q}{5\pi\varepsilon_0 l^2}$

6-5　$E=1.08\times10^4$(SI)，　$x=2\sqrt{2}\mathrm{cm}$

6-6　$E_x=2.8\times10^8\ \mathrm{V/m}$，　$E_y=1.14\times10^8\ \mathrm{V/m}$

6-7　$E=\frac{\sigma}{4\varepsilon_0}$，　方向与轴线方向平行

6-8　$\frac{\lambda_1\lambda_2}{2\pi\varepsilon_0}\ln\left(\frac{a+l}{a}\right)$

6-9　(1) $1.8\ \mathrm{N\cdot m^2/C}$；(2) $q=1.59\times10^{-11}\ \mathrm{C}$

6-10　$r<R$，　$E=\frac{\rho r}{2\varepsilon_0}$；　$r>R$，　$E=\frac{\rho R^2}{2\varepsilon_0 r}$

6-11　两平板之间　$E_{合}=0$；　两平板外侧　$E_{合}=\frac{\sigma}{\varepsilon_0}$

6-12　$E_1=\frac{\lambda_1}{2\pi\varepsilon_0 r}$　$(r<R)$；　$E_2=\frac{\lambda_1+\lambda_2}{2\pi\varepsilon_0 r}$　$(r>R)$

6-13　$E_1=0$　$(r<r_1)$；　$E_2=\frac{\rho}{3\varepsilon_0 r^2}(r^3-r_1^3)$　$(r_1<r<r_2)$；　$E_3=\frac{\rho}{3\varepsilon_0 r^2}(r_2^3-r_1^3)$　$(r>r_2)$

6-14　$U=\frac{q}{8\pi\varepsilon_0 l}\ln\left(\frac{2l+d}{d}\right)$

6-15　(1) $U_1=\frac{\rho}{6\varepsilon_0}(3R^2-r^2)$；　(2) $U_2=\frac{\rho R^3}{3\varepsilon_0 r}$

6-16　$U=\frac{\rho r^2}{4\varepsilon_0}$

6-17　$U=0\ (r<R)$，　$U=\frac{\lambda}{2\pi\varepsilon_0}\ln\frac{R}{r}$　$(r>R)$

6-18　$\frac{q_1}{4\pi\varepsilon_0}\left(\frac{1}{R_1}-\frac{1}{R_2}\right)$

6-19　(1) 60 V，　−780 V；(2) 电场力做功 -2.5×10^{-6}J，　外力做功 2.5×10^{-6}J

6-20　(1) $\frac{q}{6\pi\varepsilon_0 l}$；　(2) $\frac{q}{6\pi\varepsilon_0 l}$

6-21　$v=\sqrt{-\frac{\sigma_0 ed}{\varepsilon_0 m}}$

第七章习题

7-1　$\sigma_1=\sigma_2=\frac{Q}{2S}$，　$\sigma_3=\frac{-Q}{2S}$，　$\sigma_4=\frac{Q}{2S}$；　$E_{\mathrm{I}}=\frac{Q}{2\varepsilon_0 S}$,方向向左，　$E_{\mathrm{II}}=\frac{Q}{2\varepsilon_0 S}$,方向向右，　$E_{\mathrm{III}}=\frac{Q}{2\varepsilon_0 S}$,方向向右

7-2　(1) $U=\frac{q}{4\pi\varepsilon_0 R_2}$；　(2) $U=1.5\times10^2$ V

7-3　(1) $C=7.1\times10^{-4}$ F；　(2) $q=-4.55\times10^5$C

7-4　$C_{等效}=4\ \mu\mathrm{F}$,C_1 与 C_2 上 $U=20$ V,$q_1=q_2=2\times10^{-4}$C,C_3 上 $U=80$ V,$q_3=4\times10^{-4}$C

7-5　插入金属大平板 $C'=2C_0$,插入介质大平板 $C'=\frac{2\varepsilon_r}{1+\varepsilon_r}C_0$

7－6　(1) $E_{\mathrm{I}}=\dfrac{q}{4\pi\varepsilon_0\varepsilon_r r^2}$　$(R_1<r<R_2)$，　$E_{\mathrm{II}}=\dfrac{q}{4\pi\varepsilon_0 r^2}$　$(r>R_2)$；　(2) $U=\dfrac{q}{4\pi\varepsilon_0}\left[\dfrac{1}{\varepsilon_r}\left(\dfrac{1}{R_1}-\dfrac{1}{R_2}\right)+\dfrac{1}{R_2}\right]$

7－7　$D=6\times10^{-5}$ C/m²，　$E=2.26\times10^{6}$ V/m，　$P=4\times10^{-5}$ C/m²

7－8　(1) $c=\dfrac{\varepsilon_0\varepsilon_r S}{d}$；　(2) $\sigma_0=\dfrac{\varepsilon_0\varepsilon_r u_0}{d}$

7－9　(1) $D=\dfrac{\lambda}{2\pi r}$，　$E=\dfrac{D}{\varepsilon}=\dfrac{\lambda}{2\pi\varepsilon r}$；　(2) $U=\dfrac{\lambda}{2\pi\varepsilon}\ln\dfrac{R_2}{R_1}$；　(3) ε_r

7－10　(1) $D=\dfrac{q}{S}$，　$E=\dfrac{q}{S\varepsilon_0\varepsilon_r}$，　$P=\left(1-\dfrac{1}{\varepsilon_r}\right)\dfrac{q}{S}$；　(2) $w_e=\dfrac{q^2}{2S^2\varepsilon_0\varepsilon_r}$，　$W_e=\dfrac{q^2 d}{2S\varepsilon_0\varepsilon_r}$

7－11　$\dfrac{\varepsilon_0 S}{d}U^2$

第八章习题

8－1　$\dfrac{\rho}{2\pi r_0}$

8－2　3.9×10^{8} s^{-1}，　1.35×10^{2} s

8－3　(1) $\dfrac{R}{R+r}$；　(2) $R=r$，　50%

8－4　(1) 0.2 A，　1.08×10^{3} Ω；　(2) 44 W，　0.2 A

8－5　(1) 220.9 V；　(2) 4%

8－6　(1) $I<1$ A；　(2) 19.5°

8－7　$\eta=0.1\%$

8－8　20 km

8－9　(1) $I=1$ A；　(2) $U_{AB}=10$ V；　(3) $U_{CD}=7$ V

8－10　6.4 km

第九章习题

9－1　$B_M=0$，　$B_N=1\times10^{-4}$ T，向左

9－2　$B_0=\dfrac{\mu_0 I}{4\pi l}(1+2\sqrt{2})$

9－3　$\dfrac{\mu_0 I}{8R}$，　$\dfrac{\mu_0 I}{2R}\left(1-\dfrac{1}{\pi}\right)$

9－4　$I=1.72\times10^{9}$ A

9－5　0

9－6　(1) $\varphi_{abcd}=-0.24$ Wb；　(2) $\varphi_{befc}=0$；　(3) $\varphi_{aefd}=0.24$ Wb

9－7　$\Phi_m=\dfrac{u_0 Il}{2\pi}\ln\dfrac{d_2}{d_1}$，$\Phi_m=0$

9－8　$B=3.09$ T·m　$(r<R)$，　$B=\dfrac{10^{-5}}{r}$ T·m　$(r>R)$

9－9　$B_1=\dfrac{\mu_0 I_1}{2\pi r}$　$(r<R)$，　$B_2=\dfrac{\mu_0(I_1-I_2)}{2\pi r}$　$(r>R)$

9－10　(1) $B_1=0$；　(2) $B_2=\dfrac{\mu_0 I}{2\pi r}\dfrac{r^2-R_1^2}{R_2^2-R_1^2}$　$(R_1<r<R_2)$；　(3) $B_3=\dfrac{\mu_0 I}{2\pi r}$　$(r>R_2)$

9 - 11 $\Phi=1\times10^{-6}$ Wb

9 - 12 3.2×10^{-16} N

9 - 13 $f=\sqrt{2}IRB$,该力的方向沿 y 轴正方向

9 - 14 $\frac{\mu_0 I_1 I_2}{2\pi}\ln\left(\frac{a+l}{a}\right)$

9 - 15 $\frac{\mu_0 I_1 I_2}{2}$,向右

9 - 16 $F=IBl$

9 - 17 $M=(0.4\sin\theta)$ N·m,$M_{\max}=0.4$ N·m

9 - 18 (1) $\pi R^2 I$,方向向里;(2) $\pi R^2 IB$,沿 OO' 方向

第十章习题

10 - 1 1.96×10^{-3} A·m^2

10 - 2 (1) $H_0=200$ A/m, $B_0=2.5\times10^{-4}$ T; (2) 当充以磁介质后,$H=200$ A/m,$B=1.05$ T

10 - 3 $\mu_r=3.58\times10^3$

10 - 4 $B_1=\frac{1}{\pi r}\times10^{-4}$ T $(r<R)$, $B_2=\frac{2}{\pi r}\times10^{-7}$ T $(r>R)$

10 - 5 $R_1<r<R_2$,$\frac{\mu_0\mu_r I}{2\pi r}$

第十一章习题

11 - 1 $\mathscr{E}_i=5\times10^{-6}\ln4$ V,方向 $B\to A$

11 - 2 $\frac{1}{2}\omega B(L^2-2Lr)$

11 - 3 (1) $\mathscr{E}_i=0.18\sin(10t)$; (2) $\mathscr{E}_{i\max}=0.18$ V; (3) $\mathscr{E}_i=9\times10^{-2}$ V

11 - 4 $\mathscr{E}_i=-\frac{NSB_0}{\tau}$

11 - 5 $E_i=-\frac{r}{2}c$ $(r<R)$; $E_i=-\frac{R^2}{2r}c$ $(r>R)$

11 - 6 $L=1.58\times10^{-4}$ H, $\mathscr{E}_i=-1.58\times10^{-3}$ V

11 - 7 $L=\frac{N^2\mu_0 S}{l}$, $\mathscr{E}_i=-\frac{N^2\mu_0 S}{l}b$

11 - 8 $L=\frac{\mu_0 l}{2\pi}\ln\left(\frac{R_2}{R_1}\right)$

11 - 9 (1) $M=5\times10^{-6}$ H; (2) $\mathscr{E}_i=4.0\times10^{-5}$ V

11 - 10 (1) $-\left(\frac{\mu_0 a}{2\pi}\ln2\right)\frac{dI}{dt}$; (2) $\frac{\mu_0 a}{2\pi}\ln2$

11 - 11 3.28×10^{-5} J, 4.18 J·m^{-3}

第十二章习题

12 - 1 5%

12 - 2 (1) 2 atm; (2) 3 atm

12-3　1.13 atm

12-4　$\sqrt{\overline{v_{H_2}^2}}=1934$ m/s；　$\sqrt{\overline{v_{O_2}^2}}=483$ m/s；　$\sqrt{\overline{v_{Hg}^2}}=189$ m/s　三种气体的平均动能相同，$\bar{\varepsilon}=6.21\times10^{-21}$ J

12-5　1.28×10^{-6} K

12-6　6.21×10^{-21} J

12-7　5

12-8　$\varepsilon_{平}=3\,740$ J，　$\varepsilon_{转}=2\,493$ J，　$\varepsilon_{内}=6\,233$ J

12-9　(1) 1.61×10^{12}个；　(2) 1.0×10^{-8} J；　(3) 6.67×10^{-9} J；　(4) 1.67×10^{-8} J

12-10　最概然速率 496 m/s，平均速率 551 m/s，方均根速率 596 m/s

12-11　1.06%

12-12　图略；氢气的最概然速率为 1 574 m/s，　氧气的最概然速率为 394 m/s

12-13　平均自由程为 5.80×10^{-8} m，连续两次碰撞间的平均时间间隔为 1.27×10^{-10} s

12-14　单位体积内空气分子数为 3.2×10^{17} 个/m^3，平均自由程 7.8 m，平均碰撞频率为 4.7×10^{4} s^{-1}

12-15　(1) 0.712∶1；　(2) 3.5×10^{-6} m

第十三章习题

13-1　319 K

13-2　(1) 41.3 mol；　(2) 4.29×10^{4} J；　(3) 1.71×10^{4} J

13-3　(1) 0；　(2) 405 J；　(3) 405 J

13-4　9.41×10^{3} J，　1.87×10^{4} J，　2.81×10^{4} J

13-5　(1) 2 493 J；　(2) 4 067 J；　(3) 6 560 J，图略

13-6　三种不同过程内能变化相同，6.5×10^{4} J

13-7　(1) $V=3.73\times10^{-4}$ m^3；　(2) 1.12×10^{3} K；　(3) -69.1 J

13-8　等压膨胀气体对外做功 19.9×10^{3} J，等温膨胀对外做功 8.02×10^{3} J，绝热膨胀对外做功 5.92×10^{3} J，图略

13-9　(1) $n=1.2$；　(2) -62.5 J；　(3) 125 J；　(4) 62.5 J

13-10　(1) 等压膨胀过程其内能变化，对外做功和热量变化分别为 $\Delta E_{ab}=3$ atml，　$A_{ab}=2$ atml，$Q_{ab}=5$ atml；

等体降压其内能变化，对外做功和热量变化分别为 $\Delta E_{bc}=-3$ atml，　$A_{bc}=0$，　$Q_{bc}=-3$ atml；

等温压缩其内能变化，对外做功和热量变化分别为 $\Delta E_{ca}=0$，$A_{ca}=Q_{ca}=-1.39$ atml。

以上各式中：　　　1 atml = 1.013×10^{5} Pa $\times\ 1\times10^{-3}$ m^3 = 101.3 J

(2) 12.2%

13-11　8.8%

13-12　(1) 图略

(2) ab 过程内能、对外做功和热量变化分别为 $\Delta E_{ab}=0$，$A_{ab}=Q_{ab}=0.69p_0V_0$

bc 过程内能、对外做功和热量变化分别为 $\Delta E_{bc}=-0.6p_0V_0$，$A_{bc}=0$，$Q_{bc}=\Delta E_{bc}+A_{bc}=-0.60p_0V_0$

ca 过程内能，对外做功和热量变化分别为 $\Delta E_{ca}=0.60p_0V_0$，　$A_{ca}=-\Delta E_{ca}=-0.60p_0V_0$，$Q_{ca}=0$

(3) 循环效率 13.0%

13-13　(1) 30%；　(2) 491 J

13-14　2.7%和 10%

13-15　(1) 16.6；　(2) 1.0×10^{7} J/min

13-16　$T=471$ K；　$\eta=0.423$

13 - 17　7.73×10^{3} J

13 - 18　(1) 6.7%；(2) 1.4×10^{7} J；(3) 1.8×10^{2} kg

13 - 19　(1) 不是可逆机；(2) 1.67×10^{4} J

13 - 20　2.4 J/K

13 - 21　(1) $1.14p_0$；(2) $0.8p_0V_0$；(3) 16%；(4) 22.9 J/K

第十四章习题

14 - 1　$x=x_0\cos\omega t$

14 - 2　$x=0.025\cos(40t+0.5\pi)$

14 - 3　初相$\frac{\pi}{4}$，$T=8$ s，质点的振动规律为$x=8\sin\left(\frac{\pi}{4}t+\frac{\pi}{4}\right)$cm

14 - 4　初相位为$-\frac{\pi}{2}$，周期$\frac{1}{2}$s，总能量 71.06 J，动能等于势能的位置点为 2.12 m

14 - 5　略

14 - 6　$\Omega_0=99$ rad/s，　$A_0\cong5\times10^{-2}$ m

14 - 7　$x=2\cos\left(6t+\frac{\pi}{2}\right)$

14 - 8　$A=5$，　$\varphi_0=8°8'$，　$x=5\cos\left(8t+\arctan\frac{1}{7}\right)$

14 - 9　$A\approx14$ m，　$\varphi_0=52°51'$

14 - 10　略

第十五章习题

15 - 1　(1) A、B 两点间隔 0.34 m，A、B 两点的相位差 π

15 - 2　(1) $A=0.5$ cm；(2) $\lambda=40$ cm；(3) $T=4\times10^{-2}$ s；(4) 质点的最大速率 $v_m=0.25\pi$ m/s；(5) A、B 两点相位差 $\Delta\varphi=\frac{3\pi}{4}$；(6) 略

15 - 3　(1) 沿 x 轴正方向传播；(2) $\frac{\pi}{2}$ cm；(3) 2π cm/s；(4) $v_m=1.5$ cm/s

15 - 4　(1) $y=A\cos\left[2\pi\nu t+\frac{2\pi}{\lambda}(x+L_1)+\varphi\right]$；(2) $y_2=A\cos\left[2\pi\nu t+\frac{2\pi}{\lambda}(L_1+L_2)+\varphi\right]$

15 - 5　$\bar{I}=8.66\times10^{-7}$ J/(m^2 · s)

15 - 6　P 点的合成振幅是相抵消的

15 - 7　P 点的合振动为减弱

15 - 8　0.57 m

15 - 9　$T=33.55$ N

15 - 10　迎着警车时，1 275 Hz；目送警车时，1 133 Hz

15 - 11　1 437 Hz

第十六章习题

16 - 1　5.45×10^{-7} m

16-2 76 μm

16-3 $2\pi(n_2-1)\frac{e}{\lambda}$

16-4 (1) 3.6×10^{-3} m； (2) 1.56×10^{-2} m； (3) 10

16-5 (1) 273 nm； (2) 407.0 nm

16-6 (1) 4.8×10^{-5} rad； (2) 第 3 级明纹

16-7 1.0×10^{-4} rad

16-8 屏幕上能呈现 3 条明条纹 $x_{明}=5.05$ mm， $x_{明}=7.07$ mm， $x_{明}=9.09$ mm

16-9 545.9 nm

16-10 0.673 μm

16-11 6289 Å

16-12 94.6 nm

16-13 1.28×10^{-6} m

第十七章习题

17-1 中央明条纹宽度为 5.46×10^{-3} m,第二级明纹宽度 2.73×10^{-3} m

17-2 4.286×10^{-7} m

17-3 0.75 m

17-4 (1) 7.2×10^{-3} m； (2) 1.08×10^{-2} m

17-5 153.5 m

17-6 $\theta_k=\arcsin\left(\frac{k\lambda}{a}\pm\sin\alpha\right)$ ($k=\pm1, \pm2, \pm3\cdots$)

17-7 8.9×10^{3} m

17-8 43.16

17-9 510 nm

17-10 13 300 条/米或 133 条/厘米

17-11 4 000～6 350 Å

17-12 (1) 6.0×10^{-6} m； (2) 1.5×10^{-6} m； (3) 15

17-13 2.88 Å

第十八章习题

18-1 (1) $\frac{3}{16}I_0$； (2) $\frac{1}{8}I_0$

18-2 54°44′

18-3 0.5

18-4 光由水射向玻璃时,$i_0=48°26'$； 光由玻璃射向水时,$i_0=41°34'$

18-5 36°56′,图略

18-6 $v_e=2.02\times10^{8}$ m/s,$v_o=1.81\times10^{8}$ m/s

18-7 (1) 1.5； (2) 1.5

第十九章习题

19-1 $\frac{L}{v_2}$

19-2 4.68 m

19-3 $0.6a^3$

19-4 (1) 4×10^{-7} s; (2) 5×10^{-7} s

19-5 $x=6\times10^{16}$ m, $y=1.2\times10^{17}$ m, $z=0$, $t=-2\times10^{8}$ s

19-6 3.3×10^{-5} s,天津的事件先发生

19-7 $-\frac{15}{17}c$

19-8 $\frac{5}{7}c$

19-9 4 kg

19-10 5

19-11 0.75

19-12 0.25

19-13 $v_f=m_0v/(m_0+M_0\sqrt{1-v^2/c^2})$

第二十章习题

20-1 太阳表面温度 5 800 K,太阳表面的辐出度 6.4×10^{7} $W\cdot m^{-2}$

20-2 257 nm

20-3 (1) 2.0 eV; (2) 2.0 V; (3) 2.96×10^{-7} m

20-4 波长为 4.34×10^{-3} nm,散射角为63°21′

20-5 0.1 MeV

20-6 波长 $\lambda=434$ nm,外界需要提供的能量为 3.4 eV

20-7 动量均为 3.32×10^{-24} $kg\cdot m\cdot s^{-1}$,光子的动能 6.22 keV,电子的动能 37.8 eV

20-8 1.33×10^{-23} $kg\cdot m\cdot s^{-1}$

20-9 粒子的概率密度分布函数为$\frac{2}{a}\sin^2\frac{3\pi x}{a}$。当 $x=\frac{a}{6},\frac{a}{2},\frac{5a}{6}$时,粒子的概率密度取极大值;当 $x=0,\frac{a}{3},\frac{2a}{3},a$ 时,粒子的概率密度取极小值

20-10 (1) 9.43 eV; (2) 当 $x=0,\frac{a}{2},a$ 时,电子出现的概率最小,电子的概率密度为$\frac{2}{a}\sin^2\frac{2\pi x}{a}$

20-11 (1) $A=2\lambda\sqrt{\lambda}$; (2) $\begin{cases}4\lambda^3x^2e^{-2\lambda x} & (x\geqslant0)\\ 0 & (x<0)\end{cases}$; (3) $x=\frac{1}{\lambda}$

附录 1　矢量的表示与矢量的运算

一、标量与矢量

在物理学中，有一类物理量只有大小和正负，而没有方向，将这类物理量称为标量。如：时间、质量、功、能量、温度等。但另一类物理量，比如力，大小不变的力作用在一个质点上，如果改变作用力的方向，质点的运动状态会完全不同。研究这类物理量时，不仅要考虑到其大小，还要考虑其方向，这类物理量称为矢量。如：力、力矩、位移、速度、加速度、动量、冲量、电场强度、磁感应强度等。

二、矢量的表示

通常用带箭头的字母（如$\vec{A}$）或黑条字母（如 $\boldsymbol{A}$）表示矢量。在具体的物理运动中，常用两种方法表示矢量，常称其为矢量的几何表示和解析表示。

(1) 矢量的几何表示

根据矢量具有大小和方向的特征，可以在空间用一有向线段表示。线段的长度表示大小，在线段的一端点加一箭头表示方向，如图附录 1-1 所示。如果有一矢量 $\boldsymbol{A}$ 与另一矢量 $\boldsymbol{B}$ 大小相等，方向相同，则称两矢量相等，即 $\boldsymbol{A}=\boldsymbol{B}$。如果有一矢量 $\boldsymbol{A}$ 与另一矢量 $\boldsymbol{B}$ 大小相等，方向相反，则称其中一个矢量为另一矢量的负矢量，$\boldsymbol{A}=-\boldsymbol{B}$，如图附录 1-2 所示。

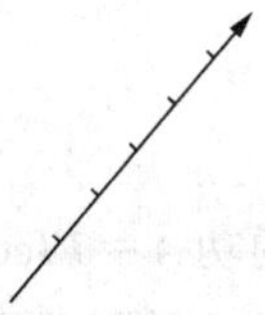

图附录 1-1

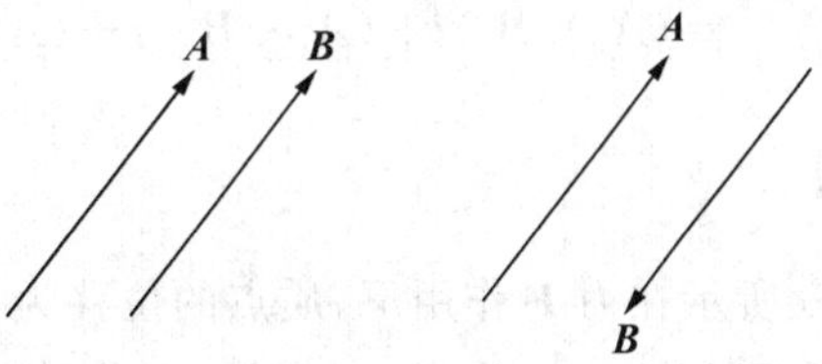

图附录 1-2

当矢量用一有向线段表示时，线段的长短表示矢量的大小，亦称矢量的模，通常用$|\boldsymbol{A}|$，或 A 表示。当矢量的模等于 1 时，而方向在矢量 $\boldsymbol{A}$ 的方向时，则称这一矢量为矢量 $\boldsymbol{A}$ 方向上的单位矢，用 $\boldsymbol{e}$ 表示。如果把直角坐标系的 3 个坐标轴分别视为 3 个矢量 $\boldsymbol{x},\boldsymbol{y},\boldsymbol{z}$ 时。习惯上 $\boldsymbol{x}$ 方向的单位矢用 $\boldsymbol{i}$ 表示，$\boldsymbol{y}$ 方向上的单位矢用 $\boldsymbol{j}$ 表示，$\boldsymbol{z}$ 方向的单位矢用 $\boldsymbol{k}$ 表示。

(2) 矢量的解析表示

当将矢量 $\boldsymbol{A}$ 放在一 xyz 的直角坐标系中。可以将 $\boldsymbol{A}$ 分别在 x,y,z 坐标轴上投影，设其投影的大小分别为 A_x,A_y,A_z。此时矢量 $\boldsymbol{A}$ 也可表示为

$$\boldsymbol{A} = A_x\boldsymbol{i} + A_y\boldsymbol{j} + A_z\boldsymbol{k}$$

这样的表示形式称为矢量的解析式表示。

三、矢量的加法与减法

(1) 矢量的加法也称矢量的叠加。在两个力叠加时，必须用平行四边形法则运算，现在将其推广到矢量加法的一般形式。

设有矢量 $\boldsymbol{A}$，矢量 $\boldsymbol{B}$。以 A,B 作为四边形的邻边，此时对角线所代表的矢量 $\boldsymbol{C}$ 即为矢量 $\boldsymbol{A}$ 与矢量 $\boldsymbol{B}$ 的和，见图附录 1-3(b)，即 $\boldsymbol{C}=\boldsymbol{A}+\boldsymbol{B}$。

则称矢量 $\boldsymbol{C}$ 为矢量 $\boldsymbol{A}$ 与 $\boldsymbol{B}$ 的合矢量，也可以反过来，称矢量 $\boldsymbol{A}$ 或矢量 $\boldsymbol{B}$ 为矢量 $\boldsymbol{C}$ 的分矢量。

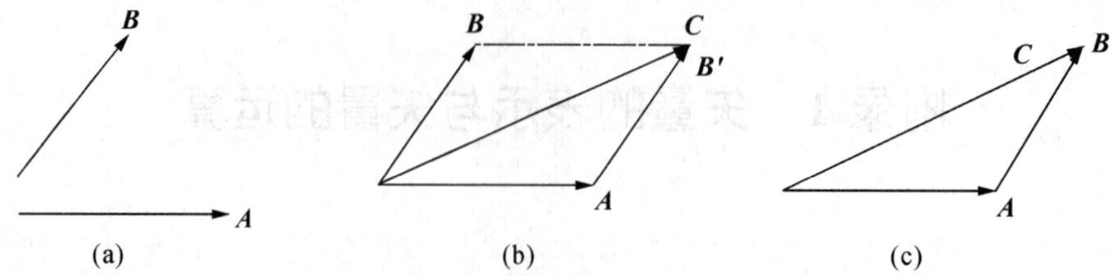

图附录 1-3

由于平行四边形的对边平行且相等，当用对边 $\boldsymbol{B}'$ 表示矢量 $\boldsymbol{B}$ 时，因它们的大小，方向相等，所以这两矢量相等，即 $\boldsymbol{B}'=\boldsymbol{B}$。作这样的处理后，矢量 $\boldsymbol{C}$ 不变，它们的关系仍为 $\boldsymbol{C}=\boldsymbol{A}+\boldsymbol{B}$。

为了运算的方便，可以将矢量平移，平移后的矢量与原矢量等值。有时也可以直接将其归纳为矢量的性质，即矢量具有平移性。

利用矢量平移的方法，原来求矢量合成的“平行四边形法则”相应地转化为“三角形”法则，如图附录 1-3(c)所示。当两个以上的矢量合成时，采用三角形法则比较简单方便。多次运用三角形法则，最后演变成“多边形法则”，如图附录 1-4 所示。

(2) 矢量的减法是矢量加法的逆运算，用三角形法则较直接。如图附录 1-3(c)所示，矢量 $\boldsymbol{B}=\boldsymbol{C}-\boldsymbol{A}$，归纳其方法如下：分别画出被减矢量 $\boldsymbol{C}$，减矢量 $\boldsymbol{A}$，连接矢量 $\boldsymbol{A}$，$\boldsymbol{C}$ 端点所得的矢量 $\boldsymbol{B}$ 即为所求矢量 $\boldsymbol{C}$ 和 $\boldsymbol{A}$ 的差。

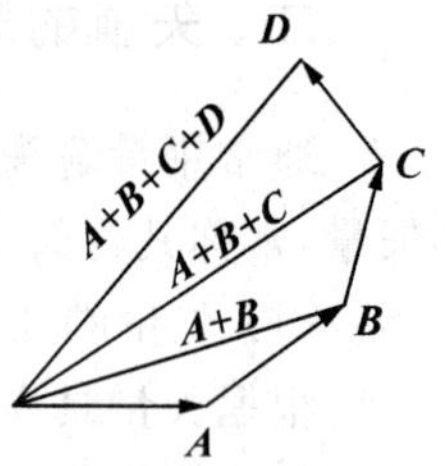

图附录 1-4

(3) 用解析法同样可以表示矢量的加法。设矢量 $\boldsymbol{A}=A_x\boldsymbol{i}+A_y\boldsymbol{j}+A_z\boldsymbol{k}$，$\boldsymbol{B}=B_x\boldsymbol{i}+B_y\boldsymbol{j}+B_z\boldsymbol{k}$，则

$$\begin{aligned}\boldsymbol{C}=\boldsymbol{A}+\boldsymbol{B}&=(A_x\boldsymbol{i}+A_y\boldsymbol{j}+A_z\boldsymbol{k})+(B_x\boldsymbol{i}+B_y\boldsymbol{j}+B_z\boldsymbol{k})\\&=(A_x+B_x)\boldsymbol{i}+(A_y+B_y)\boldsymbol{j}+(A_z+B_z)\boldsymbol{k}\end{aligned}$$

四、矢量的标积

(1) 如图附录 1-5 所示在力 $\boldsymbol{F}$ 作用下，质点的位移为 $\boldsymbol{l}$，则力 $\boldsymbol{F}$ 做的功 $\boldsymbol{A}=\boldsymbol{F}\boldsymbol{l}\cos\theta$，其中 θ 为 $\boldsymbol{F}$ 与 $\boldsymbol{l}$ 之间的夹角。为了用矢量 $\boldsymbol{F}$，$\boldsymbol{l}$ 表示 A，定义：$A=\boldsymbol{F}\cdot\boldsymbol{l}$，称功 A 等于矢量 $\boldsymbol{F}$，$\boldsymbol{l}$ 的“点积”，又因“点积”的结果为标量，所以又称力做功 A 等于矢量 $\boldsymbol{F}$，$\boldsymbol{l}$ 的“标识”。一般的表示如图附录 1-6 所示。

$C=\boldsymbol{A}\cdot\boldsymbol{B}=AB\cos\theta$，$\theta$ 为矢量 $\boldsymbol{A}$，$\boldsymbol{B}$ 之间的夹角。

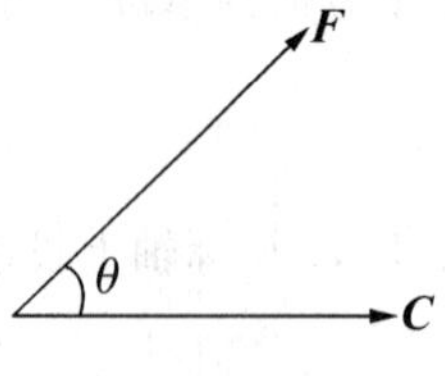

图附录 1-5

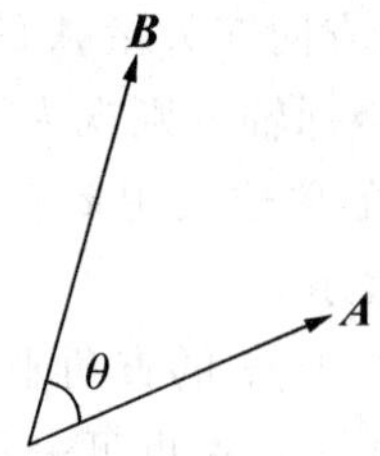

图附录 1-6

(2) 用解析式表示矢量的标积。设 $\boldsymbol{A}=A_x\boldsymbol{i}+A_y\boldsymbol{j}+A_z\boldsymbol{k}$，$\boldsymbol{B}=B_x\boldsymbol{i}+B_y\boldsymbol{j}+B_z\boldsymbol{k}$，则

$$\begin{aligned}C=\boldsymbol{A}\cdot\boldsymbol{B}&=(A_x\boldsymbol{i}+A_y\boldsymbol{j}+A_z\boldsymbol{k})\cdot(B_x\boldsymbol{i}+B_y\boldsymbol{j}+B_z\boldsymbol{k})\\&=A_xB_x+A_yB_y+A_zB_z\end{aligned}$$

这是因为 $\quad \boldsymbol{i}\cdot\boldsymbol{j}=0,\quad \boldsymbol{i}\cdot\boldsymbol{k}=0,\quad \boldsymbol{j}\cdot\boldsymbol{k}=0,\quad \boldsymbol{i}\cdot\boldsymbol{i}=\boldsymbol{j}\cdot\boldsymbol{j}=\boldsymbol{k}\cdot\boldsymbol{k}=1$

由此可知 $\quad \boldsymbol{A}\cdot\boldsymbol{B}=\boldsymbol{B}\cdot\boldsymbol{A}$

称矢量的标积具备交换律。

五、矢量的矢积

当力 $\boldsymbol{F}$ 的作用点离转轴 O 的距离为 r 时，力 $\boldsymbol{F}$ 对 O 点的力矩 $M=Fr\sin\theta$，当 $\boldsymbol{F}$ 大小不变，仅改变方向

时，其作用的结果完全改变，所以力矩是有方向的，它是矢量。$\boldsymbol{r}$ 也是矢量，则力矩 $\boldsymbol{M}$ 与它们的关系可表示为

$$\boldsymbol{M}=\boldsymbol{r}\times\boldsymbol{F},\quad M=rF\sin\theta$$

式中，θ 为矢量 $\boldsymbol{r}$ 与 $\boldsymbol{F}$ 之间的夹角，如图附录 1－7 所示。力矩 $\boldsymbol{M}$ 的方向位于 $\boldsymbol{r}$、$\boldsymbol{F}$ 构成平面的垂直方向，如图附录 1－8 所示。将矢量 $\boldsymbol{M}$ 称为矢量 $\boldsymbol{r}$ 与矢量 $\boldsymbol{F}$ 的矢积。

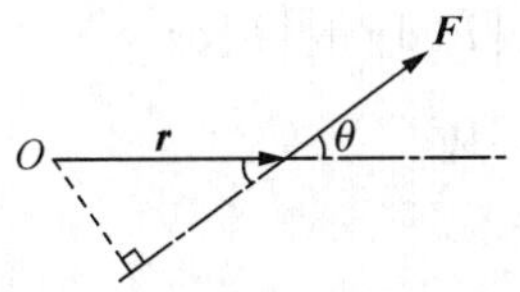

图附录 1－7

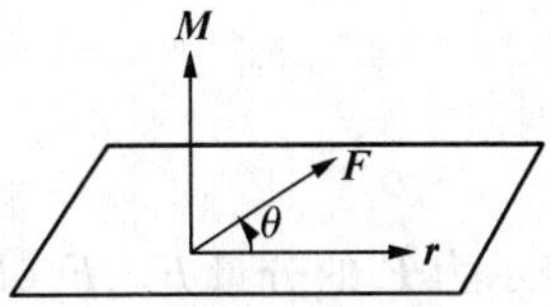

图附录 1－8

一般情况下，设矢量 $\boldsymbol{A}$ 与矢量 $\boldsymbol{B}$，它们的矢积 $\boldsymbol{C}$ 表示为 $\boldsymbol{C}=\boldsymbol{A}\times\boldsymbol{B}$，矢量 $\boldsymbol{C}$ 的大小 $C=AB\sin\theta$，θ 为矢量 $\boldsymbol{A}$、$\boldsymbol{B}$ 之间的夹角。矢量 $\boldsymbol{C}$ 的方向由右手螺旋法则确定，详见图附录 1－9。

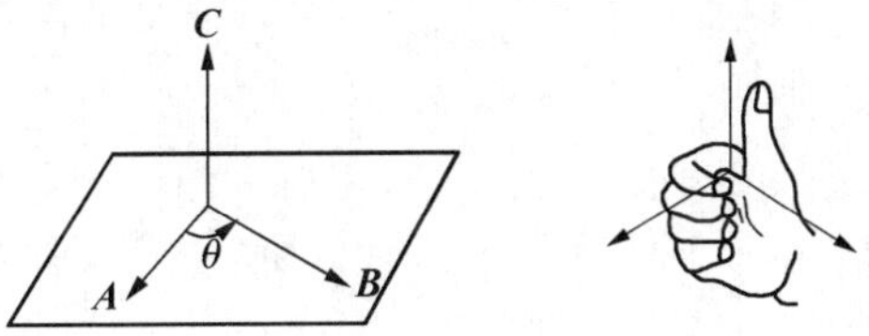

图附录 1－9

右手螺旋法则：伸出右手，让大拇指与四指分开，将四指的方向指向矢量 $\boldsymbol{A}$ 的方向，然后收拢四指，当四指能以小于 180°角抵达矢量 $\boldsymbol{B}$ 时，则大拇指所指的方向为矢量 $\boldsymbol{A}\times\boldsymbol{B}$ 的矢积 $\boldsymbol{C}$ 的方向。

矢量的矢积不具备交换律，即 $\boldsymbol{A}\times\boldsymbol{B}\neq\boldsymbol{B}\times\boldsymbol{A}$。

六、矢量的微分运算

许多物理量本身是某些自变量函数，如果是矢量，那么它也具备函数的性质，也一样可以运用微分、积分运算。

例如，质点的位置矢量 $\boldsymbol{r}$ 常常是时间 t 的函数，则用其解析式表示

$$\boldsymbol{r}(t)=x(t)\boldsymbol{i}+y(t)\boldsymbol{j}+z(t)\boldsymbol{k}$$

质点的速度

$$\begin{aligned}\boldsymbol{v}&=\mathrm{d}\boldsymbol{r}/\mathrm{d}t=\mathrm{d}(x\boldsymbol{i}+y\boldsymbol{j}+z\boldsymbol{k})/\mathrm{d}t\\&=(\mathrm{d}x/\mathrm{d}t)\boldsymbol{i}+(\mathrm{d}y/\mathrm{d}t)\boldsymbol{j}+(\mathrm{d}z/\mathrm{d}t)\boldsymbol{k}=v_x\boldsymbol{i}+v_y\boldsymbol{j}+v_z\boldsymbol{k}\end{aligned}$$

由此可见，速度 $\boldsymbol{v}$ 也可用其解析式表示，从中还可以知道 $\boldsymbol{v}$ 的大小，即速度 $\boldsymbol{v}$ 的模 $v=|\boldsymbol{v}|=\sqrt{v_x^2+v_y^2+v_z^2}$，对速度 $\boldsymbol{v}$ 再微分可以得到加速度 $\boldsymbol{a}$：

$$\boldsymbol{a}=\frac{\mathrm{d}v}{\mathrm{d}t}=\frac{\mathrm{d}^2r}{\mathrm{d}t^2}=\left(\frac{\mathrm{d}^2x}{\mathrm{d}t^2}\right)\boldsymbol{i}+\left(\frac{\mathrm{d}^2y}{\mathrm{d}t^2}\right)\boldsymbol{j}+\left(\frac{\mathrm{d}^2z}{\mathrm{d}t^2}\right)\boldsymbol{k}=a_x\boldsymbol{i}+a_y\boldsymbol{j}+a_z\boldsymbol{k}$$

七、矢量的积分运算

(1) 由质点的速度矢量 $\boldsymbol{v}$ 计算质点的位置矢量。

设

$$\boldsymbol{v}=v_x\boldsymbol{i}+v_y\boldsymbol{j}+v_z\boldsymbol{k}$$

$$\boldsymbol{r}=\int\boldsymbol{v}\mathrm{d}t=\left(\int v_x\mathrm{d}t\right)\boldsymbol{i}+\left(\int v_y\mathrm{d}t\right)\boldsymbol{j}+\left(\int v_z\mathrm{d}t\right)\boldsymbol{k}=x\boldsymbol{i}+y\boldsymbol{j}+z\boldsymbol{k}$$

(2) 当已知力 $\boldsymbol{F}$ 的解析式，计算经过某路程后 $\mathrm{d}\boldsymbol{l}$ 所做的功，所用的是矢量点积积分。

设
$$\boldsymbol{F}=F\boldsymbol{i}+F\boldsymbol{j}+F\boldsymbol{k}$$

$$\begin{aligned}A&=\int\boldsymbol{F}\cdot\mathrm{d}\boldsymbol{l}\\&=\int(F_x\boldsymbol{i}+F_y\boldsymbol{j}+F_z\boldsymbol{k})\cdot(\mathrm{d}x\boldsymbol{i}+\mathrm{d}y\boldsymbol{j}+\mathrm{d}z\boldsymbol{k})\\&=\int F_x\mathrm{d}\boldsymbol{x}+\int F_y\mathrm{d}\boldsymbol{y}+\int F_z\mathrm{d}z\\&=W_x+W_y+W_z\end{aligned}$$

W_x、W_y、W_z 分别表示力 $\boldsymbol{F}$ 的分量 F_x、F_y、F_z 所做的功。

附录 2　一些基本物理常数

国际科技数据委员会基本常数组(CODATA)2002 年国际推荐值

物理量	符号	数　值	一般计算取用值	单　位
真空中光速	c	$2.997\,924\,58\times10^{8}$	3.00×10^{8}	$m\cdot s^{-1}$
真空磁导率	μ_0	$4\pi\times10^{-7}$	$4\pi\times10^{-7}$	$N\cdot A^{-2}$
真空电容率	ε_0	$8.854\,187\,817\times10^{-12}$	8.85×10^{-12}	$C^2\cdot N^{-1}\cdot m^{-2}$
引力常数	G	$6.672\,42(10)\times10^{-11}$	6.67×10^{-11}	$N\cdot m^2\cdot kg^{-2}$
普朗克常数	h	$6.626\,069\,3(11)\times10^{-34}$	6.63×10^{-34}	$J\cdot s$
元电荷	e	$1.602\,176\,53(14)\times10^{-19}$	1.60×10^{-19}	C
里德伯常数	R_∞	109 737 31.534	10 973 731	m^{-1}
电子质量	m_e	$9.109\,382\,6(16)\times10^{-31}$	9.11×10^{-31}	kg
康普顿波长	λ_C	$2.426\,310\,238(16)\times10^{-12}$	2.43×10^{-12}	m
质子质量	m_p	$1.672\,621\,71(29)\times10^{-27}$	1.67×10^{-27}	kg
中子质量	m_n	$1.674\,927\,28(29)\times10^{-27}$	1.67×10^{-27}	kg
阿伏伽德罗常数	N_A	$6.022\,141\,5(10)\times10^{23}$	6.02×10^{23}	mol^{-1}
摩尔气体常数	R	$8.314\,472(15)$	8.31	$J\cdot mol^{-1}\cdot K^{-1}$
玻耳兹曼常数	k	$1.380\,650\,5(24)\times10^{-23}$	1.38×10^{-23}	$J\cdot K^{-1}$
斯特藩-玻耳兹曼常数	σ	$5.670\,400(40)\times10^{-8}$	5.67×10^{-8}	$W\cdot m^{-2}\cdot K^{-4}$
原子质量常数	m_u	$1.660\,538\,86(28)\times10^{-27}$	1.66×10^{-27}	kg
维恩位移定律常数	b	$2.897\,768\,5(51)\times10^{-3}$	2.90×10^{-3}	$m\cdot K$
玻尔半径	a_0	$0.529\,177\,210\,8(18)\times10^{-10}$	0.529×10^{-10}	m

参考文献

[1] 吴锡珑.大学物理教程.2版.高等教育出版社,1999年.

[2] 保罗·A·蒂普勒.近代物理基础及应用.上海科学技术出版社,1981年.

[3] 马文蔚.物理学.5版.高等教育出版社,2006年.

[4] 吴伯诗.大学物理.西安交通大学出版社,2004年.

[5] 程守洙,江之永.普通物理学.5版.高等教育出版社,1998年.

[6] 张三慧.大学基础物理学.清华大学出版社,2007年

[7] 马文蔚.物理学教程.2版.高等教育出版社,2006年.

[8] 史可信.大学物理学.科学出版社,2009年.

[9] 杰里美·里夫金,特德·霍华德.熵:一种新的世界观.1981年.

[10] 李鸿宾.歌舞厅音响.电子工业出版社,1996年.

[11] 林内·麦克塔格特.医生对你隐瞒了什么.杨青云,译.2002年.

大学物理教程
活页课外作业

力学　习题1(质点运动学)

班级____________　学号____________　姓名____________　成绩____________

1. 已知质点做直线运动,其坐标 $x=ce^{-kt}$,式中 c,k 均为常量,试求该质点的速度和加速度。

2. 一质点的运动方程 $\boldsymbol{r}=(10-5t^2)\boldsymbol{i}+10t\boldsymbol{j}$(m),求 $t=1$ s 时刻质点的:(1) 位置矢量的大小;(2) 速度的大小;(3) 加速度的大小。

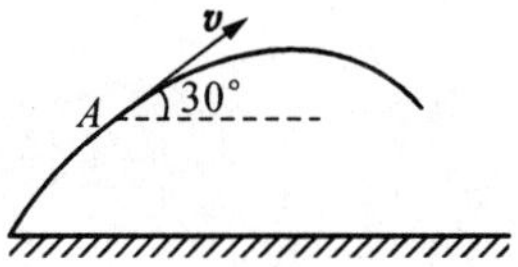

第3题图

3. 一物体做如图所示的斜抛运动,测得其在轨道的 A 点处速度大小为 v,速度方向与水平方向的夹角为 30°,则该物体在 A 点切向加速度的大小 $a_t=$__________,轨道的曲率半径 $\rho=$__________。

4. 已知质点在直线上运动,其速度 $v=\dfrac{b}{x}$,式中 b 为一常量,且 $t=0$ 时,$x=x_0$,试求:(1) 该质点的坐标随时间的变化关系;(2) 加速度随坐标的变化关系。

*5. 一质点沿半径为 $R=0.10$ m 的圆周运动,其转动方程为 $\theta=2+t^2$(rad),求:(1) 质点在第1秒末的角速度和角加速度;(2) 质点在第1秒末的速度、第1秒末的总加速度。

力学　习题2(牛顿运动定律)

班级＿＿＿＿＿＿　学号＿＿＿＿＿＿　姓名＿＿＿＿＿＿　成绩＿＿＿＿＿＿

1. 一段路面水平的公路,转弯处轨道半径为R。轮胎与路面间的摩擦系数为μ,要使汽车不致侧向打滑,汽车在该处的行驶速度(　　)。

A. 不得小于$\sqrt{\mu Rg}$　　　　B. 必须等于$\sqrt{\mu Rg}$

C. 不得大于$\sqrt{\mu Rg}$　　　　D. 还应由汽车的质量m决定

2. 一质量为$m=45.0$ kg的物体,由地面以$v_0=60$ m/s的速度竖直向上发射,物体受到的空气阻力$f=kv(k=0.0352)$,求物体发射到最大高度所需的时间。

3. 工地上有一吊车,上吊两块水泥板A和B,质量分别为100 kg和200 kg,忽略钢丝绳和金属框的质量,问:吊车以$a_1=10$ m/s^{2}的加速度吊起时,钢丝绳受到的作用力为多大? A对B的作用力多大? 若工地上只有一根承载4×10^3 N的钢丝绳,起吊的最大加速度为多少?

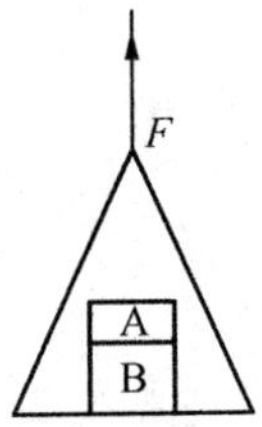

第3题图

4. 一质量为1 000 t的列车,以$v_0=30$ m/s的速度在水平的铁轨上行驶,制动后受到的阻力$f=bv$,设$b=6\,000$ N·s·m^{-1},问列车在离站多远开始制动?

5. 一质量可忽略的滑轮的两边分别挂有质量为m_A,m_B的物块,静止时m_A高度比m_B高h_0,设$m_A>m_B$,问由静止释放到两者处于同一水平面的时间为多少? m_A下落时绳子中的张力为多少?

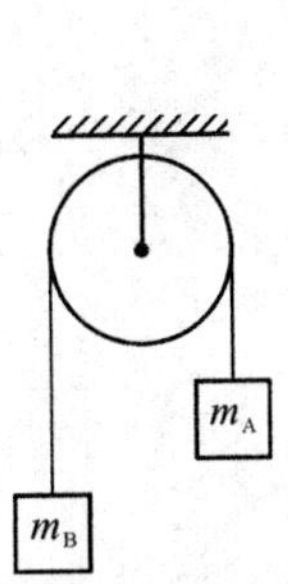

第5题图

力学　习题 3（牛顿运动定律及其应用）

班级__________　学号__________　姓名__________　成绩__________

1. 质量为 10 kg 的质点在力 $F=120t+40$(N)的作用下沿 x 轴运动。在 $t=0$ 时质点位于 $x_0=5.0$ m 处，速度为 $v_0=6$ m/s。求：质点在任意时刻的速度和位置。

2. 一球形容器落入水中，刚接触水面时的速度为 v_0。设此容器受到的浮力与重力相等，而水的阻力 $f=-bv$（b 为常数），求：(1) 速度与时间的关系；(2) 位置与时间的关系。

3. 在高空有一质量为 $m=5$ kg 的小球由静止落下，受到的空气阻力正比于它的速度，比例系数 $k=1.5\ \mathrm{N\cdot s\cdot m^{-1}}$，求：(1) 该物体落下的最大速度 v_m；(2) 小球落下 10 s 后的速度。

4. (1) 有一半径为 R 的公路拐弯处，根据一般的车速 v_0 设计成外高内低的坡度，问即使在摩擦系数为零时，汽车也不侧向滑动的坡度倾角为多大？(2) 若拐弯处为平地，圆弧半径为 R，汽车拐弯的最大速度为 v_0，路面的摩擦系数 μ 至少多大？

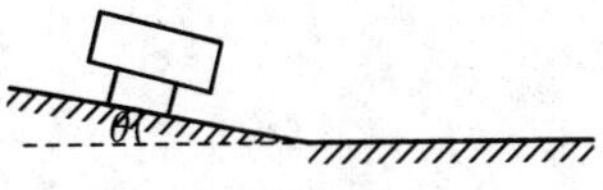

第 4 题图

力学　习题 4(动量定理)

班级__________　学号__________　姓名__________　成绩__________

1. 一辆运载矿砂的列车以 v_0 的速度从矿砂漏斗下匀速通过,设矿砂从漏斗漏出的量为每秒 m_0 kg,忽略摩擦和阻力,问列车需多大的牵引力才能保证以速度 v_0 继续前行?

2. 正三角形水平光滑轨道 ABC 中有一质量为 m、速度为 v 的小球经过 A 点时速度大小不变,作用时间 $t=0.1$ s,求小球受到轨道的作用力。

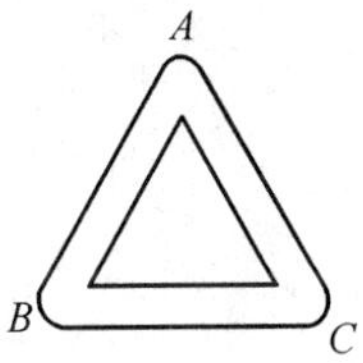

第 2 题图

*3. 水平面上一根截面半径 $r=10$ cm 的水管在某处有一个半径为 8 m 的圆弧,水流沿原先的流进的垂直方向流去,若管中水流的速度 $v=2$ m/s,问水对管子的作用力。

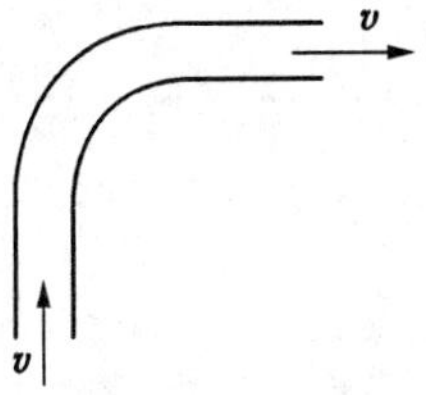

第 3 题图

4. 一宇航员正在空间站外面进行维修工作。起初,他沿着空间站以 1.00 m/s 的速度运动。后来,他需要改变运动的方向 90°,并且将速度增加到 2.00 m/s。(1) 求宇航员完成这样的运动改变所需要的冲量的大小和方向。(假设宇航员、太空服及推进器的总质量为 100 kg)(2)若推进器提供的推动力为 50 N,宇航员完成这样的运动改变至少需要多长时间?

力学　习题5(动能定理)

班级___________　学号___________　姓名___________　成绩___________

1. 质量为 m_1 和 m_2 的两个物体具有相同的动量。欲使它们停下来,外力对它们做的功之比为 $W_1:W_2=$_________;若它们具有相同的动能,欲使它们停下来,外力的冲量之比为 $I_1:I_2=$_________。

2. 质量为 m_1 和 m_2 的两物体在摩擦系数为 μ 的水平地面上运动。若它们的动能相等,则从同一地点出发,它们经过的路程之比为 $s_1:s_2=$_________;若它们的动量相等,从同一时间出发,它们经过的时间之比为 $t_1:t_2=$_________。

3. 一质量为 m 的质点沿一半径为 R 的圆作圆周运动,其法向加速度 $a_n=\alpha t^4$(α 为常数),求作用在该质点上的合外力的功率。$\left(\text{提示}:P=\frac{dW}{dt}\right)$

4. 有一质量 $m=10$ kg 的木块,放置在一摩擦系数为 $\mu=0.1$ 的水平木板上。一质量 $m_0=100$ g 的子弹,以水平速度 $v_0=200$ m/s 打入此木块中,求:(1) 木块受打击后的速度;(2) 木块在木板上滑行的距离。

5. 一质量为 m 的质点系在细绳的一端,绳的另一端固定在水平面上。此质点在粗糙的水平面上作半径为 R 的圆周运动。若质点的初速度为 v_0,当它运动一周时,其速度为 $\frac{v_0}{2}$。求:(1) 质点运动一周摩擦力做的功;(2) 滑动摩擦系数;(3) 静止前质点运动的圈数。

力学　习题 6(守恒定律)

班级___________　学号___________　姓名___________　成绩___________

1. 一半径为 R 的光滑半球面固定于水平地面上。今使一质量为 m 的小滑块从球面顶点处无初速滑下，如图所示。试求:(1) 当小滑块下滑到与竖直方向夹角为 φ 时(此时小滑块还未脱离半球面)，小滑块受到半球面支持力 N 的大小;(2) 小滑块刚刚脱离半球面时的速度大小。

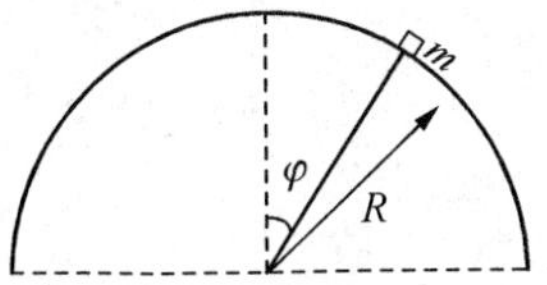

第 1 题图

2. 一高射炮炮身的质量为 $m=1\ 000$ kg，炮筒的仰角为 $\theta=60°$，高射炮放置在摩擦系数 $\mu=0.1$ 的轨道上。当它发射质量为 $m_0=10$ kg 的炮弹后，炮身在轨道上后退的距离 $s=0.125$ m。求炮弹射出时相对于炮身的速度 v_0。

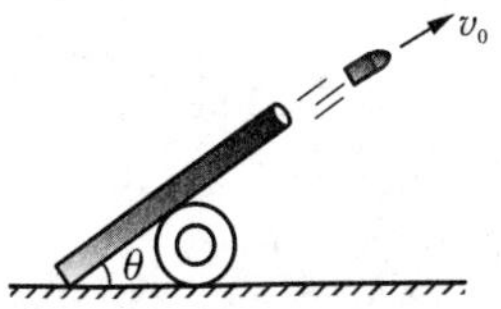

第 2 题图

3. 质量为 m 的弹丸 A，穿过如图所示的摆锤 B 后速率由 v 减少了 1/2。已知摆锤的质量为 m'，摆线长度为 l。(1) 求摆锤 B 上摆的初速度;(2) 如果摆锤能在竖直平面内完成一个完整的圆周运动，弹丸速率 v 的最小值应为多少?

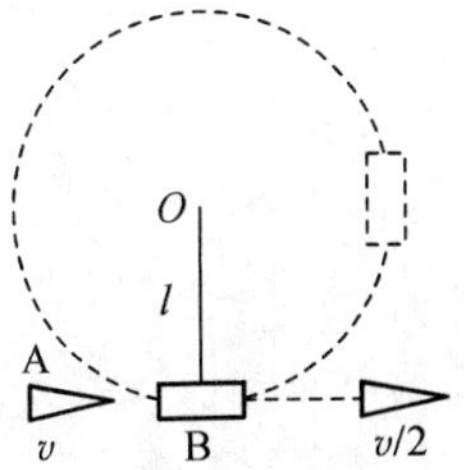

第 3 题图

*4. 在水平的桌面上，质量为 m 的小球以速度 v_0 与另一相同质量静止的小球发生完全弹性碰撞。试证明在一般情况下，两球碰撞以后将互成直角方向分开。(提示:用动量守恒矢量式表示后计算。)

力学　习题 7(刚体的转动惯量　转动定律)

班级__________　学号__________　姓名__________　成绩__________

1. 一电唱机的转盘以 $\omega=1.6\ \text{rad/s}$ 的转速匀速转动,求:(1) 与轴相距 $r=15\ \text{cm}$ 的转盘上的一点 P 的线速度;(2) 法向加速度 a_n;(3) 若电唱机断电后,转盘在 $t=15.0\ \text{s}$ 内停止转动,转盘在停止前的平均角加速度。

2. 一质量为 m、长为 l 的均匀杆,一端有一质量为 m 的小球,它们一起绕其另一端的垂直轴转动。求该系统的转动惯量。

3. 如图所示,两个完全相同的小球嵌在一质量为 4 m、半径为 R 的圆盘的边缘,可绕 z 轴转动。z 轴与圆盘垂直,且过圆盘的中心,圆盘的直径比小球的直径大得多。假设小球的质量为 m,求系统的转动惯量。

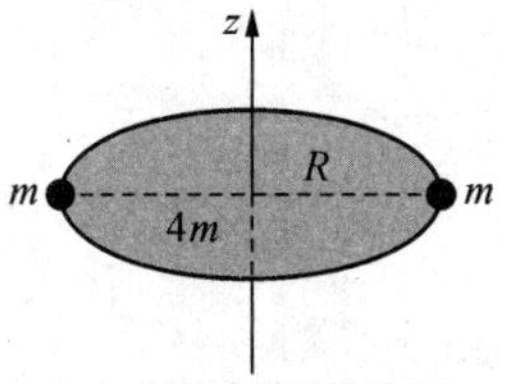

第 3 题图

*4. 一质量为 $m=200\ \text{kg}$ 的圆木,半径 $r_0=20\ \text{cm}$,从一斜坡上作无滑动的滚动。设木头质量均匀,求它滚动时的转动惯量。

5. 质量为 m、半径为 R 的定滑轮,可绕其光滑水平轴 O 转动,如图所示。定滑轮的轮缘绕有一轻绳,绳的下端挂一质量为 m_0 的物体,它由静止开始下降,设绳与滑轮之间不打滑。求:(1) 滑轮转动的角加速度;(2) t 时刻物体 m_0 下降的速度。

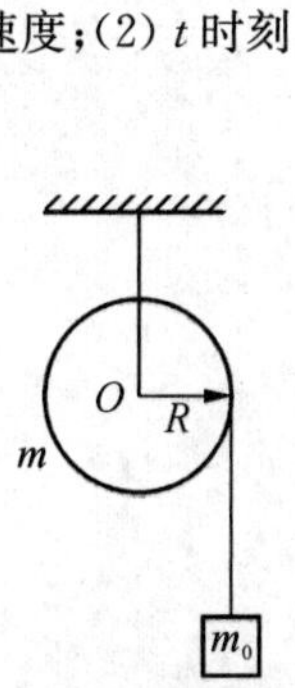

第 5 题图

力学　习题 8（转动定律　转动动能定理）

班级____________　学号____________　姓名____________　成绩____________

1. 通风机的风轮在开始计时时刻的角速度 $\omega_0=100\pi\ \mathrm{s^{-1}}$，空气的阻力矩与角速度的平方成正比，比例系数 $c=0.32$，经过 10 s 后，风轮的转速为 $20\pi\ \mathrm{s^{-1}}$，求：(1) 风轮相对于轴的转动惯量；(2) 计时开始后 10 s 内，风轮一共转过的圈数。

2. 有一个质量为 m、半径为 R 的定滑轮两边分别挂着质量为 m_1，m_2 的重物，静止时高度差为 h，若 $m_1=m=2m_2$，$h=9.8$ m。问由静止释放到两物体处于同一高度的时间。$\left(定滑轮的转动惯量为 J=\frac{1}{2}mR^2\right)$

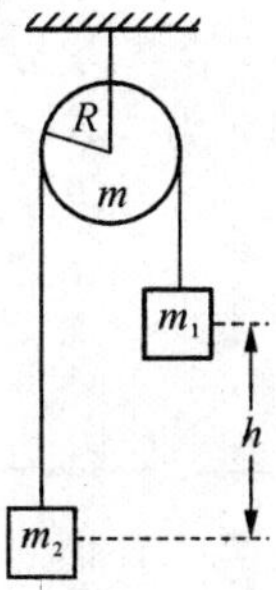

第 2 题图

3. 质量为 0.5 kg、长为 0.40 m 的均匀细棒，可绕过棒的一端且和棒垂直的水平轴在竖直平面内转动。现将棒放在水平位置，然后任其下落。求：(1) 当棒转过 60°时的角加速度；(2) 此过程中重力矩所做的功；(3) 棒下落到竖直位置时的角速度。

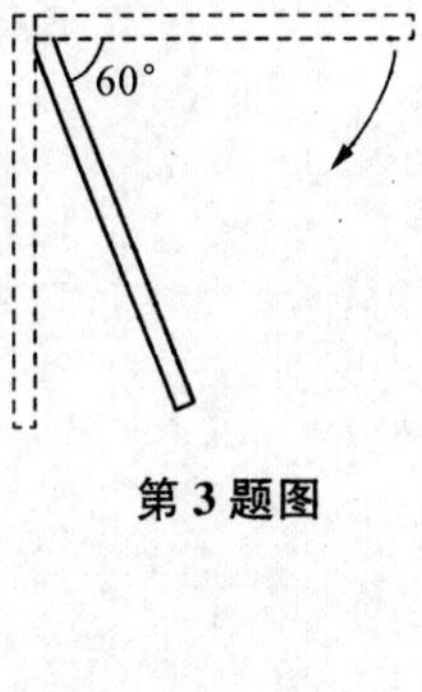

第 3 题图

力学　习题9(角动量及角动量定理　角动量守恒)

班级＿＿＿＿＿＿　学号＿＿＿＿＿＿　姓名＿＿＿＿＿＿　成绩＿＿＿＿＿＿

1. 一半径为R的转台可绕通过其中心的竖直轴转动。假设转轴固定且光滑,转动惯量为J。开始时转台以匀角速度ω_0转动,此时有一个质量为m的人站在转台的中心。随后,此人沿半径方向向外走去。当人到达转台的边缘时,转台的角速度为(　　)。

A. ω_0　　B. $\dfrac{J}{mR^2}\omega_0$　　C. $\dfrac{J}{(m+J)R^2}\omega_0$　　D. $\dfrac{J}{J+mR^2}\omega_0$

2. 一位溜冰者伸开双臂以1.0 rad/s的角速度绕身体中心轴转动,此时她的转动惯量为1.33 kg·m²。为了增加转速,她收起了双臂,转动惯量变为0.48 kg·m²。求:(1) 她收起双臂后的角速度;(2) 她收起双臂前后绕身体中心轴转动的转动动能。

3. 一质量为m、长度为l的均质细杆可绕一水平轴自由转动。开始时杆子处于竖直状态。现有一质量为m的子弹以速度v_0射入杆的中心后,随杆一起摆离原来的竖直位置。试求:(1) 子弹刚射入杆子后系统的角速度;(2) 杆子能上摆的最大角度。

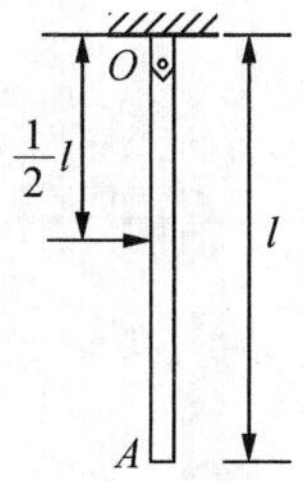

第3题图

*4. 质量为m_0、长为l_0的均匀棒与系在长为l的细绳一端的质量为m的小球发生完全弹性碰撞。碰撞前棒静止,碰撞后小球静止。问l,m_0,m必须满足什么条件?

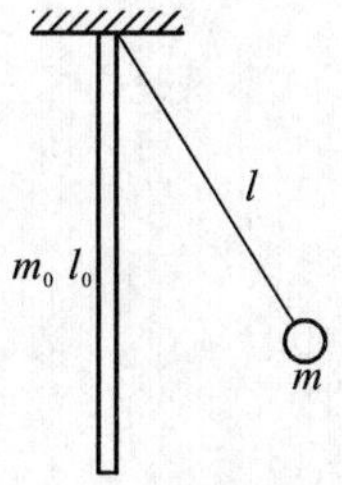

第4题图

电学　习题1(库伦力　叠加法求电场强度)

班级____________　学号____________　姓名____________　成绩____________

1. 点电荷如图分布，设 $q>0$，则 P 点的电场强度 $E=$__________，$\boldsymbol{E}=$__________。

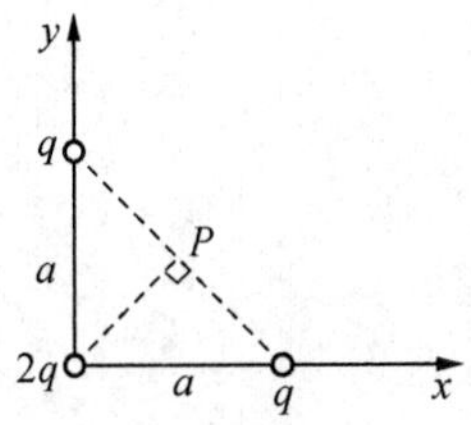

第1题图

2. 有一半径为 R 的三分之一圆环均匀带电，电荷总量为 q ($q>0$)，求圆心处的电场强度的大小和方向。

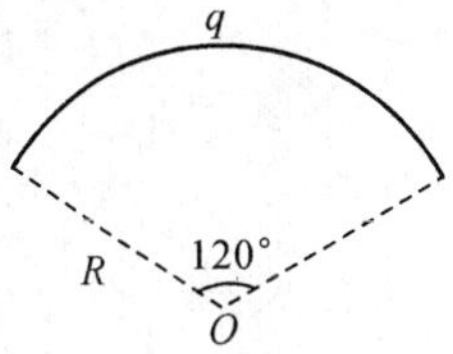

第2题图

3. 均匀带电细圆环半径 $R=4.0$ cm，带电荷量 $q=5.0\times10^{-9}$ C，求圆环轴线上距环心 $x=3.0$ cm 处的电场强度，何处的电场强度最大？

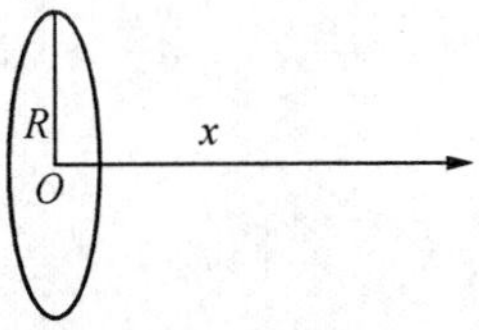

第3题图

4. 有一长为 $2l$ 的均匀带电塑料棒，带电荷量为 q，在棒的延长线上有一点 P，P 点离棒的中点距离为 $1.5l$，试求 P 点的电场强度。

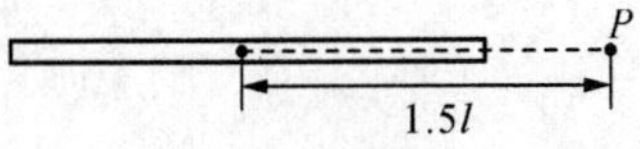

第4题图

电学　习题 2(电场强度计算 电场强度通量)

班级__________　学号__________　姓名__________　成绩__________

1. 如图所示,$OA=OP=2$ m,OA 上均匀带电。电荷密度 $\lambda=0.0885$ C/m,求 P 点的电场强度。

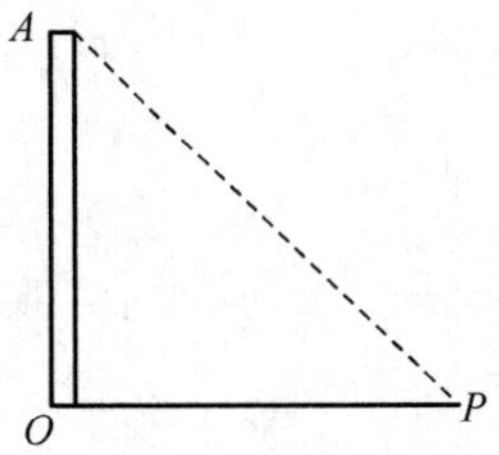

第 1 题图

*2. 一半径为 R 的均匀带电半球面,电荷密度为 σ,求在球心处的电场强度。

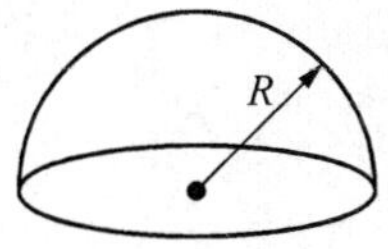

第 2 题图

3. 两电荷线密度分别为 $\pm\lambda$ 的均匀带电直线,相距为 a。求单位长度带电直线上受到的作用力。

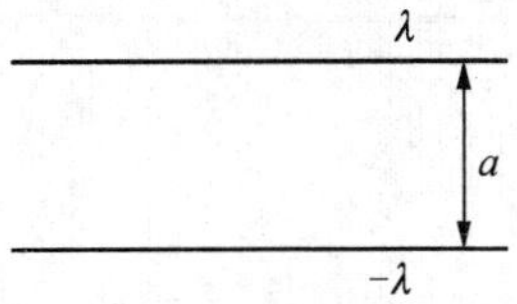

第 3 题图

4. 有一半径为 R 的均匀带电半圆环,带电荷总量为 q_0,在其圆心处有一带电荷量为 q_0 的点电荷。求它们之间的作用力。

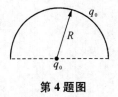

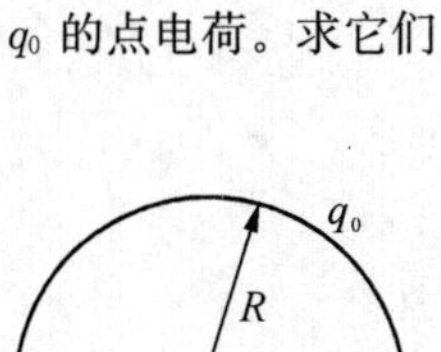

第 4 题图

5. 在一个立方体的顶点 P 处放一点电荷 q,通过 P 点的三个面上的电场强度通量分别为 $\Phi_m=$ ________,另外三个面上的电场强度通量分别为 $\Phi'_m=$ ________。

电学　习题3(高斯定理及其应用)

班级____________　学号____________　姓名____________　成绩____________

1. 将一点电荷 q 放于球形高斯面的中心处,试问在下列情况下,高斯面上电场强度通量发生变化的是(　　)。

A. 将另一带电球体 Q 从远处移到高斯面外

B. 将另一带电球体 Q 从远处移到高斯面内

C. 将点电荷在高斯面内移离球心

D. 改变高斯面的大小,但 q 仍在高斯面内

2. 根据高斯定理表达式 $\oint\!\!\!\oint_S \boldsymbol{E}\cdot \mathrm{d}\boldsymbol{S}=\frac{1}{\varepsilon_0}\sum_i q_i$,下列说法正确的是(　　)。

A. 高斯面内电荷代数和为零时,高斯面各点电场都为零

B. 高斯面内电荷代数和为零时,高斯面上各点电场都不为零

C. 高斯面内电荷代数和不为零时,高斯面上各点电场都不为零

D. 高斯面内电荷代数和不为零时,高斯面上电场强度通量不为零

3. 在半径为 R 的球面 A 和 B 内球心处各有一个电偶极子(等量异号电荷)。在球面 B 的旁边另有一个点电荷 q,下列说法正确的是(　　)。

A. $\Phi_A=\Phi_B$, $E_A=E_B$　　B. $\Phi_A=\Phi_B$, $E_A\neq E_B$　　C. $\Phi_A\neq\Phi_B$, $E_A=E_B$　　D. $\Phi_A\neq\Phi_B$, $E_A\neq E_B$

4. 半径为 R,均匀带电的薄球壳,其电荷总量为 q。求球内外的电场强度。

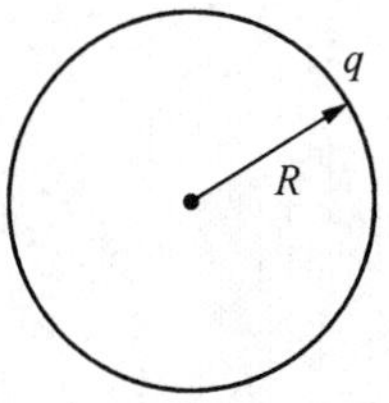

第 4 题图

5. 无限长均匀带电圆柱体半径为 R,电荷密度为 ρ。求其电场强度的分布。

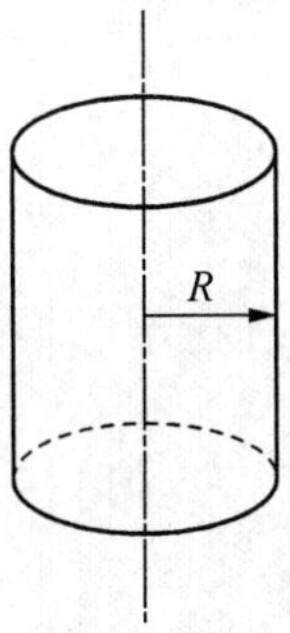

第 5 题图

*6. 有两个无限大均匀带电平板平行放置:(1) 面电荷密度分别为 σ_1,σ_2,且 $\sigma_1>\sigma_2>0$,求两平面内外的电场的分布;(2) 若 $\sigma_1=-\sigma_2=\sigma_0$,求两平面内外的电场分布。

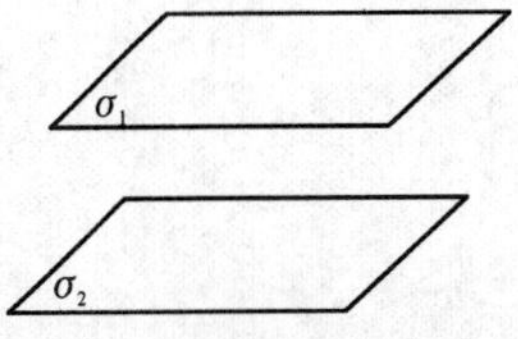

第 6 题图

电学　习题4(电势能　电势　电势差)

班级____________　学号____________　姓名____________　成绩____________

1. 如图所示,正三角形边长为 $l=0.6\ \text{cm}$,位于其顶点的电荷 $q_1=1.0\times10^{-6}\text{C}$,$q_2=2.0\times10^{-6}\text{C}$,$q_3=3.0\times10^{-6}\text{C}$,$A$,$B$ 为边长的中点,今将一电子由 A 沿圆弧移至 B,外力做功 $W=$__________。

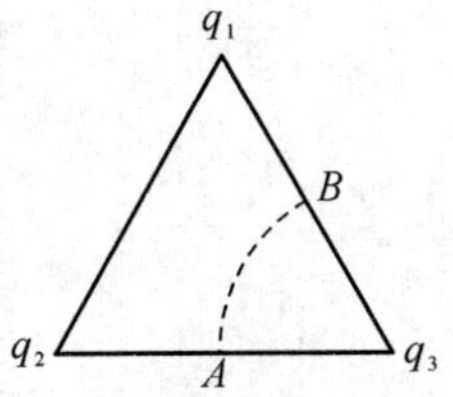

第1题图

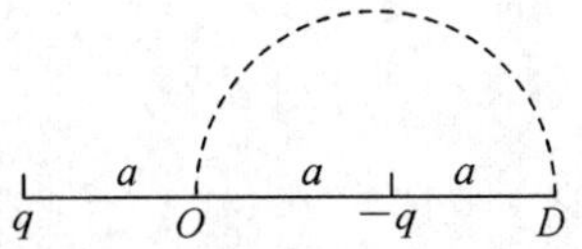

第2题图

2. 如图所示,q,$-q$ 相距为 $2a$,在 q,$-q$ 的延长线上有一点 D,D 到 $-q$ 的距离也为 a。将单位负电荷沿圆路径由 O 移至 D,电场力做功 $W=$__________。

*3. 一无限长、半径为 R 的均匀带电圆柱面,线电荷密度为 λ,以其轴线为电势零点,求其内外任一点的电势。

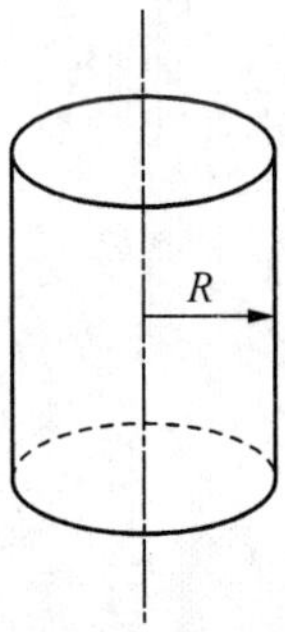

第3题图

4. 长 $2l$ 的棒均匀带电,电荷总量为 q,AB 延长线上有一点 P,P 距 B 的长度为 d,以无限远处为电势零点,求 P 点的电势。

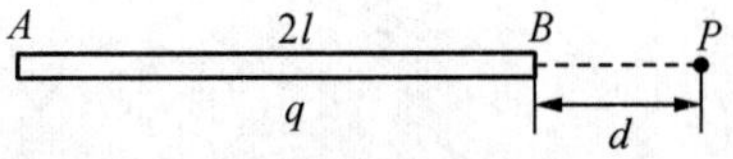

第4题图

5. 半径为 R 的均匀带电球面,带电荷量为 q,$U_\infty=0$,求离球心 r 处的电势。

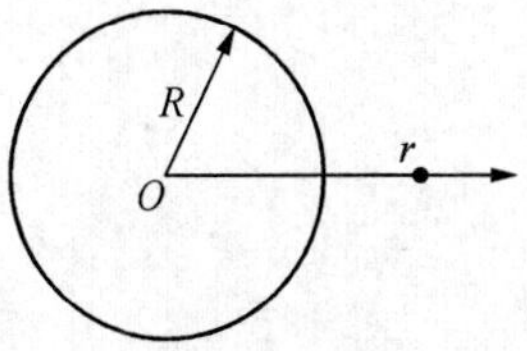

第5题图

电学　习题5(电势的计算　电场与电势的关系)

班级____________　学号____________　姓名____________　成绩____________

1. 图(1)中所示为静电场中的等势线，已知 $U_1-U_2=U_2-U_3$，比较 a，b 两点的电场强度的大小 E_a _________ E_b(填“>”“=”或“<”)。

图(2)中所示为静电场的电场线，比较 a，b 两点的电势的大小 U_a _________ U_b(填“>”“=”或“<”)。

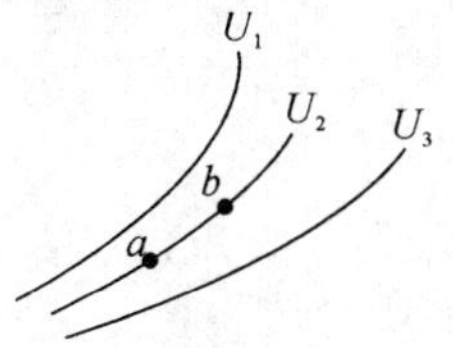

图(1)

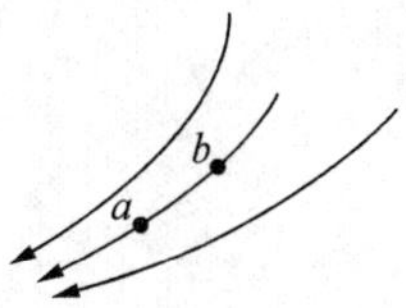

图(2)

第1题图

2. 两个半径分别为 R_1，R_2($R_1<R_2$)的同心球壳，各自带电荷 q_1，q_2，求两球壳之间的电势差。

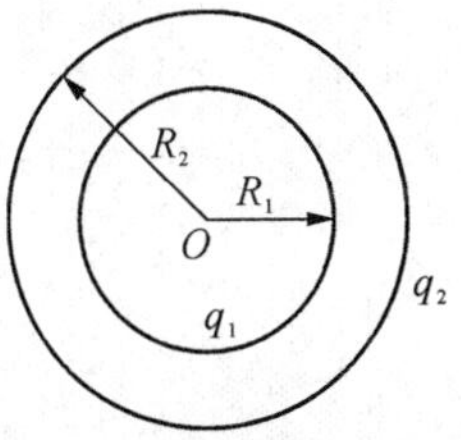

第2题图

3. 设均匀带电圆环的半径为 R，环上线电荷密度为 λ。(1) 求圆环轴线上任一点的电势($U_\infty=0$)；(2) 由(1)所求的电势，计算对应点的电场强度。

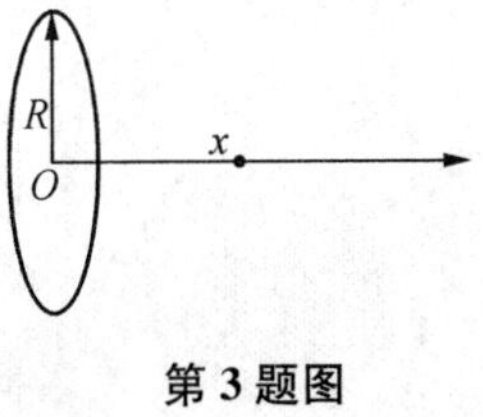

第3题图

*4. 两无限大均匀带电平面，电荷面密度分别为 $\pm\sigma_0$，相距为 d。在两平面正中间释放一电子，设电子带电荷量为 e，则它到达带电平面时的速率为多大？

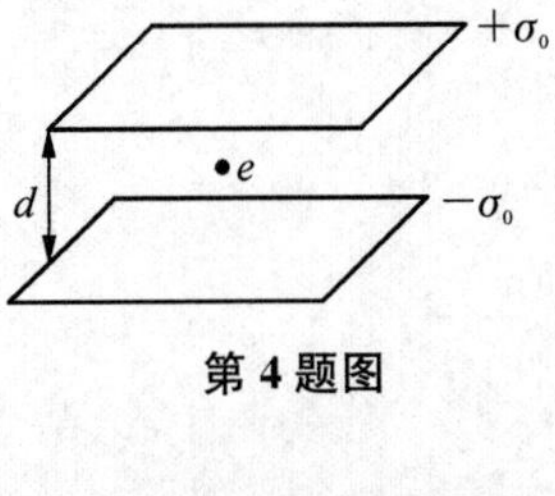

第4题图

电学　习题6(静电场中的导体　电容器的电容)

班级____________　学号____________　姓名____________　成绩____________

1. 取无限远处为电势零点，半径为 R 的导体球带电后其电势为 U_0，则球外离球心 r 处的电场强度为__________。

2. 在内、外半径分别为 R_1，R_2 的导体球壳中心有一点电荷 q，求导体球壳中的电场强度与电势。($U_\infty=0$)

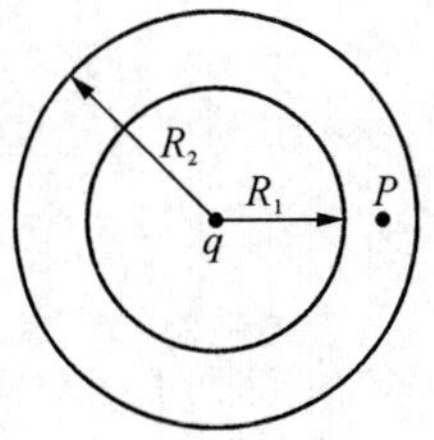

第2题图

3. 平行板电容器的极板面积为 S，间距为 d。今在两板之间任意位置平行地插入厚度为 b、面积为 $S/2$ 的金属板：(1) 求其电容值；(2) 求 $b\to0$ 时的电容值。

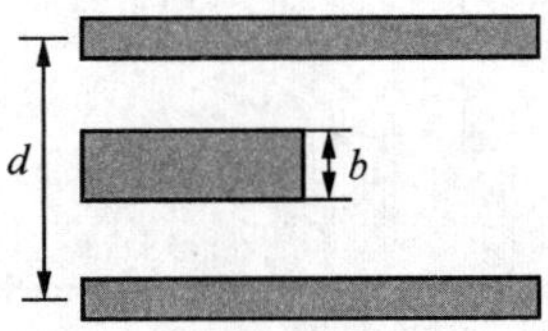

第3题图

*4. A，B 两导体平板平行放置，面积为 S，间距为 d，A 板带电荷量为 q_1，B 板带电荷量为 q_2。(1) 如果 B 板不接地，则 A，B 间的电势差为多少？(2) 如果 B 板接地，则 A，B 间的电势差为多少？

电学　习题7(静电场中的介质　介质电容器)

班级___________　学号___________　姓名___________　成绩___________

1. 一平行板电容器充电以后,将其中的一半充以各向同性的介质,则Ⅰ,Ⅱ两部分的电场强度_________,电位移矢量_________,极板上的自由电荷面密度_________。(填"相等"或"不相等")。

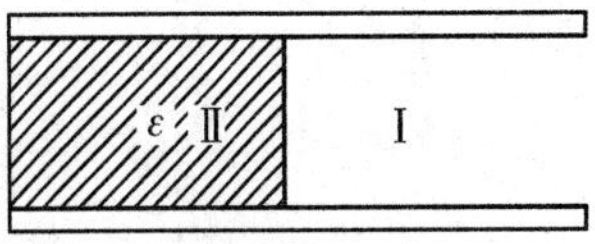

第1题图

2. 平行板电容器的电容为 C_0,在其中充有相对电容率为 ε_r 的介质后的电容 $C_1=$_________。

在其中充有相同厚度、相对电容率分别为 ε_{r1},ε_{r2} 的两种介质,其电容 $C_2=$_________。

3. 一平行板电容器,中间填有相对电容率为 ε_r 的均匀介质。电容与电源相连,极板间的电压为 U_0。设极板面积为 S,极板间距为 d。求:(1) 此电容器的电容 C;(2) 极板上的自由电荷密度 σ_0。

4. 计算下列电容器的电容值,图上标出量为已知量。

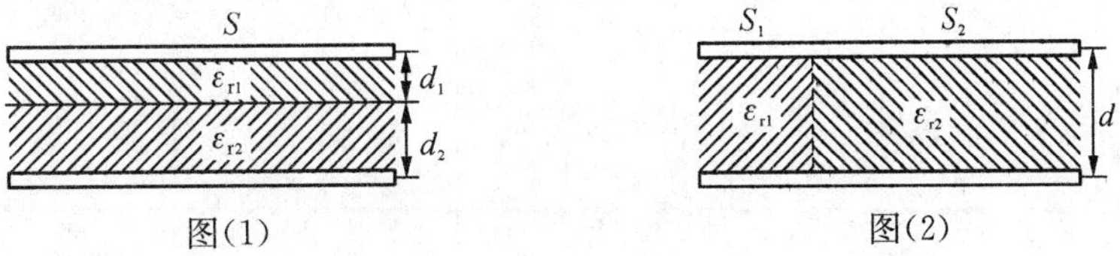

第4题图

*5、有一同轴电缆其内、外半径分别为 a,b。其中充满了电介质,其相对介电常数为 $\varepsilon_r=1\ 000$。已知 $b=2a=2$ mm,求单位长度上的分布电容 C。

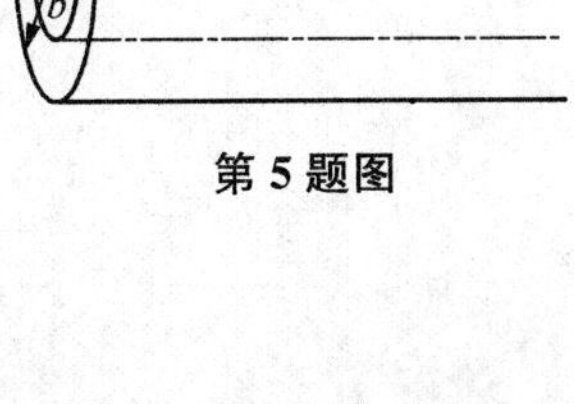

第5题图

电学　习题 8（静电场的能量与能量密度）

班级____________　学号____________　姓名____________　成绩____________

1. 平行板电容器极板上的电荷为 Q，电压为 U，电容为 C，静电场能量的表达式为（　　）。

A. $\frac{QU}{2C}$　　B. $\frac{CQ^2}{2}$　　C. $\frac{CU^2}{2}$　　D. $\frac{U^2}{2C}$

2. 真空中静电场的电场强度为 E，则能量密度的表达式为（　　）。

A. $\varepsilon_0 E^2$　　B. $\frac{1}{\varepsilon_0}E^2$　　C. $\frac{\varepsilon_0}{2}E^2$　　D. $\frac{1}{2\varepsilon_0}E^2$

3. 有一半径为 R 的导体球带电荷量为 q，另有一半径为 R 的均匀带电球电荷量也为 q，则下列说法正确的是（　　）。

A. 包括带电体在内，两者电场能总量相等，球外的电场能量总量不等

B. 包括带电体在内，两者电场能总量不等，球外的电场能量总量相等

C. 包括带电体在内，两者电场能总量不等，球外的电场能量总量不等

D. 包括带电体在内，两者电场能总量相等，球外的电场能量总量相等

4. 真空中有一半径为 $R=0.10\ \text{m}$ 的导体球，带电荷量为 $q=2.8\ \text{C}$。(1) 计算在距球心 $r=0.5\ \text{m}$ 处的能量密度；(2) 电场的总能量；(3) 在导体空间多大半径范围内电场能为总能量的一半。

5. 一平行板电容器极板面积 $S=100\ \text{cm}^2$，两板之间距离为 $d=2.0\ \text{mm}$，其中填有 $\varepsilon_r=800$ 的介质。将此电容接上 $U=220\ \text{V}$ 的电源。求：(1) 介质中的电场能量密度；(2) 电容的总能量。

稳恒电流　习题1(电阻　电流和电流密度)

班级___________　学号___________　姓名___________　成绩___________

1. 一圆柱形钨丝长 L_1，截面积为 S_1，电阻为 0.75 Ω，今将其拉伸到 $L_2=10L_1$，求拉伸后的电阻。

2. 设地线插入大地的部分为一半径为 r_0 的金属半球。大地具有均匀的电阻率 ρ。求此地线的接地电阻。

3. 一铜棒的横截面积 $1.6\times10^3\ \text{mm}^2$，长为 2.0 m，两端电势差为 50 mV，已知铜的电导率为 $\gamma=5.7\times10^3$(SI)，铜内自由电荷的体密度为 $1.36\times10^{20}\ \text{C/m}^3$，则它的电阻 $R=$_________，电流 $I=$_________，电流密度 $j=$_________，棒内的电场强度 $E=$_________，棒内电子的漂移速度 $v_d=$_________。

4. 有一灵敏电流计可以测到 10^{-10} A 的电流，当铜导线中有这样小的电流时，问每秒内有多少个自由电子通过导线截面？若导线的截面积为 1 mm^2，自由电子的密度为 $8.5\times10^{28}\ \text{m}^{-3}$，自由电子沿导线漂移 1 cm 需多少时间？

稳恒电流　习题 2(欧姆定律　焦耳-楞次定律 电桥)

班级＿＿＿＿＿＿　学号＿＿＿＿＿＿　姓名＿＿＿＿＿＿　成绩＿＿＿＿＿＿

1. 电源的能量一部分消耗于内电阻，一部分消耗于外电阻。消耗于外电阻的功率与总功率之比，称为电源的效率。若电源电动势为 $\mathscr{E}$，内电阻为 r，外电阻为 R。(1) 求电源的效率 η；(2) 当 R 为何值时，外输出功率最大？此时 η 为多少？

2. 一个功率为 45 W 的电烙铁，额定电压为 220/110 V。其电阻设有中心抽头，当电源是 220 V 时，用 AB 两点接电源，当电源是 110 V 时，将电阻丝并联后接电源。问：(1) 电阻丝串接时的总电阻为多少？电流为多少？(2) 接 110 V 电压时，电烙铁的功率为多少？每一条电阻丝中的电流为多少？

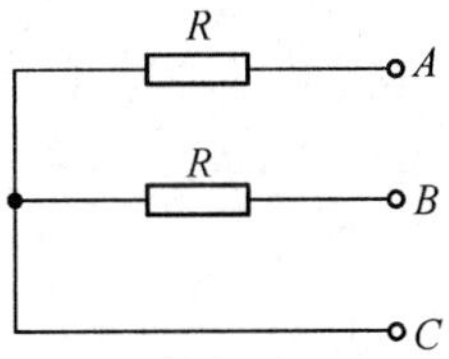

第 2 题图

3. 一蓄电池充电时通过的电流为 3.0 A，此时端电压为 4.25 V；当蓄电池放电时，通过的电流为 4.0 A，端电压为 3.9 V。求蓄电池的电动势和内阻。

*4. 电缆破损的地方可视为接地点，为了找到这一点可采用如图所示的方法。AB 是一条长 1 m 的均匀电阻线，触点 S 可在 AB 上滑动。设电缆 $CE=FD=7.8$ km。当 S 滑到 $SB=0.41$ m 处，电流计中电流为零，不计 AC，BD，EF 的长度和电阻。计算 PD 之间的距离。(提示：这是电桥平衡问题)

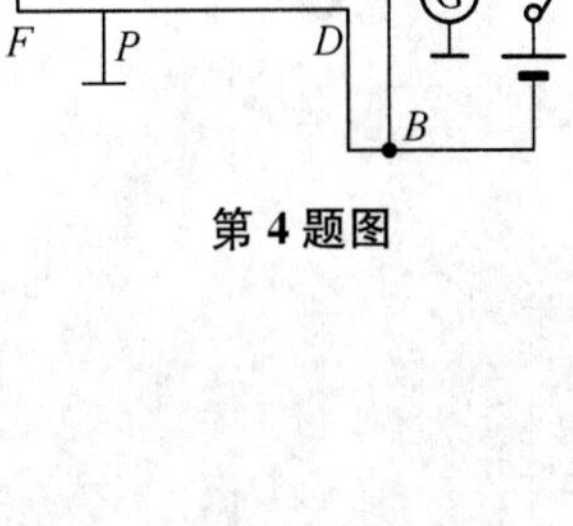

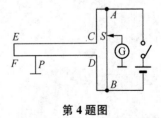

第 4 题图

磁学　习题1(电流的磁场)

班级____________　学号____________　姓名____________　成绩____________

1. 如图所示,两根长直导线互相平行地放置,导线内电流大小相等约为 $I=10$ A,方向相同,求图中 M,N 两点的磁感应强度 B 的大小和方向。(图中 $r_0=0.020$ m)

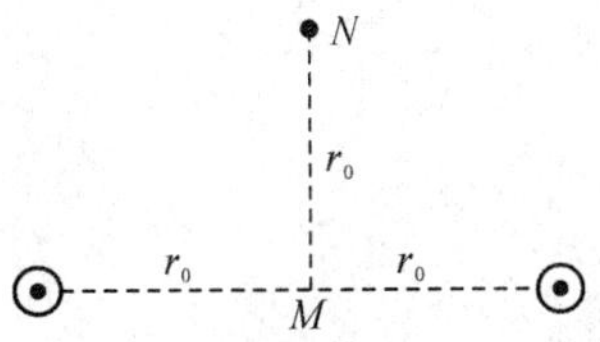

第 1 题图

2. 计算半径为 R、电流强度为 I 的电流环中心处的磁感应强度 B_0;计算其三分之一圆弧在 O 点的磁感应强度 B。

3. 两根长直导线沿铁环的半径方向与很远处的电源相接,导线与铁环的接触点为 A,B。若铁环截面积相同、电阻率相同,求环心处的磁感应强度。

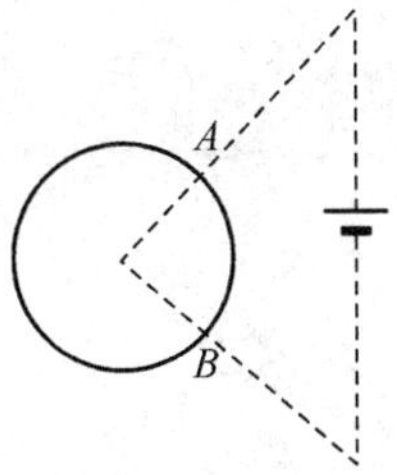

第 3 题图

4. 半径为 R 的电流环,电流环中电流为 I,求轴线上任一点的磁感应强度 B。

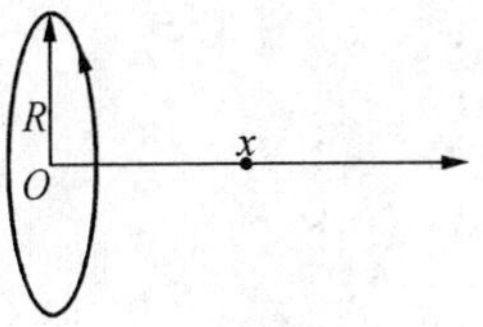

第 4 题图

磁学　习题2（磁感应强度的计算、磁通量）

班级＿＿＿＿＿＿　学号＿＿＿＿＿＿　姓名＿＿＿＿＿＿　成绩＿＿＿＿＿＿

1. 一电子绕原子核以角速度 ω 作半径为 a_0 的圆周运动，则该电子于核处磁感应强度 B 的大小为＿＿＿＿＿。

2. 一个半径为 r 的半球面如图放在均匀磁场中，通过半球面的磁通量为（　　）。

A. $2\pi r^2 B$　　B. $\pi r^2 B$　　C. $2\pi r^2 B\cos\alpha$　　D. $\pi r^2 B\cos\alpha$

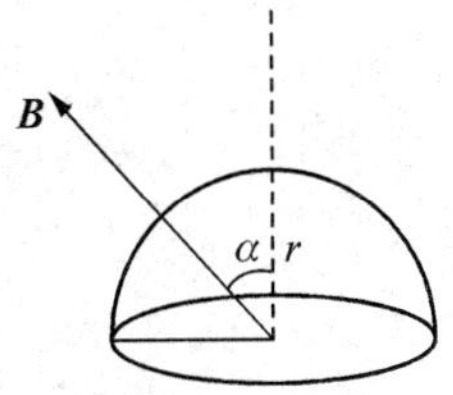

第2题图

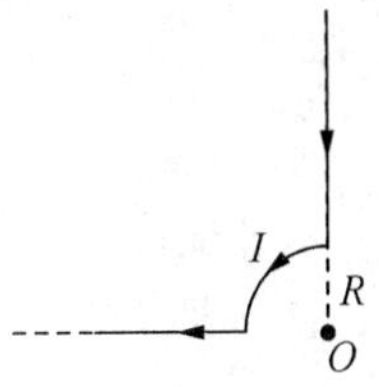

图(1)

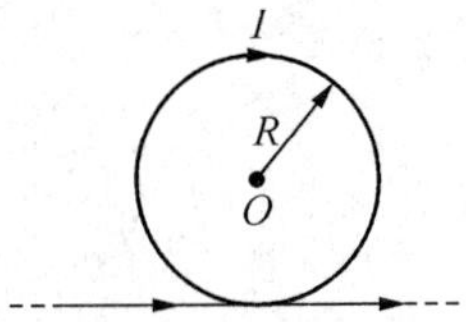

图(2)

第3题图

3. 如图所示，几种载流导线在平面内分布，电流均为 I，它们在 O 点的磁感应强度各为多少？

4. 已知一均匀磁场的磁感应强度 $B=2$ T，方向沿 x 轴正方向，如图所示 $abefdc$ 为直三棱柱，试求：(1) 通过图中 $abcd$ 表面的磁通量；(2) 通过图中 $befc$ 表面的磁通量；(3) 通过图中 $aefd$ 表面的磁通量。

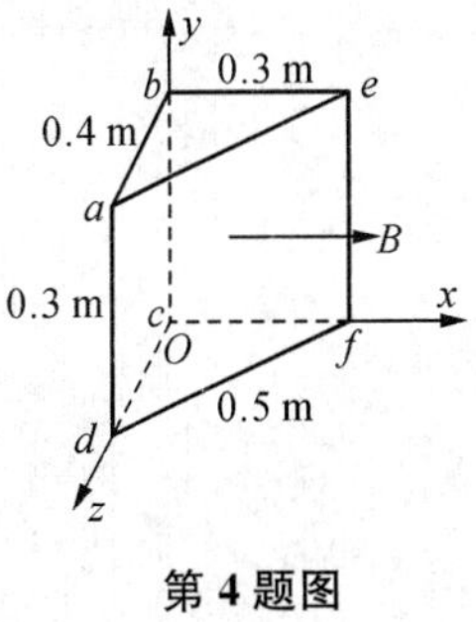

第4题图

5. 如图所示，载流长直导线的电流为 $I=100$ A，$d_1=0.1$ m，$d_2=0.3$ m，$l=0.4$ m。试求通过图中矩形面积的磁通量。

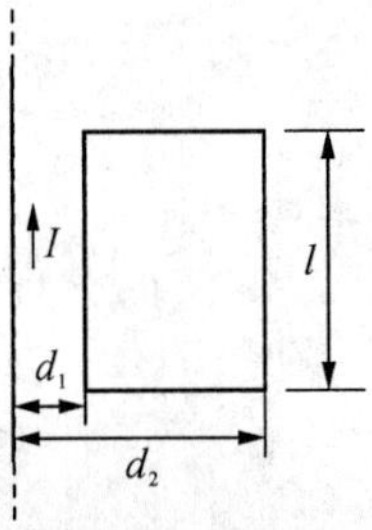

第5题图

磁学　习题 3(安培环路定律)

班级＿＿＿＿＿＿　学号＿＿＿＿＿＿　姓名＿＿＿＿＿＿　成绩＿＿＿＿＿＿

1. 在图(1)和图(2)中各有一半径相同的圆形回路 L_1,L_2,圆周内有电流 I_1,I_2,其分布相同,且均在真空中,但在图(2)中 L_2 回路外有电流 I_3,P_1,P_2 为两圆形回路上的对应点,则(　　)。

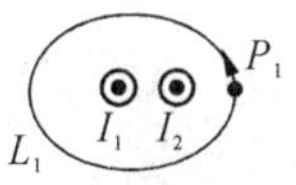

图(1)

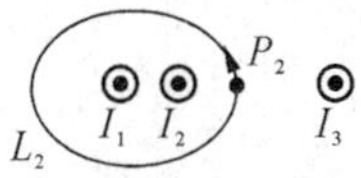

图(2)

第 1 题衅

A. $\oint_{L_1} \boldsymbol{B} \cdot \mathrm{d}\boldsymbol{l} = \oint_{L_2} \boldsymbol{B} \cdot \mathrm{d}\boldsymbol{l},\ B_{P_1} = B_{P_2}$　　B. $\oint_{L_1} \boldsymbol{B} \cdot \mathrm{d}\boldsymbol{l} \neq \oint_{L_2} \boldsymbol{B} \cdot \mathrm{d}\boldsymbol{l},\ B_{P_1} = B_{P_2}$

C. $\oint_{L_1} \boldsymbol{B} \cdot \mathrm{d}\boldsymbol{l} = \oint_{L_2} \boldsymbol{B} \cdot \mathrm{d}\boldsymbol{l},\ B_{P_1} \neq B_{P_2}$　　D. $\oint_{L_1} \boldsymbol{B} \cdot \mathrm{d}\boldsymbol{l} \neq \oint_{L_2} \boldsymbol{B} \cdot \mathrm{d}\vec{l},\ B_{P_1} \neq B_{P_2}$

2. 两根长度相同的细导线分别密绕在半径为 R 和 r 的两个长直圆筒上形成两个螺线管,两个螺线管的长度相同,$R=2r$,螺线管通过的电流相同都为 I,则螺线管中的磁感应强度大小 B_R,B_r 满足(　　)。

A. $B_R=2B_r$　　B. $B_R=B_r$

C. $2B_R=B_r$　　D. $B_R=4B_r$

3. 螺线管长 0.5 m,总匝数 $N=2\,000$,当通以 0.1 A 的电流时,忽略边缘效应,计算管内中央部分的磁感应强度 B 的大小为＿＿＿＿＿。

4. 已知半径为 $R=1.8\times10^{-3}$ m 的裸铜线允许通过 50 A 的电流而不致导线过热,电流在导线横截面上均匀分布。求导线内、外磁感应强度的分布。

5. 设环形螺绕管的平均半径为 $r_0=5$ cm,螺绕管的截面很小,其上均匀地绕有 3 000 匝线圈。若线圈中电流为 $I_0=0.5$ A,求其中的磁感应强度。

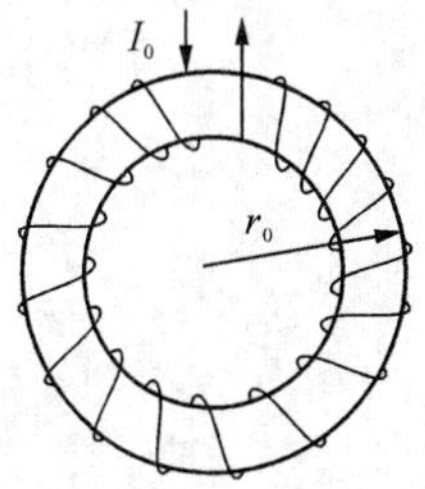

第 5 题图

磁学　习题4(洛伦兹力　磁场对电流的作用)

班级＿＿＿＿＿＿　学号＿＿＿＿＿＿　姓名＿＿＿＿＿＿　成绩＿＿＿＿＿＿

1. 已知地面上空某处地磁场的磁感强度 $B=0.4\times10^{-4}$ T，方向向北。若宇宙射线中有一速率 $v=5.0\times10^{7}$ m·s^{-1}的质子垂直地通过该处，则它受到洛伦兹力的方向为＿＿＿＿＿，洛伦兹力的大小为＿＿＿＿＿。

2. 带电粒子在过饱和液体中运动，会留下一串气泡显示出粒子运动的径迹。设在气泡室有一质子垂直于磁场飞过，留下一个半径为 3.5 cm 的圆弧径迹，测得磁感应强度为 0.20 T，则此质子的角动量大小为＿＿＿＿＿，能量为＿＿＿＿＿。(电子质量 $m=1.67\times10^{-27}$kg)

3. 有一半径为 R 的四分之一圆弧导线中通有电流 I，放置于均匀的磁场中，磁感应强度 $\boldsymbol{B}$ 与导线平面垂直，求弧形导线受到的作用力。

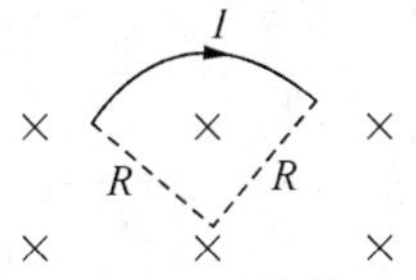

第 3 题图

4. 如图所示，"无限长"直导线通有电流 I_1，在其旁放一载有电流 I_2 的直导线 AB，长为 l，与 I_1 共面且垂直于 I_1，近端与 I_1 相距为 d。试求：AB 导线受到安培力的大小和方向。

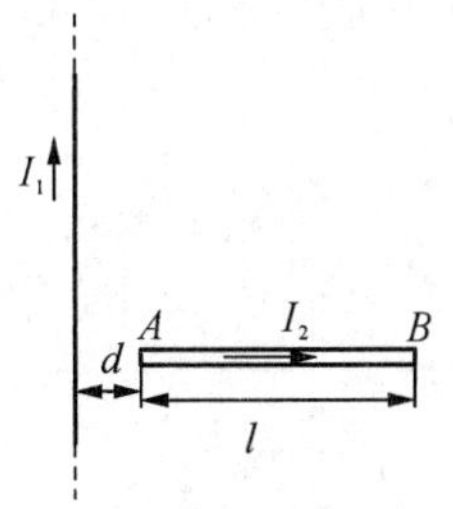

第 4 题图

*5. 有一半径为 R 的半圆形电流 I_2，处于沿圆环直径方向的电流 I_1 产生的磁场中，圆心 O 恰好处于直线电流 I_1 所在的位置，但 I_1，I_2 两者都彼此绝缘，求证它们之间的相互作用力与圆环半径无关。

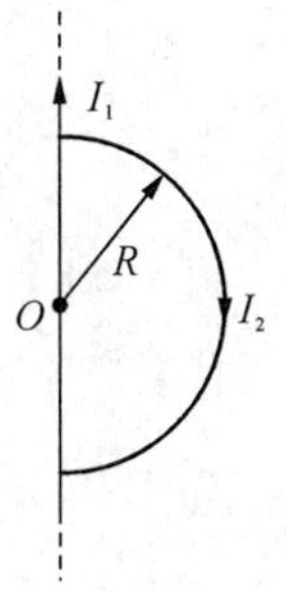

第 5 题图

磁学　习题5(磁矩　磁力矩　磁介质)

班级____________　学号____________　姓名____________　成绩____________

1. 电子绕核运动半径为 a_0,角速度为 ω,则电子绕核运动的磁矩(称分子磁矩) $|\boldsymbol{m}|=$__________。

2. 如图所示,横轴表示通电螺线管在真空中的磁感应强度 B_0,纵轴为螺线管中充满磁介质时的磁感应强度 B,其关系曲线Ⅰ,Ⅱ,Ⅲ分别代表三种不同类型的磁介质,请指出它们的对应关系。Ⅰ表示__________,Ⅱ代表__________,Ⅲ代表__________。

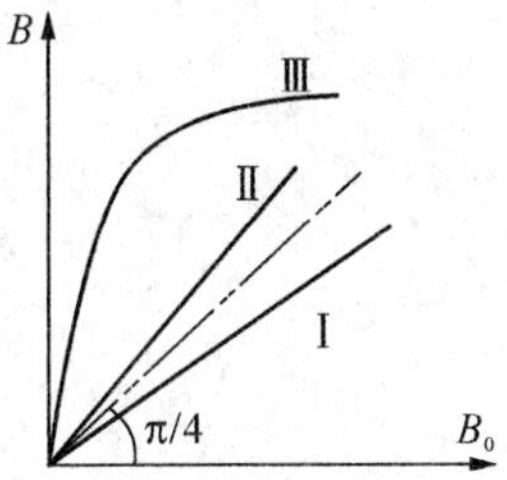

第2题图

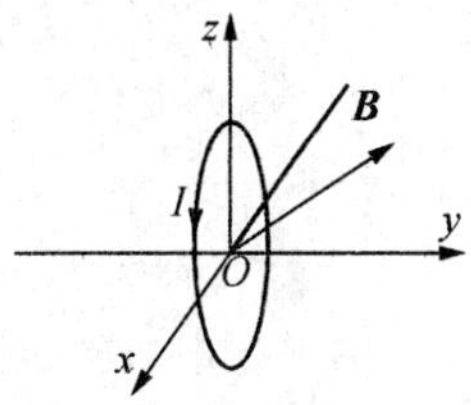

第3题图

3. 如图所示,在 Oxz 平面内有一半径为 R 的圆形线圈,其中通有电流 I。(1) 求线圈的磁矩;(2) 若有一均匀的外磁场,磁感应强度为 $\boldsymbol{B}$,方向在 Oyz 平面内与 Oy 轴成 $\frac{\pi}{6}$,求线圈受到的磁力矩,并指出转轴的位置。

4. 半径为 R,绕线密度为 n 的密绕螺线管中充有相对磁导率为 μ_r 的介质。导线中的电流强度为 I_0。求介质中的磁场强度和磁感应强度。

*5. 如图所示,一根长直同轴电缆,内、外导体之间充满磁介质,磁介质的相对磁导率为 μ_r ($\mu_r<1$),导体的磁化可以略去不计。电缆沿轴向有稳恒电流 I 通过,内外导体上电流的方向相反。求介质空间的磁感应强度。

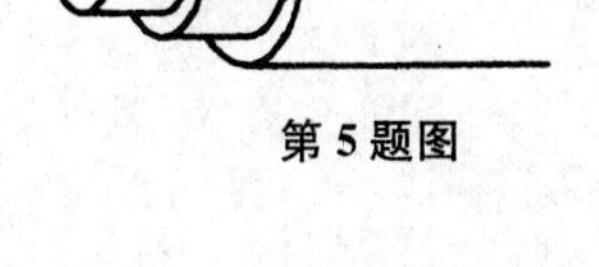

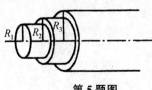

第5题图

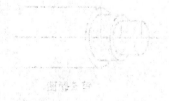

磁学　习题6(电磁感应定律　动生电动势)

班级＿＿＿＿＿＿　学号＿＿＿＿＿＿　姓名＿＿＿＿＿＿　成绩＿＿＿＿＿＿

1. 一根无限长平行直导线载有电流I,一矩形导线框位于导线平面内沿垂直于载流导线方向以恒定速率运动(如图所示),则(　　)。

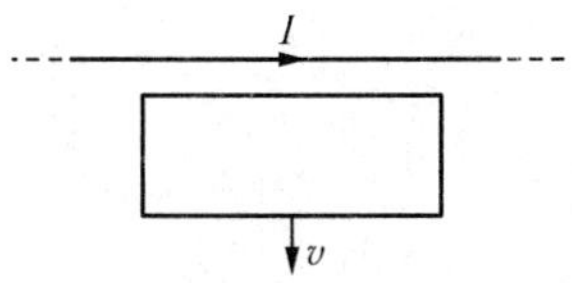

第1题图

A. 线圈中无感应电流

B. 线圈中感应电流为顺时针方向

C. 线圈中感应电流为逆时针方向

D. 线圈中感应电流方向无法确定

2. 将形状完全相同的铜环和木环静止放置在交变磁场中,并假设通过两环面的磁通量随时间的变化率相等,不计自感,则(　　)。

A. 铜环中有感应电流,木环中无感应电流　　B. 铜环中有感应电流,木环中有感应电流

C. 铜环中感应电场大,木环中感应电场小　　D. 铜环中感应电场小,木环中感应电场大

3. 导线在磁场中切割磁力线运动而产生的电动势为动生电动势,其对应的非静电场场强 $\boldsymbol{E}_{k}=$＿＿＿＿＿,由此非静电场力产生的电动势为$\mathscr{E}=$＿＿＿＿＿。

4. 如图所示,把一半径为R、张角为120°的圆弧导线OP置于磁感应强度为B的均匀磁场中,当导线OP以匀速率v向右移动时,求导线中感应电动势$\mathscr{E}$的大小。哪一端电势高?

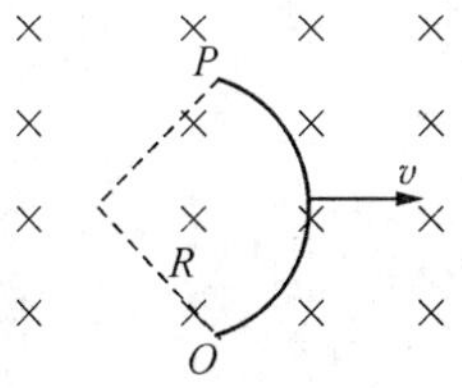

第4题图

5. 长度为L的铜棒,以距端点r处为支点,并以角速率ω绕通过支点且垂直于铜棒的轴转动(如图所示)。设磁感应强度为B的均匀磁场与轴平行,求棒两端的感应电动势大小。

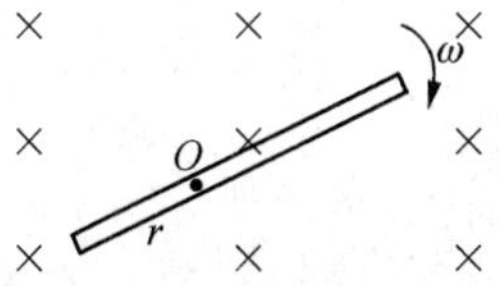

第5题图

6. 如图所示,金属杆ab以匀速率$v=5.0\ \text{m}\cdot\text{s}^{-1}$平行于两长直导线移动,两导线均通有电流$I=20$ A,方向相反。求杆中的感应电动势,杆的哪一端电势高?

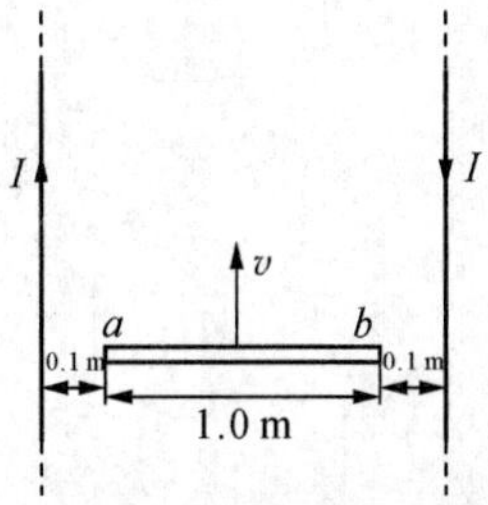

第6题图

磁学　习题 7(感生电动势　自感)

班级____________　学号____________　姓名____________　成绩____________

1. 下列概念正确的是(　　)。

A. 感应电场是保守场

B. 感应电场的电场线是一组闭合曲线

C. $\Phi_m=LI$,因而线圈的自感系数与回路的电流成正比

D. $\Phi_m=LI$,回路的磁通量较大,回路的自感系数也一定大

2. 一铁心上绕有线圈 100 匝,已知铁心中磁通量与时间的关系为 $\Phi=8.0\times10^{-5}\sin100\pi t$,式中 Φ 的单位为 Wb,t 的单位为 s,在 $t=1.0\times10^{-2}$ s 时,线圈中的感应电动势大小为__________。

3. 已知半径为 $R=2$ cm 的圆柱形空间的磁感应强度的变化率 $\frac{dB}{dt}=10^3$ T/s,$oa\perp ob$。

(1) 若 ab 为直金属杆,求 ab 上的感生电动势 $\mathscr{E}_{\overline{ab}}$;

(2) 若 ab 为四分之一金属圆弧,求 ab 上的感生电动势 $\mathscr{E}_{ab}$;

(3) 求由 ab 弦与 ab 弧构成的弓形金属框中的感生电动势 $\mathscr{E}$ 及其中感生电流的方向。

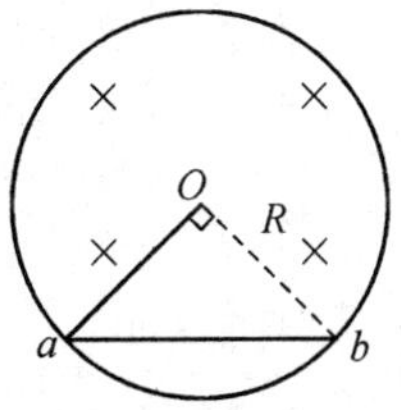

第 3 题图

*4. 内外半径分别为 R_1,R_2 的同轴电缆。其间充有相对磁导率为 μ_r 的介质,求其 l 长度上的分布电感 L。

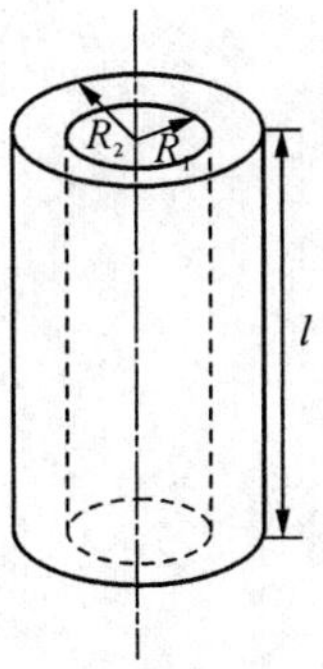

第 4 题图

磁学　习题8(互感　磁场的能量　位移电流)

班级____________　学号____________　姓名____________　成绩____________

1. 有两个线圈,线圈1和线圈2的互感系数为 M_{21},而线圈2对线圈1的互感系数为 M_{12}。若它们分别流过 i_1 和 i_2 的变化电流且 $\left|\frac{\mathrm{d}i_1}{\mathrm{d}t}\right| < \left|\frac{\mathrm{d}i_2}{\mathrm{d}t}\right|$,并设 i_2 的变化在线圈1中产生的互感电动势为 $\mathscr{E}_{12}$,由 i_1 的变化在线圈2中产生的互感电动势为 $\mathscr{E}_{21}$,则下列判断正确的是(　　)。

A. $M_{12}=M_{21}$, $\mathscr{E}_{12}=\mathscr{E}_{21}$

B. $M_{12}\neq M_{21}$, $\mathscr{E}_{12}\neq\mathscr{E}_{21}$

C. $M_{12}=M_{21}$, $\mathscr{E}_{12}>\mathscr{E}_{21}$

D. $M_{12}=M_{21}$, $\mathscr{E}_{12}<\mathscr{E}_{21}$

*2. 对位移电流,下述说法正确的是(　　)。

A. 位移电流的实质是变化的电场

B. 位移电流和传导电流一样是定向运动的电荷

C. 位移电流服从传导电流遵循的所有定律

D. 位移电流的磁效应不服从安培环路定理

3. 载流长直导线中的电流以 $\frac{\mathrm{d}I}{\mathrm{d}t}$ 的变化率增长。若有一边长为 a 的正方形线圈与导线处于同一平面内,如图所示,求:(1) 线圈中的感应电动势;(2) 线圈与直导线之间的互感系数 M。

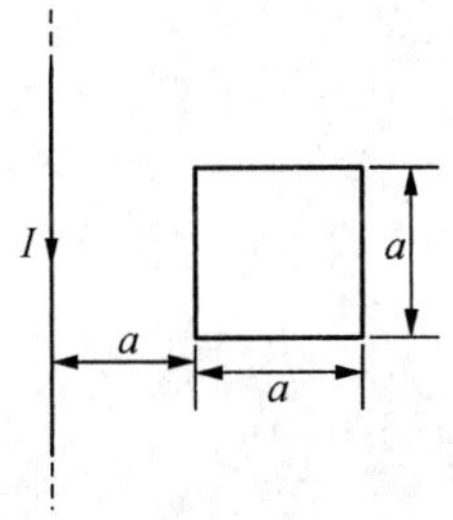

第3题图

4. 一个直径为0.01 m、长为0.10 m的长直密绕螺线管,共1 000匝线圈,总电阻为7.76 Ω。如把线圈接到电动势 $\mathscr{E}=2.0$ V的电池上,电流稳定后,线圈中所存储的磁能有多少?磁能密度是多少?

*5. 设有半径为 $R=0.20$ m的平行板电容器。两板之间为真空,板间距离为 $d=0.50$ cm,t 时刻,充电电流 $I=2.0$ A。求:(1) t 时刻的位移电流密度(忽略平板电容器边缘效应,设电场是均匀变化的);(2) 此刻距极板中心 $r=0.10$ m处的磁感应强度。

热学　习题 1(理想气体状态方程)

班级__________　学号__________　姓名__________　成绩__________

1. 两容器分别盛有氮气、氦气，如果它们可视为理想气体，且温度和压强相同，则结论成立的是(　　)。

A. 单位体积内的分子数相同　　B. 单位体积内质量相同

C. 单位体积内分子的平均动能相同　　D. 单位体积内内能相同

2. 若理想气体的压强为 P，体积为 V，温度为 T。一个分子的质量为 m_0，R 为普适常数，k 为玻耳兹曼常数，该气体的分子数为(　　)。

A. $\frac{PV}{m_0}$　　B. $\frac{PV}{kT}$　　C. $\frac{PV}{RT}$　　D. $\frac{PV}{m_0 T}$

3. 冬天在室内打开取暖器，使室温从 2℃上升到 17℃而室内气压不变，求从门窗逸出的分子数占原先室内的总分子数之比。

4. 有 A,B 两个容器，容积分别为 $5\times10^{-2}\,\mathrm{m}^3$ 和 $2\times10^{-2}\,\mathrm{m}^3$，用一根细绝热管连接。容器内装有空气(可视为理想气体)，温度为 27℃，压强为 1 atm。现把 A 放入 100℃的开水中，B 放入 0℃的冰水中，此时容器内的压强有多大?

5. 一容器内贮有氧气，其压强 $P=3\times10^5$ Pa，体积为 831 L，温度为 27℃，求：(1) 氧气的质量；(2) 分子数密度；(3) 氧气密度；(4) 分子的平均平动能。

热学　习题 2(能量均分定理　理想气体内能)

班级____________　学号____________　姓名____________　成绩____________

1. 求压强为 1.013×10^5 Pa,质量为 2.0×10^{-3} kg,体积为 $1.54\times10^{-3}\,m^3$ 的氧气分子的平均平动能。

2. 封闭容器中有 2 g 氢气,温度为 127℃,试求:(1) 气体分子的平均平动能;(2) 气体的内能。

3. 盛有氢气和氧气的两相同的容器,容器的温度都为 T,质量相等为 m,则以下说法正确的是(　　)。

A. 氢气的内能是氧气的 16 倍,氢气的压强是氧气的 16 倍

B. 氧气的内能是氢气的 16 倍,氢气的压强是氧气的 16 倍

C. 氧气的内能是氢气的 4 倍,氢气的压强是氧气的 16 倍

D. 氢气的内能是氧气的 4 倍,氧气的压强是氢气的 4 倍

*4. 在体积为 $4.0\times10^{-3}\,m^3$ 的容器中,盛放有某种双原子理想气体,压强为 1.35×10^5 Pa。(1) 求该系统的内能;(2) 设分子总数 $N_0=1.08\times10^{23}$,求气体温度和气体分子的平均平动能。

热学　习题 3(气体分子速率分布函数　平均自由程)

班级＿＿＿＿＿＿　学号＿＿＿＿＿＿　姓名＿＿＿＿＿＿　成绩＿＿＿＿＿＿

1. 两种不同的理想气体,若它们的最概然速率相等,则它们的(　　)。

A. 平均速率相等,方均根速率相等

B. 平均速率相等,方均根速率不相等

C. 平均速率不相等,方均根速率相等

D. 平均速率不相等,方均根速率不相等

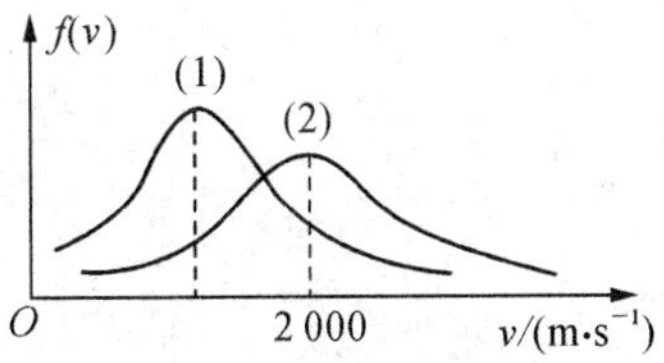

第 2 题图

2. 如图所示,两条曲线分别为氧气和氢气在同一温度下的速率分布函数,则氧气的最概然速率为(　　)。

A. 2 000　　　　B. 1 000

C. 800　　　　D. 500

3. 一定量的某种理想气体先经过等体过程使其热力学温度升为原来的 2 倍,再经等压过程使其体积变为原来的 2 倍,则自由分子的平均自由程变为原来的＿＿＿＿＿倍。

4. 在一封闭容器内,若理想气体的平均速率提高为原来的 2 倍,则温度和压强的变化为(　　)。

A. 温度和压强都变为原来的 2 倍

B. 温度变为原来的 2 倍,压强变为原来的 4 倍

C. 温度变为原来的 4 倍,压强变为原来的 2 倍

D. 温度和压强都变为原来的 4 倍

5. 一系统在原状态的基础上加热,使温度为原来的 2 倍,若体积不变,则压强为原来的＿＿＿＿＿倍,分子平均自由程为原来的＿＿＿＿＿倍。

6. 一定量理想气体存放在一容器中,温度为 T。若气体分子质量为 m,则分子速度在 x 方向的平均值 $\bar{v}_x=$＿＿＿＿＿,$\overline{v_x^2}=$＿＿＿＿＿。

7. 三个容器 A,B,C 中装有同种理想气体,其分子数密度相同,方均根速率之比为 $\sqrt{\overline{v_A^2}}:\sqrt{\overline{v_B^2}}:\sqrt{\overline{v_C^2}}=1:2:4$,则它们的压强之比 $p_A:p_B:p_C=$＿＿＿＿＿＿＿＿＿＿。

热学　习题4(热力学第一定律)

班级__________　学号__________　姓名__________　成绩__________

1. 一定量理想气体经过某一过程温度升高了，根据热力学第一定律可以判断(　　)。

(1) 该理想气体在此过程中做了功

(2) 在此过程中，外界对该理想气体系统做了正功

(3) 该理想气体内能增加了

(4) 在此过程中系统从外界吸热，同时对外做了正功

A. (1)(3)　　B. (2)(3)　　C. (3)　　D. (3)(4)　　E. (4)

2. 对于双原子理想气体，在等压膨胀情况下，系统对外做功与吸收热量之比 W/Q 为(　　)。

A. 1/3　　B. 1/4　　C. 2/5　　D. 2/7

3. 一定量理想气体从同一状态出发，分别经等压、等温和绝热过程，由体积 V_1 膨胀到体积 V_2。在此三个过程中________对外做功最多，________对外做功最少；________内能增加，________内能减少；________吸热最多。

4. 容器内储有1 mol的某种气体，从外界获得 2.09×10^2 J 的热量，温度升高10 K，求该气体分子的自由度。

5. 一汽缸内有1 mol、温度为27℃、压强为1 atm的氮气，先使它等压膨胀到原体积的2倍，再使它等体升压到2 atm，最后使它等温膨胀到1 atm，求系统在全部过程中对外做功、吸收热量及内能的变化。

热学　习题5（循环过程　热力学第二定律　熵）

班级__________　学号__________　姓名__________　成绩__________

1. 根据热力学第二定律，可知（　　）。

A. 自然界中一切自发过程都是不可逆的

B. 不可逆过程就是不能向相反方向变化的过程

C. 热量可以从高温物体传到低温物体，而不能从低温物体传向高温物体

D. 任何过程都是沿着熵增加的方向进行的

2. 图中所示，热机M，N所做卡诺循环的循环曲线分别为：M机为 $abcda$，N机为 $ab'c'da$。若所做净功用 W 表示，效率用 η 表示，则（　　）。

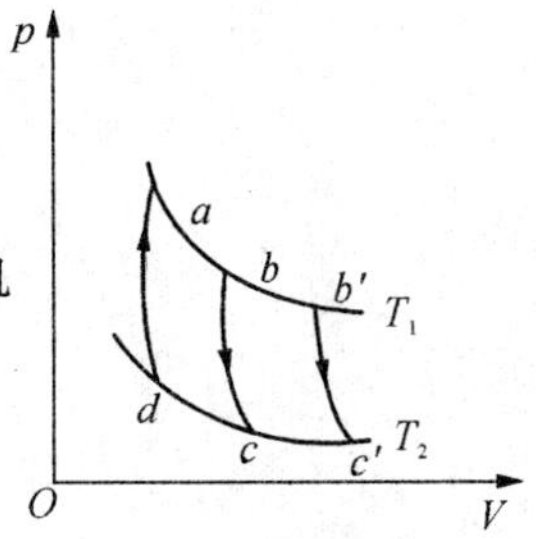

第2题图

A. $W_M > W_N$，$\eta_M < \eta_N$

B. $W_M < W_N$，$\eta_M > \eta_N$

C. $W_M = W_N$，$\eta_M = \eta_N$

D. $W_M < W_N$，$\eta_M = \eta_N$

3. 一绝热的容器被分割成两半，一半为真空，另一半为理想气体。若把隔板抽出，气体进行绝热自由膨胀达到平衡后，有（　　）。

A. 温度不变，熵增加　　B. 温度下降，熵增加　　C. 温度不变，熵不变　　D. 温度上升，熵增加

4. 一定量的理想气体经历由两个绝热过程和两个等压过程构成的正循环 $T_b = T_1$，$T_c = T_2$，求循环的效率。

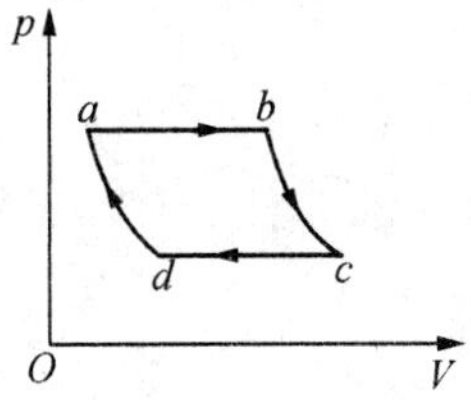

第4题图

5. 当热源温度为100℃和冷却器温度为0℃时，设一卡诺循环所做的净功为800 J。今维持冷却器温度不变，使卡诺循环的净功增至 1.6×10^3 J，若此两循环工作于相同的绝热线之间，工作物质为理想气体，问热源的温度应变为多少？此时循环的效率多大？

振动与波　习题1(简谐振动　谐振动的能量)

班级____________　学号____________　姓名____________　成绩____________

1. 一竖直悬挂的弹簧振子,质量为 m,自然平衡时弹簧的伸长量为 l_0,此振子的自由振动的周期为 $T=$__________,若由平衡位置向下拉伸 x_0 并由静止释放,则振幅 $A=$__________,此时在向下为正的 x 坐标系中,此振动的初相位 $\varphi=$__________。

2. 若一简谐运动方程为 $x=0.1\cos\left(\pi t+\frac{\pi}{4}\right)$(m)。求:(1) 初始时刻振子的位置 x_0 和速度 v_0;(2) 若振子的质量为 0.1 kg,$t=2$ s 时,振子所受到的合外力 F。

3. 一质点作简谐运动,其振动曲线如图所示。(1) 在同一旋转矢量图中作出 $t=0$ s 和 $t=2$ s 时对应的旋转矢量,并由此求初相位 φ 和角频率 ω;(2) 写出该简谐运动方程;(3) 计算时间 t_1。

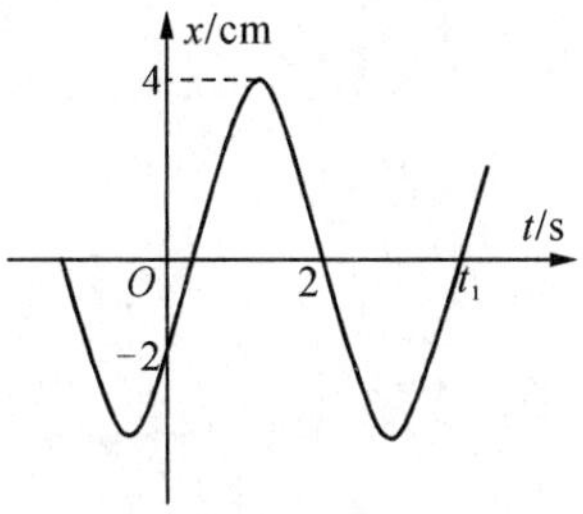

第3题图

*4. 如图所示,质量为 $m_1=0.01$ kg 的子弹,以 $v_1=500$ m/s 的速度射入并嵌在质量为 $m_2=4.99$ kg 的木块中,同时压缩弹簧作简谐运动。已知弹簧的劲度系数为 $k=8.0\times10^3$ N/m,若以弹簧原长时物体 m_2 所在位置为坐标系原点,向右为 x 轴正方向,忽略木块与桌面之间的摩擦和空气阻力,求简谐运动方程。

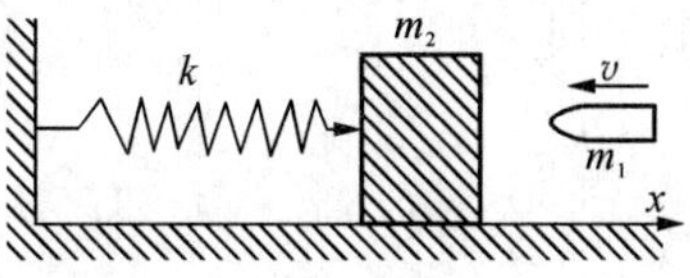

第4题图

振动与波　习题2(简谐振动能量　振动的合成)

班级__________　学号__________　姓名__________　成绩__________

1. 一物体作简谐运动,振动方程为 $x=A\cos\left(\omega t+\frac{1}{2}\pi\right)$,则该物体在 $t=0$ 时刻的动能与 $t=T/8$(T 为振动周期)时刻的动能之比为(　　)。

A. 1∶4　　B. 1∶2　　C. 1∶1　　D. 2∶1　　E. 4∶1

2. 一简谐运动曲线如图所示,则由图可确定在 $t=2$ s 时刻,质点的位移为________m,速度为________m/s。

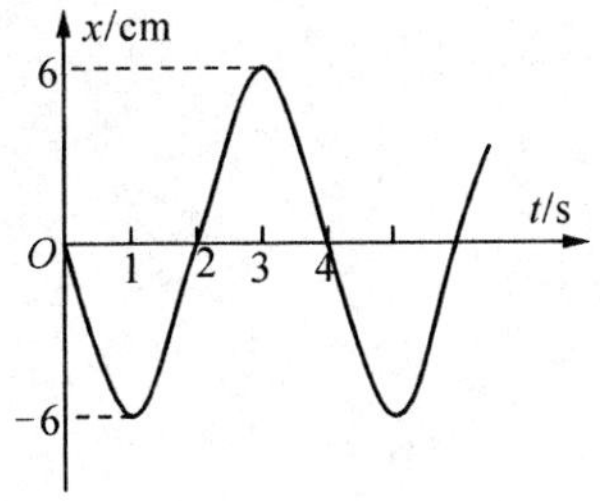

第2题图

3. 某振子同时参与两个同方向的简谐运动,其运动方程分别为 $x_1=0.06\cos\left(\pi t+\frac{\pi}{3}\right)$(SI)和 $x_2=0.08\cos(\pi t+\varphi)$(SI)。问:(1) 当 φ 为何值时,合振动最强,其振幅 A 为多少?(2) 当 φ 为何值时,合振动最弱,其振幅 A 为多少?

4. 已知,两个同频率同方向的简谐运动方程分别为 $x_1=0.3\cos\left(4\pi t+\frac{\pi}{3}\right)$(SI),$x_2=0.4\cos\left(4\pi t+\frac{5\pi}{6}\right)$(SI)。求:(1) 它们合振动的振幅和初相;(2) 合振动的运动方程。

振动与波　习题 3(一维简谐波)

班级__________　学号__________　姓名__________　成绩__________

1. 一横波的表达式是 $y=2\cos\left[2\pi\left(\frac{t}{0.01}+\frac{x}{30}\right)+\frac{\pi}{3}\right]$,其中 x 和 y 的单位是厘米,t 的单位是秒,此波的波长 $\lambda=$________cm,波速 $u=$________$\mathrm{m\cdot s^{-1}}$。$x=0$ 处,质元的振动初相 $\varphi=$________,波沿 x 轴________传播。

2. 图(1)表示一质点作简谐运动的振动曲线,则该质点振动的初相位 $\varphi_a=$________;

图(2)表示 $t=0$ 时,一简谐波的波形图,则 $x=0$ 处质元振动的初相位 $\varphi_b=$________。

若图(2)中波沿 $0x$ 轴负方向传播,则 $\varphi_b=$________。

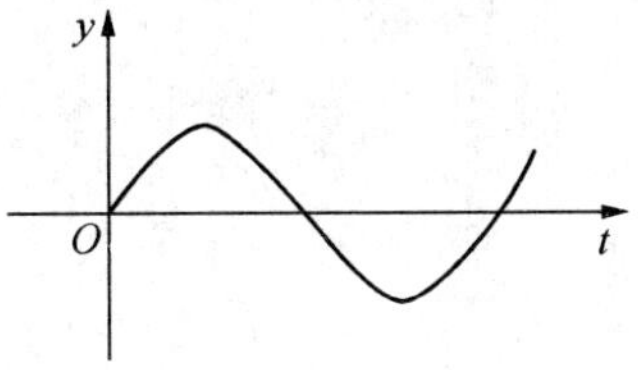

图(1)

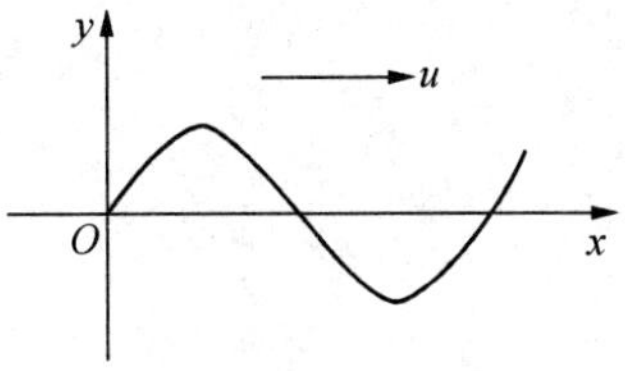

图(2)

第 2 题图

3. 如图,一平面简谐波沿 Ox 轴负向传播,波长为 λ,若图中 P_1 点处质元的运动方程为 $y_1=A\cos(2\pi\nu t+\varphi)$。求:(1) 该波波函数;(2) P_2 处质元的运动方程 y_2。

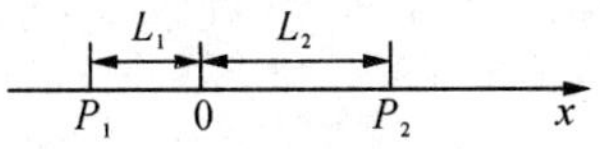

第 3 题图

*4. 已知 $t=0$ 时刻波形图和 $x=1$ m 时的质元的振动图,求波动方程。

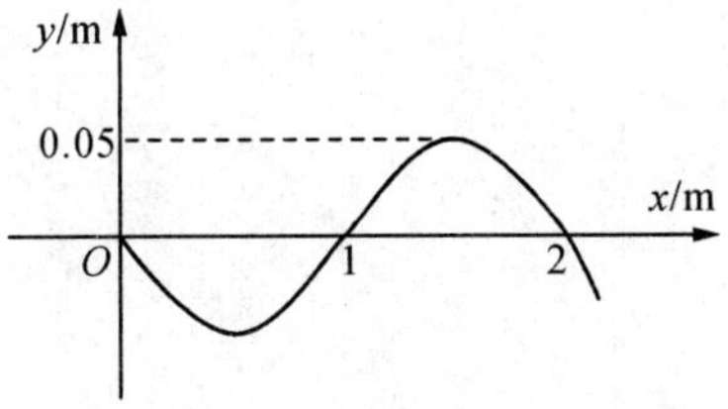

图(1)

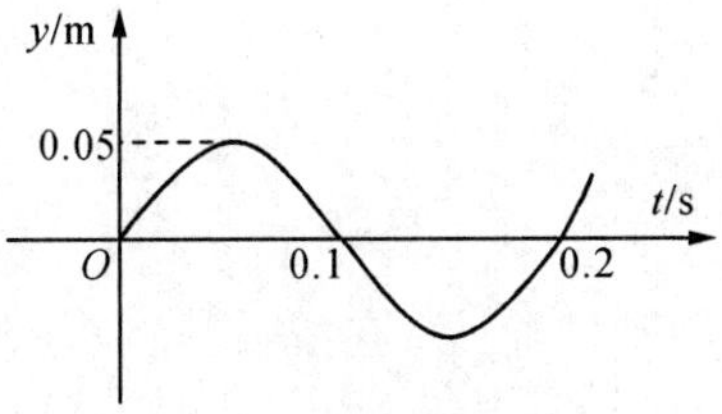

图(2)

第 4 题图

振动与波　习题4(波的能量 波的干涉 驻波 多普勒效应)

班级＿＿＿＿＿＿　学号＿＿＿＿＿＿　姓名＿＿＿＿＿＿　成绩＿＿＿＿＿＿

1. 一波源功率为 50 W，若波源发出的为球面波，不计介质对波的吸收，则通过距波源 $r=10$ m 处球面的平均能流为＿＿＿＿＿，该处波的平均能流密度(强度)$\bar{I}=$＿＿＿＿＿。

2. 在波长为 λ 的驻波中，波腹与相邻波节之间距离为＿＿＿＿＿，在任一波节两侧的质点振动的相位差为＿＿＿＿＿。

3. 如图所示，两相干波源 S_1 和 S_2，其振动方程分别为 $y_1=0.1\cos 2\pi t$(SI)，$y_2=0.3\cos(2\pi t+\pi)$(SI)，它们在 P 处相遇，已知波速 $u=0.2$ m/s，$PS_1=0.4$ m，$PS_2=0.5$ m，求：(1) 两列波传播到 P 点的相位差；(2) P 处质元振动的合振幅，是加强还是减弱。

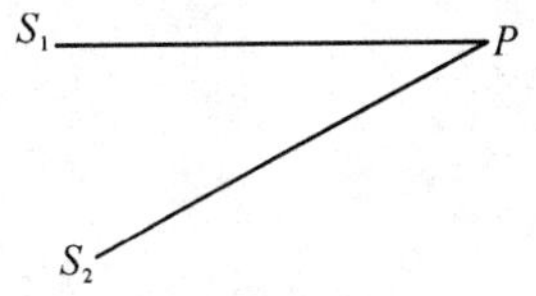

第 3 题图

4. 图示是一个干涉消声器的结构原理图，发动机排气噪声声波经管道到达 A 点时，分成两路，而在 B 点相遇，声波因干涉而相消，若要消除 300 Hz 的发动机排气噪声，问图中弯管和直管长度差 $\Delta r=r_2-r_1$ 至少应为多少？(设声速 $u=340$ m/s)

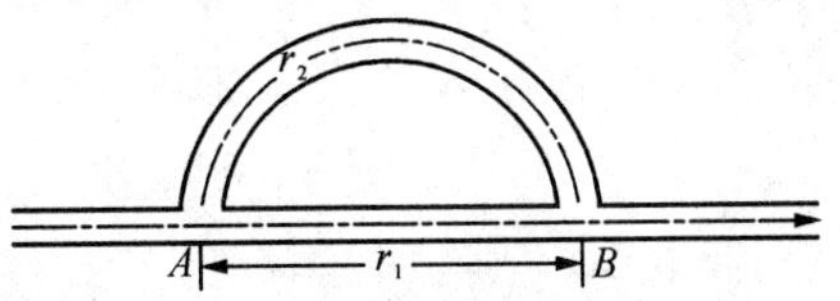

第 4 题图

5. 一辆救护车以 30 m/s 的速度在公路上行驶。汽笛的频率为 500 Hz，声速为 330 m/s，问：

(1) 对于路边站立着的观察者，当救护车驶近时，其感受到的频率为多少？

*(2) 如一汽车以 20 m/s 的速度，在救护车后方，与救护车同向行驶，则司机听到救护车发出的频率为多少？

波动光学　习题1（杨氏双缝干涉　光程）

班级＿＿＿＿＿＿　学号＿＿＿＿＿＿　姓名＿＿＿＿＿＿　成绩＿＿＿＿＿＿

1. 在真空中波长为λ的单色光，在折射率为n的透明介质中从A沿某路径传播到B，若A，B两点相位差为3π，则此路径AB的光程为（　　）。

A. 1.5λ　　B. $1.5\lambda/n$　　C. $1.5n\lambda$　　D. 3λ

2. 设杨氏双缝分别为S_1和S_2，今在S_1缝上覆盖一折射率为n的塑料薄膜，原中央明纹被第5级干涉明纹取代，则塑料膜的厚度为（　　）。

A. $\frac{5\lambda}{n}$　　B. $\frac{5\lambda}{2n}$　　C. $\frac{5\lambda}{2(n-1)}$　　D. $\frac{5\lambda}{n-1}$

3. 在双缝干涉实验中，双缝与屏间的距离$d'=1.2$ m，双缝间距$d=0.45$ mm，若测得屏上两相邻明条纹间距为1.5 mm，求光源发出的单色光的波长λ。

4. 双缝干涉实验装置如图所示，双缝与屏之间的距离$d'=120$ cm，双缝间距$d=0.50$ mm，用波长$\lambda=500$ nm的单色光垂直照射双缝。(1) 求原点O（零级明条纹所在处）上方的第3级明纹的坐标x。(2) 如果用厚度$l=1.0\times10^{-2}$ mm，折射率$n=1.50$的透明薄膜覆盖在图中的S_1缝后面，原中央明纹位置被第几级干涉条纹取代？(3) 求上述第3级的明条纹的坐标x'。

第4题图

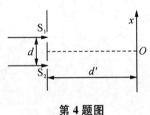

波动光学　习题2(劈尖干涉)

班级＿＿＿＿＿＿　学号＿＿＿＿＿＿　姓名＿＿＿＿＿＿　成绩＿＿＿＿＿＿

1. 由两根玻璃纤维构成光滤波器。若玻璃的折射率 $n=4/3$，透射光的波长为 546 nm，则两玻璃纤维的差至少为多少？

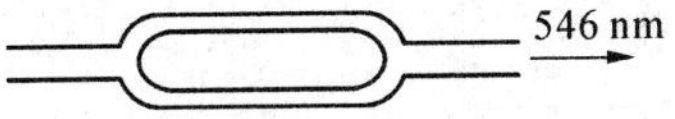

第1题图

2. 用波长为 $\lambda=600$ nm 的光垂直照射由两块平玻璃板构成的空气劈形膜，劈尖角 $\theta=2\times10^{-4}$ rad。求：(1) 相邻明纹的间距 l；(2) 改变劈尖角，相邻两明条纹间距缩小了 $\Delta l=1.0$ mm，求劈尖角的改变量 $\Delta\theta$。

3. 在 Si 器件加工时，常要精确测定 SiO_2 的厚度，方法是将 SiO_2 腐蚀成一个劈尖，已知 Si 的折射率为 3.42，SiO_2 的折射率为 1.5，使用钠黄光波长为 589.3 nm，观察到 7 条暗纹，且劈尖在 SiO_2 膜上表面处为暗纹中心，问 SiO_2 的厚度 e 为多少？

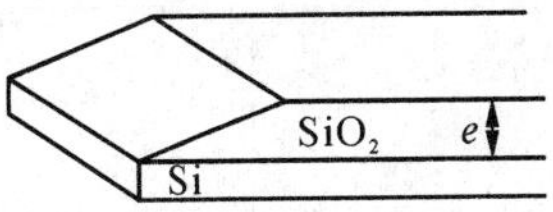

第3题图

4. 在空气劈尖上观察反射光的干涉图，当用 $\lambda=450$ nm 的光看到第 4 级暗纹所在处 P 点到劈尖的距离 $l=4.5$ cm。

(1) 求劈尖的角度；

*(2) 当用 $\lambda_2=600$ nm 的光观察时，P 点的干涉情况如何？

波动光学　习题3（牛顿环与光的衍射）

班级__________　学号__________　姓名__________　成绩__________

1. 在单缝夫琅禾费实验中，波长为 λ 的单色光垂直入射在宽度为 $b=4\lambda$ 单缝上，对应于衍射角为 30°的方向，单缝处波阵面可分成的半波带数目为（　　）。

A. 2 个　　B. 4 个　　C. 6 个　　D. 8 个

2. 波长为 600 nm 单色平行光垂直照射到缝宽 $b=0.1$ mm 的单缝上，缝后有一焦距 $f=60$ cm 的透镜，在透镜的焦平面观察衍射图样。求：(1) 中央明纹的宽度 Δx_0；(2) 中央明纹两侧两个第 1 级明纹中心的间距 Δx。

3. 超声波发生器，其位置位于水下 $d=150$ m 处，输出口宽度 $a=0.10$ m。发射束与海平面成 $\alpha=60°$，发出的超声波波长 $\lambda=0.05$ m，求此超声波在海平面上的监测长度 Δx。

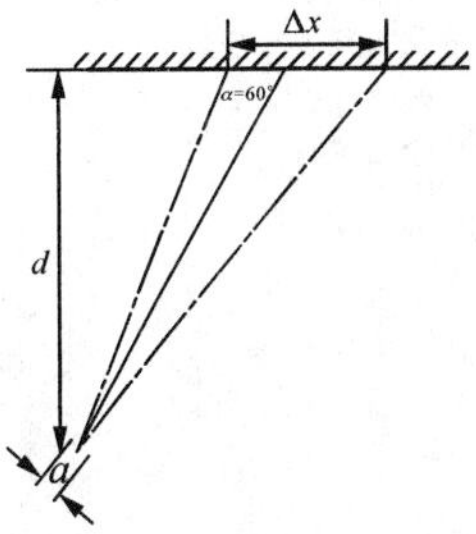

第 3 题图

4. 用一平凸透镜构成牛顿环实验装置。分别用 $\lambda_1=600$ nm 和 $\lambda_2=500$ nm 的两束光垂直照射，观察反射光的牛顿环，从环中心向外数第 5 条明纹中心对应的空气膜厚的差为多少？

*5. 在牛顿环实验中，用已知波长 $\lambda_1=589.3$ nm 的钠黄光测得第 3 级和第 7 级暗环中心距离为 4.0 mm，用未知光照射，测得第 3 级和第 7 级暗环中心距离为 4.20 mm，求未知单色光的波长 λ_2。

波动光学　习题 4(圆孔衍射　光栅衍射)

班级__________　学号__________　姓名__________　成绩__________

1. 汽车两盏前灯相距 l,与观察者相距 $s=10$ km。夜间人眼瞳孔直径 $d=5.0$ mm,人眼敏感波长为 $\lambda=550$ nm,若只考虑人眼的圆孔衍射,则人眼要分辨出汽车两前灯的最小间距 $l=$________m。

2. 由光学仪器的分辨率 $R=\dfrac{D}{1.22\lambda}$,可知,要提高显微镜的分辨率的方法是________________,要提高天文望远镜的分辨率的方法是________________。

3. 波长 $\lambda=550$ nm 的单色光垂直入射于光栅常数 $d=2\times10^{-4}$ cm 的平面衍射光栅上,可能观察到的光谱线的最大级次为(　　)。

A. 2　　B. 3　　C. 4　　D. 5

4. 用钠光($\lambda=589.3$ nm)垂直照射到某光栅上,测得第 3 级光谱的衍射角为 60°。若换用另一光源测得其第 2 级光谱的衍射角为 30°,求后一光源发光的波长。

*5. 用 $\lambda=600$ nm 的光垂直照射到光栅上,在衍射中央主极大范围内,于 $\theta=11.54°$ 的方向上出现了第 2 级主极大,第 3 级缺级。(1) 求该光栅常数 d;(2) 求光栅的缝宽 a;(3) 在屏上最多能看到多少条干涉条纹?在中央衍射主极大范围内有多少条干涉条纹?

波动光学　习题5(光的偏振　双折射)

班级__________　学号__________　姓名__________　成绩__________

1. 光的偏振现象证实了(　　)。

A. 光的波动性　　B. 光是电磁波　　C. 光是纵波　　D. 光是横波

2. 一束光通过方解石晶体会产生两束光,则(　　)。

A. 寻常光(o光)是偏振光,非常光(e光)是自然光

B. 寻常光是自然光,非常光是偏振光

C. 寻常光和非常光都是偏振光,但寻常光遵守折射定律,非常光不遵守

D. 寻常光和非常光都是自然光,但寻常光遵守折射定律,非常光不遵守

3. 如图所示,当一束自然光以布儒斯特角i_0入射到两种介质的分界面(垂直于纸面)上时,画出图中反射光和折射光的光矢量振动方向。反射光为__________光,折射光为__________光。折射光与反射光的夹角为__________。

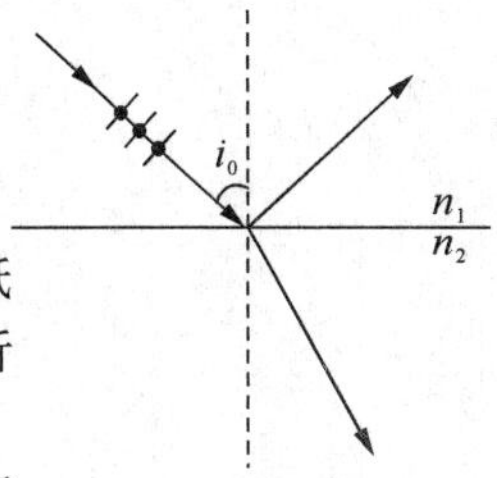

第3题图

4. 将两个偏振片叠放在一起,此两偏振片的偏振化方向之间的夹角为60°,一束光强为I_0的线偏振光垂直入射到偏振片上,该光束的光矢量振动方向与二偏振片的偏振化方向皆成30°角。(1) 求透过偏振片后的光束强度;(2) 若将原入射光束换为强度相同的自然光,求透过偏振片后的光束强度。

*5. 用相互平行的一束自然光和一束线偏振光构成的混合光垂直照射在一偏振片上,以光的传播方向为轴旋转偏振片时,发现透射光强的最大值为最小值的4倍,求入射光中自然光强I_0与线偏振光强I之比。

6. 一束自然光自空气入射到水(折射率为1.33)表面上,若反射光是线偏振光,问:(1) 此入射光的入射角为多大?(2) 折射角为多大?

近代物理基础　习题1(黑体辐射　光电效应)

班级＿＿＿＿＿＿　学号＿＿＿＿＿＿　姓名＿＿＿＿＿＿　成绩＿＿＿＿＿＿

1. 关于光子的性质,有以下说法:(1) 不论真空中或介质中,光子的速度都是 c;(2) 它的静止质量为零;(3) 它的动量为 $h\upsilon/c$;(4) 它的总能量就是它的动能;(5) 它有重量和能量,但没有质量。其中正确的是(　　)。

A. (1)　(2)　(3)　　B. (2)　(3)　(4)　　C. (3)　(4)　(5)　　D. (3)　(5)

2. 一绝对黑体,在温度为 $T_1=1\ 450$ K 时,单色辐射峰值对应的波长 $\lambda_1=2\ \mu$m。当温度上升到 $T_2=1\ 800$ K时,其单色辐射峰值对应的波长为多少?这两种温度下辐出度的比值为多少?

3. 在加热黑体过程中,其最大辐出度对应的波长由 0.69×10^{-6} m 变到 0.5×10^{-6} m,总辐出度变为原来的几倍?

4. 钨的逸出功是 4.52 eV,钡的逸出功是 2.50 eV,分别计算钨和钡的截止频率,哪一种金属可以用作可见光范围内的光电管阴极材料?

5. 钾的截止频率为 4.62×10^{14} Hz,今以波长为 435.8 nm 的光照射,求钾放出的光电子的初速度。

近代物理基础　习题 2(德布罗意波　不确定关系)

班级__________　学号__________　姓名__________　成绩__________

1. 若电子和光子的波长均为 0.10 nm,则它们的速度和动能各为多少?

2. 已知 α 粒子的静质量为 6.68×10^{-27} kg,求速率为 5 000 km/s 的 α 粒子的德布罗意波长。

*3. 电子显微镜的孔径为 D,分辨率为 R,用经典理论求电子显微镜的加速电压。

4. 若一维自由粒子的能量可表示为 $E=\frac{1}{2}mv^2$,利用 $\Delta x\cdot\Delta p\geqslant h$ 证明 $\Delta E\cdot\Delta t\geqslant h$。

*5. 电子从高能级跃迁到低能级时放出光子。若电子跃迁的时间的不确定量为 10^{-10} s,求光谱谱线频率的不确定量(光谱谱线的自然宽度)。对 $\lambda=589.6$ nm 的光,谱线频率不确定量与该频率的比值。($c=3.0\times10^8$ m/s)

近代物理基础　习题 3(一维势阱等)

班级__________　学号__________　姓名__________　成绩__________

1. 请写出用粒子波函数 $\psi(x)$ 表示的下列式子的物理意义：

$|\psi(x)|^2$：____；

$|\psi(x)|^2\mathrm{d}x$：____；

$\int_{x_1}^{x_2}|\psi(x)|^2\mathrm{d}x$：____。

2. 已知粒子在一维矩形无限深势阱中运动，其波函数为 $\psi(x)=\sqrt{\dfrac{2}{a}}\sin\dfrac{3\pi}{a}x\quad(0\leqslant x\leqslant a)$，那么粒子在 $x=a/6$ 处出现的概率密度为(　　)。

A. $\dfrac{\sqrt{2}}{\sqrt{a}}$　　B. $\dfrac{1}{a}$　　C. $\dfrac{2}{a}$　　D. $\dfrac{1}{\sqrt{a}}$

3. 设有一电子在宽为 0.20 nm 的一维无限深的方势阱中。(1) 计算电子在最低能级的能量；(2) 当电子处于第一激发态时，在势阱何处出现的概率最小，其值为多少？

*4. 已知一粒子在一维矩形无限深势阱中的波函数 $\psi(x)=\sqrt{\dfrac{1}{a}}\cos\dfrac{3\pi x}{2a}\quad(-a\leqslant x\leqslant a)$，求：(1) 粒子在 $x=\dfrac{5}{6}a$ 处出现的概率密度；(2) 粒子在 $\dfrac{a}{2}$ 到 $\dfrac{5}{6}a$ 区间出现的概率。

三江学院大学物理活页课外作业参考答案

力　学

习题 1

1. $v=-cke^{-kt}$；$a=ck^2e^{-kt}$
2. (1) $5\sqrt{5}$ m；(2) $10\sqrt{2}$ m/s；(3) 10 m/s^2
3. 略
4. (1) $x=\sqrt{x_0^2+2bt}$；(2) $a=-\dfrac{b^2}{x^3}$

*5. (1) $\omega=2\ s^{-1}$，$\alpha=2\ s^{-2}$；(2) $v=0.2\ m\cdot s^{-1}$，$\boldsymbol{a}=(0.2\boldsymbol{\tau}+0.4\boldsymbol{n})m\cdot s^{-2}$

习题 2

1. 略
2. $t\approx6.11$ s
3. 5.94×10^3 N；$-1\,980$ N；3.5 m/s^2
4. 5 000 m
5. $t=\sqrt{\dfrac{(m_A+m_B)h}{(m_A-m_B)g}}$；$T=\dfrac{2m_Am_B}{m_A+m_B}g$

习题 3

1. $v=(6t^2+4t+6)m\cdot s^{-1}$；$x=(2t^3+2t^2+6t+5)m$
2. (1) $v=v_0e^{-\frac{bt}{m}}$；(2) $x=\dfrac{mv_0}{b}(1-e^{-\frac{bt}{m}})$
3. (1) 32.7 m/s；(2) 31.07 m/s
4. (1) $\theta=\arctan\dfrac{v_0^2}{Rg}$；(2) 略

习题 4

1. $F=m_0v_0$
2. $10\sqrt{3}mv$

*3. 大小为 177.1 N,方向斜向右下方45°

4. (1) 224 N·s，116.6°；(2) 4.47 s

习题 5

1. 略　2. 略
3. $P=2m\alpha Rt^3$
4. (1) 1.98 m/s；(2) 2 m
5. (1) $-\dfrac{3mv_0^2}{8}$；(2) $\dfrac{3v_0^2}{16\pi Rg}$；(3) $\dfrac{4}{3}$圈

习题 6

1. (1) $N=3mg\cos\varphi-2mg$；(2) $v=\sqrt{\dfrac{2gR}{3}}$
2. 101 m/s
3. (1) $\dfrac{mv}{2m'}$；(2) $\dfrac{2m'}{m}\sqrt{5lg}$

*4. 略

习题 7

1. (1) 0.24 m/s；(2) 0.384 m/s^2；(3) 0.107 s^{-2}
2. $\dfrac{4}{3}ml^2$
3. $4mR^2$

*4. 12 $kg\cdot m^2$

5. (1) $\dfrac{mg}{R\left(m+\frac{1}{2}M\right)}$；(2) $\dfrac{mgt}{m+\frac{1}{2}M}$

习题 8

1. (1) 250.0 $kg\cdot m^2$；(2) 201.2 圈

2. 2 s

3. (1) 18.4 rad/s^2；(2) 0.85 J；(3) 8.57 rad/s

习题 9

1. 略

2. (1) 2.77 rad/s；(2) 0.67 J，1.84 J

3. (1) $\omega=\frac{6v_0}{7l}$；(2) $\theta=\arccos\left(1-\frac{3v_0^2}{14gl}\right)$

4. $l<l_0$，$m_0<3m$

电　学

习题 1

1. 略

2. $\frac{3\sqrt{3}q}{8\pi^2\varepsilon_0 R^2}$,方向沿圆弧对称轴向外

3. $E=1.08\times10^4$(SI)，$x=2\sqrt{2}$(cm)

4. $\frac{q}{5\pi\varepsilon_0 l^2}$

习题 2

1. $E_x=2.8\times10^8$(V/m)，$E_y=1.14\times10^8$(V/m)

*2. $E=\frac{\sigma}{4\varepsilon_0}$,方向与轴线方向平行

3. $F=-\frac{\lambda^2}{2\pi\varepsilon_0 a}$,表现为引力

4. $F=\frac{q_0^2}{2\pi^2\varepsilon_0 R^2}$,表现为斥力

5. 略

习题 3

1. 略　2. 略　3. 略

4. $r<R$, $E=0$；$r>R$, $E=\frac{q}{4\pi\varepsilon_0 r^2}$

5. $r<R$, $E=\frac{\rho r}{2\varepsilon_0}$；$r>R$, $E=\frac{\rho R^2}{2\varepsilon_0 r}$

*6. (1) 中间 $E=\frac{\sigma_1-\sigma_2}{2\varepsilon_0}$,外部 $E=\frac{\sigma_1+\sigma_2}{2\varepsilon_0}$；(2) 中间 $E=\frac{\sigma_0}{\varepsilon_0}$,外部 $E=0$

习题 4

1. 略　2. 略

*3. $U=0$　($r<R$)；$U=\frac{\lambda}{2\pi\varepsilon_0}\ln\frac{R}{r}$　($r>R$)

4. $U=\frac{q}{8\pi\varepsilon_0 l}\ln\left(\frac{2l+d}{d}\right)$

5. $r<R$, $U=\frac{q}{4\pi\varepsilon_0 R}$；$r>R$, $U=\frac{q}{4\pi\varepsilon_0 r}$

习题 5

1. 略

2. $U=\frac{q_1}{4\pi\varepsilon_0}\left(\frac{1}{R_1}-\frac{1}{R_2}\right)$

3. (1) $U=\frac{\lambda R}{2\varepsilon_0\sqrt{R^2+x^2}}$；(2) $E=\frac{\lambda R x}{2\varepsilon_0 (R^2+x^2)^{3/2}}$

*4. $v=\sqrt{\frac{\sigma_0 ed}{\varepsilon_0 m}}$

习题 6

1. 略

2. $E_2=0$, $U_2=\frac{q}{4\pi\varepsilon_0 R_2}$　($R_1<r<R_2$)

3. $C=\frac{\varepsilon_0 S(2d-b)}{2d(d-b)}$

*4. (1) $U_{AB}=\frac{q_1-q_2}{2S\varepsilon_0}d$；(2) $U_{AB}=\frac{q_1}{S\varepsilon_0}d$

习题 7

1. 略 2. 略

3. (1) $C=\frac{\varepsilon_0\varepsilon_r S}{d}$；(2) $\sigma_0=\frac{Cu}{S}=\frac{\varepsilon_0\varepsilon_r u_0}{d}$

4. 略

*5. $C=8\times10^{-2}\mu F$

习题 8

1. 略 2. 略 3. 略

4. $4.47\times10^4\ J/m^3$, $3.5\times10^5\ J$, $r=0.2\ m$

5. (1) $42.83\ J\cdot m^{-3}$；(2) $8.57\times10^{-4} J$

稳恒电流

习题 1

1. $75\ \Omega$

2. $\frac{\rho}{2\pi r_0}$

3. 略

4. $6.25\times10^8\ s^{-1}$；$1.36\times10^2\ s$

习题 2

1. $\frac{R}{R+r}$, $R=r$, 50%

2. (1) 0.2 A, $1.08\times10^3\ \Omega$；(2) 44 W, 0.2 A

3. 4.1 V, 0.05 Ω

*4. 6.4 km

磁　学

习题 1

1. $B_M=0$；$B_N=1\times10^{-4}T$,方向向左

2. $B=\frac{\mu_0 I}{6R}$

3. 0

4. $\boldsymbol{B}=\frac{\mu_0 IR}{2(R^2+x^2)^{3/2}}\boldsymbol{i}$

习题 2

1. 略 2. 略

3. $\frac{\mu_0 I}{8R}$、⊙, $\frac{\mu_0 I}{2R}\left(1-\frac{1}{\pi}\right)$、⊗

4. (1) $\Phi_{abcd}=-0.24\ Wb$；(2) $\Phi_{befc}=0$；(3) $\Phi_{aefd}=0.24\ Wb$

5. $8.7889\times10^{-6}\ Wb$

习题 3

1. 略 2. 略 3. 略

4. $B=3.09r$ T　($r<R$)；$B=\frac{10^{-5}}{r}$T　($r>R$)

5. 6×10^{-3}T

习题 4

1. 略 2. 略

3. $\boldsymbol{F}=\sqrt{2}IRB\boldsymbol{j}$

4. $F=\frac{\mu_0 I_1 I_2}{2\pi}\ln\frac{d+l}{d}$,方向向上

*5. $F=\frac{\mu_0 I_1 I_2}{2}$,故与圆环半径无关

习题 5

1. 略 2. 略

3. (1) $\pi R^2 I$；(2) $\frac{\pi R^2 IB}{2}$

4. $H=nI$, $B=\mu_0\mu_r nI$

*5. $r<R_1$: $\frac{\mu_0 Ir}{2\pi R_1^2}$；$R_1<r<R_2$: $\frac{\mu_0\mu_r I}{2\pi r}$；$R_2<r<R_3$: $\frac{\mu_0 I}{2\pi r}\frac{R_3^2-r^2}{R_3^2-R_2^2}$；$r>R_3$: 0

习题 6

1. 略　2. 略　3. 略

4. $\sqrt{3}BvR$，P 端高

5. $\frac{1}{2}\omega B(L^2-2Lr)$

6. 4.7958×10^5 V，a 端高

习题 7

1. 略　2. 略

3. (1) $\mathscr{E}_{ab}=0.2$ V，$U_b>U_a$；(2) $\mathscr{E}_{ab}=0.31$ V，$U_b>U_a$；(3) 0.11 V

*4. $L=\frac{\mu_0\mu_r l}{2\pi}\ln\left(\frac{R_2}{R_1}\right)$

习题 8

1. 略　*2. 略

3. (1) $-\left(\frac{\mu_0 a}{2\pi}\ln 2\right)\frac{dI}{dt}$；(2) $\frac{\mu_0 a}{2\pi}\ln 2$

4. 3.28×10^{-5} J，$4.18\ \mathrm{J\cdot m^{-3}}$

*5. (1) $15.9\ \mathrm{A\cdot m^{-2}}$；　(2) 10^{-6} T

热　学

习题 1

1. 略　2. 略

3. 5.2%

4. 1.13 atm

5. (1) 3.2 kg；(2) 7.2×10^{25}；(3) $3.85\ \mathrm{kg\cdot m^{-3}}$；(4) 6.21×10^{-21} J

习题 2

1. 6.21×10^{-21} J

2. (1) 8.28×10^{-21} J；(2) 8 310 J

3. 略

*4. (1) 1.35×10^3 J；(2) 362 K，0.75×10^{-20} J

习题 3　略

习题 4

1. 略　2. 略　3. 略

4. 5

5. $W=9.41\times10^3$ J；$Q=1.87\times10^4$ J；$\Delta U=2.81\times10^4$ J

习题 5

1. 略　2. 略　3. 略

4. $\eta=1-\frac{T_2}{T_1}$

5. $T=471$ K；$\eta=0.423$

振动与波

习题 1

1. 略

2. (1) $x_0=0.071$ m，$v_0=-0.222$ m/s；(2) $F=-0.070$ N

3. (1) 略；(2) $x=0.04\cos\left(\frac{7}{12}\pi t+\frac{4}{3}\pi\right)$(SI)；(3) 26/7 (s)

*4. $x=0.025\cos(40t+0.5\pi)$(SI)

习题 2

1. 略　2. 略

3. (1) $\varphi=\frac{\pi}{3}+2k\pi$，$A=0.14$ m；(2) $\varphi=\frac{4\pi}{3}+2k\pi$，$A=0.02$ m

4. (1) $A=0.5$ m，$\varphi=113°$；(2) $x=0.5\cos(4\pi t+1.97)$(SI)

习题 3

1. 略　2. 略

3. (1) $y=A\cos\left[2\pi\nu t+\frac{2\pi}{\lambda}(x+L_1)+\varphi\right]$；(2) $y_2=A\cos\left[2\pi\nu t+\frac{2\pi}{\lambda}(L_1+L_2)+\varphi\right]$

*4. $y=0.05\cos\left[10\pi t+\pi x-\dfrac{3\pi}{2}\right]$(m)

习题 4

1. 略　2. 略

3. (1) 0；(2) 0.4 m，令振幅加强

4. 0.57 m

5. (1) 550 Hz；(2) 486 Hz

波动光学

习题 1

1. 略　2. 略

3. 562.5 nm

4. (1) 3.6×10^{-3} m；(2) 10；(3) 15.6 mm

习题 2

1. 409.5 nm

2. (1) 1.5×10^{-3} m；(2) 4.0×10^{-4} rad

3. 1.28 μm

4. (1) 2×10^{-5} rad；(2) 第 3 级暗纹

习题 3

1. 略

2. (1) 7.2×10^{-3} m；(2) 1.08×10^{-2} m

3. 259.8 m

4. 225 nm

*5. 649.7 nm

习题 4

1. 略　2. 略　3. 略

4. 510 nm

*5. (1) 6×10^{-6} m；(2) 2.0×10^{-6} m；(3) 13

习题 5

1. 略　2. 略　3. 略

4. (1) $3I_0/16$；(2) $I_0/8$

*5. 2/3

6. (1) 53.1°；(2) 36.9°

近代物理基础

习题 1

1. 略

2. 1.6 μm，2.37

3. 3.62

4. 1.09×10^{15} Hz，0.6×10^{15} Hz，钡

5. 5.74×10^{5} m·s^{-1}

习题 2

1. 电子：6.63×10^{-24} kg·m·s^{-1}，7.3×10^{6} m·s^{-1}，1.5×10^{2} eV

光子：6.63×10^{-24} kg·m·s^{-1}，3×10^{8} m·s^{-1}，1.24×10^{4} eV

2. 1.98×10^{-5} nm

*3. $\dfrac{0.744R^2h^2}{emD^2}$

4. 略

*5. 2×10^{-5}

习题 3

1. 略　2. 略

3. (1) 9.38 eV；(2) $x=0$、0.10 nm、0.20 nm，0

*4. (1) $\dfrac{1}{2a}$；(2) $\dfrac{1}{6}\left(1+\dfrac{2}{\pi}\right)$

ISBN 978-7-305-12600-0
定价:70.00元